中国国立高校的第一个生物系——东南大学生物系师生

北平研究院植物研究所（陆谟克堂）

民国时期实验生物学中心———北京协和医学院

1943年，李约瑟（二排左二）访问我国首个国立生物学研究机构———中央研究院动植物研究所

西部考察队在金沙江流域考察（1934年）

二十世纪四十年代发现的活化石———水杉

中苏联合考察队在云南考察植物资源（1958年）

青岛遗传学座谈会代表合影（1956年）

我国第一个自然保护区————鼎湖山自然保护区

中国的模式标本圣地————武夷山

沙眼衣原体的发现者——汤飞凡纪念邮票

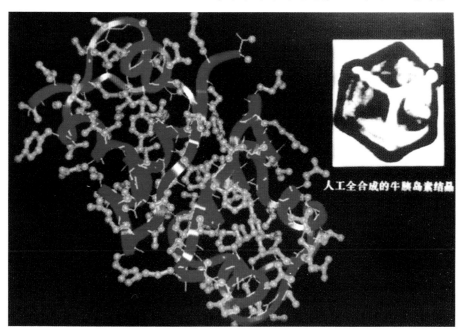

人工全合成的牛胰岛素结晶

牛胰岛素结构图（1965年9月，我国合成了具有较高生物活性的结晶牛胰岛素）

南方大面积推广杂交水稻

王德宝教授（中）在观察人工合成酵母丙氨酸最后的电泳测试结果

尹光琳（右）等发明二步发酵法生产维生素C

云南澄江动物群的发现（1984年）

菠菜主要捕光复合物（LHC—Ⅱ）晶体结构

成年体细胞克隆牛群体

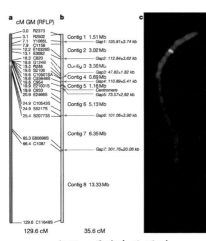

水稻四号染色体图谱

2004年《中国植物志》全部出版

国家出版基金项目
国家"十三五"重点图书出版规划项目

中国生物学史

近现代卷

ZHONGGUO SHENGWUXUESHI

JINXIANDAIJUAN

罗桂环 主编

罗桂环 李 昂 付 雷 徐丁丁 著

广西教育出版社

南宁

内 容 简 介

本书通过翔实的史料，系统、全面地阐述近代以来，生物学在我国引进、本土化和发展壮大的曲折历程。

本书力求真实地再现早期西方生物学知识在我国的传播和影响，我国生物学人才的成长和科研建制化的艰难，以及不同时期学科发展的特点；论证我国生物学家在推动学科发展过程中遭遇的困难和挫折，付出的艰辛和取得的重大成就，以及为社会发展和国民经济建设所做的巨大贡献；同时考察社会环境、科研体制、传统文化对我国生物学发展的影响。

本书可供广大生物科学工作者、高校有关专业师生，以及中小学生物教师、教研员参考。

出 版 说 明

　　1997 年，我们在中国科学院自然科学史研究所、首都师范大学等院校的专家学者精心指导、大力支持下，策划并启动了出版《中国科学史丛书》的宏伟计划，包含《中国数学史》《中国物理学史》《中国化学史》《中国天文学史》《中国地学史》《中国生物学史》等六本。每本书的篇幅大约 100 万字，分两卷装订。古代部分为一卷，近现代部分为一卷。丛书有两大特点：一是全部由中国自己的专家学者来撰写中国自己的科学史，突出本土性、原创性和权威性；二是时间跨度从远古到 20 世纪末，而且近现代卷的篇幅大于古代卷，突出厚今薄古的特点。出版这样的一套史书，这不能不说是我们很大的抱负。

　　到 2006 年，由于各书稿组织和撰写的难易不一，加上出版环境的变化，丛书只出版了《中国化学史》《中国物理学史》两本。《中国地学史》在 2001 年只交了大部分书稿。余下的三本，一直没能正式开展组稿。这不能不说是我们很大的遗憾。

　　另一方面，由于丛书的中国特色鲜明，原创性、权威性突出，较好地填补了学术空白，被新闻出版总署列为了国家

"十五"重点图书出版规划项目。而《中国化学史》和《中国物理学史》不仅获得了广西出版发展专项资金的资助，更获得了国家级图书奖：前者获得了第十四届中国图书奖，后者获得了首届中国出版政府奖装帧设计奖提名奖。2010年，出版环境又发生了变化，于是我们决定抓紧推进《中国科学史丛书》的出版。2013年，《中国地学史》经过我们和主编、作者的努力后获得新生，被列为了国家"十二五"重点图书出版规划项目，古代卷还获得了2014年国家出版基金的资助。更令人振奋的是，2016年《中国地学史》也获得了国家级三大图书奖之一的中华优秀出版物奖图书奖。而《中国生物学史》在2016年被列为了国家"十三五"重点图书出版规划项目，近现代卷获得了2017年国家出版基金的资助。这不能不说是我们很大的荣誉。

今天，中国人民正昂首阔步走进新时代。我们正加倍努力，在我国科学界、科学史界的专家学者一如既往的指导、支持下，把余下的《中国数学史》《中国天文学史》两本尽快组织出版，使《中国科学史丛书》圆满完成。这不能不说是我们很大的期望。

广西教育出版社

2014年2月

2015年11月第一次修订

2017年12月第二次修订

序

　　国人向来注重历史，认为温故能知新。太史公"究天人之际，通古今之变，成一家之言"的史学宗旨，更是被学者奉为圭臬。无论后世"以史为鉴，可以知兴替"的格言，抑或著名史家将自己的著作直接冠名"资治通鉴"，均可见其深入人心。很显然，对于国内充满活力的生物学的历史进行全面的研究，自有其积极的借鉴意义。

　　中国地大物博，历史悠久，数千年来，我们的祖先在观察自然和利用动植物资源方面取得了辉煌的成就。诚所谓："资藉既厚，研求遂精。"深得美国人类学家劳费尔（Berthold Laufer）、美国作物育种专家施温高（Walter T. Swingle）和苏联遗传学家瓦维洛夫（Николай Иванович Вавилов）等著名学者的称许。进入近代，虽然西方一些工业国家科技发展迅速，而我国的科学技术逐渐落后，但经过数代学者一百多年的不懈努力，现代生物科学已在神州大地深深植根并迅速发展，一些领域甚至跻身于世界先进行列。

　　与其他的学科不同，生物学不仅关系到人类的生存和发展，而且与人类的来源和繁荣密切相关，毕竟人也是生物学研究的对象。无论提及"染色体""基因"，还是"神经生物学"，都让人不自觉地联想到自身。这使得对生物学发展脉络的审视，除给人以有益的启迪外，更添一层了解自我之兴味。我国一些著名生物学家如陈桢、张孟闻等均乐于此道，汲汲于"收千世之慧业，集中西之巧思，博约会通，广大精微，格物致知……庶几扬多识之烈芬，探物生之蕴奥"，绝非偶然。沿着他们开辟的路径，继续深入开展中国生物学史探索是后学义不容辞的责任。

本书较为系统地探讨了中国生物学发展的特点，取得的成就，及其与文化和社会的互动；对近现代我国生物学奠基人的学术思想和主要成就，学科发展轨迹，主要进展和重大成果也有简要的介绍；对以往的经验教训，当今学科发展的趋势与重点研究方向，也提了一些看法。本书的论述虽然离"慎思明辨，卓尔成一家之言"尚有距离，但无疑有助于人们了解生物学在中国发展的曲折历程和众多学者经历的艰辛，并可为学科今后的发展提供有益的借鉴。故乐为之序。

2017 年 12 月

陈宜瑜简介：鱼类学家和动物分类学家。1991 年当选为中国科学院学部委员（院士）。现任国际生物多样性计划（DIVERSITAS）中国委员会主席。曾任中国科学院副院长，国家自然科学基金委员会主任，国际地圈生物圈计划（IGBP）中国委员会主席，中国动物学会理事长。2009 年获世界自然基金会（WWF）爱丁堡公爵环保奖；2012 年，作为主要负责人之一的"中国生态系统研究网络的创建及其观测研究和试验示范"项目，获国家科学技术进步一等奖。

前　言

　　将西方生物学移植我国，已有一百多年的历史。历经数代生物学家的不懈努力，现代生物学不仅在我国根基牢固，而且发展良好，取得的光辉业绩颇受世人瞩目。近二三十年来，这方面的历史也逐渐引起了学界的注意，不少学者开始探讨相关的学科史，生物学家传记，一些科研机构、大学生物院系和学会团体的历史，以及学术期刊史，乃至重要的历史事件也有很多的专著涌现。古人云"以史为鉴，可以知兴替"，上述研究的重要意义自不待言。

　　不过，整体而言，近现代生物学史的研究还远远不够，不少有较长历史的传统学科如动物学、微生物学尚缺乏全面的探讨，遑论分子生物学等后来发展起来的学科了。这是因为，从事近现代方面的研究，面对浩如烟海的史料，对它们的调研、审读、分析常常需要大量的人力和时间，而目前很多工作主要是学会组织从事，往往力不从心。正因为如此，在目前的状况下，要对我国近现代生物学史做系统全面的探讨殊非易事。

　　前些年，我们曾进行过一段时间的中国近现代生物学史的研究。这部书是基于以前的工作充实完善而成。在决定写这部著作之后，我们尽量全面地阅读前人的相关研究成果和文献，然后系统地对相关资料进行收集。先后查阅了一些重要的研究机构和大学生物院系的档案；查阅各类生物学家的名录、传记和他们的研究文献；同时查阅了我国生命学科的主要成果目录、专著和各分支学科的文献目录等，并做了一些访谈。不过因为时间有限，对近些年来大量涌现的新资料无法进行深思熟虑的分析评述，写出来的文稿只好"述而不作"，有时也难免挂一漏万。

书稿完成后，我们有幸得到陈宜瑜院士的热情指正，在此谨表示衷心的感谢。另外，在史料收集过程中，我们有幸得到中国科学院各兄弟研究所档案处同事和相关人员的无私帮助，他们不厌其烦地提供相关史料，使我们的工作得以顺利进行。在此谨对他们致以深深的谢意。另外，中国科学院自然科学史研究所的张柏春研究员、中国科学院大学的王扬宗研究员、中国科学院原生物局的薛攀皋先生、张钫博士和中国台湾地区的张之杰先生曾在资料收集方面给我们提供了不少帮助，在此一并表示感谢。书中的一些插图，引自中国科学院相关研究所内部发行的所志和纪念图集以及中国科学院史展览的图片，在此对原作者深表感谢。

本书各章大体按时间顺序编排，以期较好地展示近现代生物学在我国的移植、本土化和发展壮大的历程，不同时期各学科的发展特点、学科发展与社会的互动，以及各种环境因素的影响和取得的成就等。前面七章和"大事年表"，主要由罗桂环撰写，其中第二章的第二节至第五节，以及第一章第三节的部分内容由付雷博士撰稿，第三章第二节和第七章第三节的部分内容由徐丁丁博士撰稿。第八章至第十章由李昂撰稿。全书的框架由罗桂环和李昂商定，统稿和主要参考文献的整理由罗桂环完成。

在本书的编写过程中，我们参考和吸收了以往众多专家学者的研究成果，得到广西教育出版社的大力支持和帮助，黄力平编审、黄敏娴副编审为本书的出版付出不少心血，负责本书出版及联络工作的潘姿汝、潘安、邓霞编辑花费了大量的精力于书稿的组织和出版编辑工作，在此一并致以诚挚的谢意。

我们深深地知道，目前的研究还非常初步，不足和谬误之处，尚祈方家指正。

2017 年 6 月

罗桂环简介：研究员，博士生导师，中国科学院自然科学史研究所学术委员会主任，享受国务院政府特殊津贴专家，一直从事中国生物学史、环境保护史、中国栽培植物发展史等方面的研究工作。曾任中国科学院自然科学史研究所研究部常务副主任，中国科技史学会生物学史专业委员会主任，全国科技名词审定委员会委员。发表过大批的学术论文。出版的著作有《中国环境保护史稿》《中国科学技术史·生物学卷》《近代西方识华生物史》《中国栽培植物源流考》等。

目录

近代部分

现代部分

近代部分

第一章 近代生物学知识
在中国的启蒙和传播

　　我国是世界著名的文明古国，在长期的农业社会历史发展过程中，积累了丰富的生物学知识，产生了《毛诗草木鸟兽虫鱼疏》《救荒本草》《谭子雕虫》《鸟谱》《植物名实图考》等众多的生物学著作，也涌现了《齐民要术》《图经本草》《本草纲目》等众多著名农学和本草学著作。这些著作是我国古人在适应自然和改造自然过程中积累的宝贵财富，也是前人传承给后人的宝贵遗产。倘若未发生 19 世纪中后叶的剧烈社会变革，传统未被打破，我国古代的生物学（博物学）将沿着传统的模式缓慢地向前发展。

　　19 世纪的两次鸦片战争迅速改变了我国的历史进程。西方列强用坚船和利炮无情地摧毁中华古国深闭固拒的国门，进而荼毒神州锦绣河山。更让人难堪的是，在 1894 年的甲午战争中，向来不入国人法眼的蕞尔小国日本，把"天朝大国"打得落花流水，颜面扫地。随后的"庚子国变"清政府更是被八国联军打得一败涂地。一时间，神州江山满目疮痍，民族岌岌可危。在这存亡绝续的紧要关头，我国的一批社会精英开始清醒地认识到，不思变革，继续抱残守缺不啻自寻绝路，只有向西方学习，才能谋求生存和发展。正是在这样沉重的压力下，中华民族开始了向西方学习的艰难历程。时人所谓"清光绪中叶，海内明达，惩于甲午之衅，发愤图强，竞言新学"，[1]表述的就

---

　　〔1〕 顾燮光.译书经眼录［M］.石印本.杭州：杭州金佳石好楼，1934：自序.

是当时那一批人的心声。康有为、梁启超等人鼓动的戊戌维新，尤其是严复翻译的《天演论》、梁启超等人开办的《时务报》鼓吹社会变革，迅速使社会思想界形成一股强烈的变革求存之风。"君主立宪，废八股，读洋书，求富强"，成为20世纪初一般读书人追求的目标。[1]

当时的学者显然已经明确认识到当时西方的科学研究的确比较先进，科学是推动进步的重要力量。有人指出："西政之善曰实事求是，西艺之善曰业精于勤，西人为学在惜日物之力。有轮舰、汽车诸器则万里无异庭闼，有格致、电化诸学则朽腐皆变神奇。"所谓的"格致"即科学。[2]西方近代生物学正是在这样一种社会背景之下，开始被逐渐引进国内，而且以其在农学和医学方面巨大的实用价值迅速为社会各界认可。一时间西方近代生物学在20世纪前期风生水起，取代了我国有2000多年历史的传统"博物"之学。

第一节　鸦片战争前西方解剖学等方面知识的传入

西方生物学大规模移植和引进我国是20世纪初开始的事情。不过，早在16世纪，随着西方商人和传教士的不断东来经商和传教，也逐渐将西方的一些生物学知识传入我国。尤其是解剖学知识的传入，对我国的传统医学产生了一些影响。

最初向我国传播生物学知识的是来华的西方传教士。他们在传教的过程中发现，单纯地传播基督、耶稣教义，效果

---

〔1〕 钱崇澍. 钱崇澍思想总结（1950年）［A］//中国科学院植物研究所档案：钱崇澍专卷.

〔2〕 引自光绪二十八（1902）年《增版东西学书录·叙例》石印本，徐维则编，顾燮光补辑。

甚微，如果把传播科学技术知识包括生物学知识和举办一些慈善事业当作辅助手段来传教，效果就会好很多。值得一提的是，早期来华的传教士当中，还真有一些颇具学术专长的人物。

基于上述原因，当时传教士向我国传播的生物学知识主要是与医学有密切联系的人体解剖学知识，主要源自意大利。众所周知，意大利是近代解剖学奠基人维萨里（A. Vesalius，1514—1564）进行开创性工作的地方，他的革命性著作《人体结构》（*De Humani Corporis Fabrica*）正是在意大利出版的。解剖学是医学的基础，传教士为博得中国民众的好感，时常通过施医治病，投身"仁术"来扩大影响。传播解剖学知识，很显然是与这种行医事业相辅相成的。另外，当时传教士传的解剖学知识不但较我国传统解剖学知识先进，而且明晓易懂，容易为时人所接受。

最早进行这方面工作的著名传教士是明代万历年间来华的意大利天主教传教士利玛窦（M. Ricci，1552—1610）。此人学识渊博，脑子灵活，能力极强，被认为是当时"所有到过中国的外国人当中，最出名的一个"。[1]他在长期的传教实践中总结出："传道必先获华人之尊敬，以为最善之法莫若渐以学术收揽人心。人心既附，信仰必定随之。"[2]由于我国传统学者向来重视"记诵之学"，利玛窦来华十年后，因背诵儒学经典显示出的超强记忆力，很快得到周围士大夫的称道和赞赏。他于1595年写了《西国记法》一书，介绍形象记忆术，其中

〔1〕 方豪. 中国天主教史人物传［M］. 北京：宗教文化出版社，2007：53.
〔2〕 费赖之. 入华耶稣会士列传·利玛窦传［M］. 冯承钧，译. 上海：商务印书馆，1938：42.

就涉及一些解剖生理学方面的知识。该书中的"原本篇第一"传播了脑是记忆中枢的科学知识。文中写道："记含有所，在脑囊。盖颅颐后、枕骨下，为记含之室。故人追忆所记之事，骤不可得，其手不觉搔脑后，若索物令之出者，虽儿童亦如是。或人脑后有患，则多遗忘。"[1]记述文字生动形象，对记忆的机制和影响记忆的因素做了一些直观的介绍。这是西方传教士最早向我国传播的解剖生理学知识，虽内容粗浅，甚至存有谬误，但与我国传统的"心主记忆"观念比较而言，无疑更先进。他的博学和传播西方科学知识的行为颇得当时朝中重臣徐光启、李之藻等的倾心和支持。这些官员都先后皈依了天主教，很显然，利玛窦在践行自己的传教理论方面获得了极大的成功。而他的"脑主记忆"说，很快被明清不少士人和医者所接受，著称者如金声、方以智、汪昂、王宏翰、王清任、郑光祖等。[2]

利玛窦的传教方式很快为其他传教士追随和效仿。稍后，曾在北京协助利玛窦传教的另一意大利传教士熊三拔（S. de Ursis, 1575—1620），以及在福建传教的意大利传教士艾儒略（号思及，G. Alèni, 1582—1649）也开始在华传播解剖学方面的知识。1623 年，艾儒略在他的《性学觕述》[3]一书中，介绍了一些关于消化、血液循环、神经和感觉系统方面的解剖学和生理学知识。该书中第四卷"总论知觉外官"，叙述听觉原理时写

〔1〕 利玛窦. 利玛窦中文著译集 [M]. 上海：复旦大学出版社，2001：143.

〔2〕 董少新. 从艾儒略《性学觕述》看明末清初西医入华与影响模式 [J]. 自然科学史研究，2007，26（1）：64-76.

〔3〕 "觕"即"粗"，这里的"性学"指的是灵魂和人性方面的学说。

道："论闻之具，人脑中有二细筋，以通觉气至耳，耳内有一小孔，孔口有薄皮稍如鼓面，上有最小活动鼓锤，音身感之，此骨即动，气急来则急动，缓来则缓动，如通报者然。"叙述非常形象生动。和利玛窦一样，艾儒略通过展示自己的博学和识见，被一些人称为"西来孔子"，颇受当时中国士大夫叶向高、杨廷筠等的推崇，后来杨廷筠还被其发展为天主教徒。据说艾儒略的《性学觕述》对清初名医王宏翰有很深的影响。[1]

比较全面地向我国介绍西方解剖学知识的是普鲁士传教士邓玉函（号涵璞，J. Terrenz，1576—1630）。他是日耳曼人，是意大利著名科学社团山猫研究院（Accademia dei Lincei）的院士（1603—1630），与伽利略是挚友，是早期来华的科学素养最高的传教士之一。时人谓之"淹贯博学，慧解灵通"，他被认为是明末来华传教士中最博学的，具有丰富的生物学知识，包括植物、鱼类、爬虫（爬行动物的旧称）、昆虫等方面的各种知识。[2]据说他还是一个博物学家和收藏家。1621年来华后，他先在澳门行医，同时做病理解剖。据说西方医生在远东所做的最早病理解剖就是由他完成的。[3]随后邓玉函到浙江的嘉定学习汉语，不久又到杭州传教，住在当时已经入教的官员李之藻家。在那期间，他译述了《泰西人身说概》。

《泰西人身说概》书稿在邓玉函死后为另一官僚学者毕拱

〔1〕董少新. 从艾儒略《性学觕述》看明末清初西医入华与影响模式 [J]. 自然科学史研究，2007，26（1）：64-76.

〔2〕方豪. 中国天主教史人物传 [M]. 北京：宗教文化出版社，2007：152.

〔3〕李天莉. 中国人体解剖法史略 [J]. 中华医史杂志，1997，27（3）：160-164.

辰[1]所得，毕拱辰将它润色后于1643年刊行。全书分上、下两卷，约15000字。上卷记有骨部、脆骨部、育筋部、肉块筋部、皮部、亚特诺斯[2]部、膏油部、肉细筋部、络部、脉部、细筋部、外面皮部、肉部、肉块部和血部，计15个部，所述内容涉及今天所谓的运动系统、肌肉系统、血液系统、神经系统和感官系统。下卷分总觉司、附录利西泰记法五则、目司、耳司、鼻司、舌司、四体觉司、行动及言语，计8个部分，主要解释脑、各种感觉器官和运动器官的形态和生理功能，比较详细地介绍了当时西方解剖学方面的知识。毕拱辰在序中评述到："余曩读《灵》《素》诸书，所论经脉络脉，但指为流溢之气，空虚无着，不免隔一尘劫；何似兹编，条理分明，如印印泥，使千年云雾，顿尔披豁，真可补《人镜》《难经》之遗，而刀圭家所当顶礼奉之者。"他还指出"精思研究，不作一影响揣度语，则西士独也"[3]，认为该书不仅可补中医经典《难经》之不足，而且应该为医家所顶礼奉行。推崇之高，可见一斑。不过，此书只刊刻过一次，影响十分有限。作为对博物学有浓厚兴趣的学者，邓玉函不仅对中药感兴趣，而且对中国的植物也曾予以关注。有文献记载，邓玉函曾"每尝中国草根，测知叶形花色，茎实香味，将遍尝而露取之，以验成书，未成也"[4]，似在我国考察、收集过生物。

---

〔1〕 毕拱辰，山东掖县（今莱州市）人，万历四十四年进士，曾任盐城知县、冀宁兵备道金事，后入天主教。

〔2〕 即淋巴结（adenos）的音译。

〔3〕 徐宗泽. 明清间耶稣会士译著提要［M］. 影印本. 北京：中华书局，1989：304.

〔4〕 刘侗，于奕正. 帝京景物略［M］. 北京：北京古籍出版社，1980：207.

明末在我国传播人体解剖学知识的还有意大利传教士罗雅谷（号味韶，G. Rho，1590—1638），他与邓玉函共事，同为山猫研究院院士。罗雅谷译述过《人身图说》一书，不过此书未刊行，仅有抄本传世。书中比较细致地介绍了呼吸、循环、神经、消化、排泄、生殖等解剖学内容。有学者认为《泰西人身说概》与《人身图说》"两部书都不是完整的解剖学著作，二者合起来才构成一部完整的西方解剖学著作。与维萨留斯[1]《人体构造》比较而言，《泰西人身说概》和《人身图说》不但在内容上吸收了维萨留斯及其以后的解剖学新成果，而且二者的合编在篇章结构、体例方面也与《人体构造》有一致性，是维萨留斯体系之下的解剖学译著，是较为全面的西方解剖学知识读本，基本反映了16世纪西方解剖学的概貌"。[2]可惜，《泰西人身说概》只刊刻过一次，《人身图说》只有抄本传世，影响很小。

　　在传播西方人体解剖学知识方面，法国传教士巴多明（字克安，D. Parrenin，1665—1741）是个值得一提的人物。巴多明是法兰西学院的通讯院士，学术水平之高，是来华法国传教士中的佼佼者。他曾应召给康熙讲授人体解剖学等各种西方科学知识。他用了数年时间将他讲授的一部法国解剖学著作译成满文，并配上一部丹麦解剖学著作的插图。译成之后，康熙亲自定名为《钦定格体全录》。[3]不过，囿于中国传统礼教，

---

　　〔1〕　即维萨里。

　　〔2〕　牛亚华.《泰西人身说概》与《人身图说》研究［J］. 自然科学史研究，2006，25（1）：50 - 65.

　　〔3〕　关雪玲. 康熙朝宫廷中的西洋医事活动［J］. 故宫博物院院刊，2004（1）：99 - 111.

该书赤裸裸地展示人体器官，在康熙看来，无疑过于惊世骇俗，因此未获准刊行，几个抄本都深藏于文渊阁等皇家秘府，其中一部被送到法兰西学院。巴多明的译作，除康熙外，几乎未为外人所见，在我国几乎没有影响。

除解剖学知识外，明末清初时也有少量的西方动植物学知识传入。西班牙汉学家高母羡（J. Cobo）编写的《无极天主正教真传实录》[1]（1593）一书，述及一些生物学知识，该书在菲律宾刊行，当地的华人可能将这类西方科学知识带回祖国。另外，汉语造诣较高的意大利传教士利类思（字再可，L. Buglio，1606—1682）纂译的《狮子说》（1678）和《进呈鹰论》（1679），也零星地传播了一些西方的动物学知识。利类思翻译《狮子说》缘于当年葡萄牙使臣希望进入中国贸易，向康熙进贡一头狮子，想以此为名，觐见皇帝，提出通商请求。因为狮子在我国很少见，很多人提各种问题，于是利类思就编译了这本小册子。全书分六篇介绍了狮子的躯体和习性等。《进呈鹰论》系奉康熙之命而撰，涉及鹰的论述，佳鹰形象，鹰的性情、饲养、训练方法（包括教其狩猎的要领），以及鹰的不同种类和各种疾病的防治，[2]主要为满足清朝贵族和中国北方一些上层人士玩鹰的喜好而作。[3]《狮子说》取材于意大利著名博物学家阿德罗范迪（U. Aldrovandi，1522—1605）的《博物志》，《进呈鹰论》译自同一作者三卷本的鸟类著作。

---

〔1〕 方豪. 中国天主教史人物传 [M]. 北京: 宗教文化出版社, 2007: 62 – 63.

〔2〕 陈梦雷. 古今图书集成·博物汇编·禽虫典: 第 12 – 23 卷 [M]. 影印本. 上海: 中华书局, 1934, 516 册: 4 – 8.

〔3〕 徐宗泽. 明清间耶稣会士译著提要 [M]. 影印本. 北京: 中华书局, 1989: 305 – 307.

它们大约是最早传入中国的西方动物学书籍。[1]

第二节　鸦片战争后西方博物学知识在华的传播

如第一节所述，鸦片战争前从西方传入我国的生物学知识不多，影响也很有限。鸦片战争以后，我国被迫对外开放，各色西方人不断涌入，他们开始兴办教会学校，成立自己的印刷机构，传入的西方生物学知识也随之增多，内容也较以前广泛。

鸦片战争后，西方来华传教士的活动空前活跃。他们借办慈善事业为名，进一步扩大传教活动。与医学有关的解剖学和生理学知识的传播进一步加强。与此同时，西方人为服务传教事业而开始在我国建立出版机构，也间接推动了西方生物学知识在我国的传播。

1843 年，英国传教士麦都思（W. H. Medhurst，1796—1857）将他在巴达维亚（今雅加达）办的印刷所迁移到上海，并在此基础上设立了西方人在华的最早出版机构——墨海书馆。[2]在书馆工作的除麦都思本人外，还有英国传教士医生合信（B. Hobson，1816—1873）[3]，传教士艾约瑟（字迪瑾，J. Edkins，1823—1905）、慕维廉（W. Muirhead）、韦烈亚力（A. Wylie，1815—1887）和中国学者李善兰、王韬、张福僖等。墨海书馆主要出版宗教书籍和教会学校教材，也出版过一些介绍西方近代生物学知识的书。其中合信等人翻译的一些解

---

〔1〕　方豪. 中国天主教史人物传［M］. 北京：宗教文化出版社，2007：288-289.

〔2〕　胡道静，王锦光. 墨海书馆［J］. 中国科技史料，1982（2）：55-57.

〔3〕　此人是马礼逊的女婿。

剖学著作和动植物学著作产生过一定的影响。

1851 年，墨海书馆出版了合信和我国学者陈修堂合译的《全体新论》一书。合信在"序"中对他们翻译这本书的目的做了说明："予来粤有年，施医之暇，时习华文，每见中土医书所载，骨肉脏腑经络多不知其体用，辄为掩卷叹息。夫医学一道，功夫甚巨，关系非轻。不知部位者即不知病源，不知病源者即不明治法，不明治法而用平常之药，犹属不致大害，若捕风捉影，以药试病，将有不忍言者矣。"[1]他指出解剖学对于医生了解发病原因和对症施治的重要性。《全体新论》是一部解剖学纲要式的著作，书中论及骨骼、韧带、肌肉、大脑、神经系统、五官、脏腑、血液循环和泌尿系统等。全书叙述简明，插图精美，引起了当时人们的重视，产生了较大的影响。"合信始著《全体新论》时，远近翕然称之，购者不惮重价。"[2]1875 年，任同文馆教习的英国人德贞（J. Dudgeon，1837—1901）出版了一本名为《解剖学图谱》的小册子；1886 年，他又翻译出版了解剖学著作《全体通考》，其中附有人体解剖图 500 余幅。1878 年，柯为良（D. Osgooel）翻译了《格雷氏系统解剖学》，此书影响较

《全体新论》书影

〔1〕 合信. 全体新论 [M]. 咸丰元年本. 上海：墨海书馆，1851：序.

〔2〕 方行，汤志钧. 王韬日记 [M]. 北京：中华书局，1987：111.

大，为不少医学校作为解剖学的教科书采用。[1]期间，广州博济医院还进行过一些尸体解剖。

《博物新编》书影

随着西方博物学和生物学的发展，当时西方人在华传播的博物学知识也逐渐增多。1855 年，墨海书馆出版了合信编译的《博物新编》一书。全书分三集，其中第三集主要介绍世界各地著名的兽类和鸟类共 16 部类。在这部分中，首先概略地介绍了一些西方近代动物分类学方面的知识。书中提到，动物通常可分为胎生类、卵生类、鳞介类和昆虫等。"天下昆虫禽兽种类甚多，人知其名而识其性者，计得三十万种。其有脊骨之属，一为胎生，二为卵生，三为鱼类，四为介类。四类之中，以胎生为最灵。西方分其类为八族，一曰韦族，如犀象豕马是也；二曰脂族，如江豚海马鲸鲵是也；三为反刍族，如牛羊驼鹿之类；四为食蚁族，如穿山甲之类；五为错齿族，如貂猬兔鼠之类；六为啖肉族，如猫狮虎獭豺熊之类；七为飞鼠族，如蝙蝠之类；八为禺族，如猿猴之类。"这是西方动物分类方法传入我国的最早记述。这里的"脊骨之属"相当于脊椎动物，四类相当于哺乳类、鸟类、鱼类和爬行类；而所谓的"八族"，大体相当于后来所谓的食草类、海兽、反刍类、鳞甲类、啮齿类、食肉类、翼手类和灵长类。书中接着介绍了动物对自然适应的一些特点，然后着重介绍各种兽类和鸟

---

〔1〕 张大庆. 中国近代解剖学史略 ［J］. 中国科技史料, 1994, 15（4）: 21－31.

类，特别是世界各地比较引人注目的大型鸟兽，包括猩猩、长尾猿、山魈、犀、象、狮、虎、豹、熊、罴（北极熊）、猎狮（长颈鹿）、鲸、鸷鸟（秃鹫）、鸮（猫头鹰）、鸵鸟、鸸鹋、鹤鴂（食火鸡）等。[1]上述动物有不少是当时国人前所未闻的。这部书对我国早期的博物学科普有较为深远的影响，时人评论说合信"在粤时著有《博物新编》，词简意尽，明白晓畅，讲格致之学者，必当由此入门，奉为圭臬"。[2]

1858 年，墨海书馆又出版了英国传教士、博物学爱好者韦廉臣（A. Williamson）和李善兰合作编译的《植物学》（其中最后一章是艾约瑟与李善兰合译），这是在我国出版的第一本介绍西方近代植物学的著作。这部著作根据英国植物学家林德赖（J. Lindley）等的有关植物学著作编译而成，[3]比较全面系统地介绍了当时西方的植物学基础理论知识。该书分为八卷，约35000字，有插图100多幅，主要内容包括植物的地理分布、植物分类方法、植物体内部组织构造、植物体各器官的形态构造和功能、细胞等。此外，书中还述说了雌雄蕊在生殖过程中的作用。特别值得一提的是，韦廉臣和艾约瑟都是非常热心传播生物学知识的传教士。李善兰较好地处理了汉译植物学过程中存在的新名词和术语的问题，用了一系列植物学名词和术语来表述西方传入的植物学内容，如描述植物形态和组织的花瓣、萼、子房、心皮、胎座、胚、胚乳和细胞；分类等级的"科"以及各种科的名称，如伞形科、石榴科、菊科、唇

〔1〕 合信. 博物新编［M］. 上海：墨海书馆，1900.

〔2〕 王韬. 瀛壖杂志　瓮牖馀谈［M］. 长沙：岳麓书社，1988：339－340.

〔3〕 汪子春. 我国传播近代植物学知识的第一部译著《植物学》［J］. 自然科学史研究，1984，3（1）：90－96.

形科、蔷薇科、豆科等。这些词有些是沿用我国传统（如花瓣、萼），有些则是他创造的（如心皮、胎座）。[1]

韦廉臣和李善兰合作编译的《植物学》一书，在我国近代植物学的发展史上发挥了较好的启蒙作用，李善兰所用的植物学名词对后世有一定的影响。譬如，他很贴切地将 botany 一词译成"植物学"，"植物学"一词不但为我国学者所沿用，而且也为日本植物学界所采纳。日本早先翻译 botany 时根据音译作"菩多尼诃经"或"植学"。另外，该书对中国个别植物学家的成长起到了一定的影响作用，我国近代著名植物标本采集家钟观光正是通过阅读这本《植物学》，掌握了动植物的地理分布、植物分类方法，以及植物体内细胞形态的组织结构的分析方法，从此与植物学结下了不解之缘。[2]

1876 年，英国传教士傅兰雅（J. Fryer）编辑发行了我国最早的传播科学知识期刊——《格致汇编》。它对我国的科学启蒙发挥过一定的作用。该刊曾刊登一些有关近代西方动植物学方面的文章，如《论植物学》（三篇）、《潮水与花草树木有相因之理》、《大莲花》、《城市多种树木之益》、《桃树去虫法》、《蚂蚁性情》、《种树不但有利于己而且有益于人》、《说虫》、《霍布花等醉性之质》、《西国植物学家林娜斯记》、《西国名菜佳花记》和《虫说略论》等。其中提到的西国植物学家林娜斯即瑞典著名博物学家林奈（C. Linnaeus）。《格致汇编》是较早登载介绍林奈的事迹、文章的刊物。上述文章对

〔1〕 罗桂环. 我国早期的两本植物学译著——《植物学》和《植物图说》及其术语 [J]. 自然科学史研究，1987，6（4）：383–387.
〔2〕《科学家传记大辞典》编辑组. 中国现代科学家传记：第四集 [M]. 北京：科学出版社，1993：444.

于扩展一部分知识分子的视野，增长他们的动植物学知识，活跃人们的思想，产生了一定的影响。

1886年，曾在墨海书馆工作，参与《植物学》翻译，后来进入中国海关任翻译的英国传教士艾约瑟编译了《格致启蒙十六种》，由总税务司署出资印刷。其中《动物学启蒙》、《植物学启蒙》和《身理启蒙》分别介绍了西方近代动物学、植物学和生理学的一些基础知识。《身理启蒙》的最后一章涉及心理学知识。《动物学启蒙》是第一部比较系统全面地介绍西方动物学知识的著作。

《动物学启蒙》据艾约瑟所言是译自法国著名比较解剖学家和古生物学家居维叶（G. Cuvier）[1]的作品。原书十卷，艾约瑟只译了八卷，后两卷分别为软体动物和原生动物，他认为"较之无关轻重"，所以予以省略。其中第一卷相当于总论，介绍了动物可分为四大部类（大体类似后来分类阶元上的门），即脊骨（脊椎）动物、环节（节肢）动物、柔体质（软体）动物和动植难分（原生）动物，并指出动植物的差异，四大部类在动物解剖上的特征以及它们还可再区分成数个类别。其后各卷相当于各论，重点介绍了脊骨动物的乳养（哺乳）动物、羽族（鸟）类、龙蛇类或爬地（爬行）类、蛙类（两栖类）、鱼类的解剖学特征、外形和生活方式。最后简单介绍环节动物的形态特征和解剖学特点。该书的内容对当时我国的读者而言相当新颖，不过限于当时的社会环境，这类纯粹的科学知识很难引起人们的足够注意，影响有限。

19世纪末，我国还出现了数种传播西方生物学知识的小册

---

[1] 该书中译作"古非野"。

子，有英国传教士傅兰雅编的《植物图说》、《植物须知》、《动物须知》、《人与微生物争战论》和《全体须知》，以及华约翰的《虫学略论》[1]。其中《全体须知》最后两章"论脑筋""觉悟"，涉及心理学知识。1889 年，曾协助韦廉臣在湖北武昌传教的华人牧师颜永京[2]翻译出版了美国心理学家海文（J. Haven）的《心灵学》（*Mental Philosophy*）。这是近代中国翻译的第一部西方心理学著作[3]，后被用作教会学校的课本。同年，广学会还出版了《活物学》（即生物学）。1903 年，比利时人赫尔瞻（L. van Hee）和朱飞编译了《动物学要》一书（上海）。1904 年，奚若翻译了东吴大学传教士教师祁天锡（N. G. Gee，1876—1937）所著的《昆虫学举偶》，由美国传教士兴办的上海美华书馆[4]出版。

总体而言，自明末起，西方生物学知识虽然开始在我国有所传播，但内容简单，相关书籍虽有些被用作教会学校的教材，不过当时教会学校规模小，数量少，所以影响很有限。尽管如此，这些书籍还是在某种程度上发挥了一定的启蒙作用。

---

[1] 这是一本普通昆虫学的小册子，原文在 1890～1891 年的《格致汇编》连载，作者是芜湖驿矶山同文馆教师。邹树文认为作者当系美国籍传教士。（邹树文. 中国昆虫学史 [M]. 北京：科学出版社，1981：208.）

[2] 此人曾于 1854 年前往美国留学，1861 年毕业于俄亥俄州凯尼恩学院（Kenyon College），被认为是最早将心理学引入我国的学者。1878 年起，任上海圣约翰书院院长 8 年，并讲授心理学课程。1882 年曾将英国学者斯宾塞的《教育论》（*On Education*）的第一章翻译出版，中文名《肄业要览》。他是近代著名外交家颜惠庆之父，医学家颜福庆之伯父。《心灵学》由益智书会出版。

[3] 熊月之. 西学东渐与晚清社会 [M]. 上海：上海人民出版社，1994：487.

[4] 其前身是美国传教士在澳门兴办的花华圣经书房。

第三节　教会学校的出现及其生物学启蒙教育

一　教会学校的生物学课程

西方教会为了进一步开拓在华的传教工作，逐渐开始将教育灌输和扩大宣传作为传教的基本手段。他们通过教育来培养信仰基督教的精英，为未来的传教事业服务。教会学校的建立，客观上也使西方生物学在我国的传播有了一个非常重要的平台。

1839 年 11 月，西方教会在华开办最早的西式学校——马礼逊学堂在澳门成立，并于 1842 年迁到香港。马礼逊学堂规模很小，刚开始时学生仅有六人，多的时候也不过数十人，开设的课程中包括生理学。[1] 容闳、黄宽和黄胜三人原是该校的学生，1846 年由校长勃朗（S. R. Brown）带到美国留学，成为近代我国最早赴美的留学生。1850 年，黄宽在美国孟松学校毕业后赴英国爱丁堡大学学习医，是近代中国最早到英国留学的学者。

1842 年《南京条约》签订以后，西方教会学校在香港，以及广州、厦门、福州、宁波和上海五个通商城市迅速增多。早期的教会学校，教育程度都很低，约相当于小学，随后逐渐有一定数量的中学类型的学校出现。教会学校普遍开设西学课程，包括动物学、植物学、人体解剖等。例如，1873 年，美国长老会传教士狄考文（C. W. Mateer, 1836—1908）于 1864 年在山东登州创办的"蒙养学堂"[1876 年正式改名为文会馆

---

〔1〕　吴洪城，丁倩. 试论近代中国的教会中学教育 [J]. 河北师范大学学报（教育科学版），2007, 9 (1)：21 - 31.

（Tengchow Boy's High School）〕，开设的课程也有动物学、植物学和人体解剖学。[1]后来该校由中学升格为大学，英文名称改为登州学院（Tengchow College），开设的与生物学相关的课程除动植物学外，还有"心理学"[2]和生理学（《省身指掌》）。[3]

1884年美以美教会开设的镇江女塾，在其相当于小学至中学的十二年的课程中，所设生物学课程包括：第二年，全体入门问答（解剖学知识）；第三年，植物、动物浅说；第四年，孩童卫生、植物口传、动物浅说；第五、第六年，幼童卫生、植物图说、动物新编；第七年，植物学、动物学（百兽图说）；第八年，植物学、动物学等；第十二年，性学举偶（生理学、心理学）。[4]林乐知（Y. J. Allen，1836—1907）1881年在上海创立的中西书院，同年麦铿利（R. S. Maclay）在福州提议创办的鹤龄英华书院，都有"性理""全体功用""身体学"等生理学和格物学方面的内容。[5]此外，1907年德国人开的上海同济德文医学堂（同济大学医学院的前身）由德国生理学家雷蒙（P. B. Reymond）讲授生理学课程。可见，在教会学校传授的西学内容中，生物学知识还是占有一席之地的，对我国生物学启蒙有一定的意义。

〔1〕 熊月之. 西学东渐与晚清社会［M］. 上海：上海人民出版社，1994：293.

〔2〕 即颜永京翻译的"心灵学"。山东文会馆可能是国内最早开设心理学课程的学校。

〔3〕 高时良. 中国教会学校史［M］. 长沙：湖南教育出版社，1994：79.

〔4〕 熊月之. 西学东渐与晚清社会［M］. 上海：上海人民出版社，1994：298.

〔5〕 高时良. 中国教会学校史［M］. 长沙：湖南教育出版社，1994：62－63，82，93.

二 教会组织编撰的生物学教科书

中国近代的生物学教育起始于传教士设立的教会学校。1877年，传教士成立了学校教科书委员会（School and Textbook Series Committee），中文名为"益智书会"，专事统一编订教会学校教科书。益智书会编写的教科书构成了中国近代最早的一批传授现代科学知识的学校教科书，影响较大，后来清政府施行壬寅学制、癸卯学制，还选用了其中的部分教科书。益智书会编写和出版的教科书中，与生物学有关的主要有以下几种。

傅兰雅著的《植物须知》和《植物图说》书影

英国传教士傅兰雅曾任江南制造局翻译、益智书会的总编辑，出版过科学杂志《格致汇编》，其中不乏与生物学有关的科学知识。傅兰雅计划为益智书会编写的《格致须知》系列教科书为十集，但最后没有完全编成。其中第三集包括《全体须知》《动物须知》《植物须知》，都是生物学教科书。这三种生物学教科书均被清政府选用，列入了京师大学堂的《暂定各学堂应用书目》[1]。其中《植物须知》分为六章，介绍了植物的形态结构，书前面有50幅插图。傅兰雅还编写了学校挂图用的《格致图说》系列，其中包括《植物图说》《全体图》《百兽图》《百鱼图》《百鸟图》《百虫图》等。《植物图说》是在《植物须知》基础上拓展而成的，分为四卷，包括154幅插图，侧重于介绍植物各部分的形态结构。1898年，叶澜编写了《植物学歌略》一书，书前面的插图与《植物图说》相同，可以认为叶澜是在《植物图说》的基础上编写《植物学歌略》的。[2]

潘雅丽（A. S. Parker，潘慎文的夫人）译编的《动物学新编》由上海美华书馆印行，于1899年出版。全书一卷51章，前面40章主要介绍脊椎动物，后面主要介绍无脊椎动物，另有附论，介绍动物的分布及显微镜的使用等。书中动物都给出了标签，注明属类、特征，并有396幅插图，书后附有"习问"及系统检索表。

《百鸟图说》和《百兽图说》由英国韦门道（韦廉臣的夫人）著，于1882年出版。两书体例基本相同。《百鸟图说》有两页彩图，书中将各种鸟类分为肉食之鸟、家鸟、善爬之鸟、鸽之类、鸡之类、善跑之鸟、水地行走之鸟、有掌之鸟等八类共145种。《百兽图说》先论人与动物的不同，然后是两页彩图，书中的百兽均指哺乳动物，分为猴类之兽、蝙蝠类之兽、食昆虫之兽、肉食之兽、有袋之兽、物之兽、无齿之兽、厚皮之兽、返嚼之兽、水陆同居之兽、永居水中之兽等十一类共

〔1〕 该书为1903年南京江楚编译官书局照京师大学堂的原本刊印。
〔2〕 叶澜. 植物学歌略 [M]. 上海：上海蒙学会蒙学书报局，1898.

135 种。韦门道还编写过《良马图说》《家畜玩物》《名犬图说》等书。

《昆虫学举偶》由美国生物学家祁天锡著，奚若[1]译，黄慕庵[2]润色，益智书会 1904 年初版，由美华书馆印行。这本书是祁天锡到东吴大学担任教授时编写的。该书除简单介绍捕虫藏虫法之外，还介绍了蚱蝗、螳螂、蚂蚁、蛾蝶、秋蝉、虎皮甲等多种昆虫（蜘蛛被作为昆虫介绍了）的形态、结构和生活习性，特别介绍了昆虫与人类之间的关系。该书还注意结合中国的实际情况，并且引用了中国的典故"所谓徒见蝉之在前，而不知黄雀之俟其后也，悲夫"。

《活物学》由美国传教士厚美安（Dr. Holbrook）著，该书有广州木刻本、上海时务报馆石印本和益智书会本等多个版本。所谓"活物学"，即生物学。书前有数十幅插图，包括动植物的细胞、组织、器官以及形态、解剖和生态。该书分为上、下两卷共八章。该书将植物分为单珠[3]、双珠、上长、内长、外长等五类，将动物分为单珠、双珠、介类、虫类、高上（鳞类、禽类、兽类）等五大类。徐维则认为"书中所载，纤悉毕备，言简图详，初学最便"[4]。

---

〔1〕 奚若（1880—1914），字伯绶，笔名天翼，江苏吴县（今苏州市吴中区和相城区）人，曾入基督教卫理会，毕业于东吴大学，后留学美国欧柏林（Oberlin）学院，获文学硕士学位，上海小说林社成员，曾任商务印书馆编辑、董事，翻译、编辑了大量中小学教科书。

〔2〕 黄人（1866—1913），原名振元，字摩西，后更名黄人，字慕庵，江苏常熟人，南社早期成员，曾任东吴大学国学首席教授。

〔3〕 此书中的"珠"即细胞，不过此书关于动植物的分类并不科学严谨，特别是所谓的双珠植物和双珠动物。

〔4〕 徐维则. 增版东西学书录[M]∥熊月之. 晚清新学书目提要. 上海：上海书店出版社，2007：126.

据王树槐统计，益智书会及后来的教育会编辑出版的生物学类教科书还有韦明珠的《动物类编》、韦约翰的《卫生要旨》等。[1]益智书会主要是为传教士在中国办的学校编辑出版相当于中小学程度的教科书，但这些教科书也被教会学校之外的国人所阅读，起到了生物学启蒙教科书的作用。

总税务司署是清朝的海关税务机构，1861年在上海成立，1865年迁至北京，一直为西方人所把持。总税务司署资助出版了大量书籍，其中有一套《格致启蒙十六种》（或作《西学启蒙十六种》）丛书，由总税务司署大臣赫德（R. Hart，1835—1911）组织，英国传教士艾约瑟翻译。这是一套译自英国的科学入门书籍，共计16种，其中与生物学相关的包括《植物学启蒙》、《动物学启蒙》和《身理启蒙》。

广学会成立于1887年，初名同文书会，1892年更名为广学会，早期主要负责人是英国传教士韦廉臣，后由李提摩太（T. Richard，1845—1919）主持。广学会主要出版宗教方面的书籍，也有一些近代自然科学和社会科学读物。与生物学相关的有1899年出版的《动物浅说》，原书选自《自然读本之海滨和路旁系列2》，共分41课，主要介绍了螃蟹、黄蜂、蜜蜂、蜘蛛、壳类等动物的生活习性。该书曾被用作学堂教科书，并在民国后再版。《观物博异》由法国普谢（F. A. Pouchet）撰，英国季理斐（D. MacGillivray）译，李鼎星述稿，于1904年出版。全书分为8卷，包括微生物、昆虫类、飞禽类、生物迁徙不常、植物类[2]、地质类和天文类。著者和译者在书中

---

〔1〕 王树槐. 基督教与清季中国的教育与社会［M］. 桂林：广西师范大学出版社，2011.
〔2〕 植物类包括两卷：卷五和卷六。

用宗教性的语言介绍自然常识，还使用了"据说"等传闻性的口吻介绍某些生物现象。该书中有200余幅插图，并穿插了大量的植物学实验。

前面提到，美华书馆的前身是1844年在澳门创办、后来迁往宁波的花华圣经书房，1860年迁至上海，由美国长老会主持，负责人是姜别利（W. Gamble）。美华书馆侧重于印刷，而非编辑出版，主要印刷教会书报，也印刷了一些通俗书报和教科书。《百兽集说图考》由美国范约翰（J. M. W. Farnham，1829—1917）著，吴子翔译，于1899年出版。全书介绍了10科动物，如四手类、手为翅类、食虫类、食肉类等，并有大量插图。该书引用了很多中国古籍中对于动物的记载，如《说文解字》《尔雅》等。《动物学详考》，英国魏而斯（H. G. Wells）原本，由英国库寿龄（S. Couling，1859—1922）校订，宋传典[1]翻译，1907年初版。该书共4卷27章，每章分若干节，介绍高等有脊物[2]、下等有脊物、有脊物长程[3]、无脊物等各类动物的常见种类、形态、结构、生活习性，特别是以兔为例介绍了脊椎动物的各部分结构生理及其功能。该书可用作中学或大学教科书，教师需要根据实际情况选择教学内容。该书的名词"多用益智书会译就字样"，并鼓励读者"当亲手剖解物体，潜心察验，并购置显微镜，详审各体微质，以得实学"。[4]

土山湾印书馆是教会在上海徐家汇办的土山湾孤儿院里的

---

〔1〕 宋传典（1875—1930），原名华忠，字徽五，山东青州人。早年在传教士库寿龄（或译作"库寿宁"）办的学校读书，1891年加入基督教。曾担任中学教员，后经商。

〔2〕 这是原书的提法，"有脊物"指脊椎动物。

〔3〕 这是原书的提法，"长程"指生长发育。

〔4〕 魏而斯. 动物学详考 [M]. 宋传典，译. 上海：美华书馆，1907.

印刷出版机构，大约成立于 1867 年[1]，由于孤儿院内有一个慈母堂，所以这里出版的很多书会注明"土山湾慈母堂印书局"。这里印刷出版的书籍包括圣经等宗教读物、教会学校的教科书等，也有一些生物学教科书，如《动物学要》，署名赫尔瞻（L. van Hee）、朱飞同辑，1903 年出版。该书采用问答体的形式，介绍各种动物的地理分布及主要特征，正文有 200余幅插图，书后附有中西名词对照表。

晚清传教士开办的印刷出版机构，编写、出版、印刷了一些初等程度的生物学教科书，尽管这些教科书最初只是为教会学校准备的，但是由于公开销售，也被其他学校所选用，还被社会上对生物学感兴趣的人所阅读。这些教科书起到了生物学启蒙的作用。

总体而言，上述教科书中介绍的都是比较粗浅的知识，限于教会学校和早期我国学堂的学生人数，其影响的范围比较小，加上与实用有一定的距离，不容易受到社会的广泛重视。不过，这些书籍对上层社会的一些知识分子接触西方科学知识，开阔他们的视野，进而致力于科学技术的引进，发挥了一定的启蒙作用。实际上，就生物学而言，随着西方生物学知识的持续传入，一些社会精英对这类知识的重要意义已有初步的认识。孙中山在《上李鸿章书》（1894）中写道："别种类之生机，分结实之厚薄，察草木之性质，明六畜之生理，则繁衍

---

[1] 该孤儿院最早成立于 1849 年，起初在青浦县（今上海市青浦区）横塘，几经搬迁，直到 1864 年才迁至徐家汇土山湾。孤儿院从一开始就有印刷业务，但规模很小，到 1867 年才扩大规模，正式设立制作并印刷宗教用书的工场和印刷所（参见邹振环《土山湾印书馆与上海印刷出版文化的发展》一文）。

可期而人事得操其权，此农家之植物学、动物学也。"〔1〕梁启超在其《中西学门径书》（1898）中评价《植物学》和《植物图说》这两本书说："动、植物学推其本原，可以考种类蕃变之迹；究其效用，可以为农学畜牧之资；乃格致中最切近有用者也。《植物学》、《植物图说》皆其精。"〔2〕上述史实表明，这些关心国家前途和命运、注意社会变革的领袖人物，已经明确认识到，动、植物学是发展农业生产技术的重要基础，有重要的实用价值。

第四节　西方对华动植物调查和研究

16 世纪前期，葡萄牙人航海来到我国广东沿海，和我国展开贸易，后来其他西方国家接踵而至。出于商业和学术等诸多目的，西方人千方百计地从我国搜集有关生物资源的情报资料，进而大举在我国收集动植物种苗和标本。他们的这类活动，既给西方带去了大量的生物资源，也大大促进了西方动植物科学的发展，同时也在一定程度上激发了近代生物学在我国的萌芽。

我国幅员辽阔，生物种类繁多。明末西方商人和传教士等各色人物踏入我国领土后，丰富的生物资源很快引起了他们的注意。首先是传教士想方设法搜集动植物资源的资料，接着，他们和当时来华的商人一起将所能得到的各类动植物标本、植物种苗送回西方。随后，除了传教士和商人外，许多来华的军人、外交使团人员、领事人员、我国海关雇员、旅行者、探险

---

〔1〕　孙中山. 孙中山全集：第一卷［M］. 北京：中华书局，1981：11.

〔2〕　梁启超. 读西学书法［M］//梁启超. 饮冰室合集·集外文：下册. 北京：北京大学出版社，2005：1162.

者都曾在我国采集动植物标本。著称者有在交趾（今广西和越南一带）活动的葡萄牙传教士卢若望（J. Loureiro）；法国传教士谭卫道（A. David）、赖神甫（J. M. Delavay）、法尔热（P. G. Farges）、苏利埃（J. A. Soulié）和桑志华（E. Licent），法国外交官蒙蒂尼（L. C. N. M. Montigny）、王室人员亨利（H. d'Orleans）；德国传教士花之安（E. Faber）、领事官穆林德（O. F. Moellendorff）、鸟类学家魏戈尔德（H. Weigold）、动物学者舍费尔（E. Schaefer）、地学探险家费通起（W. Filchner）；英国商人和驻华领事人员及在华海关官员雷维斯（J. Reeves）、郇和（R. Swinhoe, 1836—1877），一些大的花木公司和植物园派出的福琼（R. Fortune, 1812—1880）、威尔逊（E. H. Wilson, 1876—1930）、福雷斯特（G. Forrest）和瓦德（F. Kingdon-Ward），博物学者普拉特（A. E. Pratt）、安德生（J. Anderson）；俄国传道团成员宾奇（A. Bunge），军官普热瓦尔斯基（H. M. Przewalski, 1839—1888）、波塔宁（G. N. Potanin, 1835—1920）、科兹洛夫（P. K. Kozlov, 1863—1935）、格鲁姆 - 格日迈洛兄弟（G. Y. Grum-Grjimailo & M. Y. Grum-Grjimailo），植物学家马克西姆维奇（C. Maximowicz, 1827—1891）、科马洛夫（V. L. Komarov, 1869—1945）；美国华盛顿国家自然博物馆的塞奇（D. Sage），纽约自然博物馆的安得思（R. C. Andrews）、蒲伯（C. H. Pope），费城自然科学院自由自然博物馆派出的杜兰（B. Dolan）、洛克（J. Rock）；瑞典探险家斯文·赫定（S. Hedin）、植物学家史密斯（K. A. H. Smith）；奥地利植物学家韩马迪（H. Handel-Mazzetti, 1882—1940）等，都在我国采集过大量生物标本。一些在华高校任教的生物学教师也持续采集动植物标本进行各种研究，同时将部分标本送回各自的国家，著名的如东吴大学的祁天锡（Nathaniel Gist Gee，1876—1937）、燕京大学的博爱理（A. M. Boring，1883—1955）、金陵大学的史德蔚（A. N. Steward，1897—1959）、岭南大学的莫古礼（F. A. McClure）、福建协和大学的克立鹄（C. R. Kellogg，1885—1977）、厦门大学的赖特（S. F. Light）等。他们的工作极大地开阔了西方生物学家的眼界，不断加深了西方生物学家对中国生物的兴趣。

此外，一些动植物标本收集者，为了更及时地处理和保存收集到的各种动物，还向帮他们收集动物的猎手传授动物标本制作技艺。如19世纪末，在福建收集动物标本的赖陶齐（J. D. D. LaTouche）就曾向给他收集鸟兽标本

普热瓦尔斯基书中的野马插图

的猎户唐春营传授动物标本剥制技术，其长子唐启旺曾为亚洲文会博物馆和法国传教士韩伯禄（P. Heude，1836—1902）建立的博物馆制作大批的动物标本。后来唐家成了我国制作动物标本的世家，被誉为"标本唐"。我国许多大的动物标本馆，如中国科学院动物研究所标本馆、上海自然博物馆、复旦大学博物馆、武汉大学博物馆和福建师范大学博物馆等，都有大量的动物标本出自唐家的标本制作者之手。[1]还有一些标本收集

---

〔1〕 侯江，李庆奎. 近代中国生物标本制作掠影〔J〕. 博物馆研究，2011（3）：55-64.

者，则向当地的画家传授西方的绘画技艺，让他们帮着绘制新收集的鲜活动植物标本的图画，以便留下真实的图像，更好地研究它们的形态特征，这无形中也促进了我国科学画的形成和发展。

西方采集者的活动极大地丰富了各自国家的标本资料收藏，有些采集者还成为研究中国动植物的名家。我国的第一个鸟类名录是由郇和编写的。谭卫道等编写的《中国的鸟类》（*Les Oiseaus de la Chine*，1877）曾经是研究中国鸟类的经典著作之一。1931 年，祁天锡等人编写的《中国的鸟类尝试目录》（*A Tentative List of Chinese Birds*）修订本，记录

谭卫道《中国的鸟类》中的鹦鹉插图

的鸟类达 1032 种，是当时总结性的著作。马克西姆维奇是 19世纪研究中国乃至东亚植物最著名的学者之一；而科马洛夫则是研究我国东北植物的著名学者，他著的《满洲植物志》（*Flora Manchuriae*）是一部有较高学术价值和有影响的著作。蒲伯 1935 年出版的《中国的爬行动物》（*The Reptiles of China*）是当时研究中国爬行类动物的总结性著作。韩马迪1937 年出齐的《中国植物志要》（*Symbolae Sinicae*），记述中国植物 8000 多种，堪称当时集大成的著作，对我国植物志的编写有重要的参考价值和借鉴意义。

不仅如此，当时世界上一些著名的中国动植物标本收藏机构还成为研究中国生物的中心，涌现了一批研究中国动植物的著名学者。这些学者不但成果突出，有些甚至成为中国早期在国外学习和深造的生物学家的老师，深刻地影响了中国生物学的发展。其中英国的丘园是收集中国植物标本最多的研究机构之一，由该园植物学家赫姆斯莱（W. B. Hemsly）和一位美国人编写的《中国植物名录》（*Indix Florae Sinensis*，1886—1905）是一部拥有广泛影响的工具书。20世纪30年代初，我国植物学家秦仁昌曾在丘园摄制了大批的模式标本照片，为我国植物学的研究提供了重要的基础资料。英国的爱丁堡植物园是收藏我国杜鹃花和报春花最多的机构。爱丁堡植物园园长、爱丁堡大学植物学教授斯密斯（W. W. Smith）研究过福雷斯特等人在华采集的大批杜鹃花和报春花，是这一领域的权威学者。1930年，我国林学学者叶培忠曾到爱丁堡植物园进修。1934年，我国植物学家，后来成为著名的杜鹃花科和槭树科专家的方文培，曾在斯密斯的指导下做研究工作，后来获得博士学位。同年，另一中国植物学家陈封怀也在斯密斯的指导下研究报春花科和菊科植物。其后我国另外两位植物学家孙祥钟和俞德浚也曾到爱丁堡植物园深造。他们学成回来后，除在植物专科的分类学上大有作为外，还对我国的植物园建设做出了卓越的贡献，其中陈封怀的成就尤其突出。

法国的自然博物馆也是收藏中国动植物标本的一个重要机构，在这里供职的植物学家弗朗谢（A. Franchet）是19世纪下半叶研究中国植物最著名的学者之一。他曾研究过大量的云南和藏东的植物，并发表了不少的专著。巴黎大学的安吉尔（F. Angel）曾研究过许多中南半岛和华南的两栖爬行类动物，我国的两栖爬行类动物学家张孟闻在该校留学时，曾得他的指导。[1]在收藏有大批中国动植物标本的巴黎自然博物馆工作的儒尔（L. Roule，1861—1942）教授，曾指导我国在法国留学的鱼类学家张春霖、伍献文和陈兼善，以及爬行类动物学家张孟闻。

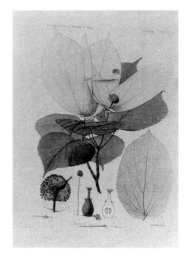

弗朗谢著作中的珙桐图

德国的柏林植物园和自然博物馆曾是收藏中国植物标本比较多的地方。该园的负责人、柏林大学教授、世界著名的植物地理学家狄尔斯（L. Diels）是研究中国植物地理的开拓者，刊行过《中国西部植物地理学调查》（*Untosuchungen zur Pflanzegeographie von West-China*）等著作。我国的辛树帜、董爽秋、郝景盛等在柏林大学留学的生物学家都是他的学生。正是受他的指点，辛树帜回国后立即组织考察队到前人从未考察过的广西瑶山考察并采集生物标本，取得丰硕成果。

丹麦的克里斯藤森（C. Christensen，瑞典人）是20世纪上半叶研究中国蕨类植物的著名人物。他研究过瑞典植物学家史密斯20世纪20年代在河北、四川北部和美国人洛克在云南北部采集的蕨类植物。后来立志研究本国蕨类的我国植物学家秦仁昌在欧洲访学时，曾在其门下从事研究。奥地利植物学家

〔1〕 ZHAO E，ADLER K. Herpetology of China［M］. Oxford：Society for the Study of Amphibians and Reptiles, 1993.

韩马迪是当时研究中国植物的权威学者，曾刊行《中国植物志要》（*Symbolae Sinicae*），我国植物学家吴韫珍曾在他那里深造。[1]吴韫珍从他那里抄录了大量资料卡片，但没来得及整理就赍志而殁，后由其学生吴征镒继续整理，为中国植物志的编写积累了宝贵的资料。

在 20 世纪的上半叶，美国哈佛大学是研究中国动植物的一个重镇。这所学校的比较动物学博物馆、格雷标本馆和阿诺德树木园收藏有丰富的中国动植物标本。阿诺德树木园还种植了大量来自中国的植物，包括著名的孑遗植物水杉。哈佛大学的动物学家埃伦（G. M. Allen）曾出版两卷本总结性著作《中国和蒙古的兽类》（*The Mammals of China and Mongolia*）。阿诺德植物园（现称"阿诺德树木园"）的沙坚德（C. S. Sargent，1841—1927）、杰克（J. G. Jack，1861—1949）、梅里尔（E. D. Merrill，1876—1956）、威尔逊（E. H. Wilson，1876—1930）和瑞德（A. Rehder，1863—1949）都是研究中国植物的名家，也是我国著名植物学家钱崇澍、陈焕镛、胡先骕、钟心煊、裴鉴、王启无、李惠林和胡秀英等在美国求学时的指导老师。梅里尔从 1923 年开始，在岭南大学教授过三年植物学，写过《岭南大学校园 51 种树木志》。他和另一位美国植物学家和嘉（E. H. Waker）于 1938 年出版了《东亚植物学文献综录》（*The Bibliography of Eastern Asiatic Botany*），1951 年在琉球研究了当地的木本植物，写了一本《琉球木本植物名录》。[2]威尔逊曾写过著名的《中国——园林之母》 （*China—Mother of*

〔1〕 吴征镒. 百兼杂感随忆［M］. 北京：科学出版社，2008.

〔2〕 罗宗洛. 日本植物学会第 75 周年纪念会［M］//殷宏章，等. 罗宗洛文集. 北京：科学出版社，1988：489.

Gardens）一书，他的工作倍受我国植物学家的推崇。胡先骕曾将他的一些文章翻译出来，在《科学》上发表。胡先骕在译文的前面写道："威氏受英京园艺公司之托，往中国西部搜集野生花木果树可供园艺之用者，于是往来湖北、四川、云南、川边者凡十一年，搜集植物极多，而发现新植物亦数千。即征其于园艺有增加佳美花果莫大之功，植物学已收其伟大之贡献矣。氏所采集之标本，现已为哈佛大学植物院考订成书，曰《威氏植物》（*Plantae Wilsonii*），为植物学家不可少之书……氏另著有《中国西部游记》……今辄择其中关于植物农林诸篇，译成国语，庶读者于我国天产之富，略知其梗概焉。"不难看出胡先骕对威尔逊工作的重视。[1]另外，胡先骕对瑞德和梅里尔也很尊崇：20世纪30年代初，汪发缵在峨眉山采集到一种齐墩果科新属新种植物，胡先骕将它命名为瑞德木（*Rehderodendron macrocarpum*，即木瓜红）[2]，以瑞德的名字作为此种植物的属名[3]；曾将卫矛科（胡先骕认为的一新属）命名为梅乐（即梅里尔）藤（Sinomerrillia）[4]，还写明"用以纪念哈佛大学之植物学机关之总主任梅乐（E. D. Merrill）博士者也。博士于华南植物贡献至巨，中国植物之研究，氏实占极先进之地位"。[5]

〔1〕 胡先骕. 中国西部植物志［J］. 科学，1917，3（9）：1079.

〔2〕 俞德浚. 四川植物采集记［J］. 中国植物学杂志会汇报，1934（3）：325 – 344.

〔3〕 现称木瓜红属。

〔4〕 现归入盾苞藤属（*Neuropeltis*）。

〔5〕 胡先骕. 卫矛科一新属，梅乐藤［J］. 科学，1938，22（7/8）：379.

尼丹（前排中）和他的中国学生秉志（后排左二）、

邹秉文（后排右一）等

美国另一著名大学——康奈尔大学也颇有一些研究中国动物的著名学者。其中昆虫学家尼丹（J. G. Needham）曾研究过中国的不少昆虫，刊行过名为《中国蜻蜓手册》（*A Manual of the Dragonflies of China*）的专著。我国早期的一批动物学家，如秉志、陈桢、胡经甫、刘崇乐、朱元鼎和吴福桢都曾是他的学生；一些农学家，如邹秉文、过探先、钱天鹤和金邦正也曾听过他的课。[1]1928 年由中华教育文化基金会资助，尼丹来华讲学，在东南大学和北京师范大学讲授生物学并帮助改善实验室，其间亦曾采集昆虫标本。[2]美国加利福尼亚科学院学者艾夫芒（B. W. Evermann）曾研究我国的淡水鱼，1927 年曾与我国在该校求学的寿振黄合作出版了《华东的鱼类》（*Fishes*

〔1〕 美国生物学家尼丹来华 [J]. 科学，1926（10）：1445.

〔2〕 中华教育文化基金会. 中华教育文化基金董事会第三次报告 [R]. 北平：中华教育文化基金董事会，1929.

from Eastern China）。另外，美国纽约自然博物馆的鱼类学家尼可尔斯（J. T. Nichols）于 1943 年出版的《中国淡水鱼类》（*The Fresh-water Fishes of China*）也是当时的集大成著作。

西方人采集和研究了大量的中国动植物，积累了相当多的成果。仅就昆虫而言，至 20 世纪上半叶，已命名的我国昆虫就达约 2.5 万种，其中 90% 以上由外国人命名。后来他们还一直根据以往采集的标本命名新种，可见他们的标本采集不但数量巨大，而且种类相当繁多。与此同时，西方人的采集和研究活动，也刺激了我国生物学的发展。民国年间，有学者写道："查生物资源，乃国家宝库，在科学先进的国家，此种重要科学事业，早优为之，故农工商因之发展，福国利民，此为要图。我国贫困至此已极……倘能将此天产独厚之资源，一一开发，由调查而研究，最后得其利用，则富国裕民，计日可待，而国民经济建设亦有基础矣。且资源自我开发，则外人不敢越俎代谋，足转移帝国主义者之目光，而遏其野心……"[1]

植物分类学家方文培更认为外国人"采取我国珍奇之植物标本，藏诸外国博物馆中。本国境内反不得一见。此于中国植物学虽不无贡献，然亦中国之奇耻大辱也"[2]。我国生物学奠基人之一的秉志曾经在阐述"生物学与社会"的关系时指出"凡国于地上，必恃民族之优良，然后可于物竞激烈之中，战胜天行，而以存以殖"。因此，在秉志看来，"无生物学则不国"，[3]"生物现象与人生有密切关系，为寻常人所必须知

---

〔1〕 刘咸. 生物调查与国家资源 [J]. 科学, 1936, 20 (3)：168.

〔2〕 方文培. 中国植物学发达史略 [J]. 科学世界, 1932, 1 (2)：125 – 130.

〔3〕 秉志. 生物学概论 [J]. 科学, 1915, 1 (1)：78 – 85.

者，国人率未闻见，以致卫生不讲，国弱种孱，天产尽弃，饿殍载道"。[1]秉志在《生物学与民族复兴》一书中还很具体地指出："近数十年来，美国农部屡次派专家来吾国西部及各省内地调查有经济价值之生物以为移植培养之计，北美地土广袤，物产甚富，然犹不以自足，而来吾国逐处调查采取不遗余力。俄国德国之频频来吾西陲做探险之旅行，法国瑞典亦有之。其目的虽各自不同，然其对于生物之种类，皆有精确之研究。此项工作不独在纯粹科学上有所贡献，而其裨益实用者，正亦不少。吾国坐拥广大之利，而不能利用……毋乃可惜乎。故国人宜急起直追。"这很好地阐明了早期生物学领袖发展与西方人在华工作的刺激是分不开的。

综上所述，这些标本材料的研究整理，对世界生物学的发展起了一定的推动作用，对刺激我国生物学的发展也有相当的影响。一方面，这些活动为我国后来的生物分类学积累了一定的基础，有些机构还为我国生物学家的培养做出了贡献。另一方面，这些标本资料的采集活动使后来到西方学习的中国学者感到屈辱，自己国家的生物要外国人越俎代庖来调查，祖国的生物资源任由他人恣意侵渔，激发了他们为改变这种状况而奋起努力，从而也在一个具体的侧面刺激了我国，促进了生物学的发生和发展。

第五节　教会高校生物学教育及影响

19世纪末，一些比较有见识的官员已经开始筹办高等学

---

[1] 秉志. 辛酉夏季采集动物标本记事 [J]. 科学，1922，7（1）：84 - 98.

府，出现了北洋大学堂[1]、南洋公学和京师大学堂[2]等我国最早的一批"大学"。不过，我国这些大学堂初创时期的教学水平都比较低，也没有生物学教育。正规的生物学高等教育也是从教会大学首先开始的。有西方学者认为，"西方教会学校的规模不大，但影响很广"[3]。这种说法有一定的道理。

教会高校多数设有理科，同时讲授生物学课程，随后发展出独立的生物学科系，培养专门的生物学人才。外国教会在我国南方兴办的几所大学中，苏州的东吴大学最早设立生物学科。金陵大学、金陵女子大学[4]、福建协和学院，也都是较早开设生物学课程的学校。这些都是美国教会办的大学，它们和中国赴美留学计划以及中华教育文化基金董事会、洛克菲勒基金会对中国近代的生物学发展产生了较为深远的影响。在上述教会高校中，东吴大学最早在高校生物学教育方面做出杰出的成绩。

一　东吴大学生物系

20 世纪初，美国基督教差会监理会决定在该会所属的中国苏州博习书院、宫巷书院和上海中西书院的基础上创办东吴大学。之所以冠名"东吴"，据说缘于当时两江总督刘坤一在回复美国上述教会在苏州创办大学的呈请时，信中有这样的句子："东吴士子从此皆是公门桃李矣。"[5]1901 年，美国传教

---

〔1〕 1899 年著名法学家王宠惠即毕业于该校。

〔2〕 1912 年改为北京大学，严复任校长。

〔3〕 费正清. 美国与中国［M］. 张理京，译. 北京：世界知识出版社，2000：312.

〔4〕 在美国密歇根大学获得博士学位的黎富思于 1917 年开始到该校任教。该校后改名为金陵女子文理学院。

〔5〕 NANCE W B. Soochow University［M］. New York：［s. n.］，1952：21.

士林乐知通过美国南部监理会筹集资金，加上在苏州等地募捐，解决了创办大学所需的资金问题。同年3月，东吴大学在苏州博习书院旧址正式开办，林乐知任董事长，另一美国传教士、宫巷书院的创办人孙乐文（D. L. Anderson）任校长。[1]而一向关注林乐知行踪，积极参加美国南部监理会活动的生物学家祁天锡，则被选中作为这所新成立大学的理科教授[2]。

祁天锡（左三）和福建博物学者在一起

祁天锡是美国一位出色的高校生物学教师，来华前已有丰富的生物学教学经验。他广泛利用各种途径传播生物学知识，很快使该学科开创了新的局面，取得了杰出的成就。早在1904年，格致科的助教奚若就翻译出版了祁天锡的《昆虫学举偶》；可能受祁天锡的影响，奚若、蒋维乔又在1911年翻译出版了美国胡尔德的《胡尔德氏植物学教科书》。上述两部著作都由商务印书馆出版。

建校伊始，东吴大学理科教师很少，祁天锡在学校讲授普通生物学、植物学、动物学、生理学、自然地理、天文学等各种理科课程，是学校理科的奠基人。他的言谈举止很有亲和力，

〔1〕　中国第二历史档案馆. 中华民国史档案资料汇编：第三辑 教育［G］. 南京：江苏古籍出版社，1991：272.

〔2〕　HAAS W J. China voyager［M］. Armonk：M. E. Sharpe, 1996：42 - 53.

待人热情且彬彬有礼，在校广受同事和学生欢迎。同校的中国同事、汉文教习徐允修[1]为此给他起了寓意深长的汉名"祁天锡"，谓其是"天赐"[2]给学校的老师。不难想见，这是一名颇受欢迎的教师。从建校伊始，直到1920年，祁天锡在东吴大学工作了近20年。其间，他还先后在苏州其他一些学校和医学院教授生物学。[3]他用出色的工作证明自己是一位优秀的教师。

1912年，祁天锡创立了中国高校中第一个独立的生物系[4]，并担任系主任，开始将自己的工作从层次较低的基础教育，逐步转变到培养未来的生物学家。为此，他设置了相关的课程。在教学过程中，他非常注重科学实验，不但经常带学生到野外采集动植物标本，进行广泛的实习训练，而且建立起了当时中国最先进、最完善的生物实验室。为了配合实验室工作的开展，他积累了大批的生物学标本，还规划在系里建设生物材料所。在其同事和学生的共同努力下，生物材料所很快建成，并且取得了杰出成就。时人写道："重以祁天锡教授历年采集发见之所得，吾校标本，遂美且备。匪特陈死标本，罗列无所遗。即其生者、活者，亦罔不俯拾即是。是以治生物者，人各得而躬自实验外。复有材料一科，国内外之以材料仰给于我者，大有山阴道上，不暇应接之慨。至若仪器之应有尽有，犹其余事耳。"[5]

---

〔1〕 徐允修是学校的国文教师，著名昆虫学家徐荫祺之父，著有《东吴六志》等。

〔2〕 "锡"字通"赐"。

〔3〕 王国平，张菊兰，钱万里，等. 东吴大学史料选辑（历程）[M]. 苏州：苏州大学出版社，2010：123.

〔4〕 王志稼. 祁天锡博士事略 [J]. 科学，1940，24（1）：69-70.

〔5〕 王国平，张菊兰，钱万里，等. 东吴大学史料选辑（历程）[M]. 苏州：苏州大学出版社，2010：221.

祁天锡很注重培养那些有志从事科研的青年，不断地给他们进行相关的技能训练，指导他们如何规范地制作生物标本，如何跟国外同行交换标本资料等，[1]引导这些年轻的中国生物学者在做好科研的同时，能很好地开展国际学术交流。同时，他也非常注重人才培养与生产实践相结合，将学生引导到与农业生产发展密切相关的专业上去。他最早的两位研究生——1919 年获硕士学位的施季言和胡经甫，明显受其教学理念的影响，选择的研究方向分别是经济植物和昆虫学。受其注重发展水产研究理念的影响，朱元鼎、陈子英和王志稼等学生后来走向终身研究鱼类、海洋生物和淡水藻类的道路。[2]1937 年，东吴大学还创办了淡水生物研究所。[3]

在他的不懈努力下，东吴大学生物学教学很快异军突起。1920 年他离开后，其学生胡经甫于 1923 年回母校，继他之后担起系主任的重任，使生物系得到进一步的发展。时人认为："生物科之弥享盛名，博士与有力焉。"[4]不仅如此，由于富有教学经验，训练方法得当，祁天锡培养的学生于二十世纪二三十年代就在国内崭露头角，大多成为大学生物系的主任或主要负责人。其中包括金陵大学生物系系主任陈纳逊[5]、厦门大

〔1〕 HAAS W J. China voyager ［M］. Armonk：M. E. Sharpe，1996：101 - 103.

〔2〕 朱元鼎是我国鱼类学的奠基人之一；陈子英是我国遗传学的先驱，海洋生物学的开拓者。

〔3〕 王国平，张菊兰，钱万里，等. 东吴大学史料选辑（历程）［M］. 苏州：苏州大学出版社，2010：253.

〔4〕 王国平，张菊兰，钱万里，等. 东吴大学史料选辑（历程）［M］. 苏州：苏州大学出版社，2010：221.

〔5〕 陈纳逊（1895—1997），动物形态学家。

学生物系系主任陈子英[1]、上海大学生物系主任王志稼[2]、燕京大学生物系主任胡经甫[3]、圣约翰大学生物系主任朱元鼎[4]、东吴大学的张和岑[5]、沪江大学的郑思竞[6]等。[7]随着他的学生到各地任教，逐渐把他的教学理念、方法进一步扩展开来。曾任上海水产学院院长的朱元鼎教授直至晚年依然深情地向助手回忆祁天锡教授治学严谨，对学生谆谆教诲，既严格要求又热情栽培的情景。[8]

除授课和科研外，为了取得更好的教学效果，祁天锡还努力从事教材编写工作。1915 年，他根据教学需要，在商务印书馆出版了一本大学教学教材《英文植物学教科书》。这是一本大 32 开、438 页的内容丰富的大学课本。他强调结合本土生物进行教学，故在书后附录《江 苏 植 物 名 录》、福 勃 士 (F. B. Forbes) 和赫姆斯莱的《中国植物名录》 (*Indix Florae*

《英文植物学教科书》书影

〔1〕 陈子英 (1897—1966)，1929 年在哥伦比亚大学摩尔根实验室获得博士学位。
〔2〕 王志稼 (1893—1981)，我国最早的藻类学家。
〔3〕 胡经甫 (1896—1972)，我国昆虫学奠基人之一，1955 年被选为学部委员。
〔4〕 朱元鼎 (1896—1986)，著名鱼类学家。
〔5〕 张和岑 (1898—1985)，药用植物学家。1922 年毕业于东吴大学生物系，曾任东吴大学生物系主任。1949 年后任上海第一医学院教授。
〔6〕 郑思竞，人体解剖学家，1949 年后任上海第一医学院教授。
〔7〕 NANCE W B. Soochow University [M]. New York：[s. n.]. 1952：56.
〔8〕 中国科学技术协会. 中国科学技术专家传略·农学编·养殖卷 1 [M].
北京：中国科学技术出版社，1993：106.

Sinensis，1886—1905）。[1]当时国人自办的大学还没有生物系，直到 1921 年，南京东南大学才出现国人创办的第一个生物系。[2]中国学者自己编写的最早的大学植物学教科书《高等植物学》直到 1923 年才在商务印书馆出版。

为培养高层次的专门人才，在生物系第一届学生毕业后，祁天锡随即启动了我国国内生物学科最早的研究生教育。[3]我国著名的昆虫学家胡经甫和曾任东吴大学教务长的施季言就是该系 1919 年首批生物学硕士学位的获得者。

由于祁天锡在东吴大学理科和生物系工作期间培养了后备人才，完善了实验条件，因此，在他离校后，该校的生物系依然十分出色。在他之后任生物系主任的胡经甫、张和岑、张宗炳、徐荫祺继续培养出不少出色的教师和研究人员。其中不乏著名人物，如我国遗传学的中坚谈家桢（1909—2008）院士，病毒学的开拓者高尚荫（1909—1989）院士，植物分类学家李惠林（1911—2002），昆虫学家陆宝麟（1916—2004）院士，昆虫生理学的奠基人钦俊德（1916—2008）院士，著名昆虫学家潘铭紫[4]、陆近仁（1904—1966），以及淡水生态学家刘建康院士（1917—）和无脊椎动物学家宋大祥（1935—2008）[5]院士等中国生物学界的领军人物。高尚荫、谈家桢和

〔1〕 GEE N G. A text-book of botany ［M］. 上海：商务印书馆，1915.

〔2〕 薛攀皋. 我国大学生物学系的早期发展概况 ［J］. 中国科技史料，1990，11（2）：59‒65.

〔3〕 王国平. 中国最早的研究生教育 ［J］. 江海学刊，2007（1）：171‒177.

〔4〕 潘铭紫（1896—1982），江苏苏州人，解剖学家，毕业于东吴大学，1949 年后，为第四军医大学一级教授.

〔5〕 宋大祥 1949 年考入东吴大学生物系，后在 1952 年高校院系调整时，东吴大学撤销，在原址建立江苏师范学院，因此他毕业于江苏师范学院生物系.

李惠林还曾分别是武汉大学、复旦大学、台湾大学等著名高等学府的生物系系主任，培养过许多后代生物学家，壮大了学科队伍，为我国生物学的奠基和发展做出了巨大的贡献。此外，著名心理学家、我国心理学奠基人之一的陆志韦[1]（1894—1970）院士，微生物和免疫学家谢少文[2]（1903—1995）院士也毕业于东吴大学。东吴大学1924年办的生物材料处所生产的生物材料被广泛应用，为国内外109个机构和个人采用，"对生物学教学有相当的贡献"。据称，"国内著名大中学及医学院所用生物标本，大部均由该处供给，全国博览会及芝加哥博览会中均获有荣誉奖状，是以国外各校以及生物标本供给所多有向该处采购或批购经销，其在生物科学界地位之重要，可见一斑"。[3]

祁天锡重视水生生物的研究和江苏乃至长江流域动植物的研究，与我生物学家的见解同出一辙。祁天锡历经数年编写的《江苏植物名录》，曾由钱崇澍译成中文发表；尔后胡先骕则致力于编写《浙江植物名录》和《江西植物名录》。1917年，祁天锡和几个友人合作出版了《长江下游的鸟类索引》（*A Key to the Birds of Lower Yangtze Valley*, *with Popular Descriptions of the Species Commonly Seen*）；后来，秉志曾组织中国科学社生物研究所的同事编写《长江动物志初稿》等。不难看出，祁天锡的许多学科发展思想与后来秉志等人的观念非常近似，说明他对中国社会有深刻的了解。

---

[1] 陆志韦1957年被评为中国科学院哲学社会科学部学部委员。

[2] 谢少文是医预科的学生。

[3] 王国平，张菊兰，钱万里，等. 东吴大学史料选辑（历程）[M]. 苏州：苏州大学出版社，2010：311.

二 其他教会大学的生物学系

1. 金陵大学农林科、植物学系和动物学系

教会学校很注意人心的笼络，关注当地的需求自然是实现这一目标的主要方式。在当时，我国亟待改变农业和医药卫生的落后状况，教会学校把重点放在农业和医学教育上，主要是因为这些专业能较快地见到效益，类似慈善事业的延伸，容易获得民众的好感和欢迎。正是基于这种理念，金陵大学从一开始就致力于农业教育及其基础学科生物学的发展，教学科研独树一帜，水平堪称出类拔萃。

金陵大学的前身是 1888 年成立的汇文书院，1910 年汇文书院与宏育书院合并后改称金陵大学[1]，包文（A. J. Bowen）任监督（校长）；1915 年改称金陵大学校。它被认为是民国年间最好的教会大学。金陵大学在美国纽约教育局立案，毕业生可以同时接受美国纽约大学的学位文凭。金陵大学授予的学位，与美国各大学授予的学位具有同等效力，毕业生可以直接进入美国各大学研究生院，无须另行考试。[2]它还与康奈尔大学结为姊妹学校。为了培养农林技术人员，1914 年金陵大学创立农科，1915 年增办林科[3]，1916 年合并为农林科，主任是加拿大教师裴义理（J. Bailie，1860—1935）博士，农林科

---

〔1〕 中国第二历史档案馆. 中华民国史档案资料汇编：第三辑 教育［G］. 南京：江苏古籍出版社，1991：278.

〔2〕 张楚宝. 金陵大学林科创建始末及其业绩［M］//中国林学会林业史学会. 林史文集. 北京：中国林业出版社，1990：100.

〔3〕 中国第二历史档案馆. 中华民国史档案资料汇编：第三辑 教育［G］. 南京：江苏古籍出版社，1991：279.

下设生物[1]、农艺和林学等系。[2]1916 年在农林科中建立生物系[3]以后，在这里教授生物学、林学的教授有钱崇澍、陈焕镛、史德蔚、陈嵘和焦启源等。

1917 年，裴义理前往美国后，改由作物育种学家芮思娄（J. H. Reisner, 1888—?）任主任。1918 年该校增设蚕桑系，聘请美国加州大学农学院昆虫学家吴伟士[4]（C. W. Woodworth, 1865—1940）教授任系主任。其后，该校请了一些美国著名的育种学家来校指导工作。1920 年聘请美国棉

吴伟士

作专家郭仁风（J. B. Griffen）来华主持棉花品种的改良工作。1925 年美国康奈尔大学小麦育种专家洛夫（H. H. Love）受聘在金陵大学任特约教授一年。后来在此讲授育种学的外籍专家有马雅思（C. H. Myers）和魏庚（R. G. Wiggans）等。1921 年美国植物学家史德蔚来金陵大学任教，在农林科教授植物生态学、经济植物学，并建立了植物学系，任系主任。焦启源和樊庆生也在植物学系教授植物学，前者讲授植物生理学、植物形态学、经济植物解剖学、菌类生理学、禾本科植物专论，后者讲授普通植物学、本地植物学和植物分

〔1〕 一说 1926 年设立生物系，见张宪文主编的《金陵大学史》，335 页。
〔2〕 张宪文. 金陵大学史［M］. 南京：南京大学出版社，2002：23.
〔3〕 高时良. 中国教会学校史［M］. 长沙：湖南教育出版社，1994：157.
〔4〕 美国加州大学伯克利分校昆虫学系的奠基人。利用果蝇作为遗传学材料是由他提出，后来由别的昆虫学家推荐给摩尔根的。在金陵大学工作期间，曾组织南京城的灭蚊运动。1921 年至 1924 年又在南京东南大学工作，同时任江苏昆虫局局长。

类学。

1922 年美国动物学家伊礼克（J. T. Illick）来金陵大学教授动物学。1930 年金陵大学理学院成立时，生物系分为动物学系和植物学系，植物学系行政上归属农学院，动物学系归理学院。动物学系在理学院被习惯称为"生物系"。从美国宾夕法尼亚大学学成归来的陈纳逊任动物学系教授兼系主任，伊礼克、范德盛任动物学系教授。1939 年动物学系正式改为生物学系，植物学系改称农林生物学系。1942 年又开始改组，农林生物学系所属的植物学组改隶森林学系；另外两组——植物病理学组和昆虫学组合并建成植物病虫害学系。抗战胜利金陵大学复校后，又恢复植物学系。

1930 年金陵大学农林科扩建为农学院，由原农林科科长谢家声任院长。[1] 金陵大学农学院的宗旨是：授予青年以科学知识和研究技能，并谋求我国农作物之改良，农业经营之促进与农夫生活程度之提高。[2] 金陵大学农学教育从芮思娄负责农科开始，就有自己明显的特色。他们非常注重"教育—研究—推广"三位一体，亦即将教育、科研和生产实践有机地结合起来，在推动我国农业进步方面，取得很好的效果。金陵大学的育种学研究与美国的康奈尔大学合作，取得过非常出色的成就，造林学、水土保持研究和土地利用研究都有非常好的成绩。1923 年，美国对华赈款委员会指定结余的 70万美元为防灾基金，利息归农林科使用，以从事防灾计划的

---

〔1〕 当时谢家声仍兼任中央大学农学院教务长。

〔2〕 高时良. 中国教会学校史 [M]. 长沙：湖南教育出版社，1994：159.

实施。[1]这对推动金陵大学的水土保持研究工作、土地的合理利用起了积极的作用。著名的水土保持专家罗德民（W. C. Lowdermilk，1888—1974）、农业经济学家卜凯（J. L. Buck，1890—1975）都曾在该校任教，是上述工作的领导者。我国水土保持专家李德毅、任承统是该校的毕业生。该校发展了新的农业技术，培育出大量的农作物新品种和大批的农业专家。该校的生物学教育可谓成绩斐然，培育出来的生物学人才令人瞩目。

著名遗传学家陈桢是1918年该校农林科的第一届毕业生，同届毕业的还有李积新、叶元鼎、徐澄等。李继侗、吴韫珍、秦仁昌、王应睐（化学系毕业）、阳含熙、吴中伦、俞大绂、李凤荪、魏景超、裴维蕃、戴松恩等著名生物学家和李顺卿、庄巧生、林刚、叶培忠、樊庆生、陈俊愉、黄宗道、卢良恕、刘大钧等农林专家都是

陈　桢

金陵大学的毕业生。陈桢是我国遗传学的奠基人之一，李继侗是我国植物生理学和植物生态学的奠基人之一，秦仁昌是我国蕨类学的创始人，王应睐是我国生物化学科研事业的主要奠基人。

教会大学建立标本馆通常也比较早。为了提高教学质量，金陵大学在20世纪20年代初即建立动植物标本馆，至七七事变前，已收集标本43000份，复本10万份。还有来自华北13

---

〔1〕　陈植. 十五年来中国之林业 [J]. 学艺，1933（增刊）：41－54.

省的昆虫标本约6万只；收集到的细菌标本也不少，经定名的有100余种。[1]植物学系的史德蔚、焦启源等率人进行过一定规模的植物标本采集。1930年，作为系主任的史德蔚与美国哈佛大学阿诺德树木园签订了为期数年的合作协议，由阿诺德树木园提供经费，采集中国中西部植物标本；由哈佛大学相关机构提供经费，采集真菌标本。同年，作为助教的焦启源率人在山东采集了数月，采得高等植物标本800余种，15000份。1931年，史德蔚、焦启源等率人在贵州中部和东北部的梵净山等地进行植物采集，采得高等植物标本1000多种，约2万份，真菌标本2000份，以及一大批树木花卉种子。此前只有法国传教士在贵州靠近四川的地区采集过标本。1932年，金陵大学植物学系又派人赴安徽和江西等地采集植物标本。1933年，史德蔚又率人赴广西西部、北部采集植物标本，收获颇丰，共得高等植物标本1200余种，2万多份，以及大批真菌标本和植物种子。[2]1936年暑假期间，植物学系的采集人员又在安徽、山东一些地方采集，采得高等植物标本约600种，7000多份，还有不少真菌标本。[3]

农林科的森林系曾先后由凌道扬、叶雅各、林刚（代）、李德毅和陈嵘主持。林学家陈嵘任主任时开始建设标本室。1925年，陈嵘从欧美游学回国后，在金陵大学森林系任教授兼系主任，随即着手筹建金陵大学森林系树木标本室。他追随

---

〔1〕 张宪文. 金陵大学史［M］. 南京：南京大学出版社，2002：192，196，307，374－375.

〔2〕 中央研究院关于金陵大学史德蔚往湖南采集植物标本一案的有关文书（1934年）［A］. 南京：中国第二历史档案馆，全宗号393，案卷号264.

〔3〕 GRAHAM D C. Research expeditions in west China ［J］. The China Journal，1939，30（2）：108.

着曾为阿诺德树木园采集标本的威尔逊（E. H. Wilson）之足迹，深入鄂西神农架林区和峨眉山以及川西地区进行调查采集，[1]最终建成标本比较齐全的标本室。

不难看出，金陵大学与美国纽约以农学和生物学见长的康奈尔大学结为姊妹学校的合作，对促进金陵大学在育种、植物学研究和人才培养等方面的进步有极为重要的作用。

总体而言，金陵大学在农作物遗传育种、农作物病虫害防治、土地利用调查、水土保持等方面都有非常出色的贡献。

同在南京的金陵女子文理学院（原名金陵女子大学）在1920年成立了生物系。从1917年开始美国生物学家黎富思（C. D. Reeves）女士在此任教，她的授课似乎比较受学生的欢迎。在该校教过生物学的还有惠特默（H. Whitmer）和科瑟尔（M. Causer）。[2]后来的校长吴贻芳学的就是生物学，并在美国密歇根大学获得生物学博士学位。著名植物分类学家胡秀英博士也是因为喜欢黎富思的课程从而走向生物研究殿堂的。著名原生动物学家沈韫芬则是1950年进入该校生物系的。

2. 福建协和学院生物系

福建协和学院（后改为福建协和大学）于1915年设立，从1918年开始请美国生物学家克立鹄主持生物学教育，同年成立生物系，至1920年已有3名主修生物学的学生毕业。[3]克立鹄是美国明尼苏达州人，毕业于丹佛大学（University of

---

〔1〕 中国林学会．陈嵘纪念集［M］．北京：中国林业出版社，1988：37，72.

〔2〕 德本康夫人，蔡路得．金陵女子大学［M］．杨天宏，译．珠海：珠海出版社，1999：17，39，52，149.

〔3〕 著名寄生虫学家唐仲璋是1921年考入该系的。

Denver）。克立鹄1911年来华，先在福州英华书院教授生物学。福建协和学院成立后，他转入该学院教学，是福建协和大学生物系的创立者。他来福建后很快发现这里动物种类极为丰富，于是开始从事分类学方面的研究。他虽在昆虫的研究方面做得多一些，但也研究各种脊椎动物，还研究民族学，学识广博。他在学校开设多门生物学课程，如脊椎动物学、无脊椎动物学、普通生物学、昆虫分类学、经济昆虫学、寄生虫学和进化论等。他在福建从事生物学教学28年，其间曾两次回美国威斯康星大学和哈佛大学进修，并在威斯康星大学获得硕士学位。他认为福建在生物学分布上有独特的地位。这是因为福建地处旧北区与热带东洋区衔接和会合的地方，加上有漫长的海岸线，受台湾海峡暖流的影响，使热带东洋区的动物向北延展。而闽北、闽西的高山，因垂直分布的关系，常有耐寒的动物分布。他常以这种学术观点指导他的学生努力奋进。在其谆谆教导下，他的不少学生成为著名生物学家，如著名鸟类学家郑作新（关注附近的鸟类研究，与克立鹄的工作有关，也与该校的科学馆有大量的鸟类标本收藏有关），寄生虫学家唐仲璋（致力于周边区县的血吸虫防治），神经解剖学家许天禄，免疫学家郑天端，植物病理学家林传光，柑橘病害专家林孔湘，昆虫学家郑天熙、赵修复和寄生虫学家陈心陶。[1]

在此任教的美籍教授还有麦特嘉（F. P. Metcalf）。他于1923年到福建协和学院教授植物学，直到1929年。他在来校不久的1924年就开始建立植物标本馆。他本人在福州附近的

---

〔1〕 唐仲璋. 纪念克立鹄教授[M] //唐崇惕, 赵尔宓. 唐仲璋教授选集. 成都：四川教育出版社，1994：148－150.

永泰等地山区采集标本。至 1929 年，收藏标本达 14000 号，美国著名植物学家梅里尔曾经鉴定其中的 10000 号标本。[1]后来标本馆收藏的标本多达 1.5 万种，6 万份。以福建植物最为完备，之后还继续采集添置。1925 年建成"庄氏科学馆"[2]，馆中收藏有大量的福建昆虫标本和不少鸟类标本。该校的生物系在国内颇有些名气，[3]后来还创办有《协大生物学报》。克立鹄对我国的家蚕病害、蜜蜂的采蜜效能和饲养、农业害虫、寄生虫、鸟类、昆虫分类和畲族的民俗等都颇有研究，曾经撰文呼吁保护鸟类，以制约昆虫对作物的危害。麦特嘉后来到广州岭南大学任教，1942 年曾在岭南大学出版《福建植物志和华东南植物札记》。从福建协和大学毕业的郑作新 1931 年从美国密歇根大学获得博士学位后，回到母校生物系任教授兼系主任，直至中华人民共和国成立。

3. 岭南大学生物系

地处我国广东的岭南大学也是在农学和生物学教育方面小有名气的一所教会大学。从 1919 年开始，美国昆虫学家霍华德（C. W. Howard）、贺辅民（W. E. Hoffmann）在学校教授昆虫学。前者教授蚕和双翅目的蚊子等昆虫，后者主要研究半翅目的椿象科害虫。讲授植物学的是莫古礼。他于 1919 年在美国俄亥俄大学获得硕士学位后，随即到广州岭南大学教授植物学，后来成为知名的竹类研究专家。前面说到，美国植物学家

〔1〕 HAAS W J. Botany in Republican China：the leading role of taxonomy ［M］//BOWERS J Z, HESS J W, SIVIN N. Science and medicine in twentieth-century China. Ann Arbor：Center for Chinese Studies, The University of Michigan, 1988：44 – 45.

〔2〕 大约是为纪念该校首任校长庄才伟（E. C. Jones）而命名。

〔3〕 高时良. 中国教会学校史 ［M］. 长沙：湖南教育出版社, 1994：169.

梅里尔也于20世纪20年代在此教授过植物学。1930年，生物系的主任是贺辅民，其后寄生虫学家陈心陶曾在此任生物系主任。后来成为著名海洋藻类学家的曾呈奎曾在该系获得硕士学位，并于1938年在这里任副教授。从1938年开始，植物学家容启东开始任岭南大学生物系系主任。岭南大学在农业育种和病虫害防治研究方面颇有成就。其中贺辅民的半翅目研究、齐天锡（J. L. Gressitt）的甲虫研究颇有斩获。齐天锡在发表一系列相关研究论文的基础上，又刊行了《中国的铁甲》和《中国的龟甲》等总结性的著作。岭南是柑橘的重要产区，他也对危害柑橘的介壳虫进行过调查研究。该校也培养农学和生物学的研究生，莫古礼曾指导过胡秀英，麦特嘉指导过陈秀英等研究生。后来胡秀英在冬青科植物分类等方面做出了很多出色的成就。

　　教会高校对生物学实验比较重视，岭南大学也一样。岭南大学的前身岭南学堂1904年由澳门迁回广州，于1907年建成永久校舍。其中1906年竣工的"马丁堂"[1]的二楼设有生物学、化学等实验室；一楼还设过博物馆，收藏一些动植物标本。岭南大学有较强的农学师资力量，外国教师中有数名研究农作物和果树害虫的专家。岭南大学标本馆收集有丰富的广东和海南产的昆虫标本。1916年，学校在美国植物学家、时任菲律宾科学局局长的梅里尔的帮助下建立的植物标本室，收藏了不少广东和海南的植物标本。1952年大学院系调整后，岭南大学大部分并入中山大学。翌年，岭南大学昆虫标本馆移交

---

〔1〕　为纪念捐款人马丁（Henry Martin）而命名。

给中山大学的针插昆虫标本有 18 万余号。[1]

4. 燕京大学生物系

燕京大学也是一所在生物学教育方面非常出色的教会大学。燕京大学的前身是创建于 1869 年的潞河书院和 1870 年的汇文学校。19 世纪末这两所学校分别升格为华北协和大学和汇文大学。1916 年两校合并,1919 年正式成立,英文初名北京大学(Peking University),后改名"燕京大学"(Yenching University)。[2]燕京大学的生物系成立较早,大约在燕京大学名称出现后不久就成立了。东吴大学生物系在祁天锡离开后就不再招研究生,它的学生逐渐到燕京大学读研究生。

燕京大学是教会大学中较早开始生物学本科和研究生教育的学校。美国教授博爱理(A. M. Boring,1883—1955)于 1923 年开始掌管燕京大学生物系。她是一位优秀的教师和科研工作者,在美国布林莫尔学院(Bryn Mawr College)曾受教于遗传学家摩尔根(T. H. Morgan)和细胞学家康克林(E. G. Conklin),并于 1910 年获得博士学位,来华前已经有丰富的科研和大学教学经验。1918 年至 1920 年曾在北京的协和医学院医预科教授生物学两年。此后又在美国的韦斯利学院(Wellesley College)任动物学教授。[3]她是一个不寻常的学者,原本是遗传学家,鉴于当时研究实验生物学受制于仪器设备的短缺,而需要仪器很少的博物学无形中成了前沿,因此她转而

〔1〕 冯双. 中山大学生命科学学院(生物学系)编年史:1924～2007 [M]. 广州:中山大学出版社,2007:115.

〔2〕 高时良. 中国教会学校史 [M]. 长沙:湖南教育出版社,1994:119.

〔3〕 OGILVIE M B, CHOQUETTE C J. A dame full of vim and vigor:a biography of Alice Middleton Boring, biologist in China [M]. Amsterdam:Harwood Academic Publishers, 1999:13–44.

研究两栖爬行类动物，发表了很多这方面的研究论文，成为我国这一学科的开拓者。我国两栖爬行类研究的奠基人刘承钊是她的学生。1945年，博爱理出版了《中国的两栖类》。同年，刘承钊曾将在川西发现的新属种"胡子蛙"——髭蟾命名为 *Vibrissaphora boringii*，以表达对老师的感激之情[1]。

1926年，祁天锡的学生胡经甫继博爱理之后任燕京大学生物系主任。这其中有祁天锡的作用，因为胡经甫是祁天锡最出色的学生之一，也是民国年间最好的昆虫学家之一。他很好地继承了祁天锡的衣钵。据说民国年间"研究昆虫之士，泰半皆其桃李"。[2]燕京大学也因此成为东吴大学生物系新开拓的"地盘"，而且较东吴大学更出色。后来东吴大学的本科生常到燕京大学读研究生的原因即在于此。有人统计，在1923年至1933年燕京大学生物系授予的22个硕士学位中，有9个授予东吴大学本科毕业来此深造的学生。[3]在胡经甫的惨淡经营下，燕京大学生物系逐渐成为民国年间最出色的生物系之一。在该系任教的中国生物学家除胡经甫外，还有李汝祺等。在此学习或深造的著名学者包括陈子英、刘承钊、谈家桢、王世濬、梁植权、钦俊德、蒲蛰龙、曹天钦、阎隆飞、王世真、张宗炳、林昌善、林绍文、赵修复等。加上燕京大学化学系研究生毕业的王应睐等学者，不难看出这里培养出来的人才对中国生物学的遗传学、生物化学、昆虫学、微生物学等方

---

〔1〕 燕京研究院.燕京大学人物志［M］.北京：北京大学出版社，2001：26 - 27.

〔2〕 刘淦芝.中国昆虫学现状及其问题［J］.科学，1933，17（3）：343 - 357.

〔3〕 SCHNEIDER L. Biology and revolution in twentieth-century China ［M］. Maryland：Rowman & Littlefield Publishers，2005：68.

面有着深远的影响。燕京大学还办有生物研究所，培养研究生。据说1948年的时候，该校研究生达到34人。[1]该系的生物标本收藏也有一定的规模，尤其是昆虫标本，在20世纪30年代，其数量仅次于法国传教士在天津兴办的北疆博物院。[2]

特别值得一提的是，燕京大学的胡经甫教授在昆虫学方面的工作是1949年之前我国最出色的工作之一。他花了十二年时间，走访了世界各地许多博物馆，收集了大量文献资料，编写了《中国昆虫名录》(*Catalogue Insectorum Sinensium*)。全书6卷，4286页，包括我国当时有报道的昆虫392个科，4968属，计20069种，堪称里程碑式的著作。

燕京大学在1920年就建立了心理学系，是我国高校中最早建立的心理系，由刘廷芳任系主任。[3]1927年，因南京局势动荡，刘廷芳的妹夫、心理学家陆志韦应燕京大学校长司徒雷登之邀到校任教授，继刘廷芳之后出任系主任。陆志韦建立起心理学专业图书室、心理实验室、实验动物饲养间和暗室，并购买了一批心理学实验和教学所需的仪器设施。1937年由陆志韦发起，成立了中国心理学会，并主编和发行了《中国心理学报》。[4]

燕京大学在司徒雷登和陆志韦的领导下，加上有祁天锡等副校长专门负责筹款，有较好的经济来源，良好的办学条件，

〔1〕 罗义贤. 司徒雷登与燕京大学［M］. 贵阳：贵州人民出版社，2005：109.

〔2〕 刘淦芝. 中国昆虫学现状及其问题［J］. 科学，1933，17（3）：343－357.

〔3〕 周心心，陈巍. 修身不言命，谋道不择时——记中国近现代心理学家刘廷芳［J］. 心理技术与应用，2014（12）：61－64.

〔4〕 罗义贤. 司徒雷登与燕京大学［M］. 贵阳：贵州人民出版社，2005：118－119.

宽松的人文环境，教师收入稳定，因此发展较快，使很多其他教会大学瞠乎其后。

这里顺便提一下辅仁大学生物系。辅仁大学1925年成立，1927年开始以完备的大学运转。辅仁大学生物系于20世纪20年代末成立，[1]但力量始终比较薄弱。抗日战争期间，武兆发、李良庆和张春霖都在该校任教过。太平洋战争爆发后，昆虫学家林昌善曾到该校生物系任教。抗战胜利后，林镕、刘慎谔等北平研究院植物所的植物学家曾在此兼课；从美国留学回来的昆虫学家刘玉素曾经任生物系系主任。后来成为中国科学院青岛海洋所研究员、所长的刘瑞玉，1945年毕业于辅仁大学。1952年院系调整时，辅仁大学生物系并入北京师范大学生物系。

5. 齐鲁大学生物系

1902年，以广文学堂、共和医道学堂、郭罗培真书院共同组成"山东新教大学"，1909年学校改名"山东基督教大学"，后又改名齐鲁大学。齐鲁大学设有生物系。在齐鲁大学任教的嘉克布（A. P. Jacob）也是一位热心中国生物考察、研究的学者，教学之余常在济南附近采集动植物标本，并发表过一些报告性质的文章。他对山东的爬行动物和鞘翅目昆虫，以及节肢动物蜱螨有一定的研究；对我国华北的动物地理问题也做过一些探讨；还就山东的植物写过一些文章。动物学家陈新国曾任该校生物系系主任，昆虫学家何琦曾在此任教。该校的医学院有较强的实力，曾任齐鲁医学院院长的聂会东

---

〔1〕 北京师范大学校史编写组. 北京师范大学校史（1902年—1982年）[M]. 北京：北京师范大学出版社，1984：228.

（J. B. Neal）在研究分析中国中草药有效成分的基础上写出的《中国无机药物》，获得国际医学界的好评。[1]该校培养过寄生虫专家冯兰洲等著名学者。

6. 沪江大学生物系

沪江大学于1906年成立，1915年开设生物学课程，当时雷盛休（G. A. Huntley）在此任生理卫生学教授，次年柯乐娜（C. Anderson）在该校任生物学教员。1916年设有理科，理科包括医学预科、格致。医学预科设有生物系。1919年，生物学家郑章成[2]从美国布朗大学获得硕士学位后（后来又在耶鲁大学获博士学位）回到母校工作，在此任生物学教授[3]，开创了生物系，后来出任系主任兼理学院院长。[4]动物形态学家陈伯康是该校生物系1922年的毕业生；细胞学家王宗清也是该校的毕业生，昆虫学家邱式邦则是该校生物系1935年的毕业生。在该校生物系任教的还有细胞学家王宗清，昆虫学家刘廷蔚、徐荫祺、陈兴国[5]，生理学家朱鹤年等在美获得博士学位回来的学者。林学家姚传法也曾在该校生物系任教。郑章成后来成为动物学会发起人之一。为培养适应社会需求的学者，"本系学程之编制，系倾向学生职业上之准备，除生物本科及医先修课程外，尤以培养公众卫生及生物实验技术人才为主旨"[6]。不难看出该校生物系教学偏医学，力图使学生能直接服务社会。在20世

---

〔1〕 高时良. 中国教会学校史［M］. 长沙：湖南教育出版社，1994：131.

〔2〕 后来他一直是沪江大学的重要领导人之一。

〔3〕 海波士. 沪江大学［M］. 王立诚，译. 珠海：珠海出版社，2005：103，256－258.

〔4〕 见《私立沪江大学一览》，1929年版，第23页。

〔5〕 此人在美国伊利诺伊州立大学获得博士学位。

〔6〕 见《私立沪江大学一览》，1929年版，第136页。

纪30年代，该校生物系学生大多是每年三四十人。[1]1952年后，该校生物系并入复旦大学生物系。

7. 圣约翰大学生物系

在教会大学当中，圣约翰大学生物系的影响似乎要小一些。东吴大学毕业的学生朱元鼎1926年在美国康奈尔大学获得硕士学位（当时学的是昆虫学，导师是尼丹）回国后，到该校任副教授。其间从事过石蝇研究，发表过不少新种。后来他的研究兴趣转向鱼类，也有出色的研究成果。他1931年发表的《中国鱼类索引》记载我国鱼类1500余种，成为研究中国鱼类分类必备的参考文献。[2]1932年朱元鼎再次赴美留学，在密歇根大学攻读鱼类学，完成博士论文《中国鲤科鱼类之鳞片、咽骨与其牙齿之比较研究》，1935年取得博士学位，研究方向转为鱼类学。回国后任上海圣约翰大学教授、生物系主任、研究院院长、理学院院长及代理教务长等职。该校的波特菲尔德（W. M. Porterfield）教授是植物病理学家、真菌专家，除真菌方面的研究外，他对上海周围的木本植物做了一些收集和分类研究，也对一些植物做过解剖学和遗传变异方面的研究。

8. 华西协合大学生物系

成都华西协合大学是我国西南一所比较著名的教会大学，尤其以医学著名。该校成立于1901年3月，当时设有文科和理科，理科设有生物系。[3]无脊椎动物学家张明俊1924年毕业于该系，并留校任教。1931年张明俊从燕京大学取得硕士

〔1〕 王立诚. 美国文化的渗透与近代中国的教育——沪江大学的历史 ［M］. 上海：复旦大学出版社，2001：37.

〔2〕 伍献文. 三十年来之中国鱼类学 ［J］. 科学，1948，30（9）：261–266.

〔3〕 高时良. 中国教会学校史 ［M］. 长沙：湖南教育出版社，1994：183.

学位，仍然返校任教。七七事变后，他曾任生物系主任。华西协合大学医学院（医科）和当时一些教会医学院一样，开有生化课，初由李哲士（S. H. Lijestrant）讲授，后由胡应德讲授。1932 年建生物化学系，由柯理尔（H. B. Collier）主持，1937 年后改由蓝天鹤负责。[1]

教会大学在我国开办较早，它们的教学科研方法对我国自办的大学有相当的示范作用。从某种意义而言，它们推动了中国近代的生物学高等教育。值得指出的是，上述教会大学主要由美国教会承办。当然，当时向西方求学和研究所涉及的重要经费来源如中华教育文化基金会、洛克菲勒基金会等在这方面也发挥着重要的导向作用。

第六节　协和医学院对实验生物学发展的影响

一　学院的一般情况

协和医学院[2]也是西方人在华兴办的一所高校，是与上述高校不一样的重要的教育和科研机构。它对我国生理学和古生物学的影响不同寻常。它的"精英式教育"学术移植方式令人瞩目。

协和医学院前身是英美教会兴办的一所西医学校，从1915 年开始改由美国财团洛克菲勒基金会投资兴办。洛克菲勒基金会挟其雄厚财力，涉足中国的文教事业，尤其是医学和一些基础学科。为此，该基金会的负责人特设洛克菲勒基金会中华医药董事会（the China Medical Board of the Rockefeller

---

〔1〕 郑集. 中国早期生物化学发展史（1917—1949）［M］. 南京：南京大学出版社，1989：11.

〔2〕 英文名为 Peking Union Medical College，简称 PUMC。

Foundation）。[1]当时基金会的一位成员、霍普金斯大学的一位医生认为，美国通过霍普金斯大学成功地将德国的"科学医药学"引进美国，他们可用类似霍普金斯大学的方式，将现代医学成功地移植到中国。[2]在 1921 年新校建筑群完工的开幕典礼上，小洛克菲勒（J. D. Rockefeller）提出该校的主要任务是"培养有前途的男女学生成为高质量、将来可以做领导的医师、教员和科学家"。换言之，协和医学院将培养高质量、高水平的人才视为主要目标。他特别强调了科学研究工作的重要意义，认为"一个医学校怀有科学研究精神，为提高医学知识做好准备，讲究教育方法，提高教育质量，培养教师和医学骨干的领导骨干，解决许多疾病的问题，这将是对中国难以估计的贡献……有充分的经验和事实证明，有了有兴趣和有能力做出科学研究成果的教师，不仅能够很好地完成教学任务，而且能够进行并促进科学研究，在他们周围还会有深造的学生和专门人才，通过他们所做出的贡献，反过来又为教师、科学和学校增加了名誉"。校长胡恒德（H. S. Houghton）[3]指出："新建立机构的主要任务是教学，同时也要进行科学研究；要把这件事做好；必须要求有高标准的专业训练、丰富的实践经验，以及爱科学的热情和精神鼓舞力——求知欲和友谊

〔1〕 洛克菲勒基金会在 1914 年成立了中华医学董事会（China Medical Board，简称 CMB），以前译为"罗氏医社"，其宗旨是"发展该国的现代医疗体系"。该基金会隶属于洛克菲勒基金会，直到 1928 年才独立出来。

〔2〕 OGILVIE M B, CHOQUETTE C J. A dame full of vim and vgor: a biography of Alice Middleton Boring, biologist in China［M］. Amsterdam: Harwood Academic Publishers, 1999: 36 - 37.

〔3〕 此人毕业于美国霍普金斯大学，曾先后任上海哈佛医学院院长、协和医学院院长（1921 ~ 1928、1935 ~ 1942）。

协作精神。"[1]

协和医学院仿照美国霍普金斯大学医学院的模式建设，把其教学计划和办学经验加以移植，注重学术研究。1917 年，协和医学院正式建立，院长是年轻的美国医生麦克林（F. C. Mclean）。协和医学院由医预科和医本科两部分组成，学制为八年制：医预科三年，医本科五年（最后一年在医院各科实习）。医预科 1916 年开学，医本科 1919 年开学。1921 年新校舍全面竣工，同年举行落成典礼和正式开学典礼。[2]

协和医学院典型地提倡精英教育，在中国推行西医方面产生过深远的影响。该校实验设施完善，师资力量雄厚，经费充裕。[3]该校的计划、投资、房屋建筑、设备，以及学制方面都是高标准的，为教学和研究创造了良好的条件。同时延聘优秀的教师来校从事教学和科研，要求学生有广泛的自然科学基础和八年的严格训练。

协和医学院聘请优秀的教师任教，对保障教学质量发挥了非常关键的作用。医预科聘请了美国生物学家博爱理博士教授生物学。博爱理是美国著名遗传学家摩尔根的学生，1910 年在美国布林莫尔学院获得博士学位，1918 年来华前已经发表

〔1〕 胡传揆. 北京协和医学校的创办概况 [J]. 中国科技史料, 1983 (3)：38 – 48.

〔2〕 郑集. 中国早期生物化学发展史 (1917—1949) [M]. 南京：南京大学出版社, 1989：163.

〔3〕 当时的医学专科学校，常年经费低的只有 5 万多元，最高的只有 13 万元，而协和医学院的经费高达 250 万元。1916 年，北京大学的年财政预算也只有 43 万元 (静观. 国立北京大学之内容 [J]. 东方杂志, 1919, 16 (3)：161 – 163.)。号称有钱的清华大学，在 1928 年后，每年的经费也只是 120 万元 (冯友兰. 冯友兰自述 [M]. 北京：中国人民大学出版社, 2004：260.)。据说洛克菲勒基金会为了打造协和医学院，共投入 4800 万美元 (讴歌. 协和医事 [M]. 北京：生活·读书·新知三联书店, 2007：13.)。

过十多篇研究论文，而且在美国缅因州大学农学院担任了 5 年副教授（associate professor）。在 20 世纪早期，美国从没有别的女性获得过比助教授（assistant professor）更高的学术职位。[1]当时在协和医学院任教的还有美国著名生物化学家范斯莱克（D. D. Van Slyke，1883—1971）、美国药理学家施密特（C. F. Schmidt）[2]、加拿大人类学家步达生（D. Black，1884—1934）博士、德国人类学家魏敦瑞（F. Weidenreich，1873—1948）教授、生理系的林可胜博士和生化系的吴宪博士等。其中生理系主任林可胜和生化学家吴宪都是我国实验生物学的奠基人和开拓者。该校还不断延聘世界著名学者来校讲学，如美国著名生理学家、曾任美国生理学会主席（1923～1925）的芝加哥大学生理学系主任（1916～1940）卡尔森（A. J. Carlson，1875—1956）[3]，曾任美国生理学会主席（1914～1916）、哈佛大学医学院生理系主任、医学院院长的坎农（W. B. Cannon，1871—1945）[4]，微生物学家曾瑟（H. Zinsser）[5]都曾是协和医学院的访问教授。他们在学术交流、传播经验、提高学术水平、活跃学术氛围等方面都发挥了重要的作用。

协和医学院是一个追求高水平的办学机构，对人员的学历和能力的要求都很严格。这里既有来自世界各国的医学专家，

〔1〕 OGILVIE M B, CHOQUETTE C J. A dame full of vim and vigor：a biography of Alice Middleton Boring, biologist in China〔M〕. Amsterdam：Harwood Academic Publishers, 1999：21－22.

〔2〕 吴襄. 三十年来国内生理学者之贡献〔J〕. 科学, 1948, 30（10）：295－320.

〔3〕 此人是我国著名生理学家张锡钧的博士指导老师。

〔4〕 1935 年来华。

〔5〕 1938 年来华。

也有从国外学成归来的高水平中国医学和生理学家。该校对教学和科研人员的应用，大抵与世界名校差不多。很多从国外名牌大学拿到博士学位的人，在该校只能得到助教的职称。从哈佛大学获得博士学位的著名生化学家吴宪，从芝加哥大学获得博士学位的生理学家张锡钧，回国到协和医学院都只得到助教职称。而当时在其他高校，不要说归国的博士，有时即使是硕士甚至学士都可以得到教授职位。

协和医学院对学生的要求之严格，可能为当时的国内高校所仅见。据相关人士回忆，当时本科生考试以 70 分为及格标准。本科三、四年级被淘汰和留级的比例数很高。1919 年考入预科一年级的有 21 名学生，到 1927 年，他们中只有 4 人顺利毕业。[1]可能正是如此，它培养出一批高标准的医学人才，后来被称为中国的"霍普金斯"[2]。

因为有充足的经费，可以聘任优秀的学科人才和购置先进的仪器设备，同时与世界一流的学术机构保持密切的学术联系，所以该校在人才培养和科研项目方面都有条件与世界学术圈保持同步。

协和医学院从一开始就非常重视科研工作，这里的科研工作与国际科学前沿接轨。尤其是二十世纪二三十年代，无论是陈克恢的麻黄素的发现和药理研究，吴宪的蛋白质变性研究，还是免疫化学、血液化学和营养学等方面的研究，都是世界前沿课题并且取得了一流的成就。而无论是冯德培的神经肌肉接头研究，林可胜的消化生理研究，抑或是张锡钧

〔1〕 胡传揆. 北京协和医学校的创办概况 ［J］. 中国科技史料，1983（3）：38－48.
〔2〕 讴歌. 协和医事 ［M］. 北京：生活·读书·新知三联书店，2007：11.

对乙酰胆碱的生理作用研究［这项工作是他从剑桥大学的戴尔（H. H. Dale）实验室工作开始的］，大多是从英美名师那里工作回来后继续开展的研究和拓展。从某种意义上来说，这是英美最好的生理实验室工作的"延伸"，并且都取得丰硕的成果。

不仅如此，后来解剖系主任步达生和魏敦瑞教授在周口店古人类遗址发掘的古人类研究方面也取得了令世界学术界瞩目的成就。[1]正是当年在协和医学院解剖系任主任的加拿大人类学家步达生提出协和医学院与中国地质调查所合作，并得到洛克菲勒基金会的资助，才在周口店的古人类遗址发掘中取得发现"北京人"头盖骨这一轰动世界的学术成果。黄汲清在一篇文章中记述当时地质调查所设立的新生代研究室："一面接受美国罗氏基金会之帮助，将研究室设于北京协和医学院之洛克哈尔堂内，并聘请步达生（D. Black）主其事。加入工作有杨钟健、德日进、裴文中、卞美年等……民国十八年，裴文中先生在周口店发现猿人头盖骨，'新生代'研究狂潮达于顶点。自此以后，猿人头骨续有发现，并发见猿人石器和与猿人同时的各种哺乳动物群。由是'周口店'三字和'北京人'一名词已传遍世界各学术杂志和报纸，引普遍的注意。"[2]而地质调查所的翁文灏等的远见卓识，以任务促学术，不但借助于德日进（Teilhard de Chardin）、魏敦瑞、布林（B. Bohlin）等外国专家之手，培养了杨钟健、裴文中、贾兰坡等一大批著名的专门人才，而且以此为依托建立了地质调查所新生代研究

　　〔1〕 王鸿祯，孙荣圭，崔广振，等. 中国地质事业早期史［M］. 北京：北京大学出版社，1990：56.
　　〔2〕 黄汲清. 三十年来之中国地质学［J］. 科学，1946，28（6）：258.

室这样一个专门机构，为今天的中国科学院古脊椎与古人类研究所奠定了基础。

由于协和医学院资金充足，教学和科研条件优越、组织者得力，这里聚集和培养了一批非常优秀的学者。1948 年，在中央研究院首届院士选举中选出的生物组 26 名院士中[1]，有 7 名是协和医学院的教师。他们分别是生理学家林可胜及其学生冯德培，生物化学家吴宪，药理学家陈克恢，内科学的奠基人张孝骞，公共卫生学家袁贻瑾，以及热带病学家李宗恩。与协和医学院有关联，后来成为美国科学院外籍院士的有 3 人，他们是林可胜（1942、1965）、冯德培（1986）和贾兰坡（1994）。林可胜、冯德培、陈克恢和吴宪都是优秀的教学、科研组织者，深受学界推重。协和医学院培养出的著名的实验生物学家还有刘思职、汪猷、王志均、汪堃仁等。有人指出："协和的教员和毕业生无论在国内或国外都有相当大比重的人占有相当高的学术和工作地位。"[2]该校对中国后来的医学事业的确起了不容忽视的作用。[3]

不过，这种由国外财团构建的独特科研体制下的学术象牙塔现象，对我国的生命科学的普及贡献相对较小。但毫无疑问，这里是我国实验生物学研究的一个重镇。曾在这里任职的柳安昌曾放出豪言："天如假我们以年，生理学发展到登峰造

---

〔1〕 包括理化组的吴宪。

〔2〕 胡传揆. 北京协和医学校的创办概况 [J]. 中国科技史料, 1983（3）：38 –48.

〔3〕 实际上这也是美国学者常常引用的"私人援助"中国而卓有成就的例子。（费正清. 美国与中国 [M]. 北京：世界知识出版社，2000：310 –311.）

极的时机是很接近的了。"[1]

协和医学院堪称是 20 世纪前期中国实验生物学的研究中心。这里的中国学者开创了我国生理学研究事业，并为后续的发展打下了一定的基础。1949 年后，协和医学院组建中国医学科学院，此外，中国人民解放军军事医学科学院部分，也是由协和医学院衍生的。两所医学科学院的一些著名专家如谢少文、张锡钧、张孝骞等也是协和医学院的教授。

二　在协和医学院工作的中国实验生物学家

协和医学院的生物学家中有两位在中国生物学史上占有重要地位，他们是我国实验生物学的主要开拓者和奠基人吴宪和林可胜。他们所具有的国际学术眼光、不懈的事业进取精神、顽强的学术探求毅力，以及勇于攀登科学高峰的果敢精神，是留给后人的宝贵精神财富。

吴　宪

协和医学院生物化学家吴宪（1893—1959）教授是福建福州人，年少时曾参加科举考试，中过秀才，有良好的传统文化素养。1911 年留学美国，当时一心想为重建中国海军出力，来到麻省理工学院学造船。不久，他的兴趣发生了转变，于 1913 年改学生物化学，1916 年获学士学位，1919 年获哈佛大学博士学位。博士论文的指导老师是福林（O. Folin），论文名称是《血液分析系统》（*A System of Blood*

---

〔1〕　曹育. 民国时期的中国生理学会 [J]. 中国科技史料，1988，9（4）：21－30.

Analysis）。此后，他的血液分析方法在医学上得到广泛的应用。1920 年春回国后，他到协和医学院生理生化系任助教，1924 年任副教授兼生理化学系（次年改称生物化学系）系主任，直到 1942 年太平洋战争爆发。在他任系主任期间，"人力和物力都有较大扩充，教学研究齐头并进，成为当时中国生化的教学、研究中心，对医学院生化教学内容的改进、生化研究的推进和生化人才的培养都起了带头作用"，"生物化学在北京协和医学院的教学课表中已占有重要位置，教学内容在理论课和实验课都接近当时美国医学院的教学水平"。[1]这在国内高校中是首屈一指的。

为了壮大教学队伍，吴宪吸收了不少生化专家到协和医学院工作，有林国镐、卡拉瑟斯（A. Carruthers）、唐宁康、万昕、杨树勋、周田、张昌颖等。在国内经吴宪培养，后来送出国深造的有陈同度、刘思职、周启源、汪猷、王成发、杨恩孚、刘培楠等。在他身边工作和学习过的化学家还有萨本铁、郑兰华、黄子卿、傅鹰等。[2]

该校的生物化学部不承担临床任务，20 世纪 20 年代前期，全体成员以全部时间从事教学及研究，二者时间几乎各为一半。前几年的研究活动主要围绕血液化学、分析化学、临床化学和物理化学开展，尔后研究开始转向血清蛋白质。与此同时，生物化学部开辟对中国食物营养成分的研究，包括营养价

---

〔1〕 郑集. 中国早期生物化学发展史（1917—1949）［M］. 南京：南京大学出版社，1989：10.

〔2〕 郑集. 中国早期生物化学发展史（1917—1949）［M］. 南京：南京大学出版社，1989：12，165－166.

值和维生素含量等方面的研究。[1]对蛋白质的研究是当时国际上的热点，生物化学家正热衷弄清楚蛋白质的大分子结构及其功能；而对中国食物营养的研究则是为本国人民的卫生保健服务。这也体现了吴宪做科研的特点，在追踪国际前沿的同时，也不忘为国家应用服务。

1928 年起，吴宪任协和医学院教授。他于 1931 年提出的蛋白质变性理论获得学术界的高度评价，从此成为国际著名生物化学家。在我国早期的生化研究工作中，蛋白质的变性研究是比较全面而且成绩卓著的工作。从 1921 年起到 1938 年，吴宪和他的同事严彩韵、林国镐、李振翩、刘思职、陈同度、黄子卿、杨恩孚、周启源等人做过一系列有关蛋白质变性的探讨工作，连续发表了 16 篇论文。他们主要用卵蛋白和血红蛋白做研究材料，最后吴宪提出他的蛋白质变性学说。[2]其要点是："天然的可溶性蛋白质，绝不是一串杂乱的多缩氨基酸，而是具有紧密的构造带。每一蛋白质分子的两极团之间，具有一种吸引的力量，可以把它们依一定的方式联系起来，犹如晶体物因分子间吸引力而团结一样，当蛋白质变性或凝固时，此紧密而有秩序的结构已瓦解；倘此瓦解之分子仍各自分开存在于溶液中，吾人即称之曰变性作用。"[3]后来吴宪继续从事免疫和营养方面的研究。1935 年任中央研究院第一届评议会评议员。1935 ~ 1937 年是协和医学院三人管理委员会成员。

〔1〕 吴宪. 北京协和医学校生物化学部 [J]. 中国科技史料，1981（1）：107 - 108.

〔2〕 WU H. Studies on denaturation of proteins XIII — a theory of denaturation [J]. Chinese Journal of Physiology, 1931, 5 (4)：321 - 344.

〔3〕 吴襄. 三十年来国内生理学者之贡献 [J]. 科学，1948，30（10）：295 - 320.

1944 年在重庆任营养研究所所长。不久赴美国考察，1946 年回国，在南京继续任营养所所长。1948 年作为访问学者在美国哥伦比亚大学进修。1949 年开始在美国亚拉巴马大学任客座教授，并于 1953 年辞去职务。他一生共发表 163 篇研究论文，出版 3 部专著，在该学科的临床化学、气体与电解质的平衡、蛋白质化学、免疫化学、营养学以及氨基酸代谢等 6 个领域的研究居当时国际前沿地位，并为中国科学事业的建立和早期发展做了许多出色的工作。

吴宪能在学术上有重要发现，在科学研究上有所创获，除有坚实的学术基础外，与他良好的个人素质也密切相关。他能迅速及时地把握本学科领域国际研究的前沿动态，并据以规划自己的科研。他思想敏锐、见识超群，有从众多事物中迅速将重要事务辨别出来的才华，在讨论中能抓住问题的实质。他有十分敏锐的观察力，善于从科研中发现问题，同时勇于探索和创新。[1]以发现蛋白质变性为例，早在 1924 年，他就与夫人严彩韵观察到稀酸、稀碱对蛋白质的影响，以及蛋白质受热变性等现象，这些工作后来成为他提出"蛋白质变性理论"的基础。当然，作为优秀的实验生物学家，他还有一个长处，就是拥有高超的实验技巧，能从事高水平的研究。此外，他富有生活情趣，是位博学多才、兴趣广泛的学者，能很好地将东西方思想融为一体，用于完善自己的生活和工作。

美国汉学家里尔顿 - 安德森（J. Reardon-Anderson）[2]将

---

〔1〕 曹育. 杰出的生物化学家吴宪博士［J］. 中国科技史料，1993（4）：30 - 42.

〔2〕 此人是美国乔治城大学教授、外交学院副院长，写过五本关于中国历史和政治的著作（见 http：// explore. georgetown. edu/ people/ reardonj/2016. 45. 1）。

吴宪誉为"中国化学的巨人",同时评价道:"毫无疑问,吴宪是 20 世纪前半叶中国最伟大的化学家,或者说是最伟大的科学家。当他在 1919 年发表他的第一项研究时,中国还没有任何一类的化学研究。"到 1949 年,"化学研究已发展到全国时,对这一事业,没有人比吴宪贡献得更多"。作为一名科学大师,吴宪的贡献主要体现在两方面,即学术研究和发展中国的科学事业。[1]他说:"我的座右铭是三真:真知、真实、真理。求学问要真知,做实验要真实,为人要始终追求真理。"他的一枚图章上刻有"博学、审问、慎思、试验、明辨、笃行"的字样,这既是他一生的追求,亦是他一生的真实写照。[2]1948 年他当选为中央研究院院士,是公认的中国近代生物化学事业的开拓者和奠基人。受他的影响,他的长子——分子生物学家吴瑞教授,也为中国当代的生物学事业做出杰出的贡献。

当然,在协和医学院还有更引人注目的重要学者,这就是 1925 年到协和医学院任生理系系主任的林可胜。他不但是一位出色的科学家,更是一位出色的科研组织者和领导者,同时还是著名的战地医生,在开创祖国的生理学事业方面做出了巨大的贡献。

林可胜 (R. K. S. Lim, 1897—1969) 出身于知识分子家庭,8 岁就被送往英国爱丁堡上学,后来考进爱丁堡大学,专攻医科。在第一次世界大战中曾从事战地医护工作。林可胜 1919

〔1〕《科学家传记大辞典》编辑组. 中国现代科学家传记:第二集 [M]. 北京:科学出版社,1991:452 – 463.

〔2〕曹育. 杰出的生物化学家吴宪博士 [J]. 中国科技史料,1993 (4):30 – 42.

年毕业于爱丁堡大学医学院，导师是著名的生理学家沙佩-谢佛（Sharpy-Schafer）教授。1920年与1924年，林可胜又先后获哲学博士与科学博士的学位，随即接受中华医药董事会的聘任。1924年，根据该会的安排，赴芝加哥大学从事研究工作,[1]到著名消化生理学家卡尔森（A. J. Carlson）的实验室，与艾维（A. C. Ivy）合作进行胃液分泌的研究。1925年秋，回国任协和医学院生理系主任、教授，成为协和医学院第一个华人教授。有学者指出："在这位具有研究天才并富有组织能力的青年生理学家的领导之下，不仅协和的生理学系蜚声国际，全中国的生理学家也借以大放光芒了。"[2]

林可胜

林可胜极富领导才华，很快组织起一个强有力的科研和教学班子，人员包括沈隽淇、倪章祺、林树模、张锡钧和冯德培等。1935~1937年，他是协和医学院3人管理委员会成员，执行院长职务。1938年他离开协和医学院，积极参加中国军队的战地救护。林可胜是我国现代生命科学发展史上带有传奇色彩的人物，是我国消化生理学与痛觉生理学两个领域的先驱，也是蜚声国际的生理学家。[3]

林可胜教授学识广博，是富有雄才大略的学者，满怀雄心

〔1〕 芝加哥大学是洛克菲勒基金会的重点投资支持对象。（何炳棣. 读史阅世六十年 [M]. 桂林：广西师范大学出版社，2009：328.）

〔2〕 吴襄. 三十年来国内生理学者之贡献 [J]. 科学，1948，30（10）：295-320.

〔3〕 DAVENPORT H W. Robert Kho-seng Lim biographical memoirs [J]. National Academic of Sciences, 1980, 51: 281-306.

壮志开创祖国的生理学事业。协和医学院的生理系原来由一个叫克鲁克尚克（E. W. H. Cruickshank）的英国人负责，此人既不善于讲课，科研成绩也平平，且对培养中国教师也不热心。[1]林可胜到协和医学院生理系后，努力工作，锐意进取，在科研、教学、培养人才等方面都做了大量开拓性的工作，不但培养了大批的医学生，也培养了许多生理学者，包括冯德培、徐丰彦、易见龙、徐云五、汪堃仁、李宗汉、孟昭威和王志均等。回国第二年（1926年），他和吴宪等人就发起成立中国生理学会，并成为首任会长。学会成立的第二年，他又创办英文的《中国生理学杂志》并任主编。为了办好这份刊物，林可胜倾注了大量的心血，[2]使之迅速获得国际生理学界的称道，成为我国两种具有国际水平的科学刊物之一[3]。学会的成立和刊物的兴办，很好地凝聚了国内的生理生化学力量。通过艰苦创业，我国的生理学初具规模，教学和科研逐渐达到了国际水平。

林可胜还时刻不忘建立中国自己的生理学研究机构。考虑到协和医学院是外国人办的学校，经费支持和师资来源有特殊性，虽然能取得世界一流的生物学成就，但类似科学的象牙塔，有如孤岛，难以发挥在我国普及生理科学，并使之在我国迅速扎根的本土化作用。因此，1937年6月，林可胜派冯德培到中央研究院心理研究所借用办公场所，开始在该院院内筹

〔1〕 王志均，陈孟勤. 中国生理学史［M］. 北京：北京医科大学、中国协和医科大学联合出版社，1993：238.

〔2〕 中国生理学会编辑小组. 中国近代生理学六十年：一九二六——一九八六［M］. 长沙：湖南教育出版社，1986：115.

〔3〕 另一个具有国际声誉的科学杂志应该是《中国古生物志》，由著名古生物学家葛利普主编，刊行了大量国内外专家的高水平文章。

建一个生理学研究所，冯德培也拟出了筹备计划，但由于随后七七事变爆发，生理所的创建计划未能实现。[1]抗战胜利后，林可胜又马上筹建中央研究院内的生理学研究机构，即医学研究所，并自任医学研究所筹备处主任，让冯德培任代主任。这个筹备处后来成为中国科学院创建生理生化所的基础，其中由冯德培领导的生理室，成为后来生理所的前身；由王应睐领导的生化研究室成为生化所的前身；由汪猷领导的有机生化室后来转到中国科学院上海有机化学所，成为那里的骨干。林可胜在抗战后将各军医学校及战时卫生人员训练所改组成的国防医学院，成为上海第二军医大学和台湾"国防医学院"的前身。国防医学院搬到台湾的部分则成为台湾"国防医学院"的基础。

很显然，协和医学院在林可胜主持的生理系和吴宪主持的生化系里培养了许多实验生物学家，如冯德培、汪猷、刘思职、谢少文、王世濬等，为后来中国实验生物学的发展做出了很多贡献。林可胜也因此被学界认为是"旧中国时代一个顶顶著名的生理学家"。[2]林可胜离开协和医学院时，对张锡钧说："我走后，你看堆儿。"[3]这个有理想和远见的学者至今仍让后辈生理学家心生敬意。

整体而言，我国民国年间的教学经费不足，教会大学和西方注资的协和医学院等在师资和经费乃至与国外的联系合作方

〔1〕 冯德培. 六十年的回顾与前瞻[M] //中国生理学会编辑小组. 中国近代生理学六十年：一九二六——一九八六. 长沙：湖南教育出版社，1986：14.

〔2〕 王家楫. 我的思想自传[A] //中国科学院武汉水生生物研究所档案：王家楫专卷.

〔3〕 《科学家传记大辞典》编辑组. 中国现代科学家传记：第一集 [M]. 北京：科学出版社，1991：596 - 605.

面都有一定的优势，因此我国实验生物学的奠基人和主导人物都有这类学校教育或任教的背景，如遗传学家陈桢、李汝祺、陈子英、谈家桢，生化学家吴宪、王应睐、曹天钦，病毒学家汤飞凡、高尚荫、童村，生理学家和药理学家冯德培、陈克恢等。

第二章　近代生物学的初步引进

第一节　国人主动引进生物学知识

鸦片战争的接连失败，使我国当时的统治阶级真正认识到自身的落后，不得不学习西方，"师夷长技"，搞些"洋务"，以求自强自保。要向西方学习，首先要懂得西方的语言和相关知识。在此种情形下，一些社会上层实权人物逐渐注意培养外语人才和翻译西方书籍，以期输入西方技术知识，为现实服务。不过，当时的社会高层还缺乏长远眼光，主要着眼于引入机器，尤其是与武器装备相关的技术知识。

作为引入西方科技知识的第一步，清政府兴办了新的教育机构。1862 年，创立了京师同文馆，稍后又建立了上海广方言馆和广州同文馆，当初的目的都是培养外语人才。

京师同文馆开设后，聘用了一些外国人教授外语和科技知识，如美国传教士丁韪良、德贞被聘为总教习和教习，讲授一些理化知识和解剖学等方面的知识。其后，清政府又设立了一批工程技术学堂。1866 年，清政府在福州设船政学堂，次年又在上海江南制造局内设上海机械学堂，后来还开了一些其他学堂。这些学堂主要教授外语、工业技术、军事技术，除京师同文馆传授过一些生理学知识外，所授内容基本与生物学无关。

一　发展生物学的内在需求

近代科学包括生物学得到重视，源于鸦片战争的失败，以及甲午战争和义和团运动的接连惨败。这一系列的耻辱推动了我国的社会变革以及全面向西方学习并将西方科学引进的决心。

鸦片战争后，颇具忧患意识和国际视野的思想家王韬曾积极呼吁变革，他在 1874 年的一篇文章中指出："中西同有火器，而彼之枪炮独精；中西同有备御，而彼之炮台、水雷独擅其胜；中西同有陆兵水师，而彼之兵法独长。其他则彼之所考察，为我之所未知；彼之所讲求，为我之所不及。如是者直不可以偻指数。设我中国至此时而不一变，安能埒于欧洲诸大国，而与之比权量力也哉！"不过，作为博古通今、了解中外的前沿学者，他深深地知道中国变革之难。他不无沉重地写道："今观中国之所长者无他，曰因循也，苟且也，蒙蔽也，粉饰也，贪罔也，虚骄也，喜贡谀而恶直言，好货财而彼此交征利。其有深思远虑矫然出众者，则必摈不见用。苟以一变之说进，其不哗然逐之者几希！"[1]可见他对当时的社会局势充满了忧虑。

如果说王韬的呼吁在当时没有唤起国人的充分重视，那么，甲午战争失利后，我国社会知识阶层则更深刻地感受到民族已经处在生死存亡的危险关头，救亡图存成了许多人认真思考的问题。日本明治维新后之崛起，使我国众多年轻知识分子从中得到良好的启示，我国亟须学习西方科学技术，以拯救沉沦的祖国。实际上，生物学受到人们的重视很大程度是以此为转折点的。当时严复（1854—1921）翻译的《天演论》（*Evolution and Ethics*）可谓振聋发聩，促使人们意识到变革社会、奋发图强的紧迫性。从这个意义而言，近代生物学的引进，从一开始就与民族复兴、救国图存紧密相连。

毫无疑问，进化论对世界范围内人类思想的解放和人生观的改变起了巨大的作用，世人逐渐开始明白，人类也是自然界

---

[1] 王韬. 弢园文录外编 [M]. 沈阳：辽宁人民出版社，1991：23.

中国生物学史·近现代卷

中的一种生物，是长期进化的产物。值得注意的是，进化论在中国的传播，发生影响更大的却是"生存竞争"学说。当时甲午海战的硝烟刚刚消散，举国笼罩在北洋水师全军覆没，被迫签订丧权辱国、割地赔款的《马关条约》的悲惨氛围中。以富国强兵为目的到英国学习海军的严复正是在这样一种存亡续绝的紧要关头，通过进化论的传播，向中国社会传达奋起救国的理念。进化论的内容被充满改革激情的严复洗练地表述为"物竞天择，适者生存"。严复的译文中有如下发人深省的文字："嗟夫！物类之生乳者至多，存者至寡，存亡之间，间不容发。某种愈下，其存愈难，此不仅物然而已。墨、澳二州，其中土人日益萧瑟，此岂必虔刘竣削[1]之而后然哉？资生之物所加多者有限，有术者既多取之而丰，无具者自少取焉而啬，丰者近昌，啬者邻灭。此洞识知微之士，所为惊心动魄。"[2]书中"适者生存"的理论通俗明了，深深震撼了国人的心扉，引起了强烈的共鸣。当时甚至有不少青年学生、军人，因此更改自己的名字，以提醒自己奋进。民国年间教育家蒋梦麟认为："自从强调物竞天择、适者生存的进化论以及其他科学观念输入中国以后，年轻一代的思想已经起了急剧的变化。"[3]这番言论的确反映了当时的社会现实。

不仅如此，严复译述的《天演论》在当时很快成为唤起民众、改造文化和社会、救亡图存的科学理论。著名学者王国维在《论近年之学术界》中说："外界之势力之影响于学术，

---

〔1〕 劫掠、杀戮之意。见《左传·成公十三年》："芟夷我农功，虔刘我边陲。"

〔2〕 赫胥黎. 天演论［M］. 严复，译. 北京：中国青年出版社，2009：11.

〔3〕 蒋梦麟. 蒋梦麟自传［M］. 北京：团结出版社，2004：66.

岂不大哉！……近七八年前，侯官严氏（复）所译之赫胥黎《天演论》（赫氏原书名《进化论与伦理学》，译义不全）出，一新世人之耳目，比之佛典，其殆摄摩腾之《四十二章经》乎？嗣是以后，达尔文、斯宾塞之名腾于众人之口，'物竞天择'之语见于通俗之文。"[1]影响之大，可见一斑。有人指出："二十年前新学说之输入，中国思想之丕变，功居第一。"[2]许多有识之士深受"物竞天择""适者生存"的感召，纷纷投身社会改革的洪流，为拯救民族的沉沦而斗争。为此，康有为曾经认为"译才并世数严林"。[3]曾任北洋政府教育部次长的吴闿生这样评论严复翻译《天演论》的影响："三十年来，士大夫得稍窥西学奥突，首发自君。天择物竞，优胜劣败之旨，皆吾国所未闻，由君冥思创设，以先天下。举世推高，以为哲学开山之祖。自有译寄以来，未有能与君抗衡者。文笔词华之美，亦未有万一庶几及君者也。梁启超之徒，假其鳞羽，踵而衍之，遂以风靡天下。国步革新之迅，君实为主干焉。"[4]很形象地描述出当时《天演论》由于理论新奇、文辞优美，一经发行便风行天下的盛况。当然，其中对梁启超的臧否可能有些过头，因为与严复译述《天演论》的同时，梁启超在上海办《时务报》，宣传"变法图存"，发表了"变法通义"等大量维新文章，令知识界耳目一新，对社会影响极大；稍后，康有为、梁启超的

〔1〕 王国维. 静庵文集一卷诗稿一卷［M］//《续修四库全书》编纂委员会. 续修四库全书1577集部·别集类. 上海：上海古籍出版社，2003：653.

〔2〕 王森然. 近代名家评传：初集［M］. 北京：生活·读书·新知三联书店，1998：98.

〔3〕 钱钟书. 钱钟书文集［M］. 太原：北岳文艺出版社，2003：494.

〔4〕 中国社会科学院"近代史资料"编辑部. 民国人物碑传集［M］. 成都：四川人民出版社，1997：218–219.

维新运动也对社会变革有相当的影响。

严复的社会达尔文主义思想，因其当时的积极意义，迅速被我国早期生物学家所接受。我国近代动物学重要奠基人秉志在自传中坦承自己"夙日[1]喜读进化论等著作，尤倾心于达尔文的学说"，原因在于它"最与思想解放有关"。[2]他们继续用"天演论"号召民众发愤图强。秉志在一次讲演中申言："一种民族处于竞争剧烈之下，一受惩创，立即觉悟，知非发愤图强，不足以图生存。于是取人之长，补己之短，凡所以应付生存之需求者，无不努力讲求，务出人上。"这样的民族是优秀的民族，"自然界"就成为他们仁慈的导师；反之，一个民族如果"屡受外侮，而不知警惧"，则非常危险。他还认为："天演现象，是自然界中之趋势，所不能免者。无论自然界对于人类为仁慈，或为残酷也，而人类对于人类，要当存民胞物与之心，互相辅助，方能导世界于和平之域。昔日欧洲民族，辟殖民地，恒将该地之土人，驱逐杀戮。复用种种政治、宗教之方法，以期殄尽，此乃人类最大之罪害，后世之人类，当引为大耻，视此时人类之所为，直与禽兽无异者也……被压之人民，能自改其前此之失误，奋发自励，自保其文化生计，俾惯行侵略者有所惮而不敢逞，复努力于科学发展，以求与强者并驾……灭亡之祸可免矣。"[3]在此，秉志已经明确指出，唤醒国人觉悟，以奋发自励是图存的第一步，要想真正强大起来，必须脚踏实地地引进西方科学，使之发展，才能避免

〔1〕 以前，早前。

〔2〕 翟启慧，胡宗刚. 秉志文存：第三卷［M］. 北京：北京大学出版社，2006：303.

〔3〕 秉志. 人类天演之问题［J］. 科学，1930，15（4）：499－507.

"灭亡之祸"。不仅如此，由于进化论对社会的巨大影响，梁启超等社会思想启蒙者也因此对生物学的重要性产生高度认同，认为："一种学问能影响于一切学问而且改变全社会一般人心，我想自有学问以来，能够比得上生物学的再没有第二个。"[1]这些对尔后雷厉风行地进行西方生物学的引进起了非常积极的推动作用。

甲午战争和义和团运动失败的残酷现实，同样使国人和统治者希望依靠传统封建文化维系社会体系、抱残守缺的幻想彻底破灭，直接导致我国延续了1300多年的科举制度于1905年的最终覆灭，这标志着封建教育制度的终结。诚如任鸿隽指出的那样，"科举不废除，新学即无法办起来"[2]。因为科举之危害不仅在于"八股取士，为中国锢蔽文明之一大根原，行之千年，使学者坠聪塞明，不识古今，不知五洲，其弊皆由于此，顾炎武谓其祸更甚于焚书坑儒，洵不诬也"[3]，更在于使众多知识分子留恋功名利禄的科举道路，无法将引入西方科学技术的通道打开。战争的失败和科举制度的废除，为西方科学技术的引入扫除了最大的障碍。"西学中源""中体西用"的论争也偃旗息鼓。洋务派通过引进西方技术来改变落后面貌的洋务运动宣告破产。我国开始兴办新学堂，向西方学习，开始了发展科学的艰难历程。这点从国人初创震旦学院时发表的宣言可以看出："自庚子拳乱后，海内志士有鉴于欧美之强盛，我国之孱弱，遂幡然省悟，非运输泰西各国新知识为我国补救

〔1〕 梁启超. 生物学在学术界之地位 [J]. 科学，1922，7（7）：641.

〔2〕 任鸿隽. 科学救国之梦——任鸿隽文存 [M]. 上海：上海科技教育出版社，2002：700.

〔3〕 梁启超. 戊戌政变记 [M]. 南京：江苏广陵古籍刻印社，1999：88.

之方针，维新之基础，不足与列强颉颃于世界。"[1]曾为清廷翰林的蔡元培等也以办学校、培养革新人才作为政治革命的前提。因此蔡元培在德国莱比锡大学留学时，特别致力于人类学、实验心理学和美学。[2]"教育救国"也是时人的一种思潮。刘廷芳（1891—1947）认为：国人已经从国难的经验中不仅深刻地认识到教育是救亡的唯一途径，而且认识到现行的教育制度、内容都需要进一步地彻底改造，求合实用，以适应当前环境。[3]

曾经"中举"的秉志和同样参加过科举考试的钱崇澍、吴宪则更直接相信科学救国。秉志认为："吾人努力科学之工作，只求科学在国内能早日发展，即是救国救民之最大事业。"[4]正是怀着重振中华、复兴民族的伟大抱负，一批批曾经沉迷于科举的年轻学子，开始意气风发地努力学习包括生物学在内的各类科学技术，走向为祖国服务的伟大征途。

二　通过日本间接引进西方生物学知识

《天演论》的风行，促进了维新运动的发展。为了开风气，报馆、书局逐渐涌现。变革社会的舆论风生水起，提倡富民、变法、开风气成为时代的强音。甲午海战爆发两年后，即1896年，我国开始大规模派遣留学生到国外学习，受当时社会资金和语言的限制，国人首先是到日本间接向西方学习。

---

〔1〕 张若谷. 马相伯先生年谱［M］. 上海：上海书店，1990：210.

〔2〕 王森然. 近代名家评传：二集［M］. 北京：生活·读书·新知三联书店，1998：218，227.

〔3〕 周心心，陈巍. 修身不言命，谋道不择时——记中国近现代心理学家刘廷芳［J］. 心理技术与应用，2014（12）：61-64.

〔4〕 翟启慧，胡宗刚. 秉志文存：第三卷［M］. 北京：北京大学出版社，2006：425.

19 世纪末和20 世纪初，由于语言的障碍和科学知识基础薄弱等原因，我国尚缺乏直接从西方引进生物学知识的前提条件。我国去西方学习的人很少，少数留学西方的学者中，几乎没有学习生物学的。当时康有为、梁启超等人认为懂得西方语言的人太少，而日本变法三十多年后，把西方新知识书籍的佳作基本上都翻译过来了，而且中日文字接近，通过翻译日本书籍来引入西方学术，可以起到事半功倍的效果。[1]由于地理上的邻近以及文字相近，许多青年奔赴日本学习，把从日本间接引进相关知识作为向西方学习的第一步。其间，有一些学者开始利用各种手段翻译日文科技书籍。在这个过程中，江浙沿海一带的一些"首先觉悟"的知识分子，如罗振玉（1866—1940)[2]、杜亚泉（1873—1933）和钟观光（1868—1940）等做了大量的工作。钟观光是早期引进西方科学的热心学者之一，曾由蔡元培介绍加入同盟会。[3]尤其值得一提的是，与《天演论》出版同一年（1897 年）成立的商务印书馆，1902年设立了编译所，开始大量印刷出版各种教科书、工具书，并于1905 年首次铅印出版了《天演论》。在清末和民国年间，商务印书馆成为出版各类学校教科书的龙头，其出版的科学教本饮誉全国，在普及西方知识、传播科学技术、发展教育、开启民智、推动学术进步等方面厥功至伟，在出版科学著作包括

---

〔1〕 沈国威. 康有为及其《日本书目志》[J]. 或问，2003 (5)：51 - 68.

〔2〕 甲骨学家、农学家，1909 ~ 1912 年曾任京师农科大学（北京农业大学的前身）校长。

〔3〕 王森然. 近代名家评传：二集 [M]. 北京：生活·读书·新知三联书店，1998：216.

生物学著作方面，堪称功绩卓著。[1]

众所周知，我国传统上以农立国，农业是国家的根本。在当时，许多思想家都强调从复兴农业着手，以寻求国家经济的发展，使民众逐步摆脱贫穷状态。1894年，孙中山在上书李鸿章时写道："国以民为本，民以食为天，不足食胡以养民？不养民胡以立国？是在先养而后教，此农政之兴尤为今日之急务也。"[2]罗振玉也认为"农学为富国之本"。这些学者在强调振兴农业的过程中，也间接推动了生物学在我国的传播。

罗振玉于1896年和徐树艺等人在上海发起成立上海农学会（或称"上海务农会"）。他们认识到要复兴农业，就要向外界学习。采用西方方法"兴天地自然之利，植国家富强之原"，"广树艺、兴畜牧，究新法，浚利源"是该会的宗旨。该会大力提倡翻译英文、法文、德文、俄文和日文的自然科学书籍[3]，并很快将设想付诸行动。1897年5月，该会开始创办《农学报》，这是我国最早的一种传播农业科技的专业刊物。近代著名启蒙思想家梁启超在《农学报》的"序"中道出了创办者的旨趣："秦汉以后，学术日趋无用，于是农工商之与士，划然分为两途，其方领矩步者，麦菽犹懵，靡论树艺；其服袯襫役南亩者，不识一字，与牛犁相处一间，安望读书创新法哉？故学者不农，农者不学，而农学之统，遂数千年绝于天下，重可慨也！本会思与海内同志……远法《农桑辑要》之

〔1〕 贾平安. 商务印书馆与自然科学在中国的传播 ［J］. 中国科技史料，1982（4）：57－61.

〔2〕 孙中山. 孙中山全集 ［M］. 北京：中华书局，1981：17.

〔3〕 潘君祥. 戊戌时期的我国自然科学学会 ［J］. 中国科技史料，1983（1）：28－30.

规，近依《格致汇编》之例，区其门目，约有数端：曰农理、曰动植物学、曰树艺……月渤一编，布诸四海。近师日本，以考其通变之所由；远撷欧美，以得其立法之所自。"[1]此刊第一年为半月刊[2]，第二年改为旬刊，出版至1906年，出版时间长达近十年，共出版了315期。因为农业是当时国家的根本，故此刊物得到当时朝廷和官府的支持，[3]同时也获学界的肯定。时人写道："近者沪上君子，创立农学，译书印报，以图振兴，其盛举也。创办之法，宜集通晓化学、植物学之人，讲肄农法。"[4]值得注意的是梁启超和上文作者都已认识到植物学之于农业发展的基础作用。

《农学报》上刊出的文章大多是译文，诚如梁启超所说的"近师日本"那样，尤以来自日本的文献居多。这主要是受我国学界的外语水平所决定的。当时我国懂西方语言文字的人很少，直接翻译西方文献有困难，但有众多的留日学生，能看懂和翻译日文通俗文献。更重要的是当时我国已经开始大量雇用日本学者在各种学堂和学术机构做教习，他们熟悉日本的文献和学术著作。《农学报》的主译是1897年由罗振玉聘任的日本汉学家藤田丰八[5]。这些日本学者很自然地从日本文献着

〔1〕 梁启超. 序 [J]. 农学报, 1897 (1)：1.

〔2〕 前15期称《农学》。

〔3〕 朱先立. 我国第一种专业性科技期刊——《农学报》[J]. 中国科技史料, 1986, 7 (2)：18-25.

〔4〕 见原载于1898年《蜀学报》的《学会兴国议》，董祖寿著。（王扬宗. 近代科学在中国的传播——文献与史料选编：上 [M]. 济南：山东教育出版社, 2007：370.）

〔5〕 此人1895年毕业于东京大学汉语专业，系日本汉学家。因为罗振玉的关系，1898年受聘为东文学社日文总教习，1904年还受聘为江苏师范学堂总教习，1908年被聘为京师大学堂农科大学教习。

手，编译一些务农会想要传播的普及性知识。另外，《时务报》、农学社曾经委托担当日文翻译的古城贞吉[1]购买大量日文书籍。[2]很显然，办这种杂志与当时留学生的水平和国内读者能接受的程度相符，也是间接向西方学习的一个过程。进一步地深化学习西方生物学则是国内派大批留学生到欧美高校深造以后的事情。

因为农学与生物学关系密切的缘故，《农学报》上发表了许多与生物学有关的文章，包括《土壤中细菌培养试验》《论橡胶》《植物始产诸地》《论稻中成分之转移》《论植物吸取地质多寡之率》《阿芙蓉考》。还有日本农务局编的《保护鸟图谱》、武田丑之助的《动物采集保存法》、宇田川榕庵编译的《植学启原》、松村任三的《植物学教科书》和

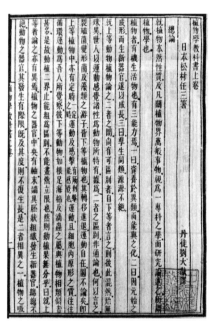

《植物学教科书》书影

《植物名汇》、饭岛魁的《中等教育动物学教科书》，以及《论益虫》《普通动物学》《日本昆虫学》《应用昆虫学教科书》等一些教科书性质的作品，也在该报刊出。20世纪初期，《农学

---

〔1〕 古城贞吉（1866—1949），日本的中国文学史家，受聘为《时务报》"东文报译"栏目主持人。

〔2〕 沈国威. 康有为及其《日本书目志》[J]. 或问，2003（5）：51-68.

报》还根据以往发表的文章编辑出版了一套《农学丛书》，其中有《森林学》和《造林学》等[1]。很显然，农学会从农学的角度开始传播了一些实用动植物知识。虽然当时的学者也知道，"中国近来讲求农政诚为亟务，此报之益实非浅鲜，但农人多不识字，守旧之见不可破，开通风气在报馆，振兴农利在有位"。[2]换言之，这种报章对农民不一定有直接的作用，但对开社会注重农学新知识之风气，引起高层注意，还是颇有意义的。

为了更好地引进日本学术，罗振玉还于1898年创办了一个名为"东文学社"的培养日语翻译人才的教育机构，请了日本学者藤田丰八任总教习，田冈佐代治为教习。该机构主要教授日文，兼授英语和理科内容，合作者有蔡元培等著名学者。东文学社是《农学报》日译稿件的主要来源地。

20世纪初，我国学者对传播科学知识的积极性有了进一步的提高，开始自主创办一些综合性的科学普及刊物。1903年，对吸收西方科学知识充满热情的我国植物学先行者钟观光及其同乡虞和钦等在上海创办了《科学世界》，1903~1904年刊行了12期，1921~1922年又刊行了5期。该刊刊载了一些传播生物学知识的文章，其中有王本祥的《说蚤》，其他作者写的《原生物》《论动物学之效用》《动物与外界之关系》《人类与猿之比较》，以及虞和钦的《植物对营养之适应说》《植物受精说》《有用植物及有毒植物述略》《植物营养上之紧

---

〔1〕 中国植物学会. 中国植物学史［M］. 北京：科学出版社，1994：124.

〔2〕 引自光绪二十八（1902）年《增版东西学书录》卷四，石印本，徐维则编，顾燮光补辑。

要之原质》等[1]钟观光曾自学日文，并在日本考察过教育和实业。虞和钦曾于1905～1908年在日本留学，学习化学，也通日文。他们传播的上述知识，大约也是从日本书籍中得来的。

继《科学世界》而起，介绍生物学知识比较多的科普杂志还有由上海小说林社宏文馆薛蛰龙[2]等主编的《理学杂志》，其宗旨在于"以助理科思想之普及而补学校教育之不足"[3]。据说《理学杂志》在栏目设计上

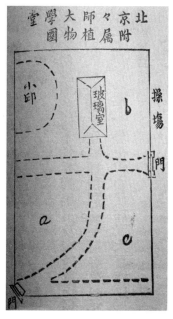

京师大学堂植物园示意图

处处模仿钟观光的《科学世界》[4]。《理学杂志》一共刊出6期，主编薛蛰龙是一个在传统博物学上有相当造诣的学者，编写过《毛诗动植物今释》《化学命名法》。薛蛰龙懂日文，他

---

〔1〕谢振声. 上海科学仪器馆与《科学世界》[J]. 中国科技史料，1989，10（2）：61-66.

〔2〕薛蛰龙（字砚耕，号公侠，一号病侠，1876—1943），江苏吴江人，曾留学日本，粗通日文。当时是吴江自治学社教员，主持理化传习所，是柳亚子的老师。他对传播科学知识兴趣很大，于1906年在时中书局出版他翻译的《化学精义》（日本中谷平四郎著）。他国学功底深厚，对博物学兴趣很大，曾在1914年的《博物学杂志》创刊号上发表《中华博物学源流篇》；也是植物研究会的发起人。后来曾执教于无锡师范学校等学校，1943年被日本人杀害。

〔3〕见刊于1907年第3期《理学杂志》的江阴理科学校广告。

〔4〕栾伟平. 清末小说林社的杂志出版[J]. 汉语言文学研究，2011，2（2）：29-41.

刊出的文章主要来自日文文献。[1]1906 年发行的第一期《理学杂志》中有神武的《说蚊》，公侠（即薛蛰龙）的《植物与日光的关系》（第二、第三期连载），仲簇的《野外植物》（第二、第三、第四、第六期连载），侠民的《植物学语汇》（第二期连载）。第二期有金一[2]的《人猿同祖说》，公侠的《论动物之本能与其习惯》。1907 年继续刊出的第三期有金一的《蚕性说》，公侠的《我国中世代之植物》（根据日本人在华的考察编写），志群[3]的《植物园构设法》（第四、第五期连载）。第四期有松岑[4]的《动物之彩色观》《拔克台里亚[5]广论》。第五期刊有 19 世纪五位德国植物学家的照片，登载了清任的《蚕体解剖学》，国城[6]的《植物品种之改良》，公侠的《昆虫采集之预备》（第六期连载），《十九世纪德国植物学家传略》，《植物研究会缘起》，还节录了福勃士和赫姆斯莱的《中国植物名录》的部分内容编成《中国植物之种类》。第六期有凤尾生的《生物之道德观》，仲簇的《养蚕谈》，以及《犬与狼及豹之关系》。根据陈志群《植物园构设法》一文的介绍，最迟在 1906 年，京师大学堂已设有植物园。[7]植物园

---

〔1〕 有人指出，他的《化学命名法》译自日本的《化学语汇》。

〔2〕 金松岑的笔名。金松岑（1873—1947），原名懋基，又名天翮、天羽，号壮游、鹤望，笔名金一、爱自由者，自署天放楼主人，江苏省吴江市同里镇人，曾任江阴南菁学院（1902 年改称江苏高等学堂，钟观光曾在书院任理化教习）学长，清末民初著名学者。

〔3〕 即陈志群。陈志群（1889—1962），江苏无锡人，名以益，早年入上海留学高等预备学校，后曾赴日本留学。他对晚清妇女报刊界曾做出杰出贡献，参与创办《女子世界》《神州女报》《女报》等杂志。

〔4〕 即金松岑。

〔5〕 即细菌（bacteria）的音译。

〔6〕 即盛国城。

〔7〕 志群. 植物园构设法 [J]. 理学杂志，1907（3）：2-3.

构设方法是根据日本植物学家三好学的《植物学实验初步》的内容译述而来。薛蛰龙后来还编译过一些植物学方面的科普书籍，如《植物科属检索表》等。

1900 年 11 月，另一热心向国内传播自然科学知识的学者、著名科普出版家杜亚泉[1]创办了综合科学刊物《亚泉杂志》。此杂志虽然主要传播的是化学知识，但在其一共刊出的十期杂志当中，也发表了不少与生物学相关的文章。其中第二期有《蚕与光线相关》，第八期有《博物学总义》，第七、第八、第十期连载《日本理学及数学书目》。在该书目中，胪列博物学书目十八种，生物学书目四种，人类学书目五种，动物学书目三十六种，植物学书目六十七种。[2]自 1905 年，杜亚泉又开始组织一些学者进行《植物学大辞典》的编纂工作。因为当时缺乏这方面的专家，工作进展比较缓慢。

1909 年 12 月，美国教会办的汇文书院（金陵大学前身）的学生所发行的《金陵光》也登载了一些传播生物学知识的文章。1910 年，中国地学会创办的《地学杂志》刊登过不少考察探险的文章，在传播生物学知识方面也颇有贡献。植物学家钟观光后来曾根据自己在各地考察采集的经历，在《地学杂志》上刊发了 10 篇"旅行采集记"。

上面的例子表明，在 20 世纪的前十年，钟观光、薛蛰龙等对博物学有相当素养的学者，以及杜亚泉等对传播西方科技知识的热心之士已进行力所能及的铺垫工作。他们开始较系统

---

〔1〕 杜亚泉（1873—1933），原名炜孙，字秋帆，号亚泉。浙江上虞人，近代著名学者，科普出版家，翻译家。

〔2〕 苏力，姚远. 中国综合性科学期刊的嚆矢——《亚泉杂志》[J]. 编辑学报，2001，13（5）：258 – 260.

地介绍各种生物学知识，尤其是与我国密切相关的一些基础知识，如《我国中世代之植物》《中国植物之种类》。从上文可以看出，当时已有初步的组织（植物研究会），并开始注意植物学术语，设置了研究实习用的植物园；同时，野外动植物实习采集的一些基本知识也开始被介绍进来。热心的推进者还介绍生物学史，以引发公众更广泛的兴趣，加速生物科学的启蒙。当然，这些知识的源头主要来自东邻日本。在这一时期，有些从日本返国的留学生，如黄以仁等，已经开始采集植物标本。

受西方生物学的影响，我国清末开始出现动物园。据说19世纪下半叶法国传教士谭卫道在北堂建立的"百鸟堂"，展出了不少他从我国各地收集的珍禽异兽标本，引起了当时人们的极大兴趣。慈禧太后也曾微服前往参观，印象深刻，其后不惜重金，收购这批动物标本。1906年，清政府农商部在西直门外高梁桥西面的乐善园毗连继园[1]一带划出约1000余亩（1亩约等于666.7平方米）地，建立了京师农事试验场，并任命叶基桢为场长，同时在场内辟出22.5亩地设立动物园（初称万牲园）。1907年，闽浙总督端方在德国考察时，买回一批动物，其中包括亚洲象、狮子、老虎、豹子、斑马、鹿、袋鼠和鸵鸟等共59笼，还雇用了2名德国饲养员。当年6月，中国驻德国的大使代办等人还代购了12只鸟、10条鱼和1只虾，以及禽鸟花草图说等资料。[2]此后，各地官员又陆续采购了一些动物，送到北京，动物园很快成型。从1907年7月中

---

〔1〕 俗称"三贝子花园"之所在。

〔2〕 王奎．清末农事试验场的创办与农业经济形态的近代化 [J]．华南农业大学学报（社会科学版），2007，6（4）：106–113．

旬起，京师农事试验场的万牲园开始对公众开放。1908 年，慈禧太后和光绪帝都曾到园中参观。可能因为展出的主要是各种类型的野生动物，"万牲"不足以概括，"万生园"一名很快取代了"万牲园"。1929 年，国民政府将北京农事试验场改名为"国立北平天然博物院"，北平研究院李煜瀛任名誉院长，北平研究院的植物研究所、动物研究所在此设址办公，并在园中建立了陆谟克堂。1934 年，名称又恢复为农事试验场[1]，这是后话。

在 20 世纪初期，受严复翻译的《天演论》的影响和当时生物学知识传播的教益，生物学逐渐受到青年俊彦的青睐。和当时地质学相似，生物学与社会需求密切相关。当时的社会各界已经逐渐认识到，生物学是保障农业和医药卫生发展进步的基础学科。我国是一个农业大国，又是一个人口众多、卫生保健落后的大国，发展生物学不但可以促进资源开发和发展农业生产，还可在改善民众体质，进而在抵制外来侵略方面发挥重要作用。很多学习生物学的学者都是为了改变国家长久以来积贫积弱的面貌而投身这个领域的。1902 年李煜瀛赴法国留学，曾在巴斯德学院和巴黎大学研习生物学。他在给学部的一份报告中写道："学员等留学法国，粗涉学科，谂知生物繁富胥不外动植二门，以之利用，有益人群，举其大端，更不外农艺、医学。盖以动植、生物为农、医之本。解生物之力施其应用，为治生所必需……故生物学之研究，其理学方术至为繁密，利益亦最富厚。"而他的这一见解也得到当时学部官员的认同，他们在批转这个报告时写道："查生物学功用宏多，关系重

〔1〕 关永礼. 百年长忆万生园 [J]. 书屋，2013（1）：52 – 56.

要，农艺医药，尤赖此项学术日益发明，乃能力求进步。"[1]
一批后来的中国生物学家从此立志并承担起引进西方生物学并
使之在我国扎根的重任。

第二节　壬寅癸卯学制与中学生物学教育的发展

一　壬寅癸卯学制与新式中学的发展

1902 年，清政府颁布《钦定学堂章程》，宣布开始推行新
式教育，但该章程未正式施行。该章程规定中学堂是作为
"高等专门之始基"，设立在府一级，学制四年，中学堂附设
师范学堂培养小学堂教习；第三、第四年设实业科，为今后入
高等专门实业学堂做准备。1904 年，清政府颁布《奏定学堂
章程》，这是第一套付诸实践的新式教育制度，大体内容与
《钦定学堂章程》相比没有太多变化，但是将中学学制改为五
年。1905 年，在中国延续了 1300 多年的科举制度被废除，为
新式教育的发展扫除了最后障碍。

实际上早在 1901 年，清廷颁布上谕，"除京师已设大学
堂，应行切实整顿外，著将各省所有书院于省城均改设大学
堂，各府厅、直隶州均设中学堂，各州县均设小学堂，并多设
蒙养学堂"[2]，此后多地书院改为中学堂；到癸卯学制之后，
要求各府必须设立一所中学，因此全国的中学堂数量有了明显
增加。民国之初，虽然社会动荡，但是在新的教育政策指导
下，中学教育依然有所发展。清末民初中学发展情况如表

---

〔1〕　学部咨行各省李煜瀛等禀在法创设远东生物学研究会并拟在京津沪设立
分会应量予补助文，浙江教育官报，宣统二年（1910），第二十七期。（洪震寰．清
末的"远东生物研究会"与"豆腐公司"初探［J］．中国科技史料，1995，16
（2）：19‑23．）

〔2〕　上海商务印书馆编译所．大清新法令 1901—1911：第一卷［M］．北
京：商务印书馆，2010：9．

2－2－1所示。

表2－2－1　清末民初中学发展简况

年份	学校数	学生数
1907 年	419	31682
1908 年	440	36364
1909 年	460	40468

数据来源：《中国近代教育史资料汇编·普通教育》《第一次中国教育年鉴》

在清末的学制体系中，中学生物学是以博物学和生理卫生学的面貌体现的。《钦定中学堂章程》规定中学堂开设十二种课程，其中第九门为博物，四年中依次教授动物状、植物状、生理学和矿物学，但并未规定具体内容。中学博物每学年每周课时为2小时。关于中学堂的建置，规定要设立标本室，"标本模型，务令齐备"。该章程规定可以为图画、物理、化学设立特别讲堂，并为物理、化学设立试验房，但并未给博物科设立试验房。[1]《奏定学堂章程》大体内容与《钦定学堂章程》差不多，但是将学制改为五年，课程中第八门为博物，且规定"其植物当讲形体构造，生理分类功用；其动物当讲形体构造，生理习性特质，分类功用；其人身生理当讲身体内外之部位，知觉运动之机关及卫生之重要事宜；其矿物……"，关于教学方法，要求"据实物标本得真确之知识，使适于日用生计及各项实业之用，尤当细审植物、动物相互之关系，及植物、动物与人生之关系"。在五年中，只于前四年授博物科，每年每周课时均为2

---

〔1〕　舒新城. 中国近代教育史资料：中册［M］. 北京：人民教育出版社，1981：492－500.

小时，内容上则是前两年每年都要讲植物和动物，后两年每年都要讲生理、卫生和矿物。在建置上，增加了博物科专用讲堂，当然可以与物理、化学专用讲堂便宜兼用。[1]

为升学计，在参照德国学制的基础上，1909年学部奏请文实分科。中学堂的文科课程中，博物学（只包括动物、植物）属于通习，五年中只有前两年开设，每年每周课时只1小时，且没有涉及实验部分；而实科中博物为主课，要求授课内容包含植物、动物和动植物实验，矿物、生理卫生和矿物实验，也只是在前两年开设，但是每年每周课时为6小时。[2]可以看出，清政府的学堂章程已经考虑到了生物学的学科性质，注意到了实验的地位。

二　壬寅癸卯学制下的生物学教科书

清政府实施壬寅癸卯学制后，全国各地建立起了大量的新式中小学堂。随着学堂的增加和入学儿童的增长，教科书的需求变得十分迫切。清政府的官办机构和民间出版机构都参与到新式教科书的编写出版中。

京师大学堂尚在筹办时就建立了译书局，1902年还在上海成立了译书分局。北京和上海的两个译书局存在时间都不长，译介的教科书也不多。1902年，京师大学堂还成立了编书处，但所编教科书也很有限。后来京师大学堂颁布的《暂定各学堂应用书目》中没有他们自己编译的教科书。这个书目中的教科书一部分是传教士编写的，如傅兰雅编的《格致

〔1〕　舒新城. 中国近代教育史资料：中册［M］. 北京：人民教育出版社，1981：500－512.

〔2〕　舒新城. 中国近代教育史资料：中册［M］. 北京：人民教育出版社，1981：512－520.

须知》系列教科书中的三种，艾约瑟编的《植物学启蒙》和《动物学启蒙》，另一部分主要是民间书坊编译的日本教科书。详情如下：

京师大学堂暂定各学堂应用书目

（1903 年江楚编译官书局照京师大学堂原本刊）

其中生物类教科书有：

植物须知　一卷（英）傅兰雅　著　格致须知三集本

动物须知　一卷（英）傅兰雅　著　格致须知三集本

全体须知　一卷（英）傅兰雅　著　格致须知三集本

植物学启蒙　一卷（英）艾约瑟　译　西学启蒙本

初等植物学教科书　一册　（日本）斋田功太郎、染谷德五郎合著　文明书局译印本

植物学教科书　一册　（日本）五岛清太郎　著　作新社译本

中等植物教科书　一册　（日本）松村任三、斋田功太郎合著　樊炳清　译　作新社译本

动物学启蒙　八卷　（英）艾约瑟　译　西学启蒙本

近世博物教科书　一册　（日本）藤井健次郎　编　樊炳清　译　科学丛书本

普通动物学　一册　（日本）五岛清太郎　著　樊炳清译　科学丛书本

中学生理教科书　一册　（美）斯起尔　原本　何燏时译补　教科书译辑社本

京师大学堂上海译书局编译了几本生物类教科书，主要有《博物学教科书植物部》两册，《博物学教科书生理部》一册，

以及《博物学教科书动物部》四册。[1]

1905年清政府正式设立学部，次年成立学部编译图书局，负责编译教科书。这是国家编写统一教科书的首次尝试。不过编译图书局编译的教科书种类并不多，影响也不大，加之教科书在审校时衍生不少讹误，反成笑柄，因此更不受欢迎。[2]编译图书局出版的中学生物学教科书并不多，如1908年出版的《中学堂用博物学动物篇》。该书分为四部分，即动物分类表、动物学绪论、动物学本论（分述脊索动物等十一门）、生物泛论（包括动植物异同与关系、生物的遗传与进化等），书中有101幅插图。从叙述上看，该书是改编或翻译自其他教科书。该书中前后两次提到瑞典博物学家林奈，但是两次译名不一，分别是"李壬阿斯氏"和"林椰氏"。该书中还有不少刊刻错误，只得在正文前列出数条勘误。学部编译图书局还有水祖培编写的植物学教科书，可惜并未成书出版。

学部编译图书局出版的《中学堂用博物学动物篇》书影

─────────────

　　[1]　张运君.京师大学堂和近代教科书的引进[J].北京大学学报（哲学社会科学版），2003，40（3）：137-145.

　　[2]　江梦梅.论现行教科书制度及前清制度之比较[J].中华教育界，1913，2（1）：14-22.

由直隶学校司[1]鉴定，编译处译行，北洋官报局校印的《植物教科书》，由日本松村任三、斋田功太郎合著。全书分为6章，第一章分54节介绍了各种普通植物，后面五章分述植物分类、形态、构造、生理和应用。该书完全是对日本原书的直译。直隶学务处出版的《新编博物教科书》，由日本藤井健次郎著，编译处编译，直隶学务处鉴定，编译局译行。该书分为三篇，包括植物11章、动物12章、矿物7章，有44幅插图，另附有实验之部。

清政府很想将教科书的编写出版权掌握在自己手中，以实现对国民思想文化的统治。但是由于清政府教育机构思想落后，工作效率低下，因此始终没能编成一整套供全国使用的中小学教科书，且随着社会形势的变化，这些机构随清政府的覆灭一起退出了历史舞台。清政府也看到了一时难以实现教科书的完全国定，于是采取了官编教科书与民间教科书并行，对民间教科书进行审定的制度。[2]学部下设审定科，专司对各类学校教科书的审定工作，陆续颁布了对初等小学、高等小学、中学和初级师范学堂教科书的审定结果，并推荐了一部分教科书作为暂用书目（生物类教科书见表2－2－2）。[3]这在一定程度上实现了对思想文化的控制，同时也成了民间出版机构行销图书的一种宣传资本。总体来看，清

---

〔1〕　1902年，在袁世凯主持下，直隶省设立直隶学校司，下设编译处等部门；1904年改为直隶学务处，仍设有编译处（局）等部门；1905年底改设图书课等7课；1906年改学务处为直隶提学使司，设图书6科，另设学务公所为提学使司的办公机关。北洋官报局也是由袁世凯创办的，主要负责发行《北洋官报》。

〔2〕　王建军. 中国近代教科书发展研究［M］. 广州：广东教育出版社，1996.

〔3〕　学部第一次审定中学堂初级师范学堂暂用书目凡例［J］. 教育杂志，1910，2（9）：25－30.

政府及其官办机构编写出版的生物学教科书数量有限，与民间出版的教科书相比，没有多大竞争力，影响也比较小。

表2－2－2　学部第一次审定中学堂初级师范学堂暂用书目凡例（1910年）

书名	册数	著译者	用者	印刷	发行	版权	价目
新撰博物学教科书附图	2	华文祺	学生	文明局	文明局	有	五角
博物（学）大意	1	杜就田	学生	商务馆	商务馆	有	二角五分
最新植物学教科书	1	藤井健次郎，王季烈	学生	文明局	文明局	有	八角
最新中学教科书·植物学	1	三好学，杜亚泉	学生	商务馆	商务馆	有	一元
最新中学教科书·动物学	1	白纳，黄英		商务馆	商务馆	有	八角
中学生理卫生教科书	1	吴秀三，华申祺，华文祺		文明局	文明局		
中学生理教科书	1	斯起尔，何燏时	教员	同文印刷社	教科书译辑社		

文明书局成立于1902年，发起人包括廉泉、俞复、丁宝书等，是近代较早涉入教科书出版发行的民办出版机构，在清末民初教科书的发展史上占有重要地位。文明书局出版的生物学教科书主要有普通教科书、中等教科书、最新教科书等多个系列。以下列举几种有特色的教科书。

《中学植物学教科书》由藤井健次郎著，华文祺译，于1906年初版。全书分为四章，分别介绍植物的形态及生态、解剖及生理、分类、分布及应用。对于书中引用的例子，"凡有不适我国之用者，胥由译者参考他书，或增或芟……凡所称述者，皆有来历，非敢杜撰也"，而且书中还附有精美的插图。《中学动物学教科书》由安东伊三次郎、岩川友太郎和小幡勇治合著，钱承驹译编，于1909年初版。该书分为上、下两编，分别为分论和通论。作者参考了其他十数种书籍，"又去原书之专言日本者，而取吾国切近之事实充补之"，除解剖图沿袭原书外，其余十之三四采自他书。该书注重实验，书末附有实验用纸，要求学生将六个实验所得之要件记入。学部评价该书"体制得宜"。[1]《最新植物学教科书》的特色是在各论方面用力少，在总论上用力多，植物体各部分的形态、效用、生理、生态尤其详细。学部评价该书"简而扼要，层次井然，于吾国中学程度，最为相宜。译笔亦简洁不苟，且于原书中不适吾国之教材，颇多更易，迥非直译者可比"。[2]

钱承驹的《中学动物学教科书》　　王季烈的《最新植物学教科书》

商务印书馆成立于1897年，发起人有夏瑞芳、鲍咸恩、鲍

〔1〕 钱承驹. 中学动物学教科书 ［M］. 上海：文明书局，1914：例言.

〔2〕 学部审定中学教科书提要（续）［J］. 教育杂志，1909，1（2）：9-18.

咸昌、高凤池等，从初期主要从事印刷商业表册发展到出版各类书籍。自进入教科书出版领域起，商务印书馆一直是近代教科书方面的最大出版商。

商务印书馆出版的"最新教科书"系列

清政府实行新学制后，商务印书馆出版了我国第一套现代意义上的教科书——"最新教科书"系列。这套教科书中与生物学有关的包括：（1）《最新中学教科书·植物学》由日本三好学著，亚泉学馆编译，1903 年出版。该书主要是根据三好学的植物学教科书并参考日本其他植物学教科书编译而成。原书没有给出中文名和拉丁名的，作者参照中西植物名录进行了补充。全书共四篇十八章，介绍了植物形态学、解剖学、生理学和分类学。学部审定该书的评语为"体例完备，记述简要，最合中学教科之用。译笔明净，为近时译本所罕觏。且于植物名目，博考本草等书而定之，故能确有证据，迥非率尔操觚者可比"[1]。（2）《最新中学教科书·动物学》由美国人白纳

----

〔1〕 学部审定中学教科书提要（续）[J]. 教育杂志, 1909, 1 (2)：9–18.

（M. Burnet）著（原书为 *Zoology for High Schools and Academies*），黄英译述，奚若校订，1905 年出版。全书分为八章，分别介绍了从原生动物到脊椎动物等各类动物典型代表的形态、结构、生理和习性。这本教科书提倡学生进行野外观察和实验室探究，书中有不少实验活动的内容。书中有附文补充相关知识，并安排了"温习指要"。书后附有动物学中西名目表。学部评价该书"叙述动物大纲，至为明晰。译笔亦条畅，定名尤审慎"。对于教科书中不适合中国的动物教材，学部建议"宜由教员选择同类之品以易之耳"。[1]这套教科书均为译作，书前均有参考书目，都强调实验和野外实践，堪称善本。由于质量较高，这套书在民国成立后仍被部分学校继续使用。

1902 年商务印书馆出版了廖世襄译述的《动植物生理学教科书》，译者认为介绍生理学的教科书极少，所以将法国包尔培的动植物生理学略加增损，译为教科书，分为两编，分论动物和植物生理学。这是国内最早专门介绍动植物生理学的教科书。

19 世纪末到 20 世纪初，出现了一股留日潮。留日学生在日本留学期间，或者学成回国以后，翻译出版了很多中小学教科书，这些教科书有的在日本人或者中国人办的出版社出版发行，有的则是在他们自己创办的出版社出版发行。比较重要的有教科书译辑社、作新社等。

教科书译辑社，1902 年由留日学生在东京创办，负责人为陆世芬等。编译的生物学教科书有：《中等植物学》（三好学著），《普通生理教科书》（片山正义著），《中等动物学》（石川千代松著），《植物之生理》（田园正人著，高銛编译），

〔1〕 学部审定中学教科书提要（续）［J］. 教育杂志，1909，1（2）：9–18.

《中学生理教科书》（美国斯起尔著，何燏时[1]译补）。

作新社，1901年创办于上海，发起人为戢翼翚和日本女教育家下田歌子，译员多为留日学生。社址在上海，在东京有发行所。作新社编译的生物类教科书主要有：《植物学教科书》（五岛清太郎著），《中等植物教科书》（松村任三、斋田功太郎合著，樊炳清译），《中等教科书新编动物学》（1905），《新编博物学教科书》（1906），《新编生理学教科书》（1906）。

留日学生翻译的教科书无论是名词术语、语言风格，还是材料选择，都更加适合中国的需要。这些教科书对于今后中学教科书的装帧设计、编写体例、知识体系和名词术语等方面，都产生了深厚的影响。不过，这些教科书大部分是直接翻译的，较少经过改编，因此有些内容并不适合中国的实际情况。

除了以政府、出版机构、学校等名义出版的教科书外，还有一部分生物学教科书是由一些个人编辑出版的，其内容有翻译自外文教科书的，也有自编的。有的通过出版机构代为出版，有的自己印刷发行。

1905年，黄明藻编写了《应用徙薪植物学》[2]，由峨眉教育部石印出版，四川爱梨堂发行。该书编成于日本，曾经铃木、高桥鉴定。全书88页共57章，前40章为第一编模范观察，主要是介绍各科植物，有介绍植物种子的构造与萌发、呼吸、同化作用、细胞、吸收、蒸散等知识，后面17章为第二编结论，介绍植物的形态、结构、生理、运动、生殖、分类、

---

[1] 何燏时（1878—1961），字燮侯，浙江诸暨人，毕业于东京帝国大学，曾任京师大学堂教习、工商部矿政司司长、国立北京大学校长，后投身商业，中华人民共和国成立后，曾任浙江省政协副主席、民革浙江主任委员等。

[2] 内页封面为《应用徙薪植物翼》，正文边缝标注为《植物讲义》。

生态等，书后附有"腊叶采制法"。目录前有"八带群落图"，介绍地球不同温度带的代表植物（彩图），正文中有大量插图，插图标注采用日文。书中介绍的各科植物，在中文植物名后均附有日文假名。

1908年，植物学家钟观光编写了《理科通证》，1909年由新学会社发行。这是他在创办理科实习学校后编写的教科书，其中的《动物篇》主要参考日本书籍编写而成，介绍了几十种代表性动物，并概述了动物的分类、分布和进化。对于每种代表性动物，都给出具体的科属类别，并介绍它们的形态、习性、分类以及与外界的关系。该书突出了值得注意的知识，如强调人猿同祖论并非指人是由猿猴变来的，蝙蝠不是鸟类等。该书充分体现了作者的渊博学识，书中时见古代典籍和民间传说中的动物形象，作者对其进行了一一考证。

第三节　民国前期的中学生物学教育变革

一　民国初期的生物学教育

民国建立后，政府进行了一系列教育改革，史称"壬子癸丑学制"。1912年，教育部向各省颁发《普通教育暂行办法》，将学堂改称学校，要求各地尽快开学，规定中学校为普通教育，文实不必分科，改为四年毕业。[1]教育部公布的教育宗旨是"注重道德教育，以实利教育、军国民教育辅之，更以美感教育完成其道德"[2]。表2-3-1是民国初年中学的发

---

〔1〕　陈学恂.中国近代教育史教学参考资料：中册［M］.北京：人民教育出版社，1987：166-167.

〔2〕　陈学恂.中国近代教育史教学参考资料：中册［M］.北京：人民教育出版社，1987：178.

展概况。

表2-3-1　民国初期中学发展简况

年份	学校数	学生数
1912 年	373	52100
1913 年	406	57980
1914 年	452	67254
1915 年	444	69770
1916 年	350	60924
1918 年	484	77621
1922 年	547	130385

数据来源：《中国近代教育史资料汇编·普通教育》《第一次中国教育年鉴》

　　教育部于1912年颁布《中学校令》及《中学校令施行规则》，规定无论是普通中学，还是女子中学，修业年限为四年，前三个学年都要学习博物学，第一、第二学年每周课时为3小时，第三学年每周课时为2小时，内容上"博物要旨在习得天然物之知识，领悟其中相互关系及对于人生之关系。博物宜授以重要植物、动物、矿物、人身生理卫生之大要，兼课实验"，同样要求配备博物特别教室、器械标本室等。在1913年公布的《中学校课程标准》之博物学部分，对于教学内容做了进一步说明，其中第一学年的植物部分包括普通植物之形态、分类、解剖、生理、生态、分布、应用等之大要，动物部分为普通动物之形态、分类、解剖、生理、习性、分布、应用等之大要；第二学年的动物部分沿袭第一学年，生理及卫生部分包括人身之构造、个人卫生和公众卫生；第三学年为矿物部分；对于实验未加说明。1919年，教育部要求女子中学课博物科第一、第二

中国生物学史·近现代卷

学年每周课时为 3 小时，开设植物、动物实验，动物、人身生理及卫生实验。可以看出，民国初年的生物学教育内容基本沿袭了清末的学制，并没有太大改动。

虽然民国政府要求停止使用清朝的教科书，但是由于没有颁行细致的课程标准，并且军阀混战导致政局不稳，政府对于教科书的编写、发行与使用缺乏有效的监管，而且生物学教科书与国语（国文）、历史、地理等教科书不同，受政治运动的影响很小，因此，民国初年的生物学教科书或沿用清末教科书，或稍作改编，尽管也有新编的教科书，但是仍然是在清末教科书的知识体系下，并没有大的突破。

民国成立初期，中学生物学教科书的出版发行基本上被商务印书馆和中华书局垄断，此外只有上海科学会编译部等少数几家机构零星出版新教科书，其他书局或者将清末的教科书稍作修改继续发行，或者干脆被兼并或关张了。同时，值得注意的是，民国时期的教科书虽然仍以编译日本教科书为主流，但是直接翻译的已经很少，通常是参考外国教科书自编。而且，教科书的编译者，也不再以留日学生为主，出现了欧美留学生翻译或编写的教科书。

以下主要介绍中华书局和商务印书馆出版的一些代表教科书。

中华书局成立于 1912 年 1 月，主要创办人是陆费逵。中华书局成立伊始就瞄准了教科书市场，出版了"中华教科书"系列。《中华中学植物教科书》由彭世芳[1]编著，注重采用中

---

〔1〕 彭世芳（1886—1940），号型伯，苏州人，早年留学东京高等师范学校，曾任北京高等师范学校博物部首任教务主任，北京师范大学、北京女子高师植物学教授，编写了大量生物学教科书，著有《自然分类普通植物检索表》《实验观察植物形态学》等，并与陈映璜等合编了《博物词典》。

国植物，使用中国旧有植物名称，在生理部分介绍了一些实验；《中华中学动物教科书》由华文祺编著，以日本丘浅次郎的《订正近世动物学教科书》为主翻译而成，每章后面都介绍各类动物与人生的关系，书后附有实验和观察活动。后来中华书局聘请范源廉（字静生，1875—1927）为编辑部长，组织编写了"新制中华教科书"系列。其中《新制植物学教本》由彭世芳、吴家煦编著，是在《中华中学植物教科书》基础上修改完善而成，书后还增加了名词对照表；《新制动物学教本》由吴家煦、吴德亮编著。这两本教科书的宗旨一致，都注重本土动植物和观察实验。

中华书局出版的《新制植物学教本》与《新制动物学教本》

　　商务印书馆适应时事变化，出版了"共和国教科书"系列。其中《共和国教科书·动物学》由徐善祥、杜亚泉、杜就田编著，全书分为分类学、形态学、组织学、生理学、生态学和应用动物学等6篇共29章，参考了中文、日文和英文的多种动物学教科书。教育部对该书的审定评语为"使学者有综合之知识，明动物进化人生利用之关系"[1]。《共和国教科书·植物学》由杜亚泉编著，含形态学、解剖学、生理学、生态学、分类学和应用植物学等6篇共17章，后来该书出版了增订本，不但内容有所增加，而且于分类采用了新的系统。教育部评价该书"体裁新颖，段落分明，名词亦尚妥洽，洵属教科善本"[2]。这两本教科书体例基本相同，又都注重生态学和生理学，并建议教学时考虑季节因素，适合中学教学，因此出版后非常受欢迎，多次再版。

根据民国教育法令，1914年商务印书馆出版了"民国新教科书"系列。其中《民国新教科书·动物学》作者为地质学家丁文江[3]，后来曾以《新体教科书动物学》为名再版。该书以介绍各类动物形状、构造和生活为主，概述了动物的分布，结合作者专业介绍了古动物学和天演。该书尤其重视介绍本国物产及其与人生的关系，并将外司门（Weismann，今译魏斯曼）的遗传学说引入教科书。《民国新教科书·植物学》作者为王兼善[4]，详细介绍了植物的形态、解剖、生理和分类，附录有植物栽培与实验、植物分布与生态、森林等相关知识。在1922年新学制后秉志起草的《高级中学第二组必修的

---

〔1〕 徐善祥，杜亚泉，杜就田. 共和国教科书动物学 [M]. 上海：商务印书馆，1915：版权页.

〔2〕 杜亚泉. 共和国教科书·植物学 [M]. 上海：商务印书馆，1917：版权页.

〔3〕 丁文江（1887—1936），字在君，江苏泰兴人，中国科学社成员，中国地质事业的奠基人之一。早年中秀才，曾短期逗留日本，后留学英国格拉斯哥大学，修动物学与地质学。回国后任工商部矿政司地质科科长，创办地质调查所并任所长，曾任中央研究院总干事。

〔4〕 王兼善，字云阁，江苏人，中国科学社成员，曾留学英国，任北京大学化学门教授、南京江南造币厂厂长。编写的教科书还有《民国新教科书·物理学》《民国新教科书·化学》《民国新教科书·生理及卫生学》等。

生物学课程纲要》中，这两本教科书均被指定为建议用书。

商务印书馆出版的《民国新教科书·动物学》和《民国新教科书·植物学》

　　1918 年商务印书馆出版马君武[1]译的"实用主义教科书"系列，其中《实用主义植物学教科书》根据德国司瑞尔（Schmeil）原著翻译，正文 421 页，书中有 356 幅图片，且有 47 幅彩图，附植物学名词表。该书详于分类，几占全书 80%。在译名上，马君武参考了中国古代名词、日本译名，并且自创了不少名词。《实用主义动物学教科书》也是根据司瑞尔的书编译而成，正文 463 页，书中有 426 幅图片，32 幅彩图，附动物学名词表，该书 90% 以上的内容都是介绍动物分类的。马君武翻译这两本书作为中学教科书，希望借此"以助吾国

---

　　〔1〕 马君武（1881—1940），字厚山，广西桂林人。早年入广西体用学堂，曾留学日本京都帝国大学应用化学专业、德国柏林工业大学矿物冶金专业、柏林大学研究院，工学博士。中国同盟会成员，曾任总统府秘书长、教育部总长，大夏大学、北京工业大学、上海中国公学校长，原广西省（今广西壮族自治区）省长，1928 年创办广西大学并任校长。马君武还是达尔文进化论的积极宣传者，第一个翻译了《达尔文物种原始》（即《物种起源》），并翻译撰写了多种介绍达尔文及进化论的著作。

博物学之进步"。

马君武编译的《实用主义植物学教科书》和《实用主义动物学教科书》

1922 年前，商务印书馆出版的教科书还有：杜就田、孙佐编译的《中学动物学教科书》，王季烈译订的箕作佳吉著的《动物学新教科书》，以及其他一些在清末已经发行的教科书。

二　壬戌学制与中学发展

1922 年，民国政府发布《学校系统改革令》，对学校系统进行了全面改革，史称"壬戌学制"。改革的标准是"适应社会进化之需要，发挥平民教育精神，谋个性之发展，注意国民经济力，注意生活教育，使教育易于普及，多留各地方伸缩余地"。小学六年，中学六年分为初、高两级各三年，高中设普通、农、工商、师范、家事等科，实行学分制和选科制。[1]

清末与民初的教育，侧重于初等教育和高等教育，中等教

---

〔1〕 课程教材研究所.20世纪中国中小学课程标准·教学大纲汇编：课程教学计划卷〔G〕.北京：人民教育出版社，2001：105－107.

育相对不受重视，发展也比较缓慢，数量相对较少。这也是由当时的国情决定的，一方面急于培养高等人才，另一方面也要从基础教育抓起。1922 年壬戌学制之后，中学被分为初、高两级，从原来的府治中学，拓展为县治初中和府治高中，各地陆续建立了大量的初级中学，学生人数也有了较快的增长。特别是 1927 年国民党南京政权建立后，社会相对稳定，中学教育发展较快。1932 年教育部颁布《中学校法》，1935 年细化为《中学规程》，这些法规为中学发展提供了法律依据和制度保障，在一定程度上促进了中学的发展。表 2 - 3 - 2 为 1922 ~ 1937 年中学教育的发展情况。

表 2 - 3 - 2　1922 ~ 1937 年中学教育概况

年份	学校数	学生数
1922 年	547	130385
1925 年	687	129978
1928 年	954	188700
1929 年	1225	248668
1930 年	1874	396948
1931 年	1893	401772
1932 年	1914	409586
1933 年	1920	415948
1934 年	1912	401449
1935 年	1894	438113
1936 年	1956	482522
1937 年	1240	309563

数据来源：《第一次中国教育年鉴》《第二次中国教育年鉴》

普通中学包括初中和高中，初中的规模比高中要大一些，

表2－3－3是1930～1937年初中和高中的发展情况。

表2－3－3　1930～1937年初中和高中学校数发展概况

年份	高、初中合设	高中学校数	初中学校数
1930 年	554		1320
1931 年	465	29	1399
1932 年	483	37	1394
1933 年	493	41	1386
1934 年	498	33	1381
1935 年	517	35	1342
1936 年	530	36	1390
1937 年	310	24	906

初中与高中学生数对比情况如表2－3－4所示。

表2－3－4　1930～1937年初中和高中学生数发展概况

年份	高中学生数	初中学生数
1930 年	44571	336851
1931 年	56138	345634
1932 年	61174	348412
1933 年	66325	349623
1934 年	69026	332423
1935 年	82099	356014
1936 年	88831	393691
1937 年	50955	258608

从以上各表可以看出，民国中期的中学教育发展较好，无论是初中还是高中，无论是学生数还是学校数，在1937年前都处于增长态势，而且初中升入高中的比例也是逐年上升的。不过，总的来看升学率并不高，大多数年份均不及20%，能

够接受高一级教育的学生并不多。

新学制课程纲要由专家分科起草，其中初中自然由胡刚复起草，高中生物学由秉志起草。

初中必修科共 164 个学分，其中自然科共 16 个学分，生理卫生设在体育科下，有 4 个学分。自然科的目的除要求学生了解自然知识及规律外，还要求学生知道自然界与人生的关系，学会利用自然的方法，并养成研究科学的兴趣。自然科共分四段，第一段以生物为主，其他各科为辅，后面三段分别以理化为主，其他各科为辅，由此可见生物所占比重并不如理化。将动植物、矿物、理化学、天文、气象、地质等混合为一科，是考虑到这些学科是互相关联的，但考虑到师资问题，又不能采取分段混合的办法。没有明确规定开设生物实验，但是在毕业最低限度的标准中，要求学生"能为简易之实验，以解释日常生活之科学原则；对于天然界事物，须有较正确之观察能力"[1]。

高中采用分科制，即将普通科分为两组，第一组注重文学及社会科学，第二组注重数学及自然科学，两组有一些课程为公共必修科，各自又有分组的必修科和选修科，其中生物学为普通科第二组必修（物理、化学、生物三项选习两项，每项 6 个学分，要求达到 12 个学分）。秉志起草的高中生物学课程纲要将高中生物学分为普通植物学和普通动物学两部分，各授课一学期，每周 3 小时，3 个学分。其中普通植物学选用王兼善的《中学植物学教科书》，普通动物学选用丁文江的《中学动

---

[1] 课程教材研究所.20 世纪中国中小学课程标准·教学大纲汇编：课程教学计划卷 [G]. 北京：人民教育出版社，2001：6-7.

物学教科书》。动植物部分都注重讨论与实验，并建议每学期"至少作郊外练习八次"，植物学实习最好是在"天气温和植物繁茂时行之，以便学生练习，观测，绘图，及采集标本等事"，动物学实习最好在"春秋天气温和时行之"。[1]

1929 年，教育部聘请专家拟定《初级中学暂行课程标准》和《高级中学普通科暂行课程标准》。初中自然科有 15 个学分（比之前少了 1 个学分），订立了混合制（包括动植物及理化）与分科制两种标准，供学校自行采用。[2]混合科[3]暂行课程标准的"目标"基本上沿袭了课程纲要的说法，只是增加了"养成观察、考查及实验的能力和习惯"。作业要项包括教师的实验示范，实验室作业，学生实验，制作简易标本、仪器，还要求随时开展野外观察、采集标本和实地参观。混合科教授内容仅限于 1~3 学年，其中植物学和动物学主要是在第一学年，占 5 个学分。暂行课程标准的教材大纲对于教学内容做了非常细致的规定，包括每个学期应该讲授的具体内容。教材大纲体现了以下几个特点：（1）关注身边的自然现象，关注本国的物产资源，如要求讲授学校园中之植物、本地之最好树木、我国主要蔬菜和果品、本地普通动物等；（2）注重自然与人生的关系，如要求介绍衣服与纺织品、人体中之寄生虫、益鸟和害鸟、茶与烟叶、经济水生植物等；（3）注重综合，虽然教材大纲在安排时将各科略分先后，但是仍然采取混

---

〔1〕 课程教材研究所.20 世纪中国中小学课程标准·教学大纲汇编：课程教学计划卷 [G]. 北京：人民教育出版社，2001：8.

〔2〕 课程教材研究所.20 世纪中国中小学课程标准·教学大纲汇编：课程教学计划卷 [G]. 北京：人民教育出版社，2001：119–120.

〔3〕 具体包括了植物学、动物学、化学、物理学、矿物学、地质学、天文学、气象学。

合教授法，如将空气的理化性质、组成、与气候和天气的关系、与呼吸卫生的关系、与植物及生命的关系等混合讲授，将土壤的组成、岩石的种类、土壤的结构等与农业的关系等混合讲授；（4）考虑到时节的变化，方便教学，如秋季学期讲授动物的蛰伏、鸟类的迁徙，冬日介绍针叶植物和落叶乔木，春季学期介绍春日植物发达之观察等；（5）提倡观察实验，如要求讲授植物标本采集保存法、用具及研究法、植物环境观察等。暂行课程标准建议教师采用启发法，从实地观察与实验起首，然后用归纳法导出自然规律。分科的初中植物学和动物学暂行课程标准规定植物学和动物学各3个学分，对于教学内容有了更进一步的细化，特别强调让学生了解动植物与人生的关系、动植物之间的关系，认识习见的动植物，培养观察采集动植物的能力与习惯，以自然为教本，通过观察和实验获取知识。这一基本精神贯穿整个生物学教学，在后来课程标准的修订过程中，依然得到了贯彻。

高中普通科取消文理分科，不再单设公共必修课。[1]高中生物学侧重于介绍生命现象的基本原理，"须使学生认明动植物，以及吾人之生命，虽有各殊之区别，同为一生命现象，有基本的相同处"。与初中相比在生理、生殖、遗传与进化等内容方面有所强化，实验的内容也有所侧重，并使学生了解生物与人生的关系。高中生物学每周讲授和实习各2小时，各计2学分，两个学期合计8学分，规定每学期可举行数次郊外采集或研究。高中生物学要求学生在实验室能够用简单的仪器材

---

[1] 课程教材研究所.20世纪中国中小学课程标准·教学大纲汇编：课程教学计划卷［G］.北京：人民教育出版社，2001：121-122.

料，"试验生理上诸现象，如光合作用，蒸腾作用，呼吸作用，感应运动等"。还要使用显微镜观察生物切片，在郊外采集标本，考察生物的生存环境，使学生养成"观察研究之能力，及爱好自然之兴趣"。此外，高中生物学暂行课程标准给出了参考书，建议参考陈桢的《普通生物学》《科学大纲》，邹秉文、胡先骕、钱崇澍编写的《高等植物学》。[1]

1932年《初级、高级中学课程标准总纲》发布，是为正式版的课程标准，规定了各科每周具体的教学时数。该课程标准延续了暂行课程标准中关注生物与人生的关系（如初中植物将高等植物分为农产植物、日用植物、药用植物与嗜好品、森林、观赏植物、有害植物等，初中动物要求编制教材以分类次序为经、以日常所见及与人生最有关系之各种动物为纬，高中生物学要求了解中国特产），培养观察实验能力的要求。同时，突出了将生物体作为整体看待的要求，如初中植物学课程标准指出"植物是整个的，其生活亦是整个的，编制时固应分别罗列，然时时宜使有各部分工合作之印象"。初中动物学课程标准要求在教材之"论形态处须同时论及生理"。与初中动植物学课程标准相比，高中生物学更侧重介绍生物学的一般原理，对于实用的方面较少涉及。[2]

1936年修正后的课程标准在基本精神上延续了此前的课程标准，只是做了一些微调。如初中植物学高等植物部分按照科学的分类讲授，而非按照人为分类介绍；初中动物学代表动

〔1〕 课程教材研究所.20世纪中国中小学课程标准·教学大纲汇编：生物卷〔G〕.北京：人民教育出版社，2001：24－27.
〔2〕 课程教材研究所.20世纪中国中小学课程标准·教学大纲汇编：生物卷〔G〕.北京：人民教育出版社，2001：28－48.

物的顺序做了调整，并有增减；高中生物学内容略做简化，实验课时减少了，由原来的每周两小时减少为一小时，不过，"如必要时，得延长实验一小时"。[1]

为了加强对教育的控制，提高教育质量，1932年起，国民政府教育部开始实行全国性的毕业会考制度。高中生物学和初中自然科学（后依据修改的课程标准，改为生物，含动物和植物）均在会考科目之列，直到1936年修订后不再参与会考。[2]1932年会考后，教育部统计了全国各地的会考成绩，发现算学和自然科学成绩最差，分析原因主要是师资不佳、实习不力、设备不全、不够重视，因此要求各地相应地进行改进，并且从1934年开始组织公立、私立高等学校举办中等学校理科暑期讲习班，对中学算学和自然科学教师进行培训。[3]会考制度的施行以及后来的教师培训，在一定程度上促进了中学的生物教学，但是由于1936年之后生物学退出会考，加之战争的影响导致会考不能正常举行，因此后来的会考对中学生物教学就没什么影响了。在1937年前，大学的入学招生考试是单独命题招考的，没有实行全国统一招考，各个大学的招考试题在侧重点、难度等方面差异很大，与中学课程标准的要求也不尽一致，因此对中学生物教学的影响也有限。

三　壬戌学制下的中学生物学教科书

据章锡琛回忆，五卅运动的时候，即1925年，全国教科

〔1〕　课程教材研究所.20世纪中国中小学课程标准·教学大纲汇编：生物卷［G］.北京：人民教育出版社，2001：49－61.

〔2〕　杨学为，朱仇美，张海鹏.中国考试制度史资料选编［M］.合肥：黄山书社，1992：705－711.

〔3〕　指定公私立大学举办中等学校理科教员暑期讲习班办法大纲［J］.江西教育旬刊，1934，10（2）：24－25.

书被商务印书馆和中华书局垄断，其中商务印书馆占三分之二，中华书局占三分之一。[1]1932年，中华书局陆费逵撰文写道："全国所用之教科书，商务供给什六，中华供给什三——近年世界书局的教科书亦占一部分。"就资本而言，上海书业公会的各家中，"商务印书馆五百万元，中华书局二百万元，世界书局七十万元，大东书局三十万元。此外都是一二十万元以下的了"[2]。下面介绍一下民国中期的主要出版机构及其出版发行的中学生物学教科书。

这一时期，商务印书馆出版了我国近代最早的专门为高中编写的普通生物学教科书——王志稼[3]的《新学制高级中学教科书公民生物学》，上册于1924年8月出版，下册于1925年6月出版。该书采取的是应用生物学的视角，宗旨在于"使学者明了生物与人生有卫生的、经济的、社会的、思想的关系，养成身心健全之公民"。作者强调，"本书以人生为中心，重于实用主义，其中凡偏于学理方面之材料，可取可舍"。

20世纪20年代，商务印书馆还专门为实行分科教学的学校出版了杜就田的《现代初中教科书动物学》、凌昌焕的《现代初中教科书植物学》（根据1922年学制改革编写，均用白话文）；为使用文言文教学的学校出版了陈兼善的《新撰初级中学教科书动物学》、杜就田的《新撰初级中学教科书植物学》（均用文言文）；还出版了祁天锡的《英文生物学初桄》、

---

〔1〕 章锡琛. 漫谈商务印书馆［M］∥中国人民政治协商会议全国委员会文史资料研究委员会. 文史资料选辑. 北京：中华书局，1964：61－105.

〔2〕 陆费逵. 六十年来中国之出版业与印刷业［J］. 申报月刊，1932，1(1)：13－18.

〔3〕 王志稼又名王守成。

陆费执的《高中英文生物学》、克立鸪的《英文生物学实验教程》等英文生物学教科书。

杜就田编写的《现代初中教科书动物学》
和《新撰初级中学教科书植物学》

1932 年，日军轰炸上海，商务印书馆惨遭焚毁劫掠，在上海的厂房和东方图书馆都被日军炸毁。商务印书馆喊出"为国难而牺牲，为文化而奋斗"的口号，重印国难版教科书，推出复兴系列教科书，涉及小学、初中、高中各学段各科，这套教科书是商务印书馆规模最大的一套教科书。其中高中生物教科书包括陈桢编著的《复兴高级中学教科书·生物学》、江栋成编写的《复兴高级中学教科书·生物学实验》，初中生物教科书包括周建人编写的《复兴初级中学教科书·动物学》（上、下册），童致棱编写、胡先骕校订的《复兴初级中学教科书·植物学》（上、下册），1937 年周建人对《复兴初级中学教科书·植物学》进行了改编。复兴系列教科书都是由名家依据课程标准编写的，简明扼要，图文并茂，选材注意联系实际，质量上乘，非常受欢迎。除了教科书外，商务印书馆还出版了相应的教员准备书，为教师教学提供参考。

王志稼的《新学制高级中学教科书公民生物学》
与陈桢的《复兴高级中学教科书·生物学》

针对初中混合自然科的需要，商务印书馆出版了多套教科书，如1924年出版的郑贞文、周昌寿、高铦合编的《新学制实用自然科学教科书》，1932年后改版为《新学制初级中学教科书实用自然科学》，全书共4册，生物学的内容分散在各册中，改版后略有调整；1924年杜亚泉编写的《新学制自然科学教科书》，1932年后改版为《新学制初级中学教科书自然科学》。

1922年新学制颁布施行后，中华书局于1925年推出了陆费执、张念恃合编的《新中学教科书·初级生物学》作为初中混合科的教科书，侧重于介绍"生物学上之普通学识"；1926年出版了陆费执、郦福畴合编的《新中学教科书·高级生物学》作为高中生物学教科书，而且《初级生物学》与《高级生物学》互相衔接，并无重复。由于初中还有分科教学，中华书局相应出版了宋崇义编写的《新中学教科书·动物学》和《新中学教科书·植物学》。

中华书局出版的《新中学教科书·初级生物学》
与《新中学教科书·高级生物学》

1932 年课程标准颁布后，中华书局出版了陈兼善编写的
《新课程标准适用·高中生物学》，陈纶编写的《新课程标准
适用·初中动物》（上、下册），华汝成编写的《新课程标准
适用·初中植物》；1936 年颁布新的课程标准后，又出版了陈
兼善和华汝成合编的《修正课程标准适用·高中生物学》
（上、下册），陈纶、华汝成合编的《修正课程标准适用·初
中动物》（上、下册），内容与前一版基本相同。

1927 年北伐时，中华书局曾以"新国民图书社"名义发
行图书，该社出版的生物学教科书有：华文祺、华汝成合编的
《初级中学用·新中华自然科学》（1～3 册），陈兼善编写的
《高级中学用·新中华生物学》，费鸿年编写的《高级中学师
范科用·新中华生物学》。

针对初中混合自然科的需要，1923 年中华书局还出版了
《新中学教科书·初级混合理科》（1～6 册），编者为钟衡臧，
金兆梓和张相校对。全套书共分三编，每编再分上、下册，分
别以生理卫生、动植矿物、理化为中心，各以他科教材就其联
络关系，综合配置之。

世界书局由沈知方创办于1917年。世界书局出版的中学生物学教科书有多种。其中高中生物学教科书主要有1932年出版的吴元涤著《高中及专科学校用生物学》，1935年出版的吴元涤著《吴氏高中生物学》，1937年出版的赵楷和楼培启合编的《新课程标准世界中学教本·高中新生物学》（上、下册）。此外，世界书局还出版了李象元编写的供高中生使用的《生物学实验》。世界书局1934年出版的《生物学大纲》，原作者为伍特鲁夫（L. L. Woodruff），译者为沈霁春和伍况甫。该书内容宏富，本是大学教科书，但是很多中学也选为高中教科书。世界书局出版的初中教科书主要有：王采南的《王氏初中动物学》，徐琨、马光斗、华汝成的《徐氏初中动物学》（上、下册），赵楷和楼培启合编的《修正课程标准适用·初中新动物学》（上、下册），徐克敏的《徐氏初中植物学》，马光斗、徐琨、华汝成的《马氏初中植物学》，李咏章的《初中新植物学》等。针对混合自然科，世界书局1929年出版了郭任远主编的《新主义教科书·初中自然科学》，全书共六册，其中第三册分上、下两卷，分别是动物部分和植物部分。

开明书店由章锡琛创办于1926年。开明书店出版的生物学教科书主要有：1931年出版的王蕴如编写、周建人校订的《初级中学学生用·开明植物学教本》，1934年出版的周建人编写、杜亚泉校订的《新标准初中教本·动物学》（上、下册），1935年以后有贾祖璋编写的《初中植物学教本》（上、下册）、《初中动物学教本》（上、下册）等。

大东书局由吕子泉、王幼堂、王均卿和沈骏生创办于1916年，1928年沈骏生任总经理。大东书局是民国时期仅次于商务印书馆、中华书局和世界书局的第四大书局，20世纪

30 年代开始涉足教科书出版。大东书局出版的生物学教科书主要有：1933 年出版的王志清著、吴元涤校的《初中动物学教本》，凌昌焕编著的《初中植物学教本》，韦琼莹编辑、李顺卿校订的《新生活初中教科书植物》等。此外，1930 年大东书局还出版了一套《初中自然科学教本》，作者为夏佩白和徐养正，共六册，其中前三册主要是生物学内容。

1931 年，陈立夫与吴大钧在南京创办正中书局，后成为国民党名下的出版机构。早期主要出版中小学教科书和教辅读物，后来业务逐渐扩大，成为民国时期六大出版机构之一。由于正中书局是国民党党营事业，因此发展较快。正中书局出版的生物学教科书主要有：薛德焴编写的《建国教科书·初级中学动物学》（上、下册，1935），郑勉编写的《建国教科书·高级中学生物学》（上、下册，1937），王守成（即王志稼）和方锡琛编写的《初级中学植物学》（上、下册，1935）。

北新书局由李小峰、李志云、孙伏园等于 1925 年在北京创办，1926 年迁至上海，曾短期使用过"青光书局"的名字，主要出版新文学书籍。北新书局出版的教科书并不是很多，与生物学有关的有：1930 年嵇联晋编的《实验动物学》，1932 年嵇联晋的《实验植物学》，1933 年嵇联晋的《初级中学北新动物学》，1934 年嵇联晋的《初中动物学》（上、下册），1932 年吴元涤与王志清的《初级中学北新植物学》，1934 年吴元涤、王志清、周玉田的《初中植物学》（上、下册）。

新亚书店由陈邦桢于 1927 年在上海创办，后来薛德炯、薛德焴、吴载燿等投资入股。新亚书店主要是出版中小学教学图表，出版的生物学教科书有：1933 年缪端生、于景让编写的《新亚教本·初中动物学》，1935 年出版的由张家俊著、薛德焞校的《高中生物学实验教程》，1936 年黄长才的《新课程标准适用·初级中学植物学》等。

百城书局于 1930 年左右在天津成立，创办者是北京师范大学毕业的天津教师，图书作者很多都是北京师范大学的教师和毕业生。[1]出版的生物学教科书主要有：1931 年张国璘的《初级中学植物学》，1931 年萧述宗的《初级中学动物学》，1932 年萧述宗的《初中师范动物学》，1932 年王树鼎的《生物学》，1934 年萧述宗的《新标准初中动物学》（上、下册），1934 年张国璘的《新标准初中植物学》。

文化学社，1919 年前后成立于北京，1927 年后称北平文化学社，主要出版文史类、教育类图书和中小学教科书[2]。文化学社出版了不少北京师范大学师生编写的教科书，其中生物学教科书有：北师大附中生物教师李约编写的《初级中学动物学》《初级中学植物学》《初中师范新标准动物学》《初中师范新标准植物学》，朱隆勋和张起焕编写的《初中师范教科书·动物学》《初中师范教科书·植物学》，这些教科书的编写、出版都在 1930～1933 年。

中华科学教育改进社，1933 年成立于广州，1935 年曾发行《科学教育》杂志。该社在教科书宣传中提倡"谋增进科学教育的效率起见，希望忠实于科学的教师先生，慎重选择教本"。[3]该社出版的生物学教科书有：吴瑞庭编写的《高中用生物学实

〔1〕 董振修. 天津史党史探微 [M]. 天津：天津社会科学院历史研究所，1998：350－351.

〔2〕《北京出版史志》编辑部. 北京出版史志：第八辑 [M]. 北京：北京出版社，1996：136－191.

〔3〕 吴瑞庭. 最新生物学 [M]. 广州：中华科学教育改进社，1933：广告页.

验》，吴瑞庭编、费鸿年校的《高中教本·最新生物学》，费鸿年编的《初中教本·最新动物学》，吴瑞庭、谢循贯编的《初中教本·最新植物学》等。这些教科书还是比较受欢迎的。[1]

中国科学图书仪器公司由中国科学社于1929年在上海创办，专门出版科技图书。出版的生物学教科书有：1933年出版张孟闻、秉志合编的《中国初中教科书·动物学》（上、下册）。

第四节　七七事变后的中学生物学教育

抗日战争全面爆发后，国民政府将"战时须作平时看"作为全面抗战时期各级教育方针，"即以非常时期之方法，完成正常教育之方针，以非常精神之运用，扩大正常教育之效果"，[2]同时开始安排战区学校内迁。1938年，国民党临时全国代表大会颁布《中国国民党抗战建国纲领》，并通过了《战时各级教育实施方案纲要》，对全面抗战时期的教育政策进行调整，以适应战争的需要。在学制上，除原来的"三三制"中学外，试行不分初高中的六年一贯制中学，个别学校还试行过五年一贯制，这些尝试由于本身存在缺陷，条件也不够成熟，因此没有大面积推广。1938年国民政府设立国立中学[3]，主要是为了收容从战区撤退的学生。截止到1944年，"共有国立中学28所，国立边疆学校3所，国立华侨中学3所，国立专科以上学校附设中学16所，共50校，893班，学生38011人"。[4]

---

〔1〕 一民. 发刊词 [J]. 科学教育, 1935, 1 (1).

〔2〕 朱家骅. 十五年来之中国教育 [J]. 教育通讯, 1946, 1 (5): 1-6.

〔3〕 此前的中学都是省立、市立、县立的，没有国立中学。

〔4〕 汪家政, 等. 一九三七年以来之中国教育 [J]. 教育通讯（复刊）, 1947, 2 (9): 5-7.

当然，国立中学接收学生的能力有限，因此国民政府要求各地其他学校也都尽量接收从战区撤退的学生。虽然抗战对全国的文化教育事业造成了重大损失，但是由于一系列政策的实施，中学的教育得到了一定的保障和发展。

抗战胜利后，国民政府颁布《战区各省市教育复员紧急办法事项》，内迁的学校开始复员，战时成立的国立中学有些得以在西部地区保留。1948年，教育部颁布修订后的中学课程标准，但是已经无法实施了。

表2-4-1　1938～1946年中学发展概况

年度	学校数				学生数		
	高、初中合设	高中	初中	合计	高中	初中	合计
1938	347	49	850	1246	61978	327031	389009
1939	567	21	1064	1652	96214	428181	524395
1940	583	28	1289	1900	110036	532652	642688
1941	663	25	1372	2060	116771	586985	703756
1942	737	31	1605	2373	143102	688614	831716
1943	815	36	1722	2573	163294	738869	902163
1944	929	39	1791	2759	175431	753866	929297
1945	1296	44	2387	3727	250655	1011544	1262199
1946	1583	51	2558	4192	316502	1168654	1485156

资料来源：《第二次中国教育年鉴》

全面抗战爆发后颁布的《国立中学课程纲要》[1]，将国立中学课程分为精神训练、体格训练、学科训练、生产劳动训

〔1〕　中央教育科学研究所教育史研究室. 中华民国教育法规选编1912—1949［M］. 南京：江苏教育出版社，1990：354-358.

练、特殊教学与战时后方服务训练等五项。学科训练部分，初中上午开设自然科，规定"可采用混合制，并以观察实验，与学理互相参证"，高中上午开设生物课，只是说注意当地农产和畜牧改进情况，未提及实验内容。1941 年颁布新的课程标准，初中恢复为博物科，教学内容大幅缩减，并要求学生认识到动植物与国计民生的关系，对于对人类有益或有害的动植物的栽培饲育或除害、本国特产的动植物特别是用作食品药材的，都有所侧重。高中生物的课时量减少，由每周四小时减为三小时，教学内容上做了调整，突出了生命现象与疾病的基本原理，生物与民生、民族之关系及演进之现象的内容。相应地，高中生物实验的时间进一步压缩为每周半小时，或者每两周实验一次，不过增加了栽培饲养生物的内容。[1] 1941 年的课程标准是为了适应抗战需要做出的调整。

1937 年后，上海和北京等地的出版机构受战乱的影响很大，有的内迁，留在战区的也不能正常运转，再加上战争导致的物资缺乏和交通中断，教科书的出版和供应一度陷入困境，各地只能继续使用和翻印以前的教科书。

在这种情况下，教育部试图趁机推行教科书的"国定本"，由国立编译馆统一编写教科书。同时，成立由正中书局、商务印书馆、中华书局、世界书局、大东书局、开明书店和交通书局组成的"七家联合供应处"（简称"七联处"），负责教科书的印刷和发行。受到战争、资金等因素的影响，"七

---

〔1〕 课程教材研究所.20 世纪中国中小学课程标准·教学大纲汇编：课程教学计划卷［G］.北京：人民教育出版社，2001：62 –75.

联处"也未能很好满足全国各地对教科书的需求。[1]

1943 年，国定本教科书开始发行。其中包括《初级中学动物》（上、下册）和《初级中学植物》（上、下册），分别由正中书局和商务印书馆编写，版权出让给了国立编译馆。到1947 年，教育部更是颁布了《印行国定本教科书暂行办法令》和《印行国定本教科书暂行办法施行细则》，强化了对教科书编辑发行的控制。[2]而在现实中，由于国定本教科书质量并不高，而且中学仍有选择使用教科书的自主权，甚至会翻印未被审定或早先出版的教科书，因此，后来教育部放开了国定本教科书的编写出版。

1948 年以国立编译馆名义出版的《初级中学动物》教科书
及教育部许可执照

〔1〕 魏冰心. 国定教科书之供应问题［J］. 教育通讯，1946，2（1）：14 –15.

〔2〕 中国第二历史档案馆. 中华民国史档案资料汇编：第五辑第三编 教育（一）［G］.南京：江苏古籍出版社，2000：35 –36.

1937 年，正中书局出版了"建国教科书"系列：《高级中学生物学》由郑勉编写，引入了大量较新的生物学研究成果，并在正文中以附注形式补充了一些知识；《初级中学动物学》由薛德焴编写；《初级中学植物学》由张珽编写。这套教科书后来根据 1941 年修订的课程标准修改为"新中国教科书"系列。

全面抗战时期及战后出版的生物学教科书还有：开明书店出版的贾祖璋编写的《生物学简编》《开明新编高级生物学》《开明新编初中博物教本》，商务印书馆出版的《复兴初级中学教科书·博物》等。

在敌占区，伪政权成立了伪教育部编审会、伪教育总署编审会、新民印书馆，编写出版教科书，其中包括初中动物学和初中植物学，没有注明具体编著者姓名。在东北，日本扶持的伪满洲国也出版了一些中学生物学教科书。

第五节　近代中学生物学实验教育概况

生物学是一门实验科学，实验之于生物学的作用，不言而喻。在我国的教育体系中，自小学开始，生物学知识与技能便进入了课堂。不过，一般而言，小学的生物学知识主要是对于生物现象的描述，较少涉及生物学的基本原理。进入中学，生物分类、动植物结构、形态、生态、生理、遗传与进化、人体生理卫生等内容充实进来，这些基础性内容构成了中学生物学的主干。大学生物学系的专业课程，主要还是上述这些方面，但无论是广度还是深度，都是中学无法比拟的。而无论是哪个方面，都离不开实验：分类需要调查和观察，形态结构需要解剖和观察，生理、遗传等更需要精细的控制实验。所以，生物学的教学不只是理论的传授，更要有实验操作。

一 教育法规和课程标准的规定

《钦定中学堂章程》要求设立特别讲堂提供给图画、物理、化学等课程，并指出"其物理、化学，并须于讲堂之外另设试验房，为实习之所"；涉及生物学部分，只是说中学堂应该配备标本室，"标本模型，务令齐备"。[1]《奏定学堂章程》只是多了一项，即博物学也可以有专用讲堂，或者是与物理化学"便宜兼用"。[2]文实分科后，中学堂的文科课程中，博物学（只包括动物、植物）属于通习，没有涉及实验部分，而实科中博物为主课，要求授课内容包含植物、动物和动植物实验，矿物、生理卫生和矿物实验。[3]可以看出，清政府的学堂章程已经考虑到了生物学的学科性质，注意到了实验的地位。

民国建立后，教育部于1912年颁布《中学校令》及《中学校令施行规则》，规定无论是普通中学，还是女子中学，前三个学年都要学习博物学，"博物宜授以重要植物、动物、矿物、人身生理卫生之大要，兼课实验"，同样要求配备特别教室、器械标本室等。[4]但在1913年公布的《中学校课程标准》之博物学部分，对于实验未加说明。[5]1919年，教育部要求女子中学课博物科第一、第二学年每周课时为3小时，开设植

〔1〕 舒新城.中国近代教育史资料：中册［M］.北京：人民教育出版社，1981：492－500.

〔2〕 舒新城.中国近代教育史资料：中册［M］.北京：人民教育出版社，1981：500－512.

〔3〕 舒新城.中国近代教育史资料：中册［M］.北京：人民教育出版社，1981：512－520.

〔4〕 舒新城.中国近代教育史资料：中册［M］.北京：人民教育出版社，1981：520－529.

〔5〕 课程教材研究所.20世纪中国中小学课程标准·教学大纲汇编：课程教学计划卷［G］.北京：人民教育出版社，2001：75－76.

物、动物实验，动物、人身生理及卫生实验。[1]

1922 年，实行壬戌学制后，初中虽然没有明确要求开设生物实验，但是在毕业最低限度的标准中，要求学生"能为简易之实验"。[2]高中开设生物学，动植物部分都注重讨论与实验，并建议每学期"至少作郊外练习八次"，植物学实习最好是在"天气温和植物繁茂时行之，以便学生练习，观测，绘图，及采集标本等事"。[3]

1929 年，在混合科暂行课程标准的"目标"部分即突出了实验，自然科其中一个目标就是"养成观察，考查及实验的能力与习惯"，主要作业包括了教师的实验示范，实验室作业，学生实验，制作简易标本、仪器，还要求随时开展野外观察、标本采集和实地参观。在教材大纲中，也明确列出了植物标本采集保存法、春日植物发达之观察、饲育蝶类及各种幼虫之方法、植物环境观察等。在教法与毕业要求中对实验都有所强调。[4]而在分科的植物学和动物学暂行课程标准中，更是将实验摆在了首要的位置，无论是植物学教学还是动物学教学，都选择了常见的生物进行观察研究，如植物选择了各种粮食作物、瓜果蔬菜，动物选择了家畜、害虫和常见的爬行动物、鸟类、寄生虫等。当时就认识到，教学应该"以自然为教本"，书籍只是"补助实地观察及试验之不足，而不宜居首要地位"。因为一

〔1〕 课程教材研究所.20 世纪中国中小学课程标准·教学大纲汇编：课程教学计划卷［G］.北京：人民教育出版社，2001：102－104.

〔2〕 课程教材研究所.20 世纪中国中小学课程标准·教学大纲汇编：生物卷［G］.北京：人民教育出版社，2001：6－7.

〔3〕 课程教材研究所.20 世纪中国中小学课程标准·教学大纲汇编：生物卷［G］.北京：人民教育出版社，2001：8.

〔4〕 课程教材研究所.20 世纪中国中小学课程标准·教学大纲汇编：生物卷［G］.北京：人民教育出版社，2001：9－12.

味地课堂灌输、死记硬背，"最足以摧毁学者研究自然之兴趣"，因此，"凡一切事实之可以由观察或实验及之者，均需给以自动观察及实验之机会，而教师仅处于辅导之地位"。[1]

高中生物学规定每学期可举行数次郊外采集或研究，要求学生在实验室能够用简单的仪器材料，"试验生理上诸现象，如光合作用，蒸腾作用，呼吸作用，感应运动等"。还要使用显微镜观察生物切片，在郊外采集标本，考察生物的生存环境，使学生养成"观察研究之能力，及爱好自然之兴趣"。[2]

1930年第二次全国教育会议通过改进全国教育方案，规定"在各级各类的教育内，都注重科学实验，增加生产能力，养成职业技能"。于"中等教育"一章，专门强调要"注重科学实验"。[3]

1932年正式版的课程标准（即《初级、高级中学课程标准总纲》）[4]在实验教学方面，基本上沿用了暂行课程标准的要求。[5]1936年修正后的课程标准对于实验的要求没有降低，但是高中生物学的实验课时减少了，由原来的每周两小时减少为一小时，不过，"如必要时，得延长实验一小时"。[6]

"工欲善其事，必先利其器。"生物学实验教学离不开教

---

〔1〕 课程教材研究所.20世纪中国中小学课程标准·教学大纲汇编：生物卷［G］.北京：人民教育出版社，2001：13 – 20.

〔2〕 课程教材研究所.20世纪中国中小学课程标准·教学大纲汇编：生物卷［G］.北京：人民教育出版社，2001：24 – 27.

〔3〕 见1931年上海公民书局印发的《全国教育会议议决·全国教育方案》。

〔4〕 正式课程标准中，将高中卫生单列为一科。

〔5〕 课程教材研究所.20世纪中国中小学课程标准·教学大纲汇编：生物卷［G］.北京：人民教育出版社，2001：28 – 48.

〔6〕 课程教材研究所.20世纪中国中小学课程标准·教学大纲汇编：生物卷［M］.北京：人民教育出版社，2001：49 – 51.

学仪器设备。考虑到当时生物学教员的实际情况，国民政府教育部为学校和教员制定了设备标准。

1934 年 7 月，教育部中小学课程及设备标准编订委员会公布了初中植物、动物和高中生物学设备标准[1]。其中将设备分为七种，即仪器、保存标本、图表或模型、活的标本、药料、玻璃器皿、其他用品。对于设备的准备，该标准还特别指出，模型比图表更为逼真，但是价格更高，活的标本应该时常陈列，以便观察，仪器和药品的用量应该根据具体情况决定。该标准列出了初中动物、植物各 16 个实验，高中生物 32 个实验，分别给出了设备的详单：

初中动物学 16 个学生实验如下：研究兔之适应及习惯，鸟体外部之特点，明了六种野鸟冬季之生活，鸡之生长史，活金鱼及其食物，青蛙及蟾蜍之生活，蛙之生长史，园中蚯蚓之数目估计，蜗牛之生活，衣鱼、螳螂、蚁群、黄蜂、飞蛾、蝴蝶、水虱，昆虫饲养法，昆虫之采集，苍蝇及其防除，蚊虫及其防除，蜘蛛及其生活习惯，人体内之寄生物。

初中植物学 16 个学生实验如下：花—各种结构—采集，种子—种苗及秋园—发芽时之必要条件，叶之种类，茎—种类—水分经过茎之何部，根之种类及每种之功用，植物食料之试验，细菌—所在地—各种消毒剂之杀菌能力，藓之生活史，羊齿类之生活史，茶及其用途，烟及其对于青年之害，大豆及其食用法，棉、麻、芝麻、落花生。

高中生物学 32 个学生实验如下：昆虫之生活史，昆虫之

---

[1] （中华民国）教育部. 初、高级中学动植物学、生物学设备标准 [S]. 上海：中华书局，1934.

外部观察，昆虫之生理作用，蜈蚣之外部观察，虾之外部观察，蚯蚓之外部观察，蚯蚓之内部普通解剖，水螅之生活史，水螅体态之观察，草履虫之观察，眼虫之观察，鱼之内部普通解剖，蛙之内部普通解剖，猫或兔之解剖，益鸟害鸟之调查，鸽之普通解剖，水绵，黑霉，果实之种类及构造，根之构造，茎之构造，叶之构造，根瘤杆菌与豆根，陆地植物群，湿地植物群，水上植物群，地钱之观察，下等生物之感应作用，植物之感应作用，单性遗传，适应环境——蜜蜂、鸦、金鱼或其他材料，分类之研究——利用一切所采集之标本。

该清单表明，教育部注重在生物学教学中关注学生经验、生物学与人生的关系。商务印书馆和中华书局等机构还根据此标准创制了实验设备，分为教师演示用和学生实验用两组，根据设备数量分为完备、最低限度等类别供中学选购。

从上面可以看出，国民政府的课程标准经常调整，这些调整考虑到了当时的社会现状，兼顾了学科本身的要求，并注重与生产生活实际相结合。不过，生物学的实验教育明显没有得到足够的重视，实验的课时量经常被削减，更没有明确的实验教学规范，在规定生物学教学内容要求的时候，没有给出明确的生物学实验教学内容要求。

二　主要的实验教科书

近代有人编写了专门的中学生物实验教科书，如江栋成的《复兴高级中学教科书·生物学实验》，龚礼贤、陈震飞的《高级中学教科书·生物学实验法》，吴瑞庭的《高中用生物学实验》，禹海涵的《高级中学生物学实验教程》，程克让的《高中生物学实验教程》（后修订为《最新高中生物学实验》），范谦衷的《高中生物学实验教程》等。以下介绍其中几本实验教科书的主要内容。

江栋成[1]编写的《复兴高级中学教科书·生物学实验》认为，研究生物学一定要通过观察和实验才能得到正确的概念和阐明生物界的理法。这本教科书除了介绍基本的实验注意事项、显微镜的使用、常用器械和药品、切片和标本的制作与保存、植物标本采集、动物剥制标本制作、昆虫采集与标本制作等一般性知识外，还列举了101个学生实验，包括基本实验、动植物营养、感应、生殖与发生、生长与再生、生物分类等方面。对于每个实验，编者都给出了实验目的、材料、用具、药品、实验步骤和整理等内容[2]。

吴瑞庭在《高中用生物学实验》中指出，实验教本较少的原因主要有三个：高中学校设备简陋不能实验，遗传进化等部分无从实验，地域与季节的关系增加了实验困难。这本实验教科书是根据他在中山大学高中部任教的经验编写而成的，与其《高中教本·最新生物学》相符合，都是由中华科学教育改进社出版的。全书分为15章，每章有若干个实验，总计84个实验和4个观察活动。该书虽然说是实验教科书，但也包括了野外观察、标本采集与制作的内容。对于每个实验，该书都安排了目的、材料、用具、药品、方法、观察、问题、结论（主要是作图任务）等项；对于观察活动，则给出了时期、准备、一般观察、特殊观察和问题等项。[3]

---

〔1〕 时任江苏省立无锡师范学校生物教员。

〔2〕 江栋成. 复兴高级中学教科书·生物学实验 [M]. 上海：商务印书馆，1934.

〔3〕 吴瑞庭. 高级中学适用·生物学实验 [M]. 3版. 广州：中华科学教育改进社，1936.

龚礼贤、陈震飞的《高级中学教科书·生物学实验法》多以我国各地常见的普通动植物作为材料。由于该书严格按照课程标准编写，因此建议有些材料先做成浸制标本备用。全书分为26章，每章有若干实验，包括野外采集与标本制作，最后附有实验室设备。[1]

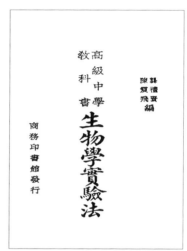

吴瑞庭编的《高中用生物学实验》

和龚礼贤等编的《高级中学教科书·生物学实验法》

除了综合的实验教科书之外，还有分科的实验教科书。如三好学著、杜亚泉译的《实验植物学教科书》，曹之彦的《新撰初中或师范学校教科书·实验植物学》，嵇联晋的《实验动物学》和《实验植物学》等。

三好学的《实验植物学教科书》全书分为6章，分别是植物体记载法、实验用具药料及显微镜用材料调制法、植物解剖学及隐花植物实验、植物生理学实验、植物采集法腊叶制法

〔1〕 龚礼贤，陈震飞. 高级中学教科书·生物学实验法 ［M］. 2 版. 上海：商务印书馆，1934.

及保存法、构设植物园法。

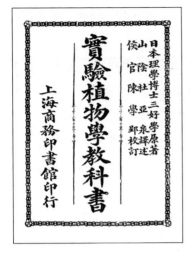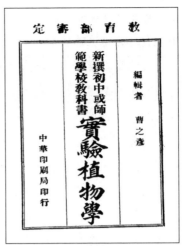

杜亚泉译的《实验植物学教科书》
与曹之彦编的《新撰初中或师范学校教科书·实验植物学》

　　商务印书馆在图书广告中，推荐该书"所举实验各事皆切要简明，于实科中学尤为合宜，诚中学教授中之别开生面者也"[1]。该书是根据三好学1899年出版的《植物学实验初步》翻译而成，后来三好学将该书修订后以《实验植物学》之名于1902年、1909年等多次再版，杜亚泉并没有继续跟踪翻译修订。

　　三好学的《实验植物学教科书》是一本纯粹的实验教科书，曹之彦的《新撰初中或师范学校教科书·实验植物学》则与之不同。曹氏教科书主要是一本植物学教科书，但是穿插了大量的实验，用作者的话说，就是该书"特别注重实验，故名实验植物学"。该书分为两篇，即形态与生理、分类。作者将某一植物器官的形态解剖生理混为一炉，同时每节辅以若

〔1〕　王明怀，严保诚．中学植物新教科书［M］．上海：商务印书馆，1911：广告页．

干实验，便于学生对植物器官结构与功能的理解。需要指出的是，该书的实验范围较广，包括简单的采集与观察，另外该书更适合北方地区的教学。[1]

无论是教育部的教学大纲或课程标准的规定，还是教科书与教学法的编写，都要求中学生物学重视实验教学。然而，实际情况是，各地在执行上并不尽如人意，地区之间、学校之间，表现非常不平衡。条件较好、观念先进的学校执行得较好；条件较差、观念落后的学校则执行得很差，依然采用传统的教授方式，不能贯彻实验教学。[2]

实验不可能仅仅停留在纸面上，还需要落实到行动中，首先就需要有实验的仪器设备。早在1901年，钟观光等人就成立了上海科学仪器公司，研制生产科学仪器、标本模型。1929年，中国科学社成立中国科学图书仪器公司，该公司不但出版、印刷图书杂志，而且生产、销售仪器设备，包括动植物标本、模型、挂图等。1935年开始，教育部与中央研究院物理研究所、中华教育文化基金董事会、管理中英庚款董事会等机构协商拨款，委托物理研究所制造理化仪器[3]。1938年在重庆合川成立生物标本制造厂，后改为制作所，制作动植物标本和模型；1942年教育部在重庆设立科学仪器制造所，不过生产的大多是理化仪器，生物标本模型并不多。[4]

---

〔1〕 曹之彦.新撰初中或师范学校教科书·实验植物学［M］.上海：中华书局，1927.

〔2〕 王伦信，樊冬梅，陈洪杰，等.中国近代中小学科学教育史［M］.北京：科学普及出版社，2007.

〔3〕 课程教材研究所.20世纪中国中小学课程标准·教学大纲汇编：课程教学计划卷［G］.北京：人民教育出版社，2001：142-143.

〔4〕 王勇忠.民国时期中小学科学仪器制造概况［J］.教育史研究，2010（1）：43-49.

当时很多地方没有条件购买这些设备，更没有多少学校或教员能够制造仪器设备。其实1937年前教育部曾经组织各中学购买过一些国外生产的实验仪器设备，但是由于教师不怎么会用，加上使用和保管不当，很多仪器设备要么被尘封在仓库里，要么干脆坏掉被废弃了。

实验器材与设备只是硬件，更重要的恐怕还是中学的实际状况，特别是有无确有能力且有意愿推行实验教育的教员。

天津南开中学一向重视实验教学，时任校长为著名教育家张伯苓，生物教员为南开大学毕业生殷宏章[1]、北平师范大学生物系毕业生赵枚和萧其青。学生入学需要交纳实验费（化学2元，物理、生物各1元）。南开中学的课程设置遵守几项原则——社会需要、个人需要、动作感受需要（即实际生活需要）、学科进步需要，特别注重实地观察，"使学生能自己求到生活的智识，并以养成其科学的观念"。其主要目标就是培养学生适应现代生活和解决实际问题的能力。"三三制"时期，初中的初级生物学使用学校自编的生物学大纲，特别注重观察实验，课外组织生物学会，从事制图、剥制、切片、讨论问题及实验等，还组织郊外旅行，采集标本，欣赏自然。高中普通部甲组[2]第三年开设生物及实验，为选修课，每周3小时，实验2小时。当时南开中学有5个特别教室、1

---

〔1〕 殷宏章（1908—1992）后来成为我国著名植物生理学家，1948年当选中央研究院院士，1955年当选中华人民共和国成立后首批中国科学院学部委员（院士），曾任中国科学院上海植物生理研究所所长。

〔2〕 高中分为三组，甲、乙两组都为升学预备的普通部，分别偏文理科，丙组为职业部，培养应用人才。

个生物实验室、1 个生物标本室，还有 1 个花园、2 个花房。[1]南开中学 1929 届毕业生、后来曾任校长的杨坚白对当时情形的回忆便是真实写照："……重学理科，必然重视实验课。学生入学交纳学费……还要交纳理科实验费二元，预偿费（损坏试验器皿和其他学校设备，预付的赔偿费用，期末多退少补）二元……当时我莫名其妙，一年后我明白了，学自然学科的课，都必须上实验课，学生都必须亲自动手做试验，并写实验报告，在功课表上，理化生每周都规定有两节连排课，每二人分得一组实验仪器，独立进行试验。"[2]

然而，条件比较好的毕竟是少数，全国的总体状况还是比较落后的。美国教育家推士（G. R. Twiss）的调查，可以让国人对当时的科学教育状况，包括生物实验的教育状况有所了解。在推士看来，中学的生物老师本身水平应该是不错的，他们大多毕业于高师院校，但教学方法可能不太科学，不能很好地利用既有的标本和模型，很少做实验。有实验设备的学校，其仪器设备很多处于闲置或者损坏未修复的状态，而教师中有很多根本不知道如何利用这些仪器或者标本。推士建议，教师应该更多地在课堂上做实验，并且让学生亲自动手完成一些实验，规范生物学实验室，利用手边的材料自制并充分利用仪器设备。[3]

1931 年，国际文化合作社派考察团来中国进行为期两个多月的教育状况调查，次年发表《中国教育之改进》，提到中

〔1〕 张研，孙燕京. 民国史料丛刊：1112 文教 基础教育 [M]. 郑州：大象出版社，2009：30 - 163.

〔2〕 杨坚白. 锲而不舍，再拓新境 [M] //孙海麟，周鸿飞，武佩铃. 津门教育家杨坚白. 北京：人民出版社，2008：124.

〔3〕 TWISS G R. Science and education in China [M]. Shanghai：Commercial Press Limited，1925.

国的中学教育是最弱的环节，教师的教学方法主要是讲授，不擅长使用实验仪器。因此，他们建议增加教学中用于实验的时间，在学校中造成一种风气，即"全人类采用实验方法及实验科学所表现者也"。[1]1932年中等学校制度变革之前，教育部部长朱家骅谈到了当时中国教育的状况："今日全国教育，其发展关系，失其均衡，而其实际内容，复流于空虚：高等教育，苦于浮滥，而初等教育，尚艰于推广，文法科教育，苦于骈设，而实科教育，尚艰于发展，中学日事推广，而职业与师资之训练，反形阙如，学校集于城市而缺于乡村，此全国教育发展关系之失其均衡也。各级学校，专事铺张，开支浪费，纷设课程，而不重其基本，缺乏设备，而不求其充实，教学不良，致学生程度日低，训育不良，致学校风纪日堕，此全国教育实际内容，流于空虚也。此两种现象，又复互为恶因，于是内容愈空虚，发展愈迅速，终至整个教育，成为浪费混乱之局面。"[2]由此可见，中学教育发展不均衡、质量堪忧，实验教学的状况更是不会理想了。

植物学家胡先骕在谈到当时中学生物教育的状况时，也痛陈中学生物学不受重视，不但没有实验设备和专门的实验时间，就是中学生物老师也懒得操心实验的事情[3]。加之当年战火不断，经济落后，实验条件自然无法保证。阙疑生在谈到1937年后上海地区的中学实验教学时指出："学校教课之最感困难者，当莫过于理科各门之实验课程……语及实验设备，能

---

〔1〕 见1932年国联教育考察团著、国立编译馆译的《中国教育之改进》。

〔2〕 教育部九月来整理全国教育之说明 [J]. 中华教育界，1933，20（9）：115－125.

〔3〕 胡先骕. 植物学教学法 [J]. 科学，1922（11）：1181－1191.

依照教育部课程标准之规定，而有实验课程者，可谓凤毛麟角，大多数学校则均付阙如。"[1]上海地区尚且如此，更不要说其他地区了。

考虑到实验教学的窘境，国民政府及各地教育主管部门采取了一些措施，如利用暑期科学教师讲习班培训教师的实验技能，在一些地方开办省立或市立科学馆作为各学校公共实验场所。

生物学是一门自然科学，需要观察自然现象，开展实验活动。学习生物学，自然离不开生物实验，借以训练研究能力。"教学是否立于实验室的基础之上，实为估量科学学程效价之先决条件。"这是因为，单是从教科书上获得的知识是间接的，通过亲身实验获得的知识才是直接的，这样的知识也更容易记忆，并有利于下一步的学习[2]。无论是教育行政部门，还是生物学家和生物学教师，大抵都认识到了这个问题，所以才有了相应的政策、教科书、辅导读物、实验设备。然而，至于生物实验的重要性，则于认识上并不一致，特别是从课程标准中实验课时量的减少，可见一斑。而一般校长、教师或者意识不到实验的重要，或者自身就无从下手，即便有一些设备，也是枉然，大多还是停留在纸上谈兵的层面。王岫庐直言："我国学校教授科学向鲜实验，其从事实验者缺憾亦甚多。"[3]然而，有意识地从制度上进行保障，有条件的学校积极地尝试，还是起到了一定的作用。近现代的很多生物学家便是在这样的环境中接受生物学启蒙教育，走上了从事生物研究的道路。

总体而言，清末民初主要依靠从日本间接学习生物学，尤

〔1〕 阙疑生.科学实验之重要［J］.科学，1939，23（2）：65－66.
〔2〕 实验课业在科学教学上之地位［J］.科学，1930，14（9）：1448－1451.
〔3〕 王岫庐.中学之科学教育［J］.科学，1922，7（11）：1121－1130.

其是中学生物学教育，但效果似乎不是很理想。主要原因在于老师的知识不扎实，各地又缺乏博物馆、标本馆等教学基础设施，无法将书本的知识和实际的实物联系起来，不能根据当地的动植物展开讲解。

著名农学家沈宗瀚 1913 年在杭州甲种农校学习时，校长、教务长均为日本甲种农业职业学校肄业生。不久校长由从日本北海道帝国大学学习林业归来的陈嵘担任。沈宗瀚发现除陈嵘老师外，"多译述日文笔记充教材，不切合实际情况。昆虫学常以日本千虫图解充当标本……园艺教员授蔬菜，亦多迻译日文讲义教册，而未尝实地认识蔬菜，亦不调查栽培留种等方法……教师与环境完全隔绝"。他为此感到非常苦闷，"对农校功课渐感不满，深恐将来只能纸上空谈，不切实际，于国何用"。于是在次年北上考入北京农业专门学校[1]，但在其预科上课时发现博物科用的还是日本教材和标本，不免失望。[2]当时这种情况非常普遍，植物学家钱崇澍也指出："余前见苏州某农业学校农学讲义，其所载皆东京、西京、神户等处之气候种植，盖直抄其人留学时之讲义，一字不易也。"[3]从中也能看出，虽然新式教育已经开始教授生物学各分支学科的内容，但教师和教材都无法适应社会的需求。

1922 年，胡先骕在《植物学教学法》一文中认为："夫在今日言教育，多识鸟兽草木之名[4]与多能鄙事[5]，已足称为

---

〔1〕 其前身是京师大学堂农科，1912 年改为北京大学农科，1914 年改为北京农业专门学校，1923 年改为北京农业大学，1928 年又改为北平大学农学院。

〔2〕 沈宗瀚. 沈宗瀚自述 [M]. 合肥：黄山书社，2011：44－54.

〔3〕 钱崇澍. 评博物学杂志 [J]. 科学，1915，1（5）：605－606.

〔4〕 孔子指出读《诗》的一种用处，后来成为儒生知识修养的要求。

〔5〕 语出《论语》，指善于从事各种农活。

良好之学问。"就适应当代的动植物教学需求而言，尚有较大的距离。胡先骕分析其中原因时认为："一般社会既不知动植物学在教育上之价值，与其与人生之关系，遂以为此种学科不妨以浅学者滥竽充数。社会既轻视此种学问，有志之青年亦遂不欲治此种为社会所轻视之学科，因而良好师资愈少。加以动植物随地而异，仅有中学师资之学问，比至举目尽皆不识之物，同时国内既无适当之藏书楼与博物院以供研究，又不知与国外学者通函请益，遂永无进步，而功课亦唯敷衍了事。"[1]

出于上述原因，清末和民初学堂中的生物学教学程度实际上非常浅薄，胡先骕曾于1922年在《植物学教学法》一文中回忆："学校中自校长、教员以至学生心目中所重视之学科，厥唯国文、英文、数学三种……而于各种主要之科学，如物理、化学、植物、动物乃漠然视之，设备既简陋不全，教师复滥竽充数。尝忆十三四[2]在中学肄业时，物理、化学、植物、动物皆由一教师讲授，于物理则认永动为可能，于植物则谓有食人之树，于动物则教学生以人首兽身之海和尚，以耳为目，恬不知耻。至于今日，办理稍佳之中等学校，稍知注重物理、化学矣，然动物学、植物学仍不知其重要，教师但知就一种书局发行之教本，逐句逐字讲一过。试验之设备固已不周——每学校最多有一架显微镜，且教师往往不用，或竟不能用，最价廉之扩大镜亦未必每学生能有一具，其他简单之植物生理实习器具，亦全未购置，而教员亦不知制造。学校课程之排列亦无实习钟点，教师与学生亦正利其无实习，而办事人员亦视为其

〔1〕 胡先骕. 植物学教学法 [J]. 科学，1922（11）：1181 – 1191.
〔2〕 胡先骕1894年出生，十三四岁应为1908年前后。

文，以为英文、国文、数学，再进则物理、化学须有良好教师，完善设备，则已满意，至植物、动物学则设备不妨较少，人才不妨较次，结果则中等学校博物教育，成绩几等于零。"[1]胡先骕以自己的切身体验说明近代的博物学教育水平是非常低的，在其眼里可能只是聊胜于无。

从上述简单的情况可以看出，20世纪头20年，我国的初等生物学（主要是博物学）知识主要是照搬日本的书本知识，传授的学者也缺乏科研的基本训练，大多处在知其然不知其所以然的层次，因此其教学效果欠佳是意料之中的。其实当时从日本获取知识的人，很多只是一知半解，开始抱着理想还有热情，实际上理想常常脱离实际，囫囵吞枣式地从日本将相关知识"搬运"过来。从相关植物科名"山毛榉、芸香"等名词和产地不加选择地照搬，不难看出当时那些充满激情但知识素养欠缺的传播工作存在照猫画虎、急功近利、泥沙俱下的弊病。当时有人指出："戊戌政变……清室衰微益暴露，青年学子，相率求学海外，而日本以接境故，赴者尤众。壬寅、癸卯间，译述之业特盛，定期出版之杂志，不下数十种。日本每一新书出，译者动数家。然皆所谓'梁启超式'的输入，无组织，无选择，本末不具，派别不明，唯以多为贵，而社会亦欢迎之。盖如久处灾区之民，草根木皮，冻雀腐鼠，罔不甘之，朵颐大嚼，其能消化与否不问，能无召病与否更不问也。而亦实无卫生良品足以为代。"[2]更有指出："有一种文丐，勉强学了一二年日文，就动起笔来翻译一切日文的书籍——上自文

---

〔1〕　胡先骕. 植物学教学法 [J]. 科学, 1922 (11): 1181–1191.

〔2〕　梁启超. 清代学术概论 [M]. 北京: 东方出版社, 1996: 88–89.

哲，下至科学——弄得读者莫明其妙，那真是糟透了。"[1]很显然，在引介日本生物学知识的过程中，肤浅、笼统、错误等弊病始终是大问题。

值得一提的是，当时颇有一些热心传播西学的学者和社会活动家，他们非常热心博物学和生物学事业的发展。严复传播进化论当然不是从生物学的角度进行的，但上面提到的杜亚泉、樊炳清、虞和寅、王季烈等人就不一样。虽然不是博物学家，但他们却在我国早期动植物学的工具书编撰组织和教科书的编译等方面，以及生物学知识的传播方面做了大量的工作。类似的学者还有马君武，他在日本学的是化学，在德国柏林大学获得的是工学博士学位，却翻译了植物学教科书，并在1920最早完成达尔文《物种起源》的完整翻译。至于曾在日本学习博物学的范源廉（字静生），更是在后来促成静生生物调查所的创立方面发挥了重要作用。

第六节　民国年间高等师范学校的博物学教育

1912 年，政府颁布大学令，规定"大学以教授高深学术，养成硕学闳材，应国家需要为宗旨""大学为研究学术之蕴奥，设大学院"。[2]当时也有筹建四所大学的创议，但绌于经费，未能实行。[3]当时国内没有什么像样的大学。1913 年 1 月 12 日，北洋政府教育部公布大学规程令，确定

〔1〕　若虚. 评中国著译界 [J]. 中国新书月报, 1931, 1 (2)：5.
〔2〕　中国第二历史档案馆. 中华民国史档案资料汇编：第三辑　教育 [G]. 南京：江苏古籍出版社，1991：108－109.
〔3〕　张研, 孙燕京. 民国史料丛刊：1082 文教　高等教育 [M]. 郑州：大象出版社，2009：22.

大学理科包括动物学、植物学等九门（其中哲学学科也要开生物学课程）。[1-2]

当时规定动物学门课设：

一、动物学总论　　　　　二、脊椎动物学

三、无脊椎动物学　　　　四、骨骼学

五、动物发生学　　　　　六、动物学实验

七、动物发生学实验　　　八、比较组织学及讲习

九、植物学　　　　　　　十、植物学实验

十一、地质学及实验　　　十二、矿物学及实验

十三、地理学　　　　　　十四、生理学

十五、水产学　　　　　　十六、人类学

十七、古生物学　　　　　十八、生物进化论

十九、动物学山野演习　　二十、临海实验

二十一、实地研究

植物学门课设：

一、植物分类学　　　　　二、植物形态学

三、植物生理学　　　　　四、植物生态学

五、应用植物学　　　　　六、植物分类学实验

七、植物解剖学实验　　　八、植物生理学实验

九、细菌学实验　　　　　十、动物学

十一、动物学实验　　　　十二、地质学及实验

---

〔1〕 中国第二历史档案馆. 中华民国史档案资料汇编：第三辑 教育 [G]. 南京：江苏古籍出版社，1991：114－115.

〔2〕 根据北洋政府教育部专门教育司司长汤中所言，我国早年的大学制度仿于日本。（中国第二历史档案馆. 中华民国史档案资料汇编：第三辑 教育 [G]. 南京：江苏古籍出版社，1991：204.）

十三、矿物学及实验　　十四、地理学

十五、水产学　　　　　十六、人类学

十七、古生物学　　　　十八、生物进化论

十九、植物学山野演习　二十、临海实验

二十一、实地研究^[1]

1914 年，北洋政府教育部公布高等师范学校规程令，其中本科有"博物部"，所学科目包括：植物学、动物学、生理及卫生学、矿物及地质学、农学、化学、图画。^[2]

当时国内没有像样的公立高等学校，主要是大专性质的高等师范学校。这是因为民国以前，我国没有独立的培养生物学人才的高等教育机构，生物学教育是同地质学、矿物学一起放在师范学校分类科第四类（博物类）中进行的。民国改制后，生物学高等教育主要集中在高等师范的博物部或农业专修科。民国初年，清政府时期的优级师范学堂都改为高等师范学校。教育部在全国分区设立的 7 所高等师范学校和另外 6 所省立的高等师范学校，大多设立了包含生物学的博物部。其中影响较大的有北京高等师范学校、武昌高等师范学校、南京高等师范学校和广东高等师范学校等。

北京高等师范学校的前身是京师大学堂的师范馆。1902年，京师大学堂创立师范馆，目标是培养"中学堂的教员"。1904 年，师范馆改为优级师范科。教授的课程头一年为普通课，第二年开始分四个门类，其中第四类（博物类）为动物、

---

〔1〕　中国第二历史档案馆. 中华民国史档案资料汇编：第三辑 教育［G］. 南京：江苏古籍出版社，1991：120－121.

〔2〕　中国第二历史档案馆. 中华民国史档案资料汇编：第三辑 教育［G］. 南京：江苏古籍出版社，1991：144.

植物、矿物、生理和卫生等，总名为博物科。授课的一些教师是日本人。1907 年，原师范馆第四类有 24 人毕业。1908 年，京师大学堂的优级师范科改为优级师范学堂，独立办校。课程设置与原来类似，头一年为公共科，类似预科，分类科相当于本科。第四类的主要课程是植物学、动物学、矿物学和生理学。[1]在这以后，许多省份都先后设立了优级师范学堂，也有类似上述的课程设置。[2]此外，京师大学堂还曾开办过博物实习科简易班，于 1907 年招生。重要课程分为三类：（1）制造标本，专以制造动植物标本为能事，其中又分剥制、解体、卵壳、骨骼、昆虫、切片。（2）图画。（3）模型。教师大多为日本人。在 1906 年的时候，京师大学堂开始设立供教学实习用的一个植物园。这可能是我国近代植物学意义上的第一个植物园。[3]

1912 年 5 月，京师优级师范学堂改名为北京高等师范学校（北京师范大学的前身），该校本科设有数学部、物理化学部和博物部，聘请了不少由日本归来和一些从欧美归来的留学生任教。博物部设置的课程与原先第四类的课程基本相同。

1917 年博物部动物学教授兼主任是人类学家陈映璜，毕业于日本东京高等师范学校博物科。1919 年冬，他还曾代理校长。任职期间兼教人类学、动物学、生理、日文等课程。

〔1〕　北京师范大学校史编写组. 北京师范大学校史（1902 年—1982 年）[M]. 北京：北京师范大学出版社，1984：5，16，18 - 19.

〔2〕　薛攀皋. 我国大学生物系的早期发展概况 [J]. 中国科技史料，1990，11（2）：59 - 65.

〔3〕　以益. 植物园构设法 [J]. 理学杂志，1907（3）：52.

另外东方杂志 1908 年 2 月（第 5 卷 1 号）的第 1 期有题为《京师大学堂附属博物品实习科规则》的文章。

1918年他出版《人类学》一书，这是我国学者自己编写的第一本人类学专著。他还编写出版过《生理卫生学》。植物学教授是彭世芳，他与陈映璜一样，毕业于日本东京高等师范学校。此外，博物部的教师还有蒋维乔[1]、吴续祖、张永朴等。我国知名生物学家雍克昌、孔宪武、张作人、陈兼善都是该校1920年前后的毕业生。

当时，教育部决定在全国分区建立七所高等师范学校，除北京高等师范学校外，武昌、广东等地先后建立起另外六所高等师范学校。

1913年，武昌高等师范学校成立，确立校训为"诚、朴、永"，校长为湖北兴山人谈君讷（锡恩）。当年下半年，考取预科的学生共124名。第二年下半年开设本科，其中就有博物部。植物学家张珽（镜澄）当年从日本留学回来，进入该校教学。1915年2月，学校设立了博物研究会。在该校任教的还有动物学教员王其澍、王海铸、薛德焴等。学校通常会组织博物部的学生到外地旅行考察。生物学家何定杰、辛树帜分别是该部第一届（1917年毕业）和第三届（1920年毕业）的学生。1912年，由湖南优级师范学堂改成的湖南高等师范学校也设有理

张　珽

化和博物等科目。1917年湖南高等师范学校并入武昌高等师范学校。武昌高等师范学校与北京高等师范学校的博物部是当

---

〔1〕 蒋维乔（1873—1958），教育家，1911年与吴若合作翻译出版《胡尔德氏植物学教科书》，1916年出版自己编写的《心理学讲义》。

时办学比较成功的，给一批有才华、有潜质的学子打下了良好的生物学基础。当时，这些学校虽然缺乏系统的生物学实验教育，但设有野外实习方面的科目。张珽为更好地开展植物学教学而建立起植物标本室。一些生物学教师开始编写地方植物名录，如1918~1923年，张珽发表了十余篇《武昌植物名录》；此外还有一些学者发表了广东和浙江一些地方的植物名录等。

武昌高等师范学校校旗

1912年，两广优级师范学堂改成广东高等师范学校，后来也设有博物部。在那前后成立的浙江两级师范学堂，以及成都高等师范学校也涉及博物学教育。后者于1914年成立，原名为四川高等师范学校，前身是1905年设立的四川中央师范学堂，旋改四川通省师范学堂。1916年成都高等师范学校设有博物部预科。[1]著名藻类学家饶钦止就是1920年毕业于该

〔1〕 中国第二历史档案馆.中华民国史档案资料汇编：第三辑 教育 〔G〕. 南京：江苏古籍出版社，1991：258.

校的。此外，沈阳高等师范学校也成立博物部，于1918年开始招生。

除高等师范学校之外，当时东部各省还办有一些农业专门学校。这些农业专门学校的老师主要是留日学生。如陈嵘1913年从日本留学回国后，就在浙江甲种农业学校（浙江农业大学前身）任校长，当时的学生有后来成为著名农学家的吴觉农、卢守耕和沈宗瀚等。1915年陈嵘到江苏省立第一农校担任林科主任（过探先同年在该校任校长）。钱崇澍1916年回国后在江苏第一农校任教时，也注意到校中教师为留日学生居多。[1]

从上面一些师范学校的师资不难看出，留日学生在当时的高等师范学校，以及各省的农业专门学校的动植物学教育中仍占有主导地位。

1915年9月，江苏在两江师范学堂的基础上建南京高等师范学校。[2]该校未设博物部，从1917年初开始设有农业专修科。农科的任务主要是培养农业院校的师资人才，其基础学科也是动植物学。

直至20世纪二三十年代，留日学生仍然活跃在中学生物学和博物学的讲堂上。植物学家俞德浚回忆自己在北京高等师范学校史地博物部求学的时候（1923～1928），老师仍然多半是留日学生；他上北平师范大学的时候，教授才大部分是留美

〔1〕 钱崇澍. 钱崇澍自传〔A〕//中国科学院植物研究所档案：钱崇澍专卷.
〔2〕 张研，孙燕京. 民国史料丛刊：1082 文教 高等教育〔M〕. 郑州：大象出版社，2009：19.

回国的学者。[1]

20 世纪初，我国派出大批青年到日本留学，他们回国后在初等教育、高等师范学校的教育方面发挥了主干作用。他们的学术素养都比较低，主要是将一些通俗的生物学书籍翻译过来，普及了生物学知识，为后来生物学的更好传播做了铺垫，起了开风气的作用。尽管他们有不做科研、不联系实际的种种不足和弊病，但这种过渡作用还是应该肯定的。

第七节　工具书的编写和生物学名词的审定

在中国传播西方科学知识，首先会遇到名词术语方面的问题。一般而言，每个学科都有自己的名词术语，如果没有这个基本工具，知识的传播将无法展开和深入。因此，1877～1905年，益智书会曾经进行过科学名词审查活动，但似未涉及生物学科。[2]一方面，当时传教士的中文水平有限，他们要完成这方面的工作有相当的难度，另一方面，当时传播的生物学知识都比较粗浅，对名词术语的统一也没有特别迫切的需求。不过，在 19 世纪末 20 世纪初，我国学界也逐渐认识到这个问题的重要性。1898 年，高凤谦在《翻译泰西有用书籍》一书中呼吁统一译名，并提出了相关的方法。后来梁启超又在高凤谦等人的基础上，做了进一步的发挥，提出了更加完善的建议。[3]很快又有学者进一步提出："西国专门之学必有专字，条理极

---

〔1〕　俞德浚. 俞德浚自传、俞德浚自我检讨［A］//中国科学院植物研究所档案：俞德浚专卷.

〔2〕　王树槐. 基督教与清季的教育与社会［M］. 桂林：广西师范大学出版社，2011：26.

〔3〕　王树槐. 基督教与清季的教育与社会［M］. 桂林：广西师范大学出版社，2011：32－34.

繁，东人译西文亦必先有定名，中国所译，如制造局之化学书与广州及同文馆同出一书而译文异，所定之名亦异，骤涉其藩易滋迷误，宜由制局先撰各学名目表，中、西、东文并列，嗣后官译私著悉依定称，度量权衡亦宜详定一书以为准。"[1]

西方传教士在向我国传播生物学知识时，也曾使用过一些相关名词术语来表述新知识，如"性学"（生理学）、"活物学"（生物学）、"虫学"（昆虫学）等，但这类知识大多尚未为人们熟悉，就已被日本传来的那套名词术语淹没。1886年由传教士成立的博医协会（China Medical Association）于1901年发表了一部医药名词汇编的小册子，其中包括解剖学、组织学、生理学、药物学、配药学等方面的名词。1915年，博医协会与江苏教育公会、中华医学会、中华医药学会合组医学名词审查会，1916年8月开会审查解剖学名词。1917年，教育部认可该会，并允许他们以教育部名义公布解剖学名词。[2]

如前所述，20世纪初，我国在引进西方科学的时候，因语言与日本相通，很多人从日本间接引入西方生物学知识，其中包括生物学的名词术语。像前面提到的薛蛰龙，就在自己办的《理学杂志》发表过署名"侠民"的两篇"植物学语汇"。大批到日本留学的学生在学习科学技术知识的同时，也将许多科技名词直接从日本输入。这个侠民就是当时的留日学生之一。薛蛰龙曾对名词术语的重要性做了如下阐述："正名之学，自古已难。然非有定名则无以一学者之视听，而于理学为

---

[1] 引自光绪二十八（1902）年《增版东西学书录》叙例，石印本，徐维则编，顾燮光补辑。
[2] 王树槐. 基督教与清季的教育与社会[M]. 桂林：广西师范大学出版社，2011：47.

中国生物学史·近现代卷

152

尤要。译籍繁与，人自为制，彼此歧异，甚者竟前后不同。阻碍进步，良有以也。然吾中国理学幼稚，专家绝少，正名之责任者无人。"因此将旅日留学生的这类稿件刊发，"以备他日专家正名时之采择，亦不无小补也"[1]。另外，日本教师在中国的学校授课也加速了日本科技名词为我国采用这一进程。

1909 年，学部名词馆已经成立，由严复任编纂[2]，负责相关事宜，王宠惠等人曾参与其事。

1916 年，农学家邹秉文在《科学》上发表了《万国植物学名定名例》，强调植物拉丁文名称的重要性，并介绍了定名的一些规则。同年，王彦祖在《科学》上发表了《植物普通名与拉丁科学名对照表》。[3]

特别值得注意的是，1918 年商务印书馆出版了《植物学大辞典》。这是一部带有基础建设性的重要著作。该书在 1905 年前后即着手编写，除作为主持人的著名学者杜亚泉外，留学日本归来的植物学者黄以仁大约是主要的编辑人之一。蔡元培在该书"序言"中指出学校师生以至普通爱读书报者"有感于植物学辞典之需要，而商务印书馆乃有此植物学大辞典之计划，集十三人之力，历十二年之久，而成此一千七百有余面之巨帙，吾国近出科学辞典，译博无逾此者"。[4]杜亚泉在书中的"序言"提到该辞典编著的缘起和目的："吾等编译中小学

〔1〕 侠民. 化学命名法 [J]. 理学杂志，1906（2）：9.

〔2〕 王森然. 近代名家评传：初集 [M]. 北京：生活·读书·新知三联书店，1998：97.

〔3〕 王彦祖. 植物普通名与拉丁科学名对照表 [J]. 科学，1916，2（12）：1341－1344.

〔4〕 孔庆莱，吴德亮，李祥麟，等. 植物学大辞典 [M]. 4 版. 上海：商务印书馆，1922：序二.

校教科书，或译自西文，或采诸东籍，遇一西文之植物学名，欲求吾国固有之普通名，辄不可得，常间接求诸东籍……故其时计划不过作一植物学名与中日两国普通名之对照表而已。既而以仅列名称，不详其科属形态及其应用，则其物之为草为木，为果为蔬，茫然不辨，仍无以适于用。吾等乃扩张计划，而系之以说，附之以图……兼收术语而附以解释。""及遭困难，已有不能中止之势，仍一意进行。"从中不难看出编者在传播知识方面的良苦用心。

《植物大辞典》包含植物名称和植物学名词8980条。每种植物之下给出中文名称、拉丁学名和日文名称，该植物的形态描述、产地和用途，以及别名的考证等。书中还附有插图1000余幅。植物学名词之下则给出对应的英文和德文。书后还附有拉丁学名和日名的索引。这本植物学辞典的编著，对于普及近代植物学知识、推动我国近代植物学的发展，有重要意义。1902年前往日本学习植物学的黄以仁是编者中唯一的专业人士，在该辞典的编纂中发挥了重要的作用。当然，该辞典也有明显的毛病，因为当时缺乏研究植物学的专家，以至于在接受书中相关知识时不可避免地将错误沿袭，这也是学科移植初期难免的代价。

1922年，杜亚泉等组织的《动物学大辞典》也编成出版，全书共250余万字，所收录的动物名称术语，每条均附注英文、德文、拉丁文和日文，图文并茂，正编前有动物分布图、动物界之概略等，正编后附有西文索引、日本假名索引和四角号码索引。这些辞典的出版使生物学教育工作者得到了更多的工具书。

科学名词的确立一直受我国学界的重视。民国年间，我国最大的科学社团——中国科学社成立伊始，就将科学名词审定列为应该着手从事的工作之一。1916 年，中国科学社正式成立名词讨论会，他们在"缘起"中写道："名词，传播思想之器也。则居今而言输入科学，舍审定名词末由达。虽然，国人之谋划一名词者众矣。前清有名辞馆，今日坊间书贾亦多聘人纂辑辞典，则数年以后终有蔚然成章之一日，科学又何亟亟耶？是有故焉。科学名词非一朝一夕所可成，尤非一人一馆所能定。人积博士穷年之力，乃有今日之大成，而我以旦暮之隙，傭不明专学之士，亦欲藏事，窃恐河清难俟而名辞且益庞杂也。同仁殷忧不遑，因有名词讨论会之设，为他日科学界审定名词之预备。"当时的一个讨论会委员对科学名词的统一，提出了自己的看法，认为"所译名词须附以英文或他国文原名，如能以数国文同示尤佳；于前人译名与作书人所认为最佳者，须说明其理由；如自译或自撰，须加以说明，唯不宜过长"，"盖科学名词者，学说之符号也，名词之相纬相系，即一切学说之枢纽，吾人不能任意命某名词为标准，亦犹吾人之不能任创何说谓之学说。苟反此而行，则立名既杂乱无章，措词必扞格不明；强人通行，恐科学界中无斯专制淫威，是故欲于此事求一正当解决，非于二说之间设一融通办法恐成效难期也"。他还认为，统一科学名词要征求多数专家意见，以求准确；选择要统筹全局，所以要经少数通才集成。统一科学名词的过程可分为三个步骤：一为征集名词，二为"以贯一之精神统筹全局为选择诸名之标准"，三为公决，即征集全国科学家召开大会确定，或由报章宣布讨论。[1]

1918 年，经教育部批准，由江苏教育公会、中华医学会、

---

〔1〕 中国科学社记事 [J]. 科学，1916，2 (7)：823 – 826.

理科教授研究会等学术团体组成科学名词审查会。[1]1919年，该会在上海举行会议，讨论并通过科学名词审查会章程。

科学名词审查会有一定的审查程序：先委托专家提出名词草案，于会前印发各团体先行研究；然后在开会时逐一讨论决定；闭会后再由专家整理，并印成审查本分发全国有关院校、团体及中外专家以征集意见，同时在《科学》等杂志上刊登并征集意见；最后再次修订，呈报教育部批准后印行审定本，推广使用。[2]

由日本留学归来学者为主干，于1914年在江苏教育公会成立的中华博物研究会（1919年改为"中华博物学会"）和他们创办的《博物学杂志》逐渐筹谋统一生物学相关名词术语的工作，开始进行专门的尝试。1917年，当时在南京甲等农业学校任教的植物学家钱崇澍、邹树文和江苏省立第一师范学校生物教师吴元涤[3]曾发表文章对当时一些植物学名词进行商榷。[4-5]1921年夏天，吴元涤受中华博物学会之托，编写植物学名词，在该学会的年会中，召集相关专家审查讨论，集成《植物学名词草案》。随后黄以仁、彭世芳、吴续祖和张宗续进行了增删修正，形成了《植物学名词第一次审查本》。

---

〔1〕 其前身是中华医学会等组织建立的医学名词审查会。

〔2〕 张大庆. 中国近代的科学名词审查活动：1915—1927〔J〕. 自然辩证法通讯，1996，18（5）：48-50.

〔3〕 吴元涤，字子修，江苏江阴人，早年毕业于江苏师范学校，后留校任教。1928年，江苏省立第一师范改为苏州中学，他继续担任苏州中学教师，后曾任该中学校长。

〔4〕 钱崇澍，邹应蕙. 植物名词商榷〔J〕. 科学，1917，3（3）：387-388.

〔5〕 吴元涤，钱崇澍，邹树文. 植物名词商榷〔J〕. 科学，1917，3（8）：875-881.

1922 年 7 月，科学名词审查会开始审查植物名词。[1]同时，
1922 年的《博物学杂志》第一卷第四期和 1923 年第二卷第
一期用了 56 页的篇幅，公布了经讨论通过的 1226 个植物学
术语和 560 个植物科目名称。吴元涤等人提出的《植物学名
词第一次审查本》到 1924 年修改为《植物学名词本》，通过
1928 年教育部的审定后颁布。[2-4]从 1923 年至 1926 年，科
学名词审查会曾对植物分类物名进行审查。1927 年，因中华
民国大学院已筹备成立译名统一委员会，科学名词审查会最
终未解散。

　　植物名称的审订也是从一开始就受到我国生物学者关注的
问题，这个问题一直到现在仍未得到很好的解决。吴家煦提
出："吾国地大物博，生物种类至多，苟得无数博物家搜罗探
讨，有助于生物学之进步者不鲜。然为国人研究计，生物之本
国名称，亟宜厘定。俾初学及中等学校得以应用，定名之法，
当偏查各种古书及通志、府志、县志所有名称，择其普通而雅
驯者用之。其无名可考者，仿照林尼亚氏双名制，妥造新
名。"[5]我国植物学开拓者钟观光对这方面的工作也一直非常
关注。他在中央研究院自然博物馆工作期间，曾经发表过
《论植物邦名之重要及其整理法》《科学名词审查会植物名词

　　〔1〕　吴元涤. 系统命名植物辞典序言 [J]. 科学，1948，30（9）：281 - 285.
　　〔2〕　吴元涤，科学名词审查会. 植物学名词第一次审查说明 [J]. 博物学
杂志，1922，1（4）：1 - 39.
　　〔3〕　吴元涤，科学名词审查会. 植物学名词第一次审查说明 [J]. 博物学
杂志，1923，2（1）：1 - 16.
　　〔4〕　薛攀皋. 中国科学院院史研究与资料丛刊：薛攀皋文集 [M]. 北京：
中国科学院自然科学史研究所院史研究室，2008：433.
　　〔5〕　吴冰心. 博物小言 [J]. 博物杂志，1927（2）：7.

审查本植物属名之校订》《中日两国植物学家之异趣》等相关文章。[1]1929 年秋，吴元涤受教育部译名委员会之聘，开始编订植物名称，1936 年完成初稿，1948 年完稿。[2]全书共录两万余种种子植物名称，但似乎未被认可。

而针对植物学名词术语的修订，一些主要的植物学机构负责人也对这方面的工作进行了探讨，如北平研究院植物所所长刘慎谔教授拟订了《中文植物命名原则拟案》《植物中文命名原则试用方案》（1935）等。[3]

1925 年，科学名词审查委员会举行会议，审查植物、动物和生理学等学科的名词。其中动物学名词包括薛德焴起草的哺乳动物名词和黄颂林起草的爬虫类名词。[4]

上述情况表明，在生物学名词术语的确定方面，日本的桥梁作用显而易见。除课本和各种普及型著作的名词术语外，上述动植物辞典带有明显的编译性质。因为当时相关生物学知识的引入有些囫囵吞枣、生吞活剥的意味，故而不免多有不合适甚至扞格不通之处。后来，从欧美留学归国的学者进一步深化了这方面的工作。

1928 年，大学院译名统一委员会正式成立，委员中有秉志、严济慈，工作范围包括继续科学名词的审查工作。同年大学院改组为教育部，教育部设编审处负责科学名词的审查工作。[5]

---

〔1〕 薛攀皋. 中国科学院院史研究与资料丛刊：薛攀皋文集 [M]. 北京：中国科学院自然科学史研究所院史研究室，2008：429.

〔2〕 吴元涤. 系统命名植物辞典序言 [J]. 科学，1948，30（9）：281 –285.

〔3〕 刘慎谔. 刘慎谔文集 [M]. 北京：科学出版社，1985：339.

〔4〕 范铁权. 民国时期的科学名词审查活动——以中国科学社为中心 [J]. 科学学研究，2005，23（增刊）：45 –48.

〔5〕 温昌斌. 中国近代的科学名词审查活动：1928—1949 [J]. 自然辩证法通讯，2006，28（2）：71 –78.

中国科学社成立伊始，就提出"编订科学名词，以期画一而便学者"。[1]该社不但积极参加这方面的工作，而且逐渐在科学名词学界占主导地位。该社元老任鸿隽甚至认为"各科科学名词，多出于本社社员之手"。[2]他指出，1916年该社即设有名词讨论会，讨论结果随时在《科学》杂志上发表。

薛德焴

任鸿隽的言论在一定程度上的确反映了当时中国科学社非常重视科学名词审定的事实。1919年，邹秉文、钱崇澍和胡先骕等中国科学社成员参加了当年的科学名词审查会，参与细菌学名词审查。在1920年召开的科学名词会上，各学术机构公推中国科学社负责动物学的名词审查工作。翌年，中国科学社又召开名词审查会，审查包括生理学在内的四组科学名词。在1922年召开的科学名词审查会上，秉志、钱天鹤、张巨伯参加了动物组名词的审定。1923年，从美国康奈尔大学留学回来不久的遗传育种学家冯肇传在《科学》杂志上发表了《遗传学名词之商榷》，[3]将西方的遗传学名词进行初步的确定。植物病理学家沈其益也于1932年开始在《科学》上发表《植物病理学术语及其解释（一）》[4]等文章。另外，不少动物学家也在《科学》上发表这方面的文章。1934年，杨惟义

〔1〕 任鸿隽. 中国科学社之过去及将来 [J]. 科学，1923，8（1）：1-9.
〔2〕 同〔1〕.
〔3〕 冯肇传. 遗传学名词之商榷 [J]. 科学，1923，8（7）：759-775.
〔4〕 沈其益. 植物病理学术语及其解释（一）[J]. 科学，1932，16（7）：1082-1093.

发表文章，就昆虫的学名译为中文应采用的方式提出自己的见解。[1]1940 年，中央研究院动植物所研究员、昆虫学家陈世骧也在《科学》上发表文章，讨论昆虫的中文命名问题。[2]在那前后，徐锡藩、毛守白也在《医育》《科学》上发表寄生虫学名汉译和命名见解的文章。[3-4]从上述史实中不难发现，中国科学社在统一科学名词方面的确多有贡献。

1927 年，中国生理学会成立了"生理科学中文名词委员会"，由蔡翘任主任，朱恒璧、吴宪和张锡钧任委员，负责审定中文的生理学名词。同年，科学名词审查会出版了有 4882 则名词的《解剖学名词汇编》。1932 年，江清等人参加了生物化学名词审查会，为生物化学名词的统一做出贡献。[5]1935 年，国民政府教育部国立编译馆编辑出版了《发生学名词》，1937 年完成了《比较解剖学名词》，1943 年完成了《人体解剖学名词》。[6]

1931 年，国民政府教育部设立了国立编译馆，名词审定工作开始由政府机关集中办理。[7]该机构甫一成立，生物学家辛树帜就担任馆长，负责该馆的工作。1946 年，鸟类学家郑作新在编译馆工作时，也从事生物科学名词协定方面的工

〔1〕 杨惟义. 昆虫译名之意见［J］. 科学，1934，18（12）：1618 – 1619.

〔2〕 陈世骧. 昆虫之中文命名问题［J］. 科学，1940，24（3）：182 – 200.

〔3〕 徐锡藩. 寄生物学名汉译草案［J］. 医育，1937，2（7）：11 – 18.

〔4〕 毛守白. 寄生虫中文命名之刍议［J］. 科学，1944（4）：20 – 25.

〔5〕 郑集. 中国早期生物化学发展史（1917—1949）［M］. 南京：南京大学出版社，1989：190.

〔6〕 王有琪. 现代中国解剖学的发展［M］. 上海：上海科学技术出版社，1956：6.

〔7〕 任鸿隽. 中国科学社社史简述［J］. 中国科技史料，1983（1）：2 – 13.

作。[1]国立编译馆在存续期间，曾在植物病理、植物生理、植物生态、植物组织学和植物解剖学、生物化学、细胞学、组织学、普通动物分类学、脊椎动物分类学、植物形态学、植物园艺学、普通植物分类学都做了初步的审查工作。[2]

当时的学者为了让自己编写的著作更好地为人理解，通常会在书后附上相关的名词术语。以 1923 年武昌高等师范学校生物系主任薛德焴编写的《近世动物学》为例，书后附有三部分索引——术语、属名、分类名词，其中已经科学名词审查会审定的名词则加括号。又如，1928 年郭任远的《行为主义心理学讲义》，书后也附有中英文名词对照表。

尽管后来有很多留学欧美的学者参与并主导名词术语的制定和统一工作，后来国立编译馆也在规范科学名词方面做了官方性的工作，但日本生物学名词的大量借用，对学科发展的影响仍是深远的。其中许多名词，如生理学、心理学、科学、解剖学、卫生学、神经、卫生、防疫、动脉、组织、病理、霉菌学、兽医、狂犬病、精神病学、博物学、生物学、人类学、进化论等一直被沿用。其后民国年间持续进行的生物学名词的审定和统一工作，对学科的发展起着不容忽视的重要作用。

---

〔1〕 郑作新. 郑作新自传［A］//中国科学院动物研究所档案：郑作新专卷.

〔2〕 温昌斌. 中国近代的科学名词审查活动：1928—1949［J］. 自然辩证法通讯，2006，28（2）：71-78.

第三章 我国自办高等生物学教育之兴起

引进生物学，仅靠从日本传入的水平不高的生物学知识开展中学教学和高等师范教育显然无法完成。虽然当时教会高校也有开始进行生物学教育的，但规模非常有限，而且除个别学校外，水平也无法和西方高校相提并论。前面我们论述了民国年间的中等生物学教育和高等师范学校的博物学教育，很显然，要为引进西方生物学培养人才，这类教育远远不够。自办高等生物学教育培养人才是引进西方生物学的基础工作，在我国生物学发展史上具有重要意义。

随着科举制度的废除，辛亥革命前后，我国逐渐开始在欧美高校寻求大规模高级人才的培养，以期真正在教学和科研方面开创新局面。后来的事实也证明，从欧美学成回来的留学生在将西方生物学引入中国方面发挥了主要作用。他们不但进一步将西方更高深、新颖的生物学知识引进国内，而且将研究科学的方法和手段，乃至仪器设备引进中国，同时进行有成效的国际合作，使生物科学真正植根于这块古老的大地，并得到较好的发展。这一方面源于人们认识的深化，意识到向西方学习，应该直接到生物学先进的欧美国家去学习，另一方面美国和欧洲国家退回庚子赔款改善了我国青年到西方留学的经济条件。

进入20世纪20年代后，大批从西方留学归来的学者为我国自办高校提供了必要的师资力量，使我国大办高校成为可能。高校的兴办，也为后续人才的培养奠定了基础。从那以后，我国的高等生物学教育逐渐走向体制化、正规化。

1920年，我国动物学的主要奠基人秉志（1886—1965）

从美国学成归来。秉志是河南开封人，他的学业明显有那个时期新老交汇的特点。他于1902年16岁时考入当时新办的河南高等学堂[1]，又于次年考中举人。1905年科举制度废除后，他进入京师大学堂预科学习，并于1908年毕业，1909年作为退回庚款资助的首届赴美留学生，到康奈尔大学农学院留学，1913年获理学士学位，1918获

秉 志

得博士学位。后来又在费城的韦斯特解剖学和生物学研究所工作一年。从美国学习动物学归来，应在康奈尔大学留学时的校友、时任南京高等师范学校（简称"南京高师"）农科主任邹秉文的盛情邀请，到南京高师授课。这个胸怀大志，关怀国家、民族前途命运大事的学者很快团结了一批生物学家在该校工作，形成一个生物学教学和科研的重镇。

当时在该校任教的教授还有钱崇澍（1883—1965）、陈焕镛（1890—1971）、胡先骕（1894—1968）等从美国留学回国的我国植物学主要奠基人。其中，胡先骕于此前的1918年秋，受邹秉文之聘到南京高师农科任教授。钱崇澍是浙江海宁人，1904年考中秀才，1908年从南洋公学毕业，后又在河北保定高等学校学习理科课程，1910年到美国留学。钱崇澍和秉志一样，也有浓厚的科学救国思想。[2]他先在伊利诺伊大学学习

---

〔1〕 当时所谓的高等学堂仅仅相当于后来的初中程度。（瞿启慧，胡宗刚．秉志文存：第三卷［M］．北京：北京大学出版社，2006：302．）

〔2〕 钱崇澍．钱崇澍的"思想检讨"［A］//中国科学院植物研究所档案：钱崇澍专卷．

农学，因深受植物学教授的影响，又联想到中国地域辽阔，植物种类非常丰富，而学植物学的人却很少，于是选择植物学专业。1914年毕业获学士学位。随后到芝加哥大学和哈佛大学阿诺德树木园学习工作过，大约在哈佛大学获得硕士学位。[1]在哈佛大学学习时，他发现那里的格雷标本馆和阿诺德树木园标本室都收藏有大量韩尔礼和威尔逊采集的植物标本。为此他深有感触："美国收藏这样多的中国植物标本，但在课程中讲到的却很少。中国的植物学还要靠中国的植物学者去研究和讲授。"[2]钱崇澍是第一个用拉丁文发表新种的中国植物学家，第一个发表植物生理和植物生态学研究论文的植物学家，是我国植物学奠基人之一。1916年回国后任江苏第一甲等农校教师，1919年到金陵大学任教授，因不太适应教会学校的环境氛围，1920年转到南京高等师范学校工作。陈焕镛则是翌年才从金陵大学进入东南大学任教的。

第一节　成立最早的东南大学生物系

一　生物学系兴起的背景

我国的现代教育起步较晚，受制于经费和师资的缺乏，高等学校发展缓慢。1921年以前，全国公立大学只有5所，私立大学8所。清末和民国初期，我国的学制基本上是借鉴日本的学制制定的，套用日本的许多教学方式。经过一段时间的实行后，发现不适应国内教育发展的需要。1922年11月，教育部公

---

〔1〕中国第二历史档案馆.中华民国史档案资料汇编：第五辑　文化（二）[G].南京：江苏古籍出版社，1994：755.

〔2〕《科学家传记大辞典》编写组.中国现代科学家传记：第一集 [M].北京：科学出版社，1991：450–457.

布了由美国留学回来的胡适等人起草的《学校系统改革案》（俗称"壬戌学制"），采用美国的学制，日式的教育标准逐渐被废除。这一更改，促进了高校生物系的涌现。当时的《学校系统改革案》规定高等师范应在一定时间内提高程度，改为师范大学。1923 年以后，各地高等师范学校纷纷升格，多数改成普通大学，如前文提到的北京高师改为北京师范大学（1923），武昌高师后来改为武汉大学（1928），广东高师与其他专门学校合并，后来又进一步扩充成为中山大学（1926）。成都高师与其他学校合并，最终形成四川大学（1931）；沈阳高师并入东北大学（1923 年成立）。这些学校的博物部也相应地改建成生物系。

"壬戌学制"相对放宽了对兴办大学的限制，全国公私立大学数量骤然增加。1922 年以后，留学生归国增多，大学的师资得到极大的改善。特别是 1926 年以后，留学欧美的学生归国数量大增，使大学的师资得到迅速充实。这也为各大学不断增设生物系创造了良好的前提条件，很多大学都建立了生物学系。著称的有北京大学、清华大学、北平中法大学、中国大学、复旦大学、南开大学、厦门大学、河南大学、湖南大学等，加上教会办的燕京大学、金陵大学、东吴大学、齐鲁大学、岭南大学、福建协和学院、沪江大学等高校，至少有近 20 所大学在那期间设立了生物系。1927 年后，新设立生物系的大学又有浙江大学、山东大学、辅仁大学、东北大学等 10 所。至 1931 年，全国已有公立大学 36 所，私立大学 37 所，共 73 所（一说 1936 年有国立、省立和私立大学 42 所）。[1]在学生人数方面，理、

---

〔1〕 中国第二历史档案馆. 中华民国史档案资料汇编：第五辑 教育（一）[G]. 南京：江苏古籍出版社，1994，296.

工、农、医的学生约占30%。至1936年，我国有近42所大学设立了生物系，其中包括国人自办的北京大学、清华大学、北平师范大学、北平大学农学院[1]、中法大学、中央大学、武汉大学、中山大学、勷勤大学[2]、厦门大学、山东大学、浙江大学、四川大学、南开大学、河南大学、广西大学、东北大学、复旦大学、暨南大学，以及教会学校中的金陵大学（动物系、植物系）、东吴大学、沪江大学、燕京大学、辅仁大学、齐鲁大学、武昌华中大学、岭南大学、华西协合大学等[3]。一些独立学院，如金陵女子文理学院、中国学院（北平）、福建协和学院、华南女子文理学院（福州）也都设有生物系[4]。教师队伍在不断成长，在校学生也开始不断增多。与此同时，我国培养生物学人才的主要基地也随之从高等师范学校转到大学生物学系。

当时虽然许多大学都有生物系，但它们的教学条件、师资力量和办学理念都有很大不同。下面简要介绍大学生物系的发展情况。

二 东南大学生物系的创立

我国自办高校的生物系最早出现在东南大学农科。东南大学农科的前身是南京高等师范农业专修科[5]，创办于1917年，主任是从美国康奈尔大学留学归来的植物病理学家邹秉

---

〔1〕 有农、林专业。

〔2〕 该校在广东，设博物系。

〔3〕 中国第二历史档案馆. 中华民国史档案资料汇编：第五辑 教育（一）[G]. 南京：江苏古籍出版社，1994：300－311.

〔4〕 中国第二历史档案馆. 中华民国史档案资料汇编：第五辑 教育（一）[G]. 南京：江苏古籍出版社，1994：300－316.

〔5〕 当时的专修科为三年毕业。

文。邹秉文是一个很有远见的学者，吸收了胡先骕和秉志等著名学者到该校任教，为该校的生物学教育积蓄了力量，尤其是秉志，不但学识广博，而且富有组织领导才干。1921年，南京高师包括商科、农科等在内的部分独立出来成立东南大学[1]，原南京高等师范农业专修科相应地改为东南大学农科，该科分为六个系：生物学系、农艺系、园艺系、畜牧系、病虫害系和农业化学系。东南大学因此也成为国立高校中最早成立了生物学系的高校。生物学系主任为秉志，设动物、植物两组。这是国人自办的第一个生物学系[2]，经过秉志、钱崇澍等生物学家苦心孤诣地经营，很快声名鹊起，成为民国期间国立高校中最有影响的生物学教学机构之一。

秉志是一个颇具卓识和才干的学者。他幼年受过良好的传统学术教育，在1903年的科举考试中，考中过举人，具有深厚的传统文化素养；后来又有在美国康奈尔大学和宾夕法尼亚大学韦斯特解剖学和生物学研究所长期学习和科研的丰富阅历，打下了深厚的生物学功底。他有传统知识分子那种深厚的"治国平天下"的情怀，又深受社会达尔文主义"物竞天择，适者生存"思想的影响，一生秉持"科学救国"的理念，为发展祖国的生物学事业运筹帷幄，坚毅笃行。在回国前夕，北京协和医学院多次聘他到校教授解剖学，那里的工作薪资比其他国内学校高得多，但他不愿到外国人办的学校工作，避免自

---

〔1〕 1921年9月，南京高等师范学校的教育、农、工、商四科独立出来成立东南大学；1922年南京高师的其余部分停止招生，1923年6月并入东南大学。（参见《国立中央大学沿革史》23-25页）

〔2〕 1925年属文理科，1926年属农科。（参见《国立中央大学沿革史》26-27页）

己的工作受外国人支配。[1]

秉志有广博的胸怀、坚韧的毅力和出色的教育才华。回国后有条不紊地规划着生物学事业的发展。到南京高师后，随即开始着手培养发展生物学所急需的年轻人才，在胡先骕等人的协助下创办了东南大学生物系。他学识渊博，授课富有良师风范，很快吸引一批青年俊彦在其门下学习。王家楫原本学农，听了他的课之后，改学生物学。据王家楫的同学伍献文回忆，在秉志回国前，邹秉文已经对秉志进行了"大事宣传"，所以秉志甫一到校，已是先声夺人。同时他书教得比其他教授好，又平易近人，听了他一学期的课，伍献文就觉得动物学比农学更有趣，就由农学改学动物学。[2]而方炳文原本学的是数理，也是受秉志授课所吸引改学生物的。欧阳翥曾经回忆自己和众多同学为秉志当年的授课所吸引而走上生物学研究道路的情形。他说，当时自己和卢于道本来学心理学，因秉志"捐出入之见，大无类之教，宏奖诱掖，无微不至，从之者如归，而生物学始昌大矣"，结果也前往生物系学习。秉志教学有方，诲人不倦，对学生倍加呵护，循循善诱。"不仅自己见解精辟，而且'谈言微中'，往往有所启发，使人好学深思，听后回味，极耐咀嚼。"[3]曾有学生回忆当年在校时的感受，说他"爱护学生像爱护自己子女一样……看不出一点师生的界限，因而学生也把他当父亲看待"，"在同学面前他总是显露出一

---

〔1〕 王家楫. 我的思想自传［A］//中国科学院武汉水生生物研究所档案：王家楫专卷.

〔2〕 伍献文. 伍献文自传［A］//中国科学院武汉水生生物研究所档案：伍献文专卷.

〔3〕 张孟闻. 回忆业师秉志先生［J］. 中国科技史料，1981（2）：39－43.

副慈祥的颜色。在下课的时候，他时常为我们讲生物学上的故事，世界上有名生物学家的轶事和他自己在国内外做学问的经历。并不断教导我们要好好用功，好好学习，希望是很大的"。[1]他的出色教学和循循善诱，极大地调动了学生学习生物学的积极性。[2]在东南大学的短短数年中，他不但把生物系从无到有建立起来，而且很快使学生达到80多人，发展十分迅速。[3]可见，作为系主任的秉志的教育之道非常成功，靠自己出色的教育工作，迅速培养起一支生物学人才队伍。

三 东南大学生物系的教师和学生

当时，东南大学农科生物系[4]授课的教授可谓名家云集，除秉志外，还颇有一些深受学生推崇的名师，如植物学家钱崇澍、遗传学家陈桢、昆虫学家胡经甫、植物形态学家张景钺、细胞学家许骧等。他们后来也都是国内著名大学生物系的系主任。从这个系毕业的很多学生后来成为知名的生物学家，其中动物学家王家楫、寿振黄、张春霖、张孟闻、方炳文、喻兆琦、沈嘉瑞、植物学家耿以礼、方文培、张肇骞、陈封怀、汪发缵、唐燿、李鸣岗，胚胎学家崔之兰，生理学家张宗汉、欧阳翥，人类学家刘咸，生物化学家郑集等20多人，都是1928

---

〔1〕 汪发缵. 汪发缵自传〔A〕//中国科学院植物研究所档案：汪发缵专卷.

〔2〕 欧阳翥. 方炳文君传〔J〕. 科学, 1946, 28 (3)：161-162.

〔3〕 王家楫，张孟闻，郑集，等. 回忆业师秉志〔J〕. 中国科技史料, 1986, 7 (1)：18-24. （该文摘原载于《科学通报》1965年5月号）

〔4〕 1926年起，生物系分为植物学系和动物学系，这两个系分别存在于理科和农科；心理则分别存在于理科和教育科.（中国第二历史档案馆. 中华民国史档案资料汇编：第三辑 教育〔G〕. 南京：江苏古籍出版社, 1991：252.）1928年生物系归理学院，陈桢任动物学系主任. 抗战时期似乎又合并为生物系.（张研，孙燕京. 民国史料丛刊：1082 文教 高等教育〔M〕. 郑州：大象出版社, 2009：91, 138-139.）

中国生物学史·近现代卷

年东南大学改组为中央大学前，先后从该系毕业的。[1]

秉志敢于任事，与当时的社会名流蔡元培、任鸿隽等保持着非常好的关系。加之系里同人共同努力，他以该系和翌年建立的中国科学社生物研究所为教学基地，培养了众多的人才，他自己也成为生物学界的一面旗帜。他是学贯中西，且能将传统文化的精髓与科学理念进行有机融合的生物学界领袖人物。他注重科学的"格物致知"，强烈践行国人自己的生物学调查事业，一方面防止"慢藏海盗"，列强觊觎，另一方面强调资源开发，避免"货弃于地"，鼓励"利用厚生"。这些都深刻地影响了他的学生和我国早期生物学的发展。

1928年，东南大学改组为中央大学后[2]，植物形态学家张景钺任生物系主任（1929年分为植物系和动物系，张景钺任植物系首任系主任），他和细胞学家许骧教授被学生认为"为人热诚、教学负责、对学生要求严格"，"学术上修养很高"。[3]1930年张景钺离开中央大学到西欧访学，1932年回国后，受当时正致力于发展理学院的蒋梦麟的约请到北京大学生物系任系主任。张景钺离开中央大学后，解剖学家蔡堡曾于1930年任动物系系主任，教授比较解剖、动物生理、实验形态学，后任理学院院长。[4]1933年中央大学生物系改由刚从美国留学归来的生理学家、校友孙宗彭担任系主任。1936年，

————————

〔1〕 薛攀皋. 我国大学生物系的早期发展概况 [J]. 中国科技史料，1990，11（2）：59－65.

〔2〕 1927年夏天，江苏所属高校和专门学校合并组成第四中山大学，张乃燕（君谋）任校长。1928年2月，第四中山大学改为江苏大学，同年5月又改为中央大学。

〔3〕 吴素萱. 吴素萱自传 [A] //中国科学院植物研究所档案：吴素萱专卷.

〔4〕 王德滋. 南京大学百年史 [M]. 南京：南京大学出版社，2002：137.

孙宗彭离开生物系到江苏医学院任教，系主任由伍献文代理。1937年开始，孙宗彭的学弟、神经解剖学家欧阳翥长期担任系主任，他还代理过中央大学师范学院博物系系主任。在生物系任教的还有教授植物生理学的罗宗洛，教授普通动物学、无脊椎动物学的王家楫，教授普通昆虫学、昆虫解剖学的吴福桢，教授切片学、植物生理学的许骧，教授普通生物学、普通植物学、淡水藻类学的王志稼，教授植物分类学的耿以礼，教授胚胎学的蒋天鹤，教授动物分类学的陈义（1935年开始兼任师范学院博物系主任），教授真菌学的邓叔群，教授细胞学的段续川。此外，陈邦杰、沈其益等人也曾在生物系任教。

除生物系外，东南大学早在南京高等师范学校时期（1920年）的教育科内就设立心理系，同年从美国芝加哥大学获得博士学位的陆志韦被聘为教授，1922年兼系主任。陆志韦在东南大学任教期间，首次在国内介绍巴甫洛夫学说，以及引进西方现代心理学的理论和方法。他同时致力于实验生理学、教育心理学、社会心理学及比内（Binet Alfred）测验等研究。[1]在该系任教的还有陈鹤琴等学者。从心理系毕业的著名学者包括人类学家吴定良等。东南大学改建为中央大学后，理学院设有心理系。当时陆志韦离校到燕京大学任教，同在芝加哥大学获得博士学位的潘菽开始到校任教，并曾两度出任心理系系主任。[2]他们师兄弟都在心理学界开创了新局面，开始形成我国心理学界"北陆南潘"的局面。

另外，中央大学农学院也培养过不少遗传育种学家。中央

---

〔1〕 刘启林.当代中国社会科学名家［M］.北京：社会科学文献出版社，1989：129－142.

〔2〕 王德滋.南京大学百年史［M］.南京：南京大学出版社，2002：138.

大学农学院的前身系 1927 年由东南大学的农科改建的第四中山大学[1]农学院，还合并了前江苏省立第一农业学校。在刚创办的时候就会聚了当时一批著名的育种和防治病虫害的专家，如该院院长、棉花育种专家王善佺，棉花育种专家冯肇传、孙恩麟，水稻育种专家赵连芳，小麦育种专家沈宗瀚、莫定森，农学家谢家声，昆虫学家张景欧、张巨伯、吴福桢，植物病理学家邓叔群、何畏冷等。[2]他们也培养了一些著名的遗传学和植物病理学者，其中包括俞履圻、徐冠仁、欧世璜、奚元令等。

值得一提的是，1927 年秋，由江苏医科大学（前身是江苏医学专门学校）迁到上海吴淞改组成的中央大学医学院[3]，著名医学家颜福庆出任院长，对生理学人才的培养也有一定的贡献。[4]当时生理学家蔡翘由复旦大学转到该校任教，讲授生理课程；生化系则由林国镐主持。后来英国教师安尔（H. G. Earle）和德国教授史图博（H. Stübel，此人原是组织学家，后在同济大学医学院研究肌肉纤维的构造）[5]也在该校讲授过生理学。1938 年，山东大学解散后，童第周本来受聘到

---

〔1〕 第四中山大学是东南大学和江苏数所高校于 1927 年 6 月合并而成，1928 年 2 月又称江苏大学，同年 5 月改称中央大学。（王德滋．南京大学百年史[M]．南京：南京大学出版社，2002：126 - 132．）

〔2〕 当时（1929 年）这些人都是副教授，根据当时中央大学章程，没人适合教授条件，一年后，这些人都成了教授。

〔3〕 1932 年校长风波后，中央大学医学院划离中央大学，改建为上海医学院，院长仍为颜福庆。1935 年 5 月，中央大学校长罗家伦重新创建了中央大学医学院，院长为戚寿南。（王德滋．南京大学百年史[M]．南京：南京大学出版社，2002：159．）

〔4〕 张研，孙燕京．民国史料丛刊：1082 文教 高等教育[M]．郑州：大象出版社，2009：52．

〔5〕 卢于道．三十年来国内的解剖学[J]．科学，1948，30（7）：201 - 204．

中央大学生物系任教，但未能如愿，改到医学院讲授胚胎学。此外，微生物学家汤飞凡也在那里讲授过细菌学。

东南大学生物系的创立，给国人自办生物学系提供了一个范例，加上留学回国的生物学者越来越多，不仅各高等师范改建的大学纷纷将原来的博物部改为生物学系，一些农业大学也设立了生物系，如北平大学农学院设立了农业生物系。

第二节　清华大学生物学系

清华大学的前身是清华留美预备学校（以下将清华大学、清华学校等均简称为"清华"）。1923年植物学家钱崇澍到清华讲授科学概论。1925年清华设大学部高等科，1926年开始成立生物学系，[1]钱崇澍为首任系主任。1929年毕业的植物学家容启东、汪振儒是该系最早的一届毕业生。虽说它的生物学系在成立时间上比北京大学晚一年，但首届毕业生却早两年，北京大学生物系的首届学生是1931年才毕业的。钱崇澍随即聘遗传学家陈桢到清华任教。钱崇澍离开后，昆虫学家刘崇

钱崇澍

〔1〕《李继侗文集》编辑委员会. 李继侗文集 [M]. 北京：科学出版社，1986：2.

乐于1927年到清华任教授兼系主任。刘崇乐离开清华到东北大学任生物系主任后，遗传学家陈桢从1929年开始任清华大学生物学系系主任，聘李继侗和吴韫珍任教授，讲授植物学，构成一个实力比较强的生物学系。他们都是金陵大学毕业的学生，李先闻在清华求职遇阻，不免愤愤不平，抱怨母校清华的生物学系被金陵大学学生这些"外来者"把持了。1928年，清华大学生物学系还争取到经费建立生物馆[1]，为教学创造了更好的实验条件。翌年，李继侗首次在系里开设植物生态学课程。后来到该系任教的还有寿振黄、赵以炳等。由于清华有退回庚子赔款的支持，生物学系的师资力量强，教学设备比较好，是民国年间最好的高校生物系之一。有学者回忆在清华生物学系上学的情景时指出，"学校图书、仪器设备充实完善；清华园树木很多，有山有水，空气清新，风景优美，实在是一个读书的好环境"[2]。这里培养出不少著名学者，如汪振儒、殷宏章（李继侗的学生，1935年研究生毕业）、王伏雄、徐仁、朱弘复、郑重、吴征镒等。陈桢在遗传学和蚂蚁社会学的研究颇有成就，李继侗和殷宏章在植物生理研究也做出突出成就。

1937年后，清华大学与北京大学及南开大学合并成西南联合大学（简称"西南联大"），三校生物系也合并为西南联大生物系。西南联大开始西迁时，原系主任陈桢尚在北平处理搬家事宜，故系主任改由李继侗担任。李继侗讲授植物生态学和植物解剖学，张景钺讲授植物形态学，吴韫珍讲授植物分类

〔1〕 冯友兰. 冯友兰自述［M］. 北京：中国人民大学出版社，2004：259.
〔2〕 关克俭. 关克俭自传［A］//中国科学院植物研究所档案：关克俭专卷.

学。[1]抗战胜利后，清华大学生物学系在北平复员，生物学系主任仍由遗传学家陈桢担任。在西南联大生物系毕业的学生，后来颇有些著名人物，如邹承鲁、沈善炯等。沈善炯指出"独立思考，思想自由"（团结友爱的气氛）是西南联大的精神砥柱。清华大学经济情况比较好，所以图书仪器等教学设备相对完备，能请到比较好的教师[2]，生物学系也是当时国立大学生物系中的佼佼者。

和民国年间的综合大学一样，清华也试图成立农学院，但初期一直没有条件成立。1934年，清华大学成立农业研究所，开始分虫害和病害两组，分别由刘崇乐和戴芳澜领导。七七事变后，增设植物生理组，由原在武汉大学任教的汤佩松负责。1947年，清华在北平复校后，在农业研究所基础上成立了农学院，原先的组扩建为系。在原昆虫组基础上组建的昆虫系，由刘崇乐任教授和系主任，其他教授有陆近仁、钦俊德、赵养昌、吴维钧等。清华生物学系无疑是民国年间最值得注意的国立大学生物系之一，不妨在此着重介绍一下。

一 从清华早期的生物学教育到生物学系的成立

与东南大学一样，民国年间在生物学教育占有重要地位的清华大学，其前身可以追溯至1911年初清政府在美国第一次退还庚子赔款基础上成立的清华学堂，"为选取各生未赴美国之先，暂留学习"。辛亥革命后学堂复校时，又改名清华学校。

作为一所留美预备学校，清华设立的最初目的在于遴选和

〔1〕《李继侗文集》编辑委员会. 李继侗文集 [M]. 北京：科学出版社，1986：3.

〔2〕 冯友兰. 冯友兰自述 [M]. 北京：中国人民大学出版社，2004：262.

培养中国学生留美升学，使其顺利融入美国大学，并聘请了17名美籍教师。最早负责生物学方面课程的有校医兼生理课教师布乐题（R. A. Bolt）和博物课教师张永平。由于美籍教师均系基督教青年会成员，布乐题除在其感兴趣的公共卫生领域做了一些研究之外，对宗教宣传也颇为热衷。但这些举动并不为当时的学生所乐意接受，教学方法也让不少学生感到不适应甚至反感，因而教学成绩寥寥。1915年后，梅贻琦、虞振镛等早期庚子赔款直接留美生陆续返校任教，改变了原有中、美教师的结构，增加了中国自然科学教师的比例，逐渐提高了中国教师在校务、教学等方面的地位和话语权。虞振镛在伊利诺伊大学攻读畜牧学，1915年在康奈尔大学获得硕士学位。他在清华负责讲授高等科的生物学、农学方面的课程[1]，成为清华生物学专业教育事实上的开拓者。1916年，生物学与物理学、化学一样成为高等科课程。生物学科开始在清华走上正轨。

1920年，时任校长金邦正[2]践行"科学救国"的理念，试图把培养实用科学人才作为清华的教育方针。他在高等科四年级的基础上设立大学一年级，分文、实二科，实科包括医预、农林和工程科。生物学科则是医预和农林两科的基础。但是，由于程度拔高得过快、教师人数严重不足、开课计划仓促等原因，分科计划于1923年取消。此后，自然科学各科（生物学、物理学、化学）作为高等科二、三年级的选修课开设。另外，给高年级的"自然科学选修目"中，除了生物学，还

---

〔1〕 汤佩松回忆说，农学课程"实际上是'应用生物学入门'"。
〔2〕 他是中国科学社元老，该社九位发起人之一。

设有植物学。

1923 年底左右，在国立北京农业大学任教的植物学家钱崇澍来到清华，是清华生物学科由生物学专业出身教师任教之始。他先是担任"科学概论"课程教师，并于次年开始讲授生物学和植物学课程。此外，清华又请来美国康奈尔大学昆虫学家克乃升（P. W. Claassen）[1]讲授动物学。钱崇澍、克乃升二人在清华大学的教学时间不长，但他们的教学能力很强，对生物学课程产生兴趣的学生人数大为上升。[2]

受到时代背景的影响，这一时期赴美留学的学生大多选择实用学科。清华学堂（校）时期（1909~1929）为数不多的赴美攻读生物学的学生，此后几乎都成为中国近现代生物学各个分支的奠基人和开拓者。如早期直接留美的秉志、钱崇澍，此后的戴芳澜、李汝祺、张景钺、张锡钧、刘崇乐、邓叔群、李先闻、陈克恢、汤佩松、裴鉴、仲崇信、段续川、彭光钦、赵以炳，以及考取清华专科出国的胡经甫、陈桢、李顺卿、李继侗、吴韫珍、张宗汉、冯德培，还有受清华庚子赔款资助的津贴生陈焕镛、寿振黄等。在中国近现代生物学刚刚起步的时代，清华学堂（校）起到的更多是一种遴选和向外输送优秀生源的作用。

清华建立之初，为了提高教育程度，使学生更加了解国情，同时使庚子赔款赔付结束后清华得以续存，校长周诒春等人即有"改办大学"（简称"改大"）计划。此后"改大"也

---

〔1〕 克乃升（1886—1937），美国昆虫学家，康奈尔大学动物学教授。1913年毕业于堪萨斯大学，获学士学位，1915 年硕士毕业后进入康奈尔大学攻读昆虫学专业，1918 年获博士学位（与秉志同年）。

〔2〕 庄泽宣，侯厚培. 清华学生对于各学科与各职业兴趣的统计 [J]. 清华大学学报，1924 (2)：287-304.

为历任校长所践行。1925 年，清华学校正式成立大学部。在大学筹备委员范源廉、梁启超、丁文江等人的推动下，是年10 月，生物学门作为第一时期应当开办的 4 个专业之一在校务会议上获得通过。1926 年 4 月 26 日，清华生物学系成立[1]，钱崇澍成为第一任系主任。

二　清华生物学系的起步与高速发展时期

由于得到梁启超等社会名流的推动和时任校长曹云祥的重视，清华生物学系在成立之初一度呈现出生机勃勃的景象。克乃升于 1925 年返美后，钱崇澍邀请原东南大学的动物学教授陈桢来清华担任兼职教授。美国洛克菲勒基金会也许诺提供一半资金，赞助清华建造一栋博物学馆（后改名生物学馆）。但在"改大"之初，清华作为留美预备学校的惯性尚在，和研究型大学的氛围相去甚远，加之时局动荡，建筑计划迟迟无法落实。钱崇澍、陈桢等人先后离开，生物学系仅留下回国不久的昆虫学家刘崇乐担任系主任，加上刚来任教的刘咸等人勉强维持。这一局面直至 1928 年罗家伦接掌清华后才被打破，清华生物学系随之进入一个高速发展的时期。

罗家伦是清华大学成立后的一个重要人物。他在清华的一系列大刀阔斧的改革，奠定了清华作为高水平研究型大学的基础。他早年就读于北京大学，是五四时期的学生领袖之一，此后又在欧美等多国游学，与其师蔡元培关系密切。他综合美国与德国高等教育之长，立志将清华办成一所普林斯顿大学式的研究型大学，提倡纯粹科学和基础研究，把"学术独立"作

---

[1]　此时清华在大学部设立 17 个学系，其中国文、西洋文学、物理、化学、生物、历史、政治、经济学、教育心理、农业、工程等 11 个系设立专修课程。

为办学的使命。到校不久，他就四处罗致年富力强的高水平教授，同时提高教师薪酬，确立学术休假制度等，清华很快会集起一批优秀的学者。生物学系以实验生物学为主的核心师资也是这个时候开始形成的。

就罗家伦本人而言，他对生物学系的发展相当重视。到校不久，他即邀请陈桢重新主持生物学系[1]，并应允建设生物学馆。陈桢于1929年2月回到清华，尔后又从南开大学聘来了植物生理学家李继侗。陈、李二人加上1928年秋来校任教的植物分类学家吴韫珍，组成了此后清华生物学系十余年的核心师资[2]。1934年后，生物物理学家彭光钦和动物生理学家赵以炳也回校任教。加上在西南联大时期返校任教的生物化学家沈同，清华生物学系的师资组成呈现出实验生物学背景占绝对优势的情形，这与20世纪30年代前后几个发展得较好的国立高校生物学系的教师多为调查分类的情况迥然不同。陈桢是中国动物遗传学的奠基人，他于1921年在哥伦比亚大学获得硕士学位，是中国第一位出自摩尔根实验室的遗传学家，回国后在金鱼遗传学方面进行了大量研究工作，首次在金鱼中证实了符合孟德尔遗传的性状。李继侗毕业于耶鲁大学林学院，是第一个在美国获得林学博士学位的中国人。回国后，他在南开大学利用简陋的条件在光合作用瞬间效应方面做出了先导性发现，受到同行学者的称赞。此外，李继侗在植物生态学方面也颇有建树，是中国植物生态学和地植物学的奠基人之一。即使

---

〔1〕 陈桢此时在中央大学生物学系任教。

〔2〕 由于陈桢、李继侗、吴韫珍均毕业于金陵大学，使得1931年想回校谋职而被婉拒的遗传学家李先闻愤然称清华生物学系已被金陵大学的毕业生所把持，"清华毕业的同学，似乎都不能插足"。

中国生物学史·近现代卷

是来到清华后主要从事植物分类学研究的吴韫珍，此前也有深厚的植物生理学研究背景[1]。这使得20世纪30年代前期清华生物学系的教授中，仅有寿振黄为专门的分类学家[2]。而此后来到生物学系的彭光钦、赵以炳、沈同等青年骨干教师，无论专业背景还是所从事的研究，都使清华生物学系实验生物学的特色更为显著。从另一方面看，大学的主要职能之一是教学，而本科阶段的教学又应以基础课程为重。能否保证课程教育涵盖各个重要分支学科，是衡量生物学系教学质量的重要指标，这就要求教师结构的多元化和均衡性。在民国时期，表现为动物学与植物学之间的平衡，实验性生物学与描述性生物学之间的平衡等。教师的组成越单一，教学和研究的范围则越狭窄，反之，教师专业背景越多元，整体的学术视野则越开阔，对学生的培养也更有利。当然，考虑到本科教学的要求，这种多元必须首先保证涵盖生物学各个重要的分支。从客观条件而言，清华虽然在当时的国立高校中经费状况可称最优，但与协和医学院这样受巨额资金支持的教会大学相比仍然相差甚远，这一条件也决定了清华生物学系不可能办成一个纯粹以实验生物学为发展方向的教学科研机构。所以，在教师的选择上，除了重视实验生物学这一20世纪生物学发展的潮流外，清华生物学系也要照顾到分类、形态、生态等科目的教学与研究要求。清华生物学系的师资结构和授课安排较好地体现了这种平衡。

---

〔1〕 吴韫珍在康奈尔大学的博士论文为《苹果叶片组织的过氧化氢酶活性研究》。

〔2〕 寿振黄于1933年全职转入北京静生生物调查所任技师（相当于今天的研究员）。

表 3-2-1　清华生物学系教授、讲师的专业构成与
所授科目（1935 年）

姓名	职称	到校时间	专业背景	主讲课程*
陈　桢	教授	1929	动物遗传学	遗传与进化、生物学史
吴韫珍	教授	1928	植物生理学	植物形态学、植物分类学
李继侗	教授	1929	森林学	植物生理学、植物解剖学、植物生态学
寿振黄	讲师**	1928	动物分类学	比较解剖学、脊椎动物学、胚胎学
赵以炳	专任讲师	1935	动物生理学	动物生理学、组织学
彭光钦	专任讲师	1934	生物物理学	无脊椎动物学

＊根据 1935 年之课程表。
＊＊讲师为清华教职中之一级，为校外来校兼职任教者之称呼；本校教员则称专任讲师。

　　得益于罗家伦发展"纯粹科学"的学术理念和清华相对充裕的经费支持，清华生物学系在 20 世纪 30 年代前期得到快速发展。直至 1937 年之前这段时间，可谓该系历史上的"黄金时期"。在建筑方面，1929 年 9 月，由清华和洛克菲勒基金会各负担一半建筑费用的生物学馆正式动工。罗家伦踌躇满志地表示"生物馆不是要供游览、壮观瞻，而是希望于其中能产生 Darwin（达尔文），或是 Huxley（赫胥黎），或是 Mendel（孟德尔），或是 Weismann（魏斯曼）出来"。[1]经过一年多的紧张施工，生物学馆于 1931 年 5 月正式落成，连同内部设施共耗资 19 万元以上。馆内设有普通生物学、植物形态学、植物生理学、无脊椎动物学、比较解剖学、组织胚胎学、动物生

<hr>

〔1〕　罗家伦. 清华大学之过去与现在〔N〕. 国立清华大学校刊，1929-9-
20（1）.

理学等 7 个学科的实验室，顶楼（第四层）还有一个玻璃温室。"馆内水管煤气电线及暖气设备，均皆装置齐全，足供研究及教学之用。"[1]陈桢赞许道："本系创办，于今五年……唯以房舍不敷，实验研究，颇多不便。现生物馆落成在即，一切计划，将可次第实现矣。"[2]当时包括中国科学社生物研究所在内，拥有生物学专门建筑的高校和机构寥寥无几，清华生物学系在民国时期的国立高校生物系中可谓傲视群雄。与之相比，同样受洛克菲勒基金会赞助、1930 年落成的中央大学生物学馆，造价仅为 5.5 万元[3]。由于造价低廉，中央大学生物馆被认为既不坚固又不美观，该校植物系教授因而拒绝接收[4]，甚至由此引起一场风潮。[5]

在仪器设备方面，1929 年前由于清华生物学系师资不齐，缺乏长远规划和执行能力，生物学系的发展落后于理学院其他各系。根据 1929 年的统计，生物学系仅有仪器三种，共计21146 元，仅为化学系（41750 元）的一半左右，远不及物理学系（58500 元）、土木工程学系（62680 元）[6]。随着 1930年后师资结构稳定、设备经费增加，生物学系的仪器设备数量也随之大幅度增长。到 1937 年前，已有包括显微镜、解剖镜、

---

〔1〕 陈桢. 国立清华大学生物学系概况［J］. 清华周刊，1931（11/12）：75－81.

〔2〕 陈桢. 理学院概况：生物学系［J］. 清华消夏周刊，1930（6）：60－61.

〔3〕 国立中央大学理学院. 国立中央大学一览：第三种 理学院概况［M］. 南京：国立中央大学，1930.

〔4〕 中大理学院植物系教授全体辞职［N］. 中央日报，1930－10－1（4）.

〔5〕 此事连带中华教育文化基金会和洛克菲勒基金会的科学研究补贴被挪用等问题，成为 1930 年中央大学"整理校务运动"的导火索。

〔6〕 专载：国立清华大学仪器统计表［N］. 国立清华大学校刊，1929－12－6（2）.

切片机、绘图仪、恒温器以及动物生理、植物生理等十余类仪器，供普通生物学、植物形态、植物解剖、植物生理、比较解剖、组织胚胎、动物生理等多个实验室和绘图照相室使用。1935年的一笔单次仪器购买金额即达到4000美元[1]。到1937年5月，生物学系仍在订购价值4300余元的14种仪器设备与耗材[2]。此外，清华生物学系保有的学术期刊和图书数量也很可观。仅1930年就"新订杂志一百五十余种"，总数达到180种。1932年后，因为美元价格上涨，加之生物学期刊图片较多、价格较高等原因，期刊订数减少，只保留了必备的核心部分，但总数仍有114种[3]；1933年后又小幅减少至105种（其中动物学方面约60种，植物学45种）[4]，这一数量一直保持到1937年为止。在图书方面，1930年，清华有生物学中西书籍480多册，1931年增至700余册，到1934年则猛增至1500余册，1936年增至2000余册[5]，1937年达到3000余册[6]，七八年间增长了近6倍。这样的藏书量，较好地满足了生物学系师生日常的教学和研究所需。

客观地看，与当时其他几所国立大学的生物学系相比，清华生物学系的条件已属于顶尖水平。以中山大学和中央大学为

〔1〕"函达本系曾于（民国）二十四年七月二十七日，向美购买精细仪器一批约美金4000元，该件仍存会计科未行送出，请指定时间面谈补救。"见清华大学档案，编号：1-2：1-102-005。

〔2〕请转知庶务科提前向北平兴华公司订购仪器十四种（附单）〔A〕//清华大学档案，编号：1-2：1-102-014.

〔3〕陈席山.各系系统讲演录：生物学系〔N〕.国立清华大学校刊，1932-6-10（1/2）.

〔4〕陈桢.生物学系概况〔J〕.清华周刊，1934（13/14）：40-43.

〔5〕陈桢.生物学系概况〔J〕.清华周刊，1936，响导专号：27.

〔6〕陈桢.生物学系概况〔J〕.协大生物学会报，1937（3）：15-34.

例，1930 年 2 月，抵达中山大学生物学系任教的植物生理学家罗宗洛，吃惊地发现该系"没有一间实验室，瓶瓶罐罐也少得可怜……图书室中有数架图书，尽是动物学方面的，植物学的书屈指可数。植物生理学只有贝内克－约斯特（Benecke-Jost）的一本教科书。专门杂志则零零碎碎，不但无一整套的，即使连续二三年的，也极为稀有。至于仪器，除解剖用的剪刀和小刀外，一无所有。见此情形，不能不令人心灰意冷"[1]。随着中山大学于 20 世纪 30 年代前期经费投入的大幅增长，到 1933年底，该系的仪器设备情况有了明显改善，已有"双筒高倍显微镜 4 台、单筒显微镜 3 台、解剖显微镜 2 台、学生用显微镜 23 台、切片机 4 具"[2]，但总体上仍不到同时期清华同类设备的一半数量。由于在中山大学无法开展研究，罗宗洛于 1933 年初辗转前往中央大学生物学系，这里的条件比中山大学"略胜一筹"，"但所有设备，全是教学用的，还没有现代化的研究室"。此后，罗宗洛申请了大约 10000 美元用于添置仪器和试剂，如高温灭菌器、恒温箱、暗室中使用的照相和放大器材以及必需的玻璃器皿和药品等。这些设备"在当时都是十分宝贵的"，"当时有这样的条件，算是上乘的了"[3]。而且，中央大学生物学系的仪器设备在种类方面分布不均，"关于形态学及细胞学者已甚完备"，但在生理学、遗传学方面，经过当年的"积极置备"，也只是"大致敷用"。[4]因此，清

---

〔1〕 罗宗洛. 回忆录（续）[J]. 植物生理学通讯，1999，35（1）：83.

〔2〕 冯双. 中山大学生命科学学院（生物学系）编年史：1924～2007 [M]. 广州：中山大学出版社，2007：64.

〔3〕 黄宗甄. 罗宗洛 [M]. 石家庄：河北教育出版社，2001：86.

〔4〕 从这一点也不难看出两校生物系在研究基础和目标方面的不同积累和取向。

华学生也不无骄傲地认为，"就设备和教授说，清华生物学系，在中国已经有了相当的地位"[1]。1933 年，洛克菲勒基金会欧洲区干事狄斯代尔（W. E. Tistale）在短暂访问清华之后认为，清华生物学系是他在中国看到的发展潜力最强的一个系。

清华生物学系和东南大学生物学系与中国科学社生物研究所的关系也颇为值得关注。陈桢本人是东南大学生物学系和中国科学社生物研究所的元老，在东南大学首开遗传学课程。他也是在以调查分类工作为主的中国科学社生物研究所中少有的实验生物学家。1928 年，中国科学社生物研究所的姊妹机构静生生物调查所（简称"静生所"）在北京成立，秉志担任所长兼动物部主任，胡先骕担任植物部主任。秉志希望它像中国科学社生物研究所与东南大学生物学系之间的关系一样，故与北京的高校如清华、燕京、北师大的生物学系建立密切关联。他设想，"寒暑假中或他假时，席山[2]、经甫、觉民等均可来所研究，想进行必甚顺利"[3]。静生所的成立，促进了国内生物学人才由南向北流动，同时也增强了清华生物学系的师资力量。如秉志、胡先骕等人的学生寿振黄、陈封怀就分别担任清华生物学系的动物学教授和植物学助教。加上短期在清华任教的前东南大学助教戴立生[4]、刘咸等人，清华生物学系早期的人员组成，充分体现了南高（南京高等师范学校）－东大

---

〔1〕 冰弟. 由清华生物学系说到生物学的重要 [J]. 清华周刊，1930，(12/13)：123 – 125.

〔2〕 陈桢，字席山，后改为协三。1927 ~ 1928 年，陈桢在北京师范大学担任过一年生物学教授。

〔3〕 秉志致任鸿隽，1928 年 4 月 30 日。（翟启慧，胡宗刚. 秉志文存：第三卷 [M]. 北京：北京大学出版社，2006：402.）

〔4〕 他原本是陈桢在东南大学的助教和研究助手，1928 年受中华教育文化基金会资助出国，在斯坦福大学获博士学位，回国后于 1932 ~ 1934 年在清华任教。

（东南大学）生物学系和中国科学社生物研究所在国内生物学界人才和布局方面的影响。但是，静生所偏重动植物的调查、采集与分类，与清华生物学系此后的研究旨趣有较大差别；加上此后清华生物学系和静生所在人员、经费方面都相对独立，那种"系所一体"的模式并未被复制。陈封怀、寿振黄等人此后也先后全职转入静生所工作，但直至七七事变爆发前，寿振黄仍然一直担任清华生物学系的动物学讲师[1]。

三 抗战与复员时期的生物学系

1937 年 7 月 7 日，抗日战争全面爆发。清华、北大、南开三所高校南迁，先会合于长沙，成立临时大学（简称"长沙临大"），1938 年初又西迁昆明，改名为西南联合大学（简称"西南联大"）。长沙临大和西南联大在中国近现代教育史上留下了浓墨重彩的一笔。

由于师资阵容较强，清华生物学系理所当然地成为西南联大生物学系的主力。曾任职于西南联大生物学系的 11 名教授（李继侗、陈桢、张景钺、沈嘉瑞、殷宏章、杜增瑞、沈同、吴素萱、吴韫珍、赵以炳、彭光钦）中，有 7 名来自清华生物学系，3 名来自北大，1 名来自南开；教员、助教亦以清华为多；讲师则为清华 1 名，北大 3 名。西南联大生物学系系主任（长沙临大时期称生物学系教授会主席）由李继侗担任，清华生物学系系主任仍为陈桢。

西南联大时期，生物学系的设备条件一落千丈。初到昆明时，西南联大一度借用附近的昆华师范、昆华农校以及几个会馆作为校舍，理学院即在昆华农校上课和实验。1938 年，西

---

〔1〕 讲师是当时校外来清华兼职任教者（通常为教授级别）之职称。

南联大建成新校舍时，生物学系在南区分得两排平房，均为夯土墙，洋铁皮屋顶。每栋隔成两间到三间，作为办公室和实验室。由于南迁匆忙，北大的设备基本未能运出，西南联大生物学系的仪器设备主要靠清华来支撑，主要是一些显微镜。"为了避免敌机轰炸，这些显微镜平时都藏在深埋地下的铁皮汽油桶里，需用时才用钩子取出来。"[1]从一份清单来看，西南联大生物学系较为重要的仪器仅有记纹鼓 2 个、精细天平 2 台以及蒸馏器 1 台等，其余的都是试剂瓶、广口瓶、试管、培养皿等玻璃仪器和小型器材[2]，只能用于教学以及较为简单的实验研究。此外，为了平衡三校之间的编制和比重，梅贻琦将清华的图书设备经费更多地投放在清华直属的五个特种研究所，各系所得有限。1940 年中，清华预定图书 1500 余种，期刊300 余种。"所购书籍，均关系于理科方面者，而以研究所占大多数。"[3]不过，清华农业研究所与生物学系关系甚密，其人员"经常与生物系一起进行各种学术活动，几乎和生物系的教授没有什么区别"[4]，二者在文献资料和学术讨论方面互动甚多。1941 年，李约瑟到西南联大访问讲学时，也赠送给生物学系不少书刊，且带来一些重要文献的胶卷，此后还通过多种渠道送来资料。

1946 年 5 月后，清华复员返回北平。由于战争期间整个

---

〔1〕 西南联合大学北京校友会. 国立西南联合大学校史：一九三七至一九四六年的北大、清华、南开 [M]. 北京：北京大学出版社，1996：236.

〔2〕 林丽生，杨立德. 西南联合大学史料：六 经费、校舍、设备卷 [M]. 昆明：云南教育出版社，1998：441－448.

〔3〕 清华大学图书馆劫后经过概述 [J]. 中华图书馆协会会报，1941，14 (6)：14.

〔4〕 毕列爵. 从生物系看联大的教师队伍和科研工作 [J]. 西南联大北京校友会简讯，1999，25：24.

清华校园被日军占领作为伤兵医院，校内各处被破坏严重。待清华派员接收时，"生物、科学二馆室内一切设备均无，灯水等均经日方拆毁"[1]，"学生的生理学实验要去北京大学上课，因为他们从北平大学接收到一部分仪器"[2]。清华南迁时没有来得及带走的图书、设备等，在日军占领时期流失极多，因而在复员后展开了追缴校产的工作。生物学系也追回了被日本人搬往北平城内的一小部分标本，并请校方通过国民政府驻日军事代表团向日方追索已存于东京上野博物馆等地的标本。[3]其他方面也进行了缓慢而有序的恢复工作。1947年，生物学系预定杂志46种，是理学院各系中最多的（算学系4种，物理学系23种，化学系20种，地学系10种，心理学系44种)[4]。虽然不能与战前相比，但较西南联大时期似要好些。到1948年，生物学系恢复了植物分类、动物生理、植物形态、生理化学等4个实验室，但此时从师资结构来看，由于西南联大时期吴韫珍病逝、彭光钦离开，打破了生物学系师资在专业上的平衡。直至院系调整时，清华生物学系在植物学方面的人才缺口都一直未能得到有效的弥补。

四 清华生物学系进行的生物学研究

学术研究与教育是一个学系最重要的两项工作之一。生物

---

〔1〕 保管委员会第一次报告（1945年12月25日）。（清华大学校史研究室. 清华大学史料选编：第四卷［M］. 北京：清华大学出版社，1994：124.）

〔2〕 赵以炳. 从冷刺激到冬眠，从原生质生理学到比较生理学的五十年［M］∥王志均，韩济生. 治学之道：老一辈生理科学家自述. 北京：北京医科大学、中国协和医科大学联合出版社，1992：70.

〔3〕 函朱世明、吴文藻：请查明本校生物系前被日本人运存东京之菌类标本设法追回，送回本校［A］∥清华大学档案，编号：1；2－3－001.

〔4〕 整理图书馆工作报告·第五次（1946年7月31日）。（清华大学校史研究室. 清华大学史料选编：第四卷［M］. 北京：清华大学出版社，1994：165.）

学系成立初期，主要是钱崇澍在植物调查与分类方面做了一些工作。他在西山以及安徽黄山、湖北宜昌等地进行了调查和采集，留下种子植物标本约650号。[1]陈桢作为兼任教授来到清华时，亦准备把金鱼等实验材料运到清华，继续进行其遗传学研究[2]。但不久后他即南返，这项工作并未在清华进行。刘崇乐来到清华后，逐渐开展了一些昆虫学方面的研究。但总的来看，早期的工作较为零散，学术成果不太多。1929年后，生物学系开始形成较为完善的教研队伍，各项学术研究工作渐次铺开。与国立其他各校相比，以实验生物学为主要师资背景的清华生物学系在学术研究方面有着较为独到的发展轨迹和研究成绩。

作为系主任，陈桢本人极为重视研究工作。他表示"纯粹科学之主要目的在推究真理，故专门研究最为重要。此后生物系当竭力提倡学术上之研究；并设法谋研究上之便利，以便工作"[3]。1930年，根据教师的学术背景和研究专长，清华生物学系的学术研究主要分为三个方向：本国植物之采集与研究；本国动物之采集与研究；以试验方法研究动植物之生理、遗传与进化等问题。[4]该系此后的研究工作也基本上按照这一规划进行。

（一）动植物调查与研究

开始最早、进展较快的是动植物的调查与研究，主要围绕

---

〔1〕 陈桢. 生物学系概况 [J]. 清华暑期周刊，1932，(9/10)：27－28.

〔2〕 大学专门科：金鱼研究 [J]. 清华周刊，1926，367：38.

〔3〕 默. 记陈席山先生谈话 [N]. 国立清华大学校刊，1929－3－4 (1/2).

〔4〕 陈桢. 理学院概况：生物学系 [J]. 清华消夏周刊，1930 (6)：60－61.

北京和周边地区，"计划先从小范围入手，以清华为中心，其半径数十里周围之地域为调查区域"，如西山、东陵、妙峰山、百花山等地，此后又扩展到稍远的北戴河、小五台、昌黎等地。这些地方，如东陵和小五台"森林面积极广，树木种类极多，不知名之树木亦常有之"。此外，生物学系的师生还利用暑期深入全国各地调查并采集动植物标本。1930年夏，就有赴吉林、绥远、青岛和烟台、宁波和舟山、广州和香港等5个方向的采集工作。寿振黄的河北鱼类、两栖类以及在山东烟台和四川等地的鸟类考察也是在20世纪30年代初期进行的。1937年，吴韫珍准备前往湖南进行采集，但为抗日战争全面爆发所打断。

生物学系数年的调查采集，迅速积累起大批标本供教学之用，同时也发表了不少成果。如长期在河北、山东甚至四川等地考察的寿振黄，1933年前在《静生生物调查所汇报》上发表相关调查报告8篇，是动物分类学研究方面最主要的成绩。此外，戈定邦、薛芬进行了一些鱼类、两栖类和节肢动物的解剖研究；杜增瑞、汪振儒等青年教师进行了一些海洋藻类、淡水藻类的采集分类工作，各自在《清华大学理科报告乙种》等刊物上发表。在植物分类学方面，吴韫珍曾于1936、1937年间准备在《理科报告》上发表对于华北植物区系的阶段性研究成果——《华北蒿类》《华北胡枝子》两篇文章，但在期刊付印前一天，又因为新发现一个蒿类标本而把文稿撤了回来，[1]最终只有一篇关于山西太白山菊科植物的论文见刊。

---

〔1〕 吴征镒. 深切怀念业师吴韫珍先生［M］//吴征镒. 百兼杂感随忆. 北京：科学出版社，2008：295.

有必要指出的是，动植物采集与调查虽然被生物学系列为重要的工作，但其目的并不像其他生物学研究机构那样是为了发现新种。陈桢认为，"本国生物调查方面，各类动植物的状况，已经考察出来的都是很少，最低限度的教学上应该知道的知识现在还不够用"[1]。因此，清华生物学系的动植物采集和调查，通常都以师生组成"调查团"的形式，或者以必修课野外实践的方式进行，有着明确的教学功能。如1932年暑假，李继侗和学生徐仁、王启无前往察哈尔和河北省西北部两处野外考察两个月之久，"已得标本近千种，活树活花五十余种，木材十余种"。[2]又如1934年暑假，赵以炳带领无脊椎动物班学生到青岛进行为期一个月的无脊椎动物考察和标本采集[3]；同一时期还有助教杨承元等带领的师生8人，"为补助课本之不足及研究华北植物起见"，前往小五台一带进行为期一个月的调查，采集到标本1300余号[4]。而在研究目的方面，吴韫珍则以编写分省植物志为目标，"将前人发现的种类加以实际的考定和整理，目的在于建立系统研究的基础"[5]。他曾表示："余意各大学生物学系当采取本省植物为教学之材料，且宜逐步整理并以熟识本地植物为职志，庶几各省植物志得以大

〔1〕 陈桢. 中国生物学研究的萌芽〔J〕. 清华周刊，1931（8/9）：73－76.

〔2〕 清华的生物学馆〔J〕. 清华暑期周刊，1932（9/10）：40.

〔3〕 关于生物学系无脊椎动物学班学生暑期实习的通知及附件（1934年6月24日）〔A〕//清华大学档案，编号：1－2：1－76－032.

〔4〕 3S. 生物系绥远采集标本团业已归来〔J〕. 清华暑期周刊，1934（2）：78.

〔5〕 李继侗，张景钺. 吴韫珍先生事略（1898—1941年）〔M〕//《李继侗文集》编辑委员会. 李继侗文集. 北京：科学出版社，1986：179.

学生物学系为基础能逐渐完成。"[1]为了实现这一理想，吴韫珍还利用休假出国的机会，前往奥地利维也纳，在当时研究中国植物的权威韩马迪（H. Handel-Mazzetti）处抄写中国植物名录。这份名录成为此后吴征镒整理中国植物卡片的重要资料之一，而吴征镒整理的卡片又成为此后编写《中国植物志》的重要资料。

和清华生物学系相比，同在北京的其他几个生物学研究机构，如静生生物调查所和北平研究院植物研究所、动物研究所，它们工作的出发点是大量采集标本，搜求新种，因而考察地点较清华多且远，如静生所前往华北和西南多省，北平研究院植物所前往华北和西北等。当然，为了丰富一些模式标本，清华生物学系师生也曾深入其他省份进行调查采集，如安徽、广东以及湖南等地，但在程度和性质上都有明显的差异。

1930 年前后，清华生物学系教师也进行了一些形态学与生态学方面的研究。如 1930 年暑期在吉林的考察中，陈封怀不仅采集了一批植物标本，还初步考察了吉敦线（吉林至敦化，今为长图线之中段）沿途的森林群落分布。此外，在东陵的调查也兼有园艺美化和种质资源保护的目的。陈封怀认为，清华园里大量种植的"不过几种柳树、杨树、槐树"，"东陵的几种树木从美观说起来，比清华园的树好看多了"，"我盼望能够把几种有价值的树木移几株过来"[2]。而且，由于当局在当地实行毁林开荒等政策，东陵等地的植物资源迅速减少，"十余年来，斩伐殆尽"，"东陵森林长八百余里（编者

〔1〕 吴韫珍，徐仁，杨承元. 河北省植物发现史概略 [J]. 清华周刊，1932，(10/11)：97－110.

〔2〕 陈封怀. 东陵采集记 [J]. 清华周刊，1930 (12/13)：77－87.

注：1 里为 500 米)，现仅存者只有二百余里"，因此移植树木不仅便于园艺，"更可以保存华北仅存之树种"。[1]李继侗则从生态学的角度提出了东陵林地的开发利用问题，认为"（东陵）山坡太斜，开垦后二三年，土即为雨水冲去，不但农作物、树木不长，即草也不生，本来很好的林地，因利用方法不得当，全变成不毛之地"[2]，建议恢复植被，使土地得到合理利用。1937 年暑期，李继侗还计划到淮河流域桐柏山一带进行造林工作的考察和设计，但为抗日战争全面爆发所打断。此外，李继侗所写的植被生态学论文《植物气候组合论》是"我国最早从全国范围谈及植被类型、分布及分区的一篇论文"。寿振黄 1931 年发表的《鳑鲏鱼生活史》也是国内早期鱼类生态学的研究报告。

七七事变后，生物学系随校南迁。在长沙的短暂停留中，吴征镒在岳麓山、左家垅一带进行过标本采集。此后，李继侗、吴征镒等人在"湘黔滇旅行团"的旅途中也采集了一些标本。到达昆明后，虽然条件艰苦，但给动植物调查提供了新的地理环境。云南地处热带、亚热带交界处，地形上海拔差异较大，有着从热带雨林到高原山地的多种生态环境，由此所形成的生物多样性是进行动植物调查采集得天独厚的有利条件。植物方面的工作主要是由吴韫珍和吴征镒等人进行的。吴征镒初到昆明，在昆明四郊考察了一个月，就

〔1〕 校闻：东陵树苗标本将到校 [N]. 国立清华大学校刊，1930 – 11 – 17 (1).

〔2〕 李继侗. 土地之利用 [N]. 国立清华大学校刊，1930 – 6 – 6 (2).

初步认识到 2000 多种昆明植物[1]，"一个月工夫，得标本一千余号"[2]。

西南联大刚到昆明的 1938 年，"系里经费较多，且助教人力较为充足"，在 8、9 月间组织过一次较大规模的植物采集工作，由张景钺、吴韫珍两位教授带领助教吴征镒、周家炽、杨承元、姚荷生共 6 人，组成一个小型综合考察队，前往滇西大理苍山、宾州鸡足山进行调查。1939 年后，由于经费紧张，生物学系无力支持野外考察活动。直至 1942 年，借参加修大理县志的机会，吴征镒才再次登上苍山并前往鹤庆、剑川、丽江（包括玉龙雪山）等地考察，"约采标本 2000 余号"[3]。

在采集标本的同时，吴韫珍和吴征镒也在进行植物分类研究和整理工作。到昆明不久，为了研究本地植物，讲好植物分类学课程，吴韫珍"每天到近日楼花市上买些野花，边解剖，边绘图"，并依靠模式照片和记载云南植物的两本重要图籍——吴其濬的《植物名实图考》和兰茂的《滇南本草》，对云南的花草树木进行鉴别考证。以这些工作为开端，此后吴征镒等人花费三年时间，自画自写自印，于 1945 年印成了 25 种（植物）26 幅图的《滇南本草图谱》（第一集）。此外，自1939 年开始，由于无经费外出考察，吴征镒对照吴韫珍从韩马迪处抄回的中国植物名录，加上秦仁昌从英国丘园（Kew Garden）拍回的 18000 多张中国植物模式标本照片，首先对昆

〔1〕吴征镒. 西南联大侧忆［M］//吴征镒. 百兼杂感随忆. 北京：科学出版社，2008：240.

〔2〕吴征镒. 自叙传［M］//清华校友总会. 校友文稿资料选编：第三辑. 北京：清华大学出版社，1994：24.

〔3〕吴征镒. 吴征镒自定年谱［M］//吴征镒. 百兼杂感随忆. 北京：科学出版社，2008：4.

明、滇西南等地的标本进行了系统整理和鉴定。此后又花费十年时间，整理出植物分类卡片三万余张。这是清华生物学系在抗战后方所做的出色工作之一。

（二）实验生物学研究

清华生物学系以教师的实验生物学背景为特点，该系在实验生物学领域进行的研究也很有特色，其研究水平与成绩在当时的国立高校生物学系中是比较突出的，在遗传学、动物行为学、植物生理学、生态学、动物生理学等方面都有较好的工作。

陈桢自1923年起即已开始利用金鱼为材料研究近代遗传学。他先对遗传学研究的方法和材料问题进行了仔细考虑，认为"胚胎实验的材料常常是交配工作中的坏材料，交配工作中的好材料常常是胚胎实验上的坏材料。啮齿动物的卵不能用作研究人工孤雌生殖的材料，海胆不易在实验室内繁育做实验交配"[1]，最终选择了中国的传统金鱼。陈桢认为，虽然金鱼生长繁殖周期长，但它有变异多、易养殖、体外受精易于观察卵和胚胎的发育等优点。站在实验的角度挑选实验材料而不是利用已有的模式生物继续深入前人的研究，可以反映出陈桢对于实验方法和新视角的重视和对已有研究的局限性的准确判断。

来到清华后，陈桢先对前期的工作进行了整理，并做了一个详细的中文介绍（即《金鲫鱼的孟德尔遗传》一文）。接着，在1930～1933年，他又通过研究金鱼的其他性状来确定其他等位基因的存在和功能。在对金鱼的蓝色和棕色两种颜色性状进行了仔细研究后（仅为确立蓝色性状的纯合性，就进行了57次

---

〔1〕 陈桢. 金鱼的家化与变异 [M]. 北京：科学出版社，1959：1.

杂交和回交实验，测定总数上万尾），他确定了蓝色是由 1 对等位基因控制的隐性性状，棕色是由 4 对等位基因控制的隐性性状。这些都是在鱼类中证明孟德尔遗传规律的较早工作。

李继侗在南开大学时已进行了一些光合作用机制以及植物生长素等方面的探索性研究。他和学生殷宏章一起，利用简单的气泡计数法，详细描述了色光与光强改变对光合作用速率的瞬时影响，这是光合作用研究中两个光系统研究的先驱性工作之一。到清华后不久，李继侗将研究侧重放在植物生长素方面。他以国外通行的模式植物燕麦[1]为材料，对燕麦胚芽鞘去顶后再生的生理条件进行了测定，揭示出植物组织之间的相互制约关系和补偿功能。虽然实验本身并不复杂，但其实验结果却为研究植物组织再生作用和植物的向性机制提供了新的信息，从而受到研究者的重视。[2]在用燕麦进行了一段时间的研究后，李继侗将研究材料改为中国特有的银杏，对当时广泛采用被子植物进行胚培养研究而言，这也是一个别出心裁的尝试（银杏是裸子植物）。和他此前对光合作用瞬间效应的研究一样，这些研究工作所用的仪器设备都极为简单，但因为他文献基础扎实，对他人未能解决的问题或解答的薄弱环节有敏锐的嗅觉（两个实验都是前人已涉及但并未深入研究的内容），并且善于进行分析，同时又有很强的实验操作能力，因而依然能做出优秀的工作。

1934 年后，李继侗和陈桢的研究工作分别转向植物生态

---

〔1〕 燕麦胚芽鞘的向光性首先在 1880 年由达尔文发现，此后遂成为研究向光性及生长素的模式植物。

〔2〕 此为娄成后对李继侗这一研究的评价。（《李继侗文集》编辑委员会. 李继侗文集［M］. 北京：科学出版社，1986：115.）

学和动物行为学，彭光钦和赵以炳两位年轻教授的学术研究成为生物学系实验生物学研究的主体。彭光钦于1933年博士毕业后，曾在德国柏林皇家生物学研究所和意大利那不勒斯动物研究站分别进行过1年和3个月的研究[1]，在柏林时的工作是有关原生动物的性生理和色素遗传方面的[2]。回国后，彭光钦所从事的研究范围较广，材料也不仅限于原生动物方面，如1935年开始的研究课题"小鸡皮肤与骨骼颜色的遗传"，以及"数种有机物抗毒素对无机盐的抗性"。[3]赵以炳在美国求学时，即利用每年夏天休假时间前往伍兹霍尔（Woods Hole，旧译作"林穴"）海洋生物研究所进行研究兼度假。在那里，他进行了电解质对鲨心神经节和蛙骨骼肌影响的比较研究，随后他以有关骨骼肌的研究完成了博士论文。可能正由于此，回国后他以蟾蜍为材料，继续进行骨骼肌的生理学研究。他在《中国生理学杂志》上发表的第一篇文章就是钙离子和箭毒在神经肌肉之间传导的作用。此后他又单独或与助教陈耕陶，助手齐季庄、乔守琮等人继续研究骨骼肌在渗透压下的生理反应，以及氢离子等电解质对骨骼肌收缩的影响等问题，在骨骼肌的渗透性研究方面取得了丰富的成果。这些研究大多于1940年前发表在《中国生理学杂志》上。

对比20世纪20年代回国的陈桢、李继侗以及吴韫珍，20世纪30年代中期回国的赵以炳、彭光钦可以称为第二代

〔1〕 彭正方. 魂系胶园——记我国橡胶科研事业的拓荒者彭光钦教授［M］//广东省政协文史资料研究委员会. 广东文史资料：第79辑. 广州：广东人民出版社，1998：164.

〔2〕 彭光钦. 我之近况［J］. 清华校友通讯，1934，1（7）：45.

〔3〕 教育部. 全国专科以上学校教员研究专题概览：上册［M］. 上海：商务印书馆，1937：92.

中国生物学家。有意思的是，两代人之间在科学研究旨趣和方法上都有所差异。陈桢、李继侗等人在回国后，似乎都经历了一个研究的缓冲期或者重新选择期。如陈桢1921年回国，1923年开始进行金鱼遗传学研究；李继侗1925年回国，同时进行植物生理与植物生态学研究，直至1934年完全转向后者；吴韫珍在国外主攻植物生理学，但回国后依照兴趣改为研究植物分类学。赵以炳则认为研究工作"在留学回国后决不能停顿，必须趁热打铁，乘胜前进"。此外，赵以炳等人在研究的材料和方法上也采取了"全盘西化"的方法。如彭光钦所用的草履虫、赵以炳所用的蟾蜍，并不是因为这两者是中国特有的或者较少经前人研究的生物，而是各自专业中使用较多的模式生物，同时在清华园里也便于采集获得而已。而陈桢选择金鱼、李继侗选择银杏，虽然也有材料选择上的考虑，但从其出发点来看，"本土化"的色彩要浓厚得多。这一对比似乎说明，彭光钦、赵以炳等人更重视的是中国科学研究的世界化，其社会性和本土化的色彩则明显转淡了。

西南联大时期，清华生物学系的实验生物学研究基本上是就地取材，包括植物生理学、动物生理学和生物化学几个方面。植物生理学方面主要是李继侗和他的研究生曹宗巽进行的有关紫花地丁的闭花受精现象以及其他一些研究。在动物生理生化方面，可以以1940年为界大致分为前后两段[1]，分别是赵以炳利用滇池蝾螈进行的呼吸生理学和沈同此后进

---

[1] 赵以炳1940年离开西南联大前往中正医学院，1946年后返回清华生物学系。

行的维生素 C 和营养学研究。李约瑟于 1943 年春到西南联大生物学系访问，他在报告中谈及清华几位生物学教授的工作时说：

在国立西南联合大学……植物生理学研究以李继侗博士为代表，他正在对紫花地丁的闭花受精进行有趣的研究。精力过人的沈同博士领导着营养学实验室，刚刚发现一种富含维生素 C 的新品种（也许是已知最丰富的），也就是常常被称作"中国橄榄"的余甘子，但实际上它是大戟科的……云南植物调查的完整资料，正由简焯坡博士[1]整理以便出版。该项工作大部分是由已故的吴韫珍教授进行的，由于生活困苦和医疗设施的简陋，他于去年身故。[2]

在这里值得一提的是沈同在维生素 C 方面的工作，这也是生物学系的研究与战时关系最为密切的一部分，反映出战争时期应用需求对生物学研究的影响。维生素是 20 世纪 30 年代国际生物化学领域研究的一个热点，沈同在康奈尔大学就读时，就参与了维生素对动物营养平衡的生理生化研究。他于 1939 年 8 月回国后，先是应汤佩松之邀，在贵阳图云关中国红十字会救护总队工作了一年，并前往湖南、江西等前线地带考察部队的营养问题。返回西南联大后，他又调查了学生的膳食营养情形，如分析伙食团的账本，了解学生的营养状况。他随后将调查所得写成《战时士兵与大学生的伙食》一文，发表于 1943 年的《科学》（*Science*）杂志。

---

〔1〕 简焯坡 1941 年从西南联大生物学系毕业后留校担任助教，此时应为学士。

〔2〕 NEEDHAM J. Science in south-west China Ⅱ：the biological and social sciences [J]. Nature, 1943, 152 (3845)：36 – 37.

沈同在西南联大期间的工作以维生素 C 的营养生理生化研究为主。如维生素 C 促进红细胞增多效应，黄豆发芽过程中维生素 C 的增长曲线和相关酶的变化，单色光对黄豆发芽过程中叶绿素形成的效应，昆明不同茶叶的咖啡因和维生素 C 含量，云南白药对犬骨折的愈合效应等。他于 1943 年报告昆明产的余甘子（滇橄榄，*Phyllanthus emblica*）含维生素 C 的量是柠檬的 10 倍，引起广泛关注。英国《自然》（*Nature*）杂志很快转载了这一消息，认为"给盟军找到了一种价廉易得的维 C 来源"[1]，味道酸涩的余甘子逐渐在大后方流行起来。

1946 年，生物学系复员后，由于实验条件不足，很难开展研究。陈桢回忆说，复员后"物价飞涨、研究经费缺乏，无法继续我的金鱼遗传研究工作"[2]。生理学方面主要有赵以炳在 1947 年开始的刺猬冬眠生理研究。鉴于"当时几乎是一无所有的局面"，他认为"刺猬是可能利用的生物材料，可就地取材，做些冬眠的观察大概是可行的"[3]。对于生物学今后的命运如何，陈桢曾表达过这样的忧虑："生活苦一点，吃小米什么的，我都不怕。我只怕不让我再做果蝇、金鱼等的遗传研究。"[4]作为共产党员的吴征镒则满怀信心地认为生物学将来大有用武之地，他表示："至于新社会中的生物学研究，自然是用与现在不同的另一套方法（但仍得由现在的方法扬弃

---

〔1〕 A new source of vitamin C〔J〕. Nature，1943，152：596.

〔2〕 陈桢. 研究方法必须创新〔M〕//中国科学院院士工作局. 科学的道路. 上海：上海教育出版社，2005：768.

〔3〕 赵以炳. 从冷刺激到冬眠，从原生质理学到比较生理学的五十年〔M〕//王志均，韩济生. 治学之道：老一辈生理科学家自述. 北京：北京医科大学、中国协和医科大学联合出版社，1992：70.

〔4〕 狄源溟. 1947—1949 年间的几件事〔M〕//清华校友总会. 校友文稿资料选编：第二辑. 北京：清华大学出版社，1993：137 - 138.

中国生物学史·近现代卷

而来），例如：有计划，大规模，以人民利益为目的（不再是帮闲）。"这些言论反映出鼎革之际生物学家对中国近代生物学发展历史与前景的总结和不同思考。

五　清华生物学系的教学与人才培养

与清华注重"通才教育"相同，生物学系也把"通才"作为教育的目标，这一点在课程设计与教学方面尤为显著。陈桢多次表示生物学系的教育以"广博"为出发点，"必修学程注重在建筑一个广博的坚实的基础，将来如果到中学担任教学，可以有一个很充足的预备，到精深研究方面去工作，也可以免去专门太早，只知有树，不知有林的弊病"[1]。李继侗也常常提醒学生："对一个青年来讲，基础越好将来越有希望；不应把学生培养成各式各样的'面人'，而应把他们培养成和好的'面团'，从而能适应各种要求。"[2]建系初期，由于师资不齐，虽然有一些好的思路和设想，但很难付诸实施。1928年11月，陈桢应邀重返清华生物学系担任系主任后，参考中央大学生物学系的课程设置，提出了一个课程方案，此后又经过稍事修改，形成了1929年清华生物学系课程大纲，分为动物学植物学两个主要组别。该大纲很好地反映了清华生物学系在课程教学方面的特点和优势。

---

〔1〕　陈席山. 各系系统讲演录：生物学系 ［N］. 国立清华大学校刊，1932 - 6 - 10 (1/2).

〔2〕　李博. 李继侗先生的道德和治学精神 ［M］// 中国科学院院士工作局. 科学的道路. 上海：上海教育出版社，2005：677 - 678.

表 3 -2 -2　生物学系学程大纲（附学程学分，1929 年）[1]

动物学组 必修学程	公共必 修学程	植物学组 必修学程
第一年	G1 普通生物学 (8)	
第二年　Z1 无脊椎动物学 (6) Z2 比较解剖学 (8)		B1 植物形体学 (8) B2 植物生理学 (6)
第三年　Z3 脊椎动物学 (4) Z4 组织学 (4) Z5 胚胎学 (4)	G2 遗传学 (3 或 4)	B3 植物分类学 (6) B4 植物解剖学 (6)
第四年　Z6 动物生理学 (6) Z7 本地动物 (4) Z8 动物学研究 (3)	G3 生物之进化 (2) G4 生物学史 (1)	B5 植物生态学 (6) B6 本地植物 (3) B7 植物学研究 (3)
选修 学程　Z11 原生动物学 (4) Z12 昆虫学 (4) Z13 鱼类学 (4)	G11 人类生物学 (2) G12 细胞学 (3 或 4)	B11 禾本植物学 (2) B12 经济植物学 (4)

附录：动物学组学生应选习植物学组之植物形体学、植物生理学及植物分类学三学程；植物学组学生应选习动物学组之无脊椎动物学、比较解剖学及脊椎动物学三学程。

　　该课程大纲的第一个特点，是注重基础课程，且分支学科覆盖面宽。陈桢表示："本系课程，虽按照欧美各大学之最高标准编订，然基本知识，甚为注意，各方面之基本课程，均须学习，庶毕业后或入研究院作专精之研究，或任高中教师，均有广博与切实之基础。"[2]从课程表可见，从基本的分类学到当时前沿的细胞学、遗传学，生物学系都已作为主要课程开设。吴征镒回忆说："可惜那时生物化学和分子生物学还没有

　　〔1〕　资料来源：生物学系学程大纲，国立清华大学学程大纲附学科说明，1929 年。
　　〔2〕　陈桢. 理学院概况：生物学系 [J]. 清华消夏周刊，1930 (6)：60 -61.

发展起来，如果有，那系里是会设法开设的。"[1]在主干课程基本确定后，1930年，课表内又大量增加了对第二外语（德语或法语）、数学、化学、大学物理等课程和动植物组内互选的学习要求。第二个特点是重视实验课。除了少数几门课（主要是公共必修课），如生物之进化、生物学史、人类生物学，仅有讲演（即讲课）部分外，其余大部分专业课程均包含讲课和实验两部分，有些课程还设专题讨论，按部分分别给予学分。这一课程/实验比例与同时期国立中央大学的动植物系基本相当，甚至略为胜出。

在专业选修课的设置方面也很能体现清华生物学系"广博""均衡"的课程设计思路，在这一点上与中央大学有着明显的区别。清华的方法是由动、植物二组在必修课程中互选，专门设置的选修课不多；而中央大学则在动、植物二系下分别设置较多的专业选修课[2]。中央大学的课程设置法专门化色彩浓厚，更近于强调培养"专精"的人才。而清华的方法可以让学生充分学习主干课程，更有效地利用已有的课程资源。为使大学阶段的学习与毕业后的工作有所衔接，清华生物学系在四年级设有"动物学研究"和"植物学研究"两门毕业论文课，给学生以初步的学术研究训练。

从学生的培养情况来看，清华生物学系很好地达到了其教育的目的，其教育理念也得到学生的认可和发扬。生物学系第

---

〔1〕 吴征镒. 百兼杂感随忆［M］. 北京：科学出版社，2008：37.

〔2〕 中央大学动物学系"学程详表"中所列的专业课程多达28门，动物学系必修课程为9门（含植物学系之"普通植物学"），专业选修课多达20门；植物学系"学程详表"中所列专业课程24门，其中必修课程8门（含动物学系之"普通动物学"），选修课程17门。［见《国立中央大学一览》（1930年1月）中动物学系学程详表、植物学系学程详表］

一届毕业生、后任复旦大学生物系系主任的海洋生物学家薛芬就曾对复旦师生说："一个人的知识要有相当广博的范围和相当完整的结构。很难想象，孤陋寡闻、知识残缺不全而能作成大学问的。"[1]由于时代背景的变化，上述课程设置之后也经过数次调整，但其给予学生一个"广博"的知识基础的教学思路仍然得到了很好的继承。这也是清华生物学系培养出一批优秀学生的一个重要因素。

清华生物学系的教授们在教学上各有特色。总体而言，他们的教学水平高超，备课也极为认真，多采用启发式教学法，让学生主动思考，在掌握学科知识的同时逐步形成科学思维，注重培养科学的精神。如陈桢和吴韫珍都以进化论以及遗传变异为基础，分别将动物学和植物学的知识连贯起来，使学生对生物学的理解更为全面。沈同曾经评价说："陈桢教授的生物学知识极为广博……同事和同学皆熟知陈桢教授对教学工作从不放松。每次讲课前，必进行充分的备课，不因教课经验的丰富而放松了备课，因此陈桢教授的讲课质量极高，为一卓越的教师（编者注：着重号为沈同所加）。"[2]李继侗讲课"循循善诱"，善于启发学生。殷宏章回忆说："他教的'植物生理学'，其实也不是他的专长，但是兴趣极高。他把图书馆仅有的几本老书都搬到家里，写笔记，做提纲，教得有条有理，还不断提出问题，如何理解，有何困难，也时常涉及一些植物生理学家的思路体系，他们的工作方式，真把一门课教活了。""这样逐步的指引，使我们对这门学科不知不觉中入了门，上

〔1〕 倪国坛. 我的恩师薛芬先生［M］//薛明扬，杨家润. 复旦杂忆. 上海：复旦大学出版社，2005：376.

〔2〕 沈同. 陈桢教授的生平事略［J］. 生物学通报，1958（1）：70-71.

了瘾。"[1]殷宏章、曹宗巽等人都是这样走上植物生理学研究之路的。

生物学系的教授都有留美背景，英语流畅。授课所用的教材，除了普通生物学外，基本上都是当时较为通行的英文教科书，但上课却基本采用中文讲课。陈桢曾说"到国外留学是学本领，但重要的是发展我国的科学事业，上课讲外语，学生听不懂，有何用处"[2]。正是由于教材基本上是英文著作，对国内的材料和实际情形而言多有不足，因而教师们更为注重"本土化"的教学：一边就教材讲述理论知识，一边结合自己的研究进行补充。如吴韫珍讲的禾本植物学，就着重讲授华北禾本植物的分类，并以河北省的禾本植物为观察对象。[3]又如李继侗的植物生态学课程，则结合西山和小五台等地的植物进行实地教学与观察研究；在西南联大时，则以昆明西山植被为例，详细说明植物和环境的关系，使学生们感到"一丘一壑，一草一木，仿佛就在眼前"。[4]此外，教师们以身作则，不惧劳苦。李继侗常常以林学家之要求带领学生外出考察，吴韫珍工作起来往往至深夜而不觉，这些言传身教亦使学生得到潜移默化的熏陶，树立起良好的学风。

清华作为民国时期国立大学中之佼佼者，教育经费相对充足，且录取人数少、录取比例低，淘汰率高，是一种典型的精

〔1〕 殷宏章. 忆李继侗师 [J]. 生物学通报，1962（1）：48－49.

〔2〕 蒋耀青，陈秀兰，张瑞清. 怀念导师陈桢先生 [J]. 动物学杂志，1963（3）：146.

〔3〕 清华大学校史研究室. 清华人物志：第三辑 [M]. 北京：清华大学出版社，1992：65.

〔4〕《李继侗文集》编辑委员会. 李继侗文集 [M]. 北京：科学出版社，1986：415.

英教育。生物学系在全校各系之中，学生人数较少，师生比很高，故学生得以时常与教师进行交流，保证了学习效率。他们还能通过野外考察实习和毕业论文较早地参与教师的研究。教师亦以培养学生成材为己任，极具自我牺牲之精神。李继侗曾说："自己当科学家，未必就伟大，但如果能培养出一大批科学家来，倒是很伟大的。"[1]在良师教育下，生物学系毕业生成材率较高，大多成为中国近现代生物学领域的专门人才。以1937年前毕业的学生为例，这些学生此后相对集中的研究领域有植物分类、植物生理、植物生态、无脊椎动物、动物生理、生物化学等几个学科；以这一时期培养出的5位院士和他们日后所从事的专业领域为例，分别为娄成后（植物生理学）、徐仁（古植物学）、王志均（消化生理学）、王伏雄（植物胚胎学）、吴征镒（植物分类学），每个人的研究方向均不相同。这些说明了清华生物学系"广博""均衡"的教育理念得到了很好的实行，而这些学生也以日后的突出成就，证明了这一时期人才培养的成功之处。娄成后和吴征镒此后都分别获得何梁何利奖，而吴征镒更于2007年获得国家最高科学技术奖。其他毕业生也不乏杰出人才，如生物化学家沈同（他编写的国内大专院校生物化学专业通用教材《生物化学》影响了国内众多生物学子，这与其师陈桢的经历相差仿佛）、植物学家容启东（曾任香港崇基书院院长、香港中文大学首任副校长）等人。

从毕业生总体专业走向看，在专业去向可考的59名清

〔1〕《李继侗文集》编辑委员会. 李继侗文集［M］. 北京：科学出版社，1986：419.

华生物学系毕业生中，较为主要的有：植物生理学 4 人，植物病理学 4 人，植物分类学 8 人，动物生理学（含人体生理学）10 人，组织与胚胎学 4 人，生物化学 4 人，细胞生物学 3 人，其余还有海洋生物学、昆虫学、营养学、遗传学、微生物学以及后起的分子生物学等专业方向各 1～2 人。可见实验生物学各学科占毕业生走向的主体地位，亦很好地反映出清华生物学系在实验生物学人才培养方面所取得的成绩。若与东南大学（1928 年改组为中央大学）的毕业生做对比，则能更好地说明此点。在东南大学改组前，先后从东南大学生物学系毕业的 20 多名学生中，包括动物学家王家楫、寿振黄、张春霖、张孟闻、方炳文、喻兆琦、沈嘉瑞，植物学家耿以礼、方文培、张肇骞、陈封怀、汪发缵、唐燿、李鸣岗，胚胎学家崔之兰，生理学家张宗汉、欧阳翥，人类学家刘咸，生物化学家郑集等[1]。后来中央大学毕业生中比较有名的还有动物生理学家吴功贤，植物生理学家崔澂、吴素萱，昆虫学家尹文英、夏凯龄，生态学家何景、曲仲湘，分类学家单人骅、王振华，藻类学家朱浩然，微生物学家李季伦，水产学家唐世凤、朱树屏等。总体来说，东南大学（中央大学）生物学系毕业生主要以分类学见长。

第三节　中山大学生物系

　　中山大学生物系也是民国年间较为出色的一个生物系，与东南大学和清华大学的一个显著差别是，其师资来源主要为留

---

〔1〕 薛攀皋. 我国大学生物学系的早期发展概况 [J]. 中国科技史料，1990，11（2）：59－65.

学德国、日本、法国的学者。这或许与这所大学的领导人朱家骅的留德经历有关。中山大学的前身是广东高等师范学校。1924年初，孙中山在着手创办黄埔军校培养军队干部的同时，将广东高等师范学校、广东法政学校和广东农业专门学校合组为广东大学，以培养政治干部和科技人才。同年9月广东大学开学，原广东高等师范学校的博物部改成生物系，从日本留学回来的鱼类学家费鸿年任首任系主任。1923年入广东高等师范学校博物部学习的任国荣等人成为生物系的第一届学生。1925年底，费鸿年去职，从法国留学回来的黎国昌任生物系系主任。黎国昌于1921～1924年在法国里昂中法大学和巴黎大学留学，在波利卡尔（Policard）和吉耶尔蒙（Guilliermond）教授的指导下学习动物组织学和植物学，以研究鸟肾为题，完成博士论文[1]，1923年获博士学位。1926年4月，黎国昌卸任，改由从美国留学回来的鄯重魁任系主任。当年7月，为纪念前一年故去的孙中山，广东大学改组为中山大学，广东大学生物系也改为中山大学生物系。同年9月，生物系主任又换为黎国昌。当年10月，生物系拆分为动物系和植物系，分别由黎国昌和鄯重魁任系主任。当时，为了更好地开展教学实验，中山大学已经获准将广州越秀公园的百余亩地辟为动植物园，作为豢养生物之用。

广东是孙中山的故乡，中山大学初期的校长是邹鲁。1926年底改由国民党元老戴季陶任校长和校务委员长。不久戴季陶北上，改由他非常赏识的地质学家朱家骅任代理校务委员长、副校长，1930年戴季陶更是将校长职位相授。1927年7月，

---

〔1〕 黎国昌. 留法个人研究录［J］. 科学，1927，12（1）：31－60.

陈焕镛作为中华教育文化基金会聘任的讲座教授到中山大学植物系任教，随即于9月任植物系主任。费鸿年又出任动物系系主任。1927年9月刚从德国柏林大学留学归来的辛树帜被聘为植物系教授。1928年9月，因为学生少等原因，动物系和植物系又合并为生物系，主任仍为费鸿年。陈焕镛则离开生物系前往中山大学农学院任教授。

1929年5月，辛树帜被任命为生物系系主任。他是一个非常积极于我国生物学事业开拓的学者，早年不断发表文章呼吁社会注重发展生物学事业。他富有组织能力，敢于任事。任系主任期间延聘了一些知名学者来校任教，其中有植物生理学家罗宗洛、植物分类学家董爽秋等，逐渐使中山大学生物系成为当时国立大学最著名

辛树帜

的生物系之一。在注重壮大教师队伍的同时，他还非常注意培养人才，把优秀的学生送到国外深造，从而培养了任国荣、石声汉等一批著名的学者。他的工作还有非常突出的一个方面，那就是在组织中山大学生物系在广东、海南、广西、湖南等地的科学考察方面进行了大量开创性的工作。其中尤以1928～1929年组织广西大瑶山的考察和采集工作最为著名，收集到大批的动植物标本，发现了许多新种。

辛树帜出任生物系系主任的第二年，他又聘当时在日本已经颇有成绩并取得博士学位的罗宗洛到系里任教授。1930年罗宗洛回国就职后，辛树帜已离开中山大学生物系前往朱家骅新创立的国立编译馆任主任。1931年6月，生物系系主任改由罗

宗洛担任。1932 年 8 月，因缺乏仪器设备，植物生理实验工作无法开展，罗宗洛辞去系主任和教授的职务，离开中山大学，前往许诺给他建植物生理实验室的上海暨南大学任教，中山大学生物系系主任由费鸿年代理。1933 年 7 月，改由辛树帜在德国柏林留学时的同学、同为狄尔斯弟子的董爽秋任系主任。

董爽秋 1933 年接任系主任后，一直担任该职到 1938 年 4 月。董爽秋注重引进人才，在他任系主任期间该系教师队伍得到迅速壮大。各分支学科的教师包括胚胎学家朱洗、原生动物学家张作人、鸟类学家任国荣、解剖学家黄绮文、微生物学家马心仪、植物生理学家罗世嶷、细胞学家冯言安，以及谢循贯[1]等。[2]1933 年朱洗和张作人两位教授发起对当时光华医学院罗广庭教授提出的"生物自然发生"的大辩论，并通过一系列的实验证明了罗广庭在实验中的错误。朱洗在《国立中山大学日报》上连载《罗广庭博士的真面目》一文，彻底揭露了罗广庭假冒发明、欺世盗名的真面目；董爽秋也在上述日报上连载了《告一般迷信冒牌发明家罗广庭者》，对罗广庭的所谓发明给予了毫不留情的驳斥。[3-4]这使平静而低落的广州学界掀起了一次弘扬科学的高潮，也在青年学生中引发兴趣和影响，使报考生物系的学生人数激增。

---

〔1〕 谢循贯（1898—1984），曾留学日本东京帝国大学，获学士学位，来中山大学前曾任广西大学教授。

〔2〕 冯双. 中山大学生命科学学院（生物学系）编年史：1924～2007 [M]. 广州：中山大学出版社，2007：60.

〔3〕 冯双. 中山大学生命科学学院（生物学系）编年史：1924～2007 [M]. 广州：中山大学出版社，2007：60.

〔4〕 见1993年中山大学生物系董爽秋发表的《现存自然发生说之批评文录》一文。

董爽秋卸任后，由陈焕镛继任生物系系主任。但不到一年陈焕镛即辞职，1939 年 1 月开始，即由张作人教授继任。1938 年，董爽秋转往贵州大学和西南联大任教。1944 年 4 月，任国荣接替张作人任生物系系主任。翌年 11 月，仍聘张作人任系主任，任国荣卸任。中山大学生物系毕业的学生以鸟类学家任国荣、植物生理学家和农史学家石声汉、藻类学家黎尚豪和植物区系学家张宏达等比较著名。

中山大学的心理系也开设得比较早。1927 年 8 月，从美国留学归来、原在河南中州大学任教的汪敬熙，应时任中山大学文学院院长的老友傅斯年之招到中山大学创办心理学系，任心理学教授。汪敬熙在北京大学上学时与傅斯年是同学，都是新潮社的主要成员和新文化运动的干将。他们都对实验心理学有浓厚的兴趣。傅斯年在英国伦敦大学研究院论学时，在实验心理学家斯皮尔曼（Charles Edward Spearman，1863—1945）教授的指导下研究心理学。[1]汪敬熙是一个很有社会责任感，崇尚科学民主，致力于学术独立的新潮学者，在中山大学建立了国内最早的神经生理学实验室。

中山大学农学院也是一个教学实力比较雄厚的机构，前身是广东大学农科学院。广东大学改称中山大学后，农科学院改称农林学科。丁颖和沈鹏飞等农林专家曾在此任教，教授相关的生物学课程。1927 年，陈焕镛到中山大学理学院任植物学教授；1928 年离开生物系后，改任农学院教授；1928 年创办植物研究室，翌年扩充为农林植物研究所，自任所

---

〔1〕 罗家伦.元气淋漓的傅孟真 [M]//罗久芳.罗家伦与张维桢：我的父亲母亲.天津：百花文艺出版社，2006：249.

211

长，开始建立植物标本室。[1]中山大学农学院曾培养了不少著名的学者，昆虫学家赵善欢、蒲蛰龙都是农学院的毕业生。

第四节　其他大学生物系

一　北京师范大学生物系

受学制改变的影响，原先模仿日本设立的学制在 1922 年改为美国学制，原先国立高等师范学校的博物部纷纷改为生物系。1922 年，北京高等师范学校的博物部改称生物地质系。1923 年 7 月，北京高等师范学校改名为北京师范大学，生物地质系改为生物系。次年，在美国芝加哥大学获得博士学位的林学家李顺卿开始担任系主任。原先由日本留学回来在此教授动植物学的陈映璜和彭世芳等学者开始从这里退出，取代他们的是欧美留学回来、学历更高的学者。据曾在该系学习的饶钦止回忆，当时生物系的教授几乎都是美国留学生，还有一位美籍教授。[2]李顺卿担任北京师范大学生物系系主任直到 1931 年。其后，原在东北大学任生物系系主任的刘崇乐因九一八事变撤回到关内，应聘到北京师范大学任生物系系主任。他任职 3 年后，又接受清华大学的聘任，离开北京师范大学生物系。原生物系教授郭毓彬接替他任系主任，一直到中华人民共和国成立。郭毓彬任系主任期间，

---

〔1〕　HAAS W J. Botany in Republican China：the leading role of taxonomy ［M］// BOWERS J Z, HESS J W, SIVIN N. Science and medicine in twentieth-century China. Ann Arbor：Center for Chinese Studies, the University of Michigan, 1988：44.

〔2〕　饶钦止．自传（1958 年）［A］//中国科学院武汉水生生物研究所档案：饶钦止专卷．

曾延聘张春霖、武兆发、林镕和胡先骕等著名学者到校授课，提高了教学质量。据说林镕知识渊博，讲课生动，循循善诱，非常出色。王文采就是因为被他讲课所吸引，从而走上植物分类学研究道路的。[1]郭毓彬还注意增添仪器设备，完善实验器材，对生物系的发展做出了相当大的贡献。俞德浚和王文采等是从这里毕业的著名植物分类学家。

二　北京大学生物系

北京大学生物系是由一批留学法国的学者建立起来的。此前非常热心祖国科学事业的北京大学预科教授钟观光在南方各地和华中地区采集到的大批标本，奠定了北京大学植物标本室的基础。1925年，北京大学成立生物系[2]，建立之初，只设有一年级课程，所设专业课及授课教授为：生物学通论李煜瀛[3]、植物学谭熙鸿、植物学实习钟观光、动物学和动物学实习经利彬[4]、生物化学王祖榘[5]等。[6]谭熙鸿是系主任，但因受北洋政府和军阀通缉，1927年被迫离开。谭熙鸿离开后，经利彬继任系主任。1930年，雍克昌曾经当过北京大学生物系系主任。从上面教师的阵容看，除钟观光外，其余教师大都有留学法国的经历。生物系最早那批学生如郝景盛、张凤瀛实习时，跟随的也是北平研究院留法归来的动植物学家。他

---

〔1〕　王文采．王文采口述自传［M］．长沙：湖南教育出版社，2009：29.

〔2〕　有人说成立时间在1916年，但根据1918年的档案资料，当时的理科没有生物学门。（中国第二历史档案馆．中华民国史档案资料汇编：第三辑　教育［G］．南京：江苏古籍出版社，1991：177.）

〔3〕　1928年，李煜瀛曾是北平9所高校合并而成的北平大学的校长。

〔4〕　经利彬当时应该是学校的兼任讲师。

〔5〕　王祖榘也是讲师。

〔6〕　萧超然，等．北京大学校史（1898—1949年）［M］．增订本．北京：北京大学出版社，1988：197.

中国生物学史·近现代卷

们曾于 1929 年 10 月，也就是北平研究院植物所刚成立的时候，跟随该所主任（后称所长）刘慎谔到东陵考察和采集植物标本。该系第一届学生于 1931 年毕业，似乎总共只有 3 名，分别是郝景盛、张凤瀛和石原皋，以郝景盛较知名。后来这 3 名学生分别到北平研究院的植物所、动物所和生理所工作。

北京大学生物系的那些留法教师无论学术造诣还是对学科的献身精神都不如上述东南大学和清华大学生物系早期的那批教授。他们中也缺乏像秉志和林可胜那样把生物学当作一番事业来做的学者。李煜瀛是社会活动家、政治家，主要投身到社会改造活动上，对科研机构和教育体制有整体的设想，但对具体的生物学研究和教育事业并未关注。谭熙鸿后来主要在一些农学机关做主持工作。此前钟观光已在北京大学预科教学，热衷于采集植物标本。其子钟补勤、钟补求皆热心标本采集，有其父遗风。但生物系因为学生少，似乎一度停办。

1930 年，因中央大学更换校长和劳动大学停办风波下台的教育部长蒋梦麟到北京大学任校长。[1]当年，北京大学从中华教育文化基金会争取到一笔可观的资助，对学校进行了整顿改革。其间对教授进行了重新聘任，一些留学英美的学者开始到该校授课，并开始主持生物系。与此同时，北京大学的留法学者逐渐离开学校，如经利彬、雍克昌、徐炳昶等。1931 年，留学美国哈佛大学的细胞学家许骧曾短期担任生物系教授兼系主任；曾是五四运动学生领袖的汪敬熙也从中山大学到北京大学任心理学教授。1932 年，原中央大学教授张景钺从欧洲进修回来，受聘到北京大学任教授兼任理学院院长和生物系系主

〔1〕 蒋梦麟. 蒋梦麟自传 [M]. 北京：团结出版社，2004：212.

任。从 1935 年开始，从英国留学回来的沈嘉瑞开始到系里授课。生物系在张景钺的经营下，逐渐有了较大的起色，开始培养出一些有名的学者。不过比较而言，受办学经费等条件的局限，该校的生物系不仅比不上国立的东南大学和清华大学，似乎也远不如胡经甫等人主持的教会大学燕京大学生物系出的人才多。1946 年后，北京大学的农学院还办了昆虫系，主任是周明牂，在系里任教的有赵善欢、陆宝麟、管致和等学者。

张景钺

北京大学的心理系开设得比较早，对心理学人才培养发挥过一定的作用。留学日本回来的陈大齐 1914 年起任北京大学哲学系的心理学教授，1917 年在北京大学创建了我国第一个心理学实验室，对我国早期心理学工作具有开创性的影响。后来成为著名心理学家的潘菽就是 1920 年毕业于北京大学哲学系的。1920 年，唐钺从美国哈佛大学获得博士学位，于翌年受蔡元培的聘任也在这里任心理学教授。1926 年 11 月，北京大学心理系正式成立。

三 北平大学农学院生物系

1898 年建立的京师大学堂从 1905 年开始建农科。1909 年仿日本学制建分科大学而设农科大学，罗振玉任监督。[1]罗振玉到日本考察了农科办学情况，聘请了藤田丰八等日本教习教

---

〔1〕 中国第二历史档案馆. 中华民国史档案资料汇编：第三辑 教育〔G〕. 南京：江苏古籍出版社，1991：210 –211.

授博物学的课程。1910年，日本人三宅市郎曾在该校教授植物病理学。[1]1914年改名为国立北京农业专门学校。1921年章士钊任校长时，请南京东南大学农科主任邹秉文帮他物色教授，随后钱崇澍被推荐到该校教授生物学，后任生物系系主任。[2]1923年扩建为北京农业大学[3]，设有森林、园艺、生物等七个系[4]。1928年并入北平大学，成为北平大学农学院，设有农业生物系。1924年昆虫学家蔡邦华曾在此任教授。1928年，张孟闻来校任副教授。1930年中山大学原生物系系主任、水产学家费鸿年曾在农业生物系担任系主任。[5]当年秋天，植物学家林镕回国，受聘到系里任教授。据林镕回忆，当时的同事有徐诵明、汪德耀、夏康农等，学生包括王云章、马世骏、李世俊、高惠民、相里矩和刘守初等。林镕曾任系主任三年。[6]其后，生理学者经利彬也在该校生物系担任过系主任。在此教学的其他生物学家还有植物学者金树章、植物病理学家朱凤美、昆虫学家易希陶等。1927年，后来成为真菌学家的王云章入该系学习，是该系早期比较有名的学生。后来在此毕业的学生包括植物病理学家罗清泽、昆虫生态学家马世骏等。

〔1〕 相望年. 中国植物病理学研究工作概述 ［J］. 科学，1949，31（1）：3－14.

〔2〕 钱崇澍检讨材料 ［A］∥中国科学院植物研究所档案：钱崇澍专卷.

〔3〕 一说1922年11月改为北京农业大学。（李书华. 李书华自述 ［M］. 长沙：湖南教育出版社，2009：80.）

〔4〕 陈植. 十五年来中国之林业 ［M］. 上海：中华学艺社，1933：46.

〔5〕 1932年2月离开。

〔6〕 林镕干部档案 ［A］∥中国科学院植物研究所档案：林镕专卷.

四 中法大学生物系

中法大学于 1920 年由吴稚晖、李煜瀛和蔡元培等人创办，蔡元培任首任校长。中法大学设陆谟克[1]学院，院长为李煜瀛。该学院 1928 年设生物系，由刚从法国学习动物学回来不久的陆鼎恒主持。[2]许多留学法国归来的生物学家都曾经在此担任教职。除陆鼎恒在该系任教授外，其后张玺、朱洗、张和岑、林镕和齐雅堂以及戴笠等著名动植物学家亦曾在此教学。1931 年后，与陆鼎恒同样留学法国里昂大学的夏康农到系里任教授兼系主任。抗战期间，中法大学迁到云南，夏康农继续主持生物系。从这里毕业的学生中较有名气的是植物生态学家朱彦丞、植物形态学家陈机、农学家陈伯川，以及鱼类学家成庆泰等。由于该系与北平研究院动物研究所和植物研究所有密切联系，就某种意义而言，它是北平研究院生物所的青年人才培养基地。

五 东北大学生物系

东北大学是在东北高等师范学校的基础上，于 1922 年成立的高校，原来的博物部后来也改成生物系。1929 年，清华大学生物系原主任、昆虫学家刘崇乐受中华教育文化基金会的聘请，到东北大学组建生物系，任系主任。当时在生物系任教的还有遗传育种学家李先闻、两栖爬行类学者刘承钊等。

六 南开大学生物系

1919 年创办的南开大学从一开始就比较重视生物学教学，1920 年就聘任从哈佛大学学习树木学归来的钟心煊到校教授植

---

〔1〕 即拉马克。
〔2〕 张玺. 陆鼎恒先生传略 [J]. 科学, 1946, 28 (3): 162 - 163.

物学。[1]1922 年建立生物学系，由应尚德[2]任系主任。1926年李继侗到南开大学生物系任教授兼系主任。1927 年，李继侗开始讲授植物生理学，同时开展植物生理学实验研究，是最早在国内从事这方面研究的植物学家。他在生长素及光合作用研究方面做出出色的成绩。[3]1929 年，他写成《光照改变对光合速率的瞬间效应》一文，在英国发表，成为光合作用瞬间效应的最早发现者。同年，李继侗北上清华任生物系教授。据李继侗的学生反映，李继侗教授善于用最简单的材料和设备做出极具创造精神的成果。殷宏章是该系 1929 年的唯一一个毕业生。娄成后 1928 年考入该系，1929 年随李继侗到清华大学生物系就读直至毕业。殷宏章、娄成后后来都成为著名的植物生理学家。在李继侗之后主持系里工作的有冯敦棠[4]（1936年时任教授兼系主任）、殷伯文、熊大仕、潘孝硕、萧采瑜等。

七　河南大学生物系

河南大学在民国年间也是一所师资条件比较良好的高校。1923 年，河南留美预备学校改为中州大学[5]，校址是原先河南的贡院。冯友兰刚回国时曾在此任文科主任。[6]从中也可看

〔1〕　钟心煊简历［A］//武汉大学档案：钟心煊专卷．

〔2〕　应尚德（1887—?），字润之，浙江奉化人。早年在上海中西画院求学，1909 年前后赴美留学，1912 年毕业于美国哥伦比亚大学，随即回国。曾任金陵大学、南开大学教授，后入外交部任简任秘书、总务司长，1936 年任驻美大使馆参事，1938 年任驻马拿瓜（尼加拉瓜）总领事，1948 年去职。［见：《记几件外交陈年旧事》，刊于《传记文学》1998 年第 5 期；《浙江民国人物大辞典》（浙江大学出版社，2013 年）〕

〔3〕　罗宗洛．中国植物生理学会成立大会开幕词［M］//殷宏章，等．罗宗洛文集．北京：科学出版社，1988：491．

〔4〕　此人应是东吴大学的毕业生。

〔5〕　当时的校长是张鸿烈。

〔6〕　冯友兰．冯友兰自述［M］．北京：中国人民大学出版社，2004：51．

出政权的鼎革和教育的变化。后来中州大学改为河南中山大学，不久又改为河南大学。该校的生物系成立于20世纪20年代末或30年代初，1930年微生物学家曾慎曾任系主任。植物学家方文培在东南大学毕业后曾在该系当过教员。植物形态学家严楚江于1936年曾在该系任教授。该校的农学院当时也颇为知名，著名遗传育种学家李先闻、赵连芳，植物病理学家涂治都曾在河南大学的农学院任教授。曾参与《植物学大辞典》编写的黄以仁后来也是河南大学农学院教授。

八　安徽大学生物系

安徽大学在1927年的时候创立了生物系，翌年刚从德国留学回来的植物学家董爽秋博士应校长王星拱之聘，到系里任教，讲授植物学。董爽秋当时还兼任当地的高中生物学教师，后来成为植物分类学家、武汉大学生物系系主任的孙祥钟曾聆听他讲课。[1]

九　山东大学生物系

山东大学是1926年由几所专门学校合并而成，1928年因经费无着停办。1924年私立青岛大学成立，1928年因经费断绝停办。1930年9月国立青岛大学在原省立山东大学和私立青岛大学基础上成立，1932年改称山东大学。当时山东大学设有生物系，系主任是获得法国里昂大学博士学位，刚从欧洲归来的昆虫学家曾省。不久，曾省调任山东大学农学院院长，生物系系主任改由其东南大学学弟、同年到山东大学任教的人类学家刘咸担任。左景烈曾在该系教授植物学，当时在青岛商

---

〔1〕　孙祥钟. 孙祥钟自传［A］//武汉大学档案：孙祥钟专卷.

品检疫局工作的细胞学家段续川在该系兼任教授。[1]1935年，水产学家林绍文从美国康奈尔大学获博士学位后，受聘担任系主任和教授。在该系任教比较有名的学者是1934年来校的童第周及其后的曾呈奎。和童第周一起去山东大学任教授的还有秦素美，助教有庄孝僡、高哲生。比较著名的学生是1935年毕业的实验生物学家庄孝僡和其后的崔澄、张致一，以及陈延熙[2]。[3]1938年该系暂行停办，师生转入中央大学。1946年山东大学在青岛复校，童第周任动物系系主任。[4]

十 兰州大学生物系

1946年，国立兰州大学成立，植物学家董爽秋离开同济大学生物系到兰州大学任植物系系主任，后兼任教务长。1950年董爽秋离开兰州大学后，石汉生任系主任。1946年，鸟类学家常麟定离开中央研究院动物所，任兰州大学动物系系主任。1952年，高校院系调整，动物系和植物系合并为生物系，常麟定改任生物系系主任。1953年细胞生物学家郑国锠到校后，接替常麟定任生物系系主任。该校生物系成立较晚，在1949年中华人民共和国成立时，还没有毕业的学生。

十一 武汉大学生物系

武昌高等师范学校的博物学部于1918年改为博物地学部。1923年武昌高等师范学校改为武昌师范大学，1925年又改名国立武昌大学。博物学部在学校改成大学前夕的1923年即改

〔1〕 段续川简历［A］//中国科学院植物研究所档案：段续川专卷.
〔2〕 陈延熙因闹学潮被学校开除，后转投金陵大学。
〔3〕 张致一. 张致一自传［A］//中国科学院动物研究所档案：张致一自传.
〔4〕 1958年山东大学奉命迁校济南。山东大学生物系因王祖农的加入，1958年建立微生物专业。微生物专业培养了不少学生，并且很多学生到中国科学院微生物研究所深造。

为生物学系。[1]在武昌大学生物系任教的除系主任张珽外，还有王其澍、王海铸、薛德焴和朱凤美[2]等数位留学日本的学者。何定杰、戴笠是武昌高等师范学校博物学部1917年的毕业生；辛树帜是该校1920年的毕业生。1926年，武昌大学和几所大学合并成立武昌中山大学。1928年又在武昌中山大学的基础上组建武汉大学，同时建有生物系和农学系。武汉大学生物系成立后系主任长期由张珽担任。[3]1931年，植物学家钟心煊从厦门大学转到武汉大学生物系任教授。1933年，刚从美国学习归来的植物生理学家汤佩松在其父亲的朋友任鸿隽等人的介绍下，到系里任教授。汤佩松还通过任鸿隽的帮助，得到中华教育文化基金会的资助，在此设立了一个植物生理学研究室。1935年，从耶鲁大学获得博士学位的高尚荫也到武汉大学生物系任教。[4]在此任教的还有植物生理学家石声汉、植物分类学家孙祥钟[5]等人，系里的教工还有公立华、戴伦焰、唐启秀、唐瑞昌和张伯熙等。其中唐启秀和唐瑞昌是父子，是福州著名的"标本唐"第二代和第三代传人，他们在武汉大学建立了动物博物馆。当时在武汉大学农学院任教的生物学家有遗传学家李先闻、林学家叶雅各等。

---

〔1〕　商务印书馆1923年6月出版《近世动物学》时，其作者薛德焴名字前署有"国立武昌高等师范学校生物学系主任"的职衔。

〔2〕《国立武昌高师、武昌师大毕业同学通讯录附国立武昌高师武昌师大教授通讯录》，1937年（中华民国二十六年）6月出版，第37页。（湖北省档案馆，编号LSF2.1－89）

〔3〕　孙祥钟．孙祥钟自传［A］//武汉大学档案馆：孙祥钟专卷．

〔4〕　汤佩松，等．资深院士回忆录：第一卷［M］．上海：上海科技教育出版社，2003：41.

〔5〕　孙祥钟是张珽的同乡和学生，1952年曾任生物系主任。

十二 四川大学生物系

1926 年，成都高等师范学校分成两所高校，分别是成都大学和成都高等师范大学。1927 年四川的几所学校合组为四川大学，1931 年成都大学和成都高等师范大学并入四川大学，成为四川大学的主干。1926 年，刚从成都高等师范学校分出来的成都大学就设立生物系，系主任是从法国留学归来的植物生理学家罗世嶷。1930 年动物学家周太玄在法国获得博士学位回国后，继任成都大学生物系系主任。1935 年，任鸿隽受聘到四川大学任校长。恰逢中国科学社生物研究所教授钱崇澍休假，于是任鸿隽聘其来四川大学生物系担任教授兼系主任。当时生物系的教授还有仲崇信等人。1937 年七七事变后，钱崇澍任中国科学社生物研究所代所长，四川大学生物系聘钱崇澍的学生、刚从英国爱丁堡大学获得博士学位的方文培担任教授，后继任生物系系主任。当时，四川大学迁到峨眉山下，从此方文培潜心研究峨眉山植物，后来在四川植物尤其是峨眉山和四川南部山区的植物方面有很深的造诣。就具体类群而言，方文培是国内研究槭树科和杜鹃花科植物的著名专家。1944 年，动物学家雍克昌开始担任四川大学生物系主任。

十三 云南大学生物系

云南大学生物系在抗日战争时期已经成立，1937～1940年，张景钺教授的学生、植物形态学家严楚江在此任生物学教授兼生物系主任。[1]从 1938 年起，张景钺的夫人、动物组

---

〔1〕 中国科学技术协会. 中国科学技术专家传略·理学编·生物学卷2 [M].北京：中国科学技术出版社，2001：93.

织学与胚胎学家崔之兰在云南大学生物系任教授，大约在严楚江之后任系主任。当时，生理学家经利彬也在此任教授。此外，徐仁和俞德浚也在该系担任过讲师和副教授。1948 年，崔之兰离开云南大学就任清华大学生物系教授后，由植物学家秦仁昌继任系主任，直到 1950 年。留学法国的植物生态学家朱彦丞于 1947 年到云南大学生物系任教授。在 1950 年秦仁昌改任农学院森林系系主任后，由朱彦丞任生物系系主任。云南大学农学院也有一些生物学家从事植物学的教育和科研。1940 年，裸子植物学家郑万钧在农学院森林系任教授兼系主任。抗战胜利后，郑万钧离开云南大学，改任中央大学森林系主任。秦仁昌继任云南大学农学院森林系教授兼系主任。

十四　复旦大学生物系

1924 年，从美国加州大学学习心理学回来的郭任远在复旦大学组建了心理系（后改学院）。郭任远是一个有独到见解而且讲课极富吸引力的学者，冯德培等学者就因他授课出色转而学习生理学的。不久，他又引进蔡翘、李汝祺、蔡堡等教授到这里执教。郭任远是我国现代心理学的奠基人之一。1927 年，复旦大学闹学潮，时任副校长的郭任远受到冲击而离开，心理学院改成生物学科，由动物解剖学家蔡堡任主任。1929 年复旦大学生物学科改为生物系。在此期间，冯德培、朱鹤年、徐丰彦等皆在此求学，后来他们都成为生理学家。另外，胚胎学家童第周、昆虫学家陈世骧也毕业于复旦大学。1942 年解剖学家卢于道在此任教授兼系主任。1944 年的生物系主任改为节肢动物学家薛芬，教授有卢于道、张孟闻和曲仲湘等，张致一曾兼任助教。抗战快结束时，复旦大学还办了一个中国心理生理研究所，所长是郭任远，童第周和其学生张致一在该所任职。[1]抗战胜利后，著名植物学家钱崇澍也在复旦大学生物系任教授兼复旦大学农学院院长。

十五　同济大学生物系

同济大学的前身是一所德国人于1907年办的德文医学堂，1912年改为同济医工学堂，1917年改为国人办的同济医工专门学校，1923年开始称同济大学，1927年为国民政府接收，改为国立大学。同济大学原来设有工、医两院[2]，国民政府接收后，改为综合大学。同济大学的前身是医学堂，因此生理课程开设得比较早。1907年，德国肌肉生理学家雷蒙（P. D. Reymond）在医学堂主讲生理学[3]。1923年德国学者史图博在医学院任教授，教生理和生化课程。陈士怡1937年毕业于浙江大学后，于1938年到同济大学任助教，协助德籍教授科勒（G. Köler）完成动物学教学工作。1938年9月，植物生理学家石声汉出任理学院生物系教授兼主任。[4]中国科学院植物所曾经有工作人员在那个时候毕业于同济大学生物系，1938年起留任生物系的助教[5]，表明当时该校生物系已经办了数年。1941年，植物学家吴印禅从中山大学生物系转往同济大学生物系任系主任。同年，童第周和张致一也到该系任

〔1〕　张致一. 张致一自传［A］//中国科学院动物研究所档案：张致一专卷.

〔2〕　同济大学医学院于1952年院系调整时迁到武汉，称中南同济医学院，1956年改为武汉医学院，1986年又恢复为同济医科大学的名称.

〔3〕　吴襄. 三十年来国内生理学者之贡献［J］. 科学，1948，30（10）：295－320.

〔4〕　吕平，石定栿. 著名生物学家、农史学家、农业教育家石声汉教授［J］. 中国科技史料，1999，20（3）：246－261.

〔5〕　《中国科学院植物研究所所志》编纂委员会. 中国科学院植物研究所所志［M］. 北京：高等教育出版社，2008：742.

教。当时在该系的学者还有仲崇信、杨浪明等。[1]1945年，董爽秋接替吴印禅任同济大学生物系系主任。1950年，张作人受聘到同济大学任动物系教授兼系主任。此外，动物分类学家嵇联晋、昆虫学家徐凤早、植物化学家朱子清曾在该校生物系任教授。该校的生物系可能曾分为动物系和植物系，植物分类学家郑勉曾在植物系任教授兼系主任。另外，同济大学的医学院设有生物化学系，开展生理生化教育。

十六　暨南大学生物系

1927年，上海暨南大学成立不久，即建立了生物系。同年9月，中山大学原生物系教授黎国昌和郜重魁到暨南大学生物系任教，黎国昌任系主任，[2]郜重魁似乎任讲师。1932年，当时的校长郑洪年（原交通部副部长）以建设实验室相许，聘请植物生理学家罗宗洛到校任教。但没过多久，罗宗洛即辞去教授职务，转到中央大学任教。后来留学法国归来的张光耀也曾在暨南大学生物系任过教授。

十七　光华大学生物系

光华大学是由从圣约翰大学退出的一部分师生建立的。20世纪20年代末，光华大学已经设立生物系，由优生学家潘光旦任系主任。

十八　浙江大学生物系

1927年7月，浙江省在浙江工业专门学校和农业专门学校的基础上成立第三中山大学，1928年改称浙江大学，校长

〔1〕　张致一.张致一自传［A］//中国科学院动物研究所档案：张致一专卷.
〔2〕　冯双.中山大学生命科学学院（生物学系）编年史：1924～2007［M］.广州：中山大学出版社，2007：24.

是当时浙江教育厅厅长蒋梦麟。[1]1929年蒋梦麟被擢升为教育部部长，仍同时兼校长，但翌年即辞去校长职务。浙江大学生物系是1930年开始由贝时璋筹建的。贝时璋在德国留学时学的是个体发育和细胞学，回国后的办学理念偏重于实验生物学。1934年，从美国深造回来的解剖学家蔡堡到系里任教授兼系主任。1936年，著名气象学家竺可桢到该校当校长。为了浙江大学的发展，竺可桢不断吸引优秀人才到校任教。1937年，从美国回来的遗传学家谈家桢被吸收到浙江大学任教。同年，从法国学习爬行动物归来的张孟闻也受聘到生物系任教。不过张孟闻在那里只待了两三年，大约在1940年前后就转到复旦大学任教。著名胚胎学家童第周大约也曾在该系任教。1939年至1940年，植物学家张肇骞也曾在浙江大学生物系担任过教授。1940年，植物生理学家罗宗洛由中央大学转到浙江大学生物系任教，讲授植物生理，并曾代理过系主任。抗战胜利后，甲壳类动物学家董聿茂也在这里任教。浙江大学生物系的教授和农学院的教授以留学德国和日本的居多。浙江大学农学院成立在生物系之前，不少著名的农林专家和生物学家在此任教，如林学家梁希、作物育种学家金善宝和昆虫学家蔡邦华、吴福桢等。这里培养过一些遗传育种的翘楚，如李竞雄等。此外，中央研究院停办人类学研究所之后，体质人类学家吴定良受聘来到浙江大学，兴建了人类学系，并在此做了一些体质人类学研究工作。[2]

---

〔1〕 蒋梦麟. 蒋梦麟自传 [M]. 北京：团结出版社，2004：210，212.

〔2〕 卢于道. 三十年来国内的解剖学 [J]. 科学，1948，30 (7)：201 - 204.

十九　中正大学生物系

1941 年，熊式辉在江西创办中正大学，植物学家胡先骕受聘为校长，翌年设立生物系。当时由胡先骕任所长的北平静生生物调查所已经陷于敌占区，该所不少职员南下到该系任教。

二十　厦门大学生物系

厦门大学原是著名爱国华侨陈嘉庚捐资兴办，于 1921 年 4 月成立的私立大学。首任校长是当时北洋政府教育部参事、闽籍教育界名流、厦门大学筹备委员邓萃英（字芝园），但他不久就被教育部委任为北京高等师范学校代校长[1]，只好辞职，由陈嘉庚的好友、在英国获得医学硕士的医学家林文庆[2]接任。1924 年厦门大学已经设有动物系、植物系。[3]在此任教的植物学家有钟心煊、钱崇澍（1926 年在厦门大学植物系任教授、系主任）、段续川（1931 年任植物系系主任）和林镕等；在此任教的动物学家有美国动物学家赖特（S. F. Light）、秉志（1925 年到厦门大学教授脊椎动物比较解剖学、组织学和胚胎学，1926 年任动物系系主任[4]）、陈子英（1930 年任动物系系主任）、林绍文，以及后来出任由动物系与植物系合并为生物系[5]的系主任汪德耀等。

〔1〕　洪永宏.厦门大学校史（第一卷）：1921—1949 [M].厦门：厦门大学出版社，1990：12.

〔2〕　可能因为在厦门大学生物系任教，对林文庆有较多了解的缘故，秉志曾写过《林文庆传》。

〔3〕　洪永宏.厦门大学校史（第一卷）：1921—1949 [M].厦门：厦门大学出版社，1990：317 - 354.

〔4〕　据张孟闻《回忆业师秉志先生》（刊于《中国科技史料》1981 年第 2 卷 43 期）一文，说1924年秉志任厦门大学生物系系主任，可能不太准确。

〔5〕　陈营，陈旭华.厦门大学校史资料：第五辑 [M].厦门：厦门大学出版社，1990：7.

陈子英是美国著名遗传学家摩尔根的学生，在哥伦比亚大学获得博士学位后，在燕京大学任教一段时间。1930年到厦门大学，继秉志之后担任动物系系主任，从此改行研究与国民经济密切相关的海洋生物。1936年，他又出任动物系和植物系合并成的生物系的主任。厦门大学的生物学家们利用厦门特殊的海洋港湾环境，同时争取到中华教育文化基金会的资助，卓有成效地开展海洋生物研究，取得不少出色的成果。由陈子英和其师兄胡经甫等人发起成立的"中华海产生物学会"[1]办得非常出色，常吸引国内外学者到此进修深造。厦门产的无脊椎动物文昌鱼（*Branchiostoma lanceolatum*）很有名，在系统进化上具有重要研究价值，被认为是无脊椎动物向脊椎动物过渡的物种，是研究脊椎动物起源和进化的珍稀动物。赖特1923年首先在《科学》上发表文昌鱼的研究文章，使厦门从此驰名海外。[2]秉志和他的学生伍献文对海洋鱼类也做过出色的研究，发表过一系列的研究成果。[3]由于赖特、陈子英、秉志以及后来任生物系系主任的汪德耀、林镕、郑重等人的努力，厦门大学的海洋生物研究有声有色。1943年，细胞生物学家汪德耀接替陈子英任生物系系主任（当年兼任理工学院院长），1944年植物学家林镕开始在厦门大学生物系任系主任，汪德耀改任水产研究室主任（后来陈兼善、郑重、李象元都负责过该室的工作）。1946年林镕回到北平研究院植物所任职后，

---

〔1〕 胡经甫. 中华海产生物学会之组织与经过 [J]. 科学, 1931, 17 (7): 1116-1121.

〔2〕 LIGHT S F. Amphioxus fisheries near the University of Amoy, China [J]. Science, 1923, 58 (1491): 67-70.

〔3〕 伍献文. 伍献文自传 [A] // 中国科学院水生所档案: 伍献文专卷.

鱼类学家陈兼善任生物系系主任；一年后聘刚从美国留学归来的藻类学家曾呈奎任系主任。从 1948 年开始，郑重代理生物系主任，1949 年正式任系主任。在生物系（动物系、植物系）成立后，厦门大学生物系可谓一直名师荟萃。经过他们的一番苦心经营，厦门大学生物系也堪称人才辈出，伍献文、曾呈奎、方宗熙等都是鱼类和海洋生物学研究领域的佼佼者。厦门大学生物系也因此成为民国年间最著名的高校生物系之一。

1925 年，秉志到校任教时，创建了生物材料处，后隶属动物博物院。动物博物院 1926 年建立，用于展示动物标本和科学普及，隶属动物系。植物系也设有植物博物院，同时建有植物园，钱崇澍在植物系任主任时，兼任植物园主任；抗战胜利后赵修谦曾任主任。

1935 年，厦门大学筹办厦门海洋生物研究室，由生物系系主任陈子英主持。他们计划创办海产生物实验场，附设海洋物理化学实验室。[1]1946 年，厦门大学又开始创办中国海洋研究所，先后由李谦若和唐世凤任所长。[2]1946 年，厦门大学开始筹建海洋学系，第二年正式建立，由唐世凤任系主任，一年后改由郑重任系主任。我国早期的生物学家认为"生物科学富饶地域性，且为工农渔医各科的基础"[3]，这在厦门大学生物系得到充分的体现。这也是我国早期生物学教学和科研注意地域特色、服务实际的一个特色。

---

〔1〕 厦门大学筹办厦门海洋生物研究室案 [A]. 南京：中国第二历史档案馆，全宗号 393，案卷号 598.

〔2〕 陈营，陈旭华. 厦门大学校史资料：第五辑 [M]. 厦门：厦门大学出版社，1990：24.

〔3〕 郑作新. 郑作新自传 [A] // 中国科学院动物研究所档案：郑作新专卷.

二十一　勷勤大学生物系

勷勤大学是广东省军阀陈济棠于 1932 年创办的一所省立大学。1934 年，原为中山大学教员的鱼类学家陈兼善从英国游学回来后，曾任勷勤大学生物系教授兼系主任。

二十二　台湾大学生物系

1945 年抗日战争胜利后，植物生理学家罗宗洛代表政府学界去接收了台湾大学，台湾大学生物系的发展得到很好的筹划。植物分类学家李惠林 1946 年从美国回来后，在母校东吴大学任教授，次年去台湾大学任植物学教授、植物系主任，一直到 1950 年。他是研究台湾植物的著名学者，曾与刘棠瑞、黄增泉、小山铁夫等合编《台湾植物志》，后来即使在美国工作，也发表了《中国的园林植物》《台湾的木本植物》《中国的绿化树和美化植物的起源和栽培》等大量有关中国植物的研究论著。1964 年，已在美国宾夕法尼亚大学任植物学教授的李惠林被台湾"中央研究院"评选为院士。

二十三　台湾师范大学生物学系

台湾师范大学于 1946 年建立博物系，1961 年改称生物学系。动物学家陈纳逊、古生物学家戈定邦、植物生理学家李亮恭等先后担任过系主任。

二十四　广西大学农学院

广西大学农学院成立后，曾有一些出色的生物学家在该校任教，不过，与当时国内其他高校一样，也存在学术派系的一些问题。沈善炯在回忆录中提到，他在广西大学借读的时候，农学院的教授大部分是出身于北平农学院和留学日本的学者。如生物统计学家汪厥明、昆虫学家易希陶、作物栽培学家程侃声以及细胞遗传学家于景让等。农学院院长王益涛也是留学日本的。只有植物学教授张肇骞是留学英国的。[1]

从上面的简单介绍不难看出，20世纪上半叶，我国大学已有三四十个生物系。在教会学校方面，东吴大学、金陵大学、燕京大学、岭南大学的生物系，以及洛克菲勒基金会兴办的协和医学院生理系和生化系等办得比较出色；国立大学中，中央大学生物系、清华大学生物系、厦门大学生物系、中山大学生物系以及复旦大学生物系都是办得比较出色的生物系。

上述史实还表明，当时出色的生物系，如燕京大学生物系，金陵大学的农林科和后来的动物系、植物系，协和医学院的生理科，中央大学生物系，清华大学生物系，中山大学生物系等，都与国外高水平的大学和老师有密切的联系。他们常把出色的学生送到国外的高校深造，如燕京大学将学生送到哥伦比亚大学和加州理工学院的摩尔根实验室，金陵大学将学生送到康奈尔大学，协和医学院将学生送到芝加哥大学和霍普金斯大学，中央大学将学生送到康奈尔大学和芝加哥大学攻读博士学位或进修，通过这种方式培养了不少生物学教学和科研的高级人才。

此外还可看出，20世纪20年代，大批留学欧美的学生回国后，我国高校迅速增加，生物系也随之不断涌现。如上所述，科举制度的废除，将以往诱使大批有才华的青年为博取功名利禄而"读死书"的旧教育制度清扫，众多热血青年的思想得到解放，在新传入的"天演论"等西方学说的洗礼下，满怀激情地走出国门，走向西方，为了国家的富强和发展，努力学习，不断探索。他们中许多人引入各种政治理论，孜孜追

---

〔1〕 汤佩松，等. 资深院士回忆录：第一卷 [M]. 上海：上海科技教育出版社，2003：380－381.

求社会改造以救国，还有许多人如陶行知、蒋梦麟等，践行教育救国的理念，本着要改造国家，先从提高国民素质入手的想法，将自己的毕生献给中国的教育事业。而任鸿隽、秉志、钱崇澍等许多学者则坚信"科学救国"，他们怀着满腔的报国热情，为了科学的发展奔走呼号、教书育人，将自己的理念传达给社会，率领青年克服各种艰难险阻建立起自己国家的生物学根基，以自身的努力使民族不再沉沦，进而复兴。他们在自己认为正确的救国道路上义无反顾地迈出坚实的步伐。

第五节　大学教科书的编写和出版

近现代生物学是从西方传入的，如前所述，早期的教育水平较低，高等师范院校曾借用日本的教材。我国高校出现生物系后，用的基本上是西文教科书。这是学术没有独立的落后国家必然经历的过程。当时也有一些中译本教科书，不过一般不为学界所重视。一直到20世纪30年代，大学至高中均喜用外文教本，程度较高者更用外语讲课。随着教育的发展，大批留学欧美的学生纷纷回国，投身教育事业。生物学界的秉志、钱崇澍、胡先骕、蔡翘等学者日益感到旧的教科书多是外国人所编，不符合本国的需求，于是开始自己编写教科书。一批质量较好的教科书逐渐出现，对我国生物学教育事业的发展发挥了重要作用。

1916年，从美国康奈尔大学留学回来的学者邹秉文、谢家声在金陵大学农林科讲授植物病理学时，编出《植物病理概要》，这是我国国人自编的第一本植物病理学教材。1923年，在东南大学任教的邹秉文、胡先骕、钱崇澍三人编写的《高等植物学》一书，由商务印书馆出版，全书分15章，20

余万字。这是我国国人编写的第一本大学植物学教科书，也是我国高校植物学早期教学的权威之作。该书作者们深感"我国曩日之植物教科书，皆因袭日本之编制法，颇有陈旧之讥。对于通论，则形态学组织学生理学三者分立，致学者觉其枯索无味，而于植物构造与作用相连互之理不能贯通。对于分类则大悖植物天演之程序，先论天演最高组织、最复杂之种子植

物，逆流而上溯孢子植物，本末倒置莫此为甚"。因此，他们在编写时"于通论则效法Ganong，以形态组织生理融合为一片，庶学者既明植物

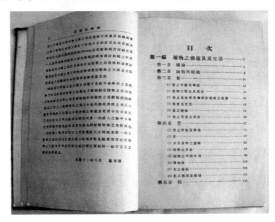

《高等植物学》书影

之构造组织，即明其构造组织之作用，而无破碎支离之病。于各论即自最简单之黏菌植物论起，而渐及最高最复杂之种子植物，庶学者对于植物之天演及其器官构造之蜕变，了然如指掌而无惶惑之苦"。[1]书中还改正了许多当时"因袭日本而不合学理"的名称，如将"隐花植物"改为"孢子植物"，"显花植物"改为"种子植物"，"藓苔植物"改为"苔藓植物"，"羊齿植物"改为"蕨类植物"。这些修改后的名称一直沿用

〔1〕 邹秉文，胡先骕，钱崇澍. 高等植物学［M］. 上海：商务印书馆，1923：例言.

至今。1925年，李亮恭编译的《植物解剖学与生理学》同样在上海商务印书馆出版，原著者为法国的毕宋（A. Pizon）。1925年，侯过著的《测树学》是高等林业院校本门学科正式出版的第一部教材。[1]1928年，经利彬把自己的讲义编成《普通生物学》一书出版。1940年，由陆军军医学校军医预备团编的《细菌学大要》出版，是较早的细菌学教材。

1930年，在武汉大学生物系任教的生态学家张珽与在中山大学任教授的董爽秋合作编著出版了《植物生态学》[2]。其后，在中山大学生物系任系主任的董爽秋还翻译了恩格勒的植物分类学著作《植物教学大纲》，以及他的博士导师、柏林大学教授、世界著名植物地理学家狄尔斯的《世界植物地理》和在柏林大学任教的奥地利植物学家哈伯兰特（G. Haberlandt）的《植物生理解剖学》，用作学校教材。另外，1933年，时任北平静生生物调查所所长的胡先骕翻译了哈第（M. Hardy）的《世界植物地理》，在商务印书馆出版。[3]

植物学的参考书除杜亚泉等人组织编纂的《植物学大辞典》外，还有陈焕镛的《中国经济树木》，陈嵘的《中国树木分类学》，钟心煊的《中国乔灌木目录》，刘汝强的《华北有花植物科之系统植物学》，贾祖璋、贾祖珊编的《中国植物图鉴》等。

在动物学方面，一些高校的生物系系主任做了较多的贡

〔1〕 徐燕千. 缅怀著名林学先驱侯过教授〔J〕. 中国科技史料，1996，17（2）：36–46.

〔2〕 广州蔚兴印刷场出版。

〔3〕 谈家桢. 中国现代生物学家传：第一卷〔M〕. 长沙：湖南科学技术出版社，1985：75.

献。1923 年，武昌高等师范学校动物学教授、生物学系系主任薛德焴编写的《近世动物学》上、下卷在商务印书馆出版。这是著者根据自己 1913 年至 1919 年在江西和武昌两所高等师范学校授课时的讲稿编纂而成[1]，是我国第一部具有大学程度的中文动物学课本。1931 年，胚胎学家鲍鉴清出版了《显微镜的动物学实验》。1933 年，时任中山大学生物系代主任的鱼类学家费鸿年出版了《动物学纲要》；1935 年，他又与陈兼善合著《鱼类学》。[2]同年，在中山大学任教的原生动物学家张作人和胚胎学家朱洗合作撰写的《动物学》上册由商务印书馆出版，其后又于 1937 年和 1947 年分别出版了中、下两册。1936 年，时在北平师范大学等高校兼课的鱼类学家张春霖出版了《脊椎动物分类学》。其后，被聘为教育部大学用书特约编

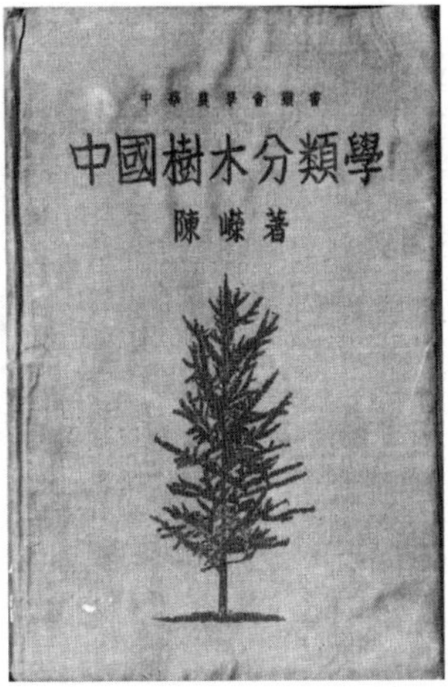

《中国树木分类学》书影

《近世动物学》书影

〔1〕 薛德焴．近世动物学［M］．上海：商务印书馆，1923.

〔2〕 丁力，杨仁宏．毕生求索，情系海洋——记著名海洋生物学家费鸿年［M］//杨仁宏．中国水产科学研究院南海水产研究所志．广州：南海水产研究所，2003：13－14.

辑、中央大学理学院教授的环节动物学家陈义在 1945 年、1946 年出版了《动物学》和《普通动物学》。[1]在动物生态学方面，1937 年费鸿年在中华书局出版了《动物生态学纲要》。1941 年，中华书局又出版了黄修明的《昆虫生态学概论》。当时也有学者继续翻译国外教科书供师生参考，动物学方面有汤尔和翻译的日本惠利惠著的《动物学精义》（1931），黄维

《昆虫生态学概论》书影

荣、伍况甫等翻译的汤姆生著的《动物生活史》（1936），皆由商务印书馆出版。另外，与薛德焴同在武昌高等师范学校任教的王其澍编过《近世生物学》（1926）。工具书则有杜亚泉等编的《动物学大辞典》等。

因与农业关系比较密切的缘故，民国时期出版的昆虫学教科书不少。1927 年，王历农在商务印书馆出版了《昆虫研究法》。1935 年，中国科学社出版了昆虫学家王启虞、张巨伯的《昆虫通论》。同年，南通学院教授、昆虫学家尤其伟出版了《虫学大纲》[2]，植物病虫害检验专家张景欧在中华书局出版了《昆虫进化论》，中央大学副教授邹钟琳在商

〔1〕 中国科学技术协会. 中国科学技术专家传略·理学编·生物学卷2 [M]. 北京：中国科学技术出版社，2001.

〔2〕 章汝先. 著名昆虫学家尤其伟 [J]. 中国科技史料，1995，16（1）：50－55.

务印书馆出版了《普通昆虫学》。翌年，上海黎明书局出版了熊同和编的《应用昆虫学》。1940年，王历农编著《作物害虫学》，由长沙商务印书馆出版。同年，时任福建农学院教授的昆虫学家李凤荪在成都金陵大学出版社出版《中国经济昆虫学》。1942年，重庆中央大学出版了邹钟琳的《经济昆虫学》。[1]

当时还有一些翻译自国外的比较有名的昆虫学教科书，其中包括1936年商务印书馆出版、薛德焴译的《昆虫生态学》，以及1937年商务印书馆出版，日本三宅恒方著，缪端生和于景让翻译的《昆虫学通论》。

在遗传学方面，1923年商务印书馆出版的教学参考书还有李积新、胡先骕编的《遗传学》。1926年，王其澍编译出版了《遗传学概论》，陈泛予译《遗传与人生》（1934），周建人译《遗传论》。[2]1936年，长期在金华中学任高中老师和校长的胡步蟾在上海正中书局出版了《优生学与人类遗传学》[3]。这些都是民国时期遗传学课程的参考书。1948年正中书局重版了西北农学院教师沈煜清编的《遗传学》[4]。

当时心理学因与教育关系密切，而教育又被认为是改造社会、培育人才的主要工具，因此心理学成为很受社会重视的一门学科，五四时期的几个学生领袖汪敬熙、傅斯年和罗家伦都对此情有独钟。因此除20世纪初翻译了大批日本心理学著作

---

〔1〕 周尧.二十世纪中国的昆虫学［M］.西安：世界图书出版公司，2004：53.

〔2〕 谈家桢，赵功民.中国遗传史［M］.上海：上海科学技术出版社，2002：626.

〔3〕 1947年重版。

〔4〕 其封面有"高等农业职业学"的字样，大约是农专的课本。

外，梁启超、范源廉等人成立的尚志学会组织翻译的"尚志学会丛书"也译介了不少法国的社会心理学著作。国民政府成立后，持续有一些翻译作品问世。在心理学教材方面，北京大学哲学系教授陈大齐于1918年根据自己的教学讲义编成《心理学大纲》，并在商务印书馆出版，这是我国学者著的第一本大学心理学教材。1933年，时在浙江大学任职的比较心理学家郭任远在商务印书馆出版了《心理学与遗传》；1935年，他又在上海世界书局出版了《行为的基本原理》。1930年，伍况甫翻译詹姆士（W. James）的《心理学简编》[1]，在商务印书馆出版。

在解剖学和胚胎学方面，汤尔和曾经翻译过《解剖学提纲》作为教学参考书。1931年，中央大学动物系主任蔡堡和蒋天鹤出版了《动物胚胎学》。1932年，中央研究院心理所研究员卢于道出版了《神经解剖学》。[2]翌年，鲍鉴清出版了《组织学纲要》。在随后的1935年，薛德焴出版了《动物解剖丛书》，吴元涤出版了《普通胚胎学》，汤肇虞、李定出版了《局部解剖学》。到了20世纪40年代，王志清出版了《脊椎动物比较解剖学实验图谱》，贾兰坡出版了《骨骼人类学纲要》[3]，那一时期类似的教材还有张岩的《人类系统解剖学》，张查理的《解剖学实习指导》《实用外科解剖学》，臧玉淦的《人体解剖学实习指导》，叶鹿鸣的《神经解剖学》等。[4]在

---

〔1〕　郭任远校对。

〔2〕　卢于道. 三十年来国内的解剖学［J］. 科学，1948，30（7）：201 - 204.

〔3〕　张大庆. 中国近代解剖学史略［J］. 中国科技史料，1994，15（4）：21 - 31.

〔4〕　王有琪. 现代中国解剖学的发展［M］. 上海：科学技术出版社，1956：4.

中国生物学史·近现代卷

科普方面，周建人1930年在上海的北新书局出版了《人体的结构》一书。

生理学与医学密切相关，国人自编的生理学课本出现得晚一些。虽说湖北学务处和四川教育会（以四川师范讲义的名义）分别于1905年和1906年发行过《生理学》[1]，但前者是由胡鹏翥等人根据日本早稻田讲师安东伊三次郎的著作和其他一些日本生理学著作编辑而成，主要讲授的是人体解剖学的内容，书后附有英文、德文、中文生理学术语对照表，后者是日本教师杉木正直编的讲义，也称《生理卫生学讲义》，主要讲授人体解剖学的8大系统中除生殖系统和内分泌系统之外的6大系统，以及五官，书后还涉及一些体温和新陈代谢的内容。1928年，当时在北京医科大学校任教的周颂声著有《生理学》，书分上、下两卷，分别于1928年和1929年出版，可能是最早的一种国人自编高等院校生理学教材。[2]1934年，周颂声和阎德润合译了日本桥田邦彦的《生理学》（第7版），在日本出版发行。蔡翘也积极提倡用祖国语言教授生理学，1929年，他编著了大学教科书《生理学》，在商务印书馆出版。1935年蔡翘又和徐丰彦合作，在上海世界书局出版了《动物生理学》。1936年，蔡翘将《生理学》的内容进行一番重写和扩充，改称《人类生理学》，由商务印书馆重新出版。1940年，蔡翘又出版了《运动生理学》，还与吴襄合作编写出版了《生理学实验》。这些教科书在中华人民共和国成立前曾多次

---

〔1〕 湖北师范生编辑的《生理学》，湖北学务处（武汉）1905年（光绪三十一年）出版；四川师范生编辑的《生理学》（《生理学卫生学讲义》），四川教育会1906年出版。

〔2〕 北平虎坊桥京华印书局印，国立医科大学生理室发行。

中国生物学史·近现代卷

修订再版，一直为国内各大学院校所采用。

在生物化学方面，吴宪在 1934 年用英文出版了《物理生物化学原理》（*Principle of Physical Biochemistry*）[1]，作为协和医学院的课本。后来他又和周启源合著了《生物化学实验》（吴宪用英文撰写，周启源翻译成中文），1941 年由中华医学会编辑委员会出版，向全国医学院校推广使用。[2]齐鲁大学医学院的李缵文也曾于 1936 年、1941 年编写了《生物化学实验教程》，由学校出版。抗日战争时期，中央大学医学院的郑集也用英文编写了《生物化学实验册》，被后方一些学校作为生化实验教本。[3]另外，李缵文曾翻译了英国人卡梅伦（A. T. Cameron）的 *Textbook of Biochemistry*，中文名作《康氏生物化学》，这是第一本中文生化教材。[4]

当时出版的通俗读物也有不少是翻译作品。著名的包括 1931 年石沱[5]翻译的英国威尔士（H. G. Wells）[6]的《生命之科学》[7]，由上海商务印书馆出版。

前述一般大学经常采用美国大学用的英文课本，可能是引进西方近代科学技术初期需要经历的一个过程，也有利于与西

〔1〕 北平友联书店出版。

〔2〕 曹育. 杰出的生物化学家吴宪博士 ［J］. 中国科技史料，1993，14（4）：30－42.

〔3〕 郑集. 中国早期生物化学发展史（1917—1949）［M］. 南京：南京大学出版社，1989：14.

〔4〕 郑集. 中国早期生物化学发展史（1917—1949）［M］. 南京：南京大学出版社，1989：211.

〔5〕 即郭沫若。《生命之科学》有三本，前两本是由商务印书馆出版，后一本是 1949 年由科学出版社出版的。其间，郭沫若得到郑贞文（心南）、周昌寿（颂久）的帮助。参考 http：//www. people. com. cn/electric/201103/l04. html。

〔6〕 也是《世界史纲》（*The Outline of History*）的作者。

〔7〕 中国国家图书馆收藏的是 1934～1935 年出版的前两册（1547 页）。

方大学接轨，便于学生在外进一步深造，从而进行更深层次的学术引进。

1933 年，任鸿隽针对当时"大学一年级和高中二三年级（等于从前的大学预科）理科中，究竟有若干科目用中国课本讲授"的问题进行调查。他调查的方法是对全国公、私立大学办理的已具规模的理学院 30 处，以及全国立案高中 200 处发出问卷，根据收回的资料进行统计。结果表明，当时大学一年级理科普通生物学所采用的教科书中，英文教本数占 84%，中文教本数占 16%。换言之，当时大学一年级的总共 13 种生物学教科书中，只有 2 种是中文的。即便如此，这也是所有理科学科中比例最高的。在高中理科教科书中，生物学的情况仍然是最好的。在总共 90 种教本中，中文教本占到 71 种，其余皆为英文课本。[1]高中生物学中所用英文教本数占 21%，中文教本数占 79%，在同一统计表中均高于其他学科（如算学、物理、化学）的百分比数。高中的生物学教本甚至以中文为主，辗转负贩的情况相较而言，程度小一些，在将生物学建成有本国学术独立基础的学科方面，有一定的成效。这种进步体现了当时中国生物学者在生物学教科书编写方面的努力取得的可喜成就。

第六节　高校生物系的科研工作

总体而言，民国年间由于资金匮乏，我国高校的研究设备和器材非常不足，难以开展有规模、有成效的研究工作。前面

---

〔1〕 任鸿隽. 一个关于理科教科书的调查［M］//樊洪业，张久春. 科学救国之梦——任鸿隽文存. 上海：上海科技教育出版社，2002：470.

比较全面地介绍过清华大学生物系的科研情况，下面再简单介绍一下其他学校的情况。中山大学生物系是当时比较好的生物系，当罗宗洛应聘前往任教授时，看到的情景是："全系没有一间实验室，瓶瓶罐罐也少得可怜……植物生理学只有贝内克－约斯特（Benecke-Jost）的一本书，专门杂志则零零碎碎，不但无一整套的，即使连续二三年的也极为稀有。至于仪器，除解剖用的剪刀和小刀外，毫无所有。见此情形，不能不让人心灰意冷。"1933年，他去中央大学生物系任教，虽然条件略胜中山大学生物系一筹，但所有设备都是教学用的，也缺乏用于科研的研究室。[1]不难想见，当时高校生物系的条件都比较差，科研难以开展。不过，也并非毫无作为。上海医学院的蔡翘在内分泌、循环生理方面取得了一些成果。[2]与东南大学（1928年改组为中央大学）关系密切的中国科学社生物研究所的孙宗彭也曾研究过白鼠胃的表皮细胞在饥饿时形态上的变化，之后他转入内分泌和药物学方面的研究。另外，该所的曾省、周蔚成、吴功贤也都做过组织学方面的研究。[3]在遗传学方面，南通大学的冯肇传以玉米为研究材料，做了一些遗传育种研究。在东南大学和清华大学任教授的陈桢运用现代遗传学理论，对我国观赏动物金鱼的培育形成规律做了系统的研究探讨，对金鱼的遗传变异进行研究，包括其形态、变异、与鲫鱼杂交、品种形成规律等问题的研究。他认为金鱼的演化是突变

〔1〕 罗宗洛．回忆录（续）［J］．植物生理学通讯，1999，35（1）：83－84.

〔2〕 中国生理学会编辑小组．中国近代生理学六十年：一九二六——一九八六［M］．长沙：湖南教育出版社，1986：10－13，113，160－162.

〔3〕 卢于道．三十年来国内的解剖学［J］．科学，1948，30（7）：201－204.

引起的。[1]这一成果受到学术界的瞩目。还有燕京大学的李汝祺、厦门大学的陈子英研究果蝇变异的染色体和基因作用于胚胎生长初期，浙江大学的谈家桢曾在美国发现"瓢虫色斑变异遗传的镶嵌显性现象"等一些颇有学术价值的遗传实验研究工作。厦门大学、中山大学和山东大学等在海产资源的调查方面都做了大量的工作。

在植物分类和形态学方面，各大学也做了不少科研工作。清华大学的吴韫珍，北京师范大学的李顺卿，协和医学院的刘汝强，金陵大学的陈嵘、戴芳澜、俞大绂，东吴大学的李惠林，岭南大学的陈秀英等，厦门大学的钟心煊，华西协合大学的胡秀英，在植物分类方面都做了大量的工作。清华大学的李继侗在光合作用研究方面，中央大学的罗宗洛在组织培养研究方面，清华大学农业研究所的汤佩松在植物营养研究方面，以及西南联大的殷宏章等，在植物生理和生态学研究方面都做了不少工作。北京大学的张景钺、中央大学的严楚江等在蕨茎组织、花的解剖和两性分化等植物形态方面做了开创性的工作。

在昆虫方面做了大量工作的还有东南大学的邹钟琳、吴福桢，浙江大学的蔡邦华等。北京大学农学院的俞大绂在禾谷类作物抗病育种和种子消毒等植物病理学方面做了出色的工作。

〔1〕 陈桢. 金鱼的变异与天演［J］. 科学，1925，10（3）：304－330.

第四章 生物学研究机构的建立

　　科学的理论要经过实验的验证。没有科学的研究体系，不但不能发现新的规律、新的知识，而且连科学的基本方法都无从实践，要真正引进科学是不可能的。虽然高校日渐增多的生物系容纳了一些学习生物的学生，但如果不建立研究机构，生物科学的引进只能停留在知识传播的层面，无法将探索自然奥秘的方法和手段引入中国，发展我国的生物学只能是纸上谈兵、缘木求鱼。早在20世纪初就有学者指出："声、光、化、电诸学，非得仪器试验、明师指授不为功。虽英儒傅兰雅所译诸书详尽可读，卒无裨于风气者，以既乏明师又鲜仪器也。"[1]我国发展科学的积极倡导者和推动者任鸿隽指出："科学必待研究而出，研究所者，于学校之外亦科学发展上所不可少之物也。""科学之发展与继续，必以研究所为之枢纽，无研究所则科学之研究盖不可能。反之，欲图科学之发达者，当以设立研究所为第一义。"[2-3]此外，如果没有自己的研究机构，很多学生包括从海外学成归来的学者将无法发挥所学专业之长，无法找到安身立命之所。从欧美学成归来的留学生在对西方的研究所和学术共同体的肇始、性质、结构、运行有所了解后，即开始模仿设立自己的研究机关。到20世纪20年代，我国生物学科研工作逐步展开，开始了本土

---

　　〔1〕 引自光绪二十八（1902）年《增版东西学书录·叙例》石印本，徐维则编，顾燮光补辑。

　　〔2〕 任鸿隽.介绍韦斯特研究所［J］.科学，1917，3（7）：810.

　　〔3〕 任鸿隽.发展科学之又一法［J］.科学，1922（6）：521-524.

化的历程。

我国学者在 20 世纪初的时候就着手建立一些团体，从而进行初步的科研探索。大约在 1907 年的时候，有人即在上海成立过植物研究会。[1]不过当时尚无受过科学训练的植物学者，可能只是一些业余爱好者的组织，因此不可能产生什么影响。尽管如此，在我国出现生物学研究机构之前，相关学者还是力所能及地进行科研工作的尝试。一些学者在调查研究和收集资料的基础上开始进行局部地方动植物名录的编写工作。1914 年，吴家煦发表了数篇"江苏植物志略"。

我国生物学家发表的最早的一批论文都是在西方学习时发表的。林文庆于 1887 年在英国爱丁堡大学学医，进行过生理学研究，1893 年在英国《生理学杂志》（*Journal of Physiology*）发表了名为《关于狗心神经支配的研究》（*On the Nervous Supply of the Dog's Heart*）的学术论文。1911 年，在美国康奈尔大学学习昆虫学的邹树文于全美科学联合会上宣读了研究论文《白蜡介壳虫》，这是近代国人所撰写的第一篇昆虫论文。[2]同在美国康奈尔大学攻读昆虫学的秉志于 1915 年发表《加拿大金杆草上部的昆虫》，也是我国昆虫学界比较早的学术论文。而在哈佛大学学习植物分类学的钱崇澍于 1916 年发表的《宾州毛茛的两个近缘种》，则是我国学者用拉丁文为植物命名和分类的第一篇文献。1917 年，钱崇澍又在国外发表了《钡、锶、铈对水绵属的特殊作用》一文，这是国人用近代科学方法研究植物生理的第一篇文献。加上钱崇澍后

---

〔1〕 公侠. 植物研究会缘起 [J]. 理学杂志, 1907 (5): 9-10.

〔2〕 周尧. 二十世纪中国的昆虫学 [M]. 西安: 世界图书出版公司, 2004: 13.

来发表了《森林之种类与分布》等文章，因此被植物学界认为，"中国的植物分类、植物生理和植物生态的研究论文，都从他开始的"。[1]

有了像钟观光等国内成长起来的富于创业精神的生物学家，加上我国一批在海外受过良好生物学教育和科学研究训练的留学生学成归来，国内生物学者已经不满足只是在学校传授生物科学知识，开始致力于建设自己的研究机构，探索生物界的奥秘，在推进我国生物学发展方面迈出新的步伐。

第一节　中国科学社生物研究所

一　中国科学社生物研究所的创立

我国学者自己创办的最早的生物学研究机构是 1922 年建立的中国科学社生物研究所。1914 年，在美国康奈尔大学留学的一些中国学生成立了"科学社"。1918 年，科学社总部从美国迁回中国的南京。中国科学社迁返中国第二年，北洋政府将南京成贤街文德里官房一所拨给该社作为办公用房。1923 年起，江苏省每月拨给 2000 元，直到 1935 年停拨；1927 年冬，国民政府财政部拨给补助费 40 万元[2]，使科学社的根基更为巩固。[3]

科学社[4]除出版刊物外，还建设科学图书馆，设立生物研究所，参与设计改良科学教育，审定科学名词，参与国际科学会议，建立科学咨询处，举行学术讲演。它有宏大的科研计

---

〔1〕　钱崇澍先生［A］//中国科学院植物研究所档案：钱崇澍专卷.

〔2〕　以公债票的形式。

〔3〕　任鸿隽. 中国科学社社史简述［J］. 中国科技史料，1983，4（1）：2－13.

〔4〕　任鸿隽认为，科学社起了开风气的作用，后来各种专门学会纷纷成立。

划，而首先开办生物研究所，与当时的客观条件密切相关。当时科学社社长任鸿隽有这样的解释："至各种研究中，所以独先生物者，则以生物研究，因地取材，收效较易。仪器设备，须费亦廉。故敢先其易举，非意必存轩轾也。"[1]实际上，中国科学社原计划也想创立其他一些学科的研究所，但限于经费、设备等原因，只办了生物研究所。[2]另据《本社生物研究所开幕记》一文中介绍，"所以有生物研究所者原因有二：其一，中国地大物博，研究新材料极多，可以供于世界。吾国科学程度与欧美先进各国相较，已觉瞠乎其后，故应即起研究，俾有所得以为涓滴之助。其二，本社社员于生物研究，采集动、植物标本等已有成绩，当便继续进行，且有社员表示极热心赞助，故遂决定"[3]另一方面，动物学家秉志在学成回国后不久，认为科学研究是科学发展的源头活水，就将建立研究机构的设想加以实施。

总体而言，作为我国成立最早、影响最大的一个科学团体，科学社后来在推动我国生物科学发展方面的确起了举足轻重的作用。1930年，在华工作的美国古生物学家葛利普认为科学社的工作可以归结为三个方面：（一）科学环境的造成，其道在唤起一般人众对科学的兴趣及领会；（二）科学教育的统一、普及及其范围的推广，以及科学教育的改良；（三）科学研究的奖励以及全世界科学家的合作。[4]而生物研究所的建

---

〔1〕 任鸿隽. 中国科学社之过去及将来 [J]. 科学，1923，8（1）：1-9.

〔2〕 薛攀皋. 中国科学社生物研究所——中国最早的生物学研究机构[J]. 中国科技史料，1992，13（2）：47-56.

〔3〕 本社生物研究所开幕记 [J]. 科学，1922，7（8）：846-848.

〔4〕 葛利普. 中国科学的前途 [J]. 任鸿隽，译. 科学，1930，14（6）：759-777.

立，无疑是科学环境造成的重要组成部分。

1918 年，在康奈尔大学学习昆虫学的秉志获得博士学位后，又到号称美国最早的研究所——费城的韦斯特解剖学和生物学研究所（the Wister Institute of Anatomy and Biology）[1]从事脊椎动物神经研究两年。1920 年，秉志回到阔别多年的祖国，就职于南京高等师范学校。翌年，为了更好地发展生物学教育，他与胡先骕等人在东南大学的农科创办了第一个国立大学的生物系。负笈西方，旅美学习生物学十余年的秉志，和当时同在康奈尔大学留学的任鸿隽一样，深知科学不能从书本中学到，必须开展科学研究，才能真正使之在中国本土发展起来，进而真正探求自然和未知领域，寻求知识和真理。

当时北京大学的钟观光已经在我国东南部和中部十余省区采集了大量的标本，但受制于当时的研究条件，除梅里尔等外国专家鉴定、发表过一些种类外，国内包括钟观光本人并未能发表相关的研究文献。1919 年至 1920 年，在南京高等师范学校任教的胡先骕也在邻近的浙江和江西采集到不少植物标本。秉志当时也利用假期带领学生"循海采集动物"。[2]鉴于学校采集的动植物标本等已颇有些成绩，"所获动植物标本，盖已蔚然灿然矣"，至 1922 年夏，南京高等师范学校建立了植物标本室。[3]作为我国生物学的主要开拓者，秉志对发展生物学调查和研究事业一直充满紧迫感。于是他向科学社同人提出建立

---

〔1〕 成立于 1808 年。见任鸿隽 1917 年发表于《科学》杂志的《介绍韦斯特研究所》。

〔2〕 见 1933 年中国科学公司《中国科学社生物研究所概况——第一次十年报告》第 1 页。

〔3〕 胡先骕. 胡先骕自传［A］//中国科学院植物研究所档案：胡先骕专卷.

生物研究所的提议，述论曰："海通以还，外人竞遣远征队深入国土以采集生物，虽曰致志于学术，而借以探察形势，图有所不利于吾国者亦颇有其人。传曰，货恶其弃于地也，而况慢藏海盗，启强暴觊觎之心。则生物学之研究，不容或缓焉。且生物学之研治，直探造化之秘奥，不拘拘于功利，而人群之福利实攸系之。进化说兴，举世震耀，而推原于生物学。盖致用始于力学，譬若江河，发于源泉，本源不远，虽流不长。向使以是而启厉学之风，唯悴志于学术是尚，则造福家国，宁有涯际。至于资学致用，进而治菌虫药物，明康强卫生之理，免瘟皇疫疠之灾，尤其余事焉。"[1]他的这种理念很快得到大家的响应。

随后科学社委托秉志、胡先骕、杨铨筹办生物研究所之事。极具办事能力的杨铨迅速通过自己的活动，争取到一小笔经费。在此基础上，1922 年 8 月 18 日，在秉志的操持下，中国科学社生物研究所（the Biological Laboratory of the Science Society of China）成立。[2]这是继实业部地质调查所之后我国建立的第二个科学研究机构。

中国科学社生物研究所是国人创办的第一个生物学研究机构。韦斯特解剖学和生物学研究所以宾夕法尼亚大学为人才依托，中国科学社生物研究所则以东南大学为依托。科学社生物研究所上设董事会进行管理，同时也可为学生提供实验场地和就业机构。虽然规模有限，但它在近代中国生物学发展史上却

---

〔1〕 见 1933 年中国科学公司《中国科学社生物研究所概况——第一次十年报告》第 1 页。

〔2〕 王家楫. 我的思想自传〔A〕//中国科学院武汉水生生物研究所档案：王家楫专卷.

占有重要地位。[1]

生物研究所成立时，条件十分简陋，"中国科学社又艰难不能有所借益。仅于社之南楼，榜其楣曰生物研究所而已。秉胡两君，乃请分南楼二小室，为研治藏修之所。社中又勉拨二百四十元，藉资常年经营"。当时经费绌乏，可能只聘了一个在东南大学勤工俭学的学生常麟定充任助理员，他"日赴东南大学习剥制标本之法，夜则宿所中治理杂事"。"秉胡及东南大学生物系其他教授，常来所就南楼小室，研治所学，皆不计薪也。"换言之，其他人都是课余在此兼职，没有薪酬。1923年生物研究所又申请得到南楼楼下两大间房屋，得以辟为标本陈列室。初时也没有图书资料，秉志、胡先骕和陈桢等人就把自己的藏书放在所中，供大家阅览查考。"本所之有

中国科学社生物所南楼

〔1〕 任鸿隽. 中国科学社社史简述〔J〕. 中国科技史料，1983，4（1）：2–13.

图书室，此盖为其嚆矢。""东南大学主政者，又惠许资借仪器药物，始稍稍具规模。"[1]在资金严重短缺的情况下，设备只能由东南大学提供，条件十分简陋。就是在这样艰难的情况下，他们以东南大学为依托，把研究所支撑起来。他们靠的是创业的崇高使命感，为把生物科学引进我国，筚路蓝缕，以启山林，展现了勇于开拓的坚毅精神风范。

如前所述，中国科学社是由一批爱国科学家自愿联合组织的民间学术团体，经费来源主要是社员入社时交纳的少量会费，以及个人和团体的捐款与其他一些非常有限的收入。[2]另外，生物研究所筹办时，虽然一些实业家捐赠了一些经费，社长任鸿隽也募得一些经费[3]，"但距本所计划，尚不敷甚巨"。1923年1月，中国科学社董事会呈准国务会议，由江苏国库月拨二千元为科学社补助费。鉴于生物研究所在举办标本展览方面颇有些成绩，从当年秋天起，生物研究所也得到月拨三百元的经费。科学社又多给生物研究所一些房子，办公条件得以进一步改善。1926年2月，中华教育文化基金会议决补助生物研究所常年费一万五千元，以三年为期，另给一次性补助设备费五千元，此项补助费指明为生物研究之用。[4]

1925年，生物研究所的研究人员通过自己的努力，开始出版调查报告和论文。他们在所里创办的刊物上发表了5篇

〔1〕 见1933年中国科学公司《中国科学社生物研究所概况——第一次十年报告》第2页。

〔2〕 任鸿隽. 中国科学社社史简述 [J]. 中国科技史料, 1983, 4（1）：2-13.

〔3〕 本社生物研究所开幕记 [J]. 科学, 1922, 7（8）：846-848.

〔4〕 见《中国科学社概况》（上海明复图书馆、南京生物馆开幕纪念刊物）（中国科学社1931年出版）第2、第16页。

论文，又在国外杂志上发表了3篇论文，"成效远在拥华厦著虚名者之上"，逐渐引人刮目相看。[1]因工作渐渐得到社会上的重视，各方面给生物研究所的经费亦时有增加。从1926年得到中华教育文化基金会补助后，秉志、胡先骕才开始在所里支取半薪，因为"资用匮乏，而书物、采集、印刷所支，为数殊繁重，不得不力为节制。故职员薪给，率皆微薄，而研究者又大抵兼理事务"[2]。据原生物研究所工作人员倪达书回忆，秉志和钱崇澍一同建立一种制度，以便使有限的经费尽量用在研究工作上，即行政管理等工作都由研究人员兼任。譬如会计由熟悉业务的周蔚成研究员兼管，图书资料请懂行的蒋始超担任，日常事务管理曾先后由张孟闻、郑万钧和倪达书负责。如此一来，既充分节省了经费，又把一切工作都安排得井井有条。[3]

鉴于国外多有考察队来华考察采集生物，而且"颇有异志"，调查国内动植物的区系之工作迫在眉睫，生物研究所亟须扩大规模。通过秉志等人的运作，从1929年7月起，中华教育文化基金会继续补助生物研究所经费三年，每年各四万元，并另助生物研究所建筑费二万元。[4]同年，中国科学社也补助建筑费二万元。[5]此后，中华教育文化基金会对生物研究

〔1〕 本社生物研究所开幕记［J］. 科学，1922，7（8）：846－848.

〔2〕 见1933年中国科学公司《中国科学社生物研究所概况——第一次十年报告》第9页。

〔3〕 王家楫，张孟闻，郑集，等. 回忆业师秉志［J］. 中国科技史料，1986，7（1）：18－24.

〔4〕 见《中国科学社概况》（上海明复图书馆、南京生物馆开幕纪念刊物）（中国科学社1931年出版）第3页。

〔5〕 任鸿隽. 中国科学社社史简述［J］. 中国科技史料，1983，4（1）：2－13.

所年有补助，直到 1937 年该会停止工作为止。

1930 年 10 月，中国科学社总部迁往上海，原来的两座楼房都给了生物研究所，但办公用房仍然不足。为改善办公条件，生物研究所利用中国科学社和中华教育文化基金董事会拨付的四万元，在科学社原社址的西侧空地建办公楼，办公楼于 1931 年 3 月建成。该楼为钢筋水泥建筑，上下两层，"凡三十六室，乃迁书籍标本仪器于其内"，"向时重叠积压者，至是皆庋藏有所，铺陈有序。而研究之须有精微设备，若组织学、生理学、试验胚胎学等，以新厦光线充足，温度适宜，亦俱能如所指度，惬心以从事"。[1]这时该所已有三幢各为两层的研究实验楼，研究工作条件有了很大的改善。图书资料到 1932 年的时候已经有杂志 352 种，书 922 卷，

中国科学社生物研究所北楼

〔1〕 见 1933 年中国科学公司《中国科学社生物研究所概况——第一次十年报告》第 7 页。

共藏书 9000 余册；有动物标本 67500 号，植物标本 53130 号。[1]

生物研究所的成员为开创祖国的生物学事业异常努力，充满奋斗精神。任鸿隽曾指出："研究所[2]成立，努力于研究事业者更多。如秉农山、钱雨农诸君，无冬、无夏、无星期、无昼夜，如往研究所，必见此数君者埋头苦干于其中。"[3]秉志常说："一个学生在美国那种环境下取得研究成果是可以预期的，但更可贵的是在国外受了训练之后，回到中国来，在我们这种比较困难的环境下做出成绩来，使中国的科学向前推进一步。"[4]在秉志、钱崇澍等带头人以身作则精神的感召下，所内成员都积极献身祖国的生物科学研究事业。他们刻苦钻研，努力探索，在十分艰苦的条件下逐步取得了一定的成绩。秉志曾不无欣慰地写道："肇始之初，经济枯竭，事业无从进行，徒具虚名而已。一九二四年以后，始有少数常年经费，乃能迤迤进展……过去五六年间，所中正式人员，以其大部时力，为中国动植物品种之调查，尤致意于扬子江流域及滨海各省，在此区域内之生物标本，大都已经搜藏于该所矣。"[5]只可惜好景只如昙花一现，接下来的战争几乎摧毁了生物研究所创业者的全部心血。

正当生物研究所刚刚开始有声有色地向前发展的时候，日

---

〔1〕 见 1933 年中国科学公司《中国科学社生物研究所概况——第一次十年报告》第 13－15 页。

〔2〕 这里指中国科学社生物研究所。

〔3〕 任鸿隽. 中国科学社二十年之回顾 [J]. 科学，1935，19（10）：1483－1486.

〔4〕 伍献文. 秉志教授传略 [J]. 中国科技史料，1986，7（1）：16－18.

〔5〕 秉志. 国内生物科学（分类学）近年来之进展 [J]. 科学，1934，18（3）：414－431.

本悍然发动了全面的侵华战争，使这个科研机构和当时国内其他研究机构一样遭到严重的损坏，元气大伤。七七事变后，生物研究所开始向西南搬迁，所长秉志因夫人有病未能随行。此后，秉志在上海中国科学社明复图书馆建立临时研究室，继续坚持研究工作，直至 1941 年日本占领上海租界，他才不得不停止研究活动。

1937 年后，植物部原主任钱崇澍代理所长[1]，最终该所迁往重庆北碚，借用中国西部科学院的部分房舍，安定下来。钱崇澍领导所内同人继续开展工作。1940 年春，生物研究所又自建了几间实验室。当时经费极为紧张，职员有 20 余人。"动物部注重形态和生理，植物部注重生态和分类。"[2]由于经费支绌，研究人员大多在复旦大学等校兼课。后终因资金短缺，被迫停办，但钱崇澍仍管着所务。当时他的心情十分愤懑，黯然写道："科学事业非空谈，炮火连天毁一旦。个人心血无还道，国家兴旺待何年？"[3]表达了对祖国科学事业的前途充满了忧虑的沉重心情。

由于日军占领南京后，劫走了生物研究所未及转移的标本资料，办公楼亦遭焚毁。抗战胜利后，生物研究所在南京已无栖身之地，只好暂时寄寓在上海中国科学社明复图书馆，恢复部分研究工作，直到 1949 年中华人民共和国成立。[4]

---

〔1〕《国立中央研究院院士录》第一辑 82 页（1948 年 6 月编印），以及钱崇澍的档案均记载其为中国科学社生物研究所所长。

〔2〕竺可桢. 竺可桢日记［M］. 北京：人民出版社，1984：499.

〔3〕钱伟长，梁栋材. 20 世纪知名科学家学术成就概览：生物学卷［M］. 北京：科学出版社，2012：18.

〔4〕薛攀皋. 中国科学社生物研究所——中国最早的生物学研究机构［J］. 中国科技史料，1992，13（2）：47 - 56.

二 生物研究所的组织机构及研究人员

生物研究所从成立到 1937 年一直由秉志任所长。建所之初，除秉志外，只有胡先骕和陈桢二人。1923 年筹得少量经费，得以增聘王家楫为所里的研究员。常麟定和陈长年分任所里的动物、植物采集员。1923 年秋，胡先骕赴美国哈佛大学阿诺德树木园深造后，秉志"约东南大学陈焕镛、陈席山两教授来所分主动植物学两部事"。[1]1926 年经费稍微宽裕，生物研究所分动物、植物两部，分别由秉志和胡先骕担任主任。1928 年胡先骕北上静生生物调查所任植物部主任，生物研究所改聘钱崇澍担任植物部主任。1937 年，生物研究所西迁重庆，因秉志滞留在上海，由植物学部主任钱崇澍代理所长。1942 年钱崇澍受聘于复旦大学，离开生物研究所。抗战胜利后，该所迁回上海，秉志仍任该所所长。[2]

生物研究所初创时，经费少，只有个别助理人员支薪。1923 年人员增加到 3 个，至 1926 年，由于得到中华教育文化基金会的资助，秉志和胡先骕开始在所里支半薪，人员增加到 6 个。他们是动植物部主任秉志、胡先骕，研究员[3]张春霖、耿以礼，动植物标本采集员常麟定、陈长年。1927 年，又增加动物研究员方炳文、植物研究员金维坚。1929 年，方炳文、常麟定和陈长年转到中央研究院自然历史博物馆工作，于是聘任王以康、刘其燮补方炳文和陈长年离去的缺。由于得到中华

---

〔1〕 见1933年中国科学公司《中国科学社生物研究所概况——第一次十年报告》第2页。陈桢，字席山，后改协三。

〔2〕 薛攀皋. 中国科学社生物研究所——中国最早的生物学研究机构[J]. 中国科技史料，1992，13（2）：47～56.

〔3〕 当时所里的研究员是中级职称，相当于现在的讲师。

教育文化基金会更多的资助，经费条件大有改善，"于是增聘执事，添购书物；所中职员，即骤增至十八人。计专家三人，研究员八人，采集员三人，助理三人，绘图员一人"。[1]至1932年的时候，生物研究所有技师（专家）5人，研究员8人，有"正式职员"26人，"研究客员"13人。最多的时候有职员27人，除动植物部主任外，研究技师和研究员常为十一二人。[2]

生物研究所建立后，先后在那里做过研究的（包括工作过的）主要人员有如下一些：

动物部：陈桢、曾省、王家楫、倪达书、徐锡藩、伍献文、何锡瑞、陈义、秉志、张春霖、方炳文、王以康、苗久棚、周蔚成、戴立生、喻兆琦、常麟定、谢淝成、孙宗彭、张宗汉、张孟闻、崔之兰、欧阳翥、郑集等。这些人除陈桢外，基本上都是秉志东南大学的学生。陈桢在所里研究的时间不长，1925年就离开南京到清华学校生物系任教。

植物部：胡先骕、钱崇澍、陈焕镛、邓叔群、王志稼、秦仁昌、郑万钧、裴鉴、孙雄才、方文培、耿以礼、杨衔晋、曲仲湘、张景钺、汪振儒、金维坚、郝世襄等。上述人员中除张景钺、邓叔群和王志稼外，其他人也都是钱崇澍、胡先骕和陈焕镛的学生。

生物研究所的研究技术人员包括"正式职员"和"研究客员"两种。正式职员是指专在所里工作的研究人员和技术

---

〔1〕 见1933年中国科学公司《中国科学社生物研究所概况——第一次十年报告》第5页。

〔2〕 中国科学社生物研究所概况（第一篇）[J]. 科学，1943，26（1）：133–134.

人员。研究人员分高、中、初三级。高级研究人员称为技师或教授，中级研究人员称为研究员，初级研究人员为研究助理或助理。技术人员则有标本采集员、标本室助理、绘图员等。研究客员指外单位研究、教学人员到研究所工作的客座研究人员。研究客员不限于高级人员，也包括讲师、助教、大学生物系高年级学生，甚至中学生物教师；也有的是原来所里的职员，后来到其他单位工作的学者。比如后来的动物生理学家吴功贤、细胞学家徐凤早、神经生理学家欧阳翥、苔藓学家陈邦杰、中学教员万宗玲、植物病理学家凌立和沈其益等都曾是该所的研究客员。[1]

三 生物研究所的研究工作

生物研究所自创立以后，即展开一系列生物研究工作，是为我国生物分类学等学科研究之先导。它吸收了许多东南大学毕业的学生，在研究工作中将他们培养造就成生物学人才，为我国生物科学研究工作的持续发展奠定了基础。同时还扶助其他生物学研究机构开展工作。它通过各种形式在民众中普及现代生物科学知识，为我国近现代生物学的发展做出了不可磨灭的贡献。

1. 研究工作

生物研究所在筹建时曾设想其"研究课题，动物学从形体入手以达分类、生态、生理、遗传等要门；植物学以采集国内高等植物标本，研究植物生理学、细胞学、胚胎学入手，渐及于菌学、细菌学、植物育种学等"。[2]但这个设想并没有完

〔1〕 见1933年中国科学公司《中国科学社生物研究所概况——第一次十年报告》第25页。

〔2〕 本社最近之状况 [J]. 科学, 1922, 7 (4): 404 - 405.

全实现，植物生理学、植物细胞学、植物育种学和细菌学的研究基本上没有开展。1923 年，即该所成立的第二年，当时中国科学社社长任鸿隽在《中国科学社之过去及将来》一文中指出生物研究所的主要工作内容"约分两部：一方面搜集国内动植物标本，分类陈列，以备众人观览；一方面选择生物学中重要问题，开始研究，以期于此中有所贡献"。[1]

生物研究所的研究取向和地质调查所有相似之处，即重视本土资源的调查。曾长期任地质调查所领导的翁文灏认为："从世界科学的眼光来看，学术无国界，我们应该欢迎他们（指外国人）来早些发明尚未发明的宝藏，促进人类知识的进步。但是就中国人的地位着想，我们自己的材料、自己的问题，不快快的自己研究，以贡献于世界，却要劳动他们外国人来代我们研究，我们应该觉得十二分的惭愧，应该加十二分的策动。"[2]从 1927 年开始，生物研究所因"感于本国生物品种调查之不容或缓，略侧重于分类学"[3]，"植物学部以调查国内植物种类为主要鹄的。良以此项工作为植物学各门之基础，一国产物若邦人自己不知清楚记载而假手他人，不特邦人士之耻，且亦等于弃材于地暴殄天物也"[4]。他们从实际出发，由近及远，先开展对江浙等东南地区的生物学调查研究工作。[5]当时生物研究所获得中华教育文化基金会的补助，经费较裕，

〔1〕 任鸿隽. 中国科学社之过去及将来 [J]. 科学，1923，8（1）：7.

〔2〕 参见翁文灏的《为何研究科学》一文。

〔3〕 见 1933 年中国科学公司《中国科学社生物研究所概况——第一次十年报告》第 15 页。

〔4〕 中国科学社生物研究所概况（第一篇）[J]. 科学，1943，26（1）：136.

〔5〕 胡先骕. 与汪敬熙先生论中国今日之生物学界 [J]. 独立评论，1932（15）：15－22.

开始有能力开展较大规模的采集活动。

当时的学者都注重生物学对经济发展的贡献，认为"动物学为水产、医学及农业之本"。[1]秉志负责的动物部常年注意南京及其附近动物的调查与收集，还经常派人至长江上下游及浙江、福建各处，从事水产及海产动物的搜集。1930年，为了与日本科学远征队竞争，他们加紧了对长江上游动物，尤其是鱼类的调查研究。他们又几度到山东、浙江、福建、广东沿海，调查海产和陆生动物，所得标本颇为丰富。"据1931年的报告，共有标本18000个，共1300种"，各类动物标本"大抵皆备，足供研究所需"。[2]1934年同北平静生生物调查所、中央研究院自然历史博物馆、山东大学、北京大学、清华大学等单位合组海南生物采集团，在海南岛进行较大规模的调查，采到了大量珍贵的热带和亚热带的动物种类。

植物部除了在南京及其附近进行常年调查外，在江苏和浙江两省的重要区域基本上都有所采集[3]，在四川也有相当规模的采集。"历年采集之结果；标本室现（1931年）有已定名之标本一万余纸，内包有二百科一千三百余属，及八千种。其他之犹待定名之标本，数目过之。"[4-5]所有这些标本都经过详细鉴定、叙述，并加以系统分类，然后写成论文向外发表或

----

〔1〕 卢于道. 二十年来之中国动物学〔J〕. 科学, 1936, 20（1）: 41-48.

〔2〕 任鸿隽. 中国科学社社史简述〔J〕. 中国科技史料, 1983, 4（1）: 2-13.

〔3〕 中国科学社生物研究所概况（第一篇）〔J〕. 科学, 1943, 26（1）: 136.

〔4〕 这里的数字与1933年中国科学公司《中国科学社生物研究所概况——第一次十年报告》有出入，不知何故。

〔5〕 见《中国科学社概况》（上海明复图书馆、南京生物馆开幕纪念刊物）（中国科学社1931年出版）第23页。

与国内外学术机关交换刊物。1934年，生物研究所与中央大学农学院合作，派吴中伦等去云南，调查与缅甸接壤的我国边疆的植物，收集到植物标本3000余号。

1934年，生物研究所受国防设计委员会委托，派人去青海、甘肃、新疆进行了为期约一年的植物调查。1935年派人参加实业部浙、赣、闽林垦调查团，到这三省调查、采集植物。[1]总体而言，生物研究所植物部的调查地域包括鲁、豫、鄂、皖、赣、川、康诸省，尤其偏重于长江流域，学科则稍稍侧重于分类学方面。[2]另外，在植物生态学方面也开展了一些工作，还编写了森林植物志和药用植物志。

通过长期的调查采集，生物研究所积累了大量动物、植物标本，所有"标本都理为两全份，以其一份存诸沪社，其又一份则陈列于本所新楼标本室。此外重复之件，则为研究者所资取，又为各学社交换互证之用"[3]。这些标本为充实标本室、博物馆，以及进一步开展分类学研究工作，创造了更好的条件。当时其"所藏标本图书之丰富，在华中实首屈一指"[4]。

在收藏丰富的动、植物标本的基础上，研究人员开展了一系列分类学的研究。动物分类学的研究部分，无脊椎动物的分类相对集中在原生动物，包括淡水、海洋和寄生的原生动物，

〔1〕 薛攀皋. 中国科学社生物研究所——中国最早的生物学研究机构[J]. 中国科技史料，1992，13（2）：47-56.

〔2〕 蔡元培在中央党部总理纪念周上报告中央研究院与中国科学研究之概况（1935年11月4日）.（中国第二历史档案馆. 中华民国史档案资料汇编：第五辑第一编 教育（二）[G]. 南京：江苏古籍出版社，1994：1350.）

〔3〕 见1933年中国科学公司《中国科学社生物研究所概况——第一次十年报告》第15页.

〔4〕 张肇骞. 中国三十年来之植物学 [J]. 科学，1947，29（5）：131-160.

如纤毛虫、鞭毛虫、根足虫等（王家楫、倪达书），也做了一些对水母（徐锡藩）、蝎类（伍献文）、蜘蛛（何锡瑞）、蚯蚓（陈义）和蚌类（秉志）等的分类研究。脊椎动物的分类研究则主要涉及鱼类、两栖类、爬行类、鸟类和哺乳类，如：南京、镇江、厦门、福州、浙江、山东、四川等地的鱼类（张春霖、伍献文、方炳文、王以康、苗久棚、秉志等）；南京及其附近、浙江、四川、江西等地的两栖类和爬行类（孙宗彭、张宗汉、伍献文、徐锡藩、方炳文、张孟闻等）；南京附近、陕西和四川的哺乳类（何锡瑞）；四川之鸣禽（王希成）；长江下游的鸟类（常麟定）；等等。

植物分类学的研究，除地区性资料整理外，还开展了专科专属的研究，如山茱萸科、兰科、荨麻科（钱崇澍），椆属、安息香科（胡先骕），樟科（陈焕镛），裸子植物和木本植物（郑万钧），马鞭草科（裴鉴），唇形科（孙雄才），槭树科和杜鹃花科（方文培），禾本科（耿以礼），真菌（邓叔群）以及长江流域淡水藻类（王志稼）等。他们还着手编制《浙江植物志》。[1]

除对动植物进行区系调查和分类学研究之外，生物研究所另一项较为重要的工作是对动物形态学、解剖学和组织学的研究。秉志等人以鲸鱼、老虎、小白鼠、蜥蜴、蛙、鱼类、水母、蚂蟥等为材料进行某一系统或某一器官的解剖学、形态学、组织学和胚胎学的研究。此外，生物研究所还进行了一些水生动物生态学的研究。

---

〔1〕 张肇骞. 中国三十年来之植物学［J］. 科学，1947，29（5）：131 -
160.

在植物生态学方面的考察和研究有钱崇澍对安徽黄山植物、南京钟山森林、南京钟山山顶岩石的观察，裴鉴对南京植物及其群落的研究，汪振儒对南京玄武湖植物群落的研究等。

20 世纪 30 年代前期，在汪敬熙与胡先骕等人进行一番实验生物学和分类学何者应优先发展的论战之后，生物研究所所长秉志[1]大约也感到确实应该着手发展实验生物学。生物研究所 1933 年的报告指出："生物学之殊异于众学科者，以其研究之实物，为有生之伦，不是枯寂死物也。故先明其构造，次当致力于生理。考其饮食生殖之宜，然后乃能知其谋存之道。凡自然界所影响于生物者，故当寻绎其原；而实验室中，又当造作环境，以视其适应之方。取资于鼠兔马牛，而人身疾病疗治之术，因以昌明。"[2]于是在动物部下增设生理研究室（1933 年）和生物化学研究室（1934 年），分别由生理学家张宗汉和生物化学家、营养学家郑集负责[3]，开展生理学、生物化学等各方面的研究工作。生理学研究主要集中在神经系统生理学，如中枢神经系统组织之呼吸代谢，神经系对于水代谢之作用，磷脂类、盐类对脑脊髓呼吸之影响（张宗汉）；兔子大脑运动区及白鼠大脑皮层损伤对呼吸之影响（秉志）等。生物化学的研究则着重于营养方面，如南京人的膳食，米麦营

---

〔1〕 他本人似乎对汪敬熙的言论不太认同。尝太息而言，以为"国人不知崇尚实学，惑于轻言，夫分类学为研索生物科学之基础，品种不明，其他皆无所建立，部署初定，正拟迈进，此在欧美，赞扬扶翼之不遑，宁忧困乏？乃功业未立，毁谤已至，士人不务所学，唯浮辞诋诮是尚，良堪惋叹"。（张孟闻. 中国生物分类学史述论［J］. 中国科技史料，1987，8（6）：3～27.）

〔2〕 见 1933 年中国科学公司《中国科学社生物研究所概况——第一次十年报告》第 25 页。

〔3〕 郑集. 中国早期生物化学发展史（1917—1949）［M］. 南京：南京大学出版社，1989.

中国生物学史·近现代卷

养价值，中国盐干制蔬菜内维生素 C 的测定，黄豆蛋白质与牛乳蛋白质等的比较研究（郑集）等。

生物研究所除进行上述基础生物学研究外，还努力进行一些实际应用方面的研究。如开展了大规模的生物资源调查，通过这些调查工作便可知有经济价值的生物种类的分布情况及数量，以便加以利用。生物研究所成立后，曾为江西省调查鱼类资源；又派郑万钧到四川调查木材产区，为成渝铁路建设所需的枕木采伐服务；还曾为实业部调查湖南、浙江一些地区的造纸木材，以及四川一些地方的竹子病害。太平洋战争爆发后，生物研究所又为贸易委员会研究油桐和茶树害虫，同时受教育部的资助，调查学童身心健康问题。[1]

为了发表研究成果，1925 年，生物研究所创办了《中国科学社生物研究所丛刊》（*Contributions from the Biological Laboratory of the Science Society of China*）这个英文刊物。所内研究人员撰写的研究论文和调查报告主要发表于此。丛刊的出版发行，对国内外学术交流起了很好的作用。与生物研究所建立刊物交换关系的，国内有静生生物调查所、中央研究院动植物研究所和各大学图书馆、生物系等，国外有大英自然博物馆、剑桥大学、法国的自然博物馆、美国纽约自然博物馆等，在 1932 年的时候，共达 600 余处。后来更称千余处。[2]从此，"负挟以趋，生物科学乃为国人所重视"。[3]

---

〔1〕 中国科学社生物研究所概况（第一篇）［J］. 科学，1943，26（1）：133－134.

〔2〕 中国科学社. 中国科学社成立三十周年宣言［J］. 科学，1945，27（1）：3－4.

〔3〕 见 1933 年中国科学公司《中国科学社生物研究所概况——第一次十年报告》第 7 页。

有人对《中国科学社生物研究所丛刊》自创刊至 1942 年停刊发表的论文数量进行统计，动物学部共刊行论文 112 篇（交国内外其他刊物发表者不计），其中分类学 66 篇、解剖组织学 22 篇、生理学 15 篇、营养学 9 篇；植物学部共刊行论文百余篇，内容几乎都为分类学。[1]从上述统计数字可以看出，生物研究所的研究重点主要集中在动植物的区系调查和分类学方面。

生物研究所不仅开展生物形态学和生态学的研究，更主要的是对我国的动植物资源进行了调查。动物调查偏重昆虫，植物调查则着重对江苏、安徽、浙江和四川等地区的考察和标本收集。七七事变前，胡先骕、钱崇澍、钟心煊、郑万钧、裴鉴、孙雄才和吴中伦都参与了调查采集工作，积累了大量的标本资料。除在该所的《中国科学社生物研究所丛刊》先后发表了研究论文数百篇外，还出版了《中国森林植物志》《中国药用植物志》《中国马鞭草科》等书籍，并把编著《南京植物志》和《浙江植物

《中国森林植物志》书影

---

〔1〕 薛攀皋. 中国科学社生物研究所——中国最早的生物学研究机构[J]. 中国科技史料，1992，13（2）：47–56.

志》当作重要工作。[1]迄 1933 年，已经编成《南京植物名录》《南京植物通志》《浙江植物志略》，以及《南京动物志略》和三厚册的《长江动物志初稿》。[2]可惜七七事变后该所仓促西迁，大部分材料惨遭焚毁。[3]

2. 培养造就了一大批生物学人才

生物研究所成立以前，我国没有从事生物学研究的机构，学生无法在课堂之外得到研究实习的机会。生物研究所的成立，为我国培养生物学专门人才创造了基本条件。任鸿隽（字叔永）在《赴川考察团在成都大学演说录》中指出："近来有许多人认为学科学的没有用处，或在中国学科学没有深造的机会，这却不然。近来中国的科学渐渐发达了，如学地质可以在北平地质研究所去深造，学生物的可以在南京中国科学社的生物研究所或北平静生生物调查所去研究，学物理化学的可以到清华研究院。"[4]这段话也从一个侧面反映了生物研究所对当时的生物学人才培养所起的作用。

当时中国有名的生物学教授很多集中于东南大学，如秉志、陈桢、胡先骕、陈焕镛等，加上秉志等名家在教学上循循善诱，吸引了一大批学生学习生物学，而中国科学社生物研究所又与东南大学相邻，因此成为该校教师科研的实验室和学生的实习基地。生物研究所同样也吸引了其他高校的学

〔1〕 胡先骕. 中国近年植物学进步之概况 ［J］. 中国植物学杂志，1934，1（1）：3－10.

〔2〕 见 1933 年中国科学公司《中国科学社生物研究所概况——第一次十年报告》第 8 页。

〔3〕 中国科学社生物研究所概况（第一篇）［J］. 科学，1943，26（1）：133－134.

〔4〕 任叔永. 赴川考察团在成都大学演说录 ［J］. 科学，1931，15（7）：1169.

生来此实习和研究。此外，生物研究所经常与其他研究单位共同进行标本采集活动，在这一过程中，同时对随行人员进行生物研究训练。如1930年生物研究所入川采集团在四川进行采集活动，"经历合川、成都、灌县、嘉定、峨眉、峨边诸郡邑，西部科学院并派遣学子，随从学习采猎、剥制等技术"，他们接受生物研究工作的训练，其中有些人后来成为我国著名的生物学家。[1]

生物研究所的老师对年轻人的成长非常关心。生物研究所所长秉志对每个前来求教的学习动物学的学生，都予以关心爱护，不管与他有无关系，都竭力帮助其成长。他本人中文、英文功底都很好，对每个从学者的文章必逐句逐段修改并帮助发表，及至他认为有学生基础已经打好，并且有一定的论文著作的时候，必尽力向有关方面推荐其出国深造。[2]

由于该所良好的教育氛围，在此得到培训成长起来的植物学人才有：禾本科专家耿以礼，杜鹃花科和槭树科专家方文培，裸子植物专家郑万钧，森林生态学家吴中伦，藻类专家汪振儒，樟科分类专家杨衔晋，药用植物学家裴鉴、孙雄才，植物生态学家曲仲湘，植物形态学家严楚江，植物病理学家沈其益，蕨类学家秦仁昌，苔藓学家陈邦杰等。在这里得到训练的动物学人才包括：原生动物学家王家楫、戴立生，原生动物学家和鱼病专家倪达书，环节动物学家陈义，寄生虫学家徐锡藩，昆虫学家曾省、苗久棚，浮游生物学家朱树屏，甲壳动物

〔1〕 中国科学社生物研究所入川采集队返都 [J]. 科学, 1931, 15 (3): 471.

〔2〕 王家楫, 张孟闻, 郑集, 等. 回忆业师秉志 [J]. 中国科技史料, 1986, 7 (1): 18 – 24.

学家喻兆琦，鱼类学家张春霖，兽类学家何锡瑞，两栖爬行类专家张孟闻，鱼类专家伍献文、方炳文、王以康，鸟类学家常麟定、傅桐生等。

除上述形态分类学家外，在实验生物学方面则有组织学和胚胎学家崔之兰，胚胎学家和鸟类学家王希成，解剖学家李赋京，生理学家张宗汉、孙宗彭、吴功贤、吴襄，生物化学家郑集，神经组织学家欧阳翥，细胞学家徐凤早等。

上述史实表明，生物研究所的确培养了不少人才。后来中国科学社在一个宣言中说该所"养成专家百余人"[1]，大约不算夸大之词。对于中国科学社生物研究所的影响，蔡元培在1934年曾经说过这样一句话："现在国内研究生物的学者，什九与该所有渊源。"[2]他的这番话或许有些言过其实，但也足以说明生物研究所在中国近代生物学发展过程中的重要意义。

3. 扶助其他生物学研究机构，进行学术合作

中国科学社生物研究所从1922年成立到1928年北平静生生物调查所成立前，是国人自己兴办的唯一一所生物学研究机构，1928年以后国人才相继建立其他生物学研究机构。这些后来成立的生物学研究机构，有一些直接或间接地源于它，并或多或少得到过它的帮助。

---

〔1〕 中国科学社.中国科学社成立三十周年宣言 [J].科学，1945，27（1）：3－4.

〔2〕 蔡元培在中央党部总理纪念周上报告中央研究院与中国科学研究之概况（1935年11月4日）.（中国第二历史档案馆.中华民国史档案资料汇编：第五辑第一编 教育(二) [G].南京：江苏古籍出版社，1994：1350.）

1928 年，为纪念范源廉（字静生），尚志学会[1]和中华教育文化基金会共同捐资，于北平创办北平静生生物调查所，中国科学社生物研究所所长秉志是静生生物调查所的首任所长，"凡所擘画，一循旧规"，[2]部门设置也一如生物研究所下设动物部和植物部，并由秉志、胡先骕分别负责。静生生物调查所的许多研究人员亦是生物研究所输送过去的，正如秉志所说的："静生生物调查所之倡立，此间实为其筹措规划，执事人多为前时本所之职员，不啻为此间之新枝。最近以两者关系密切，缔约相结，已为骈盟之集团矣。"[3]

1928 年，国民政府在南京建立中央研究院，一年后，筹建自然历史博物馆，其主要任务是陈列从全国各地收集到的动植物标本和古生物化石，同时也做些动植物的区系调查和分类研究。该馆的建立也有秉志和钱崇澍等人协助筹建的功劳。馆中的研究人员不少是由生物研究所输送过去的，如伍献文、常麟定等。两个单位的关系"向来异常密切，不但书籍标本，常相交换，采集研究，亦时时合作"。[4]1934 年，在丁文江任中央研究院总干事的时候，该馆改组为中央研究院动植物研究

〔1〕 尚志学会是 1910 年由梁启超、林长民、林宰平、张东荪、范源廉、江庸等人创立的一个组织，是以梁启超为首的政治派别进步党"宪法研究会"（当时称"研究系"）的一个附属组织。曾主办《哲学评论》等学术刊物；1918 年开始，发行过包括一些生物学著作和社会心理学著作的《尚志学会丛书》。（冯友兰. 冯友兰自述 [M]. 北京：中国人民大学出版社，2004：185.）

〔2〕 见 1933 年中国科学公司《中国科学社生物研究所概况——第一次十年报告》第 6 页。

〔3〕 薛攀皋. 中国科学社生物研究所——中国最早的生物学研究机构[J]. 中国科技史料，1992，13（2）：47-56.

〔4〕 蔡元培在中央党部总理纪念周上报告中央研究院与中国科学研究之概况（1935 年 11 月 4 日）。（中国第二历史档案馆. 中华民国史档案资料汇编：第五辑第一编 教育（二）[G]. 南京：江苏古籍出版社，1994：1355.）

所，由秉志的学生、原生动物学家王家楫出任所长兼动物部主任，钱崇澍的学生裴鉴任植物部主任。

1942年，在生物研究所走过二十年的时候，胡先骕发过这样一段感慨："兹所以所长秉农山先生惨淡经营不遗余力，得有今日之伟大成就。虽因四年来抗战，颠沛流离，备尝艰苦，而仍能勇往迈进，始终不懈，为吾国科学界争光，一方面固由于秉所长指导有方，一方面亦由于所中同人之努力奋斗，始克得此辉煌灿烂之结果也。尝忆当年追随秉先生之后，以在东南大学授课之余暇，共创斯所，既无经费，复少设备，缔造艰难，匪言可喻。然奋斗数载，卒见光明。由是而孳乳者，先后有静生生物调查所、国立中央研究院动植物研究所、国立中山大学农林植物研究所及庐山森林植物园；云南农林植物研究所则又燃再传之薪者。二十年中共同奋斗，为全国生物学研究先导，卒能蜚声海外，为邦争光。"[1]

对于中国科学社生物研究所协助建立其他学术机构，并与他们合作和给予帮助，秉志曾在《第二十次年会生物研究所报告》中有如下总结："国立中央研究院动植物研究所与本所联络至为密切，研治则彼此分工避免重复，采集则互相合作共获便利，标本互为参考，书籍有无相通……国立中央大学农学院赴云南一带调查亦邀此间共往；中央卫生署、北平研究院化学研究所研究中国药用植物，皆委本所为之鉴定学名；河南省立博物馆关于生物学之工作程序由本所为之策划，现除与本所交换标本外，并派遣人员来所研究；国立山东大学亦派员来此研究鱼类，所中概予以种种之便利；中国

---

〔1〕 胡先骕. 中国生物学研究回顾与前瞻［J］. 科学，1942，26（1）：5.

中国生物学史·近现代卷

270

西部科学院关于生物部分因亦由本所为之计划，该院现派员长期来所研究；国立编译馆委托此间审定所编译之书籍名词等，本所亦无不略效微劳。"[1]

此外，生物研究所在普及生物科学知识方面也做了大量的工作。生物研究所在成立伊始就将科学普及作为一项重要工作。他们的工作主要有如下几种方式。

首先，设立标本陈列馆和博物馆，对外开放，增进公众的博物学知识。当时的影响似乎很不错："虽所展列，都属寻常，而以国内向无公开之博物馆，倡立新异，观者盈途。"[2]其次，为向社会一般人士传输生物科学之常识，生物研究所邀请研究人员做有系统的通俗演讲，每月一次。在上海和南京均"按月行之，其演讲词概有记录，除陆续刊布于《科学》外，将来更将汇辑成册，以次推行。此外，复特约所中研究员以通俗文字介绍生物学上新颖而富有兴味之事物，按时刊布于《科学画报》及《科学的中国》，俾增进社会人士对于生物学之知识"。[3]撰写各种通俗文章，共计60余篇。迁至四川后，该所曾着手编写《动物图鉴》和《植物图鉴》。[4]再者，给中学生物学教师提供了进修、研习的机会，为中学教学提供帮助。

这里还要强调一下，中国科学社作为一个圈子，对生物学

〔1〕 中国科学社. 中国科学社第二十次年会纪事［M］. 上海：中国科学社，1935.

〔2〕 见1933年中国科学公司《中国科学社生物研究所概况——第一次十年报告》第2页。

〔3〕 秉志. 第二十次年会生物研究所报告［M］//中国科学社. 中国科学社第二十次年会纪事. 上海：中国科学社，1935：19.

〔4〕 中国科学社生物研究所概况（第一篇）［J］. 科学，1943，26（1）：133－138.

的影响是很大的。胡适、翁文灏也与同自己的学术理念相同的秉志等同气相求，互助声势，交相呼应。他们都为祖国包括生物学在内的自然科学的发展奔走呼号，殚精竭虑。如果没有上述学术精英在持续扶持，中国科学社生物研究所的成长就可能举步维艰。

第二节　北平静生生物调查所

一　静生生物调查所的建立和研究工作

秉志和胡先骕等人在南京建立中国科学社生物研究所后，一直谋求在文化中心北平设立一个动植物学调查机构，以壮大研究队伍，更好地在全国范围内开展动植物的分类研究。但限于经费等方面的原因，一直未能如愿。数年后，中华教育文化基金会的干事长范源廉（字静生）恰好推动了此事，加上秉志等人的努力，以及尚志学会和中华教育文化基金会的大力襄助，终于 1928 年 10 月 1 日在北平成立了私立的静生生物调查所（下面简称"静生所"）。

范源廉（字静生）

范静生是著名学者梁启超的学生，雅好生物科学，晚年常自采集、研究，并且试图在北平设立一座自然历史博物馆。[1] 而一直致力于推动中国生物学调查事业和主张中国建立生物博物馆的中华教育文化基

〔1〕 任鸿隽. 静生生物调查所开幕记 [J]. 科学，1929，13 (9)：1260 - 1264.

金会美籍董事祁天锡也大力促成此事。[1-2]由于多方的合力，尽管范静生赍志而殁，学界的朋友们"为纪念范静生先生提倡生物学未竟之志特设静生生物调查所"[3]，由中华教育文化基金会与尚志学会合作出资，前期主要由中华教育文化基金会资助。由于有中华教育文化基金会的经济保障，静生所经费比较充裕，人员和图书设备很快得到充实，发展速度引人注目，很快成为民国时期最大的生物学调查研究机构。

当时创建静生所的学者对建立这一研究机构的缘故做如下阐述："吾国幅员广袤、庶物繁赜、天时地利、甲于寰中，据五岳三江之胜；动植飞潜种类之富，为温带各国之冠。群芳百谷多由发源，海错山珍尽人企羡。并世利用厚生之资，盖鲜有能逾越于吾华者也。资藉既厚，研求遂精。赜龙虽云伪托《山海》，或由臆造，然《尔雅》之诂，已昉自成周；本草之兴宁后于三代？故多识鸟兽草木之名，为圣门之常训。大哲如朱文公睹石中蛤蚌而悟沧桑之理，已开古生物学、地质学之法门；名贤如李时珍、吴其濬备《本草纲目》《植物名实图考》，犹能奠药物学、植物学之基础。"范静生"夙治博物之学，继秉教育之衡，坚贞勤劬，世所罕觏。退食之暇，辄攀芳搴芷，探研其名实，数十年来未尝或倦。当其漫游新陆，察其教育制度，所三致意者，厥为自然研究与公民教育二端，盖其雅好自然，赋性则尔矣……尝以为中国地大物博，生物学之搜讨，实为要图，虽华南有科学社生物研究所之设，然经营方始……华

〔1〕 HAAS W J. China voyager ［M］. Armonk：M. E. Sharpe，1996：13.

〔2〕 中国科学社记事：欢迎杜里舒之盛宴 ［J］. 科学，1922，7（10）：1104.

〔3〕 见中国第二历史档案馆（南京），全宗号619，案卷号2。

北沃野千里，东控辽沈，西接陕西、蒙古、新疆，做北方之屏蔽；川、滇、江汉为南昭之接壤，山川富厚，物种繁茂。鉴于迩年欧美人士探讨成绩之优异，盖觉生物调查所与自然博物院之创设为不可缓。每欲纠资兴办，以为全国之倡。曾与某某等屡屡商榷兹事，弥留前数日，在医院中犹与某拟议生物调查所具体计划，如何集资，如何设立博物院，如何广布生物学知识，如何旁及生物学之致用方面，以利民生。言犹在耳，人琴遽渺，后死者安敢不勉求竟先生未竟之志，乞邦人君子襄助，俾得在华北立一生物学研究机关，以永久纪念先生哉！"[1]

很显然，静生所的建立也是有感于我国地大物博，生物种类亟须调查，喜欢博物学的范静生的推动，恰好成为一个很好的契机。1928年，中华教育文化基金会决定接受尚志学会的委托，组织静生生物调查所，并推选丁文江、翁文灏、祁天锡和任鸿隽等九人为尚志学会静生所委员会委员，并议决聘秉志为所长。[2]可以说，功夫不负有心人，秉志等人完成了自己的夙愿。为此，当时有如下计划：[3]

（一）命名

本所为纪念范静生先生提倡生物学未竟之志而设，故定名为静生生物调查所，于民国十七年十月创建。

（二）所址

总所拟设在北京，并在其他相当地点设立分所，俾便就地调查及研究。

---

〔1〕 静生生物调查所创办缘起［A］. 南京：中国第二历史档案馆，全宗号609，案卷号1.

〔2〕 中华教育文化基金会. 中华教育文化基金董事会第三次报告［R］. 北平：中华教育文化基金董事会，1929：6，8.

〔3〕 静生生物调查所计划［A］. 南京：中国第二历史档案馆，全宗号609，案卷号6.

（三）事业

本所事业可列举如下：

（甲）调查国内动植物之种类并加以研究

（乙）设立生物标本陈列室以供众览

（丙）发行生物专刊以供国内外学者之参考

（丁）制造标本以供学校教课及生物学者研究之用

（戊）举行通俗讲演以传播生物学知识

（四）组织

……

（乙）所内组织

本所拟分动物、昆虫、植物及植物病害四部，设所长一人（由一部主任兼任）总理全所事务。各部设部主任一人，研究员、助理员、事务员各若干人。采集、整理各种标本，并处理部中一切事务。初开办时可依经费情形先设动物、植物两部，兼办四部事务，以后按年扩充。

这个所刚成立时只有职员6人，所长兼教授1人，教授1人，副教授1人，助教2人，绘图员1人。[1]后来设动物、植物两部，职员增至9人，主要从事动植物的调查分类工作。所长兼动物部主任是秉志，植物部主任是胡先骕，寿振黄为动物部副教授，刘崇乐兼任动物部教授。[2]此外还有动物部助理沈嘉瑞，植物部助理唐进，绘图员冯澄如，庶务周汉藩，文牍张东寅。[3]后来，静生所为了推广生物学知识，还设立了通俗博

---

〔1〕 中华教育文化基金会. 中华教育文化基金董事会第三次报告 [R]. 北平：中华教育文化基金董事会，1929：21.

〔2〕 静生生物调查所委员会会议记录 [A]. 南京：中国第二历史档案馆，全宗号609，案卷号3.

〔3〕 吴家睿. 静生生物调查所纪事 [J]. 中国科技史料，1989，10（1）：26－36.

物馆。该所每年的经费为 76160 元。[1]

从上面列举的工作和组织不难看出，静生所与中国科学社生物研究所非常相似，只是所址的地域不同而已。因此，从学术谱系看，它是中国科学社生物研究所的一个衍生机构。它的组织者也主要是秉志，"凡所擘画，一循旧规"[2]。所长和动物部主任，以及植物部主任都和中国科学社生物研究所开始时一致。

静生所初期由尚志学会拿出范静生生前捐款中的 15 万银圆作为基金，由范静生后人捐赠其故宅作为所址，中华教育文化基金会提供年度经费。它与中国科学社生物研究所分工合作，同气相求。从工作地域而言，中国科学社生物研究所偏重进行长江流域和江南的生物学调查研究，静生所开始比较注重北方（后来注重西南）的动植物调查。

静生生物调查所成立合影（前排右三为祁天锡、右四为秉志）

---

〔1〕 静生生物调查所职员录及一览表（1940）〔A〕. 南京：中国第二历史档案馆，全宗号 609，案卷号 4.

〔2〕 见 1933 年中国科学公司《中国科学社生物研究所概况——第一次十年报告》第 6 页。

静生所发展很快，一年以后，该所的职员增至 12 人，积累动物标本近 28000 件，植物标本 18000 余号。同时开始出版《静生生物调查所汇报》（*Bulletin of the Fan Memorial Institute of Biology*）第一卷，该刊为英文版。1930 年，静生所继续派人在各地调查动植物、采集标本，收藏的标本数量大幅度上升。植物标本的数量增加到 28000 号，动物标本增加到 53000 余件。同年，中央研究院自然历史博物馆的植物技师秦仁昌到欧洲游学，他与胡先骕合编的《中国蕨类植物图谱》第一卷出版。1931 年，木材解剖学家唐燿到静生所任研究员。

当时获得中华教育文化基金会资助在丘园从事研究的秦仁昌鉴于国内植物分类学迫切需要文献资料，于是写信给静生所的胡先骕，建议他向中华教育文化基金会申请经费摄制丘园所藏的中国植物模式标本照片。后来获得资助，秦仁昌将共计约 18000 幅照片寄回到静生所，供国内植物分类学研究参考。这项工作十分重要，因为研究植物分类首先要看模式标本，不看模式标本工作就无从展开，而我国在这方面的工作开始较晚，

静生生物调查所

模式标本大多由国外大标本馆收藏。有了这批标本图片后，相应的植物分类研究工作就可以据此进行。这说明秦仁昌这位植物分类学家确实比较有思想、有见识，为我国植物学的发展做了一件很有意义的基础建设工作。

从 1932 年起，因为无法南北两头兼顾，秉志辞去静生所所长职务，改由胡先骕任所长。胡先骕是一位受传统文化思想影响很深且有远大理想的学者。在学术生涯中，他常以"宋儒'一物不知，儒者之耻'"自勉；[1] 在科学研究中，非常强调"经世致用"。他于 1917 年留学美国回来后不久在一首诗《书感》中写道："颇思任天下，衽席置吾民……乞得种树术，将以疗国贫。"[2] 静生所在秉志和他的领导下，在华北及西南山区等地的生物标本收集和动植物分类研究方面取得了非常突出的业绩，成为民国年间我国动植物调查和分类学研究的重镇。

1932 年秋，在丹麦和英国进修，并在德国柏林植物园、奥地利自然历史博物馆、捷克卡尔大学标本室和自然历史博物馆，以及巴黎自然历史博物馆等机构做短期访问的秦仁昌回国。他应胡先骕之邀，离开原来任职的中央研究院自然历史博物馆，到静生所研究蕨类。[3] 当年静生所的动物标本已达115000 件，植物标本 52000 号。为了适应动植物标本日益增多的具体情况，所内增设了动植物标本室，分别由张春霖和秦

〔1〕 张大为，胡德熙，胡德焜. 胡先骕文存（上卷）[M]. 南昌：江西高校出版社，1995：294.

〔2〕 张大为，胡德熙，胡德焜. 胡先骕文存（上卷）[M]. 南昌：江西高校出版社，1995：523.

〔3〕 秦仁昌. 秦仁昌自传 [A] // 中国科学院植物研究所档案：秦仁昌专卷.

仁昌任动物标本室和植物标本室主任。同年，我国第一个木材实验室在该所成立。与此同时，静生所不断扩大标本采集范围，派出蔡希陶率领的云南生物采集团，赴滇考察、采集。1935年王启无接替蔡希陶继续在云南采集植物标本。

1933年唐燿当选为世界木材解剖学会会员。从1934年开始，秦仁昌赴江西庐山植物园工作，植物标本室主任一职改由藻类学家李良庆担任。[1]到1938年，静生所的动物标本达到37万余件，植物标本43万多号，研究所需的图书文献也日臻完备。当年动物标本室的主任改由寿振黄担任。[2]《静生生物调查所汇报》从1934年的第五卷开始，分动物和植物两类刊行。据称，迄1935年，国内外已有200多个研究所与静生所交换《静生生物调查所汇报》。1937年，静生所的职员数达到最高峰，共47人。1937~1939年，静生所受英国皇家植物园和皇家园艺学会所托，派俞德浚等人到云南西北部的德钦、独龙江、贡山、中甸、维西、丽江、大理和中缅边界采集植物标本和花卉种苗，并最终翻越高黎贡山到独龙江流域采集。此行他们采集到大量植物标本、种子和球茎，大大地丰富了我国的区系研究资料。后来，俞德浚发表了不少涉及植物资源的研究文章，其中包括《中国蔷薇科植物研究》《中国豆科植物研究》《中国西南各省秋海棠科名录》《云南茶花及其园艺品种》《云南农林植物资源》《中

〔1〕 俞德浚. 静生生物调查所［J］. 中国科技史料，1981（4）：84–85.
〔2〕 吴家睿. 静生生物调查所纪事［J］. 中国科技史料，1989，10（1）：26–36.

国植物单宁资源》等。[1]

1938 年，在所长胡先骕的筹划下，静生所与云南教育厅合办云南农林植物研究所，所长由胡先骕兼任，职员全是静生所的职员，如汪发缵、蔡希陶、俞德浚等。太平洋战争结束后，静生所经费断绝，职员大多自谋生路，不少人到大学兼课。在所里苦苦支撑的蔡希陶通过陈焕镛从美国成功引进烤烟名贵品种"大金元"，该品种后来成为云南重要的经济植物。[2]

胡先骕

除发行《静生生物所调查汇报》作为反映静生所科研成果的不定期刊物外，静生所还出版了《中国植物图谱》《中国蕨类图谱》《河北习见树木图说》《中国山东省中新世之植物化石》等专著。

静生所是我国民国年间最大的生物学研究机关，虽然存在时间不过区区 21 年，其间还遭受日寇的蹂躏和内战的顿挫，但仍然取得丰硕的研究成果。[3]秉志在研究沿海软体动物和北平附近的腹足类，以及螺类、龟类等动物化石方面，取得不少成果。寿振黄在研究河北、四川的鸟类，以及河北和江浙等地的鱼类方面也取得突出成绩。1936 年寿振黄出版了《河北鸟类志》，这是国人出版的最早的地区鸟类志。此

〔1〕《中国科学院植物研究所志》编纂委员会. 中国科学院植物研究所志[M]. 北京：高等教育出版社，2008：645.

〔2〕谈家桢. 中国现代生物学家传：第一卷［M］. 长沙：湖南科学技术出版社，1985：442.

〔3〕吴家睿. 静生生物调查所纪事［J］. 中国科技史料，1989，10（1）：26－36.

前，寿振黄在美国留学时，曾经对加州大学收藏的我国福建鸟类标本 103 种进行过鉴定。[1]张春霖在研究河北、河南、四川、云南、广东、福建及长江中下游等省的鱼类，以及云南、广东、广西及福建的爬行类方面也取得一定的成绩，先后出版或发表过《河北习见鱼类图说》《长江上游之鲤科鱼类》《河北省鳅科之调查》《中国蜥蜴类之调查》《中国蛇类之调查》等大批论著。喻兆琦在研究虾类和寄生桡足类方面，沈嘉瑞在研究华北和香港蟹类方面，做了坚实的基础性研究工作。沈嘉瑞在相关论文的基础上出版了《中国北部蟹类志》。阎敦建在螺类等软体动物方面，何琦在研究北平附近蚊蝇动物方面，杨惟义在中国椿象亚科的分类和中国昆虫分布方面，彭鸿绶在研究四川两栖类和河北哺乳类方面，也都取得相当不错的成绩。[2]

静生所植物部的研究也取得令人振奋的成绩。其中胡先骕在研究浙江和西南的植物方面颇有斩获，发现新属新种很多。1937 年，胡先骕与美国古植物学家、加州大学古生物系教授钱耐（R. W. Chaney）合作研究山东山旺系新生代植物化石，也取得很好的成绩，并于 1940 年发表了论文《中国山东中新统的植物群》(*A Miocene Flora from Shantung Province, China*)。与此同时，李良庆研究淡水藻类，陈封怀研究菊科、泥胡菜属和报春花科，唐进研究兰科和莎草科，汪发缵研究百合科，俞

〔1〕 寿振黄. 福建鸟类一束 [J]. 科学，1927，12 (9)：1289 - 1296.
〔2〕 静生生物调查所第十六次会议记录（1937 年）[A]. 南京：中国第二历史档案馆，全宗号 609，案卷号 3.

德浚研究蔷薇科，蔡希陶研究豆科，都取得一定的成绩。[1]李良庆在研究淡水藻类方面做出颇为出色的业绩。[2]其中特别值得一提的是，静生所蕨类专家秦仁昌1940年在《国立中山大学农林植物研究所专刊》（Sunyatsenia，5卷4期）发表的《世界"水龙骨科"的自然分类的研究》一文，把占蕨类植物90%以上的原水龙骨科分为33个科249个属，以一个崭新的自然系统代替传统的分类方法。这是世界蕨类植物分类发展史上的一个重大突破，得到有关专家的高度评价，为我国植物学界赢得了荣誉。同样引人注目的是，1948年，胡先骕和中央大学的郑万钧在《静生生物调查所汇报》联名发表了《水杉新科及生存之水杉新种》，该文发表了我国湖北磨刀溪首次发现水杉这种活化石，此事震惊了世界植物学界，是我国近代植物学界非常自豪的一项研究成果。这种植物很快就被引种到美国的阿诺德树木园和其他植物园，并被认为是一种非常优美的观赏树种。[3]

为了保护水杉这种植物活化石，1948年5月，中央研究院邀同内政、农林、教育等部，组织水杉保存委员会。敦聘司徒雷登、胡适为名誉会长，翁文灏为会长，杭立武为副会长，庞德、钱耐、郑万钧、裴鉴、李德毅、韩安、姚筱珊、胡先骕等为委员，并积极推进研究工作，在四川水杉坝建设国立公园以保存那里的水杉林。[4]

---

〔1〕 张肇骞. 中国三十年来之植物学 [J]. 科学, 1947, 29 (5)：131 - 160.

〔2〕 同〔1〕.

〔3〕 水杉移植美国 [J]. 科学, 1949, 31 (4)：124.

〔4〕 (总) 万年水杉 [J]. 科学, 1948, 30 (6)：184.

二 庐山森林植物园的兴建

植物园向来都是植物学发展的基础设施，兴建植物园是许多植物学家都非常热心从事的工作。1934 年夏天，静生所所长胡先骕为了更好地发展植物学研究事业，经过协商，和江西农业院合作成立了庐山森林植物园。这是当时我国最大的植物园，由秦仁昌任植物园主任。[1] 庐山植物园的建立，就某种意义而言，是我国学者向美国哈佛大学阿诺德植物园（现称为阿诺德树木园）学习的一个成果。

胡先骕在哈佛大学攻读博士期间，利用阿诺德树木园收藏的标本作为撰写论文的基本素材，该园收藏的中国植物标本之丰富，给他留下了深刻的印象。另外，阿诺德树木园的功能也引起他的兴趣，并给他带来启发。胡先骕开始设想通过建立大规模的植物园来从事引种驯化的实验工作，为农业和园艺业提供新良种服务。他说："吾人所需者，为一种公共机关，如英国之克由皇家植物园（Kew Garden）[2]，美国之阿诺德森林植物园（Arnold Arboretum）[3]。以植物学家司之，每年派遣采集员赴内地采集种子、枝条以供繁殖之用，而以其结果贡献于社会。吾知经济植物学之发达，亦即农艺园艺学发达之日也。"[4] 同时他看到阿诺德树木园中栽培许多中国植物，非常感慨，由此进一步萌生了效仿阿诺德树木园的做法，创建我国植物园的愿望。在他获得博士学位的 1925 年，

---

〔1〕 秦仁昌简历［A］//中国科学院植物研究所档案：秦仁昌专卷.

〔2〕 即丘园。

〔3〕 现称阿诺德树木园。

〔4〕 胡先骕. 论国人宜注重经济植物学［J］. 科学，1924，9（7）：723 - 729.

沙坚德曾表示要捐款给他在中国创办植物园。但后因为沙坚德去世，此事没有实现。[1]不过，胡先骕却更坚定了创建植物园的决心。当时他写了一首诗，诗序为"阿诺德森林园卉木之盛为北美之冠，花事绵恒春夏，游屐极众，日徘徊香国中，欣玩无已，继以咏歌，亦示吾国所宜效法也"，其中有"吾徒借镜有先例，名园异国交相望"[2]这样的句子。此后，他一直把建立一个森林植物园（即树木园）作为自己应该设法完成的一项重要事业。

胡先骕从美国阿诺德树木园归国之后，回到东南大学执教。1926年，沙坚德教授曾提出与之合作，在东南大学设立植物园，但因北伐的烽烟燃起，此议搁置[3]。直到1934年，在联络了江西省农业院，同时得到中华教育文化基金会支持之后，胡先骕终于获得在庐山创建一座森林植物园的可行方案。在秦仁昌等人的努力下，这个植物园很快建成。在此期间，秦仁昌在东南大学任教时的学生李一平曾为筹办庐山森林植物园帮了不少忙。是年8月，胡先骕借中国科学社在庐山举办年会之机，举行了植物园的成立典礼。"该园目的不在造林，而在从学理上研究各种植物，俾以其结果，改良全国的农圃。"在植物园创设之后，胡先骕立即着手收集种苗，这一点也可能受其老师杰克（J. G. Jack）教授工作的启发。杰克自1905年起

---

〔1〕　胡先骕. 对于我的旧思想的检讨［A］//中国科学院植物研究所档案：胡先骕专卷.

〔2〕　见胡先骕的《忏庵诗稿》，1961年自印本，第28页。

〔3〕　"本人有志于创设植物园，在民国十五（1926）年，当时执教鞭于东南大学，有美国哈佛大学萨金得博士，即要求双方合作，在东大设一植物园，培植吾国植物，其经费由双方募集之，嗣因北伐军兴，此议作罢。"（张大为，胡德熙，胡德焜. 胡先骕文存（上卷）［M］. 南昌：江西高校出版社，1995：337.）

就曾到日本、韩国和中国大量采集植物种子。而庐山森林植物园在成立的第二年，就与国内外同行广泛联系，通过交换种子的方式，不但收集到想要的大批植物种子，同时大大提高了国际知名度。

1934年8月20日，庐山森林植物园正式成立，秦仁昌任主任。开办费三万元由江西农业院支付，常年经费一万二千元，静生所和江西农业院各付一半。该园任务为"纯粹植物学研究与应用植物学研究"。对庐山森林植物园的前景，胡先骕充满期许，曾写道："静生生物调查所与江西省立农业院合办之庐山森林植物园……面积九千余亩，背山面湖，风景殊绝，而泉甘土肥，尤宜种植。奠基之后，进展极速，假以时日，不难发达为东亚第一植物园也。"[1]

为了将庐山森林植物园办成世界一流的植物园，1934年胡先骕还特意派静生所的年轻职员陈封怀去英国的伦敦和爱丁堡学习植物园建设和管理方面的知识。陈封怀于1936年学习期满归国，被聘为园艺技师。[2]在陈封怀的领导之下，庐山森林植物园对爱丁堡植物园的长处加以学习，增设了"岩石园"[3]，用以模拟高山生态系统，进一步提升了其作为研究型植物园的价值。[4]

庐山森林植物园建成后，胡先骕按捺不住内心的喜悦，

---

〔1〕 胡先骕. 二十年来植物学之进步 [J]. 科学, 1935, 19 (10)：1555.

〔2〕 陈封怀小传 [A] // 中国科学院华南植物园档案：陈封怀专卷.

〔3〕 陈封怀曾撰文介绍爱丁堡植物园, 对其岩石园特别推崇。(陈封怀. 英国爱丁堡皇家植物园 [J]. 中国植物学杂志, 1935, 2 (3)：751－758.)

〔4〕 陈封怀后来成为我国植物园建设的领头人, 是中国科学院南京中山植物园、武汉植物园和华南植物园建设的主要领导者和组织者。冯国楣也是庐山植物园培养出来的植物园专家。

特意给他的老师杰克写信，告诉老师自己把在阿诺德树木园学习到的东西很好地用到庐山森林植物园的建立上。他在1935年给杰克的信中还写道："我有很多消息要告诉你。庐山森林植物园建设进展很顺利。主任秦仁昌先生去年冬天成功地寄出了包括很多珍稀种子在内的种子植物名录，包括我即将发表的一个安息香科木瓜红属的新种。去年8月植物园落成，这的确是一个伟绩。通过收集和交换，我们已经获得3800份种子。植物园在陈诚的捐助下建起了两个温室。我们理事会的一个成员承诺至少捐赠10000美元用于图书馆的建设。虽然不知梦想能否成真，我如今仍然尽力在筹措500000美元的植物园建设基金。我们正在向上级求助。"[1]经过全园职工的共同努力，至1937年夏，植物园已经规模初具，栽种国内外植物约7000种。[2]

1938年夏天，迫于日寇南侵，情势危急，秦仁昌率领职员于9月底辗转到了昆明，与蔡希陶等筹办静生所昆明分所（应是云南农林植物研究所），所址设在昆明黑龙潭的一座破庙。不久唐进、汪发缵从英国深造回来也到这里。因所址褊狭，人浮于事，经大家计议，庐山森林植物园的人员搬迁到云南西北部的丽江。1939年初，秦仁昌等人到了丽江，建立起庐山森林植物园丽江工作站，开展康藏高原植物的调查。那期间，秦仁昌与在那里驻足采集标本的美国人洛克互相往还。1942年冬，从云南农林植物研究所获悉，国民政府要在后方

〔1〕 TREDICI P D. The Arnold Arboretum：a botanical bridge between the United States and China from 1915 through 1948 ［J］. Bulletin of the Peabody Museum of Natural History，2007，48（2）：261–268.

〔2〕 秦仁昌. 秦仁昌自传［A］//中国科学院植物研究所档案：秦仁昌专卷.

成立八个国有林区管理处，因为当时经费支绌，站内职工的生活出现了问题，因此秦仁昌代理金沙江流域国有林区管理处主任，借此维持生活，也做了一些森林资源的调查工作和植物标本的采集工作。[1]

1945 年抗战胜利后，秦仁昌留在云南大学森林系任教授和系主任，陈封怀返回江西任庐山植物园主任。在水杉被发现后，静生所还与阿诺德树木园合作对水杉产区进行了考察，当时采集到的水杉种子有相当部分被送到阿诺德树木园。

上面提到，1938 年，静生所与云南教育厅在昆明合办云南农林植物研究所，胡先骕兼任所长，成员有汪发缵、蔡希陶和邓祥坤等。抗日战争时期，因为处境困难，静生所一些职员撤离北平。所长胡先骕也于 1940 年前往江西泰和新成立的中正大学任校长，除一部分人跟随胡先骕在中正大学任职外，还有一部分职工以及庐山植物园的秦仁昌、陈封怀等前往云南昆明和丽江工作。抗战期间因经费无着落，动物部停办，抗战胜利静生所复员后，因经费支绌、人才流失，只恢复了植物部。1948 年，动物部虽有杨惟义任主任，张春霖任标本室主任，但大约只是挂名而已，实际都不在所里工作。

1948 年，静生所与中国林业实验所开始合作编纂《中国森林树木图志》。[2]受战乱的残酷摧残，静生所后来经费无着，甚至不得不卖显微镜度日。[3]到 1949 年 12 月，中国科学院接收时只有 16 人，其中职员 10 人，工人 6 名。其中，研究人员

〔1〕 秦仁昌. 秦仁昌自传［A］∥中国科学院植物研究所档案：秦仁昌专卷.
〔2〕 中国森林志［J］. 科学，1948，30（1）：32.
〔3〕 见中国科学院植物研究所档案，胡先骕专卷。

5人，分别是所长兼植物部主任胡先骕，技师张肇骞、唐进（兼任植物标本室主任），副技师夏纬琨，研究员傅书遐。[1]该所移交的动物标本35.7万余件，植物标本21.9万余件，植物照片1.8万件。书籍保存在北平图书馆约10万册，本所印刷品约2万册，欧美各国杂志300余种，约1万册。[2]静生所先由华北农业大学农学院接管，不久又由新成立的静生生物调查所整理委员会负责整理和接管。上述委员会由钱崇澍任主任委员，吴征镒任副主任委员，委员有乐天宇、林镕、朱弘复、唐进和张肇骞等。[3-4]

第三节　中央研究院动植物研究所和心理研究所

中国科学社生物研究所和北平静生生物调查所都是私立的生物学研究机构，也是我国动植物学奠基人为发展生物学研究而筚路蓝缕开辟的两个重要研究基地。国民政府定都南京后，一批有识之士很快提出建立国家科学研究机关以提高国内的学术研究水平。在蔡元培、李煜瀛等人的推动下，很快成立了国立的中央研究院和北平研究院。这也是中国科学体制化的一个重要标志，说明中国政府终于把发展科学当作一件事业来做，在中国科学发展史上有重要的表征意义。

---

〔1〕　静生所的技师职称相当于现在的研究员，副技师相当于现在的副研究员，研究员相当于现在的助理研究员（讲师）。

〔2〕　静生所有关办理移交的清册、估价表等各项文书［A］. 南京：中国第二历史档案馆，全宗号609，案卷号41.

〔3〕　吴征镒. 百兼杂感随忆［M］. 北京：科学出版社，2008.

〔4〕　吴家睿. 静生生物调查所纪事［J］. 中国科技史料，1989，10（1）：26–36.

有关生物学的研究机构主要是中央研究院[1]和北平研究院所属的几个研究所，当时两个国立研究院的生物学研究机构框架的建立是比较合理的，成为综合研究的中心。

1928年6月9日，蔡元培在上海主持第一次院务会议，中央研究院正式成立。[2]根据中央研究院组织法，"国立中央研究院直隶于国民政府，为中华民国最高学术机关"。它的任务是："一、实行科学研究；二、指导联络奖励学术之研究。"[3]基于对古希腊文化的透彻了解，院长蔡元培非常崇尚"为学问而学问"的自由探索学术精神[4]；当然，作为中国传统文化孕育出来的杰出学者，他对"学以致用"的传统学术观点也予以发扬光大。正因为如此，他赞同后来成为中央研究

〔1〕 中央研究院原本是大学院属下的一个国立科研机构。1928年6月国民政府曾颁布政令，将全国的学术教学机关统归大学院管辖。[国民政府关于各部院及各团体的中央学术机关归大学院主管明令。(中国第二历史档案馆. 中华民国史档案资料汇编：第五辑第一编 教育(二) [G]. 南京：江苏古籍出版社，1994：1329.)] 1924年，孙中山北上，主张召集国民议会解决国事，同时拟设中央学术院，命令汪精卫起草计划。后来孙中山一病不起，此议无由实现。1927年5月，国民党政府中央政治会议第九十次会议议决设立中央研究院筹备处，并推定蔡元培、李煜瀛和张人杰（静江）等为筹备委员。当年10月大学院成立，聘请30人作为中央研究院筹备委员。11月20日召集中央研究院筹备会议，通过中华民国大学院中央研究院组织条例，确定中央研究院为中华民国最高科学研究机构，大学院院长蔡元培兼任研究院院长，大学院教育行政处主任杨铨兼任研究院秘书。1928年4月，国民政府公布国立中央研究院组织条例，改中华民国大学院中央研究院为国立中央研究院。1928年11月，大学院改为教育部，国民政府规定中央研究院直隶国民政府。[国立中央研究院向国民党第三次全国代表大会工作报告稿(1929年3月) (中国第二历史档案馆. 中华民国史档案资料汇编：第五辑第一编教育(二) [G]. 南京：江苏古籍出版社，1994：1330-1331.)]

〔2〕 樊洪业. 中央研究院机构沿革大事记 [J]. 中国科技史料，1985，6(2)：29-31.

〔3〕 国民政府公布修正国立中央研究院组织法 (1936年11月6日)。(中国第二历史档案馆. 中华民国档案资料汇编：第五辑第一编 教育(二) [G]. 南京：江苏古籍出版社，1994：1342.)

〔4〕 蒋梦麟. 蒋梦麟自传 [M]. 北京：团结出版社，2004：163.

院总干事的丁文江提出的发展思想："国家什么东西都可以统制，唯有科学研究不可以统制，因为科学不知道有权威，不能受权威的支配。中央研究院只能利用它的地位，时时刻刻与国内各种机关联络交换，不可以阻止旁人的发展。"中央研究院的工作职责分为三类：（一）属于常规或永久性质的研究；（二）利用科学方法，研究本国之原料及生产，以解决各种实业问题；（三）纯粹科学研究及与文化有关的历史、语言、人种和考古学。[1]在当时的社会条件下，丁文江认为："中央研究院最重要、最有实用的职务，是利用科学方法，研究我们的原料及生产，来解决各种实业问题。"[2]这位前地质调查所所长的这一理念，可以说是当时地质学和生物学界许多学者的共同理念。中华教育文化基金会对此持支持和鼓励的态度，对中国国内"本土性"与"地方性"的科学特别重视。所谓地方性的科学，是当时以各地特殊资料积累为题材建立的学科，如地质学、生物学、气象学等。

一 动植物研究所

1. 组织沿革

中山大学生物系教授辛树帜建议在广西大瑶山进行科学考察，获得中央研究院自然历史博物馆筹备处顾问李四光等专家的认同，并且迅速付诸行动。中央研究院成立伊始即组织人员对这一地区进行考察。1928 年 4 月，中央研究院组建了广西科学调查团，在广西省（今广西壮族自治区）政府的协助下，

〔1〕 蔡元培在中央党部总理纪念周上报告中央研究院与中国科学研究之概况（1935 年 11 月 4 日）.（中国第二历史档案馆. 中华民国史档案资料汇编：第五辑第一编 教育(二) [G]. 南京：江苏古籍出版社，1994：1352.）

〔2〕 丁文江. 中央研究院的使命 [J]. 东方杂志，1935，22（2）：6 - 8.

对该省的农林、地质及动植物和人种学进行考察。这是首次由政府机构组织的大规模综合科学考察活动。动物组的成员包括沪江大学生物系教授兼系主任郑章成、中国科学社生物研究所的研究员[1]方炳文和标本采集员常麟定[2]；植物组的成员包括东南大学生物系讲师秦仁昌，以及动物标本制作员唐瑞金等。[3]他们在广西调查了半年多，取得了出色的成绩，采集到大批的动植物标本。1929年1月，为了研究和保存这次收集到的生物学、民族学标本和从法国收购到的一批古生物标本，中央研究院决定在此基础上筹建自然历史博物馆。根据中央研究院的计划，该院还拟建动物园和植物园，但限于经济等条件，后来未能实现。[4]

自然历史博物馆的筹建工作于1929年1月开始，当时聘李四光、秉志、钱崇澍、袁复礼、李济、过探先和钱天鹤等7人为筹备委员，农学家钱天鹤任常务委员。地址设在南京成贤街。其他人员还有由钱崇澍和秉志推荐的，曾参与广西动植物采集的秦仁昌、方炳文两位年轻学者，以及事务员林应时、动物采集员常麟定、植物采集员陈长年、动物标本剥制员唐开品和唐瑞金。[5]

〔1〕 中级职称，约相当于现在的助理研究员。当时该所的高级职称是教授，初级职称是助理。

〔2〕 科学调查团动植物工作报告［A］．南京：中国第二历史档案馆，全宗号393，案卷号2147．

〔3〕 北平静生生物调查所工作报告：北平静生生物调查所计划大纲［A］．南京：中国第二历史档案馆，全宗号609，案卷号7．

〔4〕 国立中央研究院向国民党第三次全国代表大会工作报告稿（1929年3月）．（中国第二历史档案馆．中华民国史档案资料汇编：第五辑第一编 教育（二）［G］．南京：江苏古籍出版社，1994：1330．）

〔5〕 中央研究院一九二八年职员录（1929年1月）［A］．南京：中国第二历史档案馆，全宗号393，案卷号1644．

1930 年 1 月，中央研究院自然历史博物馆正式成立，钱天鹤任主任。钱天鹤又名钱治澜，字安涛，是一位农学家，1913 年毕业于清华学校，并于同年公费赴美国深造，学习植物育种，1918 年在康奈尔大学农学院获硕士学位。1919 年回国，任金陵大学农林科教授兼蚕桑系主任，潜心于防治蚕病和选育蚕种的研究，成绩斐然。1925 年，应聘任浙江公立农业专门学校（浙江大学农学院前身）校长。其后担任国民政府大学院社会教育组第一股股长，是一位很有组织才干的实干家。中央研究院自然历史博物馆下设动物、植物二组。从1930 年春开始到丹麦和英国深造的秦仁昌仍为植物学技师（兼任秘书）[1]，另有动物学技师伍献文、方炳文，助理员蒋英，绘图员杨志逸。此外还有动物采集员常麟定，动物标本剥制员唐开品、唐瑞金；植物采集员陆传铺，植物标本装置员陈长年，植物标本装置练习生邓世纬等。钟观光和其子钟补求曾于 1932 年底起，在博物馆短期工作，职务分别是编辑员和标本管理员。[2]1933 年，动物组的主任为伍献文，植物组的主任为邓叔群。当时的人员构成包括博物馆主任钱天鹤，动物技师伍献文、方炳文，动物采集员常麟定，植物学技师邓叔群，戴芳澜等获聘为通讯研究员。

动物组主任伍献文是 1927 年厦门大学动物学系第一届毕业生。在厦门大学学习期间，伍献文曾跟美国动物学家赖特学

---

〔1〕 从秦仁昌的履历表可以看出，他实际上在 1930 年后就没有在自然历史博物馆工作。他从 1930 年春起就获中华教育文化基金会资助到丹麦京城大学学习蕨类学，到英国丘园进修，1932 年回国后到静生所工作。

〔2〕 自然博物馆（1929 年 1 月—1934 年 1 月）［A］. 南京：中国第二历史档案馆，全宗号 393，案卷号 498.

习过动物分类学和解剖学。后来伍献文除给秉志当助教外，还曾跟协和医学院的德国圆虫学家、新来厦门大学任教的何博礼（R. Hoeppli）教授学习寄生虫，得到很好的生物学训练。随后于1928年到南京中央大学任教员一年。1929年获得中华教育文化基金会的资助去法国留学，在巴黎自然博物馆鱼类学实验室儒尔教授的指导下，研究比目鱼的形态和分类。同时在巴黎大学注册作为研究生，1932年获巴黎大学博士学位，有非常广博的知识基础和卓越的研究才华。

植物组主任邓叔群是民国年间个性非常鲜明、异常勤奋、颇具才华的真菌学家和林学家。他在回忆自己的成长道路时写道：

我一心想解救贫困的中国农民，遂决定入读美国康奈尔大学，选学农、林专业。在外国感受到的种族歧视越深，为国争光的民族自尊心也就越强，我要以优异的成绩，在最短的时间内学到我认为最精湛的专业知识。五年内，我攻读了森林和植物病理系，主科的成绩全部是A，名列"塔尖"并荣获全美最高科学荣誉学会颁发的两枚金钥匙：PHI - KAPPA 和 SIGMA - XI。

我十分钦佩植物病理学家惠凑（H. H. Whetzel）和真菌学家费茨（H. M. Fitzpatrick），两位导师使我学到了精湛的专业知识、生动的教学方法、严谨的思维逻辑、高效实干的工作作风，这些对我影响至深。[1]

---

〔1〕 中国科学院学部联合办公室. 中国科学院院士自述 [M]. 上海：上海教育出版社，1996：331.

邓叔群

1933 年中央研究院总干事杨铨去世后，丁文江于 1934 年被聘为中央研究院总干事。他曾想说服秉志将中国科学社的生物研究所与中央研究院的自然历史博物馆合并为一个规模较大、隶属中央研究院的生物研究所，但秉志没有同意。从 1934 年 7 月开始，根据丁文江的意见，中央研究院的自然历史博物馆改名为动植物研究所。受丁文江之约，中国科学社生物研究所的原生动物学家、秉志的学生和助手王家楫出任所长。所内有专任研究员伍献文、邓叔群、方炳文、陈世骧，兼任研究员裴鉴、耿以礼，助理员常麟定、唐世凤、单人骅、朱树屏、欧世璜，采集员邓家坤、唐瑞金，绘图员杨志逸、徐叔容。动物部主任是王家楫，植物部主任是裴鉴，顾问有钱天鹤、秉志、钱崇澍、李四光、李济、胡先骕和徐韦曼。所长王家楫和专任研究员伍献文是秉志的学生，植物部主任裴鉴是钱崇澍的学生和侄女婿。从某种意义上说，该所也是中国科学社生物研究所的延伸和姊妹机构，重点也以分类调查为主。

这也是我国生物学发展早期的一个特点。不同学术背景出身的学科带头人各自率领一些志趣相同的学者共同培养人才，组织科研机构，开展他们认为亟须进行的科研工作，形成一种多处开花、百舸争流的局面。在当时众多的领军人物中，秉志高屋建瓴，善于建立、布局教育和研究基地，有计划、有步骤地培养不同类型人才，开创我国的生物学调查和分类领域方面的研究，无疑是很成功的领袖人物。

1936年底，动植物研究所开始西迁。重要的书籍、仪器和标本资料分三次迁运。第一次22箱，第二次58箱，第三次24箱。迁到湖南时，他们在南岳设工作站。当时研究设施只有高倍显微镜3架、双管解剖镜3架和解剖器20余件。

王家楫

到1938年初的时候，动植物研究所迁到重庆的北碚，所内有专任研究员伍献文、邓叔群、陈世骧、饶钦止、方炳文、王家楫（兼所长），助理员单人骅、欧世璜、胡荣祖、刘建康，事务员刁泰亨，技术员吴颐元，通讯研究员秉志、钱天鹤、钱崇澍、胡先骕、陈焕镛、陈桢、胡经甫，通讯编辑员谢蕴贞。稍后有专任副研究员倪达书、欧世璜（新晋升），以及新聘的练习助理员杨平澜和盛家廉。[1]

1944年5月，根据当时学科发展的需要，时任中央研究院代院长的朱家骅提出将动植物所分为动物所和植物所两个研

〔1〕 中央研究院动植物所化学所职员任免的文书［A］. 南京：中国第二历史档案馆，全宗号393，案卷号479.

究机构。动物所所长为王家楫，植物所的所长为罗宗洛。[1]动物所抗战复员后的人员包括：专任研究员兼所长王家楫，专任研究员伍献文、陈世骧、倪达书、陈泽湍、朱树屏，兼任研究员童第周、贝时璋，通讯研究员秉志、胡经甫、陈桢、李约瑟（英），助理研究员张孝威、胡荣祖、陆桂（树荣）、吴汝康、陈启鎏、杨平澜，助理员易伯鲁、朱宁

罗宗洛

生、王祖熊、郭郛、顾国彦、夏凯龄、尹文英（史若兰的助手）、施璟芳、郝锡宏，技士白国栋，技佐吴颐元、陈进生、黄克仁、林隐[2]。[3]

其间还有一段小插曲值得一提。动植物所迁到重庆工作时期，王家楫受中央研究院总干事叶企孙委派，负责接待中英文化协会的英国生物学家李约瑟，从此与李约瑟熟悉，并成为好朋友。后来，李约瑟热情支持动植物所的工作，曾送29册动植物所急需的生物学书籍给该所。[4]鉴于当时国际上实验生物学已经成为生物学研究的主流，王家楫特意给身为著名胚胎学家的李约瑟写信，请他推荐一位实验胚胎学家来

〔1〕 王家楫. 我的思想自传 [A] //中国科学院武汉水生生物研究所档案：王家楫专卷.

〔2〕 此人研究寄生虫。

〔3〕 这里根据的是中央研究院动物所的档案。参见1949年发表于第31卷第2期《科学》的《中央研究院三十五年工作简报》。

〔4〕 王家楫入党简历 [A] //中国科学院武汉水生生物研究所档案：王家楫专卷.

华工作，为动物所开辟新的研究领域和培养人才，以适应当时动物学发展的潮流。[1]应王家楫的要求，李约瑟介绍英国的细胞遗传学家魏定登来华工作，可能因为当时中国的研究条件过于简陋，魏定登没到中央研究院工作，李约瑟最终推荐了一位英国寄生虫学家史若兰（N. G. Sproston）到动物所当研究员。[2-3]

植物研究所的所长罗宗洛是植物生理学家。他刚上任时，植物所只设高等植物分类、藻类学和植物生理学三个研究室。邓叔群从甘肃回所后，恢复真菌学研究室，同时成立森林学研究室。1946 年 12 月，从美国伊利诺大学获得博士学位回来的王伏雄到所里任专任副研究员，增设植物形态研究室。1947年 7 月，魏景超和李先闻到所任专任研究员，所里又设植物病理学研究室和细胞遗传学研究室。是时，植物所共有 8 个研究室，图书室和标本室各 1 个。[4]专任研究员除所长罗宗洛外，还有邓叔群、饶钦止、裴鉴、李先闻、魏景超，兼任研究员高尚荫，通讯研究员钱崇澍、钱天鹤、胡先骕、张景钺，专任副研究员单人骅、王伏雄。1946 年时，有助理研究员黎尚豪、沈善炯[5]、崔澂、柳大绰、汤玉玮、黄宗甄，助理员倪晋山、

---

〔1〕 王家楫. 王家楫自传［A］//中国科学院水生生物研究所档案：王家楫专卷.

〔2〕 史若兰是寄生虫学家，擅长研究寄生桡足类和单殖类吸虫，1947 年到动物所工作.

〔3〕 王家楫. 关于与史若兰的关系（1959.10.28）［A］//中国科学院水生生物研究所档案：王家楫专卷.

〔4〕 参见《国立中央研究院植物研究所概况（民国十八年——三十七年六月）》，第 191 页。

〔5〕 沈善炯在植物所只待了一年。

刘玉壶。[1-2]到1947年底，沈善炯、汤玉玮和崔澂[3]离去，新增的助理研究员有何天相、金成忠、周重光和周太炎，倪晋山也晋升为助理研究员，助理员新增唐锡华、喻诚鸿、黎功德、夏镇奥、刘锡瑞、林克治和李整理，其他人员6人，在编人员总计30人。"研究工作必需之仪器药品设备，尚称完备。"有专门书籍4200余册，期刊190余种，论文2400余册，历年采集及接收和购置的植物标本20余万号。[4]

抗战胜利后，动物所和植物所东迁，在上海复员。根据1947年3月中央研究院的组织法规定设立的研究所包括动物、植物、医学、体质人类学等23个研究所。1948年底全院共有职工510人。当时动物所和植物所的人员相对而言属于较多的。

2. 科研工作

中央研究院动植物所是我国较早设立的国立生物学研究机构，其动物学研究人员主要是秉志在东南大学和中国科学社生物研究所培养出来的学生。和当时国内高校和研究机构一样，受经费的限制，动植物所的研究领域重点在动植物的调查和分类。当时的中央研究院总干事丁文江提出进行海洋调查，计划用三年的时间完成全国的海洋调查，首期在山东半岛和南海湾（可能应为渤海湾）。伍献文等人用了一艘一千吨的海船做了

---

〔1〕 后五位都是罗宗洛在大学任教时的助手和学生。根据《国立中央研究院植物研究所概况》，当时的助理研究员有些变动。

〔2〕 1944年5月—1946年3月植物研究所工作报告［A］. 南京：中国第二历史史档案馆，全宗号393，案卷号1371.

〔3〕 崔澂当时已经在美国留学。

〔4〕 参见《国立中央研究院植物研究所概况（民国十八年——三十七年六月）》，第191页。

几个月的调查。可惜不久丁文江去世，所需经费又多，这项工作就停止了。[1]在动物学方面主要是从事鱼类和水生原生动物以及昆虫学研究。[2]研究所建立伊始，王家楫和伍献文主要从事无脊椎动物研究，方炳文主要从事鱼类学研究，陈世骧从事昆虫学研究。植物学方面主要研究真菌和中国东部高等植物分类，分别由邓叔群和裴鉴承担；邓叔群的助手欧世璜从事韧性菌的研究；饶钦止到所工作后主要从事东南海产藻类的调查。上述研究人员也进行一些实用生物学的研究，如伍献文和唐世凤从事寄生虫研究以及沿海渔业调查，邓叔群进行植物病理学研究等。[3]

根据中央研究院档案，至1937年，中央研究院动植物所迁到广西的阳朔，有关动植物的研究工作当时有如下回顾[4]：

一、十七年筹设自然历史博物馆；二、广西（今广西壮族自治区）、云南、四川、贵州诸省及海南岛动植物之调查与采集；三、山东海产动物之采集；四、十九年八月派员赴英参加世界植物学会议；五、二十三年七月改组为动植物研究所；六、华北海洋渔业之调查；七、东沙岛海产及珊瑚礁之调查；八、各种鱼类之研究；九、海水及淡水浮游生物之研究；十、吾国重要棉病经济防除法之研究；十一、小麦病害之研究；十二、蔬菜病害之研究；十三、华南各省经济菌类之调查；十

〔1〕 伍献文. 自传［A］//中国科学院武汉水生生物研究所档案：伍献文专卷.

〔2〕 中央研究院动物所后来改建中国科学院水生所，而中国科学院昆虫所的所长由陈世骧担任就是最好的说明。

〔3〕 中央研究院工程地质所动植物所（总理）纪念周工作报告（1935年3月—1937年7月）［A］. 南京：中国第二历史档案馆，全宗号393，案卷号1383.

〔4〕 国立中央研究院十年来工作概况（1937年4月27日）.（中国第二历史档案馆. 中华民国史档案资料汇编：第五辑第一编 教育(二)［G］. 南京：江苏古籍出版社，1994：1366.）

四、中国蔬菜害虫之调查；十五、果蝇之研究；十六、各种甲虫之研究；十七、中国家畜家禽寄生圆虫类及扁虫类之研究；十八、寄生原虫动物之研究；十九、国产高等动植物分布及分类研究；二十、藻类分布、分类、形态之研究；二十一、原生动物之形态生态及细胞生理学。

1937 年前，蒋英、裴鉴、耿以礼、邓叔群和杨衔晋都曾参加植物调查采集工作。还出版英文刊物《国立中央研究院自然历史博物馆特刊》（*Sinensia*），后中文名称改为《国立中央研究院动植物研究所专刊》，到 1941 年刊出 12 卷后停刊。

动植物所 1936 年底迁到湖南衡阳时，在南岳设工作站，从事湖南省藻类调查，衡山真菌之调查，湖南省禾本科植物之调查[1]，湖南省淡水蜉蝣[2]生物之调查（王家楫），越冬稻根害虫之研究（陈世骧），湖南金花虫、果蝇调查，洞庭湖、湘江鱼类调查，衡山药物之调查（单人骅）。

由于日本侵略加剧，湖南也被占领，动植物所于 1937 年迁到广西桂林阳朔，又于 1938 年迁到重庆北碚。

20 世纪 30 年代末至 40 年代初，动植物所的科研人员根据自己的专长，就地取材，结合生产实践开展研究工作。研究方向主要涉及水产生物学（淡水鱼类学、淡水藻类学）、昆虫与寄生虫学、原生动物学、真菌分类与植物病理学，以及森林与种子植物学。真菌学家、专任研究员邓叔群进行了大量中国真菌的研究工作，除编写《中国的真菌》《中国真菌补遗》（一）外，还进行柑橘贮藏防腐实验，撰写《柑橘贮藏试验》等研究

---

〔1〕 这部分工作由耿以礼进行。
〔2〕 档案原文作"蜉蝣生物"，其实指"浮游生物"。

论文。邓叔群另一方面的工作是森林方面的研究，报告了洪坝森林的研究结果并提出管理方法，以及对我国森林管理法的研究和甘肃森林的调查等。他的助手欧世璜研究藻菌、菱瓜黑心病、油桐叶斑病、蚕豆紫斑病和经济植物的病害，撰写了《中国藻菌志》（一）、《高粱霜霉病》等论著。藻类学家、专任研究员饶钦止进行了大量淡水藻类的研究工作。撰写了《南岳陆生及水生藻之二》《破藻之研究》《绿藻之一新属》《康定及其附近之藻类》等大量藻类的研究论文。单人骅进行了一些伞形科和五加科植物的分类工作。其中，邓叔群1939年完成的中文著作《中国高等真菌》，奠定了我国真菌学的基础。

专任研究员、鱼类学家伍献文研究了黄鳝的形态和生理，与助手刘建康[1]合作撰写了不少这方面的研究论文，如《黄鳝之腮及其呼吸作用》。刘建康还撰写了《淡水虾虎的新种志》。昆虫学家陈世骧长期致力金花虫的研究，撰写了《中国树之研究》（一、二）、《四川果蝇之两新种》和《华南果蝇小志》等论文。助理员胡荣祖撰写了《四川甲壳动物之调查》。[2]

根据当时的客观条件，20世纪40年代初动植物所的研究工作主要集中在下述几个方面[3-4]：

---

〔1〕 刘建康后来成为伍献文的女婿。

〔2〕 见中国第二历史档案馆（南京），全宗号393，案卷号2-47、48、82、84、86、116、117。

〔3〕 当时邓叔群被借调到农林部林业实验所任副所长，该所的西北工作站设于岷县，由邓叔群主持；与甘肃合作的森林研究项目也由邓叔群负责。随同他一起工作的还有盛家廉。

〔4〕 1941—1943年动植物所研究工作报告：中央研究院动植物研究所1944年工作计划［A］. 南京：中国第二历史档案馆，全宗号393，案卷号1369.

一、水产生物学。研究内容有鳝鱼的形态生理，斗鱼对于水中盐分增多的适应，鲤鱼食物的研究，鲤鱼卵场的水性调查，淡水鱼类灭蚊试验研究，原生动物及藻类研究。

二、昆虫与寄生虫学的研究。包括蚊虫的天敌及自然防治的研究，两种蔬菜金花虫的生活史，柑橘粉虫的初步调查，草蛉卵柄的保护作用，水蟥（又名食根金花虫）之研究，华北隐头蟥之两新种研究。

三、种子植物与森林学。包括菊科、伞形科植物的研究，甘肃森林的调查。

后来，随着研究力量的增加，并根据研究人员的特长，动物方面拟开展的研究有：鱼类分类、形态、生态的研究；原生动物之研究；昆虫形态、生态、天敌、防治、分类的研究及农作物害虫调查研究；寄生虫研究，特别是鳝鱼体内寄生圆虫、家畜及两栖类之寄生原生动物研究；原生动物研究。植物方面拟开展藻类、种子植物、森林调查和细胞遗传学（这方面的工作由新加入的徐凤早副研究员短期开展）的研究。[1]

1944年5月1日，中央研究院扩大组织，动植物所分为动物所和植物所，分别由王家楫和罗宗洛主持。当时动植物所的研究条件实际上很简陋，资产很少。两个所分立时，植物所实际分得单管显微镜2架，双管显微镜2架，图书约500册。所内开始新设包括植物生理室的一些研究部门，但开展工作还是有很大的困难，主要原因还是因为缺乏经费。在当时的情况

---

〔1〕 中央研究院动植物研究所1944年工作计划［A］. 南京：中国第二历史档案馆，全宗号393，案卷号1326-10.

下，中央研究院各研究所用于维持日常开支的经费[1]尚且不足，遑论添置设备了。[2]

植物所所长罗宗洛教授是中国植物生理学的奠基人之一。早年从事矿质营养、植物原生质胶体化学、植物组织培养和微量元素、生长素方面的研究，是一位非常重视发展实验生物学的学者。他出任植物所所长后，决心致力发展实验生物学研究。他晚年回忆自己当时的指导思想时写道："我是专攻植物生理学的，自然把植物生理学看成比任何学科更为重要的学科，而且早早把在中国发展植物生理学作为自己的毕生事业。在创办植物所时，也曾求得中央研究院当局的同意，不再发展分类学，今后将大力发展实验植物学方面，意即指植物生理学和细胞遗传学等。"[3]

在他的领导下，植物所除研究高等植物分类外，研究领域进一步扩充至生理、生态以及藻类和菌类等方面。不过，限于条件，当时罗宗洛开展实验生物学研究的愿望虽然很好，"但因为没有经费，就没有仪器设备，所谓研究实际就是每天见面聊天。'言不及义'"[4]。他自己曾回忆说："我和倪晋山、金成忠、黄宗甄、柳大绰等5人，坐在一间空房，也算植物生理实验室，但实际上什么实验也做不成。"[5]沈善炯也回忆所里

〔1〕 初创时，中央研究院每月经费只有10万元，北平研究院3万元。

〔2〕 1944年5月—1946年3月植物研究所工作报告 [A]. 南京：中国第二历史档案馆，全宗号393，案卷号1371.

〔3〕 罗宗洛. 回忆录（续）[J]. 植物生理学通讯，1999，35（1）：83-88.

〔4〕 李东华，杨宗霖. 罗宗洛校长与台大相关史料集 [M]. 台北：国立台湾大学出版中心，2007：120.

〔5〕 同〔3〕.

"没有研究设备，实验无法开展"。[1]除植物生理学研究室外，所里的高等植物分类研究室主要从事伞形科植物分类和我国东部植物分类，其他研究员各自在原来的研究领域进行研究工作。邓叔群开展真菌研究和森林生态研究，李先闻开展作物遗传研究，饶钦止开展西南淡水藻类研究。

抗日战争胜利后，中央研究院植物所和动物所于1945年10月搬回东部的上海岳阳路，计划的工作包括：

（1）考查国内各植物机关之工作情形；鉴于国内植物尚未调查清楚，拟每年组织采集团到各地工作，然后进行植物标本的整理。

（2）增加设备，建立特殊的实验室对外开放，欢迎国内外植物学者来所研究；奖励研究植物学有特殊贡献之人才或遣派出国深造。

（3）与中国粮食公司合作研究维生素之制造与盘尼西林之提取。

具体的研究工作包括如下几个方面：

（1）种子植物的分类与形态研究；藻类的研究。

（2）植物生理学研究，包括营养和新陈代谢、生长与发育。

（3）细胞遗传学方面主要进行小麦细胞遗传学的研究。

除上述方面，植物所在应用植物学的研究方面也有相应的计划，包括：

（1）在农作物方面从事水稻及小麦发芽及生长之促进；

---

〔1〕 沈善炯. 纪念罗宗洛老师〔J〕. 植物生理学杂志，1998，34（4）：314－315.

大麦、小麦优良品种的培育；农作物及园艺植物开花期的提早。

（2）在经济植物方面进行茶树及柑橘等营养繁殖法的研究。

（3）在微生物研究方面，进行产生维他命菌类的收集培养及最高产量发生的研究；药用菌类的研究；由青霉菌或其他菌类中提取青霉素及杀菌药品。[1]

实际上从事的研究工作在条件具备的情况下就基本按计划执行。至于新增的植物生理学及应用植物学研究，"惜经费支绌……因基础设备……尚未齐全，迄今未能开始工作"。[2]

植物所在后两年的工作方向大体类似，主要有高等植物分类、藻类、森林、真菌、植物生理、植物形态、细胞遗传学和植物病理学研究几个方面。[3-4]研究领域的扩展与王伏雄和魏景超等人员的加入有关。

植物所成立后，因为主要的研究骨干是分类学家，加之经费不足，虽然罗宗洛试图在实验生物学方面努力，扭转研究方向，但当时的情况并非他想象的那样容易。故而植物所依然非常注意植物的调查采集工作，其间在重庆的金佛山等地进行过植物采集。对于这一点，罗宗洛自己也很清楚，他认为："所

<hr>

〔1〕 中央研究院各研究所 1945 年工作计划〔A〕. 南京：中国第二历史档案馆，全宗号 393，案卷号 1010.

〔2〕 1944 年 5 月—1946 年 3 月植物研究所工作报告〔A〕. 南京：中国第二历史档案馆，全宗号 393，案卷号 1371.

〔3〕 中央研究院三十五年工作简报·植物研究所〔J〕. 科学，1948，30（2）：57-58.

〔4〕 中央研究院 1947—1948 年度工作计划（1946 年 8 月）〔A〕. 南京：中国第二历史档案馆，全宗号 393，案卷号 1082（1）.

中的高级人员如邓叔群、李先闻和饶钦止等，都是以脾气古怪而著名的人物。"[1]对于上述研究员的工作，从选题到研究都听任各自的兴趣，只做好服务工作。[2]邓叔群继续从事真菌分类，同时整理在西北调查所得的林学资料，研究中国重要林木的培植、森林生态、森林经理等。饶钦止则努力编写西南藻类志，同时着手中国南部海藻的调查。罗宗洛和他的学生则致力于微量元素对植物体内碳水化合物的分解与合成之影响方面的研究。王伏雄的主要工作为裸子植物的胚胎发育及国产木材解剖研究。魏景超的工作主要为大豆病害防治和果实作物病害调查等。李先闻的研究则是小麦属间杂种及其多元种染色体行为的研究等。

在中国科学院接收前，植物所有专任研究员罗宗洛、邓叔群、饶钦止、裴鉴、单人骅、王伏雄[3]，专任副研究员汤玉玮（罗宗洛的学生），助理研究员 19 人，技术及事务人员 3 人，书刊地图等 2 万余册。该所 1947 年出版的刊物有英文杂志季刊《国立中央研究院植物学汇报》（*Botanical Bulletin of Academia Sinica*），第一卷四期共发表 33 篇论文；还出版了两期（1947、1948）《植物研究所年报》，还有一本《植物学研究》。就规模而言植物所是中央研究院的一个大所。[4]

动物所成立后，研究领域也开始扩大，研究范围分成鱼类生物学、昆虫学、寄生虫学、原生动物学、海洋湖沼学、实验

〔1〕罗宗洛. 回忆录（续）〔J〕. 植物生理学通讯, 1999, 35（1）: 83 - 88.

〔2〕同〔1〕.

〔3〕1949 年，魏景超因不履行合约，不继续到所工作而被解聘，李先闻已经于 1948 年底前往台湾。

〔4〕同〔1〕.

动物学等方面。根据 1945 年的工作计划，工作领域虽然基本上还是鱼类、昆虫、寄生虫和原生动物四个方面，但共有"专题三十二，分隶于十五目"，除小部分与学理有关外，大部分与实用有关。鱼类方面着重研究水产实用、鱼类生态和形态，生理方面有鳝鱼性逆转方向的研究等。昆虫方面着重研究形态、生态和分类，尤其注意园艺害虫，包括金花虫、粉虱的一些种类，以及蚊虫的天敌、传虐蚊的种类研究等。寄生虫的研究包括鱼类寄生圆虫、蛙类寄生圆虫、寄生圆虫腺体、家兔囊胞虫和两栖类的寄生纤毛虫研究，重点也是家畜寄生虫和鱼类寄生虫调查研究。原生动物研究包括海南岛双鞭毛虫研究。水产实用研究方面已完成四川省食用鱼天然食料的调查，嘉陵江鲤鱼产卵场水质的分析，以及食用鱼生长率等方面的研究。具体研究包括研究鲤鱼鱼草的直接曝晒与鱼卵孵化率及鱼苗死亡率的关系，鲤鱼鱼苗的增产试验，饲料鱼类的增产，经济鱼苗的识别。[1]

实际从事的研究与计划大体相同，鱼类学研究的内容有鱼类灭蚊、鳝鱼发生性别逆转、鲤鲫杂交、泥鳅肠呼吸研究等；昆虫研究内容有幼虫分型与演化等；寄生虫和原生动物方面的研究大体与计划相同。[2]

其后两三年的工作计划体现的研究方向没有太大变化。内容如下：

（1）鱼类研究：进行水产实用问题研究；鱼类形态、发

---

〔1〕 中央研究院各研究所 1945 年工作计划［A］. 南京：中国第二历史档案馆，全宗号 393，案卷号 1010.

〔2〕 1944 年 2 月—1946 年 2 月动物研究所工作报告［A］. 南京：中国第二历史档案馆，全宗号 393，案卷号 1370.

生、生理研究。

（2）昆虫研究：进行昆虫形态、生理、生态和分类的研究；后来强调双翅目吸血虫种类的研究。

（3）寄生虫的研究：进行鱼类之寄生圆虫和寄生原生动物的研究。

（4）原生动物的研究：从事异毛目纤毛虫形态之研究；江苏省有壳肉质虫之调查；原生动物生理之研究。

（5）实验动物学之研究：内容包括神经对于消化管道蠕动之影响；星虫之再生能力。

（6）细胞遗传之研究：包括绿色草履虫配合之研究；原生动物染色体之研究。

（7）经济动物之调查：包括沿海各省之渔业调查；东南各省农业区害虫之调查。

后来还增加了海洋研究和淡水研究。[1-2]史若兰等从事鱼类寄生虫的研究，后来得到了较大的发展。

相对而言，动物所在中央研究院里也算规模比较大的研究所。不过当时中央研究院每个所经费只有 12 万银圆左右，加上抗战后物价不断上涨，工作开展起来依旧很困难。到 1949 年被中国科学院接收时，有王家楫、伍献文、刘建康、倪达书、陈世骧、史若兰（N. G. Sproston）、朱树屏等 7 名专任研究员，副研究员杨平澜，助理研究员 12 人，技术员 8 人；有图书期刊

〔1〕 中央研究院 1947—1948 年度工作计划（1946 年 8 月）［A］. 南京：中国第二历史档案馆，全宗号 393，案卷号 1082（1）.

〔2〕 中央研究院三十五年工作简报·动物研究所［J］. 科学，1948，30（2）：57.

6000 余册，各种动物标本 23900 余种、177500 号。[1]

动物所和植物所从原来的动植物所分立出来后，原来的《国立中央研究院动植物所丛刊》不再刊行。动物所出版自己的学术刊物《国立中央研究院动物研究所丛刊》，但卷序仍继续原来的，到 1948 年，出到 17 卷[2]。

二　心理研究所等其他机构

1. 心理研究所的人员构成和相关工作

中央研究院的另一生物学研究机构是心理研究所。1927 年，在考虑中央研究院未来拟设的研究机构中，就有心理研究所，并请唐钺、汪敬熙、郭任远、傅斯年、陈宝锷和樊际昌担任筹备委员。心理所于 1929 年 5 月在北平成立时，唐钺被聘为秘书兼代所长。1933年 7 月该所迁入上海[3]，唐钺辞去所长职务，改由北京大学心理学教授汪敬

汪敬熙

熙继任所长。这个所的规模一直比较小。1936 年有职员 18人，包括专任研究员唐钺、汪敬熙（兼所长）、卢于道、徐丰彦[4]，专任副研究员陈立，助理员鲁子惠、邬振甫、张香桐[5]，练习助理员朱亮威，技术员赵翰芬，练习技术员卢鹏飞，

〔1〕　薛攀皋，季楚卿，宋振能. 中国科学院生物学发展史事要览 1949—1956 [M]. 北京：中国科学院院史文物资料征集委员会办公室，1993：28.

〔2〕　动物所丛刊 [J]. 科学，1948，30（2）：62.

〔3〕　1934 年 6 月又迁到南京。

〔4〕　刚由副研究员晋升研究员。

〔5〕　中央研究院聘任汪敬熙等十九人为心理研究所研究职员的书函 [A]. 南京：中国第二历史档案馆，全宗号 393，案卷号 461.

事务员董秉琦、唐振尧，绘图员刘侃。另聘林可胜、郭任远、陆志韦和沈有乾为通讯研究员。[1]

心理研究所的规模小，限于当时的经济和实验设备条件，能开展的工作不多。汪敬熙当所长后，根据人员本身的知识基础和学术特长，开展的工作主要在生理心理学方面，特别注重心理现象的神经基础研究，尤其是神经解剖和神经生理研究。在神经解剖方面的工作有卢于道进行的"中国人大脑细胞构造的研究"，以及在卢于道的指导下，由张香桐进行的"白鼠视觉神经至初级视觉中枢之分布"的研究。神经生理方面的工作有唐钺进行的"白鼠之姿态反应"研究，汪敬熙、鲁子惠从事的"大脑及视觉中枢及中脑视觉中枢之动作电位"，朱鹤年[2]从事的"丘脑及中脑之血压中枢"的研究，蔡乐生进行的"大脑与习惯之关系"的研究等。[3]

在1937年前，心理所的研究工作主要有如下一些[4]：

一、素食及荤食对于学习之影响；二、修订皮纳氏智力测验；三、用生理电学方法研究视觉之生理基础；四、刺猬听觉反应之研究；五、血管内之感觉机关之研究；六、平衡感觉机关之研究；七、位足反应之研究；八、中国人大脑皮层之研

---

〔1〕 中央研究院心理研究所1936年度工作报告及有关文书［A］. 南京：中国第二历史档案馆，全宗号393，案卷号1054.

〔2〕 朱鹤年当时是心理所的兼任研究员。

〔3〕 中央研究院社会科学所、历史语言所、心理研究所纪念周工作报告，1935年3月—1937年8月［A］. 南京：中国第二历史档案馆，全宗号393，案卷号1383.

〔4〕 国立中央研究院十年来工作概况（1937年4月27日）.（中国第二历史档案馆. 中华民国史档案资料汇编：第五辑第一编 教育（二）［G］. 南京：江苏古籍出版社，1994：1365.）

究；九、神经[1]细胞内核酸之分布；十、鼠视觉神经在低级中枢之分布；十一、刺猬之下叠体之下行神经束；十二、与清华大学合作在平绥路局南口机厂及南通大生纱厂副厂研究工业心理各问题。

这个研究所的专任研究员、所长汪敬熙在二十世纪三四十年代曾进行"中枢神经系统作用之理论研究（一）——神经生理学中几个基本事实及其理论的含义"，神经解剖学家卢于道在二十世纪三十年代末从事过"端脑隔层之比较研究"，其助手张香桐助理员则进行过"刺猬中脑后脑构造之研究"。[2-3]

抗战期间，心理所迁到广西桂林，尽管工作条件很简陋，但研究人员还是以青蛙幼体蝌蚪为材料进行了"蛙幼虫蝌蚪之行为发展的研究"，"神经系统作用之理论的研究"和"神经解剖学之研究"，"生理心理学之实验研究"和"生理心理学之理论研究"的系列工作。在"生理心理学之实验研究"和"生理心理学之理论研究"方面，具体开展的工作包括分析蛙行为发展之神经生理基础的概况，胚胎行为之生理分析，中枢神经系统生理之理论的研究。后来还进行了一些工业心理方面的研究工作。不难看出，虽然基础设施缺乏，甚至居无定所，心理所的研究人员还是在神经系统生理的动物行为和反射

---

〔1〕 原文作"神精"，应是排版之误。

〔2〕 见中国第二历史档案馆（南京），全宗号393，案卷号2-32、46、116、117。

〔3〕 中央研究院各研究所馆工作报告总表及社科所心理所工作报告表，1937年1月—1939年1月〔A〕. 南京：中国第二历史档案馆，全宗号393，案卷号1386（3）.

方面进行了一些力所能及的科研工作。[1-2]

心理所 1945 年主要以蝌蚪为材料进行相关的研究，研究项目有如下一些：（1）脑之各部分对于蝌蚪行为发展之影响；（2）一边耳迷路割除后抵补作用之神经中枢；（3）蝌蚪脊髓内禁止作用之机构；（4）强烈光线对于蝌蚪之对光移动反应初现时期之影响；（5）脊椎生理作用之理论研究。[3-4]

其后工作计划有所变化，主要研究领域设定在哺乳类动物行为发展之研究，胚胎行为发展之研究，以及哺乳类动物行为与神经系统的关系研究。[5]

2. 两个筹备处

（1）医学研究所筹备处

林可胜回国后，为推动生理科学的本土化，一直试图创立一个中国人自己的生理学研究机构。在他的推动下，1937年中央研究院拟设生理所。先在心理所设一生理组，由林可胜的高足、协和医学院副教授冯德培任研究员和组主任。[6]七七事变后，筹建工作不得不停了下来。1943 年 9 月，中央

---

〔1〕 1940—1945 年心理研究所工作报告［A］. 南京：中国第二历史档案馆，全宗号 393，案卷号 1378.

〔2〕 中央研究院心理研究所 1944 年度工作计划［A］. 南京：中国第二历史档案馆，全宗号 393，案卷号 1326-6.

〔3〕 中央研究院各研究所 1945 年工作计划［A］. 南京：中国第二历史档案馆，全宗号 393，案卷号 1010.

〔4〕 1940—1945 年心理研究所工作报告［A］. 南京：中国第二历史档案馆，全宗号 393，案卷号 1378.

〔5〕 中央研究院 1947—1948 年度工作计划（1946 年 8 月）［A］. 南京：中国第二历史档案馆，全宗号 393，案卷号 1082（1）.

〔6〕 中央研究院社会科学所、历史语言所、心理研究所（总理）纪念周工作报告，1935 年 3 月—1937 年 8 月［A］. 南京：中国第二历史档案馆，全宗号 393，案卷号 1383.

研究院又设立医学研究所筹备处，聘林可胜主持工作。1944
年12月正式成立医学研究所筹备处，主任为林可胜，冯德
培任专任研究员兼代理筹备处主任。专任研究员还有吴宪的
学生汪猷和王应睐，其他研究人员包括助理研究员刘育民，
助理员徐金华、胡旭初、陈善明、彭加木、汪静英和戎积圻
等。[1]该处分为三个组：一是生理学组，主要从事神经和肌
肉系统的研究[2]；二是生物化学组，主要从事营养和酶素的
研究；三是有机组，主要从事橘霉素的研究。三个组的负责
人分别是生理学家冯德培、生物化学家王应睐和有机化学家
汪猷。

医学研究所筹备处成立后准备开展的工作包括：①神经
系统生理之研究；②试验新有机化学物质之生理药理作用；
③研究蛋白质新陈代谢；④综合有机化学物质并探讨其药理
作用[3]。

后来他们准备成立四个实验室：生物物理实验室、生物化
学实验室、有机化学实验室和组织学实验室。分别开展神经肌
肉系统研究、营养及酶素研究、综合药剂研究和血液循环之生
理研究。

由于战争原因，物价飞涨，经费无着落，医学研究所最终
没能建成。1949年，中国科学院接收的时候，医学研究所筹

〔1〕 见中国第二历史档案馆（南京），全宗号393，案卷号1679。

〔2〕 中央研究院各研究所1945年工作计划［A］. 南京：中国第二历史档
案馆，全宗号393，案卷号1010.

〔3〕 中央研究院1947—1948年度工作计划（1946年8月）［A］. 南京：中
国第二历史档案馆，全宗号393，案卷号1082（1）.

备处总共只有 20 多人。他们是专任研究员冯德培、王应睐和汪猷，副研究员鲁子惠，另有助理研究员 2 人，助理员 6 人，技术人员 5 人，事务员和技工 5 人。[1]

（2）体质人类学研究所筹备处

中央研究院的历史语言研究所在 1937 年以前还进行过一些人类学的研究，内容包括一些地方的人种调查，泉州川边民物调查，各地人体测量，头盖骨和体骨之研究，手指纹研究，儿童体质发育之研究。中央研究院的社会科学所也有一些民族学的研究。[2]

1944 年 5 月，中央研究院成立体质人类学研究所筹备处，吴定良任主任。1946 年 7 月停止筹备，回归历史语言研究所。在体质人类学研究所筹备期间，曾有比较细致的工作计划，其中包括：编著第四卷《体质人类学集刊》，编著第二卷《氏族素质报告》，川省氏族素质调查，贵州苗夷族人类学调查和采集人类学标本。该处在吴定良的领导下，1944 年计划开展以下方面的研究：①殷代颅骨之研究；②国族体质之研究；③中国人各时代体骨形态之比较（上肢骨部分）；④国族血液型之比较；⑤贵州苗夷族体质之调查（东黔）；⑥中国人青春期体质发育之程序；⑦双生子之生理研究；⑧人寿遗传与环境之关系。

1945 年计划除继续上述方面的研究之外，还增加了 6 项

〔1〕 薛攀皋，季楚卿，宋振能. 中国科学院生物学发展史事要览 1949—1956 [M]. 北京：中国科学院院史文物资料征集委员会办公室，1993：30.

〔2〕 国立中央研究院十年来工作概况（1937 年 4 月 27 日）.（中国第二历史档案馆. 中华民国史档案资料汇编：第五辑第一编 教育（二）[G]. 南京：江苏古籍出版社，1994：1365.）

研究：各社会阶级人寿之比较，中国妇女繁殖率之比较，体质变态之遗传，掌与指纹形之比较，各望族家谱之分析，低能儿生理与心理的特征。

总体而言，中央研究院的生物学研究仍然以动植物的调查分类为主，尽管有极力提倡实验生物学的汪敬熙、罗宗洛、冯德培，但受当时经费、实验条件和人才的限制，并未得到太大的实质性发展。另外，当时中央研究院研究工作的一个明显特点就是课题和研究方向大体是根据研究人员自己专长设置的，没有很明确的主攻方向，自由度比较大。研究人员的工作积极性还是很高的，不少研究员的成果都比较突出，体现了相当的研究水平，如邓叔群的真菌研究和王家楫的原生动物研究等。他们中相当数量的人成为1948年选出的中央研究院院士，如王家楫、伍献文、邓叔群、罗宗洛、李先闻、汪敬熙等。

顺便提一下，除上述工作外，民国年间中央研究院的动植物所等机构与国内的其他学术机构有不少合作研究。

1935年，为系统研究中国海产和渔业，中央研究院与国内多家学术机构合作准备进行海洋学研究。当时国际上有个名叫"太平洋科学协会"的组织。为了加强与相关国家的合作，我国因此成立了一个分会，由中央研究院总干事丁文江任主席。嗣后，他们成立了渔业技术、渔业、珊瑚礁、海洋物理学及化学、海产生物等5个组。参加的除中央研究院外，还有北平研究院、中国科学社、静生所、实业部、经济委员会、海军部、中国动物学会、福建省政府、青岛市政府、山东大学和厦门大学等，并议决在沿海的厦门、定海、青岛和烟台（或威海）四处设立海洋生物研究室。其中，青岛市政府和山东大学合作组建青岛海洋生物研究所（室）[1]，地址选在青岛观象台附近，经费由地方政府负担，人员由中央研究院派驻；定海的研究室由中央研究院和浙江建设厅组建，中央研究院主持；厦门的研究室由厦门大学组建和主持；烟台的研究室由北平研究院组建和主持。[2]因为北平研究院此前就在烟台设有"烟台海滨动物研究所"，后来为此更名为"渤海海洋生物研究室"，以和其他三处名称相一致，同时隶属于上述分会。[3]

中央研究院与其他机构的生物学合作非常密切。据蔡元培所说，中央研究院的动植物所与中国科学社生物研究所的关系一直异常密切，书籍标本经常交换，采集研究也时常合作。静生所不啻是科学社联盟的集团。静生所、中央研究院动植物研究所、中国科学社生物研究所和北平研究院的生物研究所都偏重分类，但也有分工合作的意义：中央研究院的动植物所注重沿海动植物的分类，北平研究院动物所、植物所和静生所偏重中国北部的动植物分类，中国科学社生物研究所偏重长江流域的生物分类。

此外，中央研究院的心理所与清华大学合作，研究工业心理；历史语言研究所与协和医学院合作，测量广东人的体质；

---

〔1〕 该所于1934年7月成立，1934年第18卷第12期《科学》杂志首页刊出"成立摄影"的照片，第1660~1668页刊出《青岛海产生物研究所第一次工作报告摘要》。该所主任为刘咸，常务委员有陈桢（李继侗代）、张景钺、蒋丙然、曾省，委员有陆鼎衡、张春霖、李良庆和武兆发。

〔2〕 中央研究院关于建设青岛海洋生物研究室与青岛市政府山东大学等来往文书 [A]. 南京：中国第二历史档案馆，全宗号393，案卷号534.

〔3〕 蔡元培在中央党部总理纪念周上报告中央研究院与中国科学研究之概况（1935年11月4日）.（中国第二历史档案馆. 中华民国史档案资料汇编：第五辑第一编 教育(二) [G]. 南京：江苏古籍出版社，1994：1354.）

化学所与北平研究院、雷士德医药研究所合作，研究药物；等等。[1]

第四节　北平研究院所属各机构

筹建中央研究院时，筹备委员李煜瀛提出建立局部或地方研究院的拟议，后国民政府会议通过。1928 年 11 月开始筹备北平研究院，1929 年 9 月 9 日成立[2]，是民国年间建立的公立科研机构，院长是李煜瀛。筹建时，原本只是作为中央研究院的一个分支机构建设的，但由于其领导人李煜瀛的积极推动，使之后来成为一个与中央研究院并列的国立研究机关，只是规模小一些。这是由以李煜瀛、李书华为首的一批留学法国的学者建立的研究机构，有点与以留学英美学者为主建立起来的中央研究院相抗衡的意味。北平研究院各所领导人和骨干大多是留法的学者。就某种意义而言，这是留法学者的大本营。他们模仿法国的科研体制，想建立一个北平学区，把北平研究院作为学区的一个研究机构来建立。但这个意图最终没有实现，只产生了一些影响，包括通过他们主持的一些学校和院系来为研究机关培养人才，或由研究机构给关联的高校毕业生提供就业岗位。具体体现在北平研究院生物所的年轻职员不少来自留法学者建成的北京大学生物系和中法大学，这些大学的学生也常在北平研究院的机构里实习。

---

〔1〕　蔡元培在中央党部总理纪念周上报告中央研究院与中国科学研究之概况（1935 年 11 月 4 日）。（中国第二历史档案馆. 中华民国史档案资料汇编：第五辑第一编 教育（二）〔G〕. 南京：江苏古籍出版社，1994：1356.）
〔2〕　参见 1948 年行政院新闻局印行的《北平研究院》第 1 页。

北平研究院 1929 年由行政院核准成立后[1-2]，迅速成立各种研究机构。该院研究部分设有生物部，包括生物、动物和植物 3 个研究所。动物所和植物所都于 1929 年 9 月成立。北平研究院的这三个所都设在 1906 年建立的农事试验场[3]（原乐善园毗连继园一带的约千亩土地）。李书华[4]筹建北平研究院的时候，看中这块地方，要了过来，并于 1929 年 7 月改名为"国立北平天然博物院"，将生物部 3 个研究所置于其内。[5]1934 年，由北平研究院和中法教育基金委员会[6]共同出资在此建设一栋三层楼房供三所科研使用。为纪念法国著名动物学家、进化论学者拉马克，该楼被命名为"陆谟克堂"[7]。这也是充分体现法国影响的标志性建筑。

　　和当时的中央研究院一样，北平研究院的经费也很有限。整个北平研究院 10 多个所，一个月的经费只有 3 万元，一般研究所一个月只能分得 2000 元。[8]一些机构得到李煜瀛等把

---

　　〔1〕　北平研究院原来是作为中央研究院的分支机构成立的，后来中央研究院成为政府主管的独立研究机构，大学院改为教育部后，它成为教育部下属的研究机构。

　　〔2〕　蔡元培在中央党部总理纪念周上报告中央研究院与中国科学研究之概况（1935 年 11 月 4 日）。（中国第二历史档案馆. 中华民国史档案资料汇编：第五辑第一编 教育（二）〔G〕. 南京：江苏古籍出版社，1994：1347.）

　　〔3〕　1908 年该场附设动物园。

　　〔4〕　李书华是物理学家，在北平研究院成立时被聘为副院长，1948 年被评为中央研究院院士。

　　〔5〕　位于今北京动物园。

　　〔6〕　由法国退还庚子赔款成立的一个委员会，实际上由留法学者李煜瀛控制。

　　〔7〕　当时法国博物学家 Jean-Baptiste Lamarck（拉马克）被译成"陆谟克"。该楼后来一度成为中国科学院植物研究所的图书馆。

　　〔8〕　金涛. 严济慈先生访谈录〔J〕. 中国科技史料，1999，20（3）：227 - 245.

持的法国退回庚子赔款成立的中法教育基金委员会的资助。[1]
根据其组织规程："国立北平研究院为国立学术机关，学理与
实用并重，以实行科学研究，促进学术进步为其任务。"[2]

植物学研究所、动物学研究所于1929年成立后，刘慎谔
和陆鼎恒分别担任植物学研究所和动物学研究所的主任[3]。
北平研究院的生物学研究所（1933年改为生理学研究所）
1929年成立，由经利彬担任主任。此外，北平研究院还在上
海设有药物研究所和发育生理研究所。

北平研究院各所的规模都比较小，到1935年，每个所的
职员一般都不足10人。动物所在1937年以前人数最多时有10
余人，除所长陆鼎恒外，有专任研究员张玺，兼任研究员汪德
耀、朱洗，特约研究员周太玄，助理员有刚毕业不久的大学生
张凤瀛、顾光中、张修吉、相里矩、曹毓杰，绘图员周启曜、
唐乐天，标本剥制员刘树芳，练习员马绣同、褚士荣、刘永
彬。[4]七七事变后，动物所搬迁云南，所里只有5人，除所长
陆鼎恒和专任研究员张玺外，只有助理员1人，绘图员1人，
练习生1人。[5]后来有成庆泰、夏武平（张玺的学生）加入。
该所研究方向主要侧重水生生物、鱼类等。1935年增设细胞

〔1〕 1925年后，私立中法大学的经费主要靠中法教育基金委员会资助。
〔2〕 国立北平研究院组织规程（1935年6月20日）。（中国第二历史档案
馆.中华民国史档案资料汇编：第五辑第一编 教育（二）〔G〕.南京：江苏古籍
出版社，1994：1368.）
〔3〕 1935年，各研究所改直接属院领导，主任改称所长。
〔4〕 北平研究院所属各单位人员聘任卷〔A〕.南京：中国第二历史档案馆，
全宗号394，案卷号78.
〔5〕 国立北平研究院1937—1944年工作报告〔A〕.南京：中国第二历史档
案馆，全宗号394，案卷号53.

学及实验发生学研究室，聘朱洗为专任研究员并主持该室工作。抗日战争胜利后，动物所的人员有了一些变化。原所长陆鼎恒在1940年病故，改由张玺任所长。专任研究员除所长张玺外，还有沈嘉瑞、朱弘复，后二人分别主持甲壳类研究室和昆虫研究室。还聘童第周、陈桢为通讯研究员。所里的助理研究员有成庆泰。先后在该所任助理员的除上面提到的张凤瀛等之外，还有李象元、陈兆熙、陈宝钧、李落英等。[1]

一 植物研究所

（一）一般情况

北平研究院的植物所成立于1929年9月。上面说到，北平研究院把植物所、动物所以及生理所都安排在位于今天北京动物园的那块地方。当时的办公条件很差，植物所刚开始只有一栋不到200平方米的小楼作为办公用房，1934年由北平研究院院部和中法教育基金委员会出资建了约2000平方米的三层楼房"陆谟克堂"后，植物所的办公用房才得到较大的改善。

北平研究植物所的负责人刘慎谔是一个非常具有使命感和开创精神的学者。他1920年到法国留学，先后在里昂大学和巴黎大学理学院学习，在著名的地植物学家布朗基特（Braun-Blanquetd）的指导下做博士论文，完成了"高斯山植物地理的研究"。1929年于法国获博士学位。在接到李煜瀛请他回国筹建北平研究院植物所的邀请后，他立即与在法国学习植物学的林镕、齐雅堂、刘厚、阎玟玉等商议回国后发展植物学事业

〔1〕 夏武平，齐钟彦，马绣同．北平研究院动物学研究所小史〔J〕．中国科技史料，1991，12（1）：43-45.

的计划。此前，他们曾一起积累标本和着手编辑《中国植物文献汇编》，为日后回国开展植物学研究打基础。刘慎谔本人在法国留学近10年，学习期间积累了不少植物标本和文献资料。1929年回国时，他带回了在法国采集的2万多号植物标本和数百册书刊，这些资料成为北平研究院植物所创业的基础。

刘慎谔回国主持植物所后，请当时在北平大学农学院植物教研室工作的夏纬瑛协助建所，录取了孔宪武、王作宾和刘继孟作为练习员（相当于技术员）。其中孔宪武1925年毕业于北京高等师范学校博物部后，到河北大学任教，北平研究院植物所成立的时候已经担任教授。为了使自己在学业上进一步精进，孔宪武应聘担任了植物所的助理员。林镕于1930年在法国巴黎大学获得博士学位后，也应聘到植物所任兼任研究员，不过他在1945年以前，从未在所里支薪。植物所的成员中还有我国植物学界的先驱之一钟观光，他1934年来所任专任研究员[1]，此前曾在北京大学生物系和浙江大学农学院任教，并首先在国内大规模采集植物标本。和他同年入所的有钟补求、黄逢源、傅坤俊、王振华。后来在该所的人员还有王宗训、郝景盛、蒋杏墙、孙万祥（1937年来所研究真菌，后来到西北农学院任教）、崔友文、刘春荣（和蒋杏园1937年到西北植物调查所，负责植物绘图，蒋于两三年后离所）等。由于缺少经费，能容纳的人员有限，全所人员最多的时候也就20人左右。[2]全所有图书杂志及其他资料1000多种，5000余

---

〔1〕 薛攀皋说是1933年5月到所工作，这里是根据王宗训的说法。

〔2〕 北平研究院1937年以前全院有200人，到1947年复员后，只有134人。见1948年行政院新闻局印行的《北平研究院》第7页。

中国生物学史·近现代卷

册。抗战胜利后保存有植物标本总计约 15 万号。[1]

所内设有高等植物研究室、低等植物研究室和药用植物研究室，还设有植物园和标本室。当时植物研究所白手起家，只有刘慎谔从法国带回来的那批植物标本和数百册书刊。经过一番惨淡经营，逐渐建立起北平研究院植物研究所图书室。北平研究院植物所的研究领域侧重我国北部、东北部、西部植物的调查分类和植物地理研究。1937 年后，以研究西北植物为主。[2]因研究方向主要在植物的区系调查分类，所以每年都派人外出考察采集。以华北和秦岭地区的植物为多，而采自蒙古、新疆和青藏高原的标本为其他国内研究机构所少见，尤为珍贵。除分类学研究外，刘慎谔等人在植物地理学方面也做了不少研究工作，钟观光还以科学的方法整理研究我国的本草植物。从 1931 年开始，该所创立了《国立北平研究院植物研究所丛刊》(Contributions from the Institute of Botany, National Academy of Peiping)，出到第 6 卷第 1 期，发表了不少论文，七七事变后停刊。1949 年又刊出一期，出到第 6 卷第 2 期。到七七事变时，植物所的研究人员已经发表论文 60 余篇，主要刊登在该所丛刊和《中国植物学杂志》等刊物中，同时还编著出版了《中国北部植物图志》5 册等。

虽然缺少研究经费，设备简陋，但全所人员情绪高涨，在刘慎谔的率领下进行了卓有成效的工作。20 世纪 30 年代中期，日本侵略华北和中国内地的野心十分明显，为保存科技实力，1936 年，植物研究所把全部的图书仪器、标本和研究人

〔1〕 参见 1948 年行政院新闻局印行的《北平研究院》第 36 页。
〔2〕 国立北平研究院十周年纪念 [J]. 科学，1940，24（2）：144 – 146.

员都迁到陕西武功。该所与当地的西北农林专科学校合作组建了中国西北植物调查所，所长由刘慎谔兼任。[1]1938年，北平大学农学院与西北农林专科学校合并改称西北农学院。

1937年后，北平研究院植物研究所大部分人员迁往武功。1938年，北平研究院在云南昆明设立了办事处，给西北植物所提供部分经费。1941年，刘慎谔从陕西武功去了昆明，在昆明又设立北平研究院植物研究所，但人员很少，经费也不多。人员包括刚从西南联大毕业的简焯坡，以及在西南联大任教的郝景盛，后来从昆明农林植物所出来的匡可任也加入该所，从事木本植物的研究。[2]西北植物调查所先后由王振华、孙万祥、王云章代任所长。抗战期间，该所人员在撤到陕西武功和云南，以及1942年后林镕受汪德耀之邀到福建工作后，对西南云、贵、川三省和福建的植物采集多了起来。

抗战胜利后，植物所在北平复员，部分图书资料从武功运回北平，部分人员也返回北平。后来汪发缵、冯晋镛、赵继鼎等也先后加入该所工作。在武功留下的部分仍称"西北植物调查所"，由王振华代理所长。1949年，中国科学院植物所成立后，它成为该所的西北工作站，后发展成西北植物研究所。留在昆明的部分，后来和静生所兴办的农林植物所合并，成为中国科学院植物所昆明工作站，后来发展为昆明植物所。[3]

---

〔1〕 西北植物调查所暂设武功农专校内 [J]. 科学, 1936, 20（11）: 1004.

〔2〕 匡可任简历 [A] // 中国科学院植物研究所档案: 匡可任专卷.

〔3〕 王宗训. 回忆北平研究院植物研究所 [J]. 中国科技史料, 1985, 6（2）: 16－20.

而植物所的采集人员孔宪武后来因在战乱中与刘慎谔失去联系，携带家小到兰州一个专科学校任职。后来北京师范大学迁到兰州，改名西北师范学院，他就任该学院教授，成为西北地区植物分类学的领军人物。

（二）科研工作

植物所的研究工作主要为植物分类，兼及植物地理。植物所所长刘慎谔是一位颇具开拓意识和实干精神的植物学学者，在种子植物分类、真菌分类和地衣分类等方面都做了很多工作。作为一个植物分类学家和植物地理学家，刘慎谔非常注意收集标本，为分类学研究积累资料和打好基础。1937 年以前，该所每年派出采集员到各地采集标本，到叶落草枯才结束采集工作，回所整理标本和研究总结。王作宾、刘继孟和傅坤俊年年如此。1938 年后，经费支绌，到远的地方采集标本的活动逐渐取消[1]，在外采集标本的人数也尽量减少。除刘慎谔外，林镕、钟观光、孔宪武、汪发缵、郝景盛等都参加了调查采集。1937 年以前，采集地域以华北和西北地区为主，亦稍及东北和东南。历年所到的地域包括河北、河南、山东、陕西、山西、甘肃、辽宁（铁岭）、吉林（长白山）、热河、察哈尔、绥远、宁夏、青海、新疆、西藏、内蒙古、湖北、四川、云南、安徽、浙江、江苏及闽粤等地。他们调查涉及的地区东及长白山，西至天山、昆仑山、西藏、喜马拉雅山，南至滇粤，北至蒙古，中经太行山、秦岭、伏牛山、巴山、黄山等处，博采旁求，调查所及，边徼穷荒。与西北农林专科学校合组西北

---

〔1〕 王宗训. 回忆北平研究院植物研究所 [J]. 中国科技史料，1985，6（2）：16 – 20.

植物调查所以及后来刘慎谔到云南后，对西北和云南调查植物比较多。至1938年，已收集标本6万余号。总体而言，该所对中国北部的植物调查工作比较全面，在此基础上编纂了《中国北部植物图志》，由刘慎谔、林镕、郝景盛、孔宪武先后编辑了旋花科、龙胆科、忍冬科、藜科、苋科、马齿苋科和蓼科等共5册。1936年后，对西北的植物调查比较多，尤其是秦岭太白山，先后派人调查10余次，当时已编纂出《太白山植物图志》（木本植物部分）初稿[1]，为后来中国科学院西北植物研究所编写《秦岭植物志》奠定了良好的基础。

在北平研究院植物所存续的20年中，虽经抗日战争的颠沛流离和逃亡，植物所的工作还是有相当的积累。在高等植物方面，前期有刘慎谔等对旋花科、大戟科以及壳斗科的研究；郝景盛对忍冬科、槭树科、小檗科、田麻科以及杨柳科的研究；白荫元对玄参科、紫葳科的研究；钟补求对桔梗科和黄山植物、秦岭植物的研究；林镕对龙胆科的研究；孔宪武对蓼科、藜科、豆科、禾本科、松柏科以及苋科和单子叶植物的研究；夏纬瑛对桦木科的研究；王振华对卫矛科的研究；匡可任对云南东南胡桃科新属的研究；汪发缵对百合科的研究；陈伯川对苔藓的研究等。低等植物包括刘慎谔、朱彦丞对地衣的研究；刘慎谔和黄逢源对鬼笔菌、散尾菌的研究；阎玟玉对炭菌的研究；刘慎谔和黄云章对锈菌的研究。刘慎谔、钟补求、王作宾还在植物地理学方面做了一些研究。[2] 此外，他们在北平

<hr>

〔1〕 参见1948年行政院新闻局印行的《北平研究院（民国二十六年至三十六年）》第47页。

〔2〕 参见1948年行政院新闻局印行的《北平研究院（民国二十六年至三十六年）》第36－43、47、51页。

和武功都建立过小型的植物园。[1]他们后来还收集到大量的植物标本，除存在北平未及转移的遭毁坏外，余存标本 15 万余号。与西北农林专科学校合建的西北植物调查所成立后，偏重对农林植物的调查[2]，在经济植物的研究方面也做了一些工作。

　　他们的主要研究成果是论文，总共在学术刊物上发表研究论文百余篇。除上面提到的论文外，比较著名的还有刘慎谔发表的《华北林层之演替》《中国北部及西部植物地理概论》《中国南部及西南部植物地理概要》《陕西植物分布概要》《黄山植物分布概要》《云南植物地理》等植物群落和植物地理方面的文章。刘慎谔因此成为国内研究北方植物地理领域的先驱，对我国西部和北部的植物地理进行了开创性的研究。另外，他们还编写了一些地区的植物志和名录，有的已经编写好，有些在写作中，包括《小五台山植物志》《黄山植物目录》《华山植物目录》《太白山植物图志》（木本植物部分）等。其中孔宪武和王作宾合著的《小五台山植物志》是较早的地方植物志之一。他们还编制了《中国植物图志》。基于考察资料的积累，白荫元对秦岭的森林分布做了初步的研究，王云章、黄逢源对菌类植物的分类及生活史进行了研究，朱彦丞和陈伯川在地衣和苔藓的研究方面也有一些贡献。钟观光主要考证《本草纲目》的植物名称，在这方面做了大量的工作，

---

　　〔1〕　国立北平研究院十年来工作概况（1928 年 11 月—1938 年 11 月）。（中国第二历史档案馆. 中华民国史档案资料汇编：第五辑第一编 教育（二）［G］. 南京：江苏古籍出版社，1994：1377 – 1379.）

　　〔2〕　李书华. 国立北平研究院十八周年纪念会报告［J］. 科学，1949，31（4）：120 – 128.

可惜未能发表。1937 年后，钟观光返回镇海故里，因对国家前途充满忧虑，加上路途劳顿，一病不起。[1]

北平研究院植物所后来虽在北平复员，但因内战爆发，经费无着，设施不全，无法恢复元气。1949 年，中国科学院接收时，本部有研究员 5 人，即刘慎谔、林镕、郝景盛、汪发缵、王云章，副研究员夏纬瑛，助理研究员 3 人，助理员 1 人，中西文书籍、杂志 6000 余册[2]，显微镜只有 2 架，而且 1 架已坏。[3]

二 动物研究所

（一）一般概况

北平研究院动物研究所成立于 1929 年，有所长陆鼎恒和专任研究员张玺等，设有海洋动物研究室和实验动物学研究室等，规模比植物所要小。抗战胜利后由于朱弘复的加入，增设昆虫研究室。[4]海洋生物研究是该所的主要研究方向之一。科研工作也以调查分类为主，主要研究对象为水生动物和昆虫，研究范围包括鸟类、两栖爬行类、鱼类、软体动物、棘皮动物等。为服务国民经济，他们在生物学调查方面把水生生物放在主要地位，后来也逐渐注重昆虫研究。对我国沿海主要港口的烟台、威海、胶州湾、厦门以及广东、南海等海域的鱼类和水产都做过调查，并研究其生活史和分布状态。动物所也组织过

〔1〕《科学家传记大辞典》编辑组 . 中国现代科学家传记：第一集［M］. 北京：科学出版社，1991：443 – 457.

〔2〕薛攀皋，季楚卿，宋振能 . 中国科学院生物学发展史事要览 1949—1956［M］. 北京：中国科学院院史文物资料征集委员会办公室，1993：15.

〔3〕竺可桢 . 竺可桢日记［M］. 北京：人民出版社，1984：1303.

〔4〕参见 1948 年行政院新闻局印行的《北平研究院（民国二十六年至三十六年）》第 20 页。

几次到河北东陵、保定和北平附近的动物标本采集，收集标本1000余号。他们还在白洋淀以及广东进行过以鸟类为主的动物采集[1]，在此基础上发表过一些鸟类研究的文章。

1935年春，该所与青岛市政府合组胶州湾海产动物采集团，采集胶州湾一带海域动物标本和研究当地海洋学问题，采集到标本1万余号，在短期内取得相当的业绩。随后出版了《胶州湾海产动物采集团第一期采集报告》《胶州湾海产动物采集团第二期及第三期采集报告》等。

张玺在调查胶州湾的论文报告中，对当时北平研究院动物所的生物学家关注水产生物的原因有很好的说明。他指出"吾国拥有甚长之海岸线，就多数良好之港湾，可惜海产事业，一如其他实业之幼稚，致使渔业被人侵吞，市场被人把握，每年损失，其数非小"，"国立北平研究院动物学研究所成立以来，即努力山东半岛海产动物之研究，去岁与青岛市政府，合组胶州湾海产动物采集团，对于有食用经济价值之动物，特别调查其种类，注意其习性及繁殖，并测验各处海水咸度，大气与水温之变化，及各种动物适宜之生活环境。以期此等问题，研究明了后，得资为发展吾国海产事业之根据"[2]

为了更好地开展海洋生物研究，1935年4月，该所在烟台成立烟台海滨动物实验室（张修吉常驻于此）。同年6月，根据太平洋科学协会海洋组织中国分会的决议，更名为渤海海

〔1〕 夏武平，齐钟彦，马绣同. 北平研究院动物学研究所小史［J］. 中国科技史料，1991，12（1）：43-45.

〔2〕 张玺，相里矩. 胶州湾及其附近海产食用软体动物之研究［M］. 北平：国立北平研究院出版课，1936：1-2.

洋生物研究室。[1]1937年春，又与地方政府合作建立威海卫海洋生物研究室兼水族馆。

七七事变以后，北平研究院与中央研究院一样，各单位开始内迁。1938年，动物所和生理所迁到昆明。到昆明后，开始就地取材，开展力所能及的科研工作。动物所的陆鼎恒在1938年12月至1939年1月间对洱海的浮游生物进行了调查研究，与此同时也开展了对滇池浮游生物的分类研究，还对云南的淡水鱼类展开调查研究，两年内收集到鱼类标本60余种。他还于1938年参加了中央赈济委员会组织的一个滇西边地考查团，调查当地的畜牧业实况，沿途还采集到动物标本326号，后撰写了《滇西边区畜牧事业考察报告》和《滇缅公路鸟兽见闻记》等文章。由于条件艰难，到抗战胜利时，该所人员只有6人：研究员只有张玺，助理研究员只有成庆泰，助理员[2]只有齐钟彦、夏武平，技术人员有刘永彬、何清。

1946年夏，动物所在北平复员，张玺继续任所长，增聘沈嘉瑞为研究员，助理研究员有成庆泰，助理员有齐钟彦、夏武平和刘瑞玉，技术人员有马绣同、王璧曾。[3]这些人都属普通动物研究室，研究对象包括鱼类、原索动物、软体动物、甲壳类和棘皮动物等。1947年，从美国留学回来的朱弘复到动物所任研究员，并成立了昆虫研究室。朱弘复任昆虫研究室主

---

〔1〕 中央研究院关于筹设太平洋科学协会海洋学组渤海生物研究室等事宜与北平研究院陆鼎恒来往函（1935年3月—1935年6月）[A]. 南京：中国第二历史档案馆，全宗号393，案卷号668.

〔2〕 相当于如今的研究实习员。

〔3〕 夏武平，齐钟彦，马绣同. 北平研究院动物学研究所小史 [J]. 中国科技史料，1991，12（1）：43-45.

中国生物学史·近现代卷

任，研究人员包括邓国藩、王林瑶。他们从事过步行虫幼虫、鞘翅目幼虫、棉蚜和浮尘子等害虫的研究。随后全所人员逐渐增加到 11 人。[1]当时该所的仪器设备很少，只有显微镜 5 具，双筒解剖镜 6 具，切片机 1 具。收藏各种图书 1500 余卷，内有中西文图书 900 余卷，中西文杂志 500 余卷。[2]

北平和平解放后，该所增加了张广学等人。所里的助理员夏武平、齐钟彦、刘瑞玉和马绣同对白洋淀的水生动物进行了调查。后来该所人员还到北戴河和辽东半岛做海洋动物调查。[3]

到 1949 年中国科学院接收时，该所有研究人员 8 人，其中研究员有张玺、沈嘉瑞和朱弘复，助理研究员成庆泰、齐钟彦和夏武平，助理员有刘瑞玉和邓国藩；动物标本 27600 余号[4]；中西文图书 2300 余册，各种杂志 80 余种，500 余卷。

（二）科研工作

动物所的规模很小，注意对海洋动物和淡水动物的研究。[5]1937 年以前主要对海洋动物做调查研究：在青岛、烟台海洋调查基础上，他们在鱼类分类、胶州湾产的文昌鱼和烟台发现的文昌鱼、中国沿岸的棘皮动物、软体动物、华北蟹类和

〔1〕 学术组织概况及职员资历之编送卷 [A]. 南京：中国第二历史档案馆，全宗号 394，案卷号 5.

〔2〕 北平研究院"抗战及复员期间工作概况"（1937—1947）[A]. 南京：中国第二历史档案馆，全宗号 394，案卷号 3.

〔3〕 夏武平，齐钟彦，马绣同. 北平研究院动物学研究所小史 [J]. 中国科技史料，1991，12（1）：43 – 45.

〔4〕 北平研究院接管卷 [A]. 南京：中国第二历史档案馆，全宗号 394，案卷号 8.

〔5〕 国立北平研究院十周年纪念 [J]. 科学，1940，24（2）：144 – 146.

胶州湾蟹类、烟台滨海动物分布方面有一些研究。具体而言，张玺在完成胶州湾海域的标本采集后，对胶州湾食用软体动物做了初步研究，出版《胶州湾及其附近海产食用软体动物之研究》一书。陆鼎恒对同一地区节肢动物进行了研究。张玺和陆鼎衡等还对山东胶州湾等地文昌鱼进行研究，张玺写过《青岛文昌鱼与厦门文昌鱼之比较研究》。而沈嘉瑞则开展了蟹类研究。当时中国甲壳动物包括蟹类的研究领域，几乎是一片空白，国内没有资料，国外更少报道。沈嘉瑞跑遍了辽东半岛、渤海湾和山东半岛去采集华北沿海的蟹类标本，得 700 余号，为无脊椎动物标本馆奠定了坚固的基石。他夜以继日地整理研究这些标本，在此期间完成了《华北蟹类志》。顾光中则编有《烟台鱼类志》等书籍。此外，朱洗做过一些金鱼和两栖类受精和生殖方面的研究。

1937 年以后，陆鼎恒与顾光中一同展开对云南爬行类的研究。顾光中则对洱海的工鱼[1]的增殖进行了探讨。该所还与云南建设厅合组了云南水产实验所，试验养鱼和研究滇池的鱼类及其他水生生物[2]，由张玺任所长，具体工作包括"昆明湖水之理化性及其主要生物""滇池食用软体动物之研究""滇池鱼类之调查""云南虾蟹类之调查"等。[3]他们也对杨宗海的鱼类和水产做过调查。[4] 1940 年 4 月，陆鼎恒病逝后，

---

〔1〕 即大理裂腹鱼（*Schizothorax taliensis*）。

〔2〕 国立北平研究院十年来工作概况（1928 年 11 月—1938 年 11 月）。（中国第二历史档案馆. 中华民国史档案资料汇编：第五辑第一编 教育(二)〔G〕. 南京：江苏古籍出版社，1994：1375 – 1377.）

〔3〕 国立北平研究院 1937—1944 年工作报告〔A〕. 南京：中国第二历史档案馆，全宗号 394，案卷号 53.

〔4〕 李书华. 国立北平研究院十八周年纪念会报告〔J〕. 科学，1949，31(4)：120 – 128.

张玺任动物所所长。他和同事从事过"滇池鱼类病害之初步研究""云南之蛇类之初步调查""云南淡水鱼类分类上的研究""滇池鱼类产卵期及天然食料之调查""蜘蛛类及软体动物之采集"[1]"抚仙湖渔业调查""洱海动物采集记""云南淡水产名贵鱼类之研究"[2]"云南各大湖浮游生物之调查""云南淡水海绵之鉴定""云南淡水软体动物之研究"[3]等工作。沈嘉瑞发表过《云南之甲壳类动物》。[4]

总之，张玺和沈嘉瑞的工作重点在水生生物，尤其是海洋动物的研究，地域主要限于胶州湾和烟台渤海海洋区域，其中原索动物柱头虫和文昌鱼[5]的发现是当时的重要成果。抗战期间该所迁到云南后，对当地的畜养动物和滇池等水域的鱼类等做了较有成效的研究。迁回北平后，朱弘复做了一些昆虫的分类研究。全所共计用中西文发表论文 70 余篇。

三 生理学研究所

北平研究院生物研究所成立于 1929 年 10 月，1933 年改名为生理学研究所，所长是经利彬。专任研究员先后有留法归来的章辒胎、戴笠，以及中药化学家赵燏黄，还有刚从北京大学和清华大学毕业的青年助理员石原皋、刘玉素、李登榜、侯玉清、黄景华。所长经利彬早年留学法国里昂大学，约于 1925

〔1〕 北平研究院抗战时期工作复员概况（1942 年）〔A〕. 南京：中国第二历史档案馆，全宗号 394，案卷号 4.

〔2〕 北平研究院抗战时期工作复员概况（1943 年）〔A〕. 南京：中国第二历史档案馆，全宗号 394，案卷号 4.

〔3〕 北平研究院抗战时期工作复员概况（1944 年）〔A〕. 南京：中国第二历史档案馆，全宗号 394，案卷号 4.

〔4〕 沈嘉瑞. 云南之甲壳类动物〔J〕. 科学，1948，30（1）：18 - 19.

〔5〕 当时在青岛发现的文昌鱼与厦门的文昌鱼在形态上有些差异，被认为是一新变种。现在一般认为厦门和青岛分布的文昌鱼属于两个地理亚种。

年获理学及医学博士学位。归国后，1925年任北京大学生物系教授，讲授动物学和负责学生的动物学实习。曾任北平大学农学院教授兼生物系系主任，后改任北平大学女子文理学院院长、中山大学教授。北平研究院成立后，出任生物学研究所主任、专任研究员。该所专任研究员章韫胎，1921年入巴黎大学学习，1925年毕业后继续在巴黎大学的进化研究所研究昆虫生理，1929年获得博士学位。1930年回国，先在北平师范大学生物系任教授，讲授细胞生物学，同年8月，受聘为该所研究员。另一专任研究员戴笠1928年在法国里昂大学学习动物生理学，1933年获博士学位。同年秋回国，受聘到所里工作，同时兼任中法大学教授。

生理学研究所设有生理研究室和细胞研究室。经利彬和同事在1937年前主要从事实验生物学、细胞学、生理学等方面的研究。他们在从事研究时，很注意从大众熟悉的生物中选取研究材料，尤其注意中草药化学成分和功能的研究。经利彬先后领导所里的同事对北平人很熟悉的金鱼的鳍和鳞片的复生进行研究；经利彬、张玺等对脊椎动物脑之比重及水分之含量进行研究；以及经利彬等对鸟类脑体积，船底附生物与金属物质的关系进行研究等。在细胞研究方面，有关于金鱼和桑蚕的一些研究。在生理研究方面，有疲劳肌肉与动物生长和麻醉剂对尿素的作用等。在中药方面，尤以药物之生理效能研究比较突出。包括经利彬等对于茵陈、黄连、柴胡、秦艽的利胆作用的研究，以及对中医常用来代替人参并用于治疗肾炎的党参，中医常用于利尿的车前子和泽泻，治疗消渴（糖尿病）的玄参、泽泻、地骨皮、黄芩、山茱萸、知母、黄芪、防风，中医常用于治疗头疼和催生的芎䓖[1]，以及中医常用药大戟、槐实、知母，地黄、粉防己、玄参、瓦松、泽泻、柽柳、升麻、常山、柴胡、半夏、木斛、云南三七、怀牛膝、苍术、槲寄生的功能药效做了探讨。在营养方面，他们对北方食物与血液中磷钙质含量的关系进行了初步的研究。

从成立开始迄1938年，该所先后发表论文63篇，大多发表在自编的《中文报告汇刊》[2]《国立北平研究院生理学研究所丛刊》，以及巴黎《生理学周刊》《生理与病学杂志》等刊物上。

生理所后来设有生药学研究室，由1934年来所任专任研究员的药物学家赵燏黄担任室主任。生药通常要弄清楚的问题主要有二：一是确认药材的原植物；二是鉴别药物的外部形色和内部组织结构，并定出准则。为此，赵燏黄、钟观光、钟补求和生理所的另一职员朱晟特地前往我国北方重要的药材集散地河北祁州和河南禹州进行调查。考虑到祁州为全国药材总汇之地，药商辐辏

《国立北平研究院生理学
研究所丛刊》书影

之区，因此赵燏黄根据在祁州的调查结果，编出《祁州药志》

---

〔1〕 据经利彬自己所言，他研究芎䓖是受与余云岫谈话的影响。

〔2〕 他们的文章从1932年开始形成，1935年开始出版第一卷第一号。

第一集。当然，药物包括祁州交易的南北药材，但以华北产的道地药材为主。书末附有药图 122 幅。

1937 年后，生理所随北平研究院西迁到昆明。初到昆明，该所试图对甲状腺肿的基础代谢和当地人的血液做一些研究工作[1]，但后来受制于研究条件，似未能进行。所长经利彬不久兼任中国医药研究所所长，据吴征镒回忆，该所在编《滇南本草药图谱》时，任务非经利彬所长，故没有什么贡献。

1937 年后，生理所、动物所和植物所都先后迁回北平。生理所因 1943 年经利彬离职迁到上海，人事也发生变动，研究方向随之转变。复员后的生理所由朱洗任所长，并与原来由朱洗办的生物学研究所合作。朱洗的助手张果和陈兆熙任专任副研究员，着重进行细胞生理、生殖生理和发育生理的研究。[2]名义上的专任研究员还有李煜瀛。朱洗本人和他的学生陈兆熙一直从事单性繁殖的研究。[3]全所至 1949 年时，总共发表研究论文 70 余篇。中国科学院接收时，有研究员朱洗、陈纶裘，副研究员张果、陈兆熙（朱洗的学生）。后来陈纶裘和陈兆熙离开中国科学院他就。

这里顺便提一下北平研究院的药物研究所。该所为北平研究院与中法大学合办，成立于 1932 年 9 月，原设于北平，后

〔1〕 国立北平研究院十年来工作概况（1928 年 11 月—1938 年 11 月）。（中国第二历史档案馆. 中华民国史档案资料汇编：第五辑第一编 教育（二）[G]. 南京：江苏古籍出版社，1994：1373 – 1375.）

〔2〕 李书华. 国立北平研究院十八周年纪念会报告 [J]. 科学，1948，30（4）：120 – 128.

〔3〕 朱洗. 三十年来中国的实验生物学 [J]. 科学，1939，31（7）：197 – 205.

来迁到上海。研究工作主要是以科学方法分析研究各种中药有效成分的结构，提取其有效成分。"以最新方法，提取国药之有效质素，研究而利用之。"[1]研究的药材包括麻黄、贝母、洋金花、延胡索、除虫菊、曼陀罗、细辛、黄藤、大茶叶、雷公藤、木防己、蚯蚓、三七。所长为专任研究员赵承嘏，研究员有庄长恭、朱子清和副研究员高怡生等，参与工作的有陈克恢、梅斌夫、朱任宏、张泳泉和傅蕴珊等。他们发现有些药物的有效成分与我国传统药书的记载相符，也有不相符的。该所制造部在研究工作的基础上，制造出麻黄素、大枫子素、止血素和维生素 B 等药物。[2]全所的研究人员至研究院停办时，共发表研究论文 50 余篇。[3]所长赵承嘏被认为是研究植物碱领域的一流人物。[4]

北平研究院几个与生物学相关的研究所似乎都对药物研究有极大的兴趣，药物研究所的赵承嘏姑且不论，北平研究院植物所的钟观光也一直在研究本草。生理所经利彬、赵燏黄似乎对这方面的研究也不遗余力，1937 年以后经利彬到云南也兼中国医药研究所所长。这种情况表明，他们的工作是很注重服务社会的医学卫生事业的。

〔1〕 国立北平研究院十周年纪念［J］. 科学，1940，24（2）：144－146.

〔2〕 国立北平研究院十年来工作概况（1928 年 11 月—1938 年 11 月）。（中国第二历史档案馆. 中华民国史档案资料汇编：第五辑第一编 教育（二）［G］. 南京：江苏古籍出版社，1994：1372－1373.）

〔3〕 李书华. 李书华自述［M］. 长沙：湖南教育出版社，2009：134－135.

〔4〕 李书华. 李书华自述［M］. 长沙：湖南教育出版社，2009：277－286.

第五节　其他生物学研究机构

一　中山大学农林植物研究所

中山大学农林植物研究所也是民国年间著名的生物研究机构之一，是今华南植物园的前身。1927 年，应中华教育文化基金会董事会的聘任，东南大学植物学教授陈焕镛前往广州中山大学设讲座，随即被该校聘为理学院植物系教授兼主任。其间他继续组织人员在粤北、广州、香港、广西、贵州等地采集标本，与此同时与欧美 60 多个国家的学者和标本馆联系，交换得 3 万余份外国植物标本。

1928 年秋，中山大学农科计划对广东省的植物资源进行系统研究，考虑编写《广东植物志》，为此创办植物研究室，聘任陈焕镛教授主其事。经过一年的努力，图书设备初具规模，1929 年 12 月又改为植物研究所，陈焕镛因此成为所长。1930 年改名为农林植物研究所。[1] 成立初期，该所经费年支 36364 元（其中中华教育文化基金会每年补助

陈焕镛

其 1 万元）。基于陈焕镛教授等人的工作积累，该所 20 世纪 30 年代曾着手编辑《广东植物志》和《海南植物志》，为此，当时计划进一步收集标本，研究广东经济植物，以及在完成本省植物研究后开展邻省植物调查。[2]

---

〔1〕　1947 年又改称中山大学植物研究所。

〔2〕　国立中山大学农林植物研究所志略 [J]. 科学，1934，18（8）：1084 -
1087.

中国生物学史·近现代卷

总体而言，这个农林植物研究所着重对华南各省植物尤其是广东和海南植物的研究。在 1937 年以前参与该所调查采集工作的有蒋英、左景烈、侯宽昭、辛树帜和汪振儒等。1930年，陈焕镛创办的《国立中山大学农林植物研究所专刊》，外文名称根据美国植物学家梅里尔的提议用 *Sunyatsenia*[1]。1940年出至第 4 卷后停刊。农林植物研究所至 1934 年，已先后采集香港、广东和海南岛的植物标本数万号。1935 年，陈焕镛又受邀在广西创设了广西大学植物研究所[2]，自兼所长，并组织考察队在十万大山、龙州、那坡、百色、隆林和大瑶山采集了大量标本。后来两个研究所合作，继续采集广西和贵州的植物，研究注重经济植物。在陈焕镛的出色领导和组织下，农林植物研究所的植物标本增加到 15 万号，工作人员也增至十余人。胡先骕当时对该所业绩称颂有加，说："国立中山大学农林植物研究所，则在陈焕镛教授主持之下，成绩之佳，在国内首屈一指。"[3]陈焕镛从 1922 年出版《中国经济树木》起，陆续刊出多种重要的植物学著作，发表了大量的新属和新种，对我国的植物分类学做出了重要贡献。

1937 年以后，陈焕镛继续留在广东工作。1938 年陈焕镛出任中山大学理学院院长，把生物系的植物标本室与农林植物研究所合并在一起，后迁到香港办公，使生物系在大瑶山采得的 4 万号标本得以保存下来。经过 20 年的艰苦努力，当时农林植物研究所的标本增加到近 20 万号[4]，为后来编写《海南

---

〔1〕 孙中山的拉丁化名称。

〔2〕 1947 年改名为广西经济植物研究所。

〔3〕 胡先骕. 二十年来中国植物学之进步〔J〕. 科学, 1935, 19（10）：1555 – 1560.

〔4〕 陈焕镛致梅（里）尔的信〔A〕//中国科学院华南植物园档案：陈焕镛专卷.

植物志》《广东州植物志》奠定了基础。1938 年，他兼任广西大学农学院森林系教授。1939 年中山大学迁往云南，陈焕镛辞去院长及系主任职务返回香港领导农林植物研究所工作。可以看出，这位植物学家为了中国的植物学事业，尤其是华南植物学事业呕心沥血地奋斗。

实际情况是，七七事变后，纽约植物园园长梅里尔建议由他出资将农林所标本室和图书室的标本和图书资料运到纽约植物园保存。但标本后来只转运到香港，没有运到美国。[1] 在日军占领香港后，为了保全所内同人千辛万苦采集的标本和相关资料，抱着与研究所共存亡的信念，陈焕镛又回到广州授课，并未参与其他工作，为此他受到指责。他感到一腔悲愤，万念俱灰。在他当时写给梅里尔的信中，我们可以看出这位植物学家已身心俱疲。信中写道[2]：

省高等法院现已宣判，以前对我的控告有些是无根据的，有些是伪造和诽谤性的，从礼节方面来说，教育部应当下令恢复我的原职，然而由于官僚作风致使事情解决得如此之慢！……请告诉布克（Buck）院长，哈佛大学所持的立场从一开始就注意到这个被战争毁坏的国家复兴中科学的需要，他在政治家眼中维护了大学教授的威严和尊贵。他帮助了我们得到法院对那些在恐怖的岁月里没有擅离职守而在军队进行光荣的退却的时候，坚守岗位的人宣判无罪，请代我向院长致谢意。

……

我们曾走过死亡的幽谷，而现在我感觉疲乏又有些烦恼。

----

〔1〕　当时我国曾把西北科学考察团在额济纳收集到的"居延汉简"寄存在美国国会图书馆；"北京猿人"的头盖骨标本则是在运往美国途中丢失的。

〔2〕　陈焕镛致梅（里）尔的信［A］//中国科学院华南植物园档案：陈焕镛专卷.

这是否是我的一生中的转折点呢？是否已到达顶峰再不能高攀而只有走下坡路呢？我不知道。或者前面是否还有更高的山脊隐藏在云雾中呢？我感到茫然。

从上述简单的叙述中，我们不难体会到，在当时的社会条件下，秉志、钱崇澍、胡先骕、陈焕镛这批科学家为开创祖国生物学事业白手起家的艰难。尤其在外敌入侵的时候，将生死置之度外继续维护学科的持续和发展，而当时环境之险恶和黑暗，让人愤懑、令人窒息。他们创业之艰辛可见一斑。

1947年，中山大学农林植物所改称中山大学植物研究所，划归中山大学理学院领导，洗清冤情的陈焕镛继续担任所长。1947～1948年陈焕镛又兼任广西大学农学院森林系主任，1949年兼任广西植物所所长。

二　中国西部科学院

民国年间，一些地方有识之士开始在各地兴办科学机构，以促进本地科学技术的发展和资源开发。中国西部科学院是由四川的实业家卢作孚创办的，于1930年9月正式成立，卢作孚自任院长。卢作孚是一位深受科学救国思想影响的学者，他认为"社会的进步、落后与科学发展的关联极大"。[1]四川素称"天府之国"，动植物资源十分丰富，当时常有许多外国人在那里做各种调查，这些都促使卢作孚成立一个研究机构，以开发四川丰富的资源，富裕民生，并为民生实业公司服务。成立的宗旨是研究实用科学，促进经济发展和文化事业。

1930年，为了建立科学院，卢作孚还组织了一个考察团，

---

〔1〕 高孟先. 卢作孚与北碚建设［M］//文史资料研究委员会. 文史资料选辑：第七十四辑. 北京：文史资料出版社，1984：104.

前往华东、东北和华北等地进行了为期半年的考察。此次考察使卢作孚进一步开阔了眼界，更深刻了解科学技术对生产建设的巨大促进作用，以及发展科学技术对于阻止日本等外国侵略者的重要意义。与此同时，还与华北的高校和静生所等科学机构的学者建立起联系。[1]

西部科学院成立后，院址设在四川巴县北碚乡（今重庆），设立生物、理化、地质和农林四个研究所和博物馆。[2] 1931年夏，该院生物研究所成立。[3]

生物所的筹设，得到秉志和胡先骕等生物学家的大力支持。秉志的理念，是想将该所办成一个类似中国科学社生物研究所延伸的组织，在西部的生物学调查和研究方面有所作为。先由中国科学社生物研究所和静生所派一些年轻学者去工作，等谢沩成和方文培两位先生留学归来后，让他们分别担当所里的动植物部门的领导大任。[4]所主任初为王希成[5]，后来是戴立生。[6]该所分植物、昆虫两部。植物部主任是静生所派出的俞德浚，昆虫部主任是德国昆虫学家傅德利（W. Friedrich）。

〔1〕 王登坤. 中国西部科学院管理体制研究 [D]. 重庆：西南大学，2013：5-6.

〔2〕 国民党四川省党部呈送中国西部科学院组织大纲、董事会简章及董事一览表等文件（1928年11月—1938年11月）。（中国第二历史档案馆. 中华民国史档案资料汇编：第五辑第一编 教育（二）[G]. 南京：江苏古籍出版社，1994：1386-1392.）

〔3〕 卢于道. 二十年之中国动物学 [J]. 科学，1936，20（1）：41-48.

〔4〕 翟启慧，胡宗刚. 秉志文存：第三卷 [M]. 北京：北京大学出版社，2006：416-417.

〔5〕 根据秉志给卢作孚的信，他推荐王有琪1930年秋到生物所工作，后来王有琪未就。（翟启慧，胡宗刚. 秉志文存：第三卷 [M]. 北京：北京大学出版社，2006：417-418.）

〔6〕 任鸿隽. 在四川大学开学典礼上的报告 [M] //樊洪业，张久春. 科学救国之梦——任鸿隽文存. 上海：上海科技教育出版社，2002：544.

1933 年又增设动物部，刚从北平师范大学毕业的施白南任主任。[1]

　　中国科学社生物研究所的秉志在该所的规划、研究技术人员的聘请和培养等方面做了大量工作，"所奉献者，当犹昔日于静生生物调查所与自然历史博物馆也"[2]。根据秉志原来的意思，拟聘留学德国和英国的谢滙成和方文培分别担任动植物教授。后来谢滙成病殁德国，方文培 1937 年回来后，适逢该所因经费支绌停办。俞德浚 1934 年回到静生所工作，植物部主任改由曲仲湘担任。

　　西部科学院生物所成立后，决定先对川康区域的动植物进行调查，尔后再行调查康藏、青海、新疆、云南、贵州等省区，还准备在附近的缙云山设立植物园。俞德浚和施白南到生物所工作后，很快在川东的金佛山、缙云山、城口，川西南的泸州、峨眉山、大凉山、康定等地采集动植物标本。1934 年，他们率领助手和工人 30 余人，深入大凉山，历时三个多月，在昭觉县、牛牛坝、三稜岗和耶路那打等地采集动植物标本，搜集彝族民族学资料，编撰了一本《雷马屏峨调查记》。施白南撰有《嘉陵江下游鱼类调查》、《四川嘉定峨眉的鱼类》、《四川鳜鱼类及其新种》和《四川鱼类目录》等文章。除在四川进行生物学调查外，西部科学院生物所在周边的云贵、陕甘和湖北也做过一些生物区系调查和动植物标本采集方面的工作。1932 年至 1935 年，生物所收集到的植物标本共有 12855

　　　　　　　　　　　　　　　　　

〔1〕 秉志所推荐。施怀仁，名白南，又名怀仁。（翟启慧，胡宗刚. 秉志文存：第三卷 [M]. 北京：北京大学出版社，2006：419.）

〔2〕 见 1933 年中国科学公司《中国科学社生物研究所概况》第 8 页。

号，昆虫标本 30900 号，其他动物标本有 3900 号。[1]从一开始，西部科学院生物所就得到秉志等人的热情指导和帮助，因此，与中国科学社生物研究所、静生所和中央研究院等研究机构建立了良好的合作关系。

三 上海雷士德医药研究所

上海雷士德医药研究所（Lester Institute of Medical Research and Preventive Medicine）是一个根据英国人雷士德（H. Lester）的遗嘱设立的研究机构，1929 年开办，首任所长是英国生理学家安尔（H. G. Earle）。研究所设有临床、生理科学、病理科学三个研究室，主任分别是汤普森（H. G. Thompson），伊博恩（B. E. Read)[2]和罗伯逊（R. C. Robertson)。[3]临床研究室分设预防医学部。生理学研究室分生物化学、药物学及实验生理三部。病理科学研究室分微生物学、临床及组织病理学、血清学及免疫学部。[4]曾在这里工作的生理学家有伊博恩、李瑞克（E. Reid)、蔡翘、沈霁春、侯祥川。其中蔡翘在实验生理部从事生理学研究，侯祥川从事维生素营养研究。微生物学家汤飞凡曾任细菌系主任。在这里工作过的微生物学家还有余潨，1933 年，他到上海雷士德医药研究所担任细菌血清学主任。他研究过上海霍乱弧菌，为当地霍乱病的防治做出了重大贡献。他后来又研究伤寒杆菌，直到雷士德研究所关

---

〔1〕 赵宇晓，陈益升. 中国西部科学院［J］. 中国科技史料，1991，12（2）：72 – 83.

〔2〕 伊博恩原在协和医学院工作，1935 年到雷士德医药研究所工作。

〔3〕 上海雷斯德医药研究所之成立及现状［J］. 科学，1934，18（11）：1518.

〔4〕 蔡元培在中央党部总理纪念周上报告中央研究院与中国科学研究之概况（1935 年 11 月 4 日）.（中国第二历史档案馆. 中华民国史档案资料汇编：第五辑第一编 教育(二)［G］. 南京：江苏古籍出版社，1994：1351.）

闭。伊博恩曾经研究过《救荒本草》中许多植物的成分。鲁桂珍也曾在这里跟英国医学专家濮子明（Benjamin Platt）研究维生素 B 和脚气病等问题。[1]另外，寄生虫学家李元白、吴光也曾在这里工作。1933 年的研究成果计论文 69 篇，经费支出62 万元，有工作人员 70 人。[2]1941 年太平洋战争爆发，研究所后来被日军占领。上海雷士德医药研究所存在的时间虽然不长，但在药理、生理和微生物学方面还是取得了一定的成绩。抗战期间，该所元气大伤，战后未能恢复，后来成为上海医药工业研究院的前身。

---

〔1〕 何丙郁. 鲁桂珍博士简介 [J]. 中国科技史料, 1990, 11（4）：25 -27.

〔2〕 上海雷斯德医药研究所之成立及现状 [J]. 科学, 1934, 18（11）：1518.

第五章　动植物学调查和采集

　　对本土动植物的调查分类研究，是民国年间我国生物学家从事的主要工作。为改变祖国的学术落后面貌和外强在华恣意搜集我国生物标本和资源的状况，加上传统博物学的熏陶，我国生物学家以极大的热情投身这项工作。钟观光等在本土成长起来的学者最早在国内进行大规模的动植物调查采集工作，而钱崇澍、胡先骕、陈焕镛、秉志等许多负笈欧美学习生物学的学者，回国后更是以极大的热情投身我国的生物学调查采集和分类研究。他们一方面致力所在机构的动植物标本馆的建设，为生物学的研究奠定基础，另一方面在生物的调查中，为开发资源积累相关资料。他们心里很清楚，在没有任何研究基础的我国，要开展生物学研究，唯有掌握第一手的采集资料，研究庶几不落空谈，调查分类毕竟是生物学基础性的工作；另外，在进行本土生物学调查研究的同时，还可很好地为生物资源开发服务。

　　秉志、钱崇澍这批生物学家因其生活的年代而有强烈的使命感和忧患意识。他们对西方人不断从中国恣意搜集动植物带走，同时借此探察我国情报，伺机侵略，深感不安。这些深受传统文化熏陶的学者决心做好本国生物的调查和研究工作，改变以往西方人越俎代庖的局面。他们认为，这不仅关系到学术探索问题，更涉及主权和尊严。他们深知，丰富的生物资源如果任由外人检视，难免"慢藏海盗"，"启强暴觊觎之心"，后果不堪设想；而避免"货弃于地"，从而"利用厚生"是本国生物学家应有的责任。为此，他们一方面在高校设立生物系教书育人，另一方面建立研究机构，"筚路蓝缕，以启山林"，开创我国的生物学调查研究事业，为近代生物学在我国的扎实植根迈出艰难的第一步。

调查分类不仅是生物学最基本的工作，客观上它也比较容易开展。蔡元培在解释中国科学社优先举办生物学研究所的原因时指出：生物学研究"就地取材，收效较易"[1]。秉志等生物学家在创立中国科学社生物研究所等机构时，也是考虑到我国社会落后，经济穷困，从事动植物种类和分布的调查研究所需实验设备较少，故而首先展开这方面的工作。加之当时社会动荡不安，经济落后，资源开发是国人普遍关注的议题，展开这方面的工作能更好地为现实社会服务。秉志指出："吾国地处温带，山脉河流，又复繁衍，动物种类之丰富，为举世学者所欣羡。其中有经济价值之种类，可以为利用厚生之助者，不知凡几。吾国人倘知利用天产，以为富国利民之计，则动物之关于农、工、医药者，实无尽藏。此调查之事，所当亟亟进行，而刻不容缓者也。"[2]正出于上述诸方面的缘故，以调查和研究本土生物为特色的分类学工作在避免"慢藏诲盗"的思想指导下，通过一批学者的不懈努力，很快就在各地开展起来。[3]生物学很快成为继地质学之后，又一让人刮目相看的学

---

〔1〕 蔡元培在中央党部总理纪念周上报告中央研究院与中国科学研究之概况（1935年11月4日）。(中国第二历史档案馆. 中华民国史档案资料汇编：第五辑第一编 教育(二) [G]. 南京：江苏古籍出版社，1994：1350.)

〔2〕 秉志. 河南动物志序 [M] // 翟启慧，胡宗刚. 秉志文存：第三卷. 北京：北京大学出版社，2006：170.

〔3〕 关于动植物的调查采集工作的研究，前人已有一些著述，如包世英的《云南植物采集史略》(中国科学技术出版社，1998)；《中国植物学史》《中国科学院动物研究所简史》也都有部分涉及动植物考察的内容，但都只涉及某一地区或一些专门学科，只有简单叙述。

科，且对农业和医药的发展也有一定的贡献，很大程度上得力于当时的调查分类工作。

第一节　植物学采集工作

一　钟观光的植物采集工作

在我国近代植物采集史上，钟观光无疑是一位重要的人物，他是进行大规模采集的第一人。此前，在前往日本留学的学生中，有几位曾在回国后做过植物标本采集工作。其中，1902 年赴日学习植物学的江苏无锡人黄以仁，早年在江苏、山东采过植物标本送给他的日本老师鉴定。稍后，张之铭、张宗续等人也在浙江宁波等地采集过植物标本送到日本，由相关学者鉴定发表。[1]他们采集的标本数量少而且送到国外，在国内学术界没产生什么影响。

钟观光是一个积极投身于引进近代科学尤其是植物学的学者，他曾在江苏江阴南菁书院任理化教员，当时黄以仁是其学生。据说他从 1912 年就开始采集植物标本。[2]不过，他大量采集标本是 1917 年以后的事情。当时钟观光受好友蔡元培之聘到北京大学理预科任教授，1918 年 2 月开始为北京大学在各地采集标本，并在此基础上建立了北京大学植物标本馆。他先南下福建，到福州郊区著名风景区鼓山、马尾和永泰方广寺等地采集标本，尔后，又沿海岸线往西南，到厦门采集藻类等。在福建的采集告一段落后，他于当年 8 月离闽南下广东，

---

〔1〕　中国植物学会. 中国植物学史 ［M］. 北京：科学出版社，1994：127 - 128.

〔2〕　谈家桢. 中国现代生物学家传：第一卷 ［M］. 长沙：湖南科学技术出版社，1985：4.

在广州白云山和肇庆鼎湖山等地采集。其间结识岭南大学教授、美国园艺学家高鲁甫（G. W. Groff）[1]和郭华秀。经高鲁甫介绍，又认识当时正在岭南大学讲学的美国植物分类学家梅里尔（E. D. Merrill，1876—1956）教授[2]。随后他往东前往惠州、博罗采集。1919 年 4 月又往西到肇庆采集。之后，往西北经广西苍梧（梧州）折往西南过灵山，于 6 月中旬到广西南部与越南接壤的防城、东兴、河洲等地采集。

钟观光和他的随行人员在广西的调查、采集很有收获。他们在防城买桂，看到木菠萝（菠萝蜜）、可可、椰子、文殊兰、海榄树等热带果树和其他热带植物。在河洲采集得不少新奇植物，包括新种兰花，以及当地土产三藾[3]、蒟蒻[4]、槟榔、家山姜、大风艾、洋香菜等，还看到著名的铁力木。后来他们一行人又到有玉桂之乡的那良采集，在当地名山——牙山发现了不少植物新种。缘于当地温暖潮湿的气候，那里分布着不少兰花。在刚入那良的头几天就采得七八种兰花，他发现这里的兰花种类比其他地方多，还采集到此前遍寻不得的郁金（*Curcuma aromatica*）[5]、假大薯、梧桐科假橄榄的标本。他们考察沿途虽然备尝艰辛[6]，但也有收获的喜悦。有时，他

---

〔1〕 此人后来与钟观光关系不错，钟在云南考察时，还常有信函往来。见：钟观光. 旅行采集记［J］. 地学杂志，1921，12（4）：14.

〔2〕 钟观光称之为美科尔博士。（钟观光. 旅行采集记［J］. 地学杂志，1921，12（4）：14.）

〔3〕 这里是原文的提法，即三藾（*Kaempferia galanga*），或称山柰，又称山姜。

〔4〕 俗称魔芋（*Amorphophallus konjac*）。

〔5〕 当地人称风姜。钟观光为此非常感慨，认为"称名泛滥，致特殊之珍品，广大之切用，隐没不彰。名不正，则言不顺，言不顺则事不成"。

〔6〕 钟观光. 旅行采集记（二续）［J］. 地学杂志，1920，11（10）：33 - 51.

也顺便采集动物标本，如当地人称"十二时辰虫"的马棕蛇（棕背树蜥，*Calotes emma*）。在考察中，钟观光还注意到一些地方开山毁林给当地植被带来了严重破坏。

1919年7月底，钟观光率人经越南河内于8月初到云南。在前往云南时，钟观光为了对云南的植物和地理有所了解，特意带上《滇海虞衡志》《滇南本草》《植物名实图考》《徐霞客游记》以及法国人在云南考察动植物的书籍和瑞典地质学家丁格兰（F. R. Tegengren）的《步行中国记》等记述当地物产和地理情形的书籍文献，随时备考。

到达昆明后，他们先在附近的太华山（西山）采集。钟观光非常关注经济植物，在三清阁发现一种类似山楂的野果，他认为比余甘子（*Phyllanthus emblica*）味道好，值得"试验农事者移植"[1]。在丛薄采得不少新种。同时深感植物采集，路窄崎岖，行路草偃露重，半身沾湿，在丛林中寻觅标本，有如披沙拣金，辛苦难言。

经过一些时间的采集后，他们又沿着西北前往大理。早年有不少来自法国、英国和欧洲其他国家的传教士和旅行者在大理采集过大批的植物标本，钟观光是最早到这一地区调查采集的国内学者。当时时局不靖，沿途土匪横行。所幸云南土匪通常仅抢夺银钱，尚不谋害生命，亦无勒赎巨金之事。在往大理途中，他于华亭寺收集到翠兰花。在那里，钟观光还从一位名为瑞端的博学和尚那里得知沿途所采植物的当地名称。[2]后来

---

〔1〕 钟观光. 旅行采集记（三续）[J]. 地学杂志，1920，11（11）：61-83.

〔2〕 钟观光. 旅行采集记（四续）[J]. 地学杂志，1920，11（12）：31-38.

又经安宁、老鸦关、禄丰、舍资、广通、楚雄、吕合、沙桥、云南驿，最终于9月初到大理。发现途中常见植物有仙人掌、黄连树、棠梨、野凤仙、黄玉兰（*Michelia champace*）、鹅毛玉凤花（*Habenaria dentata*）、紫茉莉、凤仙、曼陀罗、野蓣薯、一枝黄花、野慈姑、田芙蓉、唐松草、琉璃草（紫草科）、龙爪稷、昆明山海棠、假白梅[1]、大麻、金丝桃、野饭豆、蔓桔梗等。[2]

到达大理后，非常注意各地土产的钟观光注意到当地也产杨梅，不过质量不如浙江的杨梅。安定下来后，他们随即到点苍山等地采集植物。由于此前已多有西方人来此采集标本，尚无国人在此进行这类活动，因此他们在苍山寺小憩时，寺中的僧人还以为他们是外国人雇用的采集者。点苍山植物种类很多，他们在那里采集到豆类和一些兰花新种[3]，还采集到桦木科的水冬瓜（即桤木 *Alnus cremastogyne*）、柿树科的君迁子（*Diospyros lotus*）和其他许多植物标本，包括一些新种。他们曾从山腰的中和寺前往响水岩，至海拔3300多米的地方，沿途采集到一些植物新种。[4]他们在点苍山采集的时间有限，去的地方较少，钟观光由此得出"此山极高秀，生物不甚繁富"的初步结论。不过，他也知道自己涉足的地方不够，因此，"始终未敢轻信"[5]。

基于对法国人等在云南植物采集的一些知识，钟观光深知

---

〔1〕 钟观光认为是虎耳草科新属。

〔2〕 钟观光. 旅行采集记［J］. 地学杂志，1921，12（1）：40－41.

〔3〕 钟观光. 旅行采集记［J］. 地学杂志，1921，12（4）：12－23.

〔4〕 钟观光. 旅行采集记［J］. 地学杂志，1921，12（4）：12－23.

〔5〕 实际上，点苍山是我国植物种类最丰富的名山之一。

云南植物种类丰富，一直想让国人注意充分调查和了解这份宝贵的资源。当他离开大理时，仍谆谆告诫当地教师，留意制作生物标本"无负佳山水，而使西人之旅居者专收其美"。接着他们又到宾川的鸡足山等地采集。他发现山中"杂卉怒生"，"高林依翳梢萧而不见日，实采集之良地"。他们在那里采得大量新种，发现野生胡桃（*Juglans cathayensis*）很多。[1]在此采集工作结束之后，他们原本打算继续去思茅采集，无奈旅费支绌未能如愿，只得从云南返回广西东兴，转北海，渡海到海南的海口和定安等地采集。因经费短缺未能深入海南的五指山区采集，随即返回广东等地，1920 年初回到上海。

经过一段时间的休整后，钟观光又前往浙江南部的仙霞岭、福建北部的廿八都等地采集，后折返衢州北上入安徽的黄山采集，在那些地方采集到大批的植物标本，其中包括一些著名的珍稀植物，如鹅掌楸（*Liriodendron chinensis*）、金钱松（*Pseudolarix amabilis*）、铁杉等。1921 年，他又继续往西北，攀登安徽著名的佛教名山九华山，尔后南下江西九江，到著名风景区庐山及其周边采集。盘桓一段时间后，他又往西溯江而上，准备前往四川南部的佛教名山峨眉山采集。不久因战事爆发，他改道大巴山，继续转向东北，过湖北和河南交界的武胜关，前往河南南部的鸡公山采集。然后，北上经焦作，越太行山抵达山西晋城，因天气渐凉，未备御寒衣物，返回上海。1921 年 9 月，他又去浙江海门、天台山等地采集植物标本，直到年底。

此次采集历时 4 年，途经福建、广东、广西、云南、海南、

---

[1] 钟观光. 旅行采集记（续）[J]. 地学杂志，1921，12（5）：51–61.

浙江、安徽、江西、四川、河南、山西等华东南、华西南和华北十余个省区的广大地域进行了采集工作，采集标本含约6000种，[1]沿途还常记述各地植物情形，植物垂直分布、生境特点等。[2]在此基础上，于1924年建立了北京大学植物标本室[3]，为1925年北京大学生物系的建立奠定了部分资料基础。

钟观光进行植物采集的准备工作细致，常带着前人的游记和相关方物著作，如在两广采集时带着《南越笔记》，在云南采集时带着《滇海虞衡志》《植物名实图考》等博物学著作，对所采集的植物加以核实和考证，使得他的采集工作能与传统的知识有机地联系起来，以便更好地利用和推广植物学资源。他也常通过各种人脉关系，找当地一些熟悉风土物产的士绅和官员帮忙，了解当地植被、特产以及各种生物的名称。在采集标本的同时，他还随时解剖所采植物的花，观其构造，解决遇到的疑难问题。

钟观光具有强烈的使命感，为开拓祖国的植物学事业可谓不遗余力。譬如在广西那良采集时，他写道："此阳区燠域，生物滋多，所欲研究之问题，积压胸中。"[4]当时，国人大多不知何为植物学，对采集标本的行为，地方百姓常常觉得奇怪。钟观光写道："余等始至寓时，市民聚观者数十人，盖见其行李中采集器，不省何用，而怪异之。"[5]这种事情在我国

〔1〕 见1948年行政院新闻局印行的《北平研究院（民国二十六年至三十六年）》第42页。

〔2〕 钟观光. 旅行采集记 [J]. 地学杂志, 1920, 11 (7): 24 – 38.

〔3〕 薛攀皋. 中国科学院院史研究与资料丛刊：薛攀皋文集 [M]. 北京：中国科学院自然科学史研究所院史研究室, 2008: 424 – 437.

〔4〕 钟观光. 旅行采集记 [J]. 地学杂志, 1920, 11 (10): 48.

〔5〕 钟观光. 旅行采集记（二续）[J]. 地学杂志, 1920, 11 (10): 33 – 51.

植物学早期可谓司空见惯，有时还带来意想不到的麻烦。据秦仁昌回忆，他于1924年在浙江南部采集标本时，被当地军阀抓住，任凭他如何解释军阀也无法理解其行为，以为他是间谍。后来总算有个连长曾在保定上学时，听说过采集标本这回事，才把他释放。[1]在野外工作，常常会遭遇意想不到的危险。钟观光在那良采集期间，有一次遇河流涨水，几乎被水卷走丧命。他历尽艰辛采集的这批标本在植物区系和地理分布研究方面，都有很高的学术价值。后来秦仁昌对北京大学收藏的这批植物标本有这样的评述："北大标本的真正价值不轩轾于新种之多寡，而在所经历地域之广大，各类包罗宏富，实为研究生态分布最好之材料云。"[2]据有关人士整理，钟观光采集的标本，有2.5万号，含2个新属，47个新种。[3]

二　钱崇澍、陈焕镛和胡先骕的早期采集

钱崇澍、陈焕镛和胡先骕被称为"植物界三老"，也是我国植物学的主要奠基人。钱崇澍是一个有强烈爱国思想和奋发有为、刻苦耕耘的勤奋学者。他在美国学习期间，认识到我国应该尽快发展自己的生物学事业。1915年，他在哈佛大学深造时曾深有感触地写道："吾中华地大物博，无所不有，以研究之乏人，遂湮没而不彰，此吾回国留学生之耻也。"[4]此前的1914年，中华博物学会创建《博物学杂志》，他迅速发表

〔1〕　秦仁昌. 秦仁昌自传（1958）〔A〕// 中国科学院植物研究所档案：秦仁昌专卷.

〔2〕　中国科学技术协会. 中国科学技术专家传略·理学编·生物学卷1〔M〕. 石家庄：河北教育出版社，1996：6.

〔3〕　朱宗元，梁存柱. 钟观光先生的植物采集工作——兼记我国第一个植物标本室的建立〔J〕. 北京大学学报（自然科学版），2005，41（6）：825-832.

〔4〕　钱崇澍. 评博物学杂志〔J〕. 科学，1915，1（5）：605-651.

文章予以肯定。他认为："今《博物学杂志》始注重调查全国博物区系，如吴君冰心[1]《江苏植物志略》。"同时也指出吴家煦的文章存在未于植物中文名称后加注拉丁文学名之不足，因为如果有拉丁学名，读者就会容易确定文中所指的植物，而缺乏拉丁文的标注，科学性就差一些，毕竟"科学乃世界的，而非国家的"。[2]钱崇澍于1916年从美国学成归来后，在江苏第一甲种农校任教，随即开始在浙江和江苏南部进行植物区系的研究，采集标本一万多份。[3]

与钱崇澍同在美国哈佛大学阿诺德树木园学习过的我国另一植物分类学奠基人陈焕镛，是我国华南植物的重要考察者和研究者。1919年获得硕士学位后，他得到一笔资助，根据阿诺德树木园沙坚德（C. S. Sargent）教授的建议，到海南岛考察和采集植物标本，[4]以填补前人在这里采集的空白。当时，海南还是很落后的地方，尤其五指山区非常偏僻和闭塞，疟疾等地方恶性疾病流行，进入山区考察不但艰苦，而且充满危险。前面提到，钟观光同年曾到海南采集，但因为缺乏经费，未能到五指山采集。陈焕镛凭着自己坚强的意志和为学术奋斗的信念，克服种种困难，在岛上坚持考察了九个月，最后不幸染上恶性疟疾，发烧超过40℃。加上营养不良和山蚂蟥的叮咬，陈焕镛遍体鳞伤，左手肿得像拳击手套，最终被当地居民抬出五指山。在南京治疗了一段时间后，他才慢慢康复。此次

---

〔1〕 即吴家煦。从1914年起，他在《博物学杂志》发表数篇《江苏植物志略》。

〔2〕 钱崇澍. 评博物学杂志［J］. 科学，1915，1（5）：605－651.

〔3〕 谈家桢. 中国现代生物学家传：第一卷［M］. 长沙：湖南科学技术出版社，1985：155.

〔4〕 陈焕镛致梅（里）尔的信［A］//中国科学院华南植物园档案：陈焕镛专卷.

考察，他收集到大批植物、昆虫和爬行类动物标本。可惜这批标本后来遭遇火灾，大都被焚毁，陈焕镛花费九个月几乎是用生命换来的标本毁于一旦。突降的天灾，几乎让他崩溃。

1920 年，陈焕镛出任南京金陵大学教授，在那里他与当时正在学校短期讲学的美国植物学家梅里尔相识，梅里尔鉴定了陈焕镛在海南采集的未被焚毁的标本。后来他们建立了终身的友谊，对中国广东和海南的植物做过很多合作研究。

第一次大规模采集成果的损失没有击倒陈焕镛这个坚强的学者。1922 年，陈焕镛在海南结识的一位外国友人调到宜昌海关任职，愿意给他在内地采集植物标本提供帮助。宜昌是西方人在华采集动植物标本的重镇，此前威尔逊和韩尔礼（A. Henry）[1]等西方植物学家曾在宜昌采集过大批的植物标本，并发现大量新种，其中有许多收藏于陈焕镛学习过的哈佛大学阿诺德树木园。时任东南大学教授的陈焕镛和钱崇澍利用这一机会，率领学生秦仁昌等人组成湖北西部植物调查队，前往宜昌。到当地后，又雇用富有经验、曾为韩尔礼采集植物的老姚做向导。他们深入房县的神农架附近，采得标本 8000 余份。[2]其后，钱崇澍又组织人在江苏、浙江、安徽和四川采集了大量的植物标本。[3]而他们的学生秦仁昌则于 1923～1924 年由陈焕镛推荐参加美国地理学会伍尔逊（F. R. Wulsin）科学考察队，到中国西北的甘肃、宁夏和内蒙古，以及浙江、福建一带进行科学考

〔1〕 19 世纪末在我国采集植物标本的著名人物，即下文中胡先骕所提的"英人亨利"。

〔2〕 陈焕镛致梅（里）尔的信 [A] //中国科学院华南植物园档案：陈焕镛专卷.

〔3〕 谈家桢．中国现代生物学家传：第一卷 [M]．长沙：湖南科学技术出版社，1985：15.

察，行程 4000 多公里，采集植物标本 1100 多号。秦仁昌寄了一套标本给美国的和嘉（E. H. Walker），和嘉在史密森研究所刊物上为他采集的标本发表了一个名汇，附有路线图。[1]

1920 年夏秋间，时在南京高等师范学校任教的我国另一植物分类学奠基人胡先骕组织人到浙江、江西等地采集植物标本。对当时行程的选择，他在随后写下的《浙江植物采集游记》记下了其中的缘故："去岁秋间，南京高等师范农科主任邹秉文君与予商酌大举采集中国植物。当以川滇处万山之中，气候温和而多变异。英人亨利（Augustine Henry）、威尔逊（Emeot[2] H. Wilson），法人德拉卫（Abbe Delavay)[3]先后采集植物至五六千种之多。若吾人能循彼三人之迹而采集之，其结果之佳良，当可不言而喻。"后来因为西南地区社会动乱，胡先骕无法到四川和云南采集，加上"美国哈佛大学阿诺德木本植物院副院长威尔逊君来函，又云浙赣湘粤闽黔等省植物，欧美植物学家未尝采集。而浙赣距宁伊迩，尤易举事。乃决定在未赴川滇之前，先往浙赣"。他们去的地方有浙江的天台、雁荡、松阳、龙泉、小九华山、仙华岭，经瑞昌、开化、建德、遂安，西至东西天目山，采得大量标本。[4] 1921 年，他又率人在江西吉安和赣南、赣东，以及闽北武夷山区采集了不少植物标本。两次采得标本 3 万余份，自称"关于新种与新分布点之发现，为数至夥"，为东南大学建立植物标本室创造

---

〔1〕 关于秦仁昌的调查材料［A］// 中国科学院植物研究所档案：秦仁昌专卷.

〔2〕 此处拼写有误，应作 Ernest。

〔3〕 完整姓名为 Jean Marie Delavay，Abbe 是神父的意思。

〔4〕 张大为，胡德熙，胡德焜. 胡先骕文存（上卷）［M］. 南昌：江西高校出版社，1995：146 - 180.

条件。[1]可惜不久失之于火灾。[2]紧接其后，秦仁昌在胡先骕的指导下，再次前往浙江台州、温州及安徽省南部采得大量植物标本，并有重要发现，如采到浅裂锈毛莓等。[3]很显然，西方采集者的活动对胡先骕确定采集的区域有很大的影响。胡先骕在上述考察采集基础上，发表了一些地方植物名录和东南森林观察的文章。

三　中国科学社生物研究所在长江中下游的植物采集

植物部的调查采集开始时主要在江苏邻近的浙江、安徽和江西展开[4]，后来主要致力于浙江和四川。据生物研究所报告，植物部当时"以调查中国中部之植物种类及生态为主。故对于标本之搜集极为注意。历年由本所派人出外采集标本之地方：十五年（1926年）为浙江温、处、台，各属，及四川南川、江津一带。十七年（1928年）为浙东天目山及岩（严）、衢、金华各属，及四川川东、川南各地；十八年（1929年）又赴浙江天目山做植物种类及生态之调查；十九年（1930年）复派采集员三人至四川、西康、及马边山一带，详细采集……唯以此二省之植物为最丰富而最有趣味，故先及之"。另外，这两个省的治安也好一些。[5]下面对相关的人员和采集时间做一简单的介绍。

---

〔1〕　胡先骕. 胡先骕自传［A］//中国科学院植物研究所档案：胡先骕专卷.

〔2〕　张大为，胡德熙，胡德焜. 胡先骕文存（下卷）［M］. 南昌：中正大学校友会，1996：68.

〔3〕　谈家桢. 中国现代生物学家传：第一卷［M］. 长沙：湖南科学技术出版社，1985：78.

〔4〕　胡先骕. 中国生物学研究之回顾与前瞻［J］. 科学，1943，26（1）：5-8.

〔5〕　见中国科学社1931年《中国科学社概况》（上海明复图书馆、南京生物馆开幕纪念刊物）第23页。

先后负责植物部的胡先骕和钱崇澍前期与植物标本采集员陈长年、刘其燮等在江苏南部和浙江南部做普遍的调查，使该所的植物标本室初具规模。1925 年，中国科学社在南京举行十周年纪念会，到会学者对生物研究所颇多赞许。[1]

1927 年，裴鉴从美国学成归来，随即到中国科学社生物研究所工作，不久方文培、孙雄才、耿以礼和郑万钧也加入生物研究所的研究队伍，研究力量进一步加强，加上获得中华教育文化基金会的资助，到外地调查的队伍组织逐渐多起来。1927 年秋，所里派秦仁昌、郑万钧、金维坚三人到浙江的天目山、衢州、严州和仙霞岭采集植物标本。随后郑万钧在浙江天目山，裴鉴在浙江和福建沿海地区，耿以礼在浙江南部，裴鉴和郑万钧在安徽黄山都采集到大批的植物标本。[2]

在阿诺德树木园做博士论文的胡先骕想必对园中威尔逊采集的标本有深刻的印象，因此追寻威尔逊的足迹在中国西部采集植物标本一直是胡先骕难以忘怀的要事。1925 年，胡先骕以合作的方式从美国阿诺德树木园争取到一些经费，派人到中国西部采集植物。后因国内动乱不已，直到 1928 年春才由中国科学社生物研究所派出方文培到四川采集。方文培于当年 4 月上旬出发，在当地军政人员的保护下，采集行程还算顺利。同行的有章树枫（小园）、杜大华和谢俊武。他们最初在重庆的南川南部，金佛山的大河坝、莲花寺、让水坝、金佛寺、大小绿池、长岭岗、凤凰寺、铁瓦寺、丁家嘴、官斗山、小河坝

---

〔1〕 见中国科学公司 1933 年《中国科学社生物研究所概况——第一次十年报告》第 3 页。

〔2〕 张肇骞. 中国三十年来之植物学 [J]. 科学，1947，29（5）：131 - 160.

等地采集。共采得植物 1223 种，包括一些新奇的槭树和杜鹃。随后他们一行于 6 月下旬离开重庆，到綦江县东的老瀛山采集。后来因为战事，又于 7 月上旬转往川西灌县的青城山、赵公山、荣华山采集。他们在灌县采集 20 天得标本 323 种。接着他们分成两组，章树枫和杜大华到川北的松潘、理番和茂县采集，方文培和谢俊武则到乐山和峨眉山采集。在峨眉山采集到的植物有 1104 种，有 180 余种蕨类比较特别。当年 9 月初，方文培和谢俊武由峨眉山首途，经夹江、洪雅前往雅安，又从雅安前往天全采集。本来拟到北面的宝兴采集，无奈沿途土匪太多，不敢冒险，只好改道荥经，经汉源、泸定等县到康定。然后在那周围山区采集，采得 200 多种植物标本。10 月上旬从康定返回雅安，沿途采集，下旬到乐山，经宜宾、泸州，沿河调查鱼类，于 11 月返回重庆。章树枫和杜大华组成的另一组在川北的汶川涂禹山、大溪沟林区采集。随后在茂县前往松潘的途中做了一些采集。到松潘后，前往黄龙寺采集了 4 天，采集到许多植物标本。后来杜大华继续在黄龙寺采集，章树枫则前往平武，途经一个叫水晶堡的地方采集到不少植物。之后，章树枫继续北上南坪（九寨沟）采集。他们在松潘采得660 种植物标本。此次采集的地域较此前威尔逊去的地方更广，历时 8 个月，迤逦跋涉数千里，采得标本 4000 余号，含植物4000余种。[1]

　　1928 年，生物研究所的其他成员也采集了不少动植物标本。他们还将采得的鱼类和昆虫标本分赠英国自然博物馆和美

---

〔1〕 方文培，章树枫. 川康植物标本采集记 [J]. 科学，1928，13（11）：1509－1521.

国加州科学院各一份，并将采得的爬行类标本和无脊椎动物标本寄往美国史密森研究所，请其帮做鉴定，昆虫标本则寄往美国的宾夕法尼亚大学，让其帮做鉴定。[1]

后来，方文培曾继续受邀到四川和西康考察和采集植物标本。[2]1929 年 7 月他又到四川西南的雷波、马边、屏山、峨边等四县考察采集植物。他于 8 月初到成都，随即去乐山。尔后从乐山经犍为到马边等地采集。[3]方文培在四川地区采集的时间比较长，持续到 1932 年。[4]可能因为在四川采集接触到很多槭树科和杜鹃花科植物，后来他到英国爱丁堡植物园深造又致力于这方面的研究，加上回国后在四川大学生物系任教授，方文培逐渐成为我国研究槭树科、杜鹃花科植物以及四川植物的专家。

从 1929 年起，因得到中华教育文化基金会更多的资助，生物研究所的调查采集范围日益扩大，标本积累不断增多。至 1931 年，植物部已在浙江的温州、台州及天目山、严州、衢州、金华各地，四川的川东、川南以及西康的马边一带都进行过采集，共采得标本 10000 余件，分属 200 科 300 余属，共计 8000 种。[5]所里的负责人不无自豪地写道："采集员足迹所至，北及齐鲁，南抵闽粤，西迄川康，东至于海；而江、浙、

〔1〕 中华教育文化基金会. 中华教育文化基金董事会第三次报告［R］. 北平：中华教育文化基金董事会，1929：23.

〔2〕 见中国科学公司 1933 年《中国科学社生物研究所概况——第一次十年报告》第 4 页.

〔3〕 方文培. 马边县考察记［J］. 科学，1929，14（9）：1359 - 1375.

〔4〕 中央研究院博物馆筹备处为派员赴川滇采集动植物标本及社会科学研究所赴台湾采集生番物品运送上海请发护照加以保护的有关文书［A］. 南京：中国第二历史档案馆，全宗号 393，案卷号 191.

〔5〕 任鸿隽. 中国科学社社史简述［M］// 樊洪业，张久春. 科学救国之梦——任鸿隽文存. 上海：上海科技教育出版社，2002：721 - 744.

皖、赣，往返尤频，奔走跋涉，往往经年。"从 1929 年至 1931 年"三年之间，凡四赴齐鲁，经济南、青岛、登莱、芝罘、龙口各处；三至浙省，历宁、绍、杭、湖诸郡，又循海过舟山、石浦，以迄瓯江；深入川康者三；循江上下，跋涉浙、鄂、皖、赣者二；而南京附近的采集不论焉。动植物标本，前后所获，逾十万枚"。[1]

20 世纪 30 年代前期，时任中国科学社生物研究所植物部主任的钱崇澍抽调了中国西部科学院生物所和中国科学社生物研究所的有关人员，组建了四川省植物资源调查采集队。用 3 年的时间，考察了四川许多地方，收集了大量的标本和野外资料，为研究四川的植物资源奠定了坚实的基础。[2]

1934 年，当时的中央大学农学院森林系教授张福延得知中央政府要派一个中缅边境考察团前往中缅边境查勘，想借此机会派人到滇缅边境采集植物标本。经他建议，中国科学社生物研究所的吴中伦和中央大学农学院森林系助教陈谋奉派到云南进行植物学调查采集活动。吴中伦一行人从南京经上海、广州、越南的海防再到昆明。在昆明滞留期间，他们曾在西山和黑龙潭等处采集植物标本。然后前往大理，在点苍山、鸡足山和巍山采集植物标本。后来他们经下关、漾濞，渡过澜沧江，越碧罗雪山到保山，途中陈谋因患病退出采集。吴中伦和一同伴由保山西经蒲缥渡怒江，越高黎贡山到腾冲。在腾冲的凤仪、河顺（今和顺乡）、硫磺塘采集植物标本。由腾冲出发，

---

〔1〕 见中国科学公司 1933 年《中国科学社生物研究所概况——第一次十年报告》第 5 - 6 页。

〔2〕《科学家传记大辞典》编辑组 . 中国现代科学家传记：第一集[M]. 北京：科学出版社，1991：450 - 457.

又经勐连、龙陵、芒市、遮放、象达、蛮（芒）耿、勐板到达镇康。由镇康经孟定、四方井、耿马、双江、上勐允、瓦底察到澜沧。后来又经勐满、勐海（佛海）到车里（景洪），再经普文到思茅等地。他们此行共收集到植物标本3000余号。[1]因未得到及时的治疗，陈谋不幸病逝于考察途中，成为我国最早在植物采集中罹难的学者。

1936年，为了帮助四川省建设厅解决成渝铁路的枕木问题，郑万钧奉派到四川峨边县进行森林调查。主要调查了盐井溪、杨村三叉河、沙坪三处的森林群落状况和分布，以及主要林木和材积，枕木材料的选取及其数量。郑万钧指出利用当地木材，可比进口木材或利用国产杉木节约200万元。[2]

七七事变后，中国科学社生物研究所西迁，植物部的学者仍然在四川开展力所能及的植物调查，继续丰富标本收藏。

到20世纪40年代，在中国科学社生物研究所的介绍中提到，除山东、福建、广西和海南滨海地区外，该所调查采集主要集中在江苏邻近省份和长江流域地区。在四川（包括今重庆）做动植物采集七次，到两湖两次，而对于浙江、安徽采集的次数尤其多，早期几乎年年派人采集。[3]总体而言，中国科学社生物研究所限于经费和人力，调查采集的范围以东南的江苏、浙江、江西、福建较多，西南也涉及四川和云南一些地区动植物的采集。该所注重水生生物的调查，对山东、江苏直

〔1〕 洪满生.吴中伦云南考察日记［M］.北京：中国林业出版社，2006：1，225－227.

〔2〕 郑万钧.四川峨边县森林调查报告摘要［J］.科学，1937，21（2）：98－180.

〔3〕 中国科学社生物研究所概况（第一篇）［J］.科学，1943，26（1）：133－138.

至华南的海南岛的海洋生物都进行过一些调查采集工作。

四　静生所在华北和西南的植物采集

北平静生生物调查所设立的宗旨就是以调查研究本国生物为职志。该所于1928年甫一成立，就开始在华北和西南调查动植物。植物部首先派出年轻职工唐进在北平西山一带采集标本。[1] 1929年，静生生物调查所继续派年轻职工在北平周边和华北采集植物标本，具体地区如河北东陵和北平的通州、西山，同时进行生态学调查。是年，刚到静生所任研究员的汪发缵在燕山山脉和华北平原交接的南口以及天津的塘沽等处采集标本；同年5月，唐进奉派到山西采集植物[2]，所涉足地区约为全省五分之三，采得标本8000余号[3]；同年秋天，该所的李建藩在北京门头沟，河北小五台山、东陵等林区采集到100余种木材标本。

受西方人韩尔礼、威尔逊和赖神甫等人在西南采集的丰厚收获启发，1930年，植物部逐渐开始派人到植物种类最为丰富的西南山区采集植物标本。当年，汪发缵奉派到四川北部的川甘、川陕交界的理县、懋功和川西的小凉山山地采集[4]，收集到大批植物标本。同年5月，周汉藩与李建藩在河北东陵、六里坪子山、雾灵山一带采集；李建藩后来偕冯英如到百花山、灵山采集，兼研究当地植物分布。同年7月，周汉藩偕

〔1〕　静生生物调查所概况［J］．科学，1933，17（7）：1127 – 1131.

〔2〕　中华教育文化基金会．中华教育文化基金董事会第三次报告［R］．北平：中华教育文化基金董事会，1929：21.

〔3〕　张肇骞．中国三十年来之植物学［J］．科学，1947，29（5）：131 – 160.

〔4〕　汪发缵．汪发缵自传［A］//中国科学院植物研究所档案：汪发缵专卷.

蔡希陶在东陵采集，得标本 1300 多号，木材标本 50 余种。第二年，周汉藩在北平附近南口、怀来、昌平、房山等地采集了不少植物标本。唐进又在东陵采集得标本 600 号。而汪发缵则到四川南部的峨眉山、瓦屋山西南折至峨边、马边和屏山采集，采得腊叶标本 1000 余号，20000 余份，以及一些木材标本。此行汪发缵在峨眉山万年寺附近路旁采集到齐墩果科植物木瓜红新属种（*Rehderodendron macrocarpum*），并以哈佛大学阿诺德树木园标本室主任雷德（A. Rehder）的名字作为属名。该所研究员陈封怀从 1931 年到所工作后，曾被派赴东北吉林做植物标本收集，尤以镜泊湖附近采集较为详尽，是国内较早赴东北采集植物标本的学者。[1]

　　当时，为了争取经费更好地考察和采集我国西南的植物标本，静生生物调查所还与美国阿诺德树木园开展合作采集。1932 年 3 月，由美国阿诺德树木园出资，由静生所和西部科学院合作派员，到四川进行生物考察、采集。他们分成两组分头工作，杜大华、孙祥麟前往川东南的南川、酉阳、秀山、彭水、黔江和川黔边境采集，另一组由时任西部科学院生物研究所植物部主任的俞德浚偕彭彰伯、蒋卓然前往峨眉、峨边、西昌、会理等地以及川滇边境地方调查采集。俞德浚先在峨眉山盘桓了数日，然后在峨边城西的牛心山、老鹰嘴及大塘采集。在当地采集到根节兰一新种（*Calanthe oreorchiflora*）。后来路经盐井溪，在附近的龙竹山、梅岭顶，以及迤西的龙门沟、大昌坪采集，注意到那一地区的山林中常见的乔木包括珙桐、桦

---

〔1〕 张肇骞. 中国三十年来之植物学 [J]. 科学，1947，29 (5)：131 - 160.

木和双翼齐墩果等。随后到海棠附近居留数日，进行采集。然后南行到达越西。接着越小相岭经冕山、泸沽，于6月中旬到达西昌，在附近的名胜泸山、印池及德昌的朱家山、曾家山、巴洞、刺竹沟等地进行了采集。后来他们继续东南行抵达普格县，登城西的五台山、水海口采集。尔后进一步南行经松林坪而抵宁南县，途中他们看见间有余甘子（*Phyllanthus embelica*）、番石榴（*Psidum guajava*）等小树。余甘子果实成熟入药，当地又称"橄榄子"。出了宁南他们又西南行沿金沙江越鲁南山到昌宜。后迤逦西南行来到会理。然后西行经矮郎河、三堆子渡金沙江进入盐边。途中在江湾看见有果实成熟可食用的番瓜树（*Carica popaya*）[1]，俞德浚认为或是输入栽培的树种。盐边的残林中有少数木棉和桫椤等树木。他们往北再到盐源，沿途进行了采集。由于地方治安混乱，劫匪经常出没，他们未敢久作勾留，不久返回西昌。然后北上冕宁登城东的宁山寺采集。再通过小路经大桥、菩萨岗，经越西县西老鸦漩沿大渡河道而下富林。北行越大相岭到雅安，再乘船沿江而下经乐山返回重庆。整个行程历时8个月，共采到标本1789号，20000余份，以及药材、木材和经济植物标本各数十号。[2]

1933年5月，西部科学院的俞德浚又率孙祥麟等人从重庆出发，经合川、安岳、简阳抵成都，然后经雅安到宝兴[3]采集。宝兴曾因法国传教士谭卫道（A. David）采集得大批珍稀动植物而为世人瞩目。因山高路险，林箐幽深，交通艰难，

---

〔1〕 即番木瓜，系美洲引入果树。

〔2〕 俞德浚. 四川植物采集记 [J]. 中国植物学杂志, 1934, 1（3）: 325 – 344.

〔3〕 原名穆坪, 1928 年改今名。

西部科学院考察队在岷江流域考察

在他们进入的时候，植被仍呈自然状态。俞德浚写道："山中植物种类繁赜，森林生长茂密，为川西各县所仅见。早春时期，山花怒放，红紫争艳，点缀于苍翠郁闭之松杉林中。高山草原浅绿平铺，群芳散布如织锦，夫自然界之伟大壮丽，使人工作兴趣勃发，殆已忘却旅居跋涉之辛苦矣。"[1]在宝兴工作一个多月后，全组人员在鱼通[2]会合。俞德浚和孙祥麟取道小金、理县，北上茂汶和松潘等地采集；留下的部分人员在天全、宝兴与芦山等地进一步采集。他们在四川的南坪（今九寨沟县）、松潘、茂县、汶川、理县、宝兴、天全、峨眉、峨边、大相岭、大凉山、马边、屏山、雷波、汉源、越西、冕宁、德昌、盐源、西昌、普格、宁南、盐边和会里考察，采集到大量的植物标本、植物种子以及苗木。两组工作一直进行到12月底至次年初，历时8个多月。在川西北采集得标本共计

---

〔1〕 俞德浚. 四川植物采集记（续）[J]. 中国植物学杂志, 1935, 1 (4)：442－464.

〔2〕 宝兴和康定之间的一个地名。

949 号，10000 余份，林木种子 30 余种，木材标本 54 种，药材标本 40 号，苗木 100 余株。在川西区采得标本 828 号，计 9000 余份，林木种子 46 号，木材标本 21 号，苗木 200 余株。在峨眉山采集标本 600 余号，3000 余份，林木种子 30 余号。他们还注意到宝兴产麝香，松潘的药材交易非常繁荣，品种也很多。

俞德浚后来在《中国植物学杂志》上发表了《四川植物采集记》、《四川雷马峨屏调查记》（中国西部科学院）、《中国之蔷薇》、《中国松杉植物分布》等。其中《四川植物采集记》分"峨眉峨边之初春采集""西昌会里之植物社会""花木满谷之宝兴""懋松道上""松潘产物概况"等几个方面记叙了他此行的采集状况。[1-2]

从 1932 年开始，深悉云南生物种类丰富的胡先骕开始持续派人前往采集植物标本。1932 年，蔡希陶和陆清亮（他先到贵州再入昆明）到四川南部和云南北部大小凉山、德昌和昭通采得大批标本，后来又到云南南部、广西和越南边境一带采集。此后蔡希陶在云南的西北部和西部此前瓦德和福雷斯特采集植物的地方，采得大批植物标本，含不少新种。由于年年派人采集，数年间，静生所植物部就收集到标本 4 万多号。[3] 1935 年，刚到静生所不久的王启无赴云南的维西和附近的澜沧江河谷、怒江上游的一些地区进行植物采集，历时两年，采

〔1〕 俞德浚. 四川植物采集记 ［J］. 中国植物学杂志，1934，1（3）：325－344.

〔2〕 俞德浚. 四川植物采集记（续）［J］. 中国植物学杂志，1935，1（4）：442－464.

〔3〕 静生生物调查所概况 ［J］. 科学，1933，17（7）：1127－1131.

得标本 2 万余号，有不少新种。1936 年，邓祥坤赴察哈尔采集植物标本。

蔡希陶夫妇

1937 年，庐山植物园派员在四川峨眉山，安徽黄山、九华山，以及湖南衡山采集得约 900 号标本，种子 500 种。静生所与英国皇家园艺学会和美国哈佛大学阿诺德树木园合作在我国西南等地采集标本。[1]英美上述两机构出经费，静生所派出俞德浚、刘瑛、李鸣岗、王启无等职员，率领工人多名，常驻云南，做大规模之采集。"所得动植物标本，类多稀异之种，探藏启闭，不独在科学上有新贡献，即对于经济上亦极有价值。"[2]采集持续两年多，得标本近 2 万号，还有大量的种子标本和球茎、苗木等。[3]据俞德浚所言，至 1937 年底，静生

〔1〕 见中华教育文化基金会 1938 年编《中华教育文化基金董事会第十三次报告》第 16 页。

〔2〕 静生生物调查所近况 [J]. 科学，1939，23（10）：636.

〔3〕 包世英. 云南植物采集史略 1919—1950 [M]. 北京：中国科学技术出版社，1998.

所在云南收集到的标本、木材、苗木和种子已有 4 万余号。[1]
1938 年，静生所收藏的植物标本达 43 万多号。[2]

1938 年春，静生所与云南教育厅合作组织云南农林植物
所。该所有计划地进行云南植物的采集。1939 年，刘瑛在顺
宁和景东等地采集植物标本。

五　中央研究院在华南和西南等地的植物采集

1928 年，中央研究院组织了广西科学调查团到广西大瑶
山地区考察，采集到各类植物约 3000 多种，标本 3360 号，每
号采 10 份，共计 3 万多份。其中蕨类 340 余种，草本种子植
物 850 余种，木本种子植物 1900 余种。其中壳斗科、木兰科、
樟科、豆科、桑科、芸香科、五加科的植物种类很丰富。[3]调
查团采集到分布于广西和越南的漆榆科新科[4]和一些新种，
包括一种类似宜昌橙的柑橘属植物，还发现一与垂丝紫荆相近
的新种[5]。

1930 年，中央研究院自然历史博物馆开始派员到我国生
物种类极为丰富的西南地区考察采集，其中植物组成员有蒋英
和黄志。他们在贵州工作了一年多，采得植物标本数十箱。[6]

---

〔1〕　俞德浚. 八年来云南之植物研究 [J]. 教育与科学，1946，2（2）：12 -
16.

〔2〕　吴家睿. 静生生物调查所纪事 [J]. 中国科技史料，1989，10（1）：
26 - 36.

〔3〕　科学调查团动植物组工作报告（1928.12.21）[A]. 南京：中国第二
历史档案馆，全宗号 393，案卷号 2147 - 6.

〔4〕　张肇骞. 中国三十年来之植物学 [J]. 科学，1947，29（5）：131 -
160.

〔5〕　（钱）天鹤. 广西科学调查团成绩之一斑 [J]. 科学，1929，13（9）：
1264 - 1266.

〔6〕　自然历史博物馆请保护赴贵州自然调查团与贵州省政府主席的来往函
[A]. 南京：中国第二历史档案馆，全宗号 393，案卷号 187.

在完成了贵州等地的植物标本采集之后，1933年5月，中央研究院自然历史博物馆又组织了云南自然科学调查团到云南采集。此次他们派蒋英、林应时等人由南京经越南到云南采集植物标本。蒋英为植物组主任，邓世纬为植物采集员，林应时为秘书。采集地域为云南的东南部及南部各县，采集时间约为一年。此次采集共获植物标本60箱。[1]同年，该馆还派采集员邓祥坤等赴安徽九华山、黄山等地采集植物标本。[2-3]从1935年5月开始，植物采集员邓祥坤奉命赴江西采集菌类植物标本，时间延续了3个月。[4]七七事变前夕，动植物研究所的单人骅在四川等地采集过植物标本。

动植物研究所于1943年3月至10月组织调查团在川西南的雷波、马边、屏山、峨边和峨眉、犍为、嘉定等地从事大规模的动植物调查与采集。采得种子植物标本200余号、藻类标本6200余号。[5]

1944年5月，中央研究院动植物研究所拆分为动物研究所和植物研究所。动物研究所由王家楫任所长，植物研究所由罗宗洛任所长。1945年7、8月间，中央研究院动物所和植物

〔1〕 中央研究院关于自然历史博物馆常麟定等前往云南采集动植物标本一案与外交部及云南省政府等来往文书 [A]. 南京：中国第二历史档案馆，全宗号393，案卷号299.

〔2〕 中央研究院工作报告 [A]. 南京：中国第二历史档案馆，全宗号393，案卷号66.

〔3〕 中央研究院自然博物馆派员赴黄山等处采集动植物标本办理护照事项的有关文书 [A]. 南京：中国第二历史档案馆，全宗号393，案卷号275.

〔4〕 中央研究院工程地质所动植物所（总理）纪念周工作报告（1935年3月—1937年7月）[A]. 南京：中国第二历史档案馆，全宗号393，案卷号1383.

〔5〕 中央研究院动植物所关于在川西调查与采集动植物种类标本等有关文书 [A]. 南京：中国第二历史档案馆，全宗号393，案卷号151、21、30、865、1369.

所合作组成金佛山采集团到重庆东南的金佛山采集动植物标本。此次考察，他们采集到种子植物标本 485 号、蕨类植物 21 号、苔藓植物 95 号、藻类植物 479 号，共计 1080 号，4000 余份。其中有地域特色的包括铁坚杉、亨氏金粟兰、发氏八角茴香、阿氏铁线莲、杜仲、檫树、月月青、土麻黄、七裂槭、山枇杷、山矾、白辛树、大叶紫珠等。

1945 年 12 月，植物所的采集人员还在重庆北碚的缙云山进行植物采集，共采得植物标本 400 余号，3000 余份。他们还在重庆附近采集藻类，采得标本 200 余号。[1]1946 年，中央研究院植物所的藻类专家饶钦止还随同海军的舰艇到东沙、西沙调查水生藻类。[2]

六　北平研究院植物所在华北和西北等地的植物采集

与当时中国科学社生物研究所的秉志和中央研究院动植物所的王家楫等人一样，北平研究院植物所所长刘慎谔也是我国植物分类学的开拓者之一，是非常注重植物学考察和采集标本的学科带头人之一。就某种程度而言，他本人比当时一般分类学家更享受野外考察，颇有西方博物学家的探险精神。

还在法国留学的时候，刘慎谔就在法国的高斯山区进行植物调查，还与当地的林奈学会会员到法国各地采集标本和进行科学考察，一个人就采集了 2 万多号植物标本。1929 年，他受邀回国主持北平研究院植物所，所携带回来的这 2 万多号植物标本和他收藏的一些专业书籍成为该所组建时的基本研究资

---

〔1〕　1944 年 5 月—1946 年 3 月植物研究所工作报告［A］. 南京：中国第二历史档案馆，全宗号 393，案卷号 1371.

〔2〕　见中国第二历史档案馆（南京），全宗号 393，案卷号 3。

料。[1]留学生中在国外采集标本带回来的，在当时即使不是唯一的，也是十分罕见的。

为了尽快创造条件开展工作，奠定研究基础，作为研究所主任（所长）和专任研究员的刘慎谔刚一上任，就迅速组织华北、西北和东北等北方地区的植物标本收集工作。

在研究所成立的当年，刘慎谔就带领北京大学生物系来所实习的学生郝景盛和张凤瀛等在北京西山和河北东陵一带采集植物标本。[2]翌年，他们的标本采集范围逐渐扩大。该所植物标本采集员夏纬瑛除在北京西南郊区房山的百花山采得植物标本350号外，还在河北北戴河采集了百余号植物标本。同年夏天，该所的练习生孔宪武、刘继孟赴东北辽宁铁岭、千山等地采得植物标本300多号。与此同时，刘慎谔、王作宾在江苏、浙江、福建和广东一带采得植物标本1000多份。

1930年3月，郝景盛随中瑞西北科学考察团的医生郝梅尔（D. Hummel），到我国西北的甘肃南部和青海东部考察植物，收集植物标本。[3-4]后来，他在此次考察所得资料的基础上，写成他在德国柏林大学留学时的博士论文《青海植物地理》。他是首位到青海采集植物标本的国内学者。

1931年刘慎谔参加中法西北学术考察团，在内蒙古、甘肃河西走廊、新疆等地进行了植物学收集。虽然这个学术考察团有名无实，但刘慎谔还是利用各种机会收集到不少植物标本。

〔1〕 刘慎谔. 刘慎谔文集 [M]. 北京：科学出版社，1985：1-2.

〔2〕 刘慎谔. 刘慎谔文集 [M]. 北京：科学出版社，1985：19.

〔3〕 HEDIN S. History of the expedition in Asia 1927-1935 [M]. Stockholm：Elanders boktryckeri aktiebolag, 1944：94.

〔4〕 COX E H M. Plant hunting in China [M]. London：Collins, 1945：205.

中法合组的西北学术考察团在到达乌鲁木齐之后合作结束，杨钟健等人从新疆返回，而刘慎谔转而自行考察。他先与中瑞西北科学考察团的瑞典地质学家那林（E. Norin）结伴同行，继续在西藏北部考察收集，最终随香客到印度考察。其间的经历艰苦卓绝，所到之处，人烟罕至，但收集到许多标本资料和植物地理学资料。他的奋斗精神深深地感动了曾与他结伴的中国古生物学家杨钟健和瑞典地质学家那林。[1]这位来自山东的学者，以自己的坚韧和顽强，历时两年多，在我国西北包括国内学者当时从未涉足的藏北昆仑山区和印度等地收集植物标本 2500 多号，填补了我国学者在上述地区采集的空白。[2-3]

1931 年夏天，夏纬瑛与白荫元赴我国北部内蒙古大青山、乌拉山、五原、杭锦旗等地采得植物标本 600 余号。夏秋间，孔宪武赴东北吉林威虎岭、敦化、小白山和镜泊湖等地采集得植物标本 1000 余号。孔宪武和静生生物调查所的陈封怀是最早到我国东北地区进行较大规模植物采集的学者。翌年，新入所工作的郝景盛、王云章赴河北灵寿，河南许昌、嵩山、洛阳和陕西潼关、华山、太白山、咸阳采集，采到植物标本 1600 余号。

1933 年春，孔宪武、王作宾赴陕西秦岭山区采集，收集到植物标本 2000 余号；夏纬瑛、白荫元由陕北榆林北上内蒙古、宁夏、甘肃采集植物标本，共得标本 2000 号左右。第二年夏秋间，刘继孟在河北、山西境内的太行山区采得植物标本 2100号。1935 年 5 月，白荫元陪同时任陕西林务局副局长的德国林

〔1〕 NORIN E. Geological explorations in western Tibet ［M］. Stockholm: [s. n.]，1946：Preface.

〔2〕 杨钟健. 西北的剖面 ［M］. 兰州：甘肃人民出版社，2003：158.

〔3〕 刘慎谔. 刘慎谔文集 ［M］. 北京：科学出版社，1985：3.

学家芬茨尔（G. Fenzel）教授到甘肃调查森林。他们从西安出发，经陇县、关山到天水，再经六盘山到兰州兴隆山。在兰州短暂逗留后，先到宁夏贺兰山调查森林，后来又去青海湖一带调查，由青海湖折向南行，经贵德、同仁，到藏族扎茂地区进行调查采集。之后又往东南行到甘南的卓尼地区调查采集。接着经岷县、礼县、成县折回天水，经宝鸡回到西安。此行共花了5个多月时间。后来白荫元在《西北农林》上发表了《甘青森林植物调查采集纪要》（1944年创刊号）。[1]1937年6月，刘继孟再次去太行山采集植物标本。

　　1935年，刘慎谔和钟补求在安徽黄山采集得植物标本1000多号。[2]1936年，北平研究院植物所组成青海植物考察团，到青海东部采集植物标本。该所的王作宾先行在甘肃南部的岷山山地采集标本。稍后，刘继孟出发到青海西宁，不久即到祁连山区采集植物。[3-4]

　　1936年底，鉴于日寇不断南侵，北平局势紧张，北平研究院植物所西迁到陕西武功。所长刘慎谔与西北农林专科学校校长辛树帜商定，双方合作创办西北植物调查研究所。此后，该所陆续在西北和西南进行了一些采集工作。根据当时北平研究院植物所的王宗训回忆，1937年以前，刘慎谔几乎每年春

　　〔1〕　白荫元. 我所知道的芬茨尔和陕西林务局［M］//中国人民政治协商会议全国委员会文史资料委员会. 文史资料存稿选编：经济（下）. 北京：中国文史出版社，2002：976－979.
　　1936年，白荫元已在《中国植物学杂志》第3卷第2期发表过《甘青森林植物采集纪要》。
　　〔2〕　林文照. 北平研究院历史概述［J］. 中国科技史料，1989，10（1）：14－27.
　　〔3〕　青海生物考察团月底出发［J］. 科学，1936，20（5）：420.
　　〔4〕　青海植物考察团出发［J］. 科学，1936，20（8）：708.

夏都要率领所里的职工到各地考察，直到秋天草木凋零才收队。[1]不过，受当时经费严重匮乏的影响，采集工作一般规模都比较小，次数也有限。

植物所在武功立足后，在继续对西北植物调查采集的同时，逐渐开始展开四川等西南地区的植物采集工作。1937年，王作宾和傅坤俊奉派西出宝鸡，到甘肃岷山采集。1938年3月夏纬瑛再次西行，赴甘肃南部的兰州、天水、徽县、成县、康县、武都、舟曲等地采集植物标本。1938年3月，王作宾开始该所的首次西南行，赴川东、鄂北和川西采集植物标本。

1941年，北平研究院迁至云南，刘慎谔随赴云南昆明，在那里建立一个植物园，开始在周围采集植物标本。与此同时，西北植物调查所派人在西康（川西）采集植物。后来他们还与山西黄龙垦区合作，在垦区采得标本1000余号。

从上述采集情况来看，刘慎谔所在的北平研究院植物研究所组织的植物采集重点以华北的北平、河北、山西和西北的内蒙古、陕西、甘肃、新疆等地为主，尤其是内蒙古、宁夏、陕西、甘肃、青海、新疆和西藏等西部地区，都是国内当时其他动植物研究机构未曾涉足或极少涉足的地区，该所在秦岭和太行山等地的采集也堪称独树一帜。具体而言，刘慎谔在西北新疆南部、藏北，郝景盛在青海，夏纬瑛在内蒙古、宁夏的采集都是国人此前未涉及的。刘慎谔和郝景盛后来的植物地理开拓性研究，都是在当时的考察基础上完成的。该所于东北，有孔宪武和刘继孟在吉林和辽宁进行的采集。七七事变后他们又逐

〔1〕 王宗训.回忆北平研究院植物研究所［J］.中国科技史料，1985（2）：16－20.

渐涉足西南的四川、云南等地的采集。正如当时植物学家所说，该所"致力于研究中国北部之植物，其新疆与内蒙古之采集极为可称"。

七　其他机构的植物调查和采集

抗战时期，为了开发森林资源，资源委员会和若干机构开始进行各种类型的森林资源调查，地点主要在后方的西部。

1923 年成立的福建博物研究会，曾派员到各地乃至东南亚一带进行了大范围的动植物和矿物标本搜集活动，十余年间

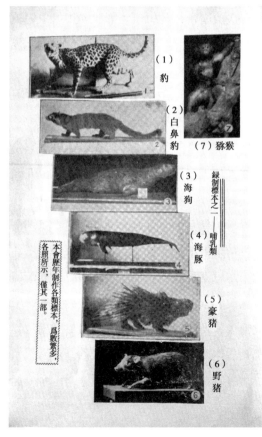

（1）豹
（2）白鼻豹
（7）猕猴
（3）海狗
（4）海豚
（5）豪猪
（6）野猪

录制标本之一——哺乳类

本会历年制作各类标本，各照所示，仅其一部。鸟数繁多，

福建博物研究会收集的脊椎动物标本

收集到数十万件标本。他们制作的标本不仅曾在 1929 年杭州举行的西湖博览会上得奖，还于 1930 年在比利时和 1933 年在美国芝加哥举行的博览会上得奖，并应比利时政府的请求，将参展标本赠予他们的博物馆陈列，为国家争得荣誉。[1]

1939 年，在西南经济建设研究所所长李德毅的率领下，孙章鼎和陶玉田等人在川西（大渡河流域）调查森林资源。1940 年 6 月又到贵州铜仁山区调查森林资源（分布和利用）。后来继续在西部的川、湘、黔做森林调查，前后进行四次野外考察，历时一年零三个月，所到之处包括四川的叙永、秀山、白沙、南川、万县，贵州的仁怀、遵义、武隆、彭水、酉阳、黔江、桐梓、正安、道真、铜仁、镇远和湖南的大庸、吉首、泸溪、花垣、龙山、永顺、桑植、辰溪、新晃。他们发现了一批很有价值的优良林木种类。孙章鼎后来写出了《乌江、青衣江流域森林考察报告》《贵州清水江杉木资源》《林垦与土壤冲洗》等学术专著。[2]

七七事变后，中央研究院动植物所迁到重庆北碚，为了弄清楚云南丽江北部和川西木里等地的森林资源，为经营和开发利用提供参考，在资源委员会的资助下，研究员邓叔群决定展开森林研究。1940 年，邓叔群率领年轻的林业工作者到交通十分困难的大渡河支流九龙县的洪坝森林进行比较全面详细的调查考察。他们经成都、过雅安到那里。除极少数采药人和猎户外，基本上没有外人进入过该林区，因此保存着完整的原始

---

〔1〕 参见《创办年月及成立后之经过》，收录于 1935 年《福建博物研究会概况》一书第 3－6 页。

〔2〕 金善宝. 中国现代农学家传：第一卷 ［M］. 长沙：湖南科学技术出版社，1985：131－139.

森林，有高逾 70 米的麦吊云杉，以及挺拔苍劲的冷杉。邓叔群在这里考察了一段时间，估测了林区面积和森林蓄积，最终写成《洪坝森林之研究》。后来他又率人由云南的丽江北上经永宁、四川的木里土司区域而至康定。[1] 此次他们"深入到云南丽江迤北林区、川西木里等林区，调查了丽江云杉、长苞冷杉、红杉落叶松[2]、云南松、华山松、红桦、高山栎等 7 个树种的蓄积量、生长量和病虫害情况。根据调查结果提出经营方针、更新方式以及保护的技术措施和策略"。[3]

　　1941 年秋，邓叔群借调任农林部中央林业实验所副所长，由重庆去甘肃兰州筹建西北工作站。稍后，应老同学张心一之聘，在甘肃省水利林牧公司林业部任经理，前往甘南调查森林状况。大约用两年的时间，他基本上调查清楚洮河中上游卓尼一带的森林分布范围和森林蓄积量，此外还考察了森林病虫害情况和林区特产。[4] 他因地制宜，根据当地水急滩险、山陡林密的特点，设计出干旱区"水平沟"的造林方案。"制定了一套保证更新量、营造量大于采伐量的经营管理制度，要使森林永远存在，树木永远砍不尽。"[5] 为保持水土和提高造林成活率提供了科学的方法，并在国内首次提出森林生态平衡问题。[6]

　　〔1〕　周映昌. 追怀邓叔群先生 [M] //沈其益，等. 中国真菌学先驱——邓叔群院士. 北京：中国环境科学出版社，2002：32.

　　〔2〕　原文如此，可能是指红杉。

　　〔3〕　吴中伦. 缅怀尊敬的邓叔群先生 [M] //沈其益，等. 中国真菌学先驱——邓叔群院士. 北京：中国环境科学出版社，2002：9 - 16.

　　〔4〕　吴中伦. 缅怀尊敬的邓叔群先生 [M] //沈其益，等. 中国真菌学先驱——邓叔群院士. 北京：中国环境科学出版社，2002：9 - 16.

　　〔5〕　张心一. 甘肃林业与邓叔群 [M] //沈其益，等. 中国真菌学先驱——邓叔群院士. 北京：中国环境科学出版社，2002：31.

　　〔6〕　《科学家传记大辞典》编辑组. 中国现代科学家传记：第三集 [M]. 北京：科学出版社，1992：463 - 467.

1943 年，中央林业实验所为配合湖北房县等地的森林资源开发，所长韩安派王战等调查大巴山及兴山森林，并探察神农架原始林。韩安还派员考察北碚缙云山寺庙林。[1]

1934 年 8 月中旬，已经调任黄河水利委员会的白荫元奉命前往山西渭河流域调查农林，同时采集森林植物标本。他从西安出发，沿渭河南岸南行，先登临树木繁茂、风景秀丽的长安八景之一的终南山，考察了周围的植物。感觉那里的寺庙周围树木苍翠可爱，清雅宜人。复经户县、周至、眉县，由营头口登上峰峦奇秀的太白山，旋北行渡渭河，沿河北岸，取道武功、兴平、咸阳，同年 10 月底返回西安。在南山时，他登览了谷口、周陵、茂陵等名胜古迹。采集历时两个半月，采得植物标本 700 余号，共 5000 余份。[2]

1943 年，房县县政府、中央林业实验所等机构组织神农架探察团，中央林业改进所技正王战任副团长，在神农架采集植物。[3]

为了开发这片原始林区，当时的地方政府还设法与军方空军第一大队取得联系，大队长吴超尘派出飞机，于 1946 年 8 月 22 日对神农架原始林区做了大范围的初步勘察，进行了照相，对林区各处林相和水系分布的特点有初步的了解。[4]

〔1〕 张楚宝. 林业界耆宿韩安生平大事记［M］//中国林学会林业史学会. 林史文集 第一辑［M］. 北京：中国林业出版社，1990：117 - 120.

〔2〕 白荫元. 陕西植物采集记［J］. 中国植物学杂志，1935，2（1）：539 - 553.

〔3〕 王希群，马履一，陈发菊，等. 中国现代科学史上的一次科学考察壮举——记 20 世纪 40 年代首次对湖北神农架的探察［J］. 北京林业大学学报（社会科学版），2007，6（2）：48 - 53.

〔4〕 神农架林区空中观察报告（1946 年 8 月 23 日）［A］. 武汉：湖北省博物馆，全宗号 31，案卷号 1484.

除上面提到的这些机构外，20 世纪 40 年代初，由中国共产党领导的延安自然科学院生物系等机构也在陕甘宁边区组织过植物调查和标本采集。据统计，他们前后采集标本 8000 余份，含 510 种。[1]

在那前后，还有一些国立机构组织了一些学术考察团，如 1942 年，中央研究院、中国地理研究所和中央博物院组织西北史地考察团。他们 4 月出发，到甘肃、宁夏和青海考察。同年 10 月，中央研究院组织西北科学考察团。这些考察团的生物学考察工作有限，这里不赘述。

1927 年 12 月，时任中山大学植物系教授的陈焕镛和德籍林学家芬茨尔教授到广东北江和南雄一带调查植物。次年，刚来校任教的蒋英在其后的两年时间里，在广东珠江的支流、东江、北江和西江流域采集了不少植物标本。抗战后期蒋英又率领学生在南岭的莽山、衡山、阳明山一带采集了不少植物标本。

1927 年 9 月，应中山大学校长戴季陶和副校长朱家骅的邀请，从德国学成归来的辛树帜到中山大学植物系任教授。在欧美的留学经历使辛树帜深深地体会到生物学调查的重要性，他"预备把西南的动植物，做一次普遍细致的研究"。[2]他的学生石声汉曾在相关的考察报告中提到这样的感想："我国地大物博，素为世界所艳称；而科学落后，国人自作之精密调查尚未能有，历来所见关于中国生物之记载文献，皆出自外人，或以纯粹为学之精神，或更寓侵略之征旨，深入各地从事搜采之结

---

〔1〕 中国植物学会. 中国植物学史〔M〕. 北京：科学出版社，1994：140.

〔2〕 石声汉. 国立中山大学广西猺山采集队采集日程〔M〕. 广州：中山大学生物学室，1929：7.（猺山现名瑶山，下同）

果。今为求吾国学术之发达计，为明了各地物产实际形，以供国物质建设者之参考计，为自树先锋，明诏世界，吾国物产已自行着手调查，无烦越俎代庖，藉杜侵略计，调查采集之工作，洵属刻不容缓。桂省一区，交通不便，外人尚未有调查，尤为急待探访之区。俟桂中调查既竣事，然后再推广至于黔滇蜀湘赣诸省。"[1]石声汉的言论当然包含其师的思想。回国前，辛树帜从他柏林大学的老师，对中国植物颇有研究的著名植物地理学家狄尔斯（L. Diels）[2]教授那里了解到，广西瑶山是植物分类学研究未开垦的处女地。[3]为此，辛树帜决心从广西偏僻山区入手，施展自己的抱负，尽快在生物学上崭露头角。

中山大学大瑶山采集队

　　〔1〕　石声汉. 国立中山大学广西猛山采集队采集日程［M］. 广州：中山大学生物学室，1929：163.
　　〔2〕　他也是我国植物学家郝景盛和董爽秋在柏林大学学习时的指导老师。
　　〔3〕　辛树帜. 广西植物采集纪略［J］. 自然科学，1928，1（1）：123－129.

1927 年 11 月，辛树帜组织广西采集团，偕同助理任国荣、黄季庄、唐启秀等人赴广西灵山县及十万大山采集。他们到达梧州后，采集了十余种植物标本，发现梧州的植物与湘南的类似，常见的有九头狮子草、天名精、一枝黄花、蕲菜、杞柳等。随后，他们来到桂平东北的大湟江口采集，在那里采集到 70 多种植物。原本想从那里去瑶山采集，由于路途有匪患，于是改道前往贵港采集。他们在贵港城郊和附近的良山采集，获得 70 余种植物，包括日本羊蹄甲（*Bauhinia japonica*）等，并注意到当地人食用黄槐决明（*Senna surattensis*）的花。他们还发现一些可能属于外面移入的树种，包括菩提树、凤眼果、凤凰木等。其后，辛树帜一行又南下灵山及其附近的大塘采集，发现那一带榕属植物很常见，采集得植物标本 200 多种，其中包括南五味子、八角茴香、鸭脚木、山海棠、木鳖子等。同月下旬，他们原拟取道钦州前往十万大山采集，终因土匪当道，未能成行。尔后他们又前往沙坪、南宁、邑城等地采集。此行一共采集到 443 种植物，他们后来将一份标本寄给德国植物学家、辛树帜的老师狄尔斯鉴定。[1]

辛树帜领导的大瑶山考察是我国历史上影响深远的生物学考察、采集活动。此前，在这块尚未为外人所知的处女地中，有关生物、地理的调查尚属一片空白。参与此次考察的石声汉写道："五岭之脉，自越城南走，迤逦蔚而为猺（瑶）山，界接修仁[2]、象县（象州县）、武宣、桂平、平南、昭平、蒙山七邑之境。嵯峨众山，绵引簇聚，地之广袤，达数百里。最高

---

[1] 辛树帜. 广西植物采集纪略 [J]. 自然科学，1928，1（1）：123 – 129.

[2] 广西旧县名，1951 年撤销，其所属大部分并于荔浦县。

一峰，在六千尺以外。[1]溪声聒耳，峦翠湿衣，草木际天，白云横岭，榛莽未辟，虫鸟乐处。"[2]1928年，辛树帜又率领中山大学生物系广西采集团前往大瑶山，团中有专门负责采集植物标本的黄季庄，他在梧州、平南等地采集到不少植物标本。后来经八峒，渐入山道，发现新奇植物渐多，桑科无花果属的植物种类尤其繁众。他们注意到那一带栽培了大量的芳香植物肉桂。接着他们来到马练村，沿途采集到开花很美的天葵。此次3个月的考察，共采集植物标本近1000种30000余份。据称此次采集植物"主要注意力只集中在羊齿植物、草本有花植物方面……采有高山新奇植物八百余种，稍近普通而外间平地人不多见者四五十种"。[3]其中有羊齿植物（蕨类）130余种，无花果属30余种，野牡丹科10余种。辛树帜认为，若常驻采集一年，应该能采到2000种植物。[4]1928年11月至1929年2月，辛树帜再次组织的大瑶山考察队又收集到不少植物新种，包括辛氏木、辛氏寄生百合、辛氏木兰等20多种以"辛氏"命名的植物新属种。

　　1929年6月中旬，辛树帜又派何观洲从广西转道湖南，在安化和衡山等地采集到各类植物1000余种。1930年3月，辛树帜又率领生物系的黄季庄、庞新民以及中央研究院历史语言研究所的李方桂，前往广东北江瑶山采集动植物和进行民族学调查，他们注意到那里杜鹃花科植物不少，壳斗科、蔷薇科

---

〔1〕 大瑶山最高峰为圣堂顶，据《广西大瑶山自然保护区综合科学考察报告》第1页，圣堂顶海拔为1979米（略低于6000尺）。

〔2〕 石声汉．采集猫山报告［J］．科学月刊，1929（8/9）：1.

〔3〕 石声汉．采集猫山报告［J］．科学月刊，1929（8/9）：8.

〔4〕 据2008年的《广西大猫山自然保护区综合科学考察报告》前言，大瑶山林区有维管束植物2300多种。

和毛茛科的植物很多，金缕梅科的檵木特多。他们在山里采得不少植物和数十种苔藓。[1]1931年，中山大学生物系又组织考察队到贵州等地采集，后来在贵州采集到植物1800种，标本1万余件。辛树帜等人先后四次组织采集队深入大瑶山采集，以及在贵州苗岭山脉的云雾山、梵净山，湖南西南部的金童山，广东永昌、瑶山，广东南部的海南岛等地采集，共采得植物标本20余万件，其中包括发现金莲木科的辛氏木新属，以及樱井草属在华南的发现等。[2]

1933年，中山大学生物系组织采集队在广西大明山采集动植物标本。1934年三四月间，系主任董爽秋率领全体学生到广东北江瑶山考察动植物分布，并采集标本。采得植物标本210号、动物标本10余件。[3]

1936年，中山大学生物系的师生在董爽秋和任国荣的率领下，到湖南衡山采集动植物标本。1937年，该系又组团到广西大瑶山的罗香、罗云和古陈等地采集标本，重点采集蜘蛛，他们还登上大瑶山的最高峰圣堂顶，共采集到动植物标本200余号。1938年7月，迁到云南澄江的生物系师生在董爽秋和张作人的率领下，在云南大理考察，采集到植物标本300余号、鸟类标本100余号。1940年，任国荣率领学生在广东北江考察，采集到不少动植物标本。1942年，任国荣再次率领学生到湖南衡山采集动植物标本。1944年，中山大学生物系

〔1〕 国立中山大学理科生物系猺山采集队. 广东北江猺山初步调查报告[R]. 广州：中山大学出版社，1930.

〔2〕 冯双. 中山大学生命科学学院（生物学系）编年史：1924～2007[M]. 广州：中山大学出版社，2007：39－40，45－46，51－52.

〔3〕 冯双. 中山大学生命科学学院（生物学系）编年史：1924～2007[M]. 广州：中山大学出版社，2007：65.

的师生又组织考察队到乐昌瑶山采集生物标本。1948 年和 1949 年，生物系的师生曾两次到台湾采集海洋生物标本。[1]

中山大学农林植物研究所是我国成立较早的一个植物学研究机构，该机构在陈焕镛的领导下，在华南植物的调查采集方面做了非常出色工作。

1927 年，中山大学农科的师生在本地采集植物标本，并先后在香港、广州、北江、云浮、英德、鼎湖山和海南进行多次考察，采得标本 2869 号。1928 年，他们接受陈焕镛的建议，成立植物研究室，并考虑编写《广东植物志》作为研究华南植物的基础，从而开始着手全省的资源植物调查和采集。同年又多次组织人员在鼎湖山、高州、广州、乐昌、罗浮山、香港、云浮、英德、新会、高雷一带和乐昌瑶山进行考察，收集到植物标本 3583 号。1929 年，植物研究室改为植物研究所，多次组织人员在广州、中山、香港、英德、清远、鼎湖山、北江、南海、罗浮山、东江、新会等地考察，收集得标本 5142 号。1930 年，该所组织人员在北江、广州、英德、台山、香港、乐昌瑶山、北海一带、连阳瑶山、鼎湖山、凤凰山、信宜和西樵山采集，共得标本 3834 号。1931 年，该所多次组织人员到信宜、北江、滑水山、乐昌、海南和罗浮山考察，共采集到标本 3187 号。1932 年，他们又组织人员多次在海南、香港、北海、广东、鼎湖山、罗浮山、新会、顺德、乐昌、乳源、清远、十万大山、高州等地采集。当年中山大学农林植物所的左景烈和陈念劬在海南岛考察采集植物标本。他们在岛上

〔1〕 冯双. 中山大学生命科学学院（生物学系）编年史：1924～2007［M］. 广州：中山大学出版社，2007：75，77，85，89，93，106－107.

采集了半年多，采集到标本 1300 多号，苗木和兰花数百件，还收集到蟹类化石等，后来曾发表《海南岛采集记》。[1]当年该所共采得标本 4406 号。1933 年，该所又派人多次到海南、乐昌、乳源和龙眼洞考察采集，共收集到标本 8930 号。

中山大学农林植物研究所的成员陈焕镛、蒋英、左景烈、郭素白、侯宽昭、黄志、梁向日、钟济新、陈少卿、陈念劬等都参加了调查采集，经历数年的采集，农林植物所共得标本 31836 号，采集地域已达全省的五分之三。"地点则以北江及省港为多，而南路及西江流域次之，东江流域……除罗浮山曾采集多次外，其上流及韩江之凤凰山等地，仅做一次之试探性采集，特别区之海南岛则有四次之长期及三次之零碎采集。"[2]后来他们继续在广东和毗邻的湖南等地做植物调查采集。

1935 年，广西大学植物所成立，所长由陈焕镛兼任。最早的编制只有陈焕镛、钟济新和陈少卿三人。成立的当年，该所的梁向日、钟济新和郭素白即在广西进行了数次植物采集。后来，他们在广西的龙州、那坡、十万大山、隆村和大瑶山等地采集了大量的标本。[3]1936 年，邓世纬率队到贵州采集，延续三年，收获颇丰。但不幸的是邓世伟和他的助手三人罹患恶性疟疾殉职。[4]

1938 年陈焕镛教授出任中山大学理学院院长，生物系的

〔1〕 左景烈. 海南岛采集记 [J]. 中国植物学杂志, 1934, 1 (2): 215 - 235.

〔2〕 国立中山大学农林植物研究所志略 [J]. 科学, 1934, 18 (8): 1085.

〔3〕 李光照. 广西植物研究所的半世纪 [J]. 中国科技史料, 1986, 7 (6): 52 - 58.

〔4〕 张肇骞. 中国三十年来之植物学 [J]. 科学, 1947, 29 (5): 131 - 160.

植物标本与农林植物研究所的植物标本合并在一起，以便于管理。后来陈焕镛把所有标本转移到香港，最终使包括辛树帜在大瑶山采得的 4 万号标本在内的这批标本得以保存。经过 20 年的艰苦努力，当时农林植物研究所的标本增加到近 20 万号。[1]中山大学生物系和农林植物所师生辛勤的调查结果，为后来两广地区植物志的编写打下了基础。

1946 年，蒋英奉派到台湾考察植物，历时 10 个月，同时对日本人在台湾的植物研究情形和台湾各地的植物标本收藏情况做了了解。[2]

当时不少大专院校都有野外采集活动。1935 年 2 月，时在西北农林专科学校任教的白荫元曾与德国林学家芬茨尔一同在陕西和甘肃采集植物标本。他们的目的是调查森林，采集标本，以便为拟订西北造林提供依据。

白荫元与芬茨尔于 1935 年 5 月下旬从西安出发，沿渭河西行，经过咸阳、武功、扶风、岐山、凤翔、陇州（陇县），越过陕西西部的关山[3]到天水。在途经千阳的时候，听说在该县的草皮村一带奥陶纪地层中有多种动植物化石，其中尤以鱼化石为多。为在关山考察当地的林木，他们抵陇县马鹿镇后，在那里停留了数日，在关山进行采集。盘桓数日后，共得标本约 200 号。再经甘谷、通渭、定西至兰州。随后又赴马部山（应为今之马衔山）、兴隆山，考察了当地森林植被。接着西赴西宁、塔尔寺、广慧寺、大通一带考察青海中部森林概况。再向

〔1〕 陈焕镛致梅（里）尔的信［A］//中国科学院华南植物园档案：陈焕镛专卷.
〔2〕 蒋英. 考察台湾植物之简报［J］. 科学，1947，29（11）：344.
〔3〕 应为陇山。

西南经湟源至青海（湖）边考察当地地势气候。旋由哈拉库图至贵德，经同仁、夏河（拉卜楞）、岷县、礼县，折返天水，了解了青海南部地势和森林情况，并由原来出发的老路返回西安。旅途花费了3个半月，采集到标本1100余号。[1]

通过此次考察，白荫元认为"政府当局，若从事整理西北森林，利用厚生，或再造森林，恢复旧观，均宜划一组织统筹全局，则数十年后，华北木材之需要，完全可以取给于西北"[2]。

1935～1937年，钱崇澍在四川大学兼任教授和生物系主任期间，曾组织师生在四川南部的峨眉山等地进行植物学考察和收集，开展对峨眉山和青城山的植物区系调查。1939年方文培担任系主任后，也曾多次到峨眉山考察采集动植物。[3]此外，从1922年开始，在厦门大学讲授植物学的钟心煊为该校植物系建立了标本室，并为该室的建设采集了不少植物标本，其中海藻标本多至千号[4]；秉志、伍献文等动物学家则为系上建立了动物标本室。福建协和学院、岭南大学等教会高校也都有规模可观的生物标本室。

七七事变后，许多高校和学术机构迁到四川、云南等地，为了开发当地的自然资源，这些高校和研究机构逐渐开始组团，进行一些力所能及的调查采集，为抗战后方建设服务。除

---

〔1〕 白荫元. 甘青森林植物采集纪要〔J〕. 中国植物学杂志，1936，3（2）：1027－1043.

〔2〕 同〔1〕.

〔3〕 GRAHAM D C. Research expeditions in west China〔J〕. The China Journal, 1939, 30（2）：108－109.

〔4〕 李良庆. 中国藻类植物研究之回顾及其经济之重要〔J〕. 科学，1943，26（1）：94－106.

上述中央研究院动植物所与四川省政府合组的科学考察团外，中华自然科学社组织的一个考察团比较值得一提。

中华自然科学社是一个于1927年由高校师生发起成立的自然科学社团，发起人有当时为东南大学的学生郑集、赵学燠等4人。[1]1939年西康省政府正式成立，当时西康省政府主席说西康物产"则矿产也、森林也、牲畜也、药物也，实为国家无尽宝藏"。为"建设新西康"，同年7月至10月，由四川省政府和教育部出资，中华自然科学社组织了一个考察团对西康[2]进行了考察。西南联大教授、中华自然科学社学术部主任曾昭抡任团长，团员总共12人，分地理气象、农林、工程和药物四组进行考察。他们从昆明出发，经重庆，于8月1日到成都，4日抵川西的雅安进行考察，尔后继续往西越大相岭和飞越岭到达康定，随后在附近的榆林宫一带调查，接着到贡嘎山麓的喇嘛庙周边考察。因为时间和设备所限，他们没有到达贡嘎山雪线的地方就返回，随后到康南的九龙县所属各地进行科学考察，取得了很好的成绩。[3]后来他们从九龙越华邱山至奔奔冲，逾蒙东山至麦地龙，渡雅砻江，经奇夷、拉昌沟等地到木里，再由木里往南到云南的永宁、丽江等地进行考察。[4]此次考察历时3个月，收集到大量标本。[5]考察结束后，由中央大学地理系教师、考察团总干事及地理气象组组长朱炳海

---

[1] 沈其益，杨浪明. 中华自然科学社简史 [J]. 中国科技史料，1982（2）：58–74.

[2] 今四川西部。

[3] 科学新闻 [J]. 科学，1939，23（11）：796.

[4] 朱炳海，曾昭抡，朱健人，等. 中华自然科学社西康科学考察团报告 [R]. [出版地不详]：中华自然科学社，1941：116.

[5] 西康文物展览会 [J]. 科学，1940，24（6）：506.

于1941年出版《中华自然科学社西康科学考察团报告》。考察团团长曾昭抡指出："西康僻处西南，以前少受国人注意，过去数十年中，入康做科学考察者，虽有若干起，然大多全是西洋人士所组织。'七七'抗战发生以后，举国上下，渐知开发西南，巩固后方的需要。"[1]此次考察团的农林组由朱健人和中国科学社生物研究所的杨衔晋负责。野外考察工作结束后，朱健人负责撰写农林组报告。他介绍了"西康植病所见"，描述了当地各种真菌及植物病害。杨衔晋介绍了"西康南部之森林概况"。[2]

第二节　动物学采集工作

一　秉志及其学生对东部沿海水产动物的调查和采集

1920年，我国动物学奠基人秉志从美国学成归来，1921年和胡先骕、陈焕镛等在南京东南大学农科创立了国人自办的第一个生物系。作为我国动物学的主要奠基人，秉志异常重视生物学的调查和收集工作，认为我国动物种类众多、经济价值巨大，应该加紧组织考察研究，服务经济发展。同时，为提高教学水平，学校应该组织动物学考察和标本采集，建立起生物标本室。

鉴于经费有限，秉志通常组织学生就近采集标本，尽可能地积累教学和研究资料。1921年暑期，秉志率领学生曾省、孙宗彭和王家楫等到上海吴淞和奉贤等滨海地区采集动物标

〔1〕　朱炳海，曾昭抡，朱健人，等. 中华自然科学社西康科学考察团报告[R]. [出版地不详]：中华自然科学社，1941：3.

〔2〕　朱炳海，曾昭抡，朱健人，等. 中华自然科学社西康科学考察团报告[R]. [出版地不详]：中华自然科学社，1941：116–130.

本。他们还在烟台及其附近的崆峒岛、养马岛等地[1]，以及龙口、登州（蓬莱）、威海采集到大量海产动物标本。经过约8个星期的采集，他们采集到各种动物5000余只，为后面的教学提供了很好的素材和资料。此次采集工作成为以后采集工作的一个良好起点，秉志为此撰文宣传，借以推动社会形成重视动物调查的风气，以期达到"此风一开，海内同志继而行之，俾动物学为国人所注重"的目的。[2]1922年6月至8月，他又率人到比上次更靠南的浙江沿海采集动物标本。所到之处包括宁波、舟山、温州的鳌江口、金乡和邻近福建的炎亭[3]，调查这些地区出产的鱼类和贝壳类动物。

他们此次在上述各地考察的收获颇丰。在温州的瓯江口，他们轻而易举地收集到不少蜻蜓，以及鳞翅目和鞘翅目昆虫，还收集到不少蜥蜴和壁虎等爬行动物。不过，他们采集的重点是水生动物，收集到的种类也可谓杂彩纷陈。采集到有不少招潮蟹，以及藤壶、贻贝等各种贝壳类动物；经调查还发现，当地龙头鱼和真鲷的产量很多。其后，他们进一步往南到炎亭做了较长时间的采集，发现很多软体动物、两种珊瑚和海葵，鱼类有真鲷（*Pagrosomus major*）、带鱼（*Trichiurus lepturus*）、鲳鱼（*Pampus argenteus*）、鲐鱼、银鱼（*Hemisalanx prognathus*）、虎鲨（*Heterodontus sp.*）、锯鲨、金鲳、鲬鱼、舌鳎、鲽鱼、石首鱼（黄鱼 *Pseudosciaena crocea* 或 *Pseudosciaena polyactis*）、

〔1〕 王家楫干部履历表［A］//中国科学院水生生物研究所档案：王家楫专卷.

〔2〕 秉志.辛酉夏季采集动物标本记事［J］.科学，1922，7（1）：84－98.

〔3〕 同〔1〕.

中华方头鱼、鲈鱼（*Lateolabrax japonicus*）、鲹鱼、双髻鲨、燕
缸、魟、星鲨、团扇鳐、齐氏魟、鳊魟、章鱼、日本关公蟹、
虾姑、白虾等。

在炎亭的采集告一段落之后，他们返回温州，北上玉环
岛。发现该岛的海产动物类群与炎亭那里的相似，但也有一些
与炎亭所产不同。他们在玉环岛上收集到形状奇特的水母，还
有海胆，发现两种腔肠动物。为了深入了解当地的水产动物种
类，他们探访了渔港和一些渔民的家，尤其在坎门进行了较全
面的考察。此后，他们回到温州。天气好的时候，就在山里采
集蝴蝶、蛾子、甲虫和蜻蜓等昆虫，同时收集青蛙、蛇和淡水
鱼类标本。后来他们又去浙江著名的天台山和雁荡山等名胜旅
行考察，在那些地方又收集到许多昆虫和淡水鱼类标本。接着
他们到了定海，通过渔业局收集到幼年抹香鲸的标本。秉志在
那里派驻了一位常年收集员，在春秋两季都能收集到许多软骨
鱼和真骨鱼标本。之后他们去了普陀山、宁波采集，采集到各
类动物标本约 6000 号。[1]

二　中国科学社生物研究所在东部沿海等地区的动物采集

秉志等人在开启生物学调查采集工作之后，很快着手建立
一批生物学研究机构。越来越多的调查采集工作随之展开。他
们分不同地域和重点开始规模不等的动植物调查工作，为我国
本土生物学研究奠定了初步的基础。

1922 年 8 月成立的中国科学社生物研究所，主要工作就
是调查国内的生物种类及其分布。当时所里的同人认为："一

　　〔1〕　PING C. A zoological collection trip to the coast of Chekiang［J］. China
Journal of Science and Arts，1924，2（4）：342－348.

国天然生产之生物，其种类与分布有关于世界全体生物之种类与分布，分之为一国之生物志，合之则为世界生物志，且一国之生物亦即一国之利源所在，农林工商莫不视之为发展之基本，此调查一国生物之职，一国习生物学者实责无旁贷也。本所以地位、经费，与人才之关系，预定调查之地域为长江流域，及江苏邻近之省份。"[1]该所成立后，随着研究条件的逐渐改善，开始制订计划，立足于江南，开始长江中下游地区的生物学调查事业。

中国科学研究社生物研究所成立初期，由于缺乏经费，且社会动乱，出于安全考虑，只能就近开展工作。动物调查研究方面，秉志计划着重对长江流域的动物区系进行系统调查。他们先从南京及其附近地区的调查与收集着手，尤其对容易到达和相对安全的地方开始进行调查。

秉志从东南大学生物系建立之初就开始着手东南沿海的水生生物调查工作，而且主要是利用暑假进行短途的旅行采集。1923年夏天，秉志带着东南大学的学生在"北至芝罘（烟台）、南至瓯越"的滨海地区采集动物标本，加上所里动物标本采集员常麟定在南京附近的采集，积累了不少标本。第二年，所里的动物标本采集员常麟定又只身前往海南采集各种动物标本。[2]

考虑到闽南厦门盛产各种具有重要经济价值的海生动物，为了收集到更多的水产动物标本，1925年，秉志应邀到福建

〔1〕 中国科学社生物研究所概况（第一篇）[J]. 科学，1943，26（1）：133 – 138.

〔2〕 见中国科学公司1933年《中国科学社生物研究所概况——第一次十年报告》第3页。

厦门大学动物系任教，1926 年开始任动物系系主任。秉志利用教学的有利条件，于当年"夏冬之间"让中国科学社生物研究所"动物部人员偕东大生物系师生，共赴厦门，搜罗海陆动物标本"。[1]在生物学界，厦门因为此前英国博物学家郇和（R. Swinhoe）在此收集到华南虎（国外也叫厦门虎）的模式标本，美国动物学家赖特（S. F. Light）于 1923 年在 *Science* 上发表《中国的文昌鱼渔业》[2]而著名。秉志在任教期间，在厦门及其附近地区多次考察和采集海洋生物标本，鼓浪屿、集美、刘五店和漳州等地都是他常去的地方。他注意到厦门有一些很常见的腔肠动物，发现 3 种海蜇，另有珊瑚虫、海葵、海笔、球节水母和卵形瓜水母。他注意到厦门有比浙江和山东海岸更多的棘皮动物、苔藓虫和蠕虫，有 150 种以上的软体动物。已发现有分属 11 个科的甲壳动物，经秉志当时的学生和助手伍献文研究，这类动物以梭子蟹科最重要。在脊索动物中，发现了海鞘（尾索动物）的一些种，外形比山东龙口的种类大。当时发现这里有 20 科的鱼类。伍献文的研究表明，当时厦门产的海鱼和淡水鱼已知的约有 150 种，这里的海鱼大多也见于我国南部各海域。他认为厦门分布的鸟类与福州鸟类相似，常见的包括鹬科的一些种，各种翠鸟，数种鹭，各种海鸥、鸬鹚、野鸭，以及其他一些种类。水生兽类有江豚、白海豚和蓝鲸。通过一段时间的调查，秉志认为自己虽了解了当地

---

〔1〕 见中国科学公司 1933 年《中国科学社生物研究所概况——第一次十年报告》第 4 页。

〔2〕 LIGHT S F. Amphioxus fishery in China [J]. Science，1923（1491）：57 - 60.

水生动物的大概情况，但还很不完整。[1]他还曾将厦门产的水生动物与山东、浙江等海域的生物种类进行了比较。1927年秋，秉志从厦门带回各类动物标本3000件。[2]

从1926年开始，中国科学社生物研究所得到中华教育文化基金会的资助，经费稍微宽裕一些。该所开始经常派人前往长江上下游及浙江、福建各处，从事水生动物收集，也曾派人到广东、山东、四川直至青藏高原的边缘采集。

迄1931年，中国科学社生物研究所有动物标本18000件，含1300种。其中有鸟兽、两栖爬行类和鱼类等脊椎动物标本7000件，计650种；其他是无脊椎动物，包括海绵、珊瑚、棘皮、介壳和节肢动物和寄生虫等。[3]这些标本主要采集自"山东、江、浙、闽、粤，以及长江流域诸省"，还有一些是所外人士赠送。[4]所长秉志当时写道："过去五六年间，所中正式人员，以其大部时力，为中国动植物品种之调查，尤致意于扬子江流域及滨海各省。在此区域内之生物标本，大都已经搜藏于该所中矣。"[5]

秉志及其同事经过一段时间的调查工作后，记述了长江下游地区约有200种单细胞淡水生物；寡毛类的蚯蚓有28种，

〔1〕 PING C. Zoological notes on Amoy and its vicinity〔J〕. Bulletin of the Fan Memorial Institute of Biology，1930，1：127－140.

〔2〕 见中国科学公司1933年《中国科学社生物研究所概况——第一次十年报告》第4页。

〔3〕 任鸿隽. 中国科学社社史简述〔J〕. 中国科技史料，1983，（1）：2－13.

〔4〕 见中国科学社1931年《中国科学社概况》（上海明复图书馆、南京生物馆开幕纪念刊物）第21页。

〔5〕 秉志. 国内生物科学（分类学）近年来之进展〔J〕. 科学，1934，18（3）：414－434.

其中 12 种为新种；在南京收集的蛭类约有 8 种。同时发现在温暖季节，南京及其邻近地区轮虫类很多。当时长江流域的软体动物已经被法国传教士、博物学者韩伯禄（P. Heude）和格拉得勒（V. Gredler）以及其他一些人研究过，其中腹足类有 600 种，双壳类 200 种。秉志和同事只收集到腹足类 38 种，双壳类 29 种。他们认为韩伯禄等人 50 年前做的研究，有些描述不完善，需要重新界定。[1-2] 他们发现的甲壳纲动物有 2 种蟹类和 6 种虾，虾有 1 个新种和 1 个新亚种，还有 14 种水蚤；长江下游地区蜘蛛种类不少，经他们鉴定，有分属 33 个属的蜘蛛；南京周边的昆虫很多，已经定名的有 200 余种，还有大量未经定名的种。这里的脊椎动物远比无脊椎动物少，已知有分属 14 科的鱼，它们分别是：鲟科、鳀科、银鱼科、鲤科、鲶科、鳗科、鲭科、鳢科、鮨科、攀鲈科、鳎科、虾虎科种和刺鳅科等。这里的两栖类比较少，有贵州产的大鲵、东方蝾螈和各种蛙；爬行类有 15 种蛇、8 种蜥蜴、2 种龟。长江下游地区的鸟类经过美国生物学家祁天锡和传教士、鸟类学家万卓志（G. D. Wilder）等人的研究，已知鸟类超过 500 种。[3] 在秉志他们做过调查的安徽和杭州之间发现兽类的种类不多，收集到标本的有鼬、猪獾、狗獾、猕猴、灵猫、狼、蝙蝠、野猪、獐、鼠海豚、江豚、野猫、鼹鼠、各种鼠、野兔、豪猪、刺

〔1〕 PING C. A partial survey of the fauna of the Lower Yangtze〔J〕. Peking Society of Natural History Bulleting，1932，7（2）：167 – 174.

〔2〕 实际上，韩伯禄工作不严谨，爱乱发新种早就为此前的生物学家诟病。

〔3〕 GEE N G，MOFFETTLI，WILDER G D. A tentative list of Chinese birds〔J〕. Bulletin of the Peking Society of Natural History，1926，1（1 – 3）：1 – 370.（Bulletin of the Peking Society of Natural History 1930 年后改称 Peking Society of Natural History Bulleting。）

猬、松鼠、鲮鲤（穿山甲）等。[1]

至 1933 年，生物研究所已收藏动物标本 5726 种，67500 个，其中脊椎动物 1035 种，标本 17700 个；植物标本 5782 种，53130 个，其中种子植物 5020 种。上述标本都有两份，一份藏于南京，一份藏于上海，还有一些重复的则用作交换。[2]

1934 年，由秉志发起，中国科学社生物研究所（下面简称"科学社生物所"）、北平静生生物调查所（下面简称"静生所"）、中央研究院自然历史博物馆（动植物所）、山东大学、北京大学和清华大学等六个机构联合组织海南生物采集团，秉志自任领导。考察分两队进行，海队由科学社生物所研究鱼类的学者王以康领队（第二批队员改由中央研究院自然历史博物馆的鱼类学家伍献文领队），队员有唐世凤等；陆队由山东大学生物系讲师、植物学者左景烈和静生所的何琦作为领队，成员有自然历史博物馆的植物采集员邓祥坤，后来邓叔群作为第二批队员也加入该队，山东大学生物系的刘咸也随该队进行人类学调查。

首批队员于 1934 年 2 月初到达海南。他们在海南岛采集了一年，在岛的四周和重要地点都曾加以采集。[3]共采集到海绵、珊瑚、棘皮动物、环节动物、软体动物（贝类）、节肢动物、鱼类、两栖类、爬行类动物标本 9000 余号；鉴于此前中

〔1〕 PING C. A partial survey of the fauna of the Lower Yangtze〔J〕. Bulleting the Peking Society of Natural History Bulleting, 1932, 7（2）: 167 - 174.

〔2〕 见中国科学公司 1933 年《中国科学社生物研究所概况——第一次十年报告》第 13 - 15 页。

〔3〕 唐世凤. 海南采集谈〔J〕. 科学, 1934, 19（3）: 416 - 420.

山大学农林植物所陈焕镛和左景烈，以及岭南大学在海南进行过多次高等植物标本的采集，此次考察集中精力采集菌类和藻类，收集到各类低等植物标本4000余号。当时规定海队采集到的鱼类由自然历史博物馆的伍献文和科学社生物所的王以康研究，淡水鱼类由静生所的张春霖研究，两栖类由自然历史博物馆的方炳文和科学社生物所的张孟闻研究，鸟类由静生所寿振黄研究，兽类由科学社生物所的何锡瑞研究，昆虫由静生所的何琦研究，甲壳类由静生所的俞慕韩和沈嘉瑞研究，软体动物由秉志研究，寄生虫由伍献文和山东大学农学院的曾省研究，其他无脊椎动物如海绵等腔肠动物和棘皮动物由伍献文和王家楫研究，菌类由邓叔群研究。标本最后由秉志统一分发，根据各机构所出的经费决定所得标本的多少。[1]

除对东部沿海地区进行动物学调查外，科学社生物所对长江中下游地区也进行过一些动物学收集。

1927年春，科学社生物所动物部派员在青岛和烟台调查海滨生物。1929年秋，日本鱼类学家岸上镰吉带着一些人要到四川调查。科学社生物所得知这一消息后，马上组织考察队先行前往，秉志的学生张孟闻等参与了考察。此次考察在企业家卢作孚和四川当地人士的大力协助下，取得很好的成绩。考察前后历经10个月，获得一批标本回到南京，考察报告也在数月后发表。[2]日本考察队在秉志之后受到当地有关人士的顽

---

〔1〕 中央研究院合组海南生物采集团案〔A〕. 南京：中国第二历史档案馆，全宗号393，案卷号251.

〔2〕 见中国科学公司1933年《中国科学社生物研究所概况——第一次十年报告》第7页以及张孟闻发表于1981年第2期《中国科技史料》的《回忆业师秉志先生》。

强抵制，无法有效展开工作，收获甚微。岸上镰吉[1]不久后因年迈在成都去世。[2]

1935 年，科学社生物所应江西省经济委员会和实业厅之请，前往调查鄱阳湖鱼类，顺便采集了其他动物。[3]

三　静生所的动物学采集

秉志和胡先骕在北平创建静生所后，很快在华北地区展开动物学调查。1928 年，技师寿振黄和动物标本剥制员唐善康就前往东陵、天津、塘沽和烟台采集哺乳类、鸟类和鱼类等动物标本；与此同时，沈嘉瑞到河北北戴河、秦皇岛，山东登州和青岛等北部海区采集甲壳类和鱼类标本。1928 年冬至 1929 年春，寿振黄在天津调查白河下游鱼类。[4]1929 年，动物学技师寿振黄和研究员[5]何琦在京西一带调查淡水生物，尤其是鱼类和昆虫的分布；研究员沈嘉瑞在一些地方考察收集蟹类。采集员唐善康、唐瑞玉到河北东陵调查哺乳类、鸟类及无脊椎动物。[6]1930 年，沈嘉瑞又到辽东湾和渤海湾采集海产动物。[7]

[1]　下面引用黄伯易写的文章作"岸上谦吉"，显然是写错了（黄伯易的那篇文章错误较多）。

[2]　黄伯易. 旧中国西部惨淡艰危的科学活动［M］//中国人民政治协商会议全国委员会文史资料研究委员会《文史资料选辑》编辑部. 文史资料选辑：第 101 辑. 北京：文史资料出版社，1985：123－124.

[3]　薛攀皋. 中国科学社生物研究所——中国最早的生物学研究机构[J]. 中国科技史料，1992，13（2）：47－56.

[4]　见中华教育文化基金会 1930 年编《中华教育文化基金董事会第四次报告》第 21 页.

[5]　静生所的研究人员职称与科学社生物所类似，研究员是中级研究人员，约相当于现在的助理研究员，技师是高级研究人员，助理是初级研究人员。

[6]　静生生物调查所十八年度工作报告（1930 年 4 月）［A］. 南京：中国第二历史档案馆，全宗号 609，卷宗号 7.

[7]　静生生物调查所工作报告（静生生物调查所概况，1932 年）［A］. 南京：中国第二历史档案馆，全宗号 609，卷宗号 7.

沈嘉瑞在辽东湾、渤海湾和山东半岛采集华北沿海的甲壳类和鱼类等海产动物，尤其是蟹类标本，得700余号，为无脊椎动物标本馆奠定了第一块坚固的基石。他夜以继日地整理研究这些标本。[1-2] 1930年夏天，研究员何琦和动物标本剥制员唐善康等到河北东陵采集鸟类和昆虫等动物标本。另一动物标本剥制员唐瑞玉则被派赴吉林采集鸟兽和鱼类标本，同年11月回所后，又与寿振黄到河北怀来做调查采集。[3] 顺便指出，唐善康和唐瑞玉是福建著名的"标本唐"世家第三代传人，在标本的采集和制作方面都有非常丰富的经验。

1931年秋，动物部又派人赴山东半岛采集，经胶州湾、烟台和荣城等地，到辽东半岛等地，采集到不少鱼类、两栖爬行类和甲壳类动物。何琦则到天津采集。1932年春季，唐瑞玉回到福建老家，在闽北崇安（今武夷山市）挂墩采集到许多鸟兽和两栖爬行类动物标本。同时，动物部又派标本制作员常麟春和植物部的蔡希陶经四川赴云南采集，经四川大小凉山至昆明、建水、石屏等处，采集各种脊椎动物标本，据说1933年3月在滇南山区考察时，还看到过懒猴。[4] 研究员阎敦建在北京西山、天津塘沽、大沽等地采集螺类标本，后又赴湖南和福建厦门等地采集蚌类标本。寿振黄则到怀来和天津采集鸟类和哺乳类标本，何琦在北平附近采集昆虫标本，都有丰富

〔1〕 中国科学技术协会. 中国科学技术专家传略：理学编 生物学卷2〔M〕. 北京：中国科学技术出版社，2001：114-122.

〔2〕 《科学家传记大辞典》编辑组. 中国现代科学家传记：第五集〔M〕. 北京：科学出版社，1994：539-543.

〔3〕 静生生物调查所工作报告（静生生物调查所概况，1932年）〔A〕. 南京：中国第二历史档案馆，全宗号609，卷宗号7.

〔4〕 敏人. "怕羞猫"——懒猴〔N〕. 中国林业报，1992-09-25（3）.

的收获。1932 年 4 月，沈嘉瑞又到福建、广东、浙江采集蟹类和鱼类标本。此外，寿振黄、张春霖等也连年在河北和北平周边采集各类动物标本。很快静生所就积累了动物标本多孔类 90 件、腔肠类 1200 余件、棘皮类 3400 余件、蠕形类 900 余件、苔藓虫类 200 余件、软体动物 22700 余件、甲壳类 22100 余件、蜘蛛及多足类 600 余件、昆虫 43000 余件、鱼类 12000 余件、两栖爬行类约 1000 件、鸟类 6400 余件、哺乳类 300 余件，总计 115000 余件。[1-2]

1933 年夏秋两季，唐善康赴河北西部和南部采集，共得脊椎动物标本 800 余号；何琦在浙江、青岛、济南采集到不少昆虫标本；阎敦建在浙江、福建和广东等地采集到不少动植物标本。1936 年 5、6 月间，何琦在陕西采得昆虫标本 7000 余件；同年秋季邓祥坤在江西采得蛇类标本 3 号、螺类标本 50余号和大批昆虫标本。[3]前面说到，1934 年，静生所参与中国科学社生物研究所联合相关单位组成的海南生物采集团到海南考察收集，何琦等四人参加。

1936 年，静生所与青岛市立博物馆签订了合作采集山东省动植物的协议。[4]双方商定，自 1937 年春起，合作采集 3年。后来因为时局的变化，来不及执行。[5]尽管如此，静生

〔1〕 静生生物调查所工作报告（静生生物调查所概况，1932 年）〔A〕. 南京：中国第二历史档案馆，全宗号 609，案卷号 7.

〔2〕 静生生物调查所工作二十一年（1932 年）工作报告（二十年七月至二十一年六月）〔A〕. 南京：中国第二历史档案馆，全宗号 609，案卷号 7.

〔3〕 北平静生生物调查所第八次年报（1936）〔A〕. 南京：中国第二历史档案馆，全宗号 609，案卷号 7.

〔4〕 采集山东动植物〔J〕. 科学，1936，20（11）：1000.

〔5〕 吴家睿. 静生生物调查所纪事〔J〕. 中国科技史料，1989，10（1）：26 - 36.

所于 1937 年 7、8 月间，在山东采集到动物标本 5000 余件。同年，静生所委员会委员捐赠给该所 20000 余件软体动物标本。[1]到 1938 年，所里收藏的动物标本达到 37 万余件。[2]

受秉志和胡先骕等人注重为生产服务的指导思想的影响，静生所的生物学调查一直非常注重经济用途。所长秉志在 20 世纪 30 年代初指出："在此草创期间，调查所之研究工作，先着手中国北部生物之调查……若东陵、东三省、南口、塘沽、秦皇岛、北戴河、烟台、青岛、山西，以及北平南畿诸处，时时派遣人员从事采集；又与南京生物研究所合组入川采集团，搜罗西蜀天产。该所已出版之论文大都为木本植物及鱼虾贝介有经济价值之物产报告，似有意于经济物产也。"[3]

北平静生生物调查所规模较大，采集的标本数量多，保存下来的也相对较多，对我国后来生物学的发展贡献不小。该所采集地主要在华北和西南的四川、云南，以及东北少数地方。该所的蔡希陶、王启无则是我国植物采集史上最具名气的采集者之二。

1933 年，与北平静生生物调查所联系较密切的西部科学院动物部的施白南也率着三人到川北采集动物标本。他们认为上述地区有鱼 40 多种，两栖类 20 多种，爬行类动物 40 余种，鸟类 100 余种，兽类也不少，其中野猪和狗熊是主要害兽，鹿是有价值的经济兽类。

---

〔1〕 见中华教育文化基金会 1938 年编《中华教育文化基金董事会第十三次报告》第 16 页。

〔2〕 吴家睿. 静生生物调查所纪事 [J]. 中国科技史料，1989，10（1）：26－36.

〔3〕 秉志. 国内生物科学（分类学）近年来之进展 [J]. 科学，1934，18（3）：414－434.

四 中央研究院的动物学采集

1927 年，中山大学生物系的辛树帜开始率队对广西一些地方进行动植物学考察，采集到大批的动植物标本。次年 5 月，他们又到广西大瑶山进行动植物采集。与此同时，新成立的中央研究院也展开对广西地区的生物学调查。他们约定，中山大学辛树帜率领的采集队，主要采集地区为瑶山的大明山，西江以北各地；中央（研究院）一队的采集地区在西江以南的十万大山、勾漏山等地。辛树帜和石声汉还负责草拟"中央研究院两广生物调查及研究计划书"供李四光参考。[1]1928 年 4 月，中央研究院组织了广西科学调查团，在广西省（今广西壮族自治区）政府的协助下，对广西的农林、地质、动植物和人种学进行考察。这是首次由政府机构组织的大规模综合科学考察活动。组织者包括李四光、钱天鹤（秘书）。[2]动物组的成员包括沪江大学生物系教授兼系主任郑章成，中国科学社生物研究所的研究员方炳文和动物标本采集员常麟定[3]；植物组的成员包括东南大学生物系助教秦仁昌、唐瑞金等。[4]他们在广西调查了半年多，所到之处包括宜山、罗城、宜北、思恩、河池、东兰、凤山、百色、南宁、龙州、上思（十万大山北面）、十万大山、桂平、瑶山等地，取得了出色的成绩。共收集到脊椎动物 2800 余只，500 余种。其中有

---

〔1〕 石声汉. 国立中山大学广西猺山采集队采集日程 [M]. 广州：中山大学生物学室，1929：3，9.

〔2〕 石声汉. 国立中山大学广西猺山采集队采集日程 [M]. 广州：中山大学生物学室，1929：8.

〔3〕 科学调查团动植物工作报告 [A]. 南京：中国第二历史档案馆，全宗号 393，案卷号 2147.

〔4〕 北平静生生物调查所工作报告（摘抄内容："北平静生生物调查所计划大纲"）[A]. 南京：中国第二历史档案馆，全宗号 609，案卷号 7.

哺乳动物 80 余种，标本 250 多头（件），包括狗熊、猴、竹鼠等动物，长尾乌猿[1]5 只、短尾乌猿 2 只、飞虎[2]11 只、黑虎[3]1 只，还捕捉到一只活豹。鸟类 250 种（其中有一些尚不为人知的新种），标本 1200 余件。爬行类动物 60 余种，标本 240 多件，其中有两头蛇、无足蜥蜴和大南蛇等。两栖类 32 种，标本 230 多件。鱼类 110 种，标本 800 多件。昆虫等无脊椎动物 700 余种，标本 3000 余件。

在广西采集到丰富的动植物标本后，中央研究院又把目光放到我国动植物种类最为丰富的西南地区。1929 年，为了充实馆藏和积累更多的研究资料，中央研究院自然历史博物馆筹备处派采集员唐开品[4]到四川南部与云贵二省交界处采集动物标本，和他一同前往采集植物标本的还有中国科学社生物研究所研究员方文培。[5]

1930 年 4 月，当时已经正式成立的中央研究院自然历史博物馆，组织贵州自然科学调查团到贵州采集动植物标本。调查团分动物和植物两组，动物组成员有常麟定、唐开品、唐瑞金和房子廉。他们在贵州工作了一年多后，采得动物标本数十箱。[6]

在完成两次四川和贵州等地的动植物标本采集之后，1933

---

〔1〕 可能是黑叶猴。

〔2〕 可能是鼯鼠。

〔3〕 可能是黑豹。

〔4〕 此人也是"标本唐"世家的第三代传人。

〔5〕 中央研究院自然历史博物馆筹备处为派员赴川滇采集动植物标本及社会科学研究所赴台湾采集生番物品运送上海请发护照加以保护的有关文书［A］. 南京：中国第二历史档案馆，全宗号 393，案卷号 191.

〔6〕 中央研究院自然历史博物馆请保护赴贵州自然调查团与贵州省政府主席的来往函［A］. 南京：中国第二历史档案馆，全宗号 393，案卷号 187.

年5月，中央研究院自然历史博物馆又组织了云南自然科学调查团到云南采集。这次他们派常麟定、唐瑞金、林应时和陈绍良等人由南京经越南到云南采集动物标本。常麟定为动物组主任，唐瑞金为动物采集员，林应时为秘书。采集地域为云南的东南部及南部各县，采集时间约为一年。此次采集共获动物标本30箱。[1]同年该馆还派采集员唐开品等赴安徽九华山、黄山等地采集动物标本。[2-3]

海产资源调查一直是我国动物学家秉志等非常重视的一个课题，中央研究院的动物学家王家楫、伍献文、常麟定等都是他的学生，都传承了这种理念。1934年7月，中央研究院自然历史博物馆改组为动植物所。1935年该所的研究人员在东沙岛的珊瑚礁进行了调查。同年该所的专任研究员伍献文、助理员唐世凤等借乘海军军舰调查渤海和

常麟定

山东半岛的海洋和渔业，调查延续了6个月。此次考察活动调查了该海域鱼类的种类、分布、生态及各季节迁移的情形，还调查了作为鱼类饵料的浮游生物以及其他各种海产动植物，同

〔1〕 中央研究院关于自然历史博物馆常麟定等前往云南采集动植物标本一案与外交部及云南省政府等来往文书［A］. 南京：中国第二历史档案馆，全宗号393，案卷号299.

〔2〕 中央研究院工作报告［A］. 南京：中国第二历史档案馆，全宗号393，案卷号66.

〔3〕 中央研究院自然博物馆派员赴黄山等处采集动植物标本办理护照事项的有关文书［A］. 南京：中国第二历史档案馆，全宗号393，案卷号275.

时还调查了各处海水的温度、颜色和透明度等。[1]

1936 年 11 月至 1937 年间，中央研究院动植物所再次组织人员到四川考察和收集，此次他们和中央博物院[2]合组四川生物采集及民族考察团。参加的人员有常麟定、单人骅、马长寿专员、采集员唐瑞金、技术员赵至诚等。他们在四川西南宜宾、屏山、雷波、昭觉、马边、邛崃、雅安、荥经、汉源等地进行动植物收集和民族学考察。[3]在连续组队到西南的云、贵、川考察采集的同时，动植物所也不时派人在长江中下游考察收集。1937 年初，动植物所的胡德裕在江苏、浙江和江西等地采集到 500 余种昆虫标本，其中尤以虫虫居多。[4]

随着日寇侵华步伐不断加速，中央研究院动植物所开始向西南搬迁。1936 年 10 月至 12 月，中央研究院动植物所在内迁途中，在湖南省衡阳南岳附近采集动植物标本，采得各种标本数百号。动植物所西迁到四川北碚（今属重庆）安定下来后，继续展开生物学调查活动。1939 年，动植物所的胡荣祖在四川进行了甲壳动物的调查。[5]

在抗日战争后期的 1943 年 3 月，动植物所所长王家楫写信给中央研究院总办事处，拟与四川省政府合作组织川西动植

〔1〕 中央研究院为教育年鉴编造"中央研究院概况"［A］. 南京：中国第二历史档案馆，全宗号 393（2），案卷号 80.

〔2〕 该院设在南京中山东路。1934 年 8 月由中央研究院和教育部共同筹建，分人文、自然和工艺三馆，主任分别为李济、翁文灏和周仁。

〔3〕 国立中央研究院动植物研究所拟赴四川动物标本购买枪弹请领护照案［A］. 南京：中国第二历史档案馆，全宗号 393，案卷号 622.

〔4〕 中央研究院各研究所馆工作报告表（1937 年 1 月—1939 年 1 月）［A］. 南京：中国第二历史档案馆，全宗号 393，案卷号 1385.

〔5〕 中央研究院各研究所馆工作报告总表及社科所心理所工作报告表（1937 年 1 月—1939 年 1 月）［A］. 南京：中国第二历史档案馆，全宗号 393，案卷号 1386（3）.

物调查团。当时的四川省政府主席张群和中央研究院代院长朱家骅同意两机构合作并签订了合作办法。四川省政府根据双方的协议，补助此次考察12万元。1943年3月至10月，中央研究院动植物所和四川省政府合组的调查团在川西南的雷波、马边、屏山、峨边和峨眉、犍为、嘉定等地从事大规模的动植物调查与采集。收集得兽类标本10号、鸟类标本140余号、两栖类动物标本25号、爬行类动物标本28号、鱼类标本600余号，其他脊椎动物标本300余号。[1]

1945年7、8月间，中央研究院动物所和植物所合作组成金佛山采集团到重庆东南的金佛山采集动植物标本。此次采集到3500号昆虫标本，40号鱼类和两栖类动物标本。同年12月，动物所又派出人员到重庆西北的合川水域采集，获鱼类标本400号。[2-3]

从上面的史实不难看出，中央研究院无论是自然历史博物馆，抑或是后来的动物所和植物所都非常重视生物学调查，在我国的许多地方尤其是对广西和西南三省的生物学调查做了大量的工作。广西和贵州都是其他学术机构去得比较少的地方。常麟定是我国动物采集史上最重要的学者之一，"标本唐"的后人唐瑞金、唐开品在中央研究院的动物标本收集方面也有很大的贡献。

〔1〕 中央研究院动植物所关于在川西调查与采集动植物种类标本等有关文书〔A〕. 南京：中国第二历史档案馆，全宗号393，案卷号151、21、30、865、1369.

〔2〕 1944年2月—1946年2月动物研究所工作报告〔A〕. 南京：中国第二历史档案馆，全宗号393，案卷号1370.

〔3〕 1944年5月—1946年3月植物研究所工作报告〔A〕. 南京：中国第二历史档案馆，全宗号393，案卷号1371.

五 北平研究院动物所在胶州湾等地的动物采集

北平研究院动物所的规模很小，所主任陆鼎恒主要研究无脊椎动物，专任研究员张玺和沈嘉瑞是著名的贝类和蟹类研究专家。陆鼎恒和张玺从所成立伊始就非常重视沿海海洋生物的调查和收集，重视水产资源研究，以期更好地为国民经济服务，防止外国的侵渔。他们工作的重点区域之一就是山东青岛和烟台等地海域。

青岛曾被德国占据，尔后日本又侵略黄海渔场。当时的海州渔业技术传习所已经注意到此种严重情形，他们指出："山东省之渔业夙称繁盛，水产物之最名者，如利津、芝罘、威海卫间之黄花鱼，龙须岛之虾，海阳、胶州湾一带之带鱼、马鲛、鳓鱼，以及日本近年发见龙口及海州北面之佳鲫等，不遑枚举。惜渔民株守旧法，而鲜知所改良。十年前德国从事汽船拖网渔业，得不偿失，竟归失败……欧衅既启，日本假保持东亚安全为名，遂逐德人而代之。于是胶州湾沦入日本掌握中矣。我之土地，视外人相攘夺袖手旁观，而不敢置一词，悲哉。自后日本渔民遂以青岛为根据地，竟索鱼群，搜采渔场，逐年发展，实堪惊诧。今则东起山东高角，南迄海州，海面三百五十余里之海域，任其冲风破浪，我国海权之丧失实有涯际耶。"[1] 当时有人进一步指出："青岛渔业重要……业经略呈报告书中。据日本人在该地经营八年，日将有碍我国海权、渔利，即其官厅所行政策，无一非摧残我渔业，剥削我渔民，吸我血汗，供彼发展，利用海盗扰乱海面，其影响所及，不仅限

---

〔1〕 海州渔业技术传习所为报送青岛渔业调查报告书呈稿（1922 年 4 月 7 日）。（中国第二历史档案馆．中华民国史档案资料汇编：第三辑 农商（一）[G]．南京：江苏古籍出版社，1991：692－715．）

于青岛。"[1]

1935年，北平研究院和青岛市政府合组了胶州湾海产动物采集团，约定采集期限两年。由北平研究院动物所的研究员张玺任团长，团员有张凤瀛、顾光中等。他们对胶州湾各类动物及海洋环境做了全面的调查，获得大量的动物标本，共计1600号。除200号鱼类标本外，其他动物标本1400号。其中以软体动物最多，达500号，节肢动物也很多，仅蟹类就采到标本300号。[2]还包括棘皮动物20余种，其中有海参8种、海星类4种、海胆类5种，含一些新属种。此次考察还在青岛沿海发现文昌鱼新变种。[3]取得的成果为我国海洋动物学的研究提供了重要的基础，也为研究胶州湾动物的资源变动和环境污染对比提供了宝贵资料。

1937年以后，动物所南迁昆明。动物所所长陆鼎恒到昆明后留心动物学的实用研究。动物所在云南各地尤其是各大湖泊进行了多次水生动物标本采集。1938年冬陆鼎恒参加了中央赈济委员会组织的滇西边地考察团，沿滇缅公路西行，经芒市、遮放、猛卯、陇川等地，调查当地的畜牧业实况，沿途采集到动物标本326号。此后他们对云南各大湖进行了动物调查和标本采集。1939年1月和1942年4月，北平研究院动物所两次派人对云南洱海的水生动物进行了调查采集，共采集到标本400余号。1942年，动物所派人在抚仙湖和星云湖采集到

---

〔1〕 王文恭密报日本人经营青岛渔业有碍我国海权渔利及接收时设施节略稿.（中国第二历史档案馆. 中华民国史档案资料汇编：第三辑 农商（一）［G］. 南京：江苏古籍出版社，1991：715－731.）

〔2〕 科学新闻［J］. 科学，1936，20（12）：1085.

〔3〕 北平研究院概况（1929—1948）［A］. 南京：中国第二历史档案馆，全宗号394，案卷号001.

动物标本 100 余号。1944 年至 1945 年，动物所又数次派人对杨宗海的水生动物进行了采集，共得标本 200 余号。1945 年春，该所派人到异龙湖采集标本，得动物标本 100 余号。从 1939 年至 1946 年 5 月，动物所每年派人在滇池采集浮游动物、软体动物和鱼类，共采集到鱼类和其他水生动物标本近 1000 号。[1]另外，动物所还从 1938 年开始，进行了为期数年的云南蛇类调查研究，并取得初步成果。[2]到 1947 年时，该所标本室收藏各种动物标本 8000 余种。[3]

六　中山大学生物系的动物调查采集活动

民国年间，中山大学生物系的生物调查采集工作在当时国内高校中尤为突出。1926 年底，中山大学生物系就成立了南方生物调查会。该会述及缘起时写道："穷思生物学之研究，虽有多端，而各地动植物种类之调查，为一切生物学研究之基础，故东西各国，于斯学发轫之初，必先采集标本，订其学名，考其分布，然后进而作形态生理诸研究，方能顺序而进于发展，一国学术上易于见效，中国生物学，目前尚属幼稚，学者有鉴于此，深知其非先行调查各地所产生物之种类不可。"随后该会的黎国昌和费鸿年率领任国荣和邓俊民到广西的梧州、桂平、柳州、庆远、桂林、左江、南宁、龙州和北海等地采集动植物标本。接着他们又到海南海口、安定、嘉积、龙滚、崖州、感恩、临高、五指山和大黎母岭采集。此次采集历

---

　〔1〕　北平研究院"抗战及复员期间工作概况"（1937—1947）〔A〕. 南京：中国第二历史档案馆，全宗号 394，案卷号 3.

　〔2〕　北平研究院抗战及复员期间工作概况（1937—1947）〔A〕. 南京：中国第二历史档案馆，全宗号 394，案卷号 3.

　〔3〕　见 1948 年行政院新闻局印行的《北平研究院（民国二十六年至三十六年）》第 20－26 页。

时 3 个月，共得到动植物标本五六千种。1927 年 5 月，中山大学的动物系和植物系派助理员任国荣、唐善康和刘秀文在本省和福建采集动植物标本。同年 10 月，动物系、植物系的师生又在香港采集到数百种生物标本。

1928 年 3 月，水产学家费鸿年和陈兼善到香港采集鱼类标本。[1]1928 年 5 月，中山大学生物系的陈兼善等人在西沙群岛调查采集，采集到脊椎动物、节肢动物 36 种、软体动物 75 种、腔肠动物 43 种。[2]

1928 年 5 月上旬，辛树帜在校长朱家骅的支持下，组织助教石声汉（主要负责文牍往还、考察报告以及整理标本，也采集植物标本，并做民族学，尤其是歌谣的调查；主要研究兽类和爬行类）、任国荣[3]（管理队里的经费，负责采集鸟类标本）、黄季庄（管理队中庶务，负责采集植物标本。他精力旺盛，采集极其勤奋）、蔡国良（二年级学生，采集两栖类和昆虫）、技师唐启秀、唐善康叔侄[4]和江义顺，杂役郑兆一干人到人迹罕至的广西大瑶山、大明山进行考察。6 月间，何椿年、梁福泰加入，专为采集昆虫。当时的大瑶山"是西南的一个谜"，别说外国人没有到过，就连本地人也很少轻易进去。因为交通闭塞，植被保存良好，一些著名地质学家认为它

〔1〕 冯双. 中山大学生命科学学院（生物学系）编年史：1924～2007 [M]. 广州：中山大学出版社，2007：14 - 15，19，24 - 28.

〔2〕 赖春福. 台湾动物学的启蒙者——陈兼善 [J]. 科学月刊，2000（2）：32.

〔3〕 他曾于 1926 年到瑶山的横埔，该地距离金秀仅 30 里。（石声汉. 国立中山大学广西猺山采集队采集日程 [M]. 广州：中山大学生物学室，1929：109.）

〔4〕 他们也都是福州"标本唐"的后人，唐启秀是第二代，唐善康是第三代。

不仅是中国，同时也是世界的科学宝藏。[1]

他们从广州出发，溯西江而上，先抵梧州，很快在当地猎获红鹰、鸮等数种鸟类和采得10余种爬行类标本。[2]然后乘船到平南，在那里采集到数十件鸟类标本。从平南出发，经八峒，渐入山道。途中，技师唐善康捕得一种刺蜥蜴。到水晏后，当地的团防头领以瑶山多烟瘴，夏天常下大雨，道路泥泞，劝告他们折返，但他们决心克服艰难险阻继续前行。沿途他们除采集动物标本外，还留心当地的经济作物和民族风情。其中值得一提的是，他们在当地猎得一新奇小鸟。经过十多日的艰苦旅行，他们终于进入大瑶山山区。

来到目的地后，他们先后在罗香村、龙军村等地采集。龙军村在山腰，是猎取鸟类标本的好地方。当地不仅非常闭塞，而且异常贫困，缺乏粮食和基本生活用品。他们的采集活动非常艰辛，有时不得不枵腹而行，不过为了祖国的生物学事业，他们热情很高，采集的标本很多。仅仅1928年5月27日一天，就采集到鸟类40多只，爬行类10余条，两栖类5只。[3]后又到白牛村采集，发现溪中两栖类、鱼类极多。接着他们来到一个名为罗洲的村寨采集，发现林中兽类和爬行动物不少，采集到山龟、两头蛇等不少爬行类和鸟类标本。队员中无论是采集植物标本的黄季庄，还是采集动物标本的任国荣、技师唐善康，皆非常卖力。其后他们又到一个叫那沥的地方采集。后

〔1〕 石声汉.国立中山大学广西猺山采集队采集日程［M］.广州：中山大学生物学室，1929：2.

〔2〕 石声汉.国立中山大学广西猺山采集队采集日程［M］.广州：中山大学生物学室，1929：5，7.

〔3〕 石声汉.国立中山大学广西猺山采集队采集日程［M］.广州：中山大学生物学室，1929：34.

来更进至白沙、罗丹、罗运（该地离大瑶山主峰圣堂顶很近）、金秀等地采集。之后又经桂平、贵县（今贵港市）转往柳州，然后返回中山大学。

中山大学生物系师生采集的鸟类标本

本次考察一直延续到当年 8 月，历时三个月零两天，共采集动植物标本 34000 件。其中哺乳类动物有山獭、黄鼠、金花鼠、蝙蝠、鲮鲤（穿山甲）、山鼩鼱、树鼩鼱、鼹鼠等 10 余种 110 余份。通过此次考察，他们还了解到当地产刺猬、豪猪、獾、豺、狐、鼬、野猪、牙獐、山羊、猿等。收集到的鸟类皆为留鸟，且多为山中分布、平地未见的种类，有三趾啄木鸟、大鹭、珊瑚鸟、红嘴画眉、太阳鸟等 210 多种，标本 4000 多件，有辛氏美丽鸟、瑶山丽鹃等 10 个新亚种[1]；爬虫类有山龟、鹤蛇（绿瘦蛇 Ahaetulla prasina）、蝮蛇、青竹蛇（竹叶青）、眼镜蛇、两头蛇、铁线蛇、水虎、斑蛇、刺蜥蜴

---

〔1〕 任国荣. 广西猺山鸟类目录 [J]. 自然科学，1930，2 (2)：164－195.

等 40 余种 500 余份，其中有蛇 30 余种，大多为小型毒蛇；两栖类有鲵鱼（大鲵）、蝾螈、浮棘蝾螈、石蛤、高山石蟾蜍、高山树蛙、闪纹雨蛙等 20 余种 300 余只[1]；昆虫重点采集鳞翅目、鞘翅目，计得 600 余种 2000 余份[2]，其中蜻蜓很多。他们采集的动植物标本包括大量新种。他们还收集当地瑶族的社会制度风俗习惯及摄影、服饰、歌谣语言等民族学的资料。石声汉征集到不少瑶族歌谣和瑶族习俗的资料，并寄给傅斯年等学者。此次考察，辛树帜率队到一个前人没去过的山区，取得了丰硕的成果，引起了国内外学界的瞩目，堪称有勇气，有卓识。他们此次的考察经费除学校支出部分外，还得到中央研究院和两广地质调查所的资助。[3]

考察结束后，鉴于当地丰富的生物资源等原因，考察队提交了《请辟猺山为学术研究所意见书》。这个建议当时并没有条件落实，随着漫长的后续调查和人们科技知识水平的提高，以及国家经济的改善，大瑶山终于在 2000 年被设立为国家级自然保护区。此是后话。

在辛树帜等在大瑶山采集期间，他的生物系同事、水产学家费鸿年也组织师生到广东沿海调查采集，所到之处包括湛江，海南三亚、海口，以及广西的北海等地。

1928 年 11 月至 1929 年 2 月，辛树帜再次组织大瑶山考察队到广西大瑶山考察，3 个月考察下来，收获颇丰，仅鸟类标

---

〔1〕 辛树帜. 广西猺山动植物采集纪略 [J]. 自然科学, 1929, 1 (4): 178–218.

〔2〕 石声汉. 采集广西猺山报告 [J]. 科学月刊, 1929 (8/9): 4–7.

〔3〕 石声汉. 国立中山大学广西猺山采集队采集日程 [M]. 广州: 中山大学生物学室, 1929: 161.

本就收集到 100 余种，3000 余只，据说有不少种类为首次发现。[1]他率领的这两次深入大瑶山的考察，揭示了广西这一地区丰富的动植物宝藏。所采的标本后经专家鉴定，发现许多新属种。著称的包括仅见于大瑶山山区的珍稀动物瑶山鳄蜥（即辛氏鳄蜥 *Shinisaurus Crocodilurus*）、辛氏美丽鸟等 20 多种以"辛氏"命名的动植物新属种。

1929 年 4 月至 6 月，中山大学生物系再次组织考察队到广西大瑶山采集，队员有黄季庄、吴印禅、梁任重等 13 人。收集到的动物标本有哺乳类 100 余只，20 余种；鸟类 1150 只，170 余种；爬行类动物 280 条，35 种；两栖类 140 只，30 余种；昆虫类的种类很多，大部分是天牛和蛾类，计 1500 余只，140 余种。1929 年 4 月，任国荣将从大瑶山采集到的鸟类标本，寄了一份给柏林动物博物馆鸟类部主任、鸟类学家施特雷泽曼[2]（E. Stresemann，1889—1972）博士鉴定，根据施特雷泽曼的回函，其中有 7 个新种。大瑶山是以前学者没有涉足的一个重要地区，辛树帜他们揭开其神秘面纱后，该地区成为国内分类学家向往的一个地方，不断有各地学者前往该山区采集动植物标本，以期得到更多的新发现。

为了丰富中山大学生物系的标本收藏，辛树帜除率队在大瑶山采集外，还持续派人在周边省区收集动植物标本。1929年 3 月中旬，他组织队伍到海南五指山采集生物标本。同年 5 月底至 6 月初，生物系的采集队一行 6 人在辛树帜的带领下赴香港、澳门、中山县（今中山市）采集标本，共采集到标本

〔1〕 冯双. 中山大学生命科学学院（生物学系）编年史：1924～2007[M]. 广州：中山大学出版社，2007：36.
〔2〕 施特雷泽曼此前研究过很多德国人从中国西南和西北收集带回的鸟类。

600 余件，100 余种。

1930 年 2 月中旬，中山大学生物系的何观洲、尹廷光和唐瑞斌组织湖南标本采集队北上湖南，在武冈、云山、天尊山和金童山等地采集到大量动植物标本。次年 4 月，他们再次在上述地方采集，途中惨遭匪劫，几乎性命不保，最后化险为夷，收获不少动植物标本。其中有豹猫、江南野猫等哺乳类动物 19种，标本 60 余个，包括云山貂（*Charronia yuenshanensis*）、云山野兔（*Lepus yuenshanensis*）两个新种。[1]1930 年 3 月和 11 月，生物系的另一支采集队在广东北江的瑶山地区（曲江、乳源和乐昌）采集到不少动植物标本。[2]其中有植物标本 730 号，10000 余件。动物标本也不少，包括哺乳类 20 余种，标本 100多个，有新种 2 个，新亚种 1 个[3]；鸟类 115 种，630 只；两栖爬行类动物 200 余只；昆虫 700 余只。

1931 年，中山大学生物系又组织考察队到广西大瑶山和贵州采集动物标本。在贵州采集到哺乳动物 11 种，标本 20 余个；鸟类 113 种，标本 730 余个；鱼类 40 余种，标本 150 个；两栖类七八种，标本 50 余个；爬虫类标本 30 余种，标本 65个；昆虫 100 多种，标本 900 余个。

辛树帜等人先后四次组织采集队深入大瑶山采集，后来又率人到广西北面的贵州苗岭山脉的云雾山、梵净山，湖南西南部的金童山，广东北江、永昌、瑶山以及广东南部的海

---

〔1〕 石声汉. 湘南之哺乳类 [J]. 自然科学，1931（1）：87 - 183.

〔2〕 国立中山大学理科生物系猺山采集队. 广东北江猺山初步调查报告 [R]. 广州：中山大学出版社，1930.

〔3〕 石声汉. 续记广东北江猺山哺乳类 [J]. 自然科学，1931（2）：353 - 358.

南岛等地采集标本。其中的鸟兽标本保存至今，两栖爬行类和鱼类标本的大部分不幸在抗日战争中损失。他们的这些采集，填补了许多前人采集点的空白，尤其是在广西大瑶山的调查采集，揭示了那一地区丰富的动植物种类。同时还出版十余种丛刊，发表了一批重要的成果。这些标本一直保存到今天，成为中山大学生命科学学院的重要资料。其中上面提到的辛氏鳄蜥是爬虫类的活化石，采集到的鸟类有 7 个新种。[1]他们的考察活动和由石声汉发表的兽类报告引起了国际动物学界的注意。[2]

此外，中山大学农学院在 20 世纪 30 年代初也曾组织过对海南一些地方的昆虫学调查。对海南的天蚕、蜜蜂等经济昆虫和稻作害虫、蔬菜害虫，以及椰子害虫进行了考察研究。[3]

七 其他大学的动物调查采集工作

前面提到，我国的生物学主要奠基人在东南大学任教时，即开始在长江中下游流域和东南各省分采集标本，建立生物标本室。其动物标本收藏也很可观。1930 年暑假期间，清华大学生物系派出一些学生到东部沿海的青岛、烟台，以及浙江、广东和香港等地采集动物标本。他们中有杜增瑞、刘发煊等人。其中杜增瑞于 6 月下旬出发，于月底抵达青岛，在那里采集了 50 日，收集到各种动物标本 300 余公斤。接着于 8 月上

---

〔1〕 冯双. 中山大学生命科学学院（生物学系）编年史：1924～2007 [M]. 广州：中山大学出版社，2007：39－40，45－46，51－52.

〔2〕 ALLEN G M. Mammals of China and Mongolia [M]. New York：American Museum of Natural History，1938－1940：6.

〔3〕 张进修. 琼崖昆虫调查报告 [J]. 科学，1933，17（2）：313－332.

旬离开青岛前往烟台，又在那里采集了两周。[1]

山东大学生物系成立后，非常注意海产生物的采集和研究，常年对胶州湾的海洋生物进行调查。他们很快就收集得青岛产鱼类 200 种，蟹类约 24 种，虾 25 种，软体动物 60～70种，环节动物 20 种以上。同时调查发现棘皮动物 25 种，腕足类数十种，腔肠动物 10 余种。[2]

1938 年，金陵大学动物学系、美国史密森研究所、华西大学生物系合作，在四川西南做动物采集，历时 3 月余，徒步400 余里（1 里为 500 米）。采到哺乳动物标本 30 余头，鸟类150 只，昆虫约 3 万只，其中有不少珍稀种类。金陵大学植物系主任焦启源和魏景超率领一支考察队在峨眉山采集植物，获得大批标本。[3-4]迄 20 世纪 40 年代初，金陵大学的植物标本已达 40000 号，堪与中央大学相媲美。[5]

第三节　对西方人在华考察的限制和
对珍稀动植物的保护

一　中央研究院对西方人在华生物学考察采集的限制

鸦片战争后，我国藩篱渐失，西方人在我国的生物学考察收集活动，逐渐由沿海地区向内陆深入。他们如入无人之境，

〔1〕 杜增瑞. 青岛烟台海滨采集记［J］. 科学，1932，16（7）：1094－1122.

〔2〕 曾省. 胶州湾之海产生物［J］. 科学，1933，17（12）：1931－1947.

〔3〕 GRAHAM D C. Research expeditions in west China［J］. The China Journal，1939，30（2）：108－109.

〔4〕 张宪文. 金陵大学史［M］. 南京：南京大学出版社，2002：256.

〔5〕 张肇骞. 中国三十年来之植物学［J］. 科学，1947，29（5）：131－160.

恣意采取我国动植物标本送回各自的国家。从 20 世纪 20 年代早期开始，我国的钟观光、钱崇澍、陈焕镛、胡先骕、秉志等学者就开始了大规模调查动植物区系的工作。这些受过近代西方学术洗礼的学者在进行大规模的生物学调查的同时，也开始采取措施，促成政府限制西方人的学术资料掠夺活动，维护祖国的主权。民国年间的中央古物保管委员会在文物保护方面做了一些努力。[1]同样的，当时的中央研究院为维护国家权益，在限制西方人对华生物学标本资料的掠夺方面也做了力所能及的工作。

1927 年 3 月，北京的一批文史学者"痛国权之丧失，恐学术材料之散佚"，奋起组建中国学术团体协会。他们试图达到如下两个目标："积极方面，筹备成立永久之机关以筹划进行发掘采集研究国内各种学术材料"，"消极方面，反对外人私入国内采集特种学术材料"[2]。这批极富使命感的学者提出："无论内外国人及外国学术机关或团体，凡未经本协会及国内其他学术机关或团体容许其参加者，于一切之学术材料，不得调查采集；有违反时，除呈请官厅停止其工作外，并请与以相当之惩罚。"[3]翌年，在中国学术团体协会的影响下，国民政府大学院成立中央古物保管委员会，其负责人张继认为："往日外国人来华工作，每如入于无人之境，主权既不置意，且沿途但求得物之多。不顾古迹生物之毁，故天山羚羊几于绝

〔1〕 罗桂环. 试论 20 世纪前期"中央古物保管委员会"的成立及意义 [J]. 中国科技史杂志, 2006, 27 (2): 137 - 144.

〔2〕 中国学术团体协会西北科学考察团报告（民国十七年二月）[A]. 北京: 中国科学院档案, 卷宗号 50 - 2 - 27.

〔3〕 中国学术团体协会章程 [J]. 东方杂志, 1927, 24 (8): 103.

种，川边异禽，年遭摧残……职会以为学术自当公之世界，史迹理必保之国境，中国国家必向外国表示其赞助事业之诚心，亦必保障主权之存在。"[1]作为政府主管文物保护的机构，发挥了相应的积极功能。同于1928年成立的中央研究院，不久即发挥类似古物保管委员会在文物保护方面的职能，开始限制西方人在华的生物学考察和采集活动，对维护国家的合法权益和保护珍稀动物起了积极的作用。

西方人在华的生物学考察收集和对学术资料的侵夺，早已引起我国学术界的警惕。我国生物学的奠基人之一秉志在阐述生物学研究的重要性时也指出："海通以还，外人竞遣远征队深入国土以采集生物，虽曰致志于学术，而借以探察形势，图有所不利于吾国者，亦颇有其人。传曰，货恶其弃于地也，而况慢藏诲盗，启强暴觊觎之心。则生物学之研究，不容或缓焉。"[2]一些动物学家认为，中国的事情只能由国人自己做，为了使这项工作能够更好地开展，应该设法禁止昆虫标本输出，原因在于："中国事业，外人决难代庖，此种原则，吾人必须承认。标本输出愈多，源本（模式标本）流落外国者亦愈多，而国人研究此道者亦愈难。"[3]因为这个缘故，中央研究院及其所属的自然历史博物馆（后改建为动植物研究所）很快采取行动，限制外国人的考察和采

〔1〕 中国第二历史档案馆. 中华民国史档案资料汇编：第五辑第一编 文化(二)〔G〕. 南京：江苏古籍出版社，1994：682.

〔2〕 见中国科学公司1933年《中国科学社生物研究所概况——第一次十年报告》第1页.

〔3〕 刘淦芝. 中国昆虫学现状及其问题〔J〕. 科学，1933，17（3）：343 - 357.

集工作。

1929 年 9 月，日本派遣岸上镰吉到长江一带采集水产动物。1930 年 11 月，芝加哥自然博物馆雇用英国人史密司（F. T. Smith）到我国西南的四川和贵州采集动物标本，都被要求签订限制协议。[1]中央研究院出面和他们拟订限制办法，内容大体依据 1927 年中国学术团体学会与斯文·赫定签订的协议的基本精神，即中国可派专家参加采集，采集标本须留存一份给中国。这些外国采集者后来都在一定程度上执行了协议。[2]

随着西方来华考察队的增多，中央研究院与西方考察队签订协议的条文逐渐规范起来。协议的具体内容我们可以从下面的例子看出。

1930 年底，德国汉诺威博物院院长韦戈德（H. Weigold）受美国费城自然博物馆之聘，率队到我国西南的云南、四川考察，采集动植物标本。团员包括德国的动物学者舍费尔（E. Schaefer）、格尼瑟（O. Gnieser）和美国旅行家杜兰（B. Dolan）。他们来华后，中央研究院立即与他们接洽，要求他们订立《外国人在华收集生物标本约定》[3]：

1. 有关中国文化与古迹之物品不得采集及携带出国。

2. 所有采集之生物及人类学标本或其他物品在运送出国前须一律运送南京或上海由中央研究院的代表审查。

―――――――――

〔1〕 国民政府文官处抄送中央研究院请求取消斯坦因游历护照函。（中国第二历史档案馆. 中华民国史档案资料汇编：第五辑第一编 文化(二)［G］. 南京：江苏古籍出版社，1994：689.）

〔2〕 为芝加哥自然博物馆到滇黔二省考察动物咨教育部［A］∥中国科学院档案，卷宗号49－2－31.

〔3〕 档案原文是英文。

3. 对于所摄照片和活动影片，根据教育部和内政部的规定如下：

A. 未经当地警察局许可，不得摄制活动影片。沿途检查站负责执行。地方政府代表不在场时不得摄影。

B. 不得在华拍摄反映不寻常习俗而使全体中国人民尊严蒙受损害的图片。

C. 未经教育部和内政部的审查，任何图片不得运送国外。

4. 本院可以派一人或数人随同参加考察。

5. 在经过中央研究院代表审查后，考察团应该留下两套完整的标本作为礼物给中国收藏。如果出现采集的标本由于采集时安全的原因不足以提供两份，和数量少总数不足以提供的情况，经中央研究院审查后，允许其作为原始的一份保留运出国外。

6. 调查团或其所属机关如有违反上项条件情事，中国政府将严加取缔或永远取消该团员及所属机关再来中国调查采集之权利。

他们与中央研究院签立了上述约定后，最终得到在川西考察一年的许可。[1]

此后，中央研究院逐渐成为主管部门，要求来华进行生物学考察的团队，先签订上述协议，才可在我国考察收集生物。1934年，华盛顿国家自然博物馆派出的塞奇（D. Sage）考察队到我国西南地区探察和收集动物标本。考察队员包括兽类学

---

〔1〕 中央研究院关于德国人韦歌尔、黎克尔斯及费城博物馆旅行团来华考察研究事项的有关文书［A］. 南京：中国第二历史档案馆，全宗号393，案卷号632.

家卡特（T. D. Carter）[1]和探险家谢尔顿（W. G. Sheldon）等。考察队部分队员到达上海后，即由先期到达的谢尔顿与中央研究院签订考察许可协议，并确定考察期为一年后[2]，才出发到四川西部汶川靠近岷江边的一些地方考察采集。

在执行上述"约定"过程中，中央研究院似乎也对相关的文字进行简化修订和规范化。1934年5月，瑞典乌普萨拉大学的史密斯（H. Smith）讲师来华，要求到四川、西康两省考察生物。根据中央研究院自然博物馆的要求，签订了"限制条约"。该条约保存有中英文两种版本，内容如下：

瑞典合波衰拉大学[3]史密斯博士拟赴四川西康调查植物约八月之久。出发前渠与国立中央研究院自然历史博物馆订有限制条件如下，并由双方签字。

一、有关中国文化与古迹之物品不得采集及携带出国。

二、所有采集之生物及人种标本或其他物品在运送出国前须一律运至南京或上海由本院派人审查。

三、所摄照片、活动影片凡有关中国内地人民生活状况者须先经国立中央研究院自然历史博物馆审查方得运出国外或在外国任何报章及杂志刊登。

四、本馆得派一人或数人参加调查。

五、调查团出国八月后，所有该团采集之生物标本须送回中国两全套。一套存储本馆，另一套存储中国其他机关。

六、调查团或其所属机关如有违反上项条件情事，中国政

---

〔1〕 此人是美国纽约自然博物馆旧大陆兽类部助理主任。

〔2〕 中央研究院关于核准美国人随祺夫妇等四人赴川西调查生物与外交部来往公函〔A〕. 南京：中国第二历史档案馆，全宗号393，案卷号527.

〔3〕 现在称作乌普萨拉大学。

府得严加取缔或永远取消该团员及所属机关再来中国调查采集之权利。

合波袅拉大学代表人史密斯签字

本馆伍献文签字[1]

中华民国二十三年五月十一日签订[2]

为了更好地掌握外国考察人员的活动情况，中央研究院还会要求他们说明考察意图和旅行路线。仍以上述史密斯为例，在签订协议后，他随后对伍献文提出的相关问题回复了一封信，介绍关于考察团的计划。译文如下：

伍献文博士教授大鉴：

敬启者，兹将鄙人调查计划谨述如次：

（1）调查目的完全为植物性质。鄙人计划之一部分系将某数科植物［如龙胆科（Gentianaceae）］作细胞学上之研究，一部分系采集各种植物标本而研究其分类与分布，并欲搜集适合瑞典之植物种子。

（2）敝团工作人员为鄙人及重庆西部科学院刘真老（译音）君共二人。刘君于重庆偕同鄙人出发，团员除以后雇用必不可少之仆役外，仅此而已。

（3）至于往返路线，鄙人拟尽速经重庆或成都抵康定（前打箭炉[3]）。以康定为根据地，作长途或短途旅行，尤注重在康定北与西北面山脉中进行研究工作——鄙人希望所有经费能维持至冬季，否则将原路归来。

---

〔1〕 签字文本是英文本。

〔2〕 中央研究院关于瑞典人史密斯赴川康采集运送植物标本事项的有关文书［A］. 南京：中国第二历史档案馆，全宗号393，案卷号631.

〔3〕 康定以前叫"打箭炉"。

（4）关于采集之物品。鄙人与中央研究院自然博物馆之订有条件，其中一条言明将所有采集物品赠送中国两全套。

（5）手枪与猎枪照会业经领到，手枪照号数为七四四号，猎枪号为七四五号。

鄙人以晚间登 Chichuen 轮在即，匆匆作复，此轮定于五月廿九日到达重庆。

对于先生善意相助，殊为感谢，此次在宁时间虽暂，然能晤及植物机关新交友人，无任愉快，款待之情大可感赞，请转告为荷。

史密斯谨启

上海，五月十六日

通讯处：重庆[1]

当时，中央研究院作为一个国立的最高学术机构，具有高度的责任感。除要求入境的西方考察团与其签订相关"约定"外，还尽可能地了解各地情况，一旦发现在我国工作或居住的西方人未按要求签订协议而从事生物学考察，也会敦促他们前来签订相关协议。

美国旅行家洛克（J. F. Rock）是一位从 1920 年开始即受聘于美国农业部和美国地理学会，以及哈佛大学等多家机构到中国考察和采集生物标本的学者。他长期在云南的丽江设点收集，一直未与中央研究院有联系。1934 年，中央研究院得到消息，洛克又在西北的甘肃、陕西等地采集动植物标本，遂立即发函给外交部，请他们设法通知洛克前来签订协议。当时中

---

〔1〕 中央研究院关于瑞典人史密斯赴川康采集运送植物标本事项的有关文书［A］. 南京：中国第二历史档案馆，全宗号393，案卷号631.

央研究院致函外交部时写道：

敬启者：顷准本院自然历史博物馆函称：

"顷据确息，近有美人陆克（J. F. Rock）氏往陕西、甘肃等……照抄云……工作殊有未合"

等情：相应函达贵部，即请转咨美国公使，嘱其迅即来订立限制条件，以符向例。

并希查照处理见复为荷。

此致

外交部[1]

后来外交部根据中央研究院的来函，给美国使馆去函了解情况，解决了这一问题。

同于 1934 年，金陵大学植物系教授史德蔚（A. N. Steward）与哈佛大学阿诺德树木园签订协议，由阿诺德树木园出经费，由金陵大学出人力，在我国进行为期 5 年的植物学采集，并将标本送往哈佛大学。中央研究院听说史德蔚率人在广西（今广西壮族自治区）和贵州等省采集植物标本送往美国后，了解到上述合作情况，认为他们的行为违反了现有规定，决定出面制止。中央研究院自然历史博物馆在呈送给院里的文书写道："经查实，有金陵大学教授史德蔚与美国哈佛大学定有采集中国植物标本五年计划，决定六月初再往湖南采集，此举有违定例。请迅函该教授停止进行，或来院订立限制

〔1〕 中央研究院关于美国人拟往甘陕闽采集动植物标本等与外交部来往公函（1934 年 6 月—1936 年 6 月）〔A〕. 南京：中国第二历史档案馆，全宗号 393，案卷号 530.

条件。"[1]随即由院里给金陵大学的校长陈裕光去函，要求解决这方面的问题。

从上述事件中采取的行动看，中央研究院的学者在维护我国主权的工作方面积极主动。与此同时，他们对外国在华的学者向国外输送鸟兽标本也进行同样的管理。

长期在福建南平居住的美国传教士柯志仁（H. H. Caldwell），写过《华南的鸟类》等专著，是一位小有名气的博物学者。他在福建居留期间，采集过大量的动物标本送往美国的学术机构。1935年，他以出于科研目的为由，要求给美国的一些博物馆收集和寄送鸟类标本，当时美国大使馆出面要求中国海关允许其出口。为此，国民政府实业部曾致函中央研究院咨询相关情况，中央研究院要求柯志仁循例订立协议才可收集和出口。[2]

在四川华西协合大学任教的美国教授格拉罕（D. C. Graham）也是一位热心在华收集生物标本的学者，曾任华西边疆研究会副会长，长期给美国各学术机构寄送鸟兽标本。1936年5月，他要求送给华盛顿史密森研究所一批供展出的鸟类标本，包括刺嘴燕、北朱雀、卷尾、红腹灰雀、中国蝇虎、黑斑黄莺、竹雀、夜鹭、环颈雉、黑丽鹃和鹡鸰等22只。考虑到其科研用途，中央研究院准许这批鸟类标本出境。1937年3月，格拉罕又收集了另外一批鸟类标本送到美国，同样是

---

〔1〕 中央研究院关于金陵大学教授史德蔚往湖南采集植物标本一案的有关文书（1934年）[A]. 南京：中国第二历史档案馆，全宗号393，案卷号264.

〔2〕 外交部咨前准柯杰仁拟在福建采集鸟皮运输出口以供科学研究一案[A]. 南京：中国第二历史档案馆，全宗号393，案卷号530.

经过中央研究院许可才出境的。[1]

中央研究院不仅通过适当的管理，保护了自己的权益，还通过选派学者参加外方的考察队，以直接获得考察的相关学术资料。

1936 年 7 月，中央研究院动植物所的研究员耿以礼奉派参加了美国的一个植物考察团。这是一个美国农业部派出的团队，由农学家洛李奇父子（N. Roerich & G. Roerich）组成，目的是到我国内蒙古采集耐旱的牧草，输入到美国西部平原种植。他们先在我国东北的海伦等地采集，后来在内蒙古的百灵庙周边地区采集时，我国植物学家耿以礼加入。他们在内蒙古进行了一个多月的考察，收集了不少植物种子，采集到植物标本 600 余号，约 200 种，其中还有新发现的分布。[2]

二 对大熊猫的保护

西方生物学在我国奠基后，当时的自然保护思想也逐渐传入我国。其中珍稀动植物的保护也开始逐渐引起我国动植物学家的关注。

大熊猫是我国特产的珍稀动物，自从 1869 年法国传教士谭卫道（A. David）首次在四川的宝兴获得标本后，它一直是西方各大博物馆梦寐以求的收藏品。1928 年，由罗斯福兄弟（T. Roosevelt & K. Roosevelt）率领的一个美国考察队来华，目标就是为芝加哥自然博物馆寻猎大熊猫。他们从云南入境，然后到川西的康定、宝兴一带大熊猫栖息地搜寻这种珍贵的动

---

〔1〕 中央研究院关于准许美国人格拉汉姆（David C. Graham）运善皮出口与外交部来往函［A］. 南京：中国第二历史档案馆，全宗号 393，案卷号 531.

〔2〕 耿以礼. 内蒙古旅行记［J］. 科学，1936，20（1）：49-56.

物，却一直未能如愿。在他们近乎绝望的时候，终于在冕宁的北部猎获了大熊猫。[1]这是西方人首次在华射杀大熊猫。据称他们为此花费了10万美元，足见他们对猎取这种珍稀动物的强烈渴望和浓厚兴趣。[2]20世纪30年代，包括上述韦戈德、塞奇等好几个美国探险队都从我国带走了大熊猫标本。尽管带到西方的标本不断增多，但西方人来华猎取此种动物的热情却一点都没下降，想目睹大熊猫活体的欲望也益发强烈。

1935年，英国军人布鲁克莱赫斯特（H. C. Brocklehurst）到我国四川西部旅行，在那里打死一只大熊猫。这只大熊猫后来被陈列在伦敦一个热闹的街市商铺里。他没有因此罢休，1937年，他又在熟悉川西山区的华裔美国人杨杰克（J. T. Young）的带领下，再次到四川的康定一带狩猎旅行。[3]他虽然收集到几个很好的扭角羚标本，还拍摄了不少关于扭角羚的珍贵图片，但他想弄到一只活的大熊猫，并拍摄一些大熊猫野外活动的照片，却最终落空。[4]

1935年，美国纽约布朗克斯（Bronx）动物园派哈克尼斯（W. H. Harkness）来华，设法获得一只活的大熊猫回去展览。哈克尼斯是一个经验丰富的猎手，曾为该动物园收集过科摩多巨蜥。他来华后，找到一个名叫史密司（F. S. Tangin-Smith）

〔1〕 SOWERBY A C. The Roosevelt expedition after the giant panda ［J］. The China Journal, 1930, 13 (1)：27.

〔2〕 美国哈克莱夫人在华所获白熊申请出口案 ［A］. 南京：中国第二历史档案馆，全宗号393，案卷号518－6.

〔3〕 中央研究院关于英国人白李赫司德赴四川采集动物标本已与本院订有限制条件致外交部公函 ［A］. 南京：中国第二历史档案馆，全宗号393，案卷号536.

〔4〕 SOWERBY A C. Captain Brocklehurst completes west China expedition ［J］. The China Journal, 1937, 26 (4)：190.

的英国标本商作为助手。[1]不过哈克尼斯未及首途，就殒命上海。1936年夏天，其遗孀请华裔探险家杨昆定（Q. Young）和杨杰克兄弟协助，来华继续其夫未完成的工作。后来杨氏兄弟帮她在汶川的映秀逮住一只大熊猫幼崽，当时人们估价这只珍贵的动物值2.5万美元左右。这个美国妇女在川西私逮大熊猫的事情，很快被人告知中央研究院的办事处，进而由院里通知当时动植物所所长王家楫，告诉他事情的始末。因为这是西方人首次在华捕获活的大熊猫幼崽，当时海关已经予以扣留，征求作为具体主持处理这类事务的动植物所的意见。[2]随后中央研究院曾就此事呈请政府干涉，禁止放行，可惜没能成功。最终这只大熊猫被允许放行，于当年的12月初被带出我国。后来在美国用杨昆定妻子的名字命名，称为"苏琳"。[3-4]

放行这只大熊猫出境开了很恶劣的先例。这只大熊猫被运到美国动物园后，颇受大众的欢迎。那名美国妇女在倒卖大熊猫的交易中尝到甜头后，更是欲罢不能。在其后的一年多里，她接二连三地跑到中国川西，收购了不下5只大熊猫幼崽，倒卖给芝加哥的布鲁克菲尔德（Brookfield）动物园和纽约的布

〔1〕 The Harkness expedition [J]. The China Journal, 1935, 23 (1)：39.

〔2〕 美国哈克莱夫人在华所获白熊申请出口案 [A]. 南京：中国第二历史档案馆，全宗号393，案卷号518.

〔3〕 大熊猫的幼崽很难鉴定出雌雄，刚开始以为这只大熊猫是雌的，所以用女子的名字命名，后来发现它是雄性的。

〔4〕 SOWERBY A C. A baby panda comes to town [J]. The China Journal, 1936, 25 (6)：335-339.

朗克斯动物园。[1]而一直关注首次被捉大熊猫去留的英国标本商史密司更是大肆收购活的大熊猫和其他珍奇的华西鸟兽运往欧洲。仅1938年的一次，就将6只活的大熊猫、1只活的金丝猴和一些活的盘羊、青羊以及珍奇的雉鸡等运往欧洲。[2]

西方人不断地在我国猎杀大熊猫和倒卖其幼崽的行为，给这种珍稀动物造成了致命的伤害。我国的一些有识之士不禁为大熊猫能否继续生存在地球上的前景感到非常忧虑。因此，当上述那名美国妇女继续在中国川西收购各种珍稀动物倒卖，试图将3只大熊猫、1头羚牛、1只羚羊、14只雉鸡等动物带出关时，中央研究院动植物所的专家开始要求限制出口这类珍稀动物。[3]

1939年，社会各界开始商讨禁猎大熊猫，以保护它能继续生存下去。当年4月，外交部在致中央研究院的一封函件里这样写道：

据十六区行政督察专员呈称：本区汶川县所产之白熊Giant Panda[4]为熊类中最珍异之一种，其存在之地只汶川及西康等地之高山中有之，数极稀少。外邦人士往往不惜重价收买，奖励土人猎捕射杀，若不加以禁止，终必使之绝种。拟请通令保护，并请主管部会禁止外邦人士潜赴区内各地收买及私

〔1〕 SOWERBY A C. Mrs Harkness returns from third west China expedition minus panda〔J〕. The China Journal, 1938, 29 (2)：92.

〔2〕 SOWERBY A C. Giant panda on way from Chengtu to England〔J〕. The China Journal, 1938, 29 (6)：267.

〔3〕 中央研究院关于美国人 Harkness 夫人在川西猎获狗熊两只可准运出事与外交部来往公函（1938 年 7 月）〔A〕. 南京：中国第二历史档案馆，全宗号393，案卷号532.

〔4〕 即大熊猫。

行入山猎捕等情。除通令查禁及保护外，相应咨请查照通告外邦人士，禁止潜赴区内收买及猎捕等由。查近来外人来川采捕白熊者日多[1]，究竟应否查禁保护，并通知驻华各使馆？事涉动物保存问题，与贵院职掌有关。相应函请查核见复。以便办理为荷。[2]

中央研究院对该函件的内容非常赞成。他们随后向政府报告，我国西部出产的大熊猫由于外国的滥捕，数量越来越稀少。终于使得"政府现已通令各省当局严厉禁止一切伤害及装运此稀贵动物之行为"。当时政府还"通告各国驻华外交团，此后外国团体无限制地猎捕我国著名之大熊猫（Giant panda）将遭禁止"[3]。这有效地阻止了西方人继续不断前来杀戮这种珍稀动物。

鉴于来华收购大熊猫的行为已遭禁止，1939年9月，澳大利亚的悉尼动物园提出让我国赠予他们一对大熊猫，或用一对袋鼠交换。中央研究院的学者指出熊猫属于产地狭小的珍稀动物，不能赠予；如果一旦开了赠予这个头，西方的动物园就会跟风而上，后果不堪设想。另外，袋鼠不属于珍稀动物，不适宜用来交换大熊猫。希望外交部向对方做好解释工作。[4]不难看出，西方人可以随便来华倒卖大熊猫的日子终于过去。大熊猫最终躲过一场可能绝灭的浩劫，重新赢得在偏远川西山区

〔1〕 重点号是原文就有的。

〔2〕 中央研究院与外交部关于查禁外侨捕买四川汶川县所产白熊事宜的来往公函（1939年9月）［A］. 南京：中国第二历史档案馆，全宗号393，案卷号673.

〔3〕 涛. 禁止滥捕大熊猫［J］. 科学，1939，23（3/4）：218.

〔4〕 澳大利亚雪梨动物园请赠予或交换熊猫案［A］. 南京：中国第二历史档案馆，全宗号393，案卷号541.

的一线喘息之机，避免了重蹈新疆普氏野马的覆辙。这一切都是我国学者成长和努力的结果。

实际上，早在我国的生物学调查事业刚刚起步不久，我国学者就注意到过度的采集和捕猎对珍稀动植物造成的严重危害。1929 年，胡先骕在《第四次太平洋科学会议植物组之经过及植物机关之视察》一文中，提到日本的动植物学家的自然保护工作，同时指出："大旨以为世界各大博物院与学术机关对于采集动植物标本，但图成绩优良，不顾残杀之多寡。即以美国天然博物院一机关而论，在一九二七年至一九二八年间，共有采集队三十余在世界各处采集，若加以英、德、法、荷各国，则每年至少有五十采集队，仅以鸟类标本论，在一百著名之采集中，共有一千五百万头。以此观之，为免过量杀戮计，则各科学机关在已数经他人采集之地，决不能任其任意大举采集。庶可保全多种稀少之动植物种类使不至灭亡。此类论文关系吾国甚大，盖在昔日吾国人不知保护天然纪念物之重要，外来学者来中国采集皆与取与来，毫无限制，其中不乏稀有之动植物或因之而绝种。动物中如四不像（Elaphulus dinidiolus）已绝种，大舍羊（Takin）[1]、罴（Bear racoon）[2]、与麝今日皆几灭种。植物中只需举一最近之例，即作者前年在燕子矶头台洞发现之新属捷克木（Sinojackia xylocarpa）[3]为一株小树，去年春间为南京市政府修路砍去，至今未发现第二株树，如果因之而绝迹，则此珍贵美观之种已逃数千人国人滥伐

---

〔1〕 即扭角羚。

〔2〕 可能指浣熊（Racoon）抑或棕熊。

〔3〕 亦称秤锤树。

斧斤者，今乃因国民政府办建设事业而灭种，于是可知保护天然纪念物之运动不可漠视也。"[1]

上述史实表明，西方生物学引进我国后，伴随我国生物学家的成长，逐渐产生了本国的生物要由自己的学者来研究的强烈意识，他们不能容忍西方人来华肆意掠夺标本资料的行径。中央研究院成立后，作为最高的国立学术机关，在争取学术独立和进步的同时，也担负起保护本国学术标本资料的重任。他们的积极工作取得了相当的成果，在一定程度上限制了西方人在华的滥采和掠夺，保护了像大熊猫这样的珍贵动物。这是当时我国学术界成长的一个表征，也是当时我国在一批精英的推动下主权意识觉醒的某种标志。此外，国际上的自然保护运动也在某种程度上强化了国内学术界保护动植物资源的信念。当然在当时的社会环境下，他们的工作可能不完善，如等采集的外国团体出国八个月后送回两全份标本，没能派自己的学者参加随团考察监管等，但毕竟开创了这方面的工作。

三　水杉的发现及其生长环境的调查

1943 年 7 月，农林部中央林业实验所技正王战奉派到湖北神农架参加房县政府组织的森林资源考察活动，途中偶然在万县勾留，看望高级农业职业学校的教务主任杨龙兴。交谈中，杨龙兴告诉他，1941 年自己曾在利川的谋道溪看见一棵被当地民众奉为"神树"的大树。王战为此改变原来计划的路线，取道恩施，前往利川。7 月 21 日，他在谋道溪找到那

---

〔1〕　胡先骕. 第四次太平洋科学会议植物组之经过及植物机关之视察 [J].
科学，1929（5）：683–692.

中国生物学史·近现代卷

棵被当地人奉为神树的大树，采集到标本 10 余份，捡到具柄果实数十枚。但未能定名。[1]1945 年，中央大学森林系的技术员吴中伦到中央农林部办事，王战将一小枝水杉标本和两个球果托他交给中央大学森林系教授、裸子植物专家郑万钧鉴定。

王 战

郑万钧发现这株植物很新奇，虽然形态像水松，但是其叶对生，球果鳞片盾状，而交叉对生，认为它既不是水松，也不是北美红杉，应当是现存松杉植物中的一个新属。他曾定名为 *Chieniolendron sinence*。但王战采集的标本用作进一步的鉴定不理想，为对这种植物的形态特征有进一步的了解，他于 1946 年 2 月和 5 月，两次派中央大学森林系的薛纪如到四川万县谋道溪采集水杉标本。薛纪如经过多方打听，了解到湖北利川的水杉坝是水杉集中分布的地方。薛纪如 1946 年采集到的标本后来被用作水杉定名的模式标本。郑万钧鉴于南京当时的文献资料不足，于同年秋将标本和自己的研究结果寄给北平静生生物调查所的胡先骕，请他帮助查阅文献。[2]接到郑万钧寄来的

〔1〕《王战文选》编委会．王战文选［M］．北京：科学出版社，2011：294．

〔2〕 胡先骕．水杉、水松、银杏［J］．生物学通报，1954（12）：14–17．

标本和研究结果后，胡先骕让助手傅书遐协助查找与此相关的文献，同时与欧美的植物学家交流了此事。傅书遐在整理所里的植物分类学文献时，发现 1941 年日本古植物学者三木茂（S. Miki）在《日本植物学杂志》11 卷发表的化石植物属水杉（*Metasequoia*），与郑万钧送来的标本形态相似，于是把这篇论文交给了胡先骕。[1-2]经过研究，胡先骕认为郑万钧所

水 杉

说的新属正是三木茂的化石水杉属。同年，胡先骕在《地质调查所汇报》中发表了《记中国古新世之水杉》。1948 年，胡先骕又在美国纽约植物园园刊中发表了《中国发现活化石水杉之经过》。同年 4 月胡先骕和郑万钧两人联名，在《静生生物调查所汇报》（新编）第一卷第二期中发表《水杉新种及生存水杉之新种》，确定它的学名为 *Metasequoia glyptostroboides*，指出其在植物进化系统中的重要位置，得到国内外植物学和古生物学界的高度重视和评价，在学术界引起轰动。[3]水杉因此成为人们逐渐熟悉的"活化石"。

〔1〕　本刊编辑部. 著名植物学家傅书遐先生逝世 [J]. 武汉植物研究，1986（1）：66.

〔2〕　马金双. 水杉未解之谜的初探 [J]. 云南植物研究，2003，25（2）：155 – 172.

〔3〕　李霆. 中国特有树种水杉是如何发现的？[M] // 中国林学会林业史学会. 林史文集. 北京：中国林业出版社，1989：128 – 130.

1947 年，由美国哈佛大学阿诺德树木园提供经费，中央大学森林系的华敬灿奉派前往万县采集水杉和其他植物标本。他根据薛纪如提供的线索，找到了水杉坝，采集到水杉果实标本和种子。1948 年 2 月，他又陪同加州大学古植物学家钱耐（R. W. Chaney）第二次前往水杉坝考察。同年夏天，华敬灿又再次带领中央大学森林系教授郑万钧、复旦大学教授曲仲湘前往水杉坝进行考察和研究。水杉坝地属湖北利川，却要从四川万县进入，从发现水杉模式标本的谋道溪去尚有 200 多公里。郑万钧等对水杉坝特殊的地形地貌、小气候，以及水杉坝的森林状况，水杉混交林构成的树种等生态学要素进行了调查，做出了水杉分布情况的研究结论。[1]

20 世纪 40 年代中期，孑遗树种水杉的发现是当时颇为学界注意的一件大事。后来经加州大学古植物学家钱耐研究，亚洲东北部、美洲西部和欧洲都有水杉属植物分布，但在冰期的时候大都绝迹了，只有湖北和四川交界的利川和万县的水杉经过 4000 多万年漫长岁月的繁衍，得以幸存下来。因此钱耐甚至称之为"一世纪中最有趣之发现"。[2]后来他发表了 30 多篇与水杉有关的文章。据有关学者的考察，仅 1948 年一年中，关于水杉的文章和消息就很多，实验室的研究报告，报纸杂志的讨论、报道在国内有 30 多次；在美国，新闻报道有 50 次以上，学术期刊的报道也在 35 次以上。[3]直接或间接派人前往

〔1〕 郑万钧，曲仲湘. 水杉坝的森林现况 [J]. 科学，1949，31（3）：73 - 80.

〔2〕 胡先骕. 美国西部之世界爷与万县之水杉 [J]. 观察，1947，2（4）：10 - 11.

〔3〕 马金双. 水杉未解之谜的初探 [J]. 云南植物研究，2003，25（2）：155 - 172.

水杉坝实地考察的，国内有中央大学、复旦大学和岭南大学等大学，以及中央林业实验所；因工作关系发生特殊兴趣的有中央研究院地质所、植物所和静生生物调查所，以及中山陵园。国外则有哈佛大学、加州大学和明尼苏达大学及科学研究社等。[1]为了保存这种孑遗植物，我国植物学家当时就将水杉的种子分送给全世界179个农林植物研究机关。[2]

　　总体而言，我国的生物学家在推动生物科学的发展和推动中国的学术独立乃至维护祖国的主权方面做了大量的工作。中央研究院院长蔡元培在1935年中央党部总理纪念周上报告中央研究院与中国科学研究之概况时认为："大家觉得中国现在内忧外患的过程中，可以悲观的事情实在太多，可是我们仔细观察一下，便知进步的地方未尝没有，开始提倡到现在，还不过区区数十年的科学事业，便是比较可以'引以自慰'的一端。虽说中国的科学事业还在萌芽时代，而在国际学术界中亦已开始受他人相当的认识了。""一国国势的增长和科学事业的进步，成为正比例。年来国家多故，科学事业不能顺利发展，毋庸讳言，可是科学救国的运动已逐渐由理想而趋于实践，不能不说是种好现象。"[3]

　　综上所述，虽然受制于经费的不足和战乱，20世纪上半叶我国生物学家还是尽其所能地进行调查分类工作。在这方

---

　　〔1〕　郑万钧，曲仲湘．水杉坝的森林现况［J］．科学，1949，31（3）：73 - 80.

　　〔2〕　胡先骕．对于我的旧思想的检讨［A］//中国科学院植物研究所档案：胡先骕专卷．

　　〔3〕　蔡元培在中央党部总理纪念周上报告中央研究院与中国科学研究之概况（1935年11月4日）．（中国第二历史档案馆．中华民国史档案资料汇编：第五辑第一编　教育（二）［G］．南京：江苏古籍出版社，1994：1356 - 1357.）

面，钟观光、钱崇澍、陈焕镛、胡先骕、秉志、辛树帜等都进行了大量的开拓性工作。他们对我国生物学调查事业的重要性有深刻的认识。辛树帜还在德国留学的时候就曾撰文深有感触地指出：当时我国的生物学不但和西方比相差甚远，和日本比也望尘莫及，这是我国学术界的耻辱，应当努力发展生物学；当务之急的工作包括在全国进行生物学调查，各学术单位应该互相交换标本；另外，还应把以往西方对我国生物研究的成果翻译过来，作为以后研究的主要参考资料。[1]他还深情地呼吁道："蕴藏于吾国之生物为世界人类所不知者尚众，此皆属新殖民地留为吾国生物界哥伦布之造访者也。吁，吾生物界之哥伦布曷不兴起?"[2]因此，在1927年，他从欧洲回国担任中山大学生物系教授后，即致力于西南的动植物调查。当时中山大学和国内其他国立学校一样，"维持都很难，那（哪）有钱供给野外采集?"[3]。后来，好不容易才筹集到3000元经费在广西大瑶山进行考察采集，又蒙校领导体恤他们在工作进行到后期和回来时的困苦万状，不得不再次筹款2000元，才将标本运回学校。从这样一个例子不难看出当时调查采集工作之艰难。

秉志在开创生物学事业时非常重视生物学调查工作，面对当时西方不断派人来华调查，强烈的使命感使他深切地感受到尽快开展本土生物学调查的必要和紧迫。他这样写道："欧美学术机关，常派遣采集团来中国采集动植物，彼等不惜糜耗巨

〔1〕 辛树帜. 西藏鸟兽谈 [J]. 自然界，1926，1（8）：760 - 764.

〔2〕 辛树帜. 西藏鸟兽谈 [J]. 自然界，1926，1（7）：649 - 658.

〔3〕 石声汉. 国立中山大学广西猛山采集队采集日程 [M]. 广州：中山大学生物学室，1929：2.

款，万里跋涉，不辞艰劳，以从事于此，殊足使闻见之者，作深长思也，国外之生物学家，既自吾国携撷珍奇以去，附加研讨……国人于是不得不自图奋起，欲以己力，耕耘己田，以获良果。"他还指出："今日国内生物学家，都已知当务之急，莫先于采集与分类。"[1]作为生物学界的元老，他不断地强调生物学的调查和分类工作的重要性。"吾人从事此学，要当一意研究，求为各项实用科学，有所贡献。以农业而言，一半与动物学有关，一半与植物学有关，以医学而论，需用动物学以为基础，需用植物学之处亦甚明显，故农与医皆实用之生物学……国家为尽量利用天产当培植多数之分类专家，从事生物之调查。以幅员之辽阔，生物之丰富，其中有经济价值足以利用厚生者，不可胜数。对于工业制造及农医所可利用者，当可增加不少原料。"[2]

就整个民国年间而言，当时的生物学家在重视本土生物调查分类工作方面还是有相当共识的。他们在所在研究机构和高校制订发展规划并确定调查地域，虽然缺乏统筹安排，但不同的科研机构还是有各自的重点工作地域。就中国科学社生物研究所和东南大学而言，他们在长江中下游地区的生物学调查方面做了大量的工作；尤其对东南沿海，如山东、江苏、浙江和福建沿海的水生生物和水产资源做了大量富有成效的工作，为这些地区的资源开发和生物产业发展做出了非常有意义的工作；在长江下游地区的浙江、江西、江苏、安徽和福建的动植

〔1〕 秉志. 国内生物科学（分类学）近年来之进展 [J]. 科学，1934，18（3）：414–431.

〔2〕 秉志. 国内生物学工作之展望 [J]. 科学，1950，32（12）：353–355.

物调查采集方面做出贡献。静生生物调查所和中央研究院动植物所除在北京、河北、山西、广西、江苏等地区做了较多的采集外，受西方人威尔逊、赖神甫和韩马迪等人采集工作的影响，在西南的云南、四川和贵州组织了大量的动植物采集工作，并积累了大批的标本。北平研究院动物所在渤海湾和山东黄海海域也做了不少水生生物和海产资源的调查，为该地区资源开发和生产服务。北平研究院植物所在华北的河北东陵、小五台、山西和内蒙古，以及西北的陕西秦岭太白山、甘肃南部山区、青海湖地区、新疆、西藏做了大量的调查采集和研究工作，尤其对小五台和秦岭地区做了较深入的采集。中山大学农林植物所和中山大学生物系在两广各地，尤其是大瑶山区和海南山区进行了大规模的采集，在这些省区的海洋生物调查方面也做了一些工作，在两广邻近的湖南、贵州等省也进行了一定规模的采集。西部科学院在四川境内（包括今天重庆）以及福建研究院在永安、长汀等地的生物调查方面也有一定的贡献。当然，当时的中央林业实验所在神农架的植物学调查，四川大学在峨眉山等地的植物学调查等，也都是有影响的工作。尤其是辛树帜等人在广西大瑶山的采集，去的是前人从未涉足之地，发现了一个生物多样性非常丰富的地方，收获了不少新种，在生物区系学方面有重要的意义。他们的工作虽然还很不全面，但在当时的社会条件下取得上述成就已属不易。不仅经费的缺乏常使生物学开拓者们英雄气短，而且国无宁日、战乱频仍，更让科学家们流离失所，谋生困难，有时甚至为工作丧失自己的生命。他们的工作为后来的调查分类工作和相关志书的编写奠定了宝贵的基础，他们的创业精神为后人留下了丰富的精神遗产。

20世纪40年代中期，英国植物探险家考克斯在其《中国植物撷珍》一书的"后记"中写道："中国仍不断有很多新发现，并仍有很多需要认知的东西。这是外国在这个广袤的国家所做植物学考察的记述。我们热切期望关于这个主题的下一卷，中国人将在自己复兴后安详而繁荣的国家中进行。"[1]这表明当时我国生物学调查工作依然任重道远。

---

〔1〕　COX E H M. Plant hunting in China〔M〕. London：Collins，1945：223.

第六章　学术共同体的建立和
学术期刊的发行

第一节　各种学会的建立

我国从西方引进西方自然科学是从19世纪末开始的，而派出大批留学生到西方学习自然科学是从20世纪开始的。成立相应的学术团体进行学术交流、互通声气，进而发展科学研究，是比较晚的事情。相反，来华的西方人倒是比较早就联合起来建立一些机构和团体，进行学术资料和情报的交流活动。法国耶稣会士曾想在中国建立法兰西科学院中国分院。1857年英国人在中国成立皇家亚洲文会北华支会（North China Branch of the Royal Asiatic Society）。1887年外国传教士在上海创办中国博医会（China Medical Missionary Association），该会主办了《博医汇报》（*the China Medical Missionary Journal*）。这些都是在华西方人组织的学术小圈子，对我国学术界的影响很小。

我国科学引入较晚，专门学会出现得晚也在情理之中。20世纪初，我国开始有一些博物学爱好者谋求组织一些学会或其他学术团体来促进生物学的发展。前面提到，大约在1907年，江苏有些博物学爱好者成立了植物研究会。由于当时国内尚无受过正规学术教育的植物学家，所以这个植物研究会不可能是专业的学术团体，只不过是一个业余的植物学爱好者组织的学术团体，在学术界没产生什么影响。

1907年，李煜瀛等留法学生发起组织远东生物学研究会。他在提及建会缘起时写道："生物学之研究，其理学方术至为繁密，其利益亦最富厚。徒以东西地产之不同，习俗言语之异致，非互相引证切实考求，无以融会贯通，确收实效。学员等有鉴于此，因与在欧留学诸人，合力组织，集资赁屋，购置中国植物各品暨试验器具，并附设化学实验室，名曰远东生物学研究会。"其宗旨是："以会通中外，切合实用为务；发明中国故有之特长，为前人习而不察者，证以西人科学之新理，发明远东物产之功用"，同时还要"输西法之精能"[1]。不过这个所谓的"研究会"可能与后来通常所说的生物学会或研究会不大相同，因为它更注重实用技术的探讨。几年下来，李煜瀛给相关部门报告时写道："分门调查研究，数年以来，颇有微效。"1910年，李煜瀛根据自己的研究所得，出版了《大豆》一书，1912年又和法国学者格兰维耐特（L. Grandvoinnet）合作，在巴黎用法语出版《大豆》（Le Soja）一书。书的内容包括大豆之名称及分类、大豆之产地及历史、大豆在植物学中之位置、大豆之含素、大豆之特性、大豆食品之功用、大豆在工艺中之作用、大豆在农业中之价值，加上引言和结论共10章。[2]或许这就是李煜瀛所说的这方面取得成绩的具体体现。他回国以后，这个研究会似乎也就停止活动了。

1914年，以江苏一些中小学和中专博物学教师为主要成员的中华博物研究会在南京市的江苏省教育学会上成立。这个研究会的一些成员曾经留学日本学习博物学。所有会员以"全国之博物学家及志愿研究博物者充任之"。其宗旨是："发

〔1〕 洪震寰. 清末的"远东生物学研究会"与"豆腐公司"初探 [J]. 中国科技史料, 1995, 16 (2)：19-23.
〔2〕 董钻，杨光明. 李煜瀛和他的大豆专著 [J]. 大豆科技, 2012, (2)：1-2.

明全国之博物区系，增进学识，改良教材，发达实业。"该研究会下设动物、植物、生理卫生和矿物四部。在首批 47 名成员中，有地质学家丁文江，动物学家秉志和薛德焴等。1918年 8 月，中华博物研究会与北京博物调查会合并，改名为中华博物学会。[1]

1923 年 3 月，福建的一些博物学爱好者在福州成立了福建博物研究会。该会以"研究博物促进教育为主旨"，邀请克立鹄等生物学家为指导员。[2]其缘起这样写道："福建背山面海，物产丰饶，动植矿三界无不足供学术研究，而备人生之利用。本会有鉴及此，爰集同人，征求各地之天产物，分门别类，取研究性质，死者制成标本，生者豢养陈列，一以备学校师生课余之参考，一以开社人民普通之智识，庶几物不弃于地，利用足继以厚生。"他们收集动植物和矿物标本，设立天产陈列所和动物园，设有博物教材标本室和生物材料处，进行展览和科普宣传，以及向各地学校销售教学标本等。他们的工作得到了当地政府的支持，十余年中，取得了可喜成绩，收集动植物和矿物等标本模型数十万件。颇受当时社会贤达称道。有人写道："吾国开化之早，甲于五洲。天产富饶，复为世界各国冠，第国人研求学术，侧重理论，而实观则付诸阙如，遂至进步维艰，瞠乎人后。……福建博物研究会同人，深知其弊，且以宇宙孕育群物，无不与人生有关，更有感乎一物不知，儒者之耻，乃不惜精神之牺牲，惨淡经营，历十有三稔，

〔1〕 薛攀皋. 中国最早的三种与生物学有关的博物学杂志 [J]. 中国科技史料，1992，13（1）：90－95.

〔2〕 福建博物研究会. 福建博物研究会概况 [M]. 福州：福建博物研究会，1935：53.

举自然界之生物无生物搜辑殆遍，……其裨益学术，诚非浅鲜。"[1] 由此可见，他们在普及博物学知识方面，做了不少有益的工作。此外，他们还参与了生物名词审议方面的工作。

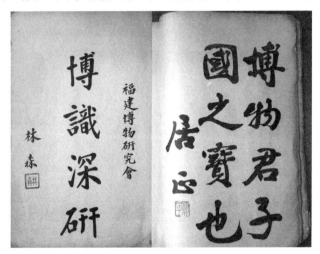

林森和居正给福建博物研究会的题字

刘崇乐（前排戴眼镜着西服者）在福建博物研究会演讲后与听众合影

说起我国的科学团体，不能不提中国科学社。1914 年 6 月 10 日，在美国康奈尔大学留学的中国学生胡明复[2]、赵元任、

---

[1] 福建博物研究会. 福建博物研究会概况［M］. 福州：福建博物研究会，1935：序.

[2] 胡明复（1891—1927），数学家，第一个在美国获数学博士学位者，归国后在大同大学任教，兼任东南大学和南洋大学数学教授.

周仁[1]、秉志、章元善、过探先、金邦正[2]、任鸿隽[3]和杨铨（杏佛）[4]等9人，抱着"科学救国"的理念，认为要强盛国家，就必须唤起民众奋起发展祖国的科学事业，而他们这些海外学子也必须为此尽力，因而筹谋成立一个学术团体。这9人都是颇有使命感的热血青年。他们有共同的"格物致知，利用厚生"的志趣和目标[5]，最终在1915年10月25日于康奈尔大学所在地伊萨卡（Ithaca）[6]正式成立了中国科学社。这是一个在我国有深远影响的科学团体。它是我国民国年间最有影响的科学团体，虽然不是专门的生物学学术团体，但对我国生物学发展有着重大而深远的影响。

科学社的创立者中学习生物学的有秉志，学习农林的有金邦正和过探先。当时的创立者之一杨铨认为"中国犹荒芜不治之田，播种灌溉而使发科学之花者，今日学界之责也"[7]。同为科学社创立者的秉志在《悼葛霖满先生》一文中，对科学救国有这样的阐述："吾国科学发展最迟，先生尤殷殷盼望，冀一旦中国人士认清科学为救国之唯一工具，……以数千年历史不断之国家，人民具创造力，若努力于科学者，日见其多，将来国家必能蝉蜕日新，当有重要之贡献，不徒造福于国家，且可影响于全世。"[8]众所周知，康奈尔大学是一个以生物学

〔1〕 后任中央研究院工学研究所所长，中央研究院院士。
〔2〕 后曾任清华学校校长。
〔3〕 后曾长期任中华教育文化基金会总干事。
〔4〕 后曾任中央研究院总干事。
〔5〕 中国科学社. 中国科学社成立三十周年宣言 [J]. 科学，1945，27（1）：3-4.
〔6〕 当时亦译成绮色佳。
〔7〕 杨铨. 科学与中国 [J]. 留美学生季报，1914（4）：16.
〔8〕 秉志. 悼葛霖满先生 [J]. 科学，1937，21（8）：605-610.

和农学先进著称的学校，在这里成立的科学社和培育出来的留学生对我国生物学和农学研究产生的深远影响绝非偶然。

这些充满激情的留学生在 1916 年通过的《中国科学社章程》中，确立该社的宗旨是"联络同志，研究学术，以共图科学之发展"。同时，该章程提出要"发行杂志，传播科学，提倡研究"，并"设立各科学研究所，施行实验，以求学术、工业及公益事业的进步"[1]。这些富于激情、敢于任事的年轻学生，迅速将理想付诸行动。在科学社成立的当年，他们便在国内发行《科学》杂志，向民众传播科学知识，同时刊登论述科学重要性、讨论科学研究方法和进行科学评论的文章。《科学》杂志以传播世界最新科学知识为职志，在传播生物学方面，作用最大，影响极深。换言之，它在"转输贩运"方面，的确"未遑多让"。[2] 在它所设的数个栏目中，"生物科学及其应用"是中心之一。[3]

中国科学社的成员在致力实现"共图科学之发达"的远大目标时，提出当时拟办的九项事业：（一）发行杂志，以传播科学，提倡研究。（二）著译科学书籍。（三）编订科学名词，以期划一而便学者。（四）设立图书馆以供参考。（五）设立各科研究所，施行科学上之实验，以求学术、工业及公益事业之进步。（六）设立博物馆，搜集学术上、工业上、历史

---

〔1〕 任鸿隽. 中国科学社社史简述 [J]. 中国科技史料，1983，4（1）：2 - 14.

〔2〕 后来担任编辑与经理的刘咸、卢于道和张孟闻不但是生物学家，而且都是秉志的学生。

〔3〕 1916 年 9 月，陈独秀在上海发行的《青年杂志》也开始刊行，1917 年易名为《新青年》。这说明当时的知识精英不约而同地从各自的角度去影响社会和引进科学，开展自己的救国行动。

上以及自然界动植矿物标本，陈列之以供研究。（七）举行学术讲演，以普及科学知识。（八）组织科学旅行研究团，为实地之科学调查与研究。（九）受公私机关委托，研究及解决关于科学上一切问题。[1]

毫无疑问，我国第一个生物学研究机构——中国科学社生物研究所的建立，是科学社的一大成就。

1925 年，在法国学习生物学的留学生周太玄、刘慎谔、汪德耀、张玺、林镕、刘厚等 40 余人在法国里昂大学组织了中国生物科学学会，刘慎谔被推举为总书记[2]。不过，这只是一个临时性的组织，这些学者回国后就没有继续组织活动了。

与生物学密切相关的农学和医学的学术团体在我国出现也是比较早的。1896 年，罗振玉等在上海创立了农学会。不过这个农学会主要是译书、传播农学知识，不是学者进行学术交流的团体。1917 年，林学家陈嵘、农学家王舜臣和周清等在南京联合农林学界发起组织中华农学会[3]，发起成员主要是江苏农校的老师，时任江苏省立第一农业学校校长的陈嵘任第一届中华农学会会长兼总干事长。陈嵘与陈方济等人筹款在南京双龙巷建造永久会址。当时中华农学会会员仅 50 余人，基本来自江苏和浙江两省。1917 年，林学家凌道扬、陈嵘等人发起成立中华森林会（中国林学会的前身），凌道扬任首任会

---

〔1〕 任鸿隽. 中国科学社之过去及将来 [J]. 科学, 1923, 8 (1): 7.

〔2〕 《刘慎谔文集》编辑组. 刘慎谔文集 [M]. 北京: 科学出版社, 1985: 1.

〔3〕 吴觉农. 中华农学会——我国第一个农业学术团体 [J]. 中国科技史料, 1980, (2): 78-82.

长。1921 年，该会创办林学杂志《森林》。[1]

1920 年 11 月，在北京的中外解剖学者和相关人士成立了中国解剖学和人类学会。这个学会范围很小，会员只有 10 余人，成立后不久即终止了活动。1947 年 7 月，中国解剖学会在上海成立。虽然当时会员有 80 多人，但是这个学会很少开展学术活动。[2-3]1921 年 8 月，南京高等师范暑期教育讲习会的学员发起成立中华心理学会，北京高等师范学校教授张耀翔任会长，后因九一八事变停止活动。1936 年 11 月，北平、南京和上海等地的生理学者 34 人发出号召，1937 年 1 月在南京成立中国心理学会，燕京大学代理校长陆志韦教授任理事长，刘廷芳、陆志韦、萧孝嵘、周先庚、艾伟、汪敬熙和唐钺等 7 人任理事。可惜不久七七事变爆发，该会停止活动。

1907 年，一些留学日本的学生发起成立中国国民卫生会。他们认为："快枪巨炮不足恐，强敌利兵不足忧，所足恐忧者，独吾人之病弱耳。……夫生物世界中，生存竞争之道，既须臾不息，则适者生存之理亦须臾不可离。吾人克抵此竞争之侵袭，而不获适当摄养生殖，焉能全此生存哉。……此同人所日夜焦忧也。"其宗旨是："讲究国民健康方法，普牖卫生知识，辅翼卫生设施。"[4]1907 年，该会出版了一本通俗性的刊物《卫生世界》，每月一期，出版了五期后便停刊了。

〔1〕 中国林学会. 陈嵘纪念集 [M]. 北京：中国林业出版社，1988：71 - 75.

〔2〕 卢于道. 三十年来国内的解剖学 [J]. 科学，1948，30（7）：201 - 224.

〔3〕 王有琪. 现代中国解剖学的发展 [M]. 上海：科学技术出版社，1956：14.

〔4〕 中国国民卫生会启 [J]. 理学杂志，1907，(5)：11 - 14.

1922 年北京协和医学院的一些外籍教师发起成立美国实验生物学与医学学会北平分会（the Society of Experimental Biology and Medicine，Peiping Branch）。林可胜回国到北京协和医学院生理系工作后，认为应该有中国人自己的学会组织。1926 年，他和生化学家吴宪等在北京发起成立中国生理学会，1926 年 2 月 27 日在北京协和医学院生理系召开成立大会，会员有 14 人，林可胜被推选为临时书记兼会计。和当时的地质学会一样，这个学会从成立开始就带有国际化的色彩，当时也有部分外国学者参加这个学会，如英国生理学家伊博恩（B. E. Read），日本生理学家久保田晴光、久野宁等。1926 年 9 月 6 日在北京协和医学院举行第一届中国生理学会年会，林可胜被选为第一届会长，伊博恩为书记兼会计，吴宪与香港大学生理学教授安尔（H. G. Earle）为理事。会上通过了蔡翘、张锡钧、林树模、马文昭、朴柱奉（朝鲜）、狄耐德（F. R. Dienaide）、启真道（L. G. Kilborn）、金（F. W. King）等 11 人为新会员。这个学会是我国最成功的生物学团体之一，在国际上有一定的影响。1926 年中国生理学会成立的时候，走的是精英路线，对加入该学会的会员有较高的学术要求，有论文才允许参加。后来会员有百余人，还出版了《中国生理学杂志》（*Chinese Journal of Physiology*），1927 年 1 月出版了创刊号。[1]

　　其后我国的微生物研究者伍连德、谢和平和林宗扬等于 1928 年在北京成立中国微生物学会。不过当时会员较少，影响不大。

----

〔1〕 陈孟勤. 中国生理学会六十年［M］// 中国生理学会编辑小组. 中国近代生理学六十年：一九二六——一九八六. 长沙：湖南教育出版社，1986：21 - 42.

与生物学研究有密切关系的古生物学在当时也逐渐得到发展。1929 年 8 月，地质古生物学者丁文江、葛利普、孙云铸、俞建章和周赞衡在北京忠信堂召开了中国古生物学会成立大会，大会通过了会议章程，选举葛利普为主席，孙云铸为会长，计荣森为书记，李四光、赵亚曾和杨钟健等为评议员。1929 年 9 月首次常委会和讨论会在地质调查所大讲堂召开。后来学会长期没有活动，至 1947 年 12 月重新复会。1948 年 6 月，学会创办《中国古生物学会会刊》。[1]

昆虫的研究与农业生产、卫生保健事业密切相关，昆虫学也因这个缘故成为我国早期生物学科中最为发达的分支学科之一。我国最早到西方学习生物学的留学生中，不少是学习昆虫学的，如邹树文、秉志、胡经甫和张巨伯等。早在 1900 年，罗振玉即在《农学报》发表《创设虫学研究所议》一文。他指出：“欧美各国，随处有昆虫学会，今举概要于此：一曰购害虫益虫，以资考求；二曰购修昆虫器具，如显微镜之属，以便研究；三曰购杀虫药品，以资试验；四曰植除虫植物如除虫菊之类，以广利用；五曰备饲育室，以考验害虫性情状态；六曰购益虫益鸟，广其传殖，以收天然捕获之功。”由此可见，罗振玉对设立昆虫学研究机构已有较深刻的认识。早年他在《农学报》上发表了他组织翻译的《日本昆虫学》《应用昆虫学教科书》等昆虫学著作。我国早期的生物学家中，有不少人都致力于农田虫害的防治；加上昆虫是地球上最庞大的生物类群之一，从事这个领域的研究也容易出成绩，所以昆虫学家

〔1〕 王俊庚，夏广胜，潘云唐. 中国古生物学会简史［J］. 中国科技史料，1984，5（1）：99.

占有很大的比例。相较而言，昆虫学的学术团体也成立得比较早。1924年，由张巨伯、吴福桢、柳支英、程淦藩和李凤荪等昆虫学家发起在南京成立"六足"学会（初亦称中国昆虫学会）。当时有会员20余人，由张巨伯任会长，尤其伟任文书，杨惟义任会计。他们开展了一系列的学术活动，如组织会员报告自己的工作和读书体会，后因经费拮据，四年后即停止活动。[1]

20世纪30年代初，我国的昆虫学科有了一定的发展。当时不但公立和私立大学纷纷设立生物系，农业院校也设立生物系和病虫害系，医学院校设寄生虫系。昆虫学成为动物学发展比较突出的一个分支。根据昆虫学家刘淦芝的统计，当时我国从事昆虫研究的学者已达70余人[2]。他们非常积极地推动学术团体的建立。1937年，由40多位昆虫学家发起，拟在杭州成立中华昆虫学会，但由于日本帝国主义的侵略，导致这一计划最终流产。尽管如此，昆虫学家这个学术群体毕竟是当时生物学家中最大的群体之一，他们仍然非常希望尽早建立自己的学术团体，促进学术交流和进步。抗战胜利前夕的1944年10月，著名昆虫学家张巨伯、邹树文、吴福桢、邹钟琳、刘崇乐和陈世骧等30余人在重庆发起成立了中华昆虫学会。在1944年10月6日举行的成立大会上，到会代表50余人。后选出邹钟琳、吴福桢、蔡邦华、于菊生、冯敩棠、忻介六、柳支英、曾省、李凤荪、陈世骧和何琦等11人为理事，张巨伯、邹树文和刘崇乐为监事，吴福桢、邹钟琳和忻介六为常务理事，

---

〔1〕 莫容."六足"学会始末 [J]. 中国科技史料，1988，9（1）：59.
〔2〕 刘淦芝. 中国昆虫学现状及其问题 [J]. 科学，1933，17（3）：343－357.

吴福桢为理事长。他们在成立大会上通过了学会章程，决定创办《中华昆虫学会通讯》。[1]

与昆虫学类似，20世纪前期，植物学也是我国发展最快的学科之一。早在1907年，我国即有一些博物学者成立了植物研究会。薛蛰龙谈到该会的缘起时写道："古人有言，'一物不知，儒者之耻'。是故博物学尚焉。……就植物言之，东亚大陆，地居温带，大河贯其北，长江亘其南。葱葱郁郁，种类殆以兆计。然而古人之所记载，今人之所称述者十无一二焉。……英集吾国之植物，置大学以为标本；日取吾国之本草纲目别科属以为蓝本，不自研究，而转为他国人研究之资，对内对外，两有汗颜。爰集同志，组立斯会。移沽酒市柑之资，而购显微镜、采集箱、解剖器各具，及参考各书。每于星期之暇，散步郊外，凡一草一木、一苔一藻，杂糅采取，归而审其形态，别其科类，制为标本。"[2]上述学者的初衷非常好，不过从缘起中提到的做法也可看出这是一个植物学爱好者形成的团体，他们当时并没有受过良好训练，其后也未见影响。

进入20世纪20年代后，我国的植物学队伍在钱崇澍、胡先骕、陈焕镛和刘慎谔等学者的悉心经营下，得到迅速的成长。在20世纪30年代前期，我国的植物学队伍已初具规模。当时中国科学社生物研究所、北平静生生物调查所、中央研究院自然历史博物馆、国立北平研究院植物学研究所和中山大学农林植物研究所都有人数不等的植物学研究者，各普通高校或

---

〔1〕 周尧. 二十世纪中国的昆虫学 [M]. 西安：世界图书出版公司，2004：64.

〔2〕 公侠. 植物研究会缘起 [J]. 理学杂志，1907，(5)：9-10.

农业院校也都有生物学系或植物学系，这些高校也都有植物学者活跃在教学和科研一线。仅从事植物分类学的研究者可能就已经有70余人，每年发表的文章有近百篇。[1]他们深感"每以散居各方消息阻隔，非有整个组织，恐难收集腋成裘之效"，有团结起来共同推进学术发展的必要。1933年8月，胡先骕、辛树帜、钱崇澍、陈焕镛、陈嵘、李继侗、张景钺、裴鉴、李良庆、秦仁昌、钟心煊、刘慎谔、吴韫珍、张珽、林镕、叶雅各、钱天鹤、董爽秋、严楚江等19人发起成立中国植物学会，随即在重庆北碚中国西部科学院召开成立大会，当时即有会员百余人。大会通过《中国植物学会章程》，其宗旨为"谋纯粹及应用植物学之进步及其普及"。选举钱崇澍、陈焕镛、张景钺、秦仁昌、钟心煊、李继侗和刘慎谔为评议员，胡先骕为总编辑。钱崇澍任第一届中国植物学会评议长，陈焕镛任副评议长，张景钺任书记，秦仁昌任会计。根据《中国植物学会章程》第六条规定："本会设评议会，决议本会重要事务，由评议员七人组织之，除会长、副会长、书记、会计为当然评议员外，其他三人开常年大会时选举之，任期一年，连举得连任。"大会还选举蔡元培、朱家骅、秉志、翁文灏、任鸿隽、丁文江、马君武、邹秉文和周诒春等9人为董事，他们构成的董事会"计划本会的发展事宜"。会址设在北平文津街静生生物调查所。[2]

---

〔1〕 中国植物学会. 中国植物学史［M］. 北京：科学出版社，1994：131 - 133.

〔2〕 国民党北平市党部转报中国植物学会呈请备案函。（中国第二历史档案馆. 中华民国史档案资料汇编：第五辑第一编 文化（二）［G］. 南京：江苏古籍出版社，1994：752 - 756.）

会上通过的《中国植物学会章程》制订的工作有以下三项：一是举行定期年会，宣读论文，讨论关于植物学研究应用及教学的种种问题；二是出版植物学杂志（中文）及其他刊物；三是参加国际学术工作。1934年，中国植物学会会刊《中国植物学杂志》创刊。1935年开始不定期发行《中国植物学会汇报》（*Bulletin of the Chinese Botanical Society*），刊发论文和论文摘要。[1]

在秉志、胡经甫等动物学家的惨淡经营下，我国的动物学事业发展很快，在植物学会成立后的第二年（即1934年），我国的动物学家开始筹谋创立动物学会。他们有感于"学而无侣，则闻见所囿，进修有偏；虽静思多精，专研易深，而波澜壮阔，苇航难渡。……况广友多闻，集思增益，道以论辩而愈明，理以争析而愈彰；……近年以来，国内习动物学者不乏其人矣，而散在四方，彼此莫知，山河阻绝，音讯疏阔；或累年暌索，或平生未展，江河寥落，雁影参差，潜修所得，既苦于偏菀；精心所作，又失之重叠。且以幅员之广袤，物藏之宏多，不有信会，何以博洽。尝思邀高轩，共集胜举"。基于他们对成立动物学会的重要意义的深刻认识，郑章成、陈子英、武兆发、张作人、伍献文、胡经甫、蔡堡、陈心陶、卢于道、任国荣、秉志、经利彬、孙宗彭、朱洗、张春霖、陈桢、薛德焴、王家楫、刘崇乐、寿振黄、刘咸、张宗汉、辛树帜、曾省、郑作新、徐荫祺、喻兆琦、陈纳逊、雍克昌和戴立生共30人于1934年8月，在庐

---

〔1〕 张肇骞. 中国三十年来之植物学 [J]. 科学，1947，29（5）：131 - 160.

山发起成立了中国动物学会。会上通过了《中国动物学会章程》。该会的宗旨是"以联络国内习动物学者共谋各种动物学知识之促进与普及"。其普通会员的入选条件为："凡对于动物学有独立研究之智趣能力与成绩者，由本会会员二人之介绍，并提出其著作经本会理事会通过，方得为本会普通会员。"[1]会议选出伍献文、武兆发、孙宗彭、辛树帜和经利彬任第一届理事，推选秉志为中国动物学会首届会长，胡经甫为副会长，书记为王家楫，会计为陈纳逊。会址设在南京中央研究院动植物研究所内。是时已有会员300多人。在第一届理事会上他们决定创办《中国动物学杂志》（*Chinese Journal of Zoology*）。中国动物学会的成立，促进了动物学家的团结和交流，对该学科的发展意义重大。

上述生物科学团体的建立，加强了我国生物科学工作者的团结合作，有助于更好地协作研究、切磋学术，促进生物学各分支的发展。

第二节　相关的生物学期刊

在我国引进西方生物学的同时，赴日本学习博物学的留学生和赴欧美的留学生中回国人数不断增加，各种科学团体陆续成立，我国开始兴办一些与生物学有关的科学杂志以促进科学普及和交流学术。较早的与生物学相关的杂志是由一些地方师范学校的博物学师生兴办的，这些杂志的主要负责人基本上都是留日学生。

---

〔1〕 刘襄伟. 中国动物学会缘起［J］. 科学，1934，18（7）：1002 - 1005.

1914 年 10 月，由中华博物研究会创编、上海文明书局印行的《博物学杂志》（*Journal of Natural Science*）开始出版。其宗旨为"调查全国物产及其区系，研究学术，交换知识，改良教材，促进实业"。杂志的栏目共分 14 类：（1）图画，与博物学有关的摄影、写生画、解剖画等；（2）论说，"以鼓吹博物，期使知识普及为主"；（3）研究，"以发表心得、商榷学理为主"；（4）教材，"以本国的习见品，以合于实用及教材用者为主"；（5）专著，包括古人有关博物学范畴的著作，为刊行或已刊而绝版者，以及现今博物家之撰有成书而未付印者；（6）译述，选译欧、美、日之博物学著作或新学说，按期译载；（7）丛谈，与博物学有关的笔记、谈话、通讯、琐屑不成篇章者；（8）文苑，与博物学有关的游记、史传、诗歌；（9）小说，与博物学有关者；（10）书评；（11）问答；（12）调查，"为调查全国博物区系之报告"；（13）附录，"与博物有关但不能列入以上诸门类的"；（14）会报，中华博物研究会的活动、会员动态等。该刊的第一任编辑是植物学者吴家煦（冰心），第二任编辑是动物学者吴元涤（子休）。[1]创刊号刊有薛德焴、吴家煦和吴元涤等博物学教师的论文。由于经费的原因，该杂志出无定期，一直到 1928 年 10 月，一共出了 2 卷 8 期。刊出的文章主要是生物学方面的。

1913 年，武昌博物杂志社创办了《博物杂志》，但在 1913年 6 月即停刊。1918 年，武昌高等师范学校博物学会创办了《博物学会杂志》（*the Journal of Natural History*）[2]，由武昌高

---

〔1〕 薛攀皋. 中国最早的三种与生物学有关的博物学杂志〔J〕. 中国科技史料，1992，13（1）：90 - 95.

〔2〕 后改名为《武昌师范大学博物学会杂志》。

等师范学校博物学会编辑出版[1]。该杂志的栏目有9类，与上述《博物学杂志》大同小异，该校的动物学教授薛德焴和植物学教授张珽分别担任过总编辑和编辑部主任。该杂志头两年各出了两期，不分卷；1920年出版了第3卷，共三期。1921年至1924年3月，出版了第4卷和第5卷，各四期。总共刊出15期。

1919年，北京高等师范学校博物学会开始编辑《博物杂志》(the Magazine of Natural History)。该杂志的宗旨为"以阐发博物知识及学理"。该杂志刊登的文章内容与上述两个杂志大同小异。创刊时，曾由北京高等师范学校博物部的动物学教授陈映璜任总编辑。[2]他在首期上发表了"发刊辞"，其中写道："同人治博物学而有会，会立而有志，岂欲以学竞耶，亦将验夫互助之原理尔。"刊登的文章包括翁文灏的《宜昌石龙辨》、彭世芳的《北京栽培植物俗名之研究》和雍克昌的《虾之解剖》等。[3]

上述博物学杂志主要以向大众传播博物学知识为主，也发表了不少生物研究调查报告，如胡经甫的《藻类的研究》和薛德焴的《我国扬子江产淡水水母之一新种》等。此外，这些杂志对生物学名词的统一也做出了一些有益的贡献。但总体而言，学术水平还比较低。

1915年，由秉志和金邦正等学习生物学和林学的学者参

〔1〕《国立武昌高师、武昌师大毕业同学通讯录》于1936年（民国二十五年）6月出版，现存于湖北省档案馆（LSF2.：1－89）。

〔2〕 薛攀皋. 中国最早的三种与生物学有关的博物学杂志 [J]. 中国科技史料，1992，13（1）：90－95.

〔3〕 姚远，王睿，姚树峰，等. 中国近代科技期刊源流：1792～1949（上）[M]. 济南：山东教育出版社，2008：291－293.

与创立的中国科学社，开始刊行高质量的自然科学期刊——《科学》（Science）。该刊物不但从一开始就刊登有大量生物学的研究论文和通俗文章，而且从20世纪30年代初开始长期担任编辑部负责人的刘咸、卢于道和张孟闻等皆为生物学家。他们都是秉志的得意门生。《科学》在国内的影响也远远超出同时期的其他科学期刊。

五四运动以前，不少综合性的刊物如《学艺》和《东方杂志》，以及一般性的杂志如《中华学生界》和《妇女杂志》，也都刊登过生物学方面的文章。如1913年的《进步杂志》和1915年的《东方杂志》都刊登过介绍孟德尔遗传学说的文章。1917年创刊的《学艺》后来刊登过一些生物学论文和科普文章，植物生理学家罗宗洛后来还是该杂志的编辑之一。显然，在20世纪的前20年，无论是刊登生物学文章的杂志数量，还是生物学文章的数量都比19世纪多，而且质量也提高了许多。

随着20世纪20年代学制的变化，欧美学制取代了此前的日式学制，高等师范学校改成大学，学校的博物部改为生物系，一些博物学杂志则开始改名为生物学杂志。如1923年武昌高等师范学校（1924年9月改名为国立武昌大学）博物部改为生物系，1924年武昌高等师范学校的博物学会改为生物学会，原《博物学会杂志》也相应改名为《生物学杂志》。1926年，北京师范大学生物学会也编辑出版过一期《生物学半月刊》；1926年，广东中山大学中国南方生物学会也出版过一期《生物学杂志》。总体而言，上述杂志的科普性强一些，刊发的研究论文水平比较低，在学术界影响不大。

1921年中华心理学会成立后，1922年出版会刊《心理》杂志，由张耀翔任主编。该刊共出14期，至1927年，因经济困难停刊。1937 年，中国心理学会成立后，开始发行《中国心理学报》（*the Chinese Journal of Psychology*），但似乎只发行了一期就因战争爆发而停刊。

前文提到 1927 年 1 月，《中国生理学杂志》开始刊行，由于其编者和作者的水平都很高，它很快便成为国际上知名的生理学刊物。

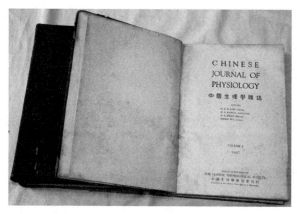

中国生理学杂志

《中国生理学杂志》的主编是林可胜（Robert Kho-Seng Lim，1897—1969）、安尔（Herbert Gastineau Earle，1882—1946）、伊博恩（Bernard Emms Read，1887—1949）和吴宪（Hsien Wu，1893—1959）。征稿启事说明了刊载生理学、生物化学和药理学的论文，用汉语、法语、德语和英语写的稿件均收，但中文稿件须附外文摘要，外文稿件须附中文摘要。实际上，刊物收到的稿件绝大多数都是英文稿，事实上它也就成了一本英文杂志（附中文摘要）。1927～1935 年，该杂志每年出 1 卷 4 期，1936 年稿件源源不断地增加，于是第 10 卷多出了 1 期，共计 5 期。1937 年杂志更加繁荣，出版了第 11、第 12 两卷共 8 期。1937 年抗战全面爆发，它的繁荣也成为昙花一现。此后主编林可胜奔赴内地领导战地救护工作，由生理学系代主任张锡钧负责杂志的编辑出版，中国生理学会挂靠的北京协和医学院在日本占领下的北京勉强维持。1938～1940年该杂志每年出1卷4期，1941年出至第16卷第3期时，太平洋战争爆发，北京协和医学院被日军占领，杂志从此休刊直至抗战胜利。1948年12月杂志复刊，出版了第16卷第4期，第16卷至此方才补齐。在1949年中华人民共和国成立前夕，杂志发行到第17卷第2期。截至1949年，该刊物共刊出68期，刊出论文715篇。

《中国生理学杂志》在20世纪20年代的中国出现令人瞩目。虽然当时国家经济落后，社会动乱，并不具备实验科学顺利开展的良好环境，但是杂志不仅得以很好地发展，而且刊行不久便达到可与世界同行对话的高度。国内的学者向来引以为豪，有研究者曾经罗列了当时学者的不少佳评。[1]神经解剖学家卢于道1935年说过"北平协和出版之中国生理学杂志，在世界上颇有地位"[2]。生理心理学家汪敬熙1936年则强调，杂志"每期内的论文，在英、美、德、法的生物学、医学和心理学的摘要杂志都有提要登出，并且许多的论文都能引起外国研究同一问题的学者的注意"[3]。生理学家吴襄在1948年评价说，杂志的"印刷和内容俱臻上乘，堪与学术先进诸国

---

〔1〕 姜玉平. 中国近代最早获得世界声誉的科学期刊及其启迪 [J]. 自然辩证法通讯，2006，28（1）：74－79，111.

〔2〕 卢于道. 二十年来中国之动物学 [J]. 科学，1935，20（1）：46.

〔3〕 汪敬熙. 我们现在应该尽力提倡实验的科学 [J]. 独立评论，1936，5（19）：14－16.

的学报媲美"[1]。生理学家柳安昌1956年回顾这份杂志时的看法是："它在品质方面，总可以同世界有名的生理学杂志，并肩齐驱。"[2]无疑，这是一本高质量的生理学期刊，是当时国内科学期刊中最受国际学界关注的一种，引用率居国内各种科学杂志之首[3]，在世界生理学界的影响远远超过了后来的《生理学报》[4]。

不仅如此，生理学家冯德培还认为："这本杂志所形成的风格，所建立的标准，对中国实验生物学和实验医学的发展是有很大影响的。"[5]可见《中国生理学杂志》的确在提升我国的实验生物学水平和推动生理学的发展方面发挥过重要作用。

民国年间，像《中国生理学杂志》这样在国际上占有一席之地的刊物是非常罕见的。不过，当时国内很多对本土动植物进行调查分析的学者对国内生物学的发展以及后来的影响也不容低估，他们主办的动植物学杂志也与国外学术界建立了广泛的交换关系。

1922年，中国科学社生物研究所建立以后，于1925年创刊《中国科学社生物研究所丛刊》（*Contributions from the Biological Laboratory of the Science Society of China*）。这是一本英文刊物，是我国国人自己创办的最早的生物学学术丛刊。所内

---

〔1〕 吴襄. 三十年来国内生理学者之贡献［J］. 科学，1948，30（10）：295 - 320.

〔2〕 见李熙谋《中华民国科学志（二）》（1956年）一书中《生理学》一文。

〔3〕 排在第二位的是《中国古生物志》。

〔4〕 颜宜葳，罗桂环. 从SCI引证看《中国生理学杂志》的国际影响［J］. 自然科学史研究，2011（2）：216 - 229.

〔5〕 饶毅. 中国生理学杂志——一个优秀的研究期刊［J］. 二十一世纪，1996，（12）：103.

研究人员撰写的研究论文和调查报告主要发表在这本刊物上。创刊时，论文较少，动植物学论文合刊出版。至1929年，论文越来越多，动植物部的论文分刊出版。[1]1925~1929年，共刊动植物论文5卷，每卷5号，一般以一篇报告为1号。自1930年第6卷起，分动物系列（Zoological Series）和植物系列（Botanical Series），每个系列每卷也不限于5号。出版到1942年第12卷第3期后，因经费支绌停刊。1925~1942年，动物系列共16卷，植物系列共12卷，另有研究专刊两本（《中国森林植物志》《中国药用植物志》各一本）[2]，先后发表了研

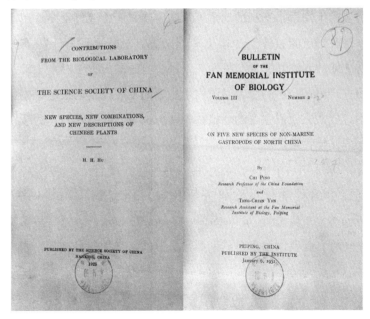

科学社生物所丛刊和静生所的汇报

〔1〕 中国科学社. 中国科学社生物研究所概况——第一次十年报告［M］. 北京: 中国科学公司, 1933: 5.
〔2〕 任鸿隽. 中国科学社社史简述［J］. 中国科技史料, 1983, 4 (1): 2 - 14.

究论文数百篇。其中外文动物学研究论文共112篇，以分类学最多，共66篇，解剖组织学22篇，生理学15篇，营养化学9篇。我国不少学科开创性的研究成果是经由该刊发表的，如1925年该丛刊第1卷第1号上刊登的陈桢的《金鱼外形之变异》，是我国学者最早的动物遗传学研究论文。中国科学社生物研究所发表的植物学的论文也有100多篇[1]，其中也有不少属开山之作。1926年张景钺的《蕨类组织之研究》一文，是我国学者独立发表的第一篇植物形态学研究论文。1927年钱崇澍的《安徽黄山植物之初步观察》，是我国学者发表的第一篇植物生态学研究论文。

这本刊物很注意国际影响，1928年就与国外50多个研究机关进行刊物交换[2]。至抗日战争全面爆发初期，中国科学社生物研究所的论文已经与世界各国学术机构交换刊物达600处以上[3]。

北平静生生物调查所于1928年创立后，从1929年开始创办《静生生物调查所汇报》（*Bulletin of the Fan Memorial Institute of Biology*），从1934年第5卷开始，动物论文和植物论文分别刊出，动物系列到1941年出版至第10卷停刊，植物系列到1941年出版至第11卷停刊。1943～1948年又刊出3期，两个系列共刊出国内外学者的论文269篇，其中动物学论

〔1〕 中国科学社生物研究所概况（第一篇）［J］. 科学，1943，26（1）：136.

〔2〕 中华教育文化基金会. 中华教育文化基金董事会第三次报告［R］. 北平：中华教育文化基金董事会，1928：23.

〔3〕 张孟闻. 回忆业师秉志先生［J］. 中国科技史杂志，1981，2（2）：39－43.

文 133 篇，植物学论文 136 篇。[1]静生生物调查所的刊物也和国际上的生物学机构建立了广泛的交换关系。到七七事变爆发时，他们的刊物与世界各国学术机关交换的达 600 多处。[2]

1941 年，静生生物调查所与云南教育厅合办的云南农林植物所出版了《云南农林植物所丛刊》第 1 卷第 1 期。

1929 年，中央研究院筹备建立自然历史博物馆并开始刊行《国立中央研究院自然历史博物馆丛刊》（*Sinensia*），发表各类研究文章。丛刊每月一期，至 1933 年共出了 4 卷。1934 年，自然历史博物馆改名为动植物研究所时，《国立中央研究院自然历史博物馆丛刊》也改名为《国立中央研究院动植物所丛刊》（*Sinensia, Contributions from the National Research Institute of Zoology and Botany*），出版周期也改为每两个月一期。至 1944 年，动植物研究所分为动物研究所和植物研究所时，共出了 15 卷。后来动物研究所继续以《国立中央研究院动植所丛刊》为刊名出版丛刊，一直出到 1947 年第 18 卷；植物研究所在 1947 年自己刊行《国立中央研究院植物学汇报》，每年 4 期一卷，刊行到 1949 年，共出了 3 卷。两刊共登文章约 400 篇[3]，有专家指出，在中央研究院成立的 22 年中，共发表了英文文章 1800 多篇[4]，可见动植物学论文在其中占的比例还是相当高的。

---

〔1〕 吴家睿. 静生生物调查所纪事 [J]. 中国科技史料，1989，10（1）：26－36.

〔2〕 伍献文. 秉志教授传略 [J]. 中国科技史料，1986，7（1）：16－18.

〔3〕 姜玉平，张秉伦. 从自然历史博物馆到动物研究所和植物研究所 [J]. 中国科技史料，2002，23（1）：18－30.

〔4〕 竺可桢. 竺可桢全集：第 3 卷 [M]. 上海：上海科技教育出版社，2004：88.

中央研究院心理研究所成立后，曾出版《心理学》专刊10期，1932年7月到1936年，《国立中央研究院心理研究所丛刊》（*Contributions from the National Research Institute of Psychology*）共发行了第1卷4期和第2卷1册。

中山大学农林植物研究所在1930年也开始创刊《国立中山大学农林植物研究所专刊》（*Sunyatsenia，Journal of the Botanical Institute，College of Agriculture，Sun Yat-sen University*），共出版了7卷26期，发表论文和报告60多篇。

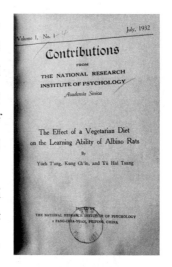

中央研究院心理研究所丛刊

论文和报告质量颇受后学推崇。[1]

1929年，北平研究院植物学研究所建立以后，于1931年创刊《国立北平研究院植物研究所丛刊》（*Contributions from the Institute of Botany，National Academy of Peiping*），其间因战争停刊，1949年又刊出一期（第6卷第2期）。与此同时，北平研究院动物学研究所也曾发行《国立北平研究院动物学研究所丛刊》（*Contributions from the Institute of Zoology，National Academy of Peiping*）。该刊侧重学术，主要用于国际交换宣传。1932~1937年共出3卷，随后停刊，1948和1949年又出了2卷，总共5卷。北平研究院动物学研究所也出了一本刊名为《国立北平研究院动物研究所中文报告汇刊》的中文刊物，侧

〔1〕 徐燕千. 缅怀吾师陈焕镛教授［J］. 中国科技史料, 1997, 18（2）：28-37.

中国生物学史·近现代卷

重国内宣传，总共出了 23 号。[1]此外，北平研究院生理学研究所也从 1935 年开始刊行《国立北平研究院生理学研究所丛刊》（ *Contributions from the Institute of Physiology, National Academy of Peiping* ），共刊出 3 卷。《国立北平研究院生理学研究所中文报告汇刊》主要刊登中文文章。

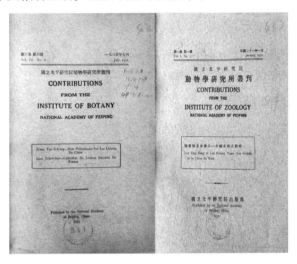

北平研究院植物学研究所丛刊和北平研究院动物学研究所丛刊

中国西部科学院成立后，也曾发行自己的学术刊物，出版过 3 期的《中国西部科学院生物研究所丛刊》。

1933 年中国植物学会成立后，该会的学者决定编辑出版中文的《中国植物学杂志》。1934 年 3 月，该刊在北平静生生物调查所创刊。根据植物学家胡先骕在该刊的"发刊辞"所言，《中国植物学杂志》的定位为"半通俗式之刊物"，宗旨是"育成一般社会对于斯学之兴趣"。该刊每年 1 卷，

[1] 夏武平，齐钟彦，马绣同．北平研究院动物学研究所小史 [J]．中国科技史料，1991，12（1）：43－45.

每卷 4 期。胡先骕在"发刊辞"中不无自豪地写道:"我国有花国之号,国人复秉先儒格物致知,利用厚生之教,争以多识鸟兽草木之名为尚,故本草之学特为发达。……至真正效法欧西之植物学研究,在吾国尚为民国纪元以后之事,至近年则国内斯学之研究甚为发达,专研植物分类学之研究所有四,此外尚有大学之植物标本室,遂使斯学之进步有一日千里之势,分类学专家已有多人,皆能独立研究,不徒赖国外专家之臂助。关于中国蕨类植物之研究,且驾多数欧美学者而上之。即在具普遍性之形态学、生理学、细胞学诸学科,亦有卓越之贡献。"[1]《中国植物学杂志》是一本半通俗性的学科杂志,刊登的文章包括以下内容:植物学各分支学科的进步、世界植物学家小传、国内外植物学界新闻、植物采集游记、植物学实验和教授方法、书报介绍、国内外研究论文节要、中国杂俎、植物学问答、植物学会会务报告等[2]。在创刊号上发表文章的学者包括胡先骕、沈同、马心仪、唐燿、汪发缵、徐仁、左景烈和张景钺等。该刊出版至1952 年,共出版了 6 卷[3]。

中国植物学会 1935 年决定刊行英文的《中国植物学会汇报》(*Bulletin of the Chinese Botanical Society*),由国立清华大学生物系李继侗教授任总编。出了 2 期后,因抗战全面爆发而停刊。

---

〔1〕 胡先骕.中国植物学杂志发刊辞〔J〕.中国植物学杂志,1934(1):1-2.

〔2〕 同〔1〕.

〔3〕 姚远,王睿,姚树峰,等.中国近代科技期刊源流:1792~1949(上)〔M〕.济南:山东教育出版社,2008:296.

1934年，中国动物学会成立后，1935年5月创刊《中国动物学杂志》，但只出了2卷便因抗日战争全面爆发而停刊，直到1949年才刊出第3卷。

1936年，由刘慎谔、朱洗等留学法国的学者组织的中国生物科学学会在北京刊行了《生物学杂志》。创刊号载有朱洗、经利彬、刘慎谔、林镕、陈兆熙、张作人和董爽秋等人的文章。这本杂志似乎就出了1期。不过，1936年朱洗离开北京到上海建立了一个小小的生物所，与罗宗洛一起以中国生物科学学会的名义，继续办起了《中国实验生物学杂志》，罗宗洛担任主编。该刊的出版一直持续到抗日战争结束以后。[1]

1947年成立的中国解剖学会发行有《解剖学报》和《解剖学通报》。[2]1948年，国立沈阳医学院细菌学研究所创办了《东北微生物学杂志》，由医学真菌学家郭可大和景冠华等负责，但只出了2期。

除上述刊物外，当时还有一些大学也曾创办过一些生物学刊物或刊出有关生物学文章的刊物。其中1934年，武昌华中大学（教会大学）生物学会编辑出版了《华中生物学刊》，这本杂志只出了2卷，创刊号上刊发了徐荫祺、张春霖、陈伯康、张珽和章盈五等生物学家的文章。国立中山大学也刊行过《国立中山大学生物系报告》和《生物学世界》。圣约翰大学也有《圣约翰大学生物学杂志》。厦门大学出版《厦大生物学

〔1〕黄宗甄.罗宗洛［M］//谈家桢.中国现代生物学家传：第一卷.长沙：湖南科学技术出版社，1985：156.

〔2〕尹恭成.近现代的中国科学技术团体［J］.中国科技史料，1985，6（5）：47－57.

刊》，福建协和大学出版《协大生物学报》。相关的还有《国立北京大学自然科学季刊》《国立清华大学理科报告乙种》《国立中央大学理科报告乙种》等。[1]

在民国年间，有几种外文期刊也曾刊登了不少生物学的文章，影响较大。它们是《中国科学社论文集》（*Memoirs of the Science Society of China*），《中国植物图谱》（*Icones Plantarum Sinicarum*），《中国科学和美术杂志》（*the China Journal of Science and Arts*）[2]，《北平博物学会期刊》（*Peking Natural History Bulletin*），《岭南科学期刊》（*Lingnan Science Journal*）和《香港博物学家》（*Hongkong Naturalist*）等。

1920 年，美国地质学家、古生物学家葛利普来华工作，很快就促进了我国古生物学的发展。1922 年国立北平研究院地质学研究所创立的《中国古生物志》（*Palaeontologia Sinica*），是我国早期有名的科学期刊之一，丁文江任主编。经过国内外一批学者苦心经营后，该刊物逐渐成为国际古生物学术界的一本知名刊物。葛利普认为："丁先生之意欲使此刊物较之其他国家之同类出版物有过之而无逊色。全志分甲、乙、丙、丁四种：甲种专载植物化石，乙种记无脊椎动物化石，丙种专述脊椎动物化石，丁种则专论中国原人。第一册之出版，距今（民国二十五年，1936）不及十五年，而今日之各别专集已近100 巨册之多。此种大成绩，实非他国所能表现。"[3]该杂志

―――――――――

〔1〕 徐文梅，窦延玲. 中国近代生物学期刊的成型和初具规模时期 [J]. 西北大学学报（自然科学版），2012，42（4）：693－697.

〔2〕 1927 年，该杂志英文名称简化为 the China Journal.

〔3〕 胡适. 丁文江的传记 [M] // 欧阳哲生. 胡适文集（7）. 北京：北京大学出版社，1998：438.

发表的论文以英文为主，至 1949 年，甲、乙、丙、丁四种分别刊出 10 册、48 册、51 册、17 册，据说许多研究成果居于世界领先地位。[1]

与生物学相关的农林学会也有自己的刊物，其中也刊有不少动植物文章。中华农学会 1918 年开始发行《中华农学会丛刊》（后先后改名为《中华农林会报》《中国农学会报》），一直到 1947 年停刊，出版丛刊和会报共计 185 期。[2] 1933 年，浙江昆虫局刊行了《昆虫与植病》，内容包括专门报告和图说等，1937 年停刊。[3]

上述学术刊物的出版发行，使国内的一些新的发现和探索得以及时发表，不但扩大了生物学家之间的学术交流，促进了国内外的学术资料交换，而且对推动学术的发展和普及生物学知识起了非常重要的作用。

此外，我们也不难看出，当时刊发的研究成果还是以形态和分类学乃至博物学一类的居多，实验生物学的比较少。除《中国生理学杂志》这种比较特殊的情况外，以罗宗洛努力提倡的植物生理学科为例，在 1949 年以前培养的学者也就 20 多位，从事这项学术教学和科研工作的不过三四十人，发表的论文总共只有 160 余篇。[4]

〔1〕 王鸿祯，孙荣圭，崔广振，等. 中国地质事业早期史 ［M］. 北京：北京大学出版社，1990：39.

〔2〕 吴觉农. 中华农学会 ［J］. 中国科技史料，1980（2）：78 - 82.

〔3〕 周尧. 二十世纪中国的昆虫学 ［M］. 西安：世界图书出版公司，2004：54.

〔4〕 中国植物生理学会. 中国植物生理学会 ［J］. 中国科技史料，1982（4）：76 - 78.

第七章　我国近代生物学发展的考察

第一节　民国年间的生物学群体考察

毫无疑问，要引进西方生物学，首先要有领军人物和开拓型的高层次人才，否则无法实现将西方生物学移植到中国这一目标。这些人才在我国是如何培养的呢？对此我们做了初步的考察。

对于向西方学习的过程，蒋梦麟曾经写过一段话："中国通过她的东邻逐渐吸收了西方的文明，但是中国不久发现，日本值得效法的东西还是从欧美学习而来的。更巧的是美国退还了八国联军之后的庚子赔款，中国利用庚子赔款选派了更多的留美学生。……现在从西洋回国的留学生人数逐渐增加，而且开始掌握政府、工商业以及教育界的若干重要位置。传教士，尤其是美国的传教士，通过教会学校帮助中国教育了年轻的一代。"[1]他的这种见解或许有一定道理。

辛亥革命前后，我国逐渐开始在欧美高校大规模寻求高层次人才培养，以期将西方的科学技术引进我国。后来的事实也证明，从欧美学成回来的留学生在将西方生物学引入中国中发挥了主要作用。他们不但进一步将西方更高深的生物学知识引进国内，而且将研究科学的方法和手段，乃至仪器设备引进中国，同时还进行有效的国际合作，使生物科学真正植根于中国这块古老的大地，并得到较好的发展。这一方面源于当时人们认识的深化，意识到向西方学习就应该直接到生物学先进的欧

---

〔1〕　蒋梦麟. 蒋梦麟自传［M］. 北京：团结出版社，2004：126－127.

中国生物学史·近现代卷

美国家去学习，另一方面源于美国和欧洲国家退回庚子赔款，改善了我国青年到西方留学的经济条件。

虽然黄宽、林文庆和伍连德等人都是比较早到国外学习医学的留学生，而且林文庆早在 1893 年就在英国《生理学杂志》（*Journal of Physiology*）发表了狗心脏的神经生理研究成果[1]，但真正在西方学习生物学的学者直到 20 世纪才出现。早期赴西方学习生物学的留学生大多去了美国，他们对我国生物学的影响尤其深远。

一　从美国留学归来的生物学科奠基者

20 世纪初，我国开始选派学生到西方学习生物学。其间，值得注意的是西方庚子赔款的退回。1908 年，我国用美国退还的庚子赔款资助学生赴美留学后，一些欧洲国家开始仿效美国，我国到西方留学的学生迅速增多。就我国生物学的发展而言，美国的影响无疑是最大的。[2]其中一个很重要的原因就是我国用美国退还的庚子赔款资助了大批青年学子到美国高校学习；这些留学青年在学习期间很容易对母校产生好感[3]。学成回国后，他们根据美国的学术理念，仿照美国的模式或标准，用类似的研究手段和方法，建设我国高校生物系和科研机

---

〔1〕　他的文章名为《关于狗心神经支配的研究》（*On the Nervous Supply of the Dog's Heart*），是在剑桥大学病理实验室做的工作。这被认为是中国人在自然科学方面的最早贡献。

〔2〕　当然，美国对我国近代科学的影响不仅仅限于生物学。有人指出，抗战期间由北京大学、清华大学和南开大学合办的西南联合大学中，在约 170 名有西方留学经历的教授中，有 100 多人在美国获得了博士学位。（费正清. 美国与中国 [M]. 孙瑞芹，陈泽宪，译. 北京：商务印书馆，1971：313.）

〔3〕　蒋梦麟在《蒋梦麟自传》一书第 105 页提及他自己在美国的学校中"发育成长，由衷铭感，无以言宣"。

构，同时与母校保持密切的联系并尝试合作。[1]正如一些生物学家指出的那样："写的研究论文绝大多数用英文，用的仪器、想添的设备、想做的研究题目都是尽量依照美国实验室的标准。认为非如此，做出来的结果才够得上国际水准，邀得外国科学同行的重视。论文的评价，认为国内没有识货人，无须考虑，国外同行的重视和批判，才是真正的评价，所以特别重视。"[2]这也在一定程度上反映了我国生物学刚起步时的特点。

不仅如此，这些留学生的研究和深造还常常依赖于同样用庚子赔款建立的中华教育文化基金董事会（以下简称"中基会"）[3]的资助。此外，美国的教会和财团（如洛克菲勒基金会对高校教育的资助）对我国的文化和教育事业的影响也远比其他西方国家更深更广，尤其是美国高校的生物学教育和研究对我国生物学的示范和引导有相当大的影响。

在我国出国留学的学子中，学习医学和农林学等应用学科的学生比学习纯生物学的学生出国略早一些。我国较早到美国学习昆虫学的学者是邹树文。他是江苏苏州人，1907年毕业于京师大学堂师范馆，获授师范科举人、五品内阁中书学衔。1908年冬，他考取两江公费赴美留学，1909年转为庚子赔款留学。1908～1912年，他在康奈尔大学随科马斯托

---

〔1〕 竺可桢. 科学院研究人员思想改造学习期中的自我检讨［M］∥竺可桢全集：第3卷. 上海：上海科技教育出版社，2004：86-89.

〔2〕 倪达书. 倪达书自传［A］∥中国科学院武汉水生生物研究所档案：倪达书专卷.

〔3〕 英文名称为 the China Foundation for the Promotion of Education and Culture，中基会于1924年成立。

克（J. H. Comstock）[1]学习昆虫学，随后转入伊利诺伊大学学习一年，获硕士学位，1913年又到芝加哥大学从事研究工作，1915年回国[2]。他先后任金陵大学农林科、北京农业专门学校教授。

较早在美国学习林学的是安徽人韩安（1883—1961），他从南京汇文书院（金陵大学前身）毕业后，于1907年夏天赴美国深造，先后就读于康奈尔大学和密歇根大学，分别于1909年和1911年获得理学学士学位和林学硕士学位。他是我国留学生中第一个林学硕士学位的获得者，后来成为中国最早的林学家出身的政府官员。[3]他通过菲律宾引进美国的《森林法》，拟订了我国于1914年颁布的第一部森林法。尔后，广东人凌道扬于1909年毕业于圣约翰书院（上海圣约翰大学前身）后，1910年赴美留学，1914年在耶鲁大学获林学硕士学位后回国，1915年被聘为金陵大学林科主任。1915年他倡导设立中国植树节，得到政府认可并实施；1917年，发起组织中华森林会（后改为中华林学会），这是我国第一个林学组织（即中国林学会的前身）。他们都为我国林学、林业的发展和

---

[1] 据周尧所说，这位学者是美国昆虫学教师之第一人，他造就了一代美国昆虫学家。秉志的老师尼丹就是他的学生。由于他的努力，康奈尔大学的昆虫学教学和研究十分活跃。（周尧．二十世纪中国的昆虫学［M］．西安：世界图书出版公司，2004：13．）

[2] 根据当时《教育部公布经理欧洲学生事务暂行规程令》（1913年8月20日）和《教育部公布管理留美学生事务规程》规定，"官费学生毕业后，除核准实习者外，应于两个月内起程回国"。（中国第二历史档案馆．中华民国史档案资料汇编：第三辑 教育［G］．南京：江苏古籍出版社，1991：580，597．）

[3] 张楚宝．林业界耆宿韩安生平大事纪年［M］//中国林学会林业史学会．林史文集．北京：中国林业出版社，1990：117－120．

自然保护做了大量的工作。[1]

1908 年我国将美国退还的庚子赔款余额，用于资助中国学生赴美留学和成立清华留美预备学校[2]，由此开启了中国大批学生留学美国的序幕[3]。这以后，学习生物学的学生才逐渐开始崭露头角。当时规定庚子赔款留美学生应以十分之八用于学习理工等应用科学，十分之二学习社会科学。在留学美国的学生中，有相当数量一部分人学习生物和农学，后来他们当中的许多人成为中国近代生物学各分支学科的领军人物和奠基人，其中尤以留学康奈尔大学、哈佛大学、哥伦比亚大学、芝加哥大学和约翰·霍普金斯大学等知名学府居多。毫无疑问，美国的大学和研究机构成为我国生物学的主要学术源头。

（一）在康奈尔大学留学的著名学者

康奈尔大学是我国生物学分类学、植物病理学和植物遗传学的主要学术源头之一。我国近代生物学主要奠基人秉志，昆虫学奠基人邹树文、胡经甫和刘崇乐，真菌学和植物病理学奠基人戴芳澜和邓叔群，众多的遗传学家和作物育种专家（如小米和甘蔗育种专家李先闻、统计遗传学家李景均、棉花育种专家冯泽芳和冯肇传、小麦育种专家沈宗瀚和金善宝、大豆育种专家王绶、玉米育种专家李竞雄等），以及众多的农学家如钱天鹤、谢家声、杨显东和董时进等都在康奈尔大学获得硕士

---

〔1〕 南京林业大学林业遗产研究室. 中国近代林业史［M］. 北京：中国林业出版社，1989.

〔2〕 1911 年 4 月成立时称清华学堂，1912 年 5 月改称清华学校（进入民国后，学堂皆改为学校）。

〔3〕 据当时外务部致美国公使馆函称："从赔款退还之年起，前四年我国将次第派送一百学生；迨四年终局，我国将有四百学生在美，从第五年起，直至赔款完毕之年，每年至少派送五十名学生。"

或博士学位。其中，董时进是我国农业经济学的奠基人之一。

我国近现代动物学主要奠基人是秉志（1886—1965）。他是河南开封人，16岁考入河南高等学堂[1]，1903年参加科举考试，考中举人。1908年，他从京师大学堂预科毕业，1909年作为退回庚子赔款资助的首届赴美留学生，到康奈尔大学农学院学习，1913年获理学学士学位，1918年获得博士学位。他是当时昆虫学系主任尼丹（J. G. Needham，1868—1957）教授的学生。尼丹是一位对中国昆虫颇有研究的学者，后来系统研究了中国的蜻蜓。从康奈尔大学获得博士学位后，秉志到费城的韦斯特解剖学和生物学研究所工作一年，与该所的负责人葛霖满（M. J. Greenman）建立了良好的私人关系[2]。秉志于1920年回国。在美学习期间，他充分认识到科学对于复兴国家的重要性。1915年，他与同在康奈尔大学留学的周仁、赵元任和任鸿隽等共同组织成立中国科学社[3]。因为目睹山河破碎，内忧外患，兵联祸结，他与同时代的不少学者一样，将科学视为救国的法宝。可以说，从在康奈尔大学学习开始，他就矢志不渝地推行"科学救国"理念。后来，他在我国国立大学的第一个生物系和第一个生物学研究机构培养了大批的生物学人才，对我国生物学的发展影响深远。

紧跟着秉志到康奈尔大学学习昆虫学的是胡经甫。他1917年毕业于东吴大学生物系，1919年获硕士学位，硕士

---

〔1〕 当时所谓的高等学堂仅仅相当于后来的初中程度。（瞿启慧，胡宗刚. 秉志文存：第三卷［M］. 北京：北京大学出版社，2006：302.）

〔2〕 1937年，葛霖满逝世，秉志曾在《科学》杂志上发表《悼葛霖满先生》一文。

〔3〕 葛利普认为其作用类似于中国科学促进协会，这无疑是很有见地的。

论文是《苏州的水蚤》。而后，他在上海圣约翰大学任讲师，教授普通动物学和普通植物学一年，与该校植物病理学家波特菲尔德（W. M. Porterfield）共同发表过学术文章。1920年，胡经甫赴美留学，1922年在康奈尔大学获博士学位。1922年回国后，任东南大学教授，1923～1925年回母校东吴大学生物系任教授和系主任。胡经甫后来成为我国昆虫学的奠基人之一。与胡经甫同年赴康奈尔大学留学的刘崇乐，是1920年毕业于清华学校后赴美留学的。1926年，刘崇乐在康奈尔大学获博士学位，指导教授是膜翅目昆虫学家布拉德利（J. C. Bradley）。刘崇乐的博士论文是我国近代第一篇阐述生物防治的论文。1926年回国后，他在清华学校任教授兼生物系系主任。在那前后，在康奈尔大学学习昆虫学的著名学者有陆近仁、徐荫祺、周明牂、赵善欢、张宗炳、邹钟琳[1]，以及后来成为鱼类学家的朱元鼎[2]。

在康奈尔大学学习的还有真菌学家和植物病理学家戴芳澜。他于1913年从清华学校结业后赴美留学，进入康奈尔大学学习植物病理学，成为惠凑（Herbert Hice Whetzel）和费茨（H. M. Fitzpatrick）教授的学生，1918年本科毕业后又在哥伦比亚大学研究院学习一年，最后因家境困难辍学回国。1919年回国后，他在南京第一农业专科学校任教。紧随其后在康奈

戴芳澜

────────────

〔1〕 因学费不足，邹钟琳未得博士学位即回国。
〔2〕 当时朱元鼎学的是昆虫学，导师是尼丹。

中国生物学史·近现代卷

尔大学学习真菌学和植物病理学的有邓叔群。邓叔群于1915年入清华学校，是该校的高才生。据同学李先闻回忆，邓叔群在年级的排名不是第一就是第二。1923年毕业后，邓叔群随即赴美留学，原本学的是森林学，因采集树木种子从树上摔伤而改学植物病理。[1]邓叔群在康奈尔大学的指导老师是戴芳澜的老师惠凌。据说，这位教授是美国最先教授植物病理学的老师。邓叔群学习非常用功，在当时植物病理系的研究生中学习成绩最好。[2]不过，他虽然完成了博士论文，但为了及早回国服务，没等拿到博士学位就回国了。1928年回国后，他曾在岭南大学、金陵大学和中央大学植物病理系（1929—1933）任教，在中国科学社生物所工作不久后，他又到中央研究院自然历史博物馆任技师。自然历史博物馆改为动植物研究所后，他任研究员，开展真菌学和森林学研究。1939年，他完成中文著作《中国高等真菌》，奠定了我国真菌学这一学科的基础。他还研究过西藏高原东部森林地理，早年为黄河上游的水土保持和森林保护做出了重大贡献。此外，他在植物病理方面也有很深的造诣。1948年，他当选中央研究院院士。1949年后，他任沈阳农学院副院长、中国科学院微生物研究所副所长。

1934年在康奈尔大学获得博士学位的刘承钊，原是燕京大学两栖爬行类专家博爱理（Alice M. Boring，1883—1955）的学生，是我国两栖爬行类学的奠基人。而在康奈尔大学获得

〔1〕 欧世璜. 怀念邓叔群老师［M］//沈其益，等. 中国真菌学先驱——邓叔群院士. 北京：中国环境科学出版社，2002：26.

〔2〕 李先闻. 李先闻自传［M］. 台北：台湾商务印书馆，1970：170.

硕士学位的唐钺[1]则是民国年间中央研究院心理研究所的首任所长，是我国现代心理学的奠基人之一。

康奈尔大学与我国的教会大学金陵大学有合作关系。康奈尔大学的遗传育种研究特别突出，著名的学者很多。我国遗传育种的专家很多都出自这所著名的大学。

我国小麦育种学的奠基人沈宗瀚（1895—1980）是康奈尔大学作物育种专家洛夫（H. H. Love）的学生。沈宗瀚是浙江余姚人，植物遗传育种专家。他是一个非常刻苦勤奋的学者，其奋斗精神与细胞遗传学家李先闻颇有相似之处，自号"克难居士"。他毕生致力农业育种，以期推进生产发展，改善农民生活。和李先闻一样，沈宗瀚是个非常出色的实干家。他1918年毕业于国立北京农业专门学校，后来从事过一段时间的棉作改良和教学工作。他注意到当时中国的棉业专家均毕业于美国佐治亚州立农学院[2]，于是决心到美国留学。1923年，他在佐治亚大学读农科的研究生，以棉业为主科，麦作为副科，1924年获硕士学位。1924年，他到康奈尔大学研究院学习，以作物育种为主科，作物及植物生理为副科，1927年在康奈尔大学获得博士学位后随即回国。他回国后，在金陵大学任教，讲授遗传学、作物育种学，主持小麦等作物的育种工作。他领导培育出的"金大2905号"是当时金陵大学培育出的一个优良品种，经推广后，对粮食增产起了很大作用。1931年，他参与了中央农业研究所筹备委员会，并草拟章程。1932

---

[1] 唐钺（1891—1985），康奈尔大学硕士、哈佛大学博士，中央研究院心理研究所首任所长，我国现代心理学奠基人之一。

[2] 谈家桢，赵功民.中国遗传学史［M］.上海：上海科学教育出版社，2002：910.

年 1 月，中央农业实验所正式成立。1934 年，他被聘为中央农业研究所总技师兼农艺系系主任，主持小麦改良工作。1935年，他兼任全国稻麦改进所麦作组主任和全国小麦检验监理处处长。其间，他对小麦区划、生态进行过一些研究。1936 年，他被选为国际遗传学会副会长。抗战时期，他先后担任中央农业实验所副所长、所长，兼任国民政府中央设计委员及农业组长。[1]

因在台湾甘蔗遗传育种工作中成就突出而被称为"李半仙"的李先闻与邓叔群是清华学校的同班同学。1926 年，李先闻到康奈尔大学追随著名遗传学家爱默生（R. A. Emerson）学习，1929 年在康奈尔大学获得博士学位后回国。他先后在河南大学、武汉大学等校任教授，后来在四川农业改进所和中央研究院植物研究所做作物的遗传育种研究。

在康奈尔大学，洛夫的学生除了沈宗瀚，还有另外两个小麦育种专家——金善宝（1895—1997）和戴松恩，以及遗传学家李景均。金善宝 1926 年毕业于东南大学农科，1932 年获得美国康奈尔大学硕士学位。1957 年中国农科院成立后，金善宝先后任副院长、院长。戴松恩于 1936 年在康奈尔大学获得博士学位。而群体遗传学家、人类遗传学家和生物统计学家李景均出生于天津一个商人家庭，1936 年毕业于金陵大学农学院，后在燕京大学实验农场工作一年。1937～1940 年，李景均在康奈尔大学育种系师从洛夫，研习遗传学和生物统计学，获博士学位。1941 年回国，1942～1946 年在广西大学农学院和当时迁至成都的金陵大学农学院任教，任农学系系主

〔1〕 沈宗瀚. 克难苦学记［M］. 北京：科学出版社，1990.

任。而后，任北京大学农学院农艺系系主任，1948年出版《群体遗传学导论》。1950年3月，李景均被迫出走美国，后经诺贝尔奖获得者穆勒（H. J. Muller）教授的推荐，到匹兹堡大学公共卫生研究院教授人类遗传学。

在康奈尔大学学习的著名农业管理者有钱天鹤和杨显东。钱天鹤1913年毕业于清华学校，1913年公费赴美国深造，学习植物育种，1918年在康奈尔大学获硕士学位。他曾任中央研究院自然历史博物馆筹备处主任，自然历史博物馆[1]成立后任主任。1931年，政府筹备中央农业实验所，钱天鹤任副主任，洛夫、邹秉文、谢家声、沈宗瀚、赵连芳、梅耶斯（C. H. Myers）、卜凯等14人为委员。该实验所于1932年成立，任命钱天鹤为所长，由于他未到职，改由谭熙鸿任所长；1933年，钱天鹤出任副所长[2]。1938年钱天鹤任经济部农林司司长，1940年任农林部常务副部长，对发展大后方的粮棉生产有重要贡献。1947年，钱天鹤出任联合国粮农组织远东区顾问后去了台湾。杨显东1923年毕业于金陵大学农科，1937年获康奈尔大学博士学位，曾当过四川农业改进所技正、农经组组长。1949年后，杨显东长期担任中华人民共和国农业部副部长，被康奈尔大学认为是"杰出的校友"。[3]

另外，在金陵大学农学院农经系任系主任的美国教授卜凯（J. L. Buck），也是1933年在康奈尔大学获得博士学位的知名学者。他在中国的土地利用调查等方面，做出了杰出的

---

〔1〕 中央研究院动植物研究所的前身。

〔2〕 当时原所长谭熙鸿辞职，由实业部部长陈公博兼所长。

〔3〕 金善宝. 中国现代农学家传：第一卷 [M]. 长沙：湖南科学技术出版社，1985：212.

贡献。

（二）在哈佛大学留学的植物分类学家

在中国近代植物学发展史上，美国哈佛大学的阿诺德树木园（Arnold Arboretum）是一个有重要地位的研究机构。它是中国植物分类学的重要学术源头，对中国植物学产生过深远影响，有些学者甚至认为我国现代植物分类学起源于哈佛大学[1]。一位美国学者也指出，哈佛大学阿诺德树木园是中美植物学之间的重要桥梁[2]。

始建于 1872 年的哈佛大学阿诺德树木园，是北美历史最悠久的公立植物园，也是当时国际上研究植物学的中心之一。该园园长很早就开始关注中国植物，据说源于美国著名植物学家、哈佛大学植物系的创立者格雷（Asa Gray，1810—1888）的一个观点——东亚的植物与北美洲东北部的植物种类密切相关。以此推断，两区域的树种互相引种将会生长得很好。而当时俄国使馆医生贝勒（E. Bretschneider）给当时的阿诺德树木园园长沙坚德（C. S. Sargent）送去的北京树木种子恰好在实践中很好地印证了格雷的理论。该园因此非常注意收集中国植物，尤其是中国的木本植物。沙坚德曾到中国收集植物。从 19 世纪末到 20 世纪上半叶，除在华的西方人不断给阿诺德树木园寄送植物种苗和标本外，该园的植物学家杰克（J. G. Jack，1861—1949）也于 1905 年来华采集植物标本。后来园长沙坚德

---

〔1〕 陈焕镛 1947 年 1 月 25 日致梅里尔的信［A］//中国科学院华南植物园档案：陈焕镛专卷.

〔2〕 TREDICI P D. The Arnold Arboretum: a botanical bridge between the United States and China from 1915 through 1948［J］. Bulletin of the peabody museum of natural history，2007，48（2）：261 – 268.

教授还先后派威尔逊[1]（E. H. Wilson，1876—1930）、帕登（W. Purdon）、洛克（J. Rock）来华采集植物标本。其中，威尔逊采集的标本最多，达数万号，洛克也采集了约 2 万号标本。后来该园还不断以与我国北平静生生物调查所等机构合作的方式，收集我国西部等地的植物标本，最终成为国际上收集中国木本植物最丰富的机构，也是收集中国植物标本最多的机构之一。

　　阿诺德树木园聚集了一批研究中国植物，尤其是研究中国木本植物的专家。阿诺德树木园也因此成为 20 世纪前期研究中国木本植物的中心。该园的瑞德（A. Rehder，1863—1949）、沙坚德、威尔逊和杰克等植物学家都发表或出版了大量的研究论著。瑞德 1899～1949 年一直是园中的植物分类学家，威尔逊等人采集的标本很多是由他鉴定研究的。沙坚德从 1892 年起就曾到日本等亚洲国家采集植物标本，熟谙东亚植物，对中国的木本植物研究有很高的造诣。他对北美东部与东亚之间植物区系的进化关系和亚洲植物引种饶有兴趣。1913～1917 年，沙坚德主编了《川蜀植物志》（*Plantae Wilsonianae*），共三册。该著作描述了威尔逊在我国中西部采集的木本植物 3356 个种和变种，是当时研究中国木本植物最广博的参考书。沙坚德还根据自己长期对北美和东亚植物的研究，率先发表了关于东亚—北美间断分布的植物种属的文章，如《东亚与北美东部木本植物比较》和《中国和美国木本植物种的比较》，在植物区系学上有重要意义。

---

　　[1]　威尔逊是英国的植物采集家，先为英国的一家花卉公司在中国的湖北和四川采集标本，当时已与沙坚德教授熟识。

20 世纪上半叶研究中国植物的著名学者梅里尔（E. D. Merrill，1876—1956）后来也曾在哈佛大学阿诺德树木园工作。梅里尔自 1902 年起长期在菲律宾科学局供职，对亚洲热带植物和我国南方植物非常熟悉，我国植物标本采集家钟观光采集的不少标本是由他鉴定的。梅里尔与我国著名植物学家陈焕镛建立了终生的友谊，并合作对中国广东和海南的植物进行了很多研究。1924 年梅里尔回到美国，先后任加利福尼亚大学农学院院长兼农业实验场场长、纽约植物园园长、哈佛大学植物学教授兼哈佛大学阿诺德树木园园长和哈佛大学植物标本总监，发表了大量关于中国植物的研究论文，同时始终与中国学者保持着密切的联系。在纽约植物园工作期间，他还曾指导我国植物学家裴鉴做博士论文。后来，他还与另一美国学者合作编写了《东亚植物文献目录》及其补编，这两本书是研究我国和东亚植物的重要参考工具书。

哈佛大学阿诺德树木园与哈佛大学植物学家格雷创建的格雷标本馆（Gray Herbarium），共同构成哈佛大学的植物标本室。由于这里有多位研究中国植物的专家，又收藏有丰富的中国植物标本和植物学研究文献，自然成为吸引我国学者前往学习的目的地。在 20 世纪上半叶，阿诺德树木园及与其关系十分密切的布希研究生院[1]培养了一批深孚众望的中国植物研究专家。

最早来到布希研究生院学习的中国学生是陈焕镛[2]（1890—1971）。他 1909 年赴美国留学，在阿默斯特（Amherst）

〔1〕 它们的职工和设备通常同属两个单位。
〔2〕 陈焕镛，广东新会人，字文农，号韶钟。

马萨诸塞农学院学习林学和昆虫学。从 1910 年开始，他利用暑期在威斯顿一个小农事实验机构打工，大约因为阿诺德树木园的植物学家杰克在该机构讲学的时候，他开始了解阿诺德树木园有大量的中国植物标本，加之两人都对中国植物感兴趣，故而建立了友谊。1912 年，他转到纽约的雪城大学林学院学习。1915 年毕业后，他进入哈佛大学学习。在哈佛大学的布希研究生院学习期间，他主修了杰克开设的四门课。1919 年，他获得林学硕士学位后回国。

与陈焕镛同在布希研究生院学习的还有钱崇澍（1883—1965）和钟心煊（1893—1961）。钱崇澍 1915～1916 年在那里学习，大约是在那里获得硕士学位，随即回国。钟心煊从 1914 年开始进入哈佛大学学习，1917 年进入哈佛大学布希研究生院，1920 年获硕士学位。钟心煊的学位论文题为《中国木本植物名录》（*A Catalogue of Trees and Shrubs of China*），1924～1925 年在上海商务印书馆以《中国乔灌木目录》为书名出版。陈焕镛回国后，又帮助胡先骕到布希研究生院深造。胡先骕是 1923 年到哈佛大学布希研究生院攻读博士学位的，师从杰克，学习了杰克主讲的数门课程。胡先骕的博士论文主要根据哈佛大学阿诺德树木园收藏的中国植物标本写就，论文题目是《中国种子植物属志》。1925 年，胡先骕顺利通过答辩，获得博士学位。与胡先骕同期在那里深造的还有陈嵘。陈嵘是 1923 年到哈佛大学阿诺德树木园研究树木分类的，两年后获得硕士学位，随即到萨克逊大学进行短期访学，于 1925 年回国。

钱崇澍、陈焕镛、胡先骕、钟心煊[1]和陈嵘大都是杰克的学生，其中以胡先骕受其影响最大，因为他是在杰克指导下取得博士学位的。在中国植物学发展史上，钱崇澍、胡先骕和陈焕镛是植物分类学的主要奠基人，是我国植物学界公认的"三老"；陈嵘是我国林学的奠基人之一。他们的学生、著名植物学家张肇骞认为钱崇澍、胡先骕、陈焕镛、钟心煊和陈嵘五人"均为我国植物学界之先导者。所谓登高一呼，万谷响应。莘莘学生，受其熏陶鼓励，而从事于植物学研究者，如雨后春笋，不可数计。人才既增，范围渐大，植物学各部门之研究，得有今日之规模，实为诸氏提倡之力，感召之功，岂偶然哉"。[2]

此后到哈佛大学布希研究生院学习植物分类的重要学者还有李惠林（1911—2002）、王启无（1913—1987）和胡秀英（1908—2012）。李惠林1930年毕业于东吴大学，1932年在燕京大学获得硕士学位后，回母校任教；1940年到哈佛大学学习，1942年获得博士学位，导师大约是梅里尔，主要研究方向是植物地理学。其后，李惠林在美国宾夕法尼亚大学做了一段时间的博士后。1946年，李惠林回东吴大学生物系任教授，1947年去台湾大学任植物学教授、植物系系主任。1950年，李惠林再次赴美，从1963年开始在美国宾夕法尼亚大学任教授。因为在植物分类学、中国栽培植物起源和园艺植物史方面

---

〔1〕 TREDICI P D. The Arnold Arboretum: a botanical bridge between the United States and China from 1915 through 1948 〔J〕. Bulletin of the peabody museum of natural history, 2007, 48 (2): 261 – 268.

〔2〕 张肇骞. 中国三十年来之植物学 〔J〕. 科学, 1947, 29 (5): 131 – 160.

出色的研究成就，李惠林于 1964 年被遴选为院士。王启无
1933 年毕业于清华大学生物系，后到静生生物调查所工作。
他大约在 1945 年[1]到美国留学，先在耶鲁大学获得硕士学
位，然后在哈佛大学获得博士学位。胡秀英 1933 年毕业于金
陵女子文理学院。上大学时，她被生物学老师、鱼类学家黎富
思（C. D. Reeves）的课程所吸引，开始对生物学产生兴趣。
毕业后，她继续到岭南大学深造，在莫古礼（F. A. McClure）
的指导下，1937 年获硕士学位。1946 年胡秀英获奖学金，到
哈佛大学阿诺德树木园学习，在梅里尔教授的指导下研究冬
青，1949 年获得博士学位。后来，她继续在阿诺德树木园研
究中国植物。1968 年后，她到香港高校工作，一手建立香港中
文大学生物系植物标本室。我国另一植物学家方文培曾于 1948
年到阿诺德树木园做访问学者，在那里工作的一年里，他拍摄
了 5000 余号模式标本的照片。1949 年回国后，他把这批照片捐
赠给新成立的中国科学院植物分类研究所[2]，对我国植物分类
学研究的开展做出了突出的贡献。实际上，在金陵大学教授植
物学长达 26 年的美国教授史德蔚（Albert N. Steward，1897—
1959）也是在哈佛大学获得硕士和博士学位的[3]。

在哈佛大学学习的中国学生，主要是研究木本植物和林

---

　　〔1〕 网上看见一张拍卖的广西大学校长李运华（1900—1971）的名片，上
面书写其让王启无教授赴重庆办理出国深造手续时请孟吾局长（孟吾是当时军
事委员会外事局局长何浩若的字）予以关照的内容，落款日期为 1945 年 4 月 25
日。上述三人都属清华毕业，有校友之谊。 （http：//www.997788.com/78013/
search_ 585_ 27165736.html）

　　〔2〕 中国科学院植物研究所所档案，专题档案简介：方文培在美国阿诺德树
木园拍摄的模式标本片目录。

　　〔3〕 HUOT R，STEWARD A. Twenty-six years in China and curator of OSU
Herbarium ［J］. Oregon Flora Newsletter, 2003, 9（1）：1, 4 – 5.

学。他们在大洋彼岸的美国，观赏着来自祖国的花木，翻检着来自祖国的植物标本，探讨着相关问题，汲取着相关的知识。这些都深深激起了他们回国研究、开发自己国家的植物资源的强烈自尊心和满腔热情。

哈佛大学不仅在植物学方面对我国有深远的影响，而且在微生物学、生物化学、心理学方面对我国的影响也非同寻常。我国的微生物学奠基人汤飞凡、余㵑、谢少文、魏曦等都是哈佛大学细菌学教授曾瑟（Hans Zinsser）的学生。他们在微生物学方面，开始了"穷幽极微"的探索。我国生物化学的开拓者和奠基人之一的吴宪曾在哈佛大学留学，并于1919年在哈佛大学获得博士学位[1]。我国心理学科奠基人之一的唐钺是在哈佛大学获得博士学位的。我国生理学家柳安昌曾在哈佛大学著名生理学家坎农（Walter B. Cannon）教授的指导下，进行有关交感神经和交感素的化学与药理作用的研究。

在哈佛大学阿诺德树木园留学的植物学家在木本植物的研究方面都受到了很好的训练。对我国森林学产生深远影响的另一美国高校是耶鲁大学。著名林学家凌道扬、叶雅各、姚传法、李顺卿、沈鹏飞、李继侗、唐燿、吴中伦、杨衔晋和万晋等都在耶鲁大学学习过。姚传法、李顺卿和沈鹏飞还是同届同学。

（三）在哥伦比亚大学留学的动物遗传学家

我国动物遗传学的奠基人陈桢、李汝祺、陈子英、卢惠霖等都出自哥伦比亚大学摩尔根的实验室。后来我国著名遗传学

---

〔1〕 曹育. 杰出的生物化学家吴宪博士〔J〕. 中国科技史杂志, 1993, 14（4）: 30 – 42.

家谈家桢则是在遗传学家摩尔根的加州理工实验室获得博士学位，实际指导他研究的是综合进化论的奠基人杜布赞斯基（T. Dobzhansky）。陈子英成为摩尔根的学生与燕京大学生物系主任博爱理有关，博爱理曾是摩尔根的学生。有人认为："东吴大学和燕京大学尊重和鼓励实验生物学和遗传学是受博爱理的重大影响。"[1]

陈桢（1894—1957），江西铅山人，1918年毕业于金陵大学农科，1919年到美国康奈尔大学农学院进修。后来，他到哥伦比亚大学学习动物学和遗传学，师从细胞学家威尔逊（E. B. Wilson，1856—1939），还在摩尔根的实验室里学习遗传学知识[2]。他1921年获硕士学位，1922年回国，先在东南大学农科任生物系教授，讲授遗传学。他是最早在国内开设遗传学课程的人。1924年出版中学教科书《普通生物学》，1934年经修订后再版时改名为《复兴高级中学教科书·生物学》，是民国年间最受欢迎的中学生物学课本之一。1925年受清华学校生物系系主任钱崇澍的聘任，陈桢到清华学校任教授，1926年又到东南大学动物系任教授兼系主任，1926年被推荐为中基会动物学讲座教授[3]，1927年，任北平师范大学生物系教授，1928年改任中央大学教授，1929年曾证明金鱼存在孟德尔式遗传，1929～1937年任清华大学教授和生物系主

〔1〕 SCHNEIDER L. Biology and revolution in twentieth-century China ［M］. Lanham：Rowman & Littlefield Publishers，2005：68.

〔2〕 Schneider认为，有关的记录没有揭示陈桢是否跟摩尔根学习过，但他显然受过很好的摩尔根遗传学训练。（SCHNEIDER L. Biology and revolution in twentieth-century China ［M］. Lanham：Rowman & Littlefield Publishers，2005：39.）

〔3〕 张研，孙燕京. 民国史料丛刊：1082 文教 高等教育 ［M］. 郑州：大象出版社，2009：55 – 56.

任。他为我国生物学人才的培养做出了重大的贡献。全面抗战爆发后，他在西南联合大学任教授。1943年，他被选为中国动物学会会长。1946年，清华大学复员回北平，他仍任生物系教授兼系主任。1948年，他被选为中央研究院院士。

继陈桢之后到哥伦比亚大学学习遗传学的是李汝祺（1895—1991），他1911年就读于清华留美预备学校，于1919年毕业。1919～1923年，他就读于美国普度大学农学院，学习畜牧管理，以期对国家西部的发展做出贡献。他起初研究猪瘟病理学，后来在同学的建议下改习遗传学。1923年，他到密歇根大学进修，

李汝祺

由老师推荐进入哥伦比亚大学动物学系研究院，成为摩尔根的学生，1926年获博士学位。他是在摩尔根实验室中最早获得博士学位的中国学者。1926年回国后，他在复旦大学心理系任副教授，1927年到燕京大学生物系任教授。据说博爱理能征募到他往燕京大学任教，是由于其夫人江先群在美国韦尔斯利女子学院（Wellesley College）求学时，曾是博爱理的学生的缘故。李汝祺长期执教于燕京大学。1935～1936年曾到加州理工学院进修。太平洋战争爆发后，燕京大学被日本人占领。1942～1945年，他在中国大学生物系任教授兼系主任。1945年秋季后，他在北京大学医学院解剖科教学，1947年转到动物系教学兼任医预科主任。

在哥伦比亚大学摩尔根实验室获得博士学位的另一学者是陈子英。他1921年从东吴大学本科毕业后，到燕京大学生物系学习，师从博爱理教授，获得硕士学位后到哥伦比亚大学攻

读遗传学。1929 年，他在摩尔根的实验室完成毕业论文，获得博士学位。他是李汝祺在哥伦比亚大学的同学。他的博士论文在 15 年后仍被著名胚胎学家李约瑟等称为经典[1]。陈子英进行的是基因如何作用于胚胎生长初期的特征发育的范式研究。1928 年，陈子英被聘为燕京大学副教授，当时燕京大学生物系系主任是其学长胡经甫。陈子英获得两年的中基会资助继续遗传学研究。1930 年，他受聘到厦门大学任生物系系主任、教授，转而研究海洋生物，参与创办中华海产生物学会。

后来成为中国遗传学承前启后重要人物的谈家桢，也是 1930 年从东吴大学生物系毕业后到燕京大学深造的，他在燕京大学学习了博爱理的细胞学和无脊椎动物课程，其硕士论文指导老师是李汝祺。李汝祺将他的硕士论文推荐给摩尔根，以期在美国发表，后经杜布赞斯基的帮助，他的硕士论文发表在《美国博物学家》（the American Naturalist）。1932 ~ 1934 年，他得到了洛克菲勒基金会的资助，在东吴大学教书。杜布赞斯基对谈家桢的研究成果印象深刻，邀请谈家桢到加州理工学院攻读博士学位。谈家桢接受了邀请，由洛克菲勒基金会半额资助，于 1934 年秋到加州理工学院摩尔根实验室攻读遗传学博士学位，指导老师就是杜布赞斯基。杜布赞斯基在俄国时，原是一位博物学家和分类学家，对瓢虫非常熟悉，后来又扩大研究范围，开始关注遗传学和进化理论。1936 年，谈家桢在加州理工学院生物学部获得博士学位，他在加州的研究工作使他获得了国际声誉。由此，他得到罗氏医社的资助，继续做博士

---

〔1〕 SCHNEIDER L. Biology and revolution in twentieth-century China ［M］. Lanham：Rowman & Littlefield Publishers，2005：69.

后研究一年。

很显然加州理工学院也是对我国遗传学影响比较深远的高校，这是因为遗传学家摩尔根后来从哥伦比亚大学转到这里教学，李汝祺等中国学者继续推荐学生谈家桢等到此深造。另外，李先闻推荐给比德尔（G. W. Beadle）的鲍文奎[1]，以及沈善炯[2]和殷宏章等著名的遗传学家和植物生理学家都曾在该校深造并取得博士学位。在该校取得博士学位的还有余先觉，他在摩尔根的学生斯特德文特（A. H. Sturtevant）的指导下进行学习、研究。谈家桢的学生盛祖嘉也曾在该校进修。

（四）在芝加哥大学留学的生理学者和植物形态学者

20世纪上半叶，美国芝加哥大学的生物学出类拔萃，被我国留学生认为是当时美国三所[3]生物学最突出的学校之一[4]。吴中伦也指出芝加哥大学生物系"植物学享有盛名，有许多名教授，包括植物生态学教授考尔斯（H. C. Cowles）、植物形态学教授库尔特（J. M. Coulter）和张伯伦（C. J. Chamberlain）、植物生理学教授巴恩斯（Barns）"[5]。对此何炳棣也有相关的论述。我国不少生理学家、植物学家曾在该校学习。

比较早在芝加哥大学学习，后获得博士学位的学者是陆志韦（1894—1970）。他于1913年毕业于东吴大学，留校任附中教师。1915年赴美留学，在范德比尔特大学学习宗教心理学

---

〔1〕 鲍文奎的指导老师是李先闻的老师的儿子 Dr. Sterling Emerson。

〔2〕 沈善炯的指导老师是比德尔的学生 N. H. Horowitz。

〔3〕 另两所是霍普金斯大学和哈佛大学。

〔4〕 汤佩松，等. 资深院士回忆录：第1卷［M］. 上海：上海科技教育出版社，2003：17.

〔5〕 吴中伦. 钱崇澍［M］//《科学家传记大辞典》编写组. 中国现代科学家传记：第1辑. 北京：科学出版社，1991：450－457.

（1916年春至1917年夏）。因所学专业不合自己兴趣，转到芝加哥大学学习生理心理学，最终完成博士论文《遗忘的条件》，并于1920年通过答辩，获得哲学博士学位。1920年陆志韦回国后，在东南大学和燕京大学等校执教。他曾长期担任燕京大学校长，培养了吴定良等著名学者，后来成为我国现代心理学的奠基人之一。

　　同期在芝加哥大学学习生理学的还有蔡翘（1897—1990）。他于1918年赴美留学，先后在加州大学和印第安纳大学学习，1922年本科毕业后，于1922年夏天进入芝加哥大学研究生院，在著名心理学家卡尔（H. A. Carr）教授的指导下学习心理学，同时以生理学和神经解剖学为副科，攻读博士学位。1924年，他发现了袋鼠脑组织中视觉与眼球运动功能的中枢部位，该部位后来被学者称为"蔡氏区"。他于1925年获哲学博士学位，回国后在复旦大学、中央大学等高校任教。他是在我国综合性大学开设专门生理学课的第一人[1]，是我国生理学的奠基人之一。在芝加哥大学与蔡翘为同门师兄弟的是潘菽。1921年，毕业于北京大学哲学系的潘菽也到美国留学，先入加利福尼亚大学学习，后入印第安纳大学学习，后来获得硕士学位。1923年，潘菽转入芝加哥大学学习心理学，因为他认为心理学是研究人的科学，不但与教育有密切关系，而且比教育更具有根本的性质。在芝加哥大学，他在卡尔教授的指导下攻读博士学位，1926年完成题为《背景对学习和回忆的影响》（*the Influnce of Context upon Learning and Recall*）的

---

　　[1] 冯德培. 六十年的回顾与前瞻 [M] //中国生理学会编辑小组. 中国近代生理学六十年：一九二六——一九八六. 长沙：湖南教育出版社，1986：7－21.

博士论文，并且顺利通过答辩，获得博士学位。后他又在芝加哥大学学习一年，1927 年回国。回国后，他在中央大学任教授，两度出任心理系系主任。潘菽和陆志韦一样，也是我国现代心理学的奠基人之一。

同一时期在芝加哥大学留学的还有张锡钧（1899—1988）。他于 1916 年考入清华学校，1920 年毕业后赴美留学，在芝加哥大学生理系著名消化生理学家卡尔森（A. J. Carlson）教授指导下从事甲状腺对胃液分泌作用的研究。1926 年，他获哲学博士和医学博士学位后回国。后来，他长期在北京协和医学院任教，曾任心理系系主任和教务长。同为卡尔森学生的我国生理学家还有张鸿德。张鸿德于 1928 年赴芝加哥大学学习，在卡尔森教授的指导下从事生理学研究，1933 年获博士学位。1934 年回国后，他到国立上海医学院任教授，一直到 1943 年。抗战胜利后，他到圣约翰大学医学院任教。我国著名的生理学家林可胜曾于 1924 年到芝加哥大学进修，在卡尔森教授的实验室与艾维（A. C. Ivy）合作，进行胃液分泌研究。

比张鸿德早一年赴芝加哥大学留学的朱鹤年于 1926 年毕业于复旦大学心理学系。1927 年，他前往美国芝加哥大学留学，随著名神经解剖学家赫里克（C. J. Herrick）学习。他完成了美洲袋鼠间脑的形态学研究，发现了室旁核神经细胞有分泌现象。1930 年他获得硕士学位，后又在康奈尔大学深造，获博士学位。回国后，他在湖南湘雅医学院工作，曾在中央研究院心理研究所任兼任研究员。

林可胜的学生冯德培（1907—1995），也曾于 1929～1930 年在芝加哥大学杰拉德（R. W. Gerrard）的实验室学习，获硕士学位。和冯德培同年到芝加哥大学追随杰拉德学习生理学的还有张宗炳。张宗炳于1933年获博士学位回国后，任上海医学院教授，曾负责中国科学社生物研究所1934年成立的生理学研究所，任研究员，还担任过同济大学理学院教授等。

在芝加哥大学学习生理学的著名学者还有解剖学家卢于道和动物生理学家赵以炳。卢于道1926年毕业于东南大学生物系，随后赴美深造，1930年获芝加哥大学博士学位。1930年回国任上海医学院副教授，1931年任中央研究院心理研究所专任研究员、神经解剖实验室的负责人，做了许多神经系统比较解剖学的工作，开拓了我国近现代神经解剖学领域。赵以炳1929年毕业于国立清华大学，后留学美国，1931年获芝加哥大学生理学系学士学位。随后，他继续在李黎（R. Lillie）教授的指导下主修普通生理学，尤其是原生质生理学，1934年获博士学位。1935年回国后在国立清华大学和西南联合大学任教。

芝加哥大学不仅对我国生理学有重大影响，对我国植物形态学的影响也相当深远。我国植物形态学的奠基人张景钺（1895—1975）正是从芝加哥大学学成归来的。张景钺原籍江苏武进，生于湖北省光化县。1920年毕业于清华学校后，留学美国，先入德克萨斯工学院学习，1922年转入芝加哥大学植物学系，1925年获得博士学位，其指导老师是张伯伦和考特（John M. Coulter）。考特是芝加哥大学植物系的主任，是当时国际上植物形态学方面的著名专家。张景钺的学生严楚江1926年于东南大学毕业后，也于1929年到芝加哥大学留学，师从张伯伦，1932年获博士学位后回国。回国后，严楚江先后在中央大学生物系、北平师范大学和河南大学生物系任教授，全面抗战爆发后，在云南大学生物系任教授兼系主任。

（五）在霍普金斯大学留学的著名学者

约翰·霍普金斯大学（Johns Hopkins University，以下简称霍普金斯大学）与我国生命科学的关系也可谓非比寻常。当年洛克菲勒在华投资建设北京协和医学院的时候，就打算要将北京协和医学院建成类似于霍普金斯大学医学院的高校，因此北京协和医学院后来有"中国的霍普金斯"之称。我国一些著名的生理学家、植物生理学家和药理学家曾在该校学习，为日后在国内的生物学事业打下坚实的基础。

较早在霍普金斯大学学习的学者是汪敬熙（1897—1968），山东济南人。他是五四运动的著名学生领袖之一，1919年毕业于北京大学法学系。在北京大学学习期间，他与傅斯年等人创办《新潮》杂志，积极参与新文化运动。1920年，他到美国霍普金斯大学医学院深造，在梅耶（Adolff Meyer）的指导下学习，与里奇特（C. P. Richter）合作研究，1923年获哲学博士学位[1]。1925年，他又在美国的巴尔的摩做研究。1926年回国后，他先后在中山大学、北京大学任心理学教授，后任中央研究院心理研究所所长。从美国留学回来后，他一直致力于祖国心理学事业的发展，后来成为中国神经生理学的奠基人之一。

曾在霍普金斯大学留学的另一著名学者是陈克恢（1898—1988）。他出生于上海郊区，做中医的舅舅给他进行启蒙教育，使他逐渐对中药产生了兴趣，这对他日后致力于用科学的方法研究中药化学成分和性能产生了相当深的影响。1918年从清华学校毕业后，陈克恢到美国留学，进入威斯康

---

〔1〕 据鲁子惠说汪敬熙1924年回国曾任河南中州大学教授，1925年到巴尔的摩继续做研究工作。

星大学药学系学习，师从克莱莫斯（E. Kremers）。鉴于他喜欢中药，克莱莫斯就让他研究肉桂油。陈克恢以此为题材完成了毕业论文。1920 年毕业后，他进入该校医学院，1923 年获生理学博士学位。1923～1925 年任北京协和医学院药理系助教。其间，在北京协和医学院药理系系主任、美国药理学家施密特（Carl F. Schmidt，1893—1965）的支持下，共同从中药麻黄（中医用来治疗咳嗽的药物）中分离出左旋麻黄碱[1]，并证明了它在治疗心脏病和支气管哮喘等方面的价值。1925 年，他回威斯康星大学医学院继续学习医学，1926 年转到霍普金斯大学担任该校药理学家阿贝尔（J. J. Abel）教授的助教，1927 年获医学博士学位并被提升为副教授，继续从事科研。他后来成为我国中药药理学研究创始人和药理学的奠基人之一。[2]

后来成为我国医学内科学奠基人之一的张孝骞，也于1926 年在霍普金斯大学深造，跟随导师哈罗普（Harrop）副教授做血容量测定的研究。他在该校完成的学术论文《测定循环血容量的一氧化碳方法》和《糖尿病酸中毒时的血容量》，于 1927 年在美国临床研究学会年会上宣读后，受到了医学界的重视。1928 年上述两文在美国《临床研究》（*Journal of Clinical Investigation*）杂志上发表，并为教科书所采用。比张孝骞晚一年去霍普金斯大学深造的还有袁贻瑾。他是湖北咸宁人，1927 年毕业于北京协和医学院，随后赴美留学，1931 年

---

〔1〕 1887 年在德国工作的日本学者长井长义（Nagajoshi Nagai，1845—1929）发现了麻黄素或麻黄碱（他命名为 ephedrine）是麻黄的有效成分，只知其毒性很大，不明了其他药理作用。去氧麻黄碱又叫甲基苯丙胺（即冰毒），也是日本人发明的。

〔2〕 中国科学技术协会. 中国科学技术专家传略：医学编·药学卷［M］. 北京：中国科学技术出版社，1995：88－97.

在霍普金斯大学获科学博士学位。袁贻瑾后来成为公共卫生学家。从上述三位学者的成长经历不难看出，美国的霍普金斯大学与我国的北京协和医学院是颇有些学术渊源的。

霍普金斯大学不但对我国的医学和生理学产生了深远的影响，对我国植物生理学的发展也有贡献。我国植物生理学家汤佩松（1903—2001）也曾在该校学习、研究过一段时间。汤佩松是湖北浠水人，1925年毕业于清华学校，1925年受同学兼好友涂治（于1923年去美国留学）的引导，前往美国的明尼苏达大学就读植物学，1927年获学士学位。据汤佩松回忆，在明尼苏达大学有两件事对他有重要的影响。一是物理化学教授迈克杜格尔（Frank MacDougal）的精彩讲课引起了他对热力学的兴趣，这对他后来进入生物力能学的研究起启蒙作用。二是发生在课堂的思考。一位胚胎学老师在描述种子在萌发过程中胚乳无结构的淀粉质逐步转变为有形态结构的幼苗这个变化时，他问老师："在这个形态建成过程中，无组织的有机化合物是以什么（化学、物理学）方式达到一个有形态结构的幼苗的？"当时，老师没有回答这个问题，但这却成为后来他毕生从事科研和专业的核心思想的萌芽。[1]1928年他转学到霍普金斯大学，原因不仅在于这所大学以注重培养研究生著称，还在于该校设有专门以培养植物生理学命名的培养研究生的独立场所——以利文斯顿（Burton E. Livingston）为首的植物生理研究室。1930年他在利文斯顿教授的指导下，获得博士学位，博士论文是《温度和通气对小麦种子在水中萌发的影

---

〔1〕 汤佩松，等. 资深院士回忆录：第1卷［M］. 上海：上海科技教育出版社，2003：6.

响》。尔后，他到哈佛大学克洛泽（W. J. Crozier）教授的普通生理实验室做博士后研究。在那里，他发现了羽扇豆种子呼吸过程中细胞色素氧化酶的存在和作用。他后来被认为是第一个发现植物中存在细胞色素氧化酶的人。1933 年回国后，他到武汉大学和西南联合大学等学校任教授，后来成为我国植物生理学的奠基人之一。

威斯康星大学也是一所培养过不少我国生物学家，尤其与农学密切的一些学科专家的美国高校。例如土壤肥料学家彭谦，土壤学家熊毅和张乃凤，水稻育种专家赵连芳和杨守仁，植物病理学家裘维蕃、魏景超、欧世璜和范怀中，植物生理学家焦启源，农业微生物学家樊庆生，工业微生物学家陈騊声和焦瑞身等，都曾在这所大学学习。另外，药理学家陈克恢、植物学家刘汝强、生物化学专家张昌颖和细胞生物学家郑国锠都在该校获得博士学位。植物生理学家崔澂也曾在该校做博士后。

美国密歇根大学也是不少著名的中国生物学家的母校。我国鱼类分类学奠基人之一的朱元鼎，鸟类学家郑作新，藻类学家饶钦止和曾呈奎，土壤学家朱祖祥，细胞学家吴素萱，寄生虫学家吴光和遗传学家刘祖洞都在这所大学取得博士学位，另外，农学家谢家声、园艺学家李曙轩和植物生理学家匡廷云也曾在该校学习。曾在金陵女子文理学院教授生物学的黎富思和她的得意门生吴贻芳也都曾在该校获得博士学位。

1948 年，中央研究院评定的生物组院士共有 25 名，加上当时位列数理化组的生物化学家吴宪，总共 26 人。其中 18 人是从美国留学归来的学者，超过总数的三分之二。这 18 人是秉志、陈桢、张景钺、钱崇澍、胡先骕、戴芳澜、邓叔群、袁贻瑾、张孝骞、陈克恢、汪敬熙、汤佩松、殷宏章、李先闻、俞大绂、蔡翘、吴宪、王家楫。[1]

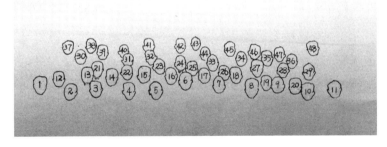

中央研究院第一次院士会议合影

15 汤佩松，23 秉志，29 李先闻，31 杨钟健，32 伍献文，33 胡先骕，
35 戴芳澜，37 邓叔群，38 吴定良，40 俞大绂，42 殷宏章，43 钱崇澍，
45 冯德培，47 贝时璋

　　上述学者堪称我国生物学界的核心人物，在生物学教育和

---

〔1〕　不包括吴定良和冯德培两名短期在美国留学后到英国取得博士学位的
院士。

科研一线牢牢地占着主导地位。很可能他们的这种主导地位有时不免显得过于强势，难免让留学法国、德国和日本等国的学者感到不满，进而造成生物学界的一些猜忌和纷争。这是当时特殊的社会环境造成的一种难以避免的现象。

二　从欧洲留学归来的生物学家

当然，到西欧各国高校和研究机构学习生物学的中国留学生也不少，他们中许多人从西欧各国学习归来后，逐渐成了各个专业领域的专家，在开创中国近代生物学事业方面也做出了重大贡献。不过，这部分学者很多是上述留美学者的学生，无论是人数抑或是影响力，都较美国留学归来的那批学者要逊色一些。

（一）在英国留学的学者

在英国学习生物学的学生，有不少人后来对植物分类学的发展做出了重要贡献。我国现代植物园的奠基人主要从爱丁堡植物园学成归来。我国生理学和生物化学的奠基人有不少出自英国的高校。在众多到欧洲求学的植物学者当中，后来成为我国蕨类植物奠基人的秦仁昌非常令人瞩目。秦仁昌1919年毕业于江苏第一甲种农业学校。在该校学习期间，钱崇澍教授成为他学习、研究植物学的启蒙老师。后来，秦仁昌进入金陵大学，接受陈焕镛教授的教诲。秦仁昌是一位非常精明、办事能力极强的学者。秦仁昌后来的同事认为，在钱崇澍和胡先骕的学生中，能在国际上产生影响的就只有他一个[1]，甚至认为他对做买卖这些事也照样行，行政能力特别强。1925年，秦仁昌毕业于金陵大学，随后到东南大学任助教。1926年在

---

[1]　王文采. 王文采口述自传 [M]. 长沙：湖南教育出版社，2009：56.

陈焕镛的支持下，开始从事蕨类植物研究。中央研究院自然历史博物馆成立不久后，他即到该馆工作。1930年春，他到丹麦哥本哈根师从克里斯汀生（C. Christensen）学习蕨类分类学一年多，后来又到瑞典自然博物馆、英国丘园两个收藏有大量中国植物标本的机构查阅标本。顺便指出，英国丘园是收藏我国植物模式标本最多的植物园之一。为了收集中国植物学分类研究的原始资料，秦仁昌在丘园工作了一年多。其间，他选出了中国植物模式标本18000多号，并对其拍照，带回祖国，供国内的植物学家参考，为我国植物学的研究提供了重要的基本资料。在英国居留期间，他还到英国自然博物馆植物室进行研究工作。为查阅蕨类标本，他还访问了柏林、巴黎、维也纳、布拉格等地，进行短期的研究，结识了不少专家学者。在英国丘园学习的还有汪发缵和唐进。汪发缵毕业于东南大学；唐进毕业于北平大学农学院，后来到北平静生生物调查所工作，得到中华教育文化基金会的资助到英国深造。

我国还有一些很有才华的学者曾到英国的爱丁堡大学和爱丁堡植物园深造，其中包括张肇骞、方文培、陈封怀和俞德浚等人。他们都获得中基会资助到爱丁堡植物园随史密思（W. Wright Smith）教授学习。张肇骞1926年从东南大学毕业后，留校当助教，1933年得到中基会的资助后到英国丘园和爱丁堡植物园研修植物分类学和区系学。在张肇骞之后去英国爱丁堡植物园学习的是方文培。方文培1921年入东南大学学习，1927年毕业后在中国科学社生物研究所工作。1928～1932年曾在四川调查采集植物。1934年，方文培到英国爱丁堡植物园深造，在史密思教授和考旺（J. M. Cowan）博士的指导下学习槭树科和杜鹃花科的分类，1937年获得爱丁堡大学博士学位。留学期间曾在西欧各大标本馆查阅植物模式标本。1934 年，和方文培一起投到史密思门下的还有陈封怀。陈封怀祖籍江西省修水县，是著名史学家陈寅恪长兄陈衡恪之子。陈封怀和张肇骞都是先入金陵大学，受教于陈焕镛，后转学到东南大学，1927 年毕业于东南大学生物系。陈封怀曾在中学以及清华大学等高校任教，后来到静生生物调查所工作，在河北和东北做过植物调查采集工作。在爱丁堡植物园学习期间，陈封怀在史密思的指导下研究报春花科、菊科以及植物园的建设和管理，并到西欧各大博物馆查阅资料。陈封怀于1936 年初回国到庐山植物园工作。[1] 在他们之后到爱丁堡植物园深造的还有俞德浚，他是 1947 年到英国爱丁堡植物园和丘园进修的，在那里收集了大量的植物学资料。这些学者后来分别成为我国槭树科、杜鹃花科、报春花科和菊科的专家。陈封怀后来成为我国植物园事业的开拓者之一，也是我国现代植物园事业的主要奠基人。俞德浚在北京植物园等园的建设方面也有重要的开拓之功。

虽就人数集中的程度和影响的深远而言，上述植物学机构都远远无法和哈佛大学相比，但其影响也不容小觑。毕竟中国很多动植物模式标本收藏在欧洲各大博物馆，大部分动植物的命名也是由欧洲的英国、法国、德国、俄国、奥地利和瑞典等国的生物学家完成的。上述中国学者后来都成为我国植物学研究的骨干力量。

从英国留学归来的生物学家后来在我国的实验生物学方面

---

[1] 陈封怀. 干部履历表［A］// 中国科学院华南植物园档案：陈封怀专卷.

贡献卓著。他们在生理生化和人类学方面既开风气又为师，为以后的发展奠定了坚实的基础，打开了良好的局面。

在英国学医的留学生有的成名甚早，其中最著名的一位是伍连德（1879—1960）。他祖籍广东新宁（今台山），生于马来亚槟榔屿。他 1902 年在剑桥大学获医学学士学位，1903 年获剑桥大学医学博士学位。1908 年，他在天津陆军军医学堂任副监督。1910 年 3 月，他到哈尔滨处置鼠疫，经 3 个多月的艰苦工作，大获成功。他被认为是我国近代西医学的先驱，是我国现代防疫事业的奠基人[1]。

与我国现代生理学直接关联的重要学者是林可胜。林可胜的父亲林文庆[2]是位医生，原籍福建海澄（今龙海），出生于新加坡。林文庆曾在英国爱丁堡大学学医，1892 年获得医学硕士学位。林文庆进行过生理学研究，1893 年在英国《生理学杂志》（*Journal of Physiology*）发表了关于狗心脏的神经支配及青蛙游走细胞研究的论文，文章名为《关于狗心神经支配的研究》（*On the Nervous Supply of the Dog's Heart*），被认为是中国人在自然科学方面最早的贡献。[3]林文庆是在剑桥大学病理实验室进行这项研究工作的。林文庆和伍连德同为老同盟会员黄乃裳的女婿。1921～1937 年，林文庆任厦门大学校长。林可胜生于新加坡，是林文庆的长子，8 岁开始即在英国接受教育，1920 年获爱丁堡大学医学院哲学博士学位。

---

〔1〕 马伯英. 中国近代医学卫生事业的先驱者伍连德 [J]. 中国科技史杂志，1995，16（1）：30 - 42.

〔2〕 林文庆（Lim Boon Keng，1869—1957），字梦琴。

〔3〕 李书华. 悼汪敬熙先生 [M] // 李书华. 李书华自述. 长沙：湖南教育出版社，2009：277 - 286.

1924 年，林可胜在美国芝加哥大学著名消化生理学家卡尔森教授的实验室与艾维合作，成绩突出。1925 年，林可胜回国服务。[1]

在英国攻读生理学的另一著名生理学家是冯德培。冯德培是我国著名生理学家蔡翘和心理学家郭任远的学生。他原先学的是文科，郭任远讲授心理学时传递的革新精神，激起了他对科学的兴趣，因此转学郭任远新创的心理系（生物系的前身）[2]。从复旦大学生物系毕业后，他于 1927 年到北京协和医学院当林可胜的研究生（实际上可能是进修生），在此期间打下了良好的生理学知识基础。1929～1930 年冯德培赴美，在芝加哥大学杰拉德（R. W. Gerrard）[3]的实验室深造，研究神经代谢，9 个月后获硕士学位。林可胜认为芝加哥大学杰拉德那里不是理想的实验室，设法让他转学。1930 年秋，冯德培到英国伦敦大学跟随著名神经肌肉生物物理学家、1922 年诺贝尔生理学或医学奖获得者希尔（A. V. Hill）教授学习。希尔是当时世界上著名的神经肌肉方面的生理学和生物物理学专家，杰拉德也曾在那里进修过。冯德培转到伦敦大学随希尔学习期间，收获颇丰，完成了十项研究工作；并在剑桥大学、牛津大学和普利茅斯海洋生物实验室工作，完成了不少神经和肌肉方面的重要研究。其中一项工作报告肌肉代谢因拉长而增加的新现象，后被希尔教授称为"冯氏效应"。冯德培因工作

---

〔1〕 曹育. 中国现代生理学奠基人林可胜博士 [J]. 中国科技史杂志，1998（1）：26 - 41.

〔2〕 冯德培. 六十年的回顾与前瞻 [M] //中国生理学会编辑小组. 中国近代生理学六十年：一九二六——一九八六. 长沙：湖南教育出版社，1986：1 - 20.

〔3〕 此人被汤佩松称为老师和老友。

中国生物学史·近现代卷

出色一直受到其师希尔教授的赏识，两人一直保持通信直至希尔教授逝世前数月。1933年冯德培在伦敦大学获得博士学位后，又到美国费城约翰逊基金医学物理学研究所进修一年，于1934年夏末回国。在留学期间，冯德培做出的贡献有一定的分量，确立了自己在国际学术界的地位，同时又与国际上生理学界最著名的科学家有广泛的接触，为自己在国内学术事业的开展奠定了良好的基础[1]。

与冯德培同为英国伦敦大学校友的还有吴定良，他也是在伦敦大学获得博士学位的。吴定良1920年考入东南高等师范学校心理学系，师从陆志韦等名师，1924年毕业后留校当助教。1926年，他赴美国哥伦比亚大学心理学系攻读统计学。1927年，他转学至英国伦敦大学继续攻读统计学，师从统计学与人类学家卡尔·皮尔逊（Karl Pearson）教授，先后获统计学和人类学博士学位。1930年，经英国统计学家耶尔（O. U. Yule）教授推荐，在荷兰经国际统计学社全体社员大会投票选举通过，吴定良成为第一位华人社员。1934年，他由人类学教授马斯（J. L. Myess）介绍加入国际人类学社。1934年，在伦敦举行的国际人类学大会上，吴定良与中国生理学家欧阳翥、冯德培以翔实有据的论文有力地驳斥了当时盛行的中国人大脑结构和功能不如白种人的谬论。1935年回国后，吴定良开创了祖国的体质人类学事业。

值得指出的是，对我国生物化学的发展产生深远影响的是几个从剑桥大学留学归来的学者，尤以后来被称为"剑桥三

---

〔1〕 冯德培. 六十年的回顾与前瞻［M］//中国生理学会编辑小组. 中国近代生理学六十年：一九二六——一九八六. 长沙：湖南教育出版社，1986：1 - 20.

剑客"的王应睐、邹承鲁和曹天钦为甚。

王应睐 1925 年高中毕业后进入福建协和学院学习，后转学至金陵大学，1929 年毕业后留校任教。他由于学习太勤奋，过劳成疾，得了肺病，在家休息了两年，于 1933 年入燕京大学化学研究生院学习，1936 年回到金陵大学任讲师，全面抗战爆发后回到厦门。1938 年到英国留学，在剑桥大学哈里斯（L. J. Harris）的指导下从事维生素的研究。1941 年获剑桥大学博士学位后，他留在剑桥大学的 Dunn 研究所工作。1943 年，他到剑桥大学 Molteno 研究所，在著名生化学家凯琳（D. Keilin）教授的指导下做研究，在血红蛋白的研究方面取得突出成果。他是证明豆科植物根瘤中含有血红蛋白的第一人。1945 年抗战胜利后，他回国在中央大学任教授。

邹承鲁 1945 年从西南联合大学生物系毕业后，于 1946 年获得庚子赔款资助留学英国，经王应睐推荐，到剑桥大学攻读生物化学。1951 年获剑桥大学生物化学博士学位后，他应王应睐的邀约回国，到中国科学院生理生化所开展酶的研究工作。曹天钦 1944 年毕业于燕京大学，后受李约瑟的邀请，到重庆参加中英文化交流工作。1946 年经李约瑟介绍，曹天钦获得英国文化委员会的奖学金赴英留学，在剑桥大学学习，在生化学家贝利（K. Bailey）的指导下研究生物化学。因成果突出，曹天钦被凯西学院选为院士。曹天钦于 1952 年回国，同年 10 月应王应睐的邀约到中国科学院上海生理生化所开展蛋白质的研究工作。[1]

---

〔1〕 中国科学院上海生物化学研究所志编纂委员会. 中国科学院上海生物化学研究所志（1950.05～2000.05）[M]. 上海：中国科学院上海生物化学研究所，2008：409－419.

（二）在法国留学的生物学家

在 20 世纪到西方学习生物学的学子中，以去法国的李煜瀛最早。他是晚清重臣李鸿藻第三子，河北高阳人。1902年李煜瀛和夏循垍以驻法公使孙宝琦随员的名义赴法国留学，先入蒙达尼农校学习，后在巴斯德学院和巴黎大学研习生物学。其后，李煜瀛发表过研究大豆的作品。李煜瀛于1910 年向学部[1]实业司呈请给其远东生物学研究会予以补助的报告中提到：“学员等留学法国，……盖以动植、生物为农、医之本。解生物之力施其应用，为治生所必需，……故生物学之研究，其理学方术至为繁密，利益亦最富厚。”[2]虽然李煜瀛是最早到西方（法国）留学的生物学者之一，对生物学重要性也早有阐述，但后来他实际做的工作不多。1925 年北京大学生物系成立时，他曾任教授。后来，北平研究院成立，他也是生理研究所的专任研究员。他将主要精力用于政治改革和社会活动以及教育和科研组织工作，是著名的社会活动家，也是国民党四大元老之一。除早年在法国研究过大豆和在北京大学生物系短期讲课外，他似乎没有从事过其他生物学学术活动。

李煜瀛作为早期留法的学者，似乎对法国的科学技术充满了崇敬之情。他曾经与吴稚晖、汪精卫、张继等发起和组织过

---

[1] 1905 年废除科举后成立的一个管理全国教育的机构就是学部，约相当于后来的教育部。罗振玉曾任学部参事。

[2] 学部咨行各省李煜瀛等禀在法创设远东生物学研究会并拟在京津沪设立分会应量予补助文。（洪震寰. 清末的“远东生物研究会”与“豆腐公司”初探［J］. 中国科技史料，1995，16（2）：19－23.）

留法俭学会[1]，推动中国学子到法国留学。为了更好地开展这项工作，他特意在保定建了一所留法预备学校。在向西方学习方面尤其是向法国学习高校和科研机构组织方面，他做了一些很有意义的探索，包括北平大学区的建立，北平研究院的组建等。

尽管李煜瀛在生物学领域没有太多建树，但在我国早期生物学领域的开拓者中，不乏从法国留学归来的学者。北平研究院成立时，该院建立的三个生物学研究所的主要科研骨干基本上都是从法国留学归来的。他们的专长也以生物分类学著称：植物分类学家有刘慎谔和林镕；动物学家中，除软体动物学家张玺外，鱼类学家尤多，如张春霖、陈兼善、伍献文和方炳文等；胚胎学家和细胞学家有朱洗、汪德耀等。

较早到法国学习生物学的是刘慎谔。他是山东牟平人，1918 年考入李煜瀛在保定办的留法高等工艺预备班。1920 年到法国留学，他先入朗西大学农学院及蒙彼利埃（Montpellier）农业专科学校学习，1926 年在克从孟大学理学院毕业，获硕士学位。后来，他又在里昂大学和巴黎大学学习，在著名的植物学家布朗基特（Braun-Blanquetd）的指导下做博士论文，完成《法国高斯山植物地理的研究》一文。1929 年，他从法国获博士学位回国。在法国留学期间，他采集了 20000 多号植物标本，还与同时到法国学习真菌学的林镕和学习植物学的齐雅堂、刘厚等交往颇多。他们一起组织编写了《中国植物文献汇编》，共同筹谋回国发展植物学的计划。林镕 1930 年从巴黎

---

[1]　中国第二历史档案馆.中华民国史档案资料汇编：第三辑 教育 ［G］.南京：江苏古籍出版社，1991：735.

大学理学院获得博士学位。[1] 齐雅堂[2]1924年在法国攻读植物学，1933年冬天回国后在中法大学[3]生物系任教授，是植物解剖学家。刘厚后来以研究樟科为主，1949年后去了台湾。这四个在法国留学的学生回国后，在新成立的北平研究院植物学研究所里工作，刘慎谔任所主任（后称所长）。

张春霖是秉志的同乡，河南开封人。受乡贤秉志教授的引导，投身生物学研究的道路，后来成为我国鱼类学的开拓者和奠基人之一。他1926年毕业于东南大学生物系，后到中国科学社生物研究所工作，研究鱼类学。他于1928年赴法国留学，在巴黎大学学习期间，随巴黎自然博物馆的馆长儒勒（Louis Roule）教授研究鱼类学。1930年获博士学位，回国后，张春霖在北平静生生物调查所工作。作为张春霖同门师弟的伍献文于1929年获得中基会的资助去法国巴黎大学留学，也是在巴黎自然博物馆儒勒教授的指导下，研究比目鱼的形态和分类。1932年获巴黎大学博士学位回国后，伍献文到中央研究院自然历史博物馆主持动物部的工作。儒勒的学生还有陈兼善和张孟闻。陈兼善于1931年到巴黎自然博物馆跟随儒勒学习。张孟闻于1934年底得到中基会奖学金到法国巴黎留学，在巴黎自然博物馆跟随儒勒学习，1936年夏获得博士学位，毕业回国后研究两栖爬行动物。方炳文也在巴黎自然博物馆研究了鱼

---

〔1〕《刘慎谔文集》编辑组. 刘慎谔文集［M］. 北京：科学出版社，1985：1－14.

〔2〕齐雅堂是青岛海洋所研究贝类的齐钟彦研究员之父。从后者的传记资料可知，齐雅堂是河北蠡县人，在法国留学期间是张玺的好友，曾任李煜瀛创办的中法大学教授，后在广州华南热带林业科学研究所（后改为华南热带作物研究院）任研究员。

〔3〕李煜瀛靠法国退还的庚子赔款组建的一所私立大学（即中法大学），实际负责人是李煜瀛，以及后来的李麟玉等。

类学。与张春霖、伍献文和张孟闻一样，方炳文也是秉志的学生。1926 年毕业于东南大学后，方炳文随即在中国科学社生物研究所工作，后到中央研究院自然历史博物馆任动物部技师，从事鱼类学研究。1938 年，方炳文接受巴黎自然博物馆聘请，跟随儒勒从事鱼类研究。1944 年，方炳文在巴黎的一次空袭中不幸罹难。

在巴黎大学攻读博士学位的还有陈世骧和汪德耀。陈世骧是浙江嘉兴人，1928 年毕业于复旦大学生物系，1928 年在法国巴黎大学留学，1934 年获博士学位。汪德耀是江苏灌云人，1921 年赴法留学，先到里昂大学学习，并于 1925 年获得理科硕士学位。与当时不少留法的学者一样，汪德耀信奉新拉马克主义。1926 年，汪德耀转学到法国巴黎大学，1931 年获法国巴黎大学博士学位，1932 年回国服务。汪德耀是一位颇有艺术天分，语言幽默且讲课极富吸引力的细胞生物学者。

较早在里昂大学留学的中国学生是经利彬，他是国民党元老经亨颐的儿子，林镕的大舅子。他在皮克（Pic）教授的指导下从事生理学研究，约在 1925 年获得博士学位。同在里昂大学学习的还有陆鼎恒，他 1920 年到里昂大学留学，1925 年获硕士学位后继续随科勒（René Koelher）研究动物学，1927 年从法国留学回来后，任北京中法大学附属西山温泉中学主任，1928 年任中法大学生物系教授（1930 年兼任系主任）。[1] 其后，在里昂大学学习生物学的有河北平乡人张玺，他 1922 年到法国留学，1927 年获里昂大学硕士学位后，继续在范尼（Vaney）教授的指导下从事软体动物后鳃类的研究，1931 年获得博士学位。

---

〔1〕　张玺 . 陆鼎恒先生传略［J］. 科学，1946，28（3）：162 – 163.

张玺回国后，在北平研究院动物学研究所进行贝类研究。张玺后来成为我国海洋生物学家，贝类学的奠基人之一。

曾在法国留学的著名学者还有朱洗。他 1920 年开始到法国勤工俭学，经过数年，积攒了一笔钱，考入蒙彼利埃大学（Montpellier），师从巴德荣（E. Bataillon）教授学习实验胚胎学，在此后的 8 年中与老师合作，发表了 14 篇文章。1931 年，他获法国国家博士学位。1932 年底回国，他随即应聘到中山大学生物系任教授。

此外，值得一提的还有谭熙鸿。他早年由蔡元培介绍参加同盟会，后来又由李煜瀛介绍参加京津同盟会。1912 年孙中山在南京就任临时大总统时，他被聘为总统府秘书。孙中山卸任后，谭熙鸿因对革命有功，1912 年由政府出资留学法国。留法期间，他常与辛亥革命旅法元老派蔡元培、李煜瀛、吴稚晖、张静江以及汪精卫夫妇等在一起议论国事。1919 年谭熙鸿在图卢兹（Toulouse）大学获法国国家博物学硕士学位[1]后回国，1920 年到北京大学任教，1920 年 7 月开始任教授。谭熙鸿参与了北京大学生物系的筹建，生物系于 1925 年正式成立，他任系主任。

除秉志的学生张春霖、伍献文、陈兼善、张孟闻和方炳文外，上述学者回国后，基本上都先后在李煜瀛任院长的北平研究院工作，他们中许多人也在李煜瀛创办的中法大学授课。北平研究院与中法大学都被认为是民国年间留法派的主要活动范围。植物学研究所主要研究北方植物，动物学研究所主要研究水生生物和昆虫。

---

〔1〕 谭伯鲁. 回忆先父谭熙鸿 [J]. 钟山风雨，2009 (6)：25 – 28.

还有一些到比利时留学的学者后来也做出了重要贡献。在比利时留学的学者的学术观点与留法学者相近，所以习惯上把他们归入一类。在比利时学习生物学的比较知名的学者有童第周。他是浙江鄞县人，实验胚胎学家。他于1930年毕业于复旦大学生物系，1934年在比利时布鲁塞尔大学获博士学位，1934年回国任山东大学生物系教授。

（三）在德国留学的生物学家

在德国学习生物学的学生相对少一些，后来他们中有些人在实验生物学和植物分类学方面有比较突出的成就，如贝时璋、汪猷、庄孝僡、辛树帜、董爽秋和郝景盛等。

贝时璋（1903—2009）是浙江镇海人，后来成为实验生物学家。1921年，他毕业于德国人办的上海同济医工专门学校医预科，后到德国留学，先后在弗莱堡大学、慕尼黑大学和图宾根大学学习，研究无脊椎动物个体发育、细胞常数和再生。1928年，他获科学博士学位。回国后，他在浙江大学任教授，负责生物系的筹建工作。汪猷1931年毕业于金陵大学，随后到北京协和医学院的生化学家吴宪处读研究生，1937年获德国慕尼黑大学博士学位。汪猷被认为是我国抗生素事业的开拓者之一。庄孝僡是山东莒县人，实验胚胎学家和细胞生物学家。庄孝僡是童第周的学生，1935年毕业于山东大学生物系，1936年到德国慕尼黑大学留学，在霍尔特弗雷特（H. Holtfreter）博士的指导下从事研究，1939年获德国慕尼黑大学哲学博士学位。在德国高校工作一段时间后，庄孝僡于1946年回国，任北京大学动物学系教授兼系主任。

辛树帜、董爽秋和郝景盛先后到德国柏林大学留学，在该校跟随以研究秦岭植物和世界植物地理著称的狄尔斯

（L. Diels）[1]学习。辛树帜 1919 年毕业于武昌高等师范学校，1924～1927 年先后赴英国伦敦大学、德国柏林大学学习，1927 年收到广东中山大学的邀约，到该校任生物系教授，后任系主任。在柏林求学期间，辛树帜从狄尔斯教授那里了解到，中国的广西瑶山是动植物分类学研究尚未开垦的处女地时，便打

植物地理学书影

算从此入手，施展自己的抱负，在生物学上做出成就。董爽秋也是狄尔斯的学生。他于 1919 年赴法国留学，1921 年（一说 1925 年）转学至柏林大学，师从狄尔斯教授，攻读博士学位。1928 年回国后，董爽秋在安徽大学生物系任教。1930 年，可能是受师兄辛树帜的邀约，董爽秋到中山大学任教。此后，董爽秋在教学之余致力于翻译柏林大学的教材，先后译出德国著名植物分类学家恩格勒（H. G. A. Engler）的《植物教学大纲》（*Syllabus der Pflanzenfamilien*）和狄尔斯的《植物地理学》等著作，并将它们作为学校的教材和教学参考书，对提高当时的教学水平发挥了重要作用。

郝景盛 1931 年 7 月毕业于北京大学。在大学学习期间，他曾先后参加中瑞西北科学考察团和中法学术考察团，到西北考察、采集植物。在跟随中瑞西北科学考察团进行考察时，他在甘南和青海考察采集。郝景盛于 1933 年考取河北省公费留

---

〔1〕 笔者以前的著作沿用竺可桢等人《中国自然地理·植物地理（上册）》中的"代尔斯"的译名，现改用董爽秋在 1934 年（民国二十三年）翻译狄尔斯（L. Diels）《植物地理学》等书时用的译名。

学美国，1934年改赴德国留学。在德国柏林大学学习期间，他根据1930年在青海的考察所得，在狄尔斯的指导下，于1937年完成他的博士论文《青海植物地理》，并获自然科学博士学位。1938年6月，他在德国爱北瓦林业专科大学获林学博士学位，博士论文大约是研究该校木材研究所收藏的中国裸子植物模式标本而写成的《中国裸子植物志》[1]。郝景盛取得博士学位后曾短期在普鲁士林业局任技师。1939年底从德国归来后，他主要研究裸子植物和林学[2]。

1933年，时任清华大学生物系教授的吴韫珍曾到奥地利研究中国植物的权威人物韩马迪（H. Handel-Mazzetti）那里进修和收集资料。后来，他在那里记下了大量的资料卡片，虽然没有来得及完成整理工作，但后来他的学生吴征镒整理了这批资料。这为后来中国植物志的编写，积累了重要素材。

第二节 生物学者发展生物科学的理念和使命感

20世纪上半叶，我国社会动荡，灾难深重。生物学的引入和发展，是受"科学救国"和"民族复兴"思想大潮的推动，是众多学者，尤其是从西方留学回来的生物学家进行的一场学科引进并使之本土化的运动。毫无疑问，我国众多学者为此进行了不懈的努力，付出了巨大的代价，克服了重重艰难险阻，在人才培养和学术研究上取得了卓越的成就。在此过程中，他们一边从事实际的教学和科研工作，一边探索符合国情的有效移植方式。他们引入生物学的思考，践行科学救国而采

〔1〕 郝景盛. 中国裸子植物志［M］. 南京：正中书局，1948：41.

〔2〕 中国科学技术协会. 中国科学技术专家传略·农学编·林学卷1［M］. 北京：中国科学技术出版社，1991：236–249.

取的行动方式，学科突破点的选择和取得的成就，都是值得铭记的。

纵观中国近代历史，在甲午中日战争和义和团运动后，我国进一步陷入内忧外患的困境。整个社会在帝国主义列强和封建统治者的沉重压榨下暗无天日，到处兵连祸结，盗匪横行，民不聊生，弥漫着令人绝望的窒息气氛。在这生死存亡的紧要关头，许多不甘沉沦的社会精英都在苦苦思虑拯救祖国的途径和方法。向西方学习是当时许多学者的共识。毛泽东在《五四运动》一文中指出："在中国的民主革命运动中，知识分子是首先觉悟的成分。"[1]事实上，正是那些在西方学习过的先行者加快了将西方科学引进中国的进程。

严复从西方学习归来后发现，要将新的科技知识引进国内，首先要革新社会风气。他翻译的《天演论》引起并推动了对社会的变革，影响空前。吴闿生[2]认为："三十年来，士大夫得稍窥西学奥突，首发自君。天择物竞，优胜劣败之旨，皆吾国所未闻，……梁启超之徒，假其鳞羽，踵而衍之，遂以风靡天下。"[3]早年严复、康有为和梁启超等知识分子的启蒙工作，对唤醒社会大众和解放思想，起了非常重要的作用。此外，当时日本的崛起，也让我国不少有识之士深刻感受到发展科学的重要性。

任鸿隽、杨铨和秉志等都是在这种特殊环境下成长起来而投身"科学救国"事业的一批热血青年。他们当时寻求将西

〔1〕 毛泽东. 毛泽东选集：第 2 卷 ［M］. 北京：人民出版社，1958：5466.

〔2〕 吴闿生是吴汝纶之子，曾任北洋政府教育部次长。

〔3〕 吴闿生. 严复［M］// 中国社会科学院"近代史资料"编辑部. 民国人物碑传集. 成都：四川人民出版社，1997：218 - 219.

方科学技术引入中国，使中国强大起来。他们自小受传统文化（四书五经）的熏陶形成了强烈的使命感。尤其是《大学》中提倡的"格物致知，修身齐家治国平天下"的理念和人生观，对他们有沦肌浃髓的影响，有助于他们形成积极入世的人生抱负。此外，他们在青少年时期探求民族复兴的方法和道路时，接受了西方学术的洗礼，如任鸿隽于1907～1911年在日本留学，开阔了眼界并逐渐萌生了科学救国的思想，开始走上进行社会启蒙和将科学引进国内的道路。

提倡科学救国的代表性人物之一的秉志认为："外患肆焰，祸逼眉睫，锦绣河山，日削月蹙，而内地之人民蚩蚩如故也，各处之盗匪，焚掠自若也，宵小壬金事之贪污，未尝因之少艾，百万生灵之流离，迄未得有救济，处今之世，惨目伤心，未有不以国祚沦亡为惧也，然窃以为有一术，可以转危为安，要视国人之努力何如，此术维何？曰科学是也。"[1]"吾人努力科学之工作，只求科学在国内能早日发展，即是救国救民之最大事业。"[2]毫无疑问，他与当时发起成立中国科学社的任鸿隽等投身于科学事业的学者一样，都是基于"科学救国"的信念将西方科学逐渐引入国内，使这种思想愈发深入人心。长期追随秉志，致力于我国生物学发展的胡先骕也呼吁："在各种训练方面，要养成国民重视科学机械的新精神，要造成国民使用机械工具的技能和习惯，使'双手万能'和'科学救国'成

〔1〕 秉志. 科学与国力 [J]. 科学, 1932, 16 (7)：1013－1020.
〔2〕 秉志. 致刘咸的信 [M] // 翟启慧, 胡宗刚. 秉志文存：第三卷. 北京：北京大学出版社, 2006：425.

为国民普遍的认识。"[1]

差不多与秉志等人在国外创建中国科学社的同时，国内一些博物学者也成立了中华博物研究会，以促进博物学在我国的发展。该团体的博物学者吴家煦[2]认为："今日之时会何如？一相争相杀，有强权无公理之时会也。今日之国情何如？一上下交困，实业不振之国情也。……应用科学必以植物学、动物学、物理学、化学为之基础。苟此类不能发达，则应用科学为虚本位，无效果之可言也。吾国人士于此根本的各种科学（即理科）不知培养，惟痴望枝叶之繁茂，是不揣其本而欲齐其末，又何异于缘木求鱼哉。"[3]他的看法反映了当时人们对科学功能的一些具体认识。

而秉志等人更以欧洲的进步为例，阐述"科学救国"的必要性和可行性。秉志指出："科学系格物致知之学，其功效至广，凡属利用厚生者，无不由科学而来。吾人试就欧洲历史一观，其中古之黑暗，不可言喻，耶教肆行，摧残一切学术无论已，而政治之混淆，贵族之专横，各国人民，无日不在水深火热之中，……乃因少数科学家，奋力于冥心孤往之中，科学渐行萌芽，其知识潜滋暗长，弥漫于社会，其势力竟如河决东注，一往直前，酝酿日久，政治因之改革，经济因之渐裕，人民遂得享自由之幸福，而国势亦蒸蒸日上。迄今欧洲各国，其最称兴盛者，必其科学在国内最为发达

〔1〕 胡先骕. 三民主义与自然科学［M］//张大为，胡德熙，胡德焜. 胡先骕文存（下卷）. 南昌：中正大学校友会，1996：304－316.

〔2〕 吴家煦，字冰心，江苏吴县（今吴县市）人。他当时是中华书局小学部编辑员。

〔3〕 吴家煦. 理科教授之革新谈［J］. 中华教育界，1916，5（3）：13－40.

者，其人民亦必较他国最自由最怡愉者。"[1]这里所说言论不一定完全准确，但很容易让人产生共鸣，给人以启迪，发人深省，能很好地引导青年和社会大众走向发展科学技术的道路。

秦志等深受《天演论》"物竞天择，适者生存"思想影响的学者，在西方学习科学技术的同时，不断强调只有将科学尤其是生物学引入中国才能使中国强盛起来，摆脱被压迫、被奴役的命运，以期清除引入科学的障碍。为此，他们在培养人才时，通过各种传播方式，向学生传输应有的责任感和"科学救国"的理念，并带领学生践行这些理念，取得了相应的成果。他们的学生秦仁昌坚定地认为："只有科学技术才是救国救民的法宝。我讨厌商人买办阶级，因为他们当了外国资本家的走狗；我讨厌政治，认为这不过是野心家争权夺利的幌子。"[2]

强调教育青年学生要有民族使命感，担负起救国的责任，也是当时许多科学家和教育家的共识。例如，九一八事变后，清华大学校长梅贻琦在给清华的新生致辞时，要求学生明白自己的责任。他说："吾辈知识阶级者，居于领导地位……故均须埋头苦干，忍痛努力攻读，预备异日报仇雪耻之工作，切勿以环境优越即满足自乐。"[3]他融情入理，将中国传统文化中强调的"士"的责任在新时代进行了更好的阐释，很好地发

〔1〕 秦志. 科学在中国之将来 [J]. 科学，1934，18（3）：301.

〔2〕 秦仁昌. 检查我的错误思想 [A] // 中国科学院植物所档案：秦仁昌专卷.

〔3〕 何炳棣. 读史阅世六十年 [M]. 南宁：广西师范大学出版社，2005：56.

挥了润物无声的引导效果，引起了学生的共鸣，使一批批年轻有为的学者在他们的旗帜下奋斗。20 世纪 40 年代初，一些清华学者和教授组织的读书会被称作"十一学会"[1]，致力于科学救国的吴征镒等青年生物学者[2]和何炳棣等青年人文学者投身其中，就是很好的一个例证。

早期我国坚定倡导"科学救国"的那批践行者，不但在培养人才方面运筹帷幄，而且在科研组织方面也殚精竭虑。从中国科学社生物研究所和北京协和医学院生理系的创立轨迹，可以很容易看出这一点。在秉志、林可胜看来，只要大家朝着目标努力，科学就一定能在中国逐步发展起来。北平研究院副院长、物理学家李书华曾经提到他们建立研究院的初衷是发展中国的科学研究，先使中国科学研究由无变有，再进一步由少变多，由粗变精。经过 20 年的努力，他认为达到了原定目标。[3]他的话不无道理。

为了让社会重视生物科学，任鸿隽、秉志、胡先骕和朱洗等著名学者一方面注意向国内社会大众普及包括生物学知识在内的各种科学知识，以营造较好的科学发展社会氛围。另一方面，他们还常常通过自己的努力以消除外国人的歧视，用行动证明中国学者和中华民族有能力独立于世界民族之林。其中一个典型的例子就是，早期我国的人类学者对某些西方种族主义思想浓厚的学者武断提出中国人脑不如白种人脑的谬论进行了批驳。1926 年，香港大学的谢尔希尔（J. L. Shellshear）在英国解剖学杂志上发表文章称中国人大脑的枕月沟常处于原始状

---

〔1〕 十一是士字的拆写。

〔2〕 吴征镒. 百兼杂感随忆 [M]. 北京：科学出版社，2008：375.

〔3〕 李书华. 李书华自述 [M]. 长沙：湖南教育出版社，2009：137.

态，比埃及人脑更接近于类人猿的形式。1934 年，他又在一次国际人类学大会上宣读论文《中国人脑与澳洲人脑的比较》，再次声称中国人脑和猿脑相近，不如白种人。当时出席会议的中国生理学家欧阳翥和冯德培以及人类学家吴定良依据大量研究资料，对谢尔希尔的谬说进行了有力的驳斥。后来解剖学家卢于道等人又做了进一步的研究，并未发现中国人脑与白种人脑有显著的差别。[1]很显然，用科学的研究结果对这类谬论进行批驳，不但有助于增强民族的自信心，而且对宣传发展科学的重要意义也是很好的例证。

第三节　生物科学的发展与社会需求

一　资源调查

生物学发展受社会需求的影响极大，这点与地质学、农学有很大的共性。在"科学救国"理念的推动下，当时的学科领头人都满怀激情，试图通过迅速发展生物学来促进国家的繁荣富强，将祖国从帝国主义列强的欺压中解脱出来，同时也想通过适当的表现获得社会的认可。换言之，他们从一开始就有明确的目的进行科学移植，要他们不结合实际问题进行科学的研究几乎是不可能的，也是很难得到社会认同的。汤佩松和罗宗洛打算到国外留学学习植物生理学的时候，曾有老师表示他们学习植物病理学对国家更有用。可见，联系国家实际需要而选择合适的专业以适应社会需求是国内外很多学者的共同想法。因此，不难看出科学的发展与国家的社会环境和学科发展

〔1〕　张大庆. 中国近代解剖学史略［J］. 中国科技史料，1994，15（4）：21 – 31.

的特点密切相关。20 世纪上半叶，生物学的发展与地质学有非常相似之处，即强调本土调查和实用两个方面。

动植物调查这部分工作是西方人首先开始的。我国的生物学奠基人尤其是植物学奠基人，很多都是从西方研究中国动植物的知名机构留学归来的。他们在异国研究时，面对本国的生物标本，心里的酸楚感受可想而知。为此很多人回国后，都致力于祖国动植物的研究。原因主要有两方面：一是他们认为这理应由中国人自己来做，二是他们认为这样可以转移帝国主义侵略的注意力。还有一个重要原因，就是这些研究容易出成果。正如祁天锡在一次会上所指出的那样："中国地大物博，从自然历史言，几全为未开辟之域，但稍事搜寻触处可发见新种，用力不多，而有助于世界科学实至大。"[1]

秉志、钱崇澍和胡先骕等人在发展生物学的实践中，强调对本土生物的调查，以为生产应用服务。虽然他们也希冀通过自己的努力推动科学的进步，但纯粹的科学理论研究，毕竟难解国家经济落后的燃眉之急，况且在进行调查分类工作的同时也可以增加新的知识。作为深受传统文化"经世致用"影响的学者，他们深知要想获得社会的认同和支持，必须在发展生物学的同时，致力于农业、工业和医药卫生业的实践，"利用厚生"，从而改变国家积贫积弱的状况。秉志在 20 世纪 30 年代提出："今日国内生物学家，都已知当务之急，莫先于采集与分类。""其关于经济价值者，亦正如纯粹科学，须待整理，始能发扬。向使国内生物学者，殚心尽力以赴其所学，则以天

---

〔1〕 中国科学社记事·欢迎杜里舒之盛宴 [J]. 科学，1921，7（10）：1104.

产之宏富，创发新见之机会至为繁多，其能为此学启烛大光，震耀学林，殆可预断。"[1]以生物调查和资源利用为基本出发点，我国生物学家因陋就简，研究祖国的动植物种类和分布，为资源开发打下基础，是非常自然的。

在植物学方面，与钱崇澍等同在哈佛大学阿诺德树木园留学的钟心煊认为，植物资源是人类赖以生存的基本资源，生老病死一刻都不能离。他说："吾国果欲扩张农业，利用天然富源，亦必先调查本国所有植物，不论其目前有用与否。盖今日无用植物，明日或可变成有用。"[2]在这点上，其哈佛校友胡先骕更是执着，为此奔走呼号，不遗余力。

胡先骕在阿诺德树木园学习时，很快通过威尔逊和沙坚德、雷德和梅里尔等人的工作发现我国植物资源之丰富。他深有感触地指出："中国地处温带及亚热带，素以地大物博著名……国人食用植物种类之繁多达二千余种，为任何民族所不及；美国农部（即农业部）曾统计欧美人所食者只一千余种。"[3]他在深造期间，曾在《论国人宜注重经济植物学》一文中指出："然在今日各省皆立农业学校与农事试验场，利用厚生，为其职志，若再不从事研究中国之经济植物，以期光大吾农艺与园艺，而唯贩西人之唾余，则溺职之辜，百口莫辩矣。"这说明胡先骕当时非常希望通过国人自己的经济植物学研究，推动我国农业和园艺业的发展，达到"利用厚生"的目的。对于经济植物的研究方式，胡先骕也提出自己的见解。

〔1〕 秉志. 国内生物科学（分类学）近年来之进展 [J]. 科学，1934，18（3）：414-431.

〔2〕 钟心煊. 植物与人生 [J]. 科学，1919，5（1）：67-73.

〔3〕 胡先骕. 中国的植物富源 [J]. 科学，1950，32（7）：209-214.

他认为："我们对于已利用的经济植物，应该研究其改良种植的办法，使其获得最高效果；对于未利用的经济植物，应该加以调查和提倡，使民众的生产能力提高，使国家的富源增加。"[1]为引起社会的注意，他还用具体例子加以阐述。他指出："中国有多种珍贵植物，将来必有重大经济价值，兹略举数例。云南产一种鸽豆（Pigeon Pea），为木本大豆之类，或称之曰木豆（Cajanus Cajan），可用之作豆腐，并可用以榨油。更沿金沙江沿岸有一种油芦子，可制成灯油，或可食用。此植物播种甚易，如注意研究其用法，将来当为重要经济产物。云南一种漆树种子可榨取漆油。本地取之制肥皂，可治皮肤病，用化学分析之，发现其内含有多种碘质，此产物颇有医学价值。数年前在云南发现一种珍奇葫芦科植物，属于单种属（*Hodgsonia*），土名油渣果[2]，为高达百英尺藤本，产瓜大如人头，内包12种子，每两个合而为一。此复种子大如鸭蛋，含二油质核仁，啖之味如胡桃。虽土人重视其种子如珍宝，但此植物迄未广栽，每瓜值洋约四角。"[3]1936年，胡先骕又撰文提出"中国亟应举办之生物调查与研究事业"，荦荦大者包括森林之研究、纤维植物志研究、园艺植物之研究、药用植物之研究、杀虫剂之研究、其他经济植物之研究、植物病害之研究、发酵菌类与细菌之研究、水产生物之调查与研究、寄生虫

〔1〕 胡先骕. 如何充分利用中国植物之富源 [J]. 科学杂志, 1936 (3)：850 – 935.

〔2〕 1933 年由蔡希陶发现的油瓜。

〔3〕 胡先骕. 中国植物区系性质与关系 [J]. 中国植物学会汇报, 1936 (2)：67 – 84.

之研究、有益有害之鸟兽研究等[1]。在抗战进入艰苦时期的 1942 年，胡先骕更是大力呼吁"宜积极提倡应用生物学之研究"。他认为："科学研究固不必斤斤以致用为目的，但生物学与人生之关系过巨，而生物学对于应用研究之问题，俯拾即是。吾人从事研究之时，只需稍为偏重应用，即可得巨量有裨于国计民生之结果，而并不减少其在学术上之价值，同时亦易得政府及社会之支持。"他还认为，要做好这方面的工作，"宜有全面之研究计划"，"宜极力鼓吹设立全国性之大规模生物学研究机关"。他还举例说："地质调查所克有今日之成绩，以其有全国性也。"[2]这种说法不一定准确，但也有一些道理。

我国植物学家致力资源开发的同时，也非常注重相关人才的培养。钱崇澍培养出秦仁昌、郑万钧、吴中伦和裴鉴等致力于森林、木材和中草药的专家。胡先骕则培养出俞德浚和蔡希陶等著名的果树分类专家和植物资源学家。裴鉴调查过我国的产油植物和华东的经济植物[3-4]。俞德浚发表过有关植物资源的研究文章，如《中国蔷薇科植物研究》《中国豆科植物研究》《中国西南各省秋海棠科名录》《云南茶花及其园艺品种》《云南农林植物资源》《中国植物单宁资源》等。

如果说植物资源的开发还有很多的试验和驯化的工作需要进行的话，那么鱼类等水生生物资源的利用就简单得多。这或许是民国年间鱼类等水生生物资源调查工作得以广泛进行的原

〔1〕 胡先骕. 中国亟应举办之生物调查与研究事业 [J]. 科学, 1936, 20 (3)：212.

〔2〕 胡先骕. 中国生物学研究之回顾与前瞻 [J]. 科学, 1943 (1)：5.

〔3〕 裴鉴. 中国产油植物之概述 [J]. 科学, 1944, 27 (9–12)：7–15.

〔4〕 裴鉴. 华东之经济植物 [J]. 科学, 1950, 32 (1)：25.

因。我国动物学的主要奠基人秉志1920年从美国学成归来后，一直非常注意发挥生物学对经济生产的促进作用。他率先在东南沿海进行相关的水生生物（尤其是软体动物）资源调查，后来也长期致力于这方面的研究。另外，他对长江下游动物的种类和分布也做过不少的调查和研究[1]，还培养了一批发展这方面事业的人才。

祁天锡和秉志等学者都认识到，利用当时的设备研究海洋和淡水生物，可以进一步看清经济上重要的问题。秉志在《倡设海滨生物实验所说》一文中指出："吾国海产最富，徒以人民无知，政府漠视，一任沿海渔户遂意网取，无所限制。日本人复乘我之毫无阻禁，于春间生殖时期，肆意渔猎，致海中品珍生殖之率不甚蕃速者，日形减少，以致绝灭，此可痛惜者也。若有一研究所以调查沿海生物，其种类若何，其生殖若何，其分布若何，其何者有用于人生，其何者日形减少而宜保存。海中利益，皆灼然于人民心目，用之取之，既有规定，保护利用，获益正自不少，此于实业甚有关系者也。有此数种需要及利益，研究所之组织，正不可缓。"[2]秉志的学生曾省认为："研究海洋生物，不仅对于科学有所贡献，且能开发富源，供给人民生活上必需之物。方今举国竞言科学救国，与此一端，宜有提倡发展之计划，庶立体农业之田地，不使因荒废而丧失也。""水产事业包括渔捞、制造、养殖三项。而此三门学问，莫不用海洋生物学为之基，凡生物学家研究海洋生物之形体、发生、营养、成长、习性、分布，其结果皆可用于水

〔1〕 秉志. 长江下游动物之分布 [J]. 科学, 1934, 18 (2)：249－258.
〔2〕 秉志. 倡设海滨生物实验所说 [J]. 科学, 1923, 8 (3)：307－310.

产事业，故研究海洋生物，不仅为生物学家应尽之责，乃谋水产事业发展者所当提倡之事也。"[1]伍献文也指出，生物学家要注意研究鱼类的习性，如洄游路线、饵料以及繁殖，从而让鱼类资源在得到开发利用的同时，又能持续发展[2]。

秉志早期的弟子王家楫、伍献文、张春霖、方炳文、王以康和寿振黄都是研究鱼类等水生生物资源的名家。此外，秉志的学生中还有研究蟹类和虾类等甲壳纲动物的沈嘉瑞和喻兆琦。寿振黄是我国动物学家中学习鱼类学最早的一人。1927年他与人合作发表了《华东的鱼类》之后，这方面的著作持续涌现，如伍献文的《中国鱼类概说》[3]等。当时这方面的工作，为我国后来各地鱼类志的编写奠定了一定的基础。当时相关的高校对长江、珠江、黄河等内地水系，以及广东、海南、福建、浙江、江苏、山东、河北等东部海域的鱼类等水生生物资源都进行过初步的调查。陈兼善对台湾的鱼类资料也进行过调查整理[4]。

在广泛调查的基础上，相关专著大量涌现。其中，朱元鼎不仅对西湖的鱼类颇有研究，而且还发表了《中国鱼类索引》和《中国鱼类图说》等重要著作；伍献文对厦门、福州、浙江沿海和长江中上游的鱼类都有相当的研究，发表过《厦门鱼类之调查》等文章，还对比目鱼进行了专门研究；张春霖对南京、吉林镜泊湖、开封和长江鲤科的鱼类有一定的研究，

---

〔1〕 曾省. 胶州湾之海产生物［J］. 科学, 1933, 17（12）: 1931-1948.

〔2〕 伍献文. 海洋渔业问题［J］. 科学, 1935, 19（12）: 1891-1896.

〔3〕 伍献文. 中国鱼类概说［J］. 科学, 1934, 18（7）: 970-981.

〔4〕 伍献文. 三十年来之中国鱼类学［J］. 科学, 1948, 30（9）: 261-266.

发表了《南京鱼类之调查》《河北习见鱼类图说》《长江上游之鲤科鱼类》《河北省鳅科之调查》等论著；陈兼善对广东的鱼类和中国杜父鱼类都有一些研究；王以康则对山东和浙江的鱼类有一定的研究；林书颜对广东的鱼类也有相当的研究。[1]另外，还有一些水生生物学家也发表过地区性的鱼类著作，包括北平研究院动物学研究所顾光中编的《烟台鱼类志》，张玺等编写的《滇池鱼类之调查》和《云南虾蟹类之调查》等。也有专家对一些重要科属做过研究。厦门大学的陈子英等对福建的渔业进行过比较详尽的调查。[2]关于国产鱼的种类，朱元鼎1931年发表的《中国鱼类索引》罗列了我国鱼类213科，592属，1540种。1934年，伍献文在《中国鱼类概说》中指出我国鱼类主要包括头索类、圆口类、软骨鱼类、硬鳞鱼类和硬骨鱼五大类，估计有1800种。此外，沈嘉瑞编写了《华北蟹类志》。

在当时，中央研究院动物研究所的主要研究领域就是水生生物，其中研究原生动物的王家楫的工作大多是围绕南京附近地区、厦门地区、渤海湾和海南岛地区水域进行的[3]。不仅如此，北平研究院动物学研究所的工作也主要是研究水产动物，所长张玺是当时研究海洋软体动物的主要专家。这也是后来中央研究院动物研究所和北平研究院动物学研究所的主体分别改建为中国科学院水生生物研究所和青岛海洋生物研究室的原因。

〔1〕　伍献文. 中国鱼类概说 [J]. 科学，1934，18（7）：970 - 981.

〔2〕　伍献文. 三十年来之中国鱼类学 [J]. 科学，1948，30（9）：261 - 266.

〔3〕　王家楫干部履历表 [A] //中国科学院武汉水生生物研究所档案：王家楫专卷.

当时的学者不仅在鱼类资源的开发上做了大量的工作，也着手进行了鱼病的研究。20世纪30年代初，就有人开始撰文讨论这方面的工作[1]，后来中央研究院动物研究所的史若兰、倪达书等都成为这个领域的开拓者。

我国生物学家为国服务的热情，得到了社会的认可。一些热心地方经济建设的实业界人士乐于提供经费资助生物学调查事业。如卢作孚建立中国西部科学院生物所，云南的一些地方官僚愿意出资金合办农林植物所，山东青岛市政府愿意出资合作调查海洋资源，中央政府也愿意派出军舰甚至飞机配合调查等，甚至一些外国机构也出自各种目的愿意提供经费以进行动植物考察合作。

不仅如此，我国的生物学者通过致力调查本土资源和各种科学资料，以阻止外来者的觊觎，明确表示自己有能力从事此项工作，不用外人越俎代庖，增强国人的自信心。

早在1907年，薛蛰龙在根据日文资料写成的《我国中世代之植物》一文后不无痛心地写道："以上所揭，皆我国固有之植物，而为东西人所探检而得者。夫我国地层中之古植物层累不可胜纪，正天予吾人以研究之资也，借之以知地层之变迁，生物之进化。影响所及，宁岂微渺？然而罗全国学子，求其能研究夫此者，百无一二，徒让东西诸国民游历内地，穷搜极讨，而吾国民反瞠目咋舌，熟视无睹，耻孰甚焉！愚闇至此，谁咎之尸？余固不能为习理学者恕，兹故据此已告同志之习理学者，其有动于中乎？"[2]有人对博物学知识积累的重要

〔1〕 刘桐身. 鱼病概论 [J]. 科学，1931，15（5）：729－747.
〔2〕 公侠. 我国中世代之植物 [J]. 理学杂志，1907（3）：11.

性，也大声呼吁："古人有云，一物不知，儒者之耻。我同志其谛听！！"[1]民国期间，动植物区系调查和分类发展迅速与上述思想密切相关。早期的动植物学者在看到西方国家在华采集的标本后，会认为自己应该从事这方面的工作。钱崇澍和胡先骕从农林学改学习植物学就有这种考虑。

此外，当时很多地方还是没有人前往调查的空白地区，专家学者只要前往考察探索，就有可能获得新的发现。而通过发现新种便可自主命名的方式，对相关人士总是很有诱惑力的。昆虫学家杨惟义指出："孔子犹教人多识鸟兽草木之名，以为致知格物之助。分类果无用乎？人与自然界，日常接触，利用厚生，关系极切，若竟菽麦不辨，遑论其他学问？……外人现正陆续来华，采集标本，且有整理全中国昆虫之企图。国人将听其越俎代庖，而甘处于不识不知之地位乎？吾国昆虫，外人已知者，现达一万八千种，犹属一小部分，未明悉者，尚不知凡几？及时努力，犹未晚，国人能自鉴定之种，现仅二千，分类工作，刚才举步，将来急需加紧为之，深望斯学同人，急起直追，自行整理，以与外人争竞，不然，数十年后，吾国昆虫几全被人查悉，标型[2]文献，俱落异邦，研究困难，更不堪言矣！"[3]

调查分类工作不需要太多的仪器设备便可进行也是这方面的工作得以迅速推进的原因。传统文化素养深厚的胡先骕在哈

---

〔1〕 仲麃. 野外植物·路旁原野之野草（续第三期）〔J〕. 理学杂志, 1907 (4): 32.

〔2〕 即模式标本。

〔3〕 杨惟义. 二十年来中国昆虫学之演进及今后希望〔J〕. 科学, 1936, 20 (9): 737-760.

佛大学完成博士论文后，心情颇为轻快地写下："末艺剩能笺草木，浮生空对注鱼虫。"[1]这貌似自嘲，实际是他在学术境界提升后，对今后的事业有更多的期许。他在《论社会宜提倡业余科学》一文中指出："盖多识鸟兽草木之名，实尽人有此愿望，而博物学之研究，虽精专则颇艰深，而研几殊为简便。若研究高等植物之分类，除一扩大镜外，不须任何器具，苟知参考正确之图书及就正于专家，则仅有暇豫之时间、研讨之精神与跋涉山水之精力，即可采制腊叶标本，而从容研究矣。"当然，这与指导他们研究中国植物的老师，如沙坚德、杰克和梅里尔等也有密切关系。研究方法与传统的经验学术有相通之处，不用太多新的概念和抽象语言。推理过程通常用的也是粗略的归纳方式。

西方各研究机构对中国的动植物分类学也都非常有兴趣，因此这方面的研究容易得到国外研究机构的支持、鼓励和帮助。标本鉴定有合适的专家（老师），找标本和文献等相关资料还是要比创建实验室和购买昂贵的仪器设备容易一些，因为通过建立交换制度，甚至合作的方式都可能获得。

随着生物分类学的发展，我国的生物学家还将自然保护的思想引进国内。这一点在树木学家和林学家中有突出表现，笔者曾做过一些探讨[2]，这里不再赘述。植物学家胡先骕曾经注意到过度开垦的问题和外来植物物种对本土植物种类的破坏问题。他在《中国植物区系性质与关系》一文中谈道："事实

---

〔1〕 张大为，胡德熙，胡德焜. 胡先骕文存（上卷）［M］. 南昌：江西高校出版社，1995：554.

〔2〕 罗桂环. 中国区域森林破坏的思考［M］//宋健. 中国科学技术的展望与回顾. 北京：科学技术出版社，2003：303-308.

上人类影响天然植物社会之摧毁至巨，如以砍伐森林，开垦荒土之故，本地原产之植物常因以绝灭。他乡异种亦因以侵入。如澳洲本地植物多因美国仙人掌侵入而摧毁，中国南方小溪，支流曾因南美洲之凤眼兰[1]布满而堵塞，即其例也。"[2]

另外，有害动物物种的侵入也同样引起我国生物学家的关注。一些昆虫学家指出，从日本传入的蜂巢瘟，从美国传入的羊虱，从南美等地传入的棉桃象鼻虫和甘薯象鼻虫，原产印度的红铃虫，以及外来的木材害虫天牛，对我国农林生产的危害极大。应该加强动植物检疫[3]。

当然这种情况的出现当时也引起了争议，如生理学家汪敬熙就曾认为当时生物学过于重视分类学等描述学科，呼吁发展实验生物学，并与进行植物分类研究的胡先骕进行了短期的笔战。这虽然在一定程度上唤起学界对实验生物学的重视，但是受当时社会条件的影响，汪敬熙的呼吁产生的效果非常有限。

当时生物调查分类学领袖人物的人格力量也是值得注意的。翁文灏指出："他（秉志）对于后起的学者不但尽心指导，而且尽力地拿好的材料给他做，甚至分自己的薪水帮助他。因为有他（秉志）这样的人格，所以养成中国许多动物学家，莫不仰为宗匠。……诚然，秉先生专对于中国生物学工作略有偏重，尚可改进，如汪敬熙先生近来在本刊所指出的，我也不是完全没有同感。不过我以为这并不是任何人的过失。

---

〔1〕 凤眼兰通常称凤眼莲，即水葫芦（Eichhornia crassipes）。

〔2〕 胡先骕. 中国植物区系性质与关系［J］. 中国植物学会汇报，1936（2）：67 - 84.

〔3〕 刘淦芝. 我国外来农业害虫六种［J］. 科学，1934，18（2）：200 - 203.

现在像秉先生一类工作之特别发达，正可证明他的工作及人格的感化力之伟大。如果其他方面或别的科学也有人能像他一样的一面努力工作，一面提携后进，当然也能够一样的发达了。"[1]

正是因为这种注重实际和容易开展的原因，我国生物学研究在20世纪上半叶的发展迅速，主要体现在调查分类这个领域进行了比较多的工作，取得的成果较为丰硕。当时，无论是国立研究机构如中央研究院动植物研究所、北平研究院的动物学研究所和植物学研究所，抑或是私立的中国科学社生物研究所和北平静生生物调查所，都以调查分类为主，在区域性的调查方面做出了可观的成绩和一批值得称道的成果。著称的有中国科学社生物研究所对江浙和四川生物的调查，以及相关志书如《浙江植物志略》《长江动物志初稿》《四川北碚植物鸟瞰》[2]等；静生生物调查所对华北和西南各地的动植物调查，编写《中国植物图谱》《中国蕨类植物图谱》《河北习见树木图说》《河北鸟类志》等；中央研究院动植物研究所邓叔群编写的《中国高等真菌》；北平研究院植物学研究所编写的《中国北部植物图志》、《太白山植物图志》（木本植物部分）初稿、《小五台植物志》等。当时国内著名的大学生物系，如中央大学生物系、清华大学生物系、中山大学生物系、厦门大学生物系、燕京大学生物系和金陵大学生物系等也以调查分类工作为主。动植物调查分类的专家无疑是我国生物学家的最大群体。燕京大学的胡经甫教授在长期昆虫分类工作的基础上编写

〔1〕 翁文灏. 中国的科学工作 [J]. 独立评论, 1933 (34)：5-8.
〔2〕 钱崇澍. 四川北碚植物鸟瞰 [J]. 科学, 1947, 29 (11)：363-365.

了《中国昆虫名录》，罗列我国已知昆虫 2 万余种，是当时昆虫学的巨著。

从人才培养的情况来看，植物分类学、鱼类等水产生物等与资源调查结合紧密的学科培养的人才比较多。在 1933 年，中国植物学会筹备成立时，从事植物分类的学者即达 70 余人，其中绝大多数为从事植物分类和形态解剖的学者。20 世纪 40 年代初的时候，我国动物学会和植物学会两个学会的会员约有 500 人[1]，其中相当一部分会员是从事调查和分类研究的学者。

二　为农业生产服务

除注重动植物的区系调查和分类研究之外，民国年间应用生物学的研究还有一个明显的特色，就是注重为农业生产服务。抗战期间，蔡希陶引进的名烟品种"大金元"对后来云南的经济发展有重要贡献。[2]为服务农业生产，生物学家进行了遗传育种和植物病理学研究，以及鱼类和藻类资源研究，以期让他们的研究尽快在农业生产中发挥效益。据原生动物学家王家楫回忆，他在任中央研究院动植物研究所所长时，时任中央研究院总干事的丁文江就告诉他："你们如不做应用问题，将来就没有办法增加经费。"伍献文调查渤海湾和山东半岛的渔业资源，邓叔群研究农作物的病害等方面的工作，都是强调应用的结果。[3]实际上，王家楫当时上南京高等师范学校的农科也是受传统"重农贵粟""中国应该以农立国""国以民为

〔1〕卢于道. 中国生物学的展望 [J]. 科学, 1943, 26 (1)：12 – 14.

〔2〕吴征镒. 百兼杂感随忆 [M]. 北京：科学出版社, 2008：24.

〔3〕王家楫. 我的思想自传 [A] //中国科学院武汉水生生物研究所档案：王家楫专卷.

本，民以食为天"等思想的影响。[1]

我国传统上是一个以农立国的国家。为发展农业生产，研究昆虫进而利用经济昆虫和防治虫害是民国年间生物学家非常重视的课题。秉志在美国康奈尔大学学的就是昆虫学，刘崇乐等人研究过经济昆虫和生物防治，而张景欧则为我国的植物检疫事业做出了重要贡献。民国年间从事昆虫分类的学者人数在当时也是比较庞大的。我国早年到国外留学的生物学家，不少是学昆虫学的，除秉志和刘崇乐之外，著名的有邹树文、胡经甫、吴福桢、陈世骧、陆宝麟等。以 1915 年从美国学习昆虫学归国的邹树文为例，他回国后先任金陵大学农科教授，讲授生物学、昆虫学和植物学等课程。1917 年，他应聘到北京农业专门学校任教授兼学监主任。1920 年，他又

江苏昆虫局蚊蝇股成员合影

前排左 1 杨惟义，后排左 2 尤其伟

回南京，任南京高等师范学校农科教授。后来，他还兼任设在东南大学院内的江苏昆虫局副局长、局长，以及浙江昆虫局局长。他在教师和农业技术专家的角色之间转换，并非常注重为农业服务，这也显示了生物学发展初期的特点。20 世纪 30 年代初，根据昆虫学家刘淦芝的统计，我国从事昆虫研究的学者已达 70 余人。在全面抗战爆发前夕，我国专家鉴定的昆虫约

---

〔1〕 王家楫. 我的思想自传［A］//中国科学院武汉水生生物研究所档案：王家楫专卷.

有2000种[1]。江苏、浙江、河北、江西和湖南等省曾先后设立昆虫局，当时的约60所大学中有22所大学开设了昆虫学课程。研究各种昆虫的分布，调查全国主要害虫，是我国昆虫学家的工作重点。[2]不少昆虫学者都在这方面做出了自己的贡献。其中，北平静生生物调查所的杨惟义研究过我国昆虫的分布[3]，邹钟琳、赵善欢、蔡邦华和费耕雨等研究过水稻害虫，吴福桢、曾省和李凤荪研究过棉花害虫，张景欧、尤其伟和陈家祥等研究过蝗虫，王启虞研究过主要粮食作物水稻和小麦的害虫[4]，黄修明研究过积谷害虫[5]，苗久棚研究过一些森林害虫和经济树木的害虫[6-7]，林昌善等研究过不少果树的害虫[8]。研究昆虫的经费也多一些，仅中央农业实验所昆虫部每年就约有20万元[9]。1948年，中国昆虫学会的会员达400余人。中央研究院和北平研究院也都有专门研究昆虫的专家，这也是后来为什么中国科学院尚未建立动物研究所即设昆虫研究所的重要原因。

植物病理学家也是当时一个比较大的生物学家群体。民国

〔1〕 杨惟义. 二十年来中国昆虫学之演讲及今后希望 [J]. 科学, 1936, 20（9）: 737－760.

〔2〕 刘淦芝. 中国昆虫学现状及其问题 [J]. 科学, 1933, 17（3）: 343－357.

〔3〕 杨惟义. 中国昆虫之分布 [J]. 科学, 1937, 21（3）: 205－216.

〔4〕 王启虞. 中国稻麦作害虫名录 [J]. 科学, 1940, 24（5）: 430－446.

〔5〕 黄修明. 积谷害虫名汇 [J]. 科学, 1938, 22（3/4）: 165－179.

〔6〕 苗久棚. 南京及其附近数种森林昆虫之研究 [J]. 科学, 1938, 22（5/6）: 183－219.

〔7〕 苗久棚. 中国桐茶害虫问题 [J]. 科学, 1943, 26（1）: 119－122.

〔8〕 林昌善. 定县6种重要梨树害虫生活史 [J]. 科学, 1939, 23（1）: 17－24.

〔9〕 同〔1〕.

年间农学界的著名人物邹秉文在美国康奈尔大学学的就是植物病理学，回国后曾在金陵大学讲授植物病理学。后来，邹秉文任南京高等师范学校农科主任，胡先骕和秉志都是他延揽到南京高等师范学校任教的。戴芳澜、邓叔群等真菌学家在植物病理学方面也有不少贡献。著名植物病理学家俞大绂在植物病毒学方面有较多思考，编写过《中国所见植物病毒列表》等。邹钟琳等人则调查了一些地方性的植物病菌[1]，将国际上有关这方面的成果迅速介绍到国内[2]。具体而言，在谷物病害的调查防除方面，俞大绂、裴维蕃、林传光、朱凤美、涂治、尹莘芸、王焕如、王清和、李承先等做了不少研究工作；在花生、棉花等经济作物以及果树、蔬菜等园艺作物病害的调查治理方面，王善佺、邓叔群、凌立、周家炽、朱凤美、李来荣、王铨茂、黄弼臣等做了不少工作[3]。"以地域言，韩旅尘、涂治、陆大京、何畏冷、林亮东、林孔湘之于广东；邹钟琳、戴芳澜、俞大绂、陈鸿逵、黄亮、吴昌济之于江苏；朱凤美、朱学曾、王兆泰、陈鸿逵之于浙江；王清和、林传光、裴维蕃、罗清泽、林孔湘之于福建；章子山、周家炽之于河北；王跻熙之于河南；朱健人、凌立、欧世璜、林孔湘、魏景超之于四川；戴芳澜、俞大绂、周家炽、林亮东之于云南；邓叔群、黄亮、欧世璜、杨新美之于广西；朱健人之于西康；朱凤美、陈鸿逵、蔡淑莲之于贵州。以作物言，如朱凤美、吴友三之于小

〔1〕 邹钟琳. 南京植物病菌名录 [J]. 科学，1922，7（2）：184－196.

〔2〕 邹钟琳. 中国南部经济植物病虫害志 [J]. 科学，1924，9（4）：306－313.

〔3〕 相望年. 中国植物病理学研究工作概述 [J]. 科学，1949，31（1）：3－15.

麦，陆大京、戴芳澜、邓叔群、魏景超之于稻，俞大绂之于小米，陈鸿逵之于高粱，欧世璜、殷恭毅之于甘薯，邓叔群、沈其益、周咏曾、凌立、杨演之于棉花，凌立、林开仁、魏景超、刘锡瑶之于大豆，俞大绂之于蚕豆，余茂勋、朱健人、魏景超之于烟，吴昌济之于茶，欧世璜之于油桐，俞大绂、魏景超、殷恭毅之于水果，欧世璜、魏景超、殷恭毅、周本瑾之于蔬菜，所发现之病菌颇多，且间有新种。"[1]

对农业病虫害防治的研究，在作物增产增收方面发挥了重要作用。很显然，生物学家的这种科研方式，容易得到公众的理解和官方的支持，也就容易在社会上立足，从而开启一片新的天地。

遗传育种是增加粮食产量的重要途径。粮食问题一直是我国农业需要优先解决的问题，我国长期存在粮食难于自给的沉重问题。作为农家子弟的沈宗瀚认为："改良品种，似为解决中国粮食问题的捷径。"[2]他的老师洛夫（H. H. Love）也非常强调加强粮食作物的改良育种对于农业发展的重要性[3]。沈宗瀚、赵连芳和李先闻等大力研究各种作物的遗传育种，为农业生产的发展和农民生活的改善做出了重大贡献。在这方面我国教会大学和中央农业实验所与美国的康奈尔大学进行了卓有成效的合作，取得丰硕成果。有关内容在近代农史专著中有很多介绍，这里不再赘述。

〔1〕 魏景超.三十年来中国之真菌学［J］.科学，1948，30（4）：131－133.

〔2〕 沈宗瀚.改良品种以增进中国之粮食［J］.中华农学会报，1931，90：1－6.

〔3〕 洛夫.科学对于农业之重要［J］.科学，1931，15（12）：1917－1930.

三　为卫生保健服务

围绕卫生保健的医学昆虫研究、寄生虫研究和药物学研究，尤其是生理学研究也是我国近代生物学家非常重视的领域。

1919 年，颜福庆发表《萍乡煤矿工人之钩口圆虫受染率及实施预防情形之报告》后，这方面的工作逐渐增多。1929年以后，医学寄生虫学、家畜寄生虫学，以及寄生虫组织学、生理学和免疫学都开始得到发展。各种寄生虫病的区域分布以及寄生虫的生活史和中间寄主都逐渐明确。国民政府也开始开展寄生虫分布的调查，并采取了一些预防措施。大学生物系也增设寄生虫学课程。一些家畜寄生虫的调查报告也开始出现[1]。姚永政、祝海如、洪式闾、唐仲璋、陈心陶、徐锡藩和胡梅基等人在赤痢变形虫、白蛉（黑热病原虫之媒介）、人肠球虫、疟疾原虫及其媒介疟蚊、姜片虫、血吸虫、肺吸虫、蛔虫、钩虫、线虫和丝状虫等寄生虫的危害研究方面做了很多工作。李赋京等学者对血吸虫的中间寄主等方面的研究，对血吸虫病的防治有重要意义。[2]冯兰洲和何琦等在疟蚊和丝虫病防治等方面有出色的研究；钟惠澜、姚永政和吴征鉴在热带病和白蛉作为传病媒介方面有很好的研究。[3]另外，陈心陶对肺吸虫的研究，陆宝麟对蚊蝇的研究，柳支英对跳蚤的研究，以及徐荫祺对蜱螨的研究，都为相关流行病的防治做出了重大贡献。在寄

---

〔1〕 徐锡藩. 中国寄生虫学发展之回顾与展望 [J]. 科学，1940，24（7）：546－566.

〔2〕 李赋京. 中国日本住血吸虫中间寄主之解剖 [J]. 科学，1932，16（4）：566－583.

〔3〕 洪式闾. 三十年来中国人体寄生虫之鸟瞰 [J]. 科学，1947，29（6）：165－172.

生虫分类研究方面，柳支英编写了《中国之蚤类》。当时的一些寄生虫学者认为，他们的工作任重道远，尚需不断努力。他们指出："近来国人对于该学之研究虽已略有成绩，然吾人抚躬自问，真正有价值之贡献究有若干！斯学关系于国计民生，既如是之重要切迫，则努力研究，广求应用以应国家社会之需求，民众之属望，舍吾等治寄生物学者而谁与！"[1]

另外，重视药材尤其是中药的研究也是当时一个非常明显的特色。民国年间不少中外人士对利用科学方法来研究和阐明中药的有效成分和功能有强烈兴趣，如伊博恩、陈克恢、赵承嘏和经利彬，以及做植物分类研究的裴鉴等。当然，他们的出发点有所不同。西方人留意的是其他国家有用植物的潜在资源价值，因此在世界各地已大有收获。以药物为例，西方人在我国输入大黄，在南美发现金鸡霜纳树等；而我国的学者则试图用科学的方法来整理中药，以期更好地开发利用。

用科学的方法来考察中药成分的工作，我国在 20 世纪初已经开始。和李煜瀛一同创建远东生物学研究会的留法学者夏循垍，"曾以中国药品数百种分类考究，或徵明性质，阐发疗治之原理，或精求炼合，辅助西药之方剂。如药品中之常山一种，含有金鸡纳相类之质，……如是者中西颇有相合，此殆其一二也。融合中西之理于医学，大有裨益"[2]。此后，中药的探索研究得到迅速发展。

出身中医家庭的植物学家裴鉴，早年做的博士论文是关于

───────────────

〔1〕 徐锡藩. 中国寄生虫学发展之回顾与展望〔J〕. 科学，1940，24（7）：546－566.

〔2〕 洪震寰. 清末的"远东生物学研究会"与"豆腐公司"初探〔J〕. 中国科技史料，1995，16（2）：19－23.

马鞭草科植物的研究。后来，他与同样出身中医家庭的中央研究院动植物研究所同事周太炎毕生致力于药用植物研究。[1]中央研究院化学研究所国药研究室研究员赵燏黄[2]在整理传统中药资料时，也提出了一些富有新意的见解，如有关生药的名实、母体、形态构造的见解[3]，同时他也非常注意中药的化学成分。北平研究院药物研究所的赵承嘏、生理学研究所的经利彬、植物研究所的钟观光在不同的领域里研究药用植物的功能、药理和名实考证方面，贡献良多。秉志指出："中国之药物，大都取资于各地天产之动植物，以数千年来累积之经验，治药物者，已能取给应心，对症发药而无纰缪。……近顷国内化学家及药物学家，已颇多注意于此，而加以科学的处理，虽所得结果，尚属戋微，顾已为此数千年来蒙昧摸索之途径，灿然烛隐，新辟道途矣。"[4]实际情况比他说的还要好。

20 世纪 20 年代，陈克恢在北京协和医学院药理系主任施密特的支持下从事麻黄素的研究，驰誉当时国际学术界。正是由于他对麻黄素的出色研究，引起了国内学界对用科学方法重新评价中药的兴趣。赵承嘏、冯志东、朱恒璧、经利彬、刘绍光、梅斌夫、朱任宏和许植方等都在这方面做了不少工作。[5]

---

〔1〕 裴鉴后来主持的南京中山植物园的一个重要研究方向就是中药材及其成分的研究。

〔2〕 赵燏黄后来又应李煜瀛之聘，任北平研究院生理学研究所专任研究员。

〔3〕 赵燏黄. 国药之研究本草实物摄影图说 [J]. 科学, 1933, 17 (9): 1343 - 1376.

〔4〕 秉志. 国内生物科学（分类学）近年来之进展 [J]. 科学, 1934, 18 (3): 414 - 434.

〔5〕 吴襄. 三十年来国内生理学者之贡献 [J]. 科学, 1948, 30 (10): 295 - 320.

1929 年，任鸿隽在给陈克恢颁发中基会奖金时指出："陈君之研究，则为中国药品麻黄之分析与应用。关于此类研究，由陈君自己发表之论文有二十七篇，由他人研究者，则共有百数十篇。此药经陈君研究后，已成西药之重要品。民国十六年中输出土产麻黄不下数百吨，在美国提制此药品之公司有七家，英国有三家，德国一家，中国则协和医院亦能提制，可见其需要之多矣。"[1] 从中可以看出，陈克恢的研究当时已经在世界药物生产中发挥了重要作用。

特别值得一提的是，尽管当时的工业基础很薄弱，经费奇缺，但我国生命科学工作者的创业精神却极其高昂。仿制青霉素就是一个突出的例子。

1928 年，英国细菌学家弗莱明（Alexander Fleming）发现青霉素，标志着抗生素时代的到来。自 1938 年开始，英国病理学家弗洛里（Howard Florey）和生物化学家钱恩（Ernst Chain）等人所组成的牛津小组，对青霉素进行了大量的提取和临床试验，卓有成效，1941 年 8 月在著名的《柳叶刀》（the Lancet）杂志上发表了详细的实验室制备方法和临床试验报告。受战争影响，此后青霉素研发的重心转移到美国，在美国政府机构和企业的支持下，1944 年初实现了大规模工业化生产。

弗洛里等人的青霉素研究论文发表后，很快引起了中国科学家的关注。1941 年秋，在一次文献报告会上，技正魏曦以弗洛里和钱恩刚发表的《对青霉素的进一步观察》一文为主

〔1〕 任鸿隽. 吾国科学研究状况之一斑 [J]. 科学, 1928, 13（8）: 1063 - 1070.

题做了一次文献报告，引起了汤飞凡等人极大的兴趣。他们敏锐地注意到青霉素"既无毒质，且具充分杀菌效能，对于战争必有莫大贡献"，决心开始青霉素的研制。其实，当时牛津小组的青霉素制成品的产量和纯度都很低，无论生产还是应用都远未成熟。中央防疫处在那时启动试制工作，充分体现了中国微生物学家出色的洞察力。

由于缺乏进一步的文献资料，自1941年冬起，实验人员的主要工作是分离和筛选当地菌种。由于中央防疫处平时的生物制品生产工作已很繁重，于是他们"尽量利用闲暇时间，随时留意于鞋靴、旧衣、水果、古钱等物之上，及其他一切地方，无论何处发现青霉，立即取以涂布培养基上"。到1945年7月，总共获得30个本地菌株，其中产抗生素的有13株，以血清室技佐卢锦汉发现的第22号青霉菌株所产的青霉素效价最高。

除自己筛选之外，他们也利用一切机会收集外国菌种。1944年春，汤飞凡和黄有为自印度回国，带回立达、礼来等美国制药企业所用的10个青霉菌株[1]和其他实验材料。1944年中，自美国威斯康星大学回国的微生物学家樊庆生，也带回了3个菌株。但由于这些国外菌株在实际培养过程中或生长情况不佳，或分泌的青霉素效价不足，中央防疫处在试制过程中实际采用的还是卢锦汉发现的第22号青霉菌株。从这个意义上来说，这项青霉素试制工作是一项国产化程度很高的研究工作。

---

〔1〕 根据朱既明等人的论文中检测的菌株数和菌株名称判断，自印度带回的菌株应有10个。但汤飞凡在回忆中说自印度"携归谋自英美之青霉九种"。在此暂以朱既明的检测数为准。

在得到国外菌种和英国红十字会捐赠的一笔研究经费后，1944 年春，我国的青霉素试制工作正式开始，主要实验人员有技士朱既明、技正黄有为，以及汤飞凡、樊庆生等人。为了保证青霉素试制工作的顺利进行，中央防疫处还专门安装了一间 24℃的小恒温室用于青霉菌培养。值得一提的还有微生物学家童村，自 1941 年起即在美国实际参与青霉素的工业化研究。他曾获准去当时正秘密进行青霉素研究工作的美国农业部北方地区研究所（the Northern Regional Research Laboratory，简称 NRRL）和正在筹划（或已在进行）青霉素工业化生产试制的施贵宝公司（E. R. Squibb & Sons）、默克公司（Merck Co.，Inc.）、礼来公司（Ell Lilly & Co.）参观访问，此后还获准得到青霉素产生菌。与童村经常的通信往来，使中央防疫处"获益之处，亦复不少"。

就实验室制取法而言，中央防疫处的试制工作在实验规模和技术路线方面与 1941 年前后牛津小组的研究有着较高的相似度，但在技术方法和具体操作方面又进行了许多修改。这方面的修改主要是根据新的技术文献和信息，特别是来自美国的研究进展，以及大后方简陋的实际条件，修改的内容包括改良培养基，摸索接种和培养方法，改进提取纯化路线，简化效价检测方法，自制仪器设备，寻找代用试剂，以及尝试采用先进的深层发酵培养技术等。因此，中央防疫处的青霉素试制工作既包含了许多技术进步的因素，又有着较多因地制宜的土方法的特征，充分反映出中国微生物学家的聪明才智和勇于创新的奋斗精神。

朱既明等人制取青霉素的基本方法是，先将菌种在萨氏（Sabouraud）培养基上进行培养，然后将孢子接种于装有 250

毫升培养基的玻璃培养瓶中，每批次接种一两百瓶。在24℃下培养6天左右，培养基中的青霉素效价达到峰值，取出培养液冷藏，加入盐酸酸化至pH为2.0后用乙酸戊酯（即香蕉精）提取两次，再用乙醚提取两次（四次提取中均加入磷酸钠或碳酸氢钠溶液再溶解），然后用活性炭脱色过滤，加入磷酸钠制备成青霉素钠，通过低温抽气干燥制得成品。

虽然得到国外文献和菌种方面的支持，但在生物制品制造方面有着丰富经验的中央防疫处实验人员，并未急于求成，而是从一开始就采取了谨慎而有效的试制步骤，尽量消化吸收新技术。朱既明等人一开始采用的是美国默克实验室所用的Czapek‐Dox改良培养基配

中央防疫处的青霉菌培养

方。美国在1942年后已改用更高产的玉米浆培养基。为了提高青霉素产量，实验人员通过浸泡、研磨玉米的方法制得玉米浆并添加到培养基中，使青霉素单位效价提高了将近4倍。他们还采用了默克实验室的成果，向培养基中加入微量硫酸锌，从而把发酵液中青霉素产量达到峰值的时间从8天缩短为7天。通过上述改进，青霉菌培养至第7天时，每毫升发酵液的青霉素效价值可以达到20～30牛津单位，远远超出了1941年牛津小组的水平。不过，由于当时实验条件过于简陋，某些先进的技术却无法采用，最突出的例子是深层发酵法。由于深层发酵产量高且能连续生产，实验人员用大立瓶培养青霉菌，用

打气机24小时连续向培养基中补充气体，试图组装一个简单的深罐发酵装置。但是由于连续补充灭菌空气需要较高的设备条件，这一尝试最终未能成功。

除因地制宜，吸收相关美国技术之外，实验人员还通过寻找替代品或通过不断摸索相关技术方法以解决种种难题。比如他们在实验中发现，青霉菌孢子接种时经常发生结团和沉底的现象，无法在培养基表面形成菌落。即使接种时极其小心，避免震荡，青霉菌的生长情况依然不佳。为此，朱既明等人发明了油滴接种法，即先把孢子与花生油混合，再将油滴接种到培养基中。这种油滴"在24小时内即能形成悬浮薄层"，使孢子在培养基表面均匀分布，完全避免了上述问题，而且接种后"48小时后就能生长成相当厚密的青霉菌层。而极薄之油膜，对氧气和营养交换以及青霉素的分泌未造成丝毫影响"。这一方法不仅提高了接种的效率，减少了浪费，还使青霉素效价峰值出现的时间由7天提前为5天，是我国实验人员的一项重要发明。

在提取和纯化方法上，朱既明等人也进行了简化和改进。牛津小组的方法是采用乙酸戊酯提取，通过氧化铝吸附后再用乙醚提取。可能是由于缺乏氧化铝吸附柱，朱既明等人改用两次乙酸戊酯加两次乙醚提取，但这也是在美军赠送了几磅乙酸戊酯后才得以开始的。但是，含有青霉素的乙酸戊酯粗提取液出现了乳化现象，为此，实验人员尝试了多种方法，最后选择了最为便捷的砂层过滤法，通过自制抽滤装置来解决。在浓缩阶段，缺乏吸附柱的实验人员意外地发现，冰冻青霉素提取液可以方便地实现浓缩的目的。"尽管物质不纯，却提供了一种小规模浓缩青霉素的简单方法。可以毫无困难地制得每毫升超过 250 牛津单位的浓缩溶液，适于临床局部用药。"[1]在干燥阶段，由于缺乏设备，黄有为自行设计了一台冻干机，采用较为简便的化学冻干法，先把装有提取液的安瓿瓶放在冰箱里冻结，再放在冰盐混合物上，用抽气机持续抽气 24 小时后，水分升华，冻结的制品就干燥成为棕黄色粉末了。

在克服了诸多困难之后，1944 年 9 月 5 日，第一批青霉素粗制品宣告制成。第一批成品共有 5 瓶，每瓶含青霉素 5000 牛津单位。此后至 1945 年春，实验工作仍在进一步进行，一些具体工艺仍不断改进，使每毫克冻干后的成品效价由最初的 177 牛津单位提升至 200～300 牛津单位。

中央防疫处抗日战争期间试制青霉素这一工作在当时的影响虽然有限，但对我国抗生素事业的贡献却不容忽视。由于有了上述工作基础，1945 年，美国医药助华会（American Bureau of Medical Aids to China）向中央防疫处捐赠了一套小型深罐发酵生产设备，并于抗战胜利后运至北京天坛防疫处旧址。1945 年，汤飞凡创建了抗生素研究室（中国医学科学院抗生素研究所前身），为我国的抗生素研究事业奠定了基础。1945 年，童村回国，随即被吸收到中央防疫处任技正，从此成为该处青霉素生产的实际业务领导。1947 年元旦，以童村为主任、马誉澂为副技师，成立了一个专门的小型青霉素生产车间。1948 年初，技术人员继续发挥抗战时期的创新精神，通过改装发酵罐等设备，改用棉花子渣代替玉米浆等方法，使每毫升发酵液效价从 100 牛津单位提高至 750 牛津单位。这不仅解

〔1〕 CHU C M, WONG Y W, FAN C C, et al. Experimental production of penicillin in China ［J］. Chinese Medical Journal, 1945, 64（516）：89－101.

决了青霉素生产的相关技术瓶颈，也较好地解决了青霉素生产的原料问题。童村、马誉澂等后来成为我国抗生素事业的领军人物。

民国期间，实验生物学的发展以与医疗进步密切相关的生理学最为引人注目。到1948年的时候，包括外籍专家，生理学会会员为167人，开展研究较多的领域为中枢神经系统和消化系统[1]。以林可胜和吴宪为代表的生物学家在消化生理和蛋白质变性等理论探索方面做出了让世人瞩目的成绩，冯德培等对神经肌肉接头的生理研究也做出很大的成绩。这与北京协和医学院有充足的经费保障密切相关。北京协和医学院实行一整套西方的教学和科研体制，有充足的经费和研究设备，无须过多地顾及社会对他们工作的评骘，专心做科学的探索即可。为此，胡先骕曾不无"醋意"地写道："协和医学校以亿万之资金，尽美之设备，以网罗人才专事研究，其能得优越之成绩，则尤在意想之中。"[2]实际上，在北京协和医学院的林可胜等生理学家开展生理学研究之前，刘瑞华和刘瑞恒测定华北和上海一带中国人的血型，李启盘在长沙、梁伯强在广东分别发表血型鉴定报告，高鉴明在长沙报告血压的测量[3]，都是与国人健康密切相关的工作。当时的生理学的科研教育也主要集中在各医学高校生理学系。[4]林可胜本人是医生，他和当时的许多生理学家致力于消化生理研究，主要是为临床治疗服

〔1〕 吴襄. 三十年来国内生理学者之贡献 [J]. 科学，1948，30（10）：295－320.

〔2〕 胡先骕. 中国科学发达之展望 [M] //张大为，胡德熙，胡德焜. 胡先骕文存（下卷）. 南昌：中正大学校友会，1996：258－262.

〔3〕 同〔1〕.

〔4〕 同〔1〕.

务。我国当时的生理学家也进行了广泛的血液生理、新陈代谢和内分泌的研究，这也是为医疗实践服务的一个很好的说明。[1]吴宪的蛋白质变性研究和营养学研究在很大程度上也是服务我国的卫生保健事业的。事实上，民国年间我国的生物化学研究在很大程度上是围绕营养学展开的。吴宪、郑集和罗登义等学者在机构建设和相关研究方面都做出了不少成绩。

相比之下，国内那些经费奇缺的大学和研究机构中从事植物生理等实验生物学的人数及其取得的成果就很难同日而语。罗宗洛曾指出，在抗日战争中，我国植物生理工作者，含辛茹苦，搜集残余，以祠堂庙宇为基地，因陋就简，重建实验室，进行教学和研究工作。这种艰难困苦的工作条件，非身经目睹，是不容易想象的。他还说："解放前……三十年所培养的人才，没有超过20人，到解放时为止，全国从事植物生理学研究与教学的，不过数十人。……据初步统计，在解放前三十余年中发表的植物生理学论文，共有160余篇。其中有很多工作，是我国人在外国做的。"[2]总体而言，实验生物学的发展受制于经费等多方面因素，发展非常艰难。遗传学家博爱理后来研究动物分类，陈子英研究海洋生物等，都实有社会环境的约束和社会需求诸因素的综合考量。

〔1〕 吴襄．三十年来国内生理学者之贡献 ［J］．科学，1948，30（10）：295－320．

〔2〕 罗宗洛．中国植物生理学会成立大会开幕词 ［M］//殷宏章，等．罗宗洛文集．北京：科学出版社，1988：491－495．

第四节　纯科学知识的探索、国际交流与传统文化的影响

一　对纯科学知识探索的重要性的认识

在自觉担负起复兴民族的社会责任，切实投身引进科学技术的过程中，我国的生物学家除了致力于应用生物学外，随着认识的提升，也非常注意弘扬科学思想，推崇科学本身对真理的求索和执着，时刻不忘用西方科学思想教育和熏陶后辈学者，提高他们的科学意识和思想境界。

秉志是非常注重实用研究的生物学家，对纯科学研究的重要性也有清醒的认识。他在《国难时期之科学家》一文中有一段颇为发人深省的话："夫实用固重要，当然为科学家所研求，然实用科学无不恃纯粹科学为之基础，无纯粹科学研究，只知袭人成法，以图实用者，其结果也，必难免失败。观于吾国昔日之事，可以知矣。如江南制造局、马江船厂[1]、汉阳铁厂、招商局、甘肃织绒厂等，今日果何如乎？且其耗费国家之金钱，为数极巨，所得成效，究有益于国家乎？当时之人，只知注意于实用，不知纯粹科学之研究关系重大，徒费巨款，虚耗数十年之时间，而归于失败。今日国人高谈生产，视纯粹科学为非急需者，仍蹈昔人之覆辙。"[2]他通过历史经验阐明从事纯粹科学研究是基础的工作，仅仅着眼于实用是不行的。他的观点也为当时一些生物学家赞同，认为"国人此种但知实用而不重纯粹智识之心理若不痛改，则科学永无迎头赶上之

---

〔1〕　马江船厂应为马尾船厂。

〔2〕　秉志. 国难时期之科学家 [M] // 翟启慧，胡宗刚. 秉志文存：第三卷. 北京：北京大学出版社，2006：156 – 158.

一日"〔1〕。他们都知道，基础研究不足，将妨碍创新和发展的后劲。

我国一些实验生物学家在国外学习的时候，虽然也对实用的科学感兴趣，但在吸收新知识的同时，把注意力集中到探讨生命活动的基本规律研究，并不急于投身实际的应用学科。罗宗洛在打算学习植物生理学的时候，他所在学校植物分科主任宫部教授曾忠告他：植物病理学比植物生理学富有应用价值，在中国有广阔的前途。〔2〕汤佩松在决定终身从事科学研究的时候，他的老师、研究纯理论的植物生态学家库珀曾经想让他学医，因为当时"中国需要的不是纯学术、纯科学家，而是能够对她的社会事业、人民造福的实干家"〔3〕。可是他们并未因老师的忠告改变初衷，依然矢志不渝地从事基础科学的探讨。他们后来都在基础研究方面努力工作，如汤佩松在武汉大学建立细胞及普通生理实验室，罗宗洛在任中央研究院植物研究所所长的时候，积极拓宽研究领域，将植物生理学、细胞遗传学纳入研究计划。后来他们都做出了一些有影响的成果，都被选为首届中央研究院院士。

来华长期从事科研教育工作的美籍古生物学家葛利普（A. G. Grahau）教授以渊博的学识和高尚的品格受到我国学者的推崇。任鸿隽曾经把他的一篇论述科学精神和科研应有的合作态度的文章译成中文，加以推广。文中葛利普写道："研究

〔1〕 胡先骕. 论中国今后发展科学应取之方针 [M] //张大为，胡德熙，胡德焜. 胡先骕文存（下卷）. 南昌：中正大学校友会，1996：344-347.

〔2〕 黄宗甄. 罗宗洛 [M]. 石家庄：河北教育出版社，2001：29.

〔3〕 汤佩松，等. 资深院士回忆录：第1卷 [M]. 上海：上海科技教育出版社，2003：15.

是智识努力的光荣结果。世界上的事业，还有什么比推进智识的疆界、增加智识的总和还要光荣的吗？征服人民和土地的英雄，亚历山大、拿破仑、成吉思汗、塔吗仑，若和征服自然的科学家相比较，真是可怜得很。……无数的为真理及智识的进步而工作的科学家是不朽的。"[1]关于合作的问题，葛利普认为："没

葛利普（斯文·赫定 绘）

有科学家或一群科学家可以说能绝世独立的。科学是国际的，科学家比任何人都应该为国际的人。……科学家应该以科学的进步而非以一国或一群人的光荣为目的。……我们尊敬过去的成绩，同时不要为前人的传述所束缚；我们若幸而发见新真理，需要勇猛无畏地去维护她；我们也要不迟疑地去承受反乎传统的新理论，若是我们的研究证明他的无误。"[2]葛利普的这番言论，为我国学者充分认同，并化为自己的行动理念。秉志后来曾说自己创业时的想法："为在生物学研究上能得到若干新之知识裨益于社会，同时能在学理上能有所创获，以增加人类之知识，使世界研究生物学之人，多少知悉在此项学问上表现研究之能力，时时有所贡献。中华民族必能发展科学，而不能轻侮。以少数清苦无力之学人，图爱国家民族，在世界学

[1] 葛利普. 中国科学的前途 [J]. 科学, 1930, 14 (6): 759-778.
[2] 同 [1].

术同人中，博一称誉，争一口气。"[1]

正是具有为学问而学问的这种治学理念，也就不难理解在实验生物学方面能出现吴宪等人的蛋白质变性研究成果和冯德培的神经肌肉接头的研究成果，以及分类学方面秦仁昌在蕨类植物分类取得的进展。

吴宪的蛋白质变性理论的提出，成为后来生物化学和分子生物学蛋白质变性和蛋白质折叠研究的基础。1995 年，国际上蛋白质研究领域内最具有权威性的综述性丛书 *Advances in Protein Chemistry* 重新刊登了吴宪 1931 年发表的蛋白质变性论文。著名生物化学家，哈佛大学教授埃德索尔（J. T. Eddsall）还在书中发表文章，给予吴宪教授的工作以很高的评价。[2]

冯德培通过在北京协和医学院跟随林可胜学习和工作，在生理学研究领域积累了扎实又相当广博的知识。之后冯德培到美国的芝加哥大学跟随杰拉德教授研究神经代谢。后来林可胜想办法把他转到了当时最著名的神经肌肉方面的生理学和生物物理学家、英国伦敦大学教授希尔[3]那里学习。他在希尔的实验室工作了三年。期间，他通过希尔教授得以在英国的牛津大学和剑桥大学等一些最负盛名的神经生理学实验室工作，还访问过德国一些著名的生物学家，完成了十项研究工作。他在研究中闯出自己的路子，开辟自己的园地。后来，他又根据老师的建议，在美国约翰逊基金研究所再深造一年。在国外工作这

---

〔1〕 秉志. 国内生物学工作之展望 [J]. 科学，1950，32（12）：353 - 356.

〔2〕 邹承鲁，王志珍. 立足国内 走向世界：从吴宪教授六十四年前一篇论文的重新发表谈起 [J]. 生理科学进展，1996，27（1）：5 - 6.

〔3〕 希尔是 1922 年诺贝尔生理学或医学奖得主，杰拉德曾在他那里进修。

段时间，他不但在学术上做出了有分量的贡献，而且与这个领域中著名的科学家有广泛的联系。回国后，凭着对自己所从事的工作所具有的敏锐观察力、大胆想象力以及坚持不懈的努力，他在简陋的实验室中不断有新发现，后来在《中国生理学杂志》连续发表26篇关于神经肌肉接头的文章，成为这个研究领域的先驱。[1]

民国年间主要的生物调查分类工作是以本土动植物的区系和分布为主，值得一提的是对生物的系统演化方面的探索也取得一些成就，其中比较突出的就是秦仁昌的蕨类系统的建立。1940年，他在中山大学农林植物研究所的专刊上发表《"水龙骨科"的自然分类的研究》一文，将原来一个十分庞杂、占真蕨种数90%的水龙骨科划

秦仁昌

分为33科，249属，归纳为四条进化线路，由简至繁清晰地显示出了它们之间的演化关系，解决了当时蕨类植物学中难度最大的问题，震动了当时国际蕨类学界。该文洵属佳构，影响深远，一方面归结于他的努力，在国内研究时打下了良好的基础；另一方面归结于他能得到研究中国和世界蕨类植物专家的指点，更重要的是他抓住机会在欧洲各大植物标本馆广泛查阅了馆藏的世界各地的蕨类标本和相关的文献资料，可以用广阔的视角和充分占有的资料分析它们之间的亲缘关系，立足点就

---

〔1〕 冯德培. 六十年的回顾与前瞻 [M] // 中国生理学会编辑小组. 中国近代生理学六十年：一九二六——一九八六. 长沙：湖南教育出版社，1986：7-20.

比当时国内其他分类学家高，最终水到渠成地建立起一个有说服力的水龙骨科自然系统。当然他本人在科学研究中表现出的精明加上能力[1]，善于利用机会创造条件服务自己的研究也是他获得成功的原因。

二　对国际交流的重要性的认识

罗宗洛从日本留学归来后，牢记老师所说的"科学没有国界"的教导，注意对科研氛围的创造，注重开展学术交流。罗宗洛还以国内地质学发展为例，指出引进优秀的外国学者对推动我国科学发展影响深远。他认为："今日吾国科学略具规模者，咸推地质学，而造成中国地质界今日之盛况者，实为葛利普先生，而先生固为美籍之德人也。"[2]基于"科学没有国界"这一思想，当时我国生物学界无论是从事实验生物学的学者还是从事调查分类的学者，都很注意与国际同行交流。他们不但用英文办学术刊物，还邀请国际上知名的学者来华讲学，传播新理论和新方法，以追随世界潮流，了解前沿动态。如美国生理学家坎农[3]、昆虫学家吴伟士（C. W. Woodworth）[4]、尼丹（J. G. Needham，1868—1957）[5]、植物学家梅里尔（Elmer Drew Merrill，1876—1956）都曾应邀来我国讲学，传授相关的生物学知识，对推动我国生物学的发展发挥了一定的作用。

与此同时，中国学者也积极参加国际学术会议进行学术交

〔1〕　王文采．王文采口述自传［M］．长沙：湖南教育出版社，2009：56．

〔2〕　殷宏章，等．罗宗洛文集［M］．北京：科学出版社，1988：473 –474．

〔3〕　颜宜葳，张大庆．坎农与中国生理学家的交流［J］．中国科技史料，2005，26（3）：204 –221．

〔4〕　胡先骕．施行法律及应用寄生物防治病虫害之问题［J］．科学，1919，4（7）：672 –676．

〔5〕　胡树铎，王志．美国生物学家尼登博士在华讲学活动［J］．中国科技史杂志，2011，32（3）：381 –394．

中国生物学史·近现代卷

流。他们参加了数届太平洋科学会议，发表了自己的成果。1930年，在英国剑桥的第五届国际植物学会议上，陈焕镛、胡先骕和史德蔚被遴选为国际植物命名委员会的委员。1935年，陈焕镛在荷兰举行的第六届国际植物学会议上，当选为大会分类及名词审查组执行委员。[1]

国际合作的重要性在农业遗传育种研究方面也表现得很突出。国内农学界和地质学界一样，深知国际合作的重要性，故经常邀请国外高水平的专家学者来华讲学，帮助培养人才。1925年，金陵大学和美国康奈尔大学订立"农作物改良合作办法"。[2]由康奈尔大学派育种专家来华讲学，指导和传授农作物改良技术，研究育种有关的理论和技术问题。[3]这样的合作在推动金陵大学育种事业和人才培养工作方面发挥了重要作用，育种合作后来取得的丰硕成果，对我国农业生产产生了很好的效益。因此，当时有学者认为："理论科学与应用科学得平行进展，而国运蒸蒸日上矣。"[4]

三 传统文化对科研活动的影响

总体而言，受传统文化的影响，我国学者在追求自然科学知识方面的认知还是不够深刻。换言之，传统文化对科学的发展还有不相适应的地方。我国的文化重视实用，强调道德人生，尚需培养为学问而学问的探索自然的精神。为学问而学问

---

〔1〕 吴家睿. 静生生物调查所纪事〔J〕. 中国科技史料，1989，10（1）：26－36.

〔2〕 谈家桢，赵功民. 中国遗传学史〔M〕. 上海：上海科技教育出版社，2002：614.

〔3〕 SCHNEIDER L. Biology and revolution in twentieth-century China〔M〕. Lanham：Rowman & Littlefield Publishers, 2005：198.

〔4〕 张肇骞. 中国三十年来之植物学〔J〕. 科学，1947，29（5）：131－160.

的探索、满足知识的兴趣这样一种精神在学术界尚需进一步建立。即使是当初对西方天演论的接受，也主要是在为了拯救国家和民族的道德层面进行的。因为注意道德，才注意实际。当然这种结果的产生还是由农业生产方式形成农耕文化的特点决定的。有些学者一旦发现走得离伦理太远时，就会收回探究的触角。

现代教育家蒋梦麟认为，中国人奠定了一个道德的宇宙，在此基础上发展了文化。他指出《大学》提倡的治学精神，从探索大自然和事物出发，而以人与人的关系为依归。从"格物致知"，终归落实到"治国平天下"。做任何事情都以有益于世道人心和国计民生为原则，即《左传》[1]中所谓"正德利用厚生"。由于不断地灌输，这已经成为一种重常识和重人情的民族心理。[2]因此，要人们没有保留地接受为科学而科学的纯理论探索，可能还得费些周折。

蒋梦麟还指出："中国思想对一切事物的观察都以这些事物对人的关系为基础，看它们有无道德上的应用价值，有无艺术价值，是否富于诗意，是否切合实用"，"中国思想集中于伦理关系的发展上。我们之对天然律发生兴趣是因为他们有时可以作为行为准则。'四书'之一的《大学》曾经提出一套知识系统，告诉我们应该从格物着手，然后才能致知。知识是心智发展的动力。……讨论再进一步之后，道德的意味就加强了。心智发展是修身的一部分，修身则是齐家的基础，齐家而后方能治国，国治而后方能平天下。从格物致知到平天下恰恰

---

〔1〕 "正德利用厚生"出自《左传·文公七年》。
〔2〕 蒋梦麟. 蒋梦麟自传 [M]. 北京：团结出版社，2004：349.

形成一个完整的、非常实际的道德的理想体系"，"我们中国人对科学的用途是欣赏的，但对为科学而科学的观念却不愿领教。中国学者的座右铭就是'学以致用'。中国的发明通常止于实际用途，不肯在探讨其原理和普遍规律上面下功夫。中国人不是不根据逻辑思考，而是思想未经精密系统的训练，这种缺点反映在中国哲学、政治组织和社会组织以及日常生活之中。中国人深爱大自然，但并非愿意在探求自然法则方面努力，而是培养自然爱好者的诗意、美感和道德意识"。[1]他对传统文化之于科学发展影响的言论，可谓充满真知灼见。

西方科学和生物学的引进，使国人的行为处世有很大的变化。蒋梦麟指出中国学人，以儒立身，以道处世，后来加上了一项以科学处事[2]。大约他也看到当时学界和社会的确已经有了一些进步。尽管时过境迁，蒋梦麟的这番话仍然值得人们深思。

第五节　生物学家的职业精神

蔡元培在一次演讲中曾深刻指出："以我国学校，本从科举之制，嬗蜕而来，故情式虽仿欧洲，而精神则尚不脱科举时代之习惯。……学校遂为养成资格之机关。"他在改造北京大学时，要求"大学学生，当以研究学术为天责，不当以大学为升官发财之阶梯"[3]，开始提倡研究学术要有职业精神。

从 1921 年我国学者建立国立大学的第一个生物系开始，经

〔1〕　蒋梦麟. 蒋梦麟自传 [M]. 北京：团结出版社，2004：338－353.

〔2〕　蒋梦麟. 蒋梦麟自传 [M]. 北京：团结出版社，2004：332.

〔3〕　王森然. 近代名家评传：二集 [M]. 北京：生活·读书·新知三联书店，1998：221，224.

过生物学家的共同努力，民国年间取得的进展是有目共睹的。1927年，对我国科学发展一直非常关注的任鸿隽认为，当时我国"就科学言，我们于地质、植物、气象、农学等科，虽略有表现，而于他科则几等于零。换一句话说，我们于地方的科学才有点萌芽，而于普遍的科学，虽萌芽亦没有看见"。[1]但经过近八年的努力，这种情况就有了明显的变化。1935年，任鸿隽在一篇文章里指出："我们晓得国内科学实在算得能够自己工作的只有地质、生物两门，他们发表的成绩较多，数量较富。"[2]这表明，生物学已经有一些属于自己的工作，生物科学家的努力还是富有成效的。

从任鸿隽的上述言论中不难明了，民国时期，生物学是发展比较迅速的学科，人才培养较快，学科带头人也多。因此，生物学家群体在当时国内科学界中显示出的地位也更为突出。这从中央研究院评议会中生物学家的占比中不难看出。这个评议会是当时全国最高学术评议机关，在1935年中央研究院的首届44名评议员中，生物学家占了10名，他们是汪敬熙、王家楫、吴宪、秉志、林可胜、胡经甫、胡先骕、陈焕镛、郭任远和吴定良；在第二届45名评议员中，有11名是生物学家，他们是汪敬熙、王家楫、罗宗洛、秉志、林可胜、陈桢、戴芳澜、胡先骕、唐钺、吴定良、钱崇澍；在第三届22名评议员中（除中央研究院各所所长之外），有10名是生物学家，他们是秉志、伍献文、林可胜、陈桢、李宗恩、胡先骕、钱崇澍、

〔1〕 任鸿隽. 泛太平洋学术会议的回顾〔J〕. 科学，1927，12（4）：455 - 464.

〔2〕 任鸿隽. 再论大学研究所与留学政策〔M〕// 任鸿隽. 科学救国之梦——任鸿隽文存. 上海：上海科技教育出版社，2002：514.

中国生物学史·近现代卷

冯德培、汤佩松、俞大绂。在 1948 年首届选举的 81 名中央研究院院士中，生物学组的占 25 名，加上数理组的生物化学家吴宪，共 26 名，几乎占了三分之一。

虽然民国年间我国的科学发展总体而言仍然不够成熟，但生物学在广大生物学者的努力下，在与国际同行的交流中得到较大的发展。在社会动乱、民生疲敝、经济崩溃，于此至极的环境条件下，生物学家的工作在动植物区系调查研究、水生生物资源调查研究、农作物病虫害防治、中药成分和药理研究，乃至生理、生化和活化石水杉的发现等方面的成就都非常值得称道，即上面所举荦荦大端即已无愧与当时世界同行。

20 世纪 30 年代初，秉志在探讨当时我国生物学发达的原因时认为："国内之生物学家，大都俱是纯粹学者，彼等立志从事此学之研究，一以其自身之意趣是归，初不措意于世俗之物质享受，具此坚毅卓拔之意志，但问耕耘，不计收获，筚路蓝缕，以启山林，故能不避艰阻，为中国生物学界，奠设元基。生物学在国内学术界独能于此短时期中有尔许成绩，则此等学者之纯洁努力，当为其主要原因也。"[1]秉志在回想 1931年九一八事变后，中央研究院生物研究所在南京遭受日寇舰炮轰击后迁沪时的情景说："回念旅沪时敌军之横暴，飞机旦夕骄驰于天宇，恻恻力力，映激于心目者既极深切；而见过兴邦，造端于科学之昌明，则所负荷，亦殊綦重。"[2]足见当时发展生物学事业的艰辛和生物学家付出的巨大努力。

〔1〕 秉志. 国内生物科学（分类学）近年来之进展 [J]. 科学, 1934, 18 (3): 414-434.

〔2〕 中国科学社. 中国科学社生物研究所概况——第一次十年报告 [R]. 北京: 中国科学公司, 1933: 8.

我国生物学能在当时极端困难的情况下，取得卓越的成就，生物学者的职业精神是非常重要的。秉志认为："国内治生物学者，大都不羡利禄，不慕虚荣，不求闻达于当世，而乃劳其心志，殚其精力，孜孜矻矻奉身于所业，实足为后生楷式。"[1]他的这番话并非虚言。抗日战争时期，钱崇澍的生活十分困难，曾有人介绍给他待遇高、离家近的工作，但他拒绝了，宁愿自己种菜、卖书，过穿草鞋的清贫日子，洁身自守。[2]在美国上学时，钱崇澍对美国教授终身从事研究科学的操守颇为认同，认为这是美国能够发展的原因；对留学生回国在政府中做官的现象心生鄙夷，认为是学非所用。[3]中央研究院生物研究所领袖人物的良好职业操守深深地影响了年轻的学者，这里培养出来的生物学家后来大都心无旁骛地奋斗在生物学教育和科研的第一线。作为动物学科的带头人，秉志的职业操守也颇受学术界的好评。翁文灏曾经这样评价秉志："秉志先生，不但是生物学著作等身，而且二十年来忠于所业，从未外骛。学校散了，没有薪水，他一样努力工作。经费多了，待遇高了，他也是这样努力工作。……他的工作只求一点一滴的进益，并不追求铺张扬厉的虚声。这都是真正科学家的态度。"[4]

李先闻获得博士学位后，为了更好地回国服务，曾去拜访育种专家洛夫教授，想了解一下育种的专门技术，不料洛夫教

〔1〕 秉志. 国内生物科学（分类学）近年来之进展 [J]. 科学, 1934, 18 (3)：414-434.
〔2〕 钱崇澍. 优秀的科学技术工作者调查表 [A] //中国科学院植物研究所档案：钱崇澍专卷.
〔3〕 钱崇澍. 思想检讨 [A] //中国科学院植物研究所档案：钱崇澍专卷.
〔4〕 翁文灏. 中国的科学工作 [J]. 独立评论, 1933 (34)：5-16.

授认为他是学遗传学理论的，对他想做育种这种应用研究不以为然。虽然碰了钉子，但李先闻没有因此灰心，并立志在遗传育种方面做出一番事业。离开美国时，他就在心里默默地说："再会吧，美国！我要回去救中国了!!"但是，国内的现实远不像李先闻想象的那样美好，学术圈的人际关系非常复杂，找工作异常艰难。其他人回国时，无论是否有博士学位都给教授职称。而他虽然有博士学位，回国后却只在中央大学谋到一个讲师的职位，工资比别人少不说，教的还是专业外的蚕桑课程，不久即失业。1930 年，他好不容易在东北大学找到一个教授职位的工作，又因日本侵略东北而失业。有段时间，他甚至沦落到回母校清华大学当体育辅导老师。个人遭际的坎坷和民族的深重灾难，让他倍感愤懑，但这个倔强的农家子弟并未向困难低头，从未放弃做好遗传育种研究的梦想。1931 年 8 月，他去金陵大学看望康奈尔大学的老师洛夫教授和梅耶斯（C. H. Myers）教授。当时洛夫教授任民国政府实业部的顾问和中央农业实验所的总技师。谈话中梅耶斯对学遗传学理论的李先闻不大热情，认为他只会在染色体上"玩"基因，别的一概不知。李先闻郑重地说："假若有机会给我的话，我会表演给你看。"[1]后来他经过自己的踏实努力，终于做出了显著的成绩。抗战胜利前夕，李先闻随一个学术代表团到美国考察农业，重新回到阔别 15 年的母校康奈尔大学育种系并做演讲。他在谈及自己的工作成果时，洛夫教授不禁对他刮目相看，并在听的过程中很认真地做着笔记。其中的原因李先闻很清楚，"与他曾在中国的育种成绩看来，我们在短短的几年期间，成

〔1〕 李先闻. 李先闻自传 [M]. 台北：台湾商务印书馆，1970.

果远远超乎他及他的伙伴们在中国所花约十一年的成果多得多"。可惜的是，当时梅耶斯教授已经过世数年，李先闻无法将自己的育种成果"表演"给他看了。

作为学科带头人，秉志等人有自己坚定的行为准则。他们推崇的生物学者风范是"此辈人之专力此学，既无奔走仕途求富贵利达之野心，又无投身实业、谋生财致富之希望，名利之心理已摒除净尽，一供其兴趣之驱使而已"。[1]1945年，中国科学社成立30周年的宣言给人留下异常深刻的印象："（一）吾人承认科学为智能权力之泉源，为建设现代国家，必须全力以赴。（二）吾人承认科学在我国特别落后，为求与先进诸国并驾齐驱，必须以人一己百，人十己千之精神进行。（三）吾人承认凡世界文明人类皆有增加人类智识产量之义务，因此，吾人对于科学必须有独立之贡献。（四）吾人坚信科学系为人类谋福利和快乐而非为侵略残杀之工具，因此对于科学之应用，必须严定善恶之标准。"[2]

第六节　近代生物学发展所受局限

一　资金奇缺

民国年间，我国科研和教育经费严重缺乏，北京大学等高校甚至发生教授索薪请愿挨打事件。中国科学社生物研究所成立之初，尽管创立者苦心孤诣，惨淡经营，然每每有"巧妇难为无米之炊"之感。秉志在1928年给友人的信中曾发感慨道："北京协和之多财善贾，尤非此间所敢望，然则此间一勺

---

〔1〕　秉志. 生物学与民族复兴〔J〕. 中国文化服务社，1946：77-78.

〔2〕　中国科学社. 中国科学社成立三十周年宣言〔J〕. 科学，1945，27
（1）：3-4.

之水，欲蜚声于国际学术界，弟即耗尽心血，其前途尚辽远也。"[1]全面抗战爆发前夕，我国"每年用于科学研究之款项大约四百万元，不及美国用于工业研究两日之款项……所有国内生物学研究机关之经费不到二十五万元"[2]。在这种窘迫的境况下，生物学要获得长足的发展，困难可想而知。

民国时期，国家税收主要被大小军阀中饱私囊或用作军饷。有学者甚至言词激烈地认为："中华民国建国三十六年来的一部历史除了不息的内战与内乱以外，就一无所有了。所谓领袖者，一心只从自私自利方面打算，从不曾分心力去注意到培植教育，保护这为数甚少的国内科学家们。全国的教育经费，拿来与70%~80%军事费相比从来就没有超出政府预算4.7%过。这说明了为什么在中国科学家和科学成就会这样荒凉。"[3]很多科研机构都要靠中基会来补助，否则工作难以开展。时人对当时政府不重视科学和经费无着落有如下感慨："中央研究院为吾国科学研究最高机关，然以研究所林立，至研究经费深感不足，且时赖庚子赔款机关补助。北平研究院之经费尤其支绌。地质调查所以研究成绩蜚声于世，而庚子赔款机关之补助费竟两倍于主管机关所给之经费。……各省政府大半无款以供科学机关之用，偶有一二此项机关，大都人才经费两皆不足。至于私立研究机关，除受各庚款机关之补助外，政府殆无任何之补助。此外尚有极多与国计民生有关之科学研究，皆无机关人才

〔1〕 秉志. 致任鸿隽〔M〕// 翟启慧，胡宗刚. 秉志文存：第三卷. 北京：北京大学出版社，2006：402.

〔2〕 胡先骕. 中国亟应举办之生物调查与研究事业〔J〕. 科学，1936，20(3)：212-254.

〔3〕 孙守全. 被遗忘了的中国科学家〔J〕. 科学，1947，29(6)：161-192.

或经费以研究之。换言之，即政府对于国家命脉攸关之科学事业，无通盘之筹划与扩充之决心。丁兹以科学研究角胜于物竞天择之场之时代，政府不知急起直追求以一当，而欲求得达复兴民族抵抗外侮之目的，殆犹缘木求鱼也。"[1]

当时的青年人才到国外进修和深造，也常常要靠中基会的资助。因此中基会曾被认为是美国对华进行文化渗透的单位。[2]这也是后来一些留学生被误认为是为文化买办的原因。曾经受中基会资助出国深造并取得杰出成就的学者当中就有华罗庚、裴文中、黄汲清、斯行健、田奇隽、秦仁昌等。实际上，这是当时社会环境下一种无奈的结果，这些受助的学者其实与文化买办并无关联。

恶劣的社会环境，经费没有着落，极大地限制了我国科学技术的发展。诚如当时一些生物学家指出的那样："窘于财者，不克雄举，有若幼鸿雏鹄，羽毛未丰，虽有博云之志，固未能展翮摩天而飞也"，"而自来究治所及，遂仅能偏于物产品种之调查。虽曰事会所趋，而经济之竭蹶实为其主因"[3]，"治乱靡常，经济困窘，各大学与研究机关之设备，不易添置；研究人员生活艰苦，而工作衰退；后学青年，受社会不良之影响，颇多视自然科学研究为畏途。瞻念前途，实有不能已于言者"[4]。罗宗洛先后离开中山大学和暨南大学，都是为缺

[1] 胡先骕. 中国科学发达之展望 [M] //张大为，胡德熙，胡德焜. 胡先骕文存（下卷）. 南昌：中正大学校友会，1996：258－262.

[2] 黄宗甄. 罗宗洛 [M]. 石家庄：河北教育出版社，2001：79.

[3] 中国科学社. 中国科学社生物研究所概况——第一次十年报告 [R]. 北京：中国科学公司，1933：9，24.

[4] 张肇骞. 中国三十年来之植物学 [J]. 科学，1947，29（5）：131－160.

乏经费，无法开展植物生理学试验所迫。

1944 年，罗宗洛受聘担任中央研究院植物研究所的所长，试图开展植物生理研究，然而限于条件，他开展实验生物学研究的愿望虽好，"但因为没有经费，既没有仪器设备，所谓研究实际就是每天见面聊天。'言不及义'"[1]。他曾回忆说："我和倪晋山、金成忠、黄宗甄、柳大绰等 5 人，坐在一间空房，也算植物生理实验室，但实际上什么实验也做不成。"[2]李先闻对于中央研究院总干事萨本栋曾对他说过的一句带有调侃性质的话感触颇深，大意就是说中央研究院是"战时的废物，平时的花瓶"。[3]因为中央研究院的研究与实际结合不紧密，加上经费严重不足，难以对社会做出有分量的实际贡献。

国内社会动乱，战争频仍，不但使大学和研究机构的运行经费没有着落，而且使学者的基本生活都无法维持。当时有人指出："中国拥有广袤的土地和丰硕的天然资源，却仅有寥若晨星的科学工作者。"大学教授的薪金在全面抗战爆发前一年，还勉强能够维持在中等生活水平，到 1946 年，他们的薪金只有原来的 3% 。"事实上他们的收入已经比不上一个人力车夫了。人力车夫从来就被认为是一种最低收入的职业，而现在的收入也已经几倍于那些在中央研究院里的研究员和大学教授了。这样戋微的收入已不够维持一个人的生活，更不够去负担家庭以及给子女受教育了。""虽然中国科学家抱有信念，

〔1〕 李东华，杨宗霖. 罗宗洛校长与台大相关史料集 [M]. 台北：台湾大学出版中心，2007：120.

〔2〕 罗宗洛. 回忆录（续）[J]. 植物生理学通讯，2000，36（1）：89 - 94.

〔3〕 李先闻. 李先闻自传 [M]. 台北：台湾商务印书馆，1970：180.

以为纵然在这种非常情势之下，他们仍当为国家服务；可是他们的物质的支持力就委实不能比并上他们的精神的力量。食用箪瓢，衣不蔽体，子女教育费的拮据，吃不饱，睡不足，没有一些宽弛的时间，他们的健康一天比一天衰退下去；没有研究室和图书馆的利便来满足他们的愿望，使他们能从事研究，运用脑力；一片不安定、不宁静、恐怖、破坏的氛围纷至沓来。在这种种体质羸疲，营养不足，医药欠缺，和精神萎靡底交战之下，他们之中有些人已经倒下去了，像一个战场上失败的士兵一样。……站在冷酷的现实面前，有些科学家已经弄得逐渐抛弃他们一向追求着的而毫无所得的科学事业了。以他们的教育资格做背景，并不难使他们一变而为政府官员或商业经纪人。这种职业的转变可能使他们赚钱，享福，有势力并且有社会声望。其他一些人遇到许多现在国外的旧日师长和朋友的恩惠，现在都在英、美、加拿大等国家工作了。这许多苦难的中国科学家都是些年青的或有资格的科学者，因为他们业已在世界最著名的大学里受过训练。……让我们都祈愿着，尽我们所能为力的，去建设中国的和平、民主和科学吧！"[1]抗战胜利后，一位生理学家也写道："大家怀着满腔情绪，指望一回到原巢，立刻就能重理旧业，不难把中辍了四年的《中国生理学杂志》恢复起来。孰料依旧烽火连天，经济愈见溃乱，人民的生活较战时还不如，旧的实验室毁了，新的无从设立，甚或再度的流离逃亡。在这种凄惨的局面之下，生理学的前途也

---

〔1〕 孙守全．被遗忘的中国科学家［J］．科学，1947，29（6）：161 - 192.

如其他科学，正不知何日可重见光明哩！"[1] 社会的动乱、不安，生活的贫穷和困苦，让学者感到前途迷茫。

二　各个学科发展不平衡

我国早年的生物学发展带有很大的自发性质，各学者本着自己的理念进行学科建设，因此有一定的随意性。受当时社会环境和传统文化的影响，指导思想有较大的相似性，因此不免存在建设同质性的机构和学术单元，结果不仅造成重复，而且也存在明显的不平衡。

作为中国科学社生物研究所系统的一些机构如中央研究院动植物研究所和北平静生生物调查所，有一定的分工协作。但北平研究院的动物学研究所、植物学研究所和上述系统机构的工作就不免重复交叉。当时的国立大学生物系和教会大学的生物系也存在类似的问题。

如上所述，民国年间，由于经费缺乏，实验生物学无法得到应有的发展，尽管我国的生物学家已经认识到它的重要性。即使是发展得比较好的生物调查分类学工作，也受当时社会环境的影响，对一些关系国计民生的分支学科有所侧重，进而导致各个具体分支的发展也非常不平衡。就植物学而言，对与人们生活关系比较密切的木本植物和真菌的研究比较多，对高等植物的研究比苔藓和地衣等低等植物类群的研究多。微生物学方面，除研究真菌的戴芳澜和邓叔群外，虽然当时无论在医学微生物，还是工业微生物，抑或是农业微生物都有一些名家，如汤飞凡、陈心陶、俞大绂和高尚荫等，但较研究动植物的学

---

[1] 吴襄. 三十年来国内生理学者之贡献 [J]. 科学, 1948, 30（10）: 295－320.

者而言，人数还是少很多。就动物学而言，昆虫和鱼类的调查研究比较多，要说名家辈出，可能有些言过其实，但著名的学者的确不少；在鸟类和两栖爬行类的研究方面，也有一些名家和值得称道的成就，如寿振黄、郑作新、常麟定、傅桐生、王希成和任国荣等。郑作新除研究鸟类分类外，还对我国的388属鸟类分布做了一些研究。[1]刘承钊、张孟闻在我国两栖爬行类的研究方面也有所斩获。脊椎动物以兽类的研究最为薄弱。除秉志等人做过一些江豚和老虎形态解剖方面的工作，石声汉和何锡瑞等发表了数篇兽类调查的论文，以及寿振黄、郑作新等进行了其他一些零星的工作外，几乎没有成系统的某方面研究工作[2]。当时几乎没有一个可以称为兽类学家的学者。直到1956年，竺可桢在一篇文章中提到："毛主席提出消灭四害后，农林部门和群众向中国科学院动物研究室询问很多基本的简单问题，如兔子要不要消灭，老鼠有多少种，中国的野猪有多少种等，一时都答不完全，因为过去分类工作做得不够。"[3]做原生动物调查研究的有王家楫（研究水生原生动物）、戴立生、倪达书、张作人和朱树屏等，都有一定的贡献[4]，但总体而言，人才队伍仍然非常薄弱。

三 生物学界存在门户之见

民国年间，高校的性质有私人、教会、国立、地方举办的差异，研究机构也有私立、国立和外国人兴办的不同。无论是

〔1〕 郑作新. 中国鸟类地理分布之探讨 [J]. 科学, 1949, 31 (7)：213.

〔2〕 夏武平. 我国五十五年来的兽类学 [J]. 动物学杂志, 1989, 24 (4)：45-49.

〔3〕 竺可桢. 中国生物学地学的发展状况和前途 [M] // 竺可桢. 竺可桢全集：第3卷. 上海：上海科学技术出版社, 2004：281.

〔4〕 王家楫. 原生动物学在中国 [J]. 科学, 1947, 29 (7)：195-224.

大学生物系抑或研究机构的建立，都有较大的自发性。在不同学校成长起来的学者，尤其是不同国家留学背景的学者，甚至不同研究领域的学者，在开拓自己的学术领域，带领自己培养的学生工作时，形成了自己的学术指导思想和工作纲领，进而或多或少都会形成自己的圈子，乃至学术派别。尤其一些比较有能力、有自信的生物学者，在励精图治时，如果一意孤行，把持相关部门，不容外人轻易插足，不免产生隔阂和门户之见。

当时学术界的派别观念是比较明显的。例如中央研究院的各所负责人主要是留学英美的学者，而北平研究院的各部门负责人则几乎清一色的都是留学法国的学者。就生物学界而言，留学日本、从事实验生物学的罗宗洛等人觉得秉志、胡先骕的学生掌控的教学和科研机构势力很大，是当时生物学界最大的一个学术派别。[1-2]因为中央大学和中国科学社生物研究所的人员中秉志的学生很多，大学和研究机构的主持和骨干也多为秉志的学生，所以被认为是强势的派别。[3]另外，罗宗洛和朱洗商量举办实验生物学会的时候，认为生物学界可以团结的力量有：北平研究院的经利彬、陆鼎恒、林镕和汪德耀，浙江大学的贝时璋，武汉大学的汤佩松，中山大学的张作人，北京大学的张景钺，清华大学的李继侗、童第周等。

细胞学家段续川也认为当时学界有明显的宗派。他在厦门大学任教的时候，就觉得厦门大学的学者排外，他们清华大学

〔1〕罗宗洛. 回忆录（续）[J]. 植物生理学通讯, 2000, 36 (1)：89-94.

〔2〕黄宗甄. 罗宗洛 [M]. 石家庄：河北教育出版社, 2001：80, 90-93.

〔3〕王家楫. 我的思想自传 [A] // 中国科学院武汉水生生物研究所档案：王家楫专卷.

出身的两三位教授被视为小宗派。[1]他还认为，中华人民共和国成立前"'南高派'[2]势力最大，大有囊括每个生物系之势"，他们布满了中央大学、青岛大学和四川大学等高校和生物研究机构。他们之中，尤以动物学者居多。[3]甚至中央研究院动植物研究所在分成两个所的时候，研究动物和植物的两组人员都有相当的成见。当时植物组的人员觉得原领导是动物学家，担心分所的时候自己吃亏。后来，有关领导不得不表态，财产分割时决不让植物所吃亏。[4]

曾任中央大学等校教授和中央研究院动植物研究所研究员的邓叔群为当时学术派系倾轧感到异常的愤懑，他后来回忆道："1928 年我谢绝了外国的聘任回国，一心想大量培养祖国的专业人才，并首先研究大田作物的病害及其防治。为此我应聘到大学任教教植物病理学及首次开设的真菌学，并从事研究工作。不料被学阀排斥，他们拉帮结派、控制经费、垄断重要科研项目，既做不出成果又不准他人研究，或等他人研究出成果时利用派系权势剽窃之。如此破坏科研进展，阻碍中国摆脱落后，实令人深恶痛绝。"[5]

而曾为中央研究院动植物研究所青年研究人员的黎尚豪也认为中华人民共和国成立前"国内生物学界派系分明，门阀森严"，在中央研究院动植物研究所中，感觉自己是圈子外的

〔1〕 中国科学院植物研究所档案段续川专卷。

〔2〕 "南高"指的是南京高等师范学校，这里的"南高派"实际上指的是以秉志为首的出自东南大学（后来的中央大学）的派系。

〔3〕 段续川. 段续川自传［A］// 中国科学院植物研究所档案：段续川专卷.

〔4〕 南京：中国第二历史档案馆，全宗号393，案卷号2015（2）.

〔5〕 中国科学院学部联合办公室. 中国科学院院士自述［M］. 上海：上海教育出版社，1996：331.

人，前途让人失望。[1]

当时，欧美各国退回的庚子赔款，由一帮在该国留学的中国留学生负责管理。因此，有一些人抱怨说："各国庚款之保管权，大都付之于少数之人，故其用途亦怕为少数人所支配。"如中基会主要是由一批留学美国的学者所负责，应该说它的使用对我国的科学和教育的促进还是成效显著的。[2]任鸿隽的妻子陈衡哲认为，任鸿隽"尤以中基会为最能使他发展其对于科学的抱负与贡献……他曾利用中基会的经济辅助，尽量的在全国各大学去奖励科学的研究与工作；又遣送有科学天才的青年，到欧美留学。对于国内的科学研究事业……他也尽力地给予经济及道义上的支持"[3]。尽管如此，他们仍然招致不少非议。

当时有一种见解："一个大学的校长，最好是由本校的毕业生担任。如果是由别的大学毕业的人担任，那就等于把这个大学作为那个大学的殖民地了，有亡校之痛。"[4]据说，1930年，罗家伦离开清华大学后，时为教育部部长的蒋梦麟曾电令周炳琳代理清华校长。周炳琳认为自己是北京大学的毕业生，如果去清华大学代理校长，清华师生会认为清华大学成了北京大学的"地盘"，所以他推辞不受。后来，由出身清华大学的梅贻琦出任校长才圆满解决了这个问题。毕业于清华大学的李先闻对此可能也感同身受。他回国一段时间后，曾试图在母校

〔1〕 黎尚豪.思想分析和批判［A］//中国科学院武汉水生生物研究所档案：黎尚豪专卷.

〔2〕 见杨翠华、黄一农《近代中国科技史论集》(1991) 一书第337页。

〔3〕 陈衡哲.任叔永先生不朽［M］//任鸿隽.科学救国之梦——任鸿隽文存.上海：上海科技教育出版社，2002：747.

〔4〕 冯友兰.冯友兰自述［M］.北京：中国人民大学出版社，2004：66.

清华大学生物系找一个职位，尽管获得校长梅贻琦的支持，但最终仍未能如愿。在清华大学谋职的希望落空，他心中倍感凄凉和失落，因此抱怨清华大学生物系被金陵大学的毕业生"把持"了，"清华毕业的同学，似乎都不能插足"。[1]同样毕业于清华大学的段续川试图回母校任职未成，也心涛难平。[2]从全国的情况而言，这些派别缺乏协调，工作不免产生竞争和重复，对于学科的成长产生了一定的消极影响，这种情况也为时人所诟病。

抗日战争胜利后，美国植物学家和佳（E. H. Walker）倡议中美两国合作编纂《中国植物志》。该建议得到我国一些学者的认可，认为国内虽有不少学者研究植物分类，但"专家多各自为政，不相合作，群雄割据，敝帚自珍。其散漫混乱一如中国政治"。因此，这不失为一种可考虑的方式[3]。从中可以看出，发展状况较好的植物分类学也存在程度较深的派别倾向。

学界领袖之间沟通难以进行，以及学校宗派和师徒关系在当时学界普遍存在，不免让一些学者感到异常的难受。他们认为当时中国学术界学风太坏，非要打破这种学阀封建式的学风不可。[4]当然这是民国年间那种特殊的社会环境下难以避免的毛病，正如李煜瀛和蔡元培在推行大学区制上的分歧一样，领袖人物亦不免溺身于害。这种门户之见的痼疾给当时生物科学

〔1〕 李先闻. 李先闻自传［M］. 台北：台湾商务印书馆，1970：65，68.

〔2〕 段续川. 段续川自传［A］//中国科学院植物研究所档案：段续川专卷.

〔3〕 中美合作编纂《中国植物志》（限于维管束植物）草案及原则［A］. 南京：中国第二历史档案馆，全宗号393，案卷号2172.

〔4〕 匡可任干部简历表［A］//中国科学院植物研究所档案：匡可任专卷.

的发展带来了一些不可避免的负面影响。

中华人民共和国成立后，竺可桢曾经在一个场合下提到："现在院（中国科学院）里中央研究院、北平研究院留下的人很多，若要以今比昔，不能不谈一谈那时的宗派主义，这是那时代我国学术界最突出的现象。蔡（元培）在南京，李（煜瀛）在北京，各霸一方。南方是以英美留学生为主，北方以法国留学生为主；而英美留学生还有小团体。中央研究院初期十个所当中有六个所是中国科学社的社员，我也是其中的一个。那时的门户之见是如此之深，解放以后经思想改造才能慢慢地消除，甚至到现在这一股歪风尚未完全散去。可说科学院建立最初三年，大部分力量用于改组，而这一改组最困难的就是消除宗派主义。"[1]可见消弭门户之见的确不是件容易的事情。

总而言之，在近代发展科学条件十分艰难的情况下，我国的生物科学工作者和其他爱国仁人志士一样，充满高昂的创业精神，为发展祖国的科学事业进而使国家富强，进行了不懈的努力。他们结合国家实际，实践"科学救国"的伟大理念，竭蹶经营，做了大量的工作，建立起一套完整的生物学教学和科研体系，并造就了一大批人才，为我国后来生物学的发展奠定了可靠的基础。各个分支学科也得到程度不同的发展，有些成就甚至达到世界先进水平，如蛋白质变性研究、蕨类分类系统的构建等。可谓"不仅发学术之光芒，且冀邦国之凌替"。在生物学区系调查和资源开发，以及为农业、医药服务等攸关

　　〔1〕　竺可桢. 谁说党不能领导科学？［M］//竺可桢. 竺可桢全集：第3卷.
上海：上海科技教育出版社，2004：391.

国计民生的重要方面，生物学家做出了重大贡献。林可胜、秉志等生物学先驱者身上坚毅和勇猛精进以及不屈不挠的顽强开拓精神，也逐渐成为后来我国生物学发展和进步的力量源泉。虽然，在当时的社会环境下，我国的生物学工作在一定程度上带有某种西方文化渗透的色彩（如中华教育文化基金会、教会和洛克菲勒基金会的渗入），在其发展过程中也出现和存在各种问题，但不能因此低估我国生物科学工作者曾经付出的努力和做出的贡献。他们在引入和发展生物学过程中所取得的光辉业绩无疑值得后人牢记并彪炳史册。

现代部分

第八章　社会的变革和科研机构重组

中华人民共和国成立后，社会生产关系发生了翻天覆地的变化，对此后我国科学包括生物学的发展都产生了极其巨大的影响。因此，非常有必要回顾一下这段时间的相关历史背景，尤其是对中国科学特别是生物学有较大影响的历史事件。

第一节　社会和学科发展观念的转折

一　中华人民共和国成立初期的国际、国内局势以及中国科技事业的起步（1950～1965）

二战结束后不久，以北约为主的资本主义阵营与以华约为主的社会主义阵营就展开了冷战。朝鲜战争的爆发，使中国不得不在外交上选择了偏向苏联的战略。由此，在相当长的时间里，国内的政策制定、产业布局和各项事业的发展也都深受苏联的影响。

国内的形势，一方面是要抓生产建设，迅速恢复抗战、内战之后的疲敝经济；另一方面开展了一系列政治运动，如土地改革、"三反"运动、"五反"运动、整风运动、"反右倾"运动、"四清"运动等，这些政治运动贯穿到社会生活的各个层面。在此需要特别提及几次对科学活动影响较大的运动和事件。

首先是1951年秋至1952年秋的知识分子思想改造。这一运动的主要目的是让200万从旧社会过来的知识分子去除剥削阶级烙印，树立为人民服务的思想。为此组织他们进行了马列主义学习以及批评和自我批评。在中华人民共和国成立之初，大部分知识分子爱国热情很高，多数人都对自己在中华人民共和国成立之前的经历做了深度回顾和检讨，表达了对中国共产党的认识和衷心拥护。

在此基础上，为了充分调动和发挥知识分子在社会主义建设中的积极性和创造性，1956 年 1 月，中共中央在北京召开了全国知识分子问题会议。这是 1949 年后第一次把知识分子问题和发展科学技术问题，作为全党必须密切关注的重大工作郑重地提出来。在这次会议上，周恩来做了《关于知识分子问题的报告》[1-2]，认为"知识分子是工人阶级一部分"，并用相当长的篇幅阐述了"向现代科学进军"的问题。根据会议建议，中央决定成立国家科学规划委员会[3]，集中一大批优秀科学家编制 1956～1967 年全国科学发展远景规划。会后，全国上下形成了"向科学进军"的热潮。1956 年 4 月 25 日，毛泽东在中共中央政治局扩大会议上的讲话中，提出在科学文化中，实行"百花齐放，百家争鸣"的方针（简称"双百"方针）。较为宽松的政治氛围，使知识分子纷纷发起讨论、批评，表达自己的见解。

不过，这种状况很快发生了变化。不久之后展开的整风运动和"反右倾"运动改变了这种局面。

必须指出，在局势滑向极左之前，中华人民共和国科技事业的起步还算顺利，也取得了一些可圈可点的成绩。

中华人民共和国建国伊始就成立的中国科学院[4]，在确

---

〔1〕 周恩来. 关于知识分子问题的报告 [M] //中共中央文献编辑委员会. 周恩来选集. 北京：人民出版社，1984：158 – 189.

〔2〕 该报告指出："人类面临着一个新的科学技术和工业革命的前夕。"

〔3〕 科学技术部的前身。

〔4〕 1949 年 11 月 1 日成立。

立科学研究的方向、培养和分配科学人才、调整和充实科研机构方面，起着主导作用。首先，在接收民国科研机构的基础上组建新机构时，注意与资源和产业的衔接，做出了区域性的布局。其次，在人员选用方面，一是任用经过思想改造的旧机构的科技人员；二是积极争取留学欧美的学者回国；三是加强中苏合作，培养新中国的年轻人才[1]。最后，在研究方向上，除了延续民国时期得到发展的一些领域的工作之外，强调集中力量解决国民生产实际问题。

除中国科学院之外的科学活动主要集中在高校，而教育无疑是国家极为重视的，因此各类学校的国有化在中华人民共和国成立之初就迅速开展起来。到 1952 年底，大多数外国教职员，如原先在燕京大学任教的博爱理等，离开了中国，所有教会和私立学校或被取消，或被改造[2]。接着，我国按照苏联经验进行院系调整。调整的结果现在褒贬不一[3]。总体而言，研究和教学力量向国民经济特别需要的一些领域倾斜，工程、师范和农林等方面得到加强，特别是工科类专门学院有了相当可观的发展[4]。这些调整也体现了地区的辐射作用，高等教育不再局限于几个大城市。

之后，随着国家科学技术委员会的成立，十二年远景规划的制定实施，包含多层级、多部门的国家科研体系逐步建立起来，新培养的大学毕业生逐渐走上工作岗位，中华人民共和国

〔1〕 1951 年 8 月，中国科学院与高校同时开始向苏联选派留学生。

〔2〕 麦克法夸尔. 剑桥中华人民共和国史 [M]. 俞金尧，时和兴，鄢盛明，等译. 北京：社会科学出版社，1990：180.

〔3〕 全国高校由原来的 211 所减为 182 所，包括 14 所综合大学、39 所工科院校、31 所师范院校、29 所农林院校和 29 所医药院校。

〔4〕 对部分学科来说解决了很大问题，受益较大。

的科技发展也因此步入了轨道。科技界在"大跃进"运动中开展了"科学研究如何为'大跃进'服务"的辩论，并因此上马了很多项目，新建了不少机构。1961年6月，国家科学技术委员会和中国科学院提出《关于自然科学研究机构当前工作的十四条意见（草案）》（简称"科学十四条"），试图恢复贯彻"双百"方针和理论联系实际的原则，明确科学研究机构的根本任务（即出成果、出人才），保持科学研究工作的相对稳定，但是，极左的倾向，直到"文革"结束之后才逐步得到纠正。

总的来说，由于中华人民共和国成立初期的社会主旋律是集中力量进行工业化建设和社会主义改造，与国防和工业生产缺乏直接联系的生物学并没有得到来自政策层面的特殊支持。但是，在与卫生保健和农业生产相关的领域，开展了若干专项，后文将会述及。

二 "文革"时期的科技活动（1966～1976）

1966年5月至1976年10月的"文革"时期，是中国历史上一个特殊的时期。这十年之中并非没有变化，似乎可以分三个阶段来认识。

从"五一六通知"下发起的第一阶段，在"怀疑一切""打倒一切"的潮流中，很多专家学者都被扣上"反动学术权威"等帽子，无法开展工作。1968年"五七指示"之后，大批机构被撤销，经费停拨，科教人员陆续下放，除有关国防建设和中央直接控制的一些项目外，科学研究总体上停了下来。

在中共九大后的第二阶段，科技事业有了一些好的变化，例如1970年高校结束了长达四年的"停课闹革命"，开始招收"工农兵学员"。1971年，中央开始抓落实干部政策，一批专家学者得以回到工作岗位上。

1972 年初，尼克松访华，中美关系破冰。1972 年 6 月，美籍华人学者参观团来访，封闭多年的中国学术界重新开始寻求对外合作。1972 年 8 月，在北京召开了全国科学技术工作会议，讨论如何恢复科技活动。在这第三个阶段，科技界开始艰难的复苏。

在这十年中，部分科技研究领域因为与国计民生有密切关系，在夹缝中求得了些许发展空间，甚至也取得了一些突出的成绩。在生物学领域，普通大众都耳熟能详的杂交稻的研究、青蒿素的研究，主要都是在"文革"期间完成的。此外，继人工合成胰岛素之后，我国又成功开展了人工合成酵母丙氨酸转移核糖核酸的研究。这些项目在特殊时期采取的独特组织方式以及获得的经验和教训，尚值得深入探讨。

另外，因为十二年远景规划的提前完成，在"大跃进"的氛围下制订了《1963 ~ 1972 年科学技术发展规划纲要》（简称"十年规划"）。

三 社会正常秩序的恢复、改革与"科教兴国"（1977 ~ 2000）

1976 年 10 月粉碎"四人帮"后，各项工作在徘徊中前进了两年。这期间对科技事业有重要影响的是 1977 年底恢复高考和 1978 年恢复招收研究生，而最重要的一件事则当属 1978 年 3 月在北京召开的全国科学大会。

会议由中共中央、国务院主持，6000 人参加了开幕式。邓小平[1]在这次大会开幕式的讲话中明确指出"四个现代化，关键是科学技术的现代化"[2]，"知识分子是工人阶级的一部

---

〔1〕 时任中共中央副主席、国务院副总理。
〔2〕 1954 年周恩来在全国人大首次提出"四个现代化"。在这次大会上再次被提到社会主义建设的日程上来。

分"，并重申了"科学技术是生产力"这一基本观点[1]。在国家百废待兴的形势下，长期束缚科学技术发展的是非问题及时得到了澄清。会上总结了过去二十年来的科技工作，表彰了先进集体和先进科技工作者，并通过了《1978～1985年全国科学技术发展规划纲要（草案）》（简称"八年科学规划"）[2]。郭沫若[3]在闭幕式上的书面讲话《科学的春天》，后来广为流传，极大地振奋了"文革"以来受到歧视和不公正对待的知识分子。

1978年底党的十一届三中全会召开后，全国上下以经济建设为中心，改革开放开始起步。

当时科技界首先要做的是迅速恢复和建立健全机构、制度。具体采取了以下举措：1980年，恢复中国科学技术协会和各学会组织的活动[4]，恢复中国科学院学部委员的评选[5]；1981年，国务院批准《中华人民共和国学位条例暂行实施办法》，标志着学位制度正式建立；1982年，恢复1956年建立的国家自然科学奖（当时称为"中国科学院科学奖金"），进一步建立和完善国家科技奖励制度[6]；1984年，国家计划委员会启动了国家重点实验室建设计划[7]；等等。

面对"文革"对科研和教育发展带来的破坏，科研人员学

---

〔1〕 后来进一步引申为"科学技术是第一生产力"。

〔2〕 这是我国的第三个科学技术发展长远规划。恢复科研体制，正常运转，强调"四个现代化"，"四个现代化"的关键在于科学技术现代化。

〔3〕 时任中国科学院院长。

〔4〕 基础科学教育与全民科学素养的提高。

〔5〕 后来发展为院士制度。1993年10月，国务院决定将中国科学院学部委员改称中国科学院院士。1993年，成立了中国工程院。

〔6〕 除对科研成果表示肯定之外，该计划还影响科研资源的分配。

〔7〕 在教育部、中国科学院等部门的有关大学和研究所中，依托原有基础建设一批国家重点实验室。

习和引进国外先进技术的要求迫切，受到了国家领导人的重视。1978年，教育部《关于加大选派留学生数量的报告》得到批复；1979年，中美正式建交，这为留学政策的落实以及后续各种国际科技合作计划的开展，提供了更宽阔的国际空间。

20世纪80年代中期以后，为了顺应改革大潮，引导科研工作面向经济建设主战场，科研体制也相应做出了一系列调整和改革[1]。一方面，改革拨款制度，鼓励科研机构开拓技术市场，增强自我发展的能力和主动为经济建设服务的活力，鼓励科研人员以多种方式创办、领办企业；另一方面，1986年，国务院成立了国家自然科学基金委员会（简称"基金委"）[2]，通过推行科学基金制，支持基础研究和部分应用研究工作。

同时，为应对世界高技术蓬勃发展、国际竞争日趋激烈的严峻挑战[3]，1986年11月国务院又启动实施了旨在提高我国自主创新能力，坚持战略性、前沿性和前瞻性，以前沿技术研究发展为重点的"高技术研究发展计划"（即"863计划"），统筹部署高技术的集成应用和产业化示范，充分发挥高技术引领未来发展的先导作用。在生物技术领域，"863计划"特别支持优质、高产、抗逆的动植物新品种，基因工程药物，疫苗和基因治疗，蛋白质工程等主题。1991年，根据国际生物技术发展趋势和"七五"期间组织实施的经验进

---

〔1〕 1985年中共中央发布《关于科学技术体制改革的决定》，全面启动了科技体制改革。该决定提出，改革的主要内容是转变科技工作运行机制，调整科学技术系统的组织结构，改革科技人员管理制度等。

〔2〕 源自1981年启动的中国科学院自然科学基金。

〔3〕 20世纪80年代美国提出"星球大战计划"，西欧提出"尤里卡计划"，苏联和东欧国家制定《2000年科学技术进步综合纲要》，日本提出《今后十年科学技术振兴政策》。

行了重大调整，选择了五个重大项目和十二个专题项目。与其他科技发展计划（如星火计划[1]和攀登计划等）相比，"863 计划"持续时间长，资助力度大，成果也尤为丰富，对中国的科学事业影响深远[2]。

随着国民经济高速增长，中国对科技的支持力度大幅增强，同时对科技成果、科技人才的需求也日新月异。在 1994 年 6 月的全国教育工作会议上，江泽民强调指出要"把经济建设转到依靠科技进步和提高劳动者素质的轨道上来"。1995 年 5 月，中共中央、国务院发布《关于加速科学技术进步的决定》，确立了"科教兴国"战略。在随后制定的"九五"计划和 2010 年远景目标中则将其列为今后 15 年直至 21 世纪加速中国社会主义现代化建设的重要方针之一。

在这一战略指导下，我国出台了一系列举措，如建设世界一流大学的"211 工程"[3]、"985 工程"[4]，以及 1998 年在中国科学院开始实施的"知识创新工程"。1998 年，国家科学技术委员会更名为中华人民共和国科学技术部。在人才方面，1998 年教育部与香港李嘉诚基金会共同筹资设立了"长江学者奖励计划"。而中国科学院则在 1994 年就率先启动了一项高目标、高标准和高

---

〔1〕 1986 年初批准实施，该计划是第一个依靠科学技术促进农村经济发展的计划。

〔2〕 2016 年 2 月 17 日，国家重点研发计划首批重点研发专项指南发布，这标志着整合了多项科技计划的国家重点研发计划从即日起正式启动实施。新计划整合了原有的"973 计划"和"863 计划"等，形成了 59 个重点专项的总体布局和优先启动 36 个重点专项的相关建议。"973 计划"和"863 计划"即将成为历史名词。

〔3〕 即面向 21 世纪，重点建设 100 所左右的高等学校和一批重点学科的建设工程，于 1995 年 11 月经国务院批准后正式启动。

〔4〕 为了建设若干所世界一流大学和一批国际知名的高水平研究型大学而实施的建设工程。名称源自 1998 年 5 月 4 日时任国家主席江泽民在北京大学百年校庆上关于建设世界一流大学的讲话。

强度支持的人才引进与培养计划——"百人计划"。生物学的学科建设在此过程中得以全面铺开，并有了长足的发展。

21 世纪以来，科学技术在中国社会中的重要性日益提高。在深化科技体制改革的同时，兴起了一系列大科学工程，多边国际科技交流与合作也日益兴旺。1999 年，中共中央、国务院发布了《关于加强技术创新，发展高科技，实现产业化的决定》。加强国家创新体系建设，加速科技成果产业化，用科技引领新经济，鼓励全民创新等成为新时期的主要政策走向和社会潮流。不过，本书的内容将尽量以 20 世纪末为限，除一些重要的事件和成就外，更为晚近的变化则主要留待后人记述。

第二节　遗传学——基本观念之嬗变

一　20 世纪早期遗传学的基本状况和苏联的"李森科事件"

在很长一段历史时期内，生物学并没有统一的学术共同体，现在我们认为同属生物学家的植物学家、动物学家以及微生物学家，往往并没有多少认同感。直到 19 世纪，达尔文进化论的提出给他们带来了前所未有的统一理论。但是，达尔文的理论虽然对进化的动力有很好的解释，追溯到遗传基础上却是错误的。由此，在 19 世纪末产生了魏斯曼（August Weismann，1834—1914）[1]与新拉马克主义者的论战。

其实，有关遗传的思想和假说古已有之，但对其机制的真正理解，则始于 19 世纪后期孟德尔的工作。在 20 世纪初孟德

---

[1]　德国动物学家。1883 年提出有名的"种质论"，主张生物体由质上根本相异的两部分——种质和体质组成，认为生物体在一生中由于外界环境的影响或器官的用与不用所造成的变化只表现于体质上，而与种质无关，所以后天获得性状不能遗传。种质论启迪了人们去深入研究遗传物质，从而相继发现了染色体、基因和 DNA。

尔的理论被重新发现并显露出重要性之后，各国科学家开始尝试在不同生物中进行验证，并寻找孟德尔因子的物理本质。

1903 年前后，美国生物学家萨顿（Walter S. Sutton，1877—1916）和德国生物学家鲍维里（Theodor Heinrich Boveri，1862—1915）各自发现了染色体行为和孟德尔因子的分离组合之间存在着平行关系，并推测孟德尔因子位于染色体上。而美国生物学家摩尔根（Thomas Hunt Morgan，1866—1941）以果蝇为实验材料做的实验则证实了染色体是遗传因子的载体[1]，并将遗传因子称为"基因"[2]。摩尔根因此于 1933 年获得诺贝尔生理学或医学奖，他的理论在 20 世纪 30 年代以后也被广泛接受，并为分子生物学的产生和发展提供了基础。但是，仍有少部分学者坚持拉马克的获得性遗传观点，不相信生物的遗传特性是通过染色体传递的，其中就有苏联的著名园艺学家米丘林（Иван Владимирович Мичурин，1855—1935）。

米丘林生于俄罗斯梁赞州的普龙斯克县[3]，没有受过太多系统的学校教育，但受家庭影响，从小就对园艺有浓厚的兴趣。他自 20 岁起在自己的果园里开展植物育种研究，一生培育出 300 多个果树新品种，因此在苏联享有盛名。米丘林认为生物体与其生活条件是统一的，生物体的遗传性是其祖先所同化的全部生活条件的总和。他主张生活条件的改变所引起的变异具有定向性，获得性性状能够遗传[4]。在其思想的基础上，

---

〔1〕 《孟德尔式遗传学机制》（1915，与斯特蒂文特、马勒和布里奇斯合作）。

〔2〕 1928 年，摩尔根在其名著《基因论》一书里坚持染色体是基因的载体，提出了基因是否属于有机分子一级的问题。

〔3〕 米丘林去世在科兹洛夫，现在的米丘林斯克。

〔4〕 认为人工选择具有创造新物种的作用——创造性达尔文主义。

乌克兰农业科学院的李森科（Трофим Денисович Лысенко，1898—1976）[1]发展出一套称为"米丘林学说"的理论，包括阶段发育理论以及春化法和无性杂交等方法，对生物的进化机制也提出了不同观点，在苏联被美其名曰"创造性达尔文主义"。

从 20 世纪 20 年代中期开始，苏联的一些生物学家就根据孟德尔－摩尔根的遗传学理论来反驳以李森科为代表的获得性遗传观点。在一个新领域开辟之初，学术观点出现较大的争论本不足为奇。但是，争论很快上升到了意识形态的论战，科学争论于是逐渐变成政治斗争。苏联生物学界原本就有着比较浓厚的拉马克主义传统，著名植物生理学家季米里亚捷夫（Климент Аркадьевич Тимирязев，1843—1920）非常认同获得性遗传的观点，由于他的巨大声望，影响了一大批苏联生物学家，李森科可以说就是他的徒孙。此外，1928～1931 年，苏联强制实行的农业集体化造成了灾难性的大饥荒，而李森科伪造的作物实验结果似乎能够给苏联面临的粮食作物大减产带来一丝曙光[2]。

米丘林的育种实践对提高农业生产和获得植物新品种具有一定实际意义。但是，关于生活条件的改变所引起的变异具有定向性之理论，缺乏足够的事实根据。尽管李森科的实验结果

---

〔1〕 李森科 1925 年毕业于基辅农学院后，在一个育种站工作。他坚持生物的获得性遗传理论，并以此否定孟德尔的基于基因的遗传学。其学说于 1927 年登上《真理报》（Pravda），之后他的地位迅速上升，他的学说成了当时苏联生物遗传学的主流。1935 年，李森科获得乌克兰科学院院士、全苏列宁农业科学院院士的称号，担任敖德萨植物遗传育种研究所所长。

〔2〕 瓦维洛夫等遗传学家预期需要五六年才能培育出的改良麦种，李森科声称只需一年半就可得到。

往往无法重复，但是当他标榜的理论被政府采纳为官方科学后，就被强制推行，同时压制和排斥不同的学术观点。不但苏联生物学的发展从此一蹶不振，与苏联关系密切的东欧和中国的生物学的正常发展也因此受到极大影响。

二　中华人民共和国成立之初的苏联影响——全面推行"米丘林生物学"

中国的近代科学体系，可以说是在欧美的直接影响下建立起来的，遗传学也不例外。遗传学的主要奠基者有陈桢、李汝祺、谈家桢等，他们都是美国遗传学家摩尔根的嫡系弟子。[1]

1949 年以前，对苏联遗传学的学习，主要是一些学者和青年学子出于对苏联社会主义的向往而开始的。时任延安自然科学研究院生物系主任的乐天宇（1901—1984）就是热烈的追随者之一。1941 年初，乐天宇就以延安中国农学会主任委员的身份大力传播推行米丘林生物学。[2]1948 年，乐天宇任华北联合大学[3]农学院院长，在石家庄创设了中国历史上的第一个米丘林学会。1949 年底，华北联合大学迁进北京，其农学院与北京大学、清华大学两校的农学院合并组建为北京农业大学。乐天宇受命出任校务委员会主任委员，米丘林学会因此

---

〔1〕　摩尔根在布林莫尔学院的研究生博爱理于 1923～1950 年在燕京大学任教，不仅影响了中国的生物学，而且影响了北京协和医学院通过燕京大学生物系吸收入学的医学生。

〔2〕　乐天宇 1941 年在延安出版的《中国文化》第三期上发表了《遗传正确运用之探讨》，这是在中国传播米丘林生物学的第一篇重要文章。1948 年，乐天宇又发表《自然规律的遗传法则——遗传正确应用的商讨》（内部资料）。

〔3〕　1939 年夏，根据抗日战争形势发展的需要，中共中央决定将陕北公学、鲁迅艺术学院、延安工人学校和安吴堡战时青年训练班四校合并，成立华北联合大学，即今天中国人民大学的前身。

中国生物学史·近现代卷

有了一个更为广大的活动空间。经过一年的发展，米丘林学会会员就由原来的30多人增加到3000人。

乐天宇是一个受过高等教育的农学家，自大学毕业起就从事农民运动，在延安的时候，因为倡议开垦南泥湾，解决植物病害以及重要作物的生产问题，对根据地经济建设发挥了重要作用。

中华人民共和国成立后，乐天宇在新合并组建的北京农业大学，以校务委员会主任委员的身份行校长之职，第一个举措就是颇受争议的课程改革——试图用讲授米丘林生物学的课程全面取代原有课程。著名遗传学家、生物统计学家李景均（1912—2003）[1]主讲的经典遗传学（旧遗传学）、生

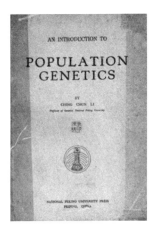

AN INTRODUCTION TO

POPULATION
GENETICS

BY
CHING CHUN LI
Professor of Genetics National Peking University

NATIONAL PEKING UNIVERSITY PRESS
PEIPING, CHINA

李景均著的《群体遗传学导论》

物统计和田间设计等3门课程因此相继停开，他最终于1950年3月离开学校，取道上海去了香港。此事对中国学术界产生较大影响，引来高层的直接干预。乐天宇被指出在执行知识分

---

　　〔1〕李景均是天津人。1936年，他从金陵大学农学院毕业后赴美国康奈尔大学攻读遗传学和生物统计学，获博士学位后在芝加哥大学、哥伦比亚大学等高校研修解析几何、概率论和统计学等。1941年回国后，他先后在广西大学、金陵大学和北京大学任教。1951年赴美，他历任美国匹兹堡大学生物统计系教授、系主任、讲座教授，后任美国人类遗传学会主席。1948年李景均在中国的处女作《群体遗传学导论》，20世纪50年代以后在美国和苏联等国出版，使世界上整整一代遗传学家从中获得教益。

子政策过程中犯了错误。[1]但乐天宇不久又在北京农业大学搞出了"转系事件"[2]。因此，他受到了严厉批评，被要求深刻检讨。1950年11月，教育部派调查组进驻北京农业大学，稍后宣布撤销乐天宇校务委员会主任委员的职务，调任中国科学院遗传选种馆（即后来的遗传研究所）馆长。

不过，在举国上下全面学习苏联的大环境中，坚持米丘林生物学方向被认为是学习苏联先进经验的重要组成部分与重要标志。

学习苏联有两大基本方式，一是人员交流，二是翻译学术作品和教材。20世纪50年代初，中国科学院组织了几乎所有学科的学术带头人去苏联考察学习，与此同时，一大批苏联学者来华传经授学。译著方面，有统计表明，1954～1957年出版的书籍中，译自俄文的占了38%~45%，其他语种的译著仅占3%~6%；到1956年，译成中文的俄文教科书多达1400种。[3]此外，各学术单位还纷纷办起俄语培训班，许多一线研究人员都或多或少地拥有一定程度的俄语阅读能力。

米丘林生物学的传播，除乐天宇等人的积极推行之外，1949年12月，李森科的主要追随者斯托列托夫[4]也亲自来

---

〔1〕 1950年4月，教育部副部长钱俊瑞致函乐天宇，强调指出学术思想和政治要严格区分开来。

〔2〕 1950年10月，乐天宇提出把该校农艺系、园艺系、森林系和畜牧系合并为"生产系"，把该校农化系、植病系和昆虫系合并为"非生产系"。他亲自动员"非生产系"的学生党、团员带头转入"生产系"。大批学生转系，造成学校工作一度混乱。

〔3〕 在1950～1956年间，科学出版社出版的330种译著中，仅11种是西方国家的科学著作，其余都是译自苏联著作。

〔4〕 苏联季米里亚捷夫农学院院长、苏联科学院遗传学研究所副所长。

华，向中苏友好协会总会农业生物学组做了题为"生物科学中的论战"的讲演，介绍李森科与孟德尔－摩尔根的"资产阶级伪科学"坚决斗争的过程。其讲演稿在《人民日报》上全文转载。李森科的另一个主要追随者努日金[1]，则频繁往返于京沪之间做演讲，听众达十余万之众。1950年，努日金还在上海指名与谈家桢全面讨论新旧遗传学理论等问题。事实上，摩尔根学派的学者此前并非不关心苏联的生物学发展，也不是对米丘林生物学一无所知。谈家桢在美国期间就读过李森科的代表作《遗传及其变异》的英译本。1949年，李景均还与人合作，把这本书翻译成中文出版。尽管在学习苏联先进科学的号召下，大家都很热情虚心，但总感到米丘林学说作为一种新的遗传学理论还没有成为一个体系，跟传统生物科学相比还有待提高和完善，所以只是把它当作一个新的学说来学习，很少有人将米丘林学说视为生物科学上的一场根本革命。

1952年4月至6月，政务院文化教育委员会计划局科学卫生处和中国科学院计划局先后召开3次座谈会，批判了乐天宇的错误，讨论了生物科学的现状和存在的问题。会议的总结以《坚持生物科学的米丘林方向而斗争》为题发表于1952年6月29日的《人民日报》。《科学通报》转载该文所加的"编者按"也要求：关于目前生物科学的状况，特别是关于摩尔根主义对旧生物学各方面的影响，需要继续展开系统的批判。1952年7月，北京农业大学米丘林遗传学教研组总结三年来的工作，写成《贯彻生物科学的米丘林路线，肃清反动的唯

［1］ 苏联科学院遗传学研究所教授。

心主义的影响》一文[1]，认为二者是"根本性质不相容的"。谈家桢和戴松恩[2]（1907—1987）等在众人帮助下，公开做了"检讨"[3]，刊载在多家刊物上[4]。"科学是意识形态"，这个苏联的时髦口号也流行到了中国。

为了有系统地接受米丘林学说，农业部效法北京农业大学，在京举办了历时数月的米丘林农业植物选种及良种繁育讲习班，聘请苏联专家授课。参加的有全国主要农业科研机关、农业院校、中国科学院有关单位选派的科研人员和教员上千人。随后，各地也举办了类似的讲习班，进一步推行米丘林学说。

从1952年底开始，孟德尔－摩尔根遗传学课程在各大学基本上停止开设；中学教材按照米丘林生物学的思路重新编写。除了教学，米丘林生物学更被列为相关科研机构的研究项目。[5]而明显地，以孟德尔－摩尔根遗传学为指导的研究工作全部被迫中止，甚至已有显著成效的杂交育种工作，

---

〔1〕 于1952年12月26日在《人民日报》上发表。

〔2〕 戴松恩是江苏省常熟县人，1931年毕业于南京金陵大学农艺系，1936年获美国康奈尔大学博士学位，1955年被选聘为中国科学院学部委员（院士）。他曾任中央农业实验所技正、麦作系主任，湖北省农业改进所所长，中央农业实验所北平农事试验场场长，华北农业科学研究所研究员、副所长，中国农业科学院副秘书长。

〔3〕 谈家桢. 批判我对米丘林生物科学的错误看法［J］. 科学通报，1952（8）：562–564.

〔4〕 戴松恩的检讨《我对米丘林生物科学采取了错误的态度》一文甚至还全文刊登在《人民日报》上。

〔5〕 如中国科学院植物生理研究所展开了春化法研究，并创立了专门从事遗传与植物栽培研究的机构，附设于该所。华北农业科学研究所在这方面更是开风气之先，早在1949年春，就应用米丘林学说进行了两项无性杂交实验研究，1950年的年度研究规划则主要包括两个内容：一是米丘林学说的基本理论研究，二是米丘林学说的实用研究。

也被认为是"摩尔根主义的碰运气的方法"而中断。学术刊物只刊登米丘林生物学工作者的文章。于是，中国生物学界步苏联之后尘，也形成了米丘林生物学"一统天下"的局面。

三 转机——青岛遗传学座谈会

苏联在 1946～1947 年开始有人明确地批判李森科主义。但是，在 1948 年 8 月召开的全苏列宁农业科学院会议（即"八月会议"）上，李森科宣读了大会报告《论生物科学的现状》，宣称要把孟德尔－摩尔根－魏斯曼主义从科学上消灭掉。正是这次会议，不但让遗传学的浩劫在苏联延续了下去，还把它推向了社会主义阵营的其他国家。

1952 年底，在植物学家苏卡切夫院士主编的苏联《植物学杂志》上，开始刊登文章批评李森科 1950 年发表的《科学中关于生物种的新见解》，由此而展开了一场持续三年多的有关物种与物种形成问题的学术讨论。1953 年后，公开批判李森科学术观点，揭露其弄虚作假行为的文章越来越多。苏联学术界这一重大走向当然也引起了中国的极大关注。1954 年 12 月，《科学通报》译载了苏联《植物学杂志》的文章《物种与物种形成问题讨论的若干结论及其今后的任务》。该文总结了一年来苏联学术界对李森科学术观点的批评，指出李森科及其学派"实验方法水平低，研究得不够精确""否认唯物主义地解释进化论""忽视了祖国和外国研究者已有的一切经验"等。1954 年后，科学出版社又陆续翻译出版了苏联有关这场讨论的文章。在这种形势的影响下，持摩尔根遗传学观点的生物学家的意见逐渐公开化。

但是，此时李森科仍任全苏列宁农业科学院院长要职，还有一定的实力。而中国正处于向苏联学习的高潮之中，来华的生物学专家又都是支持米丘林学说的学者，因此学术走向仍受其左右。例如，在四川省农业改进所，米丘林学说的传播声势较弱，因此鲍文奎[1]从1951年开始的大麦、黑麦、水稻和小黑麦多倍体育种工作，坚持进行到1954年，已经取得很有希望的结果。可惜的是1954年3月，苏联专家布尼亚克到那里参观后，递交了一份报告，称多倍体这一套在苏联早就被丢掉了，四川省农业改进所的工作完全是碰运气，不应继续下去。结果鲍文奎的实验田被铲除，实验也被迫停止了。[2]又如，著名植物学家胡先骕在编写《植物分类学简编》之分类的方案与范畴一节中，讨论到物种形成的问题，对李森科的观点进行了批评，结果在书刚刚出版不久的1955年，就遭到高等教育部苏联专家的严重抗议，说它是对苏联的诬蔑。于是，1955年10月底在北京召开的纪念米丘林诞辰一百周年的大会上，对胡先骕进行了批判，并把相关内容不指名地登在《人民日报》上。此后，与李森科不同的学术见解，在中国又沉寂了一段时间。

1955年底，300多名苏联科学家联名致信苏联当局，要求撤销李森科的全苏列宁农业科学院院长的职务。苏联当局接受了这个请求。1956年初，李森科被迫辞职。1956年4月，来中国参加研究制定十二年科学远景规划的苏联生物学家、农学

----

〔1〕 鲍文奎（1916—1995），浙江宁波人，著名作物遗传育种学家。1939年7月，他毕业于中央大学农学院农艺系，1947～1950年留学于美国加利福尼亚理工学院生物系，获博士学位。1980年，他当选为中国科学院学部委员。

〔2〕 很多著名的作物育种学家，如蔡旭、吴绍骙和李竞雄等也都经历过类似的遭遇。

家齐津院士带来了有关解除李森科职务的消息。与此同时，中共中央又提出"百花齐放，百家争鸣"这一发展艺术和科学的根本方针。在各种领导的讲话和报告中，都强调反对给自然科学扣政治帽子，反对用一种学派压倒一切的独霸作风。受这一政策鼓励，各学科都开始了重要的辩论，如历史学辩论分期问题，哲学辩论马列主义的作用问题，生物学则是辩论李森科主义的问题。

在这期间，党中央的主要领导不但了解了苏联在有关李森科问题上发生的变化和我国遗传学家的意见，也了解了一些其他国家的有关反应[1]。毛泽东和周恩来都曾指示中央宣传部和中国科学院调查研究这方面的情况，以采取相应的措施。于是陆定一提出要在遗传学领域开展学术讨论，为贯彻"双百"方针提供一个榜样。

1956 年 8 月，中国科学院和高等教育部共同主持，在青岛召开遗传学座谈会。出席会议的约有 130 人，遗传学的两派主要学者，如谈家桢、戴松恩和祖德明等都参加了。按两派争论的焦点，分成"遗传物质基础、遗传与环境的关系""遗传与个体发育""遗传与系统发育""遗传学的研究与教学问题"四个议题来讨论。在会议第一天和中间，中宣部科学处处长于光远发言了两次，宣布摘掉强加给摩尔根学派的政治帽子，强调学术工作要尊重科学事实，不同见解要通过自由讨论和科学实践去解决等，解除了与会者的戒心。会上有 56 个学者相继发言，当年受到李森科学派围攻而被禁言的胡先骕，一共发

---

〔1〕 如德意志民主共和国著名遗传育种学家汉斯·斯多倍（Hans Stubbe, 1902—1989）认为李森科的见解是不科学的，后来他在育种工作上取得了很大成绩。

言 8 次之多。会议气氛热烈，一些学者如刘祖洞[1]等旗帜鲜明，思路清晰，言辞犀利，尤其给讨论增色。

现在看来这次会议的学术水平并不高，因为 1953 年国际上就已经确认了 DNA 分子的双螺旋结构，而会上人们还在争论遗传的物质基础是什么。但是，当时多数人认为会议还是相当成功的，对中国遗传学日后的发展有重要意义，摩尔根学派的学者尤为振奋。座谈会后，北京农业大学建立了遗传Ⅰ、遗传Ⅱ两个教研组，沉寂数年的摩尔根学派开始与米丘林学派齐头并进。1959 年，谈家桢在复旦大学创设了遗传学研究室，1961 年改建成遗传学研究所[2]。英籍德裔女生物学家奥尔巴赫（Charlotte Auerbach，1899—1994）的科普著作《原子时代的遗传学》（1958）也由复旦大学遗传学研究室翻译出版。[3]

四　斗争重启——不了了之

但是，青岛遗传学会议给国内生物学界带来的解冻，只是昙花一现。随着"反右倾"运动的到来和李森科在苏联的二次上台，国内摩尔根学派再次陷入困境。

1957 年 11 月，《农业科学通讯》和《中国农报》上率先发表了一些以"学习苏联先进农业科学"为主题的"反右派"文章，又把学习米丘林学说和"反右倾"扯到一起。

在苏联方面，摩尔根学派一度活跃的局面受到抑制。1958

---

〔1〕 刘祖洞于 1952 年从美国密歇根大学取得博士学位，1953 年回国后，在复旦大学任职，专长人类遗传学和医学遗传学。他编写的《遗传学》教材是国内遗传学发行量最大、影响最广的教科书。

〔2〕 与中国科学院的遗传所不同，这是一个摩尔根理论指导的研究所，所长是谈家桢。（南北对应，也算是青岛遗传学会议后的一个成果。）

〔3〕 该书于 1959 年由上海科学技术出版社出版，印数 5000 册。1961 年 12 月 1 日再次印刷。

年底，苏联《真理报》发表了《论农业生物学并批判〈植物学杂志〉的错误立场》的社论，指责《植物学杂志》否定李森科的功绩却赞扬摩尔根学派的成就。1961年，李森科被重新任命为全苏列宁农业科学院院长。接着，他又重演了一套撤职、批判、封闭实验室等打压学术异己的做法。

在这样的国内外政治气候变化下，加上1960年高等院校和科研机构进行的批判运动，我国各地遂掀起讨伐孟德尔－摩尔根主义的新高潮。

不过，此时苏联的情况，与李森科首次登台时已有了很大的不同。从1953年发现DNA分子的双螺旋结构后，遗传学迅速取得了一系列重大突破。破译第一个遗传密码的学术报告，正是在1961年夏莫斯科第五届国际生物化学会议上宣读的。苏联科学家们清楚地意识到，他们在这方面已经远远落后于世界先进水平。一些物理学家、化学家以及医学界都热情支持遗传学的工作，使这方面的研究（特别是医学遗传学和分子遗传学的研究）得以在他们的研究所内进行，有些研究成果也在他们主编的学术刊物上发表。

中国的"米丘林生物学还乡团"这一次并没形成多少影响。一方面，因为遗传学问题是当初推行"双百"方针的重要典型；另一方面，随着世界范围内科学技术突飞猛进的发展，李森科主义的本质已暴露无遗。1958年春节前夕，毛泽东第三次接见了谈家桢，表示关心遗传学的发展。1960～1962年，谈家桢主持编辑了三册遗传学问题讨论集，厘清了两派学术观点的不同，也使更多的人了解和关心这个争论。1962年2月，国家科学技术委员会在广州召开全国科学技术工作会议（简称"广州会议"），再次形成了学术争鸣的良好气氛。

1965 年 2 月，李森科主义在苏联科学院被投票否决，李森科也被解除了苏联科学院遗传研究所所长职务。苏联遗传学界遂逐渐恢复了正常的工作秩序。但是，遗传学在中国的争论却没有结束，因为"文革"爆发了。

"文革"初期，科研教育机构受到全面的冲击，而遗传学因为 1966 年关于"血统论"和"出身论"的大碰撞，又再次遭受了巨大打击。"遗传"一词与"血统论"联系到一起，成为批判的对象。在为批判而批判的风气中，两派都不能幸免。摩尔根的学说来自西方，被认为是"资产阶级的"，李森科的学说来自苏联，被认为是"修正主义的"，都必须彻底批判，彻底打倒。大量研究被中断，实验材料和手稿散失。

这种境况到 1972 年出现了一些转机。在 1972 年 3 月的海南岛遗传育种学术讨论会和 1972 年 8 月在北京召开的全国科学技术工作会议上，提出了要恢复停顿的科研工作，使长期脱岗的人员回到实验室。因为招收"工农兵学员"[1]，各院校也陆续编印了一些遗传学教材讲义，内容大体涉及遗传与变异、遗传的细胞学基础、孟德尔－摩尔根定律、遗传的物质基础、核酸的复制、遗传密码、进化论以及育种方法与良种繁育知识等。虽然教材繁简不一，明显带有"文革"期间"生产带动教学"的倾向，但基本保持了 20 世纪 60 年代中期群体遗传学和细胞遗传学的学术水平，适当编入了部分分子遗传学的基础内容。[2]

"文革"结束之后，遗传学的观念之争开始逐渐回到学

---

〔1〕 1972～1977 年。

〔2〕 谈家桢，赵功民. 中国遗传学史［M］. 上海：上海科技教育出版社，2002：126.

术争论的范围。而随着李森科学派领袖的老去，后继者多改弦易辙，争论也就不了了之了。但是，曾经利用国家力量强制推行的米丘林生物学，在中国的影响并不是一朝一夕就能消除的。

据统计，1949~1955年有关米丘林学说的书籍共出版了123种。[1]宣传米丘林学说的《苏联农业科学》杂志，从1952年1月起，为适应形势需要从双月刊改为月刊，发行数量从不到100册增至每月14000册。

《物种起源》的译者之一，中国农业科学院研究员叶笃庄，也曾主持翻译米丘林生物学经典著作。"文革"期间他被下放到安徽白湖农场（安徽省第一劳改总队）时，在那里看到了他主编的一套《苏联农业科学》期刊。连最基层的劳改单位都订有传播米丘林生物学的期刊，足见米丘林生物学在当时中国的流传之广。

五　对其他学科的影响

如上所述，20世纪50年代初受苏联影响而引进的米丘林生物学，在此后的20多年里经历了几次反复，给生物学的各个领域都带来了深重的影响。在1952年的文章《为坚持生物科学的米丘林方向而斗争》中，就号召"发动一个广泛深入的学习运动，来学习米丘林生物学，彻底改造生态学、细胞学、胚胎学、微生物学等生物科学的各部门"。

米丘林生物学的理论核心是遗传与进化。与之密切相关的生物学分支（如遗传育种和植物生理等），自然受到最直接的

---

〔1〕　谈家桢，赵功民.中国遗传学史［M］.上海：上海科技教育出版社，2002：62.

影响。以进化生物学为例，在米丘林生物学体系里，进化的思想被概括在实质为"创造性达尔文主义"里。这套说辞本身自洽性就很差，虽然经过强力推广，但并不能深入人心。而以现代遗传学为基础的综合进化理论，因为遗传学本身遭受的打压，也就迟迟没有在中国扎根。[1]所以，直到改革开放之前，国人对进化论的认识，基本停留在20世纪初传入的一些达尔文的只言片语（并不是完整的，常常只片面强调其社会进化论的意义）。虽然20世纪70年代方宗熙的科普小册子《生物的进化》（1975）中的内容涉及经典遗传学基础和综合进化理论，但因为使用了大量辩证唯物主义的语汇，不易于广泛接受和理解。而当时以敢于和达尔文的自然选择学说相抗衡的"中性学说"，则完全不为国人所知。对进化理论较为完整的介绍，直到20世纪90年代末才出现在大学课堂。

分子生物学这一由遗传学和生物化学的发展而兴起的学科，自1953年DNA分子的双螺旋结构的解析之后便呈现爆炸式的增长。但是在中国，由于遗传学的缺失，便只能由中国科学院上海生物化学所全面负责。虽然在《1963～1972年科学技术发展规划》中把"建立分子生物学研究基础"写入了重点项目，但除个别研究单位有所涉猎之外，这一学科在全国范围都仍是空白，直到1977年，中国科学院才再次委托上海生物化学所制订出分子生物学的发展规划。

再如，1955年植物分类学家胡先骕的《植物分类学简编》未售出部分被销毁。这部对植物分类学的理论和技术都有详细

---

〔1〕　虽然1964年科学出版社出版了谈家桢、韩安和蔡以欣翻译的杜布赞斯基的名著《遗传学与物种起源》，但是该书印数很少。

论述的著作未能正常发行，是学科发展的极大损失。

米丘林生物学在遗传学领域的影响，事实上到改革开放之初仍未消除。1978年10月中国遗传学会成立时，还强调"不同观点的遗传学工作者要互相学习、搞好团结"。1979年5月，四川大学生物系植物遗传组根据全国高等学校理科生物类教材会议精神，编写了《米丘林遗传学基本原理》一书，仍要求用辩证唯物主义观点来批判性地继承米丘林学派的基本论点。

决定性的变化发生在1984年孟德尔逝世一百周年纪念大会。谈家桢说这是为了"把过去多年被歪曲了的孟德尔的形象纠正过来"，表明中国遗传学界从此完全回归孟德尔－摩尔根遗传学，并重返国际学术界，致力于真正的遗传科学的发展。

由于相信一种错误的理论而在研究的道路上走进死胡同，或是做了些非主流的尝试，这种失败在整个学术进程中应该是可以接受的。因为科学实验很大程度就是一个试错的过程，对科学知识的认知过程需要不断否定，出现反复也是自然的。

在中国发生的这一系列贯穿着遗传学观念变迁的事件，到了后来，摩尔根学派和米丘林学派的学术内涵已经不再被追问。以往人们对这段历史的回顾，往往结论落脚在政治与学术的关系上。

遗传学的问题，关乎生物学的各个方面。因此，在中国现代生物学史上，遗传学的这段曲折历程，在论述中华人民共和国成立之后到改革开放之前的中国生物学时，都是必须要考虑的。

第三节　生物学研究机构重组和学术团体的建设

在经历了第二次世界大战之后，世界各国都充分认识到发展科技对增强国家实力的重要作用。我国作为新兴的社会主义国家，当然也不例外地把发展科学技术作为实现繁荣富强的手段。在1949年9月全国政治协商会议拟定的《中国人民政治协商会议共同纲领》中，就有3条涉及发展科学的基本条文。

事实上，早在抗日战争的严酷岁月里，中国共产党已经开始重视吸收和培养自然科学人才，并开展可能的研究工作。随着大批知识分子来到陕甘宁边区，1939年5月，中共中央在延安成立了自然科学研究院。该院的活动以教育为主，并组织生物采集、地质考察等活动。抗战胜利后，在国民党统治的大城市，中共中央通过地下党外围组织做了大量细致的工作，与各科研机构和高等学校的科学家们建立联系，宣传团结科学家的政策，同时也密切关注身在国外的中国学者。

中华人民共和国成立之后建立的中国科学院，作为解决工农业和国防方面科学理论及技术问题的最高机构，负责计划和指导全国的科学研究。紧接着，我国对高校进行院系调整，改变了原有的专业布局；继而，在各部委和产业部门设立了应对相关领域实际问题的研究院所。这些单位几经调整，逐步形成了较为完善的基础研究和应用研究机构体系。为顺应学科发展和社会需求，它们也不断进行改革，使之更为合理、高效地发挥作用。例如，1984年由国家计划委员会提出建设国家重点实验室，就是为增加人员流动性、激发创新活力所做的一个成功尝试。此外，各种科学学会的恢复和建立以及科技期刊的重新兴办和发行，在学术交流中起着重要作用。下面，我们对上述相关内容进行简单的梳理。

一　中国科学院和相关研究所的建立

1949 年 7 月，由中国科学社、中华自然科学社、中国科学工作者协会[1]和东北自然科学研究会 4 个科学团体共同发起，筹备召开中华全国第一次自然科学工作者代表会议（简称"科代会"）。会上，从到会的 205 名筹备委员中选出了 15 名代表参加全国政协，并提出设立中国科学院的议案。1949 年 11 月 1 日，根据《中华人民共和国中央人民政府组织法》，中国科学院正式成立[2]，标志着中国科学事业进入一个新的历史时期。从此，在中国现代科学技术的发展进程中，每一重大变化无不在中国科学院的发展中得到反映。

在中国科学院内部，科研活动的主体是各研究所，而有关学科发展战略的决策部门则是 1955 年设立的学部。

科研机构的国有化，是中国科学院建立之后的首要工作。从 1949 年到 1952 年，中国科学院分三批接收了原中央研究院和北平研究院的民国时期国立研究机构，以及北平静生生物调查所、徐家汇观察台和佘山观象台、黄海化学工业研究社等民办或教会所有的组织。[3]

在生物学领域，1950 年，中国科学院以北平静生生物调查所，北平研究院动物学研究所、植物学研究所和生理学研究所，中央研究院动物研究所、植物研究所和医学研究所筹备处

---

〔1〕　在周恩来的关心下，中国科学工作者协会成立于重庆。

〔2〕　当时中国科学院归政务院领导，郭沫若为首任院长。

〔3〕　樊洪业. 中国科学院编年史：1949 ~ 1999〔M〕. 上海：上海科技教育出版社，1999：4 - 5.

为基础，调整建立了四个研究所和一个委员会，并新建了一个心理研究所筹备处。此外，在生物与地学的交叉领域，建立了古生物研究所（见表8-3-1）。有机化学研究所的研究领域也有部分交叉。由此可以看出在建院之初，对于众多研究所如何调整，中国科学院执行的是将"生物科学的研究中心，集中在上海"[1]的基本思路。

表8-3-1 中国科学院1950年接收、调整和筹建的
生物学相关研究机构

序号	新建机构名称	地点	调整前的机构名称	主要研究领域
1	生理生化研究所（所长：冯德培）	上海	中央研究院医学研究所筹备处	神经肌肉系统，酶与维生素，桔霉素的化学、生物学、药理学及临床应用
2	实验生物研究所[2]（所长：贝时璋）	上海		
	发生生理研究室（主任：朱洗）		北平研究院生理学研究所	实验细胞与胚胎学
	植物生理研究室（主任：罗宗洛）		中央研究院植物研究所植物生理、细胞遗传、形态学部门	植物生理、植物细胞胚胎
	昆虫研究所（主任：陈世骧）	北京和上海[3]	中央研究院动物研究所昆虫室、北平研究院动物学研究所昆虫室	昆虫调查与分类

〔1〕 薛攀皋，季楚卿，宋振能．中国科学院生物学发展史事要览（1949—1956）[M]．北京：中国科学院院史文物资料征集委员会办公室，1993：25.
〔2〕 1953年，实验生物研究所一分为三，独立出植物生理研究所和昆虫研究所。
〔3〕 室址在北京，工作在京、沪两地进行。

序号	新建机构名称	地点	调整前的机构名称	主要研究领域
3	水生生物研究所 （所长：王家楫）	上海[1]	中央研究院动物学研究所、北平研究院动物研究所。相关人员：中央研究院动物学研究所主体部分、教育部中国地理研究所相关人员	水生生物资源调查、水生生物与环境的关系、养殖与育种实验
4	植物分类研究所[2] （所长：钱崇澍）	北京	静生生物调查所植物学部、中央研究院植物研究所高等植物分类和森林学部门、北平研究院植物学研究所	植物调查和分类学研究、植物病理和经济植物的研究
5	古生物研究所 （代所长：斯行健）	南京	中央研究院地质研究所古生物室、中央地质调查所第四纪研究室、北平地质调查所新生代研究室	
6	动物标本整理委员会[3] （主任：陈桢）	北京		
7	心理研究所筹备处 （主任：陆志韦）	北京		

---

〔1〕 1954 年迁往武汉。1954 年，所属的青岛海洋生物研究室独立。

〔2〕 下设南京、昆明、陕西武功、庐山 4 个工作站，1952 年扩建为多学科的植物研究所。

〔3〕 1953 年发展为动物研究室。

水生生物研究所鱼病专家史若兰（前排左3）与伍献文（左2）、

黎尚豪（左4）、尹文英（左5）在浙江吴兴菱湖鱼病工作站的合影

此后，又陆续增设和调整扩建了一些机构，如1951年，在北京建立了菌种保藏委员会和遗传选种实验馆[1]；1953年，以原地质调查所的土壤研究室为基础，建立土壤研究所（南京）及其黄土试验站（陕西省武功县）；1954年，接收中山大学农林植物研究所和广西大学经济植物研究所，建立华南植物研究所（广州）及其广西分所（桂林）；等等。

在这个过程中，根据全国进入大规模建设的需要，中国科学院开始考虑在若干地区的发展，建立分院。

首先获得关注的是东北地区，原因在于东北地区有一些东北沦陷时期留下的科学研究基础，比全国其他地区解放得早，又是中国的重工业基地。1952年8月，经政务院批准，中国科学院东北分院正式成立。在其当时所辖的9个研究所中，与生物学相关的有设于哈尔滨的林业研究所筹备处和设于沈阳的东北土壤研究所筹备处。1954年，上述两所与原东北农学院

---

〔1〕 前者于1952年接收了黄海化学工业研究社的发酵与菌学研究室，后者几经调整成为中国科学院植物所的遗传研究室。

农林植物调查研究所的一部分及长春综合研究所农产化学研究室微生物部分合并成立了林业土壤研究所（沈阳）。

同时，西北分院的筹建也在积极准备。1954 年，植物研究所西北工作站与土壤研究所黄土试验站合并，在陕西省武功县建立西北农业生物研究所。

到 1955 年底，中国科学院已拥有 17 个独立的生物学研究机构，许多重要分支学科的空白和薄弱状况有所改善，研究机构从集中于北京、上海两市，扩展到东北、西北、华南、华中等地。建院草案中有关研究所设立应注意的原则[1]均得到了体现。

从机构数量上看，北京超过了上海，成为生物学研究的另一个中心。

表 8 - 3 - 2　1955 年中国科学院所属的生物学研究机构[2]

成立时间	机构名称	地点	所长、室主任
1950 年	生理生化研究所	上海	冯德培
1950 年	水生生物研究所	武汉	王家楫
1950 年	实验生物研究所	上海	贝时璋
1950 年	植物（分类）研究所	北京	钱崇澍
1953 年	昆虫研究所	北京	陈世骧
1953 年	土壤研究所	南京	马溶之
1953 年	植物生理研究所	上海	罗宗洛
1954 年	华南植物研究所	广州	陈焕镛
1954 年	林业土壤研究所	沈阳	朱济凡

　　〔1〕原则一：凡在各大学可以发展或已经发展者，科学院可以不另设机构。原则二：凡带综合性的研究范围，而非大学中一系所能负担者，科学院应设立机构主持。原则三：凡需要大量物力与人力集中的工作，科学院应设立机构主持。原则四：在可能范围内，研究机构的工作应与生产联合。
　　〔2〕王扬宗，曹效业. 中国科学院院属单位简史：第 1 卷 [M]. 北京：科学出版社，2010：6.

成立时间	机构名称	地点	所长、室主任
1954 年	西北农业生物研究所（筹）	武功	
	遗传栽培研究室	北京	
	真菌植病研究室	北京	戴芳澜
1953 年	动物研究室	北京	陈桢
	心理研究室		
1954 年	海洋生物研究室	青岛	童第周
	菌种保藏委员会	北京	
1955 年	微生物研究所筹备委员会	北京	

　　1956～1965 年，中国科学院的机构设置进一步发展壮大，并做了一系列调整。如 1956 年，新建了北京植物生理研究室、武汉微生物研究室筹备处（武汉病毒研究所的前身）、武汉植物园筹备处（武汉植物研究所前身）和重庆土壤研究室；心理研究室同南京大学心理学系合并，建成心理研究所。

　　1957 年，动物研究室和海洋生物研究室先后扩建为动物研究所和海洋生物研究所。实验生物研究所北京工作组扩建为北京实验生物研究所，1958 年改为生物物理研究所，贝时璋任第一任所长。此外，1953 年从古生物研究所分出并在北京建立的古脊椎动物研究室，改为古脊椎动物研究所（1960 年改名为古脊椎动物与古人类研究所），所长为杨钟健。

　　1958 年，生理生化研究所分成生理研究所和生物化学研究所，分别由冯德培和王应睐任所长。应用真菌学研究所（1956 年建）和北京微生物研究室（1957 年由菌种保藏委员会改建）合并为微生物研究所，所长为戴芳澜。植物研究所的昆明工作站则改为昆明植物研究所，所长为吴征镒。

　　同时，在广东、四川、青海、云南、新疆等地都增设了分院[1]。虽然对分院的布局，中国科学院早有想法，但是在1958年同时上马了一批，显然与"大跃进"运动的氛围有关。1958年3月，中共中央在成都召开有中央有关部门负责人和各省、区、市党委第一书记参加的工作会议（简称"成都会议"），做出了关于在各省、区、市建立中国科学院分院的决定，此后各地纷纷建立起地方分院。到1959年，全院"跃进"的形势导致科学院的组织机构急剧膨胀。据不完全统计，

---

[1] 中国科学院广州分院于1956年筹建，1958年12月成立。1961年广州分院与武汉分院合并成立中南分院。1969年中南分院撤销。1978年5月恢复广州分院，负责联系中国科学院在广东的各研究所。中国科学院成都分院（以下简称"成都分院"）的前身是1958年3月成立的中国科学院四川分院，1962年机构调整更名为西南分院，1970年下放四川省管理，1978年1月恢复重建后使用现名。中国科学院昆明分院的前身是成立于1957年的中国科学院昆明办事处，1958年扩建为中国科学院云南分院。1962年，中国科学院云南分院与四川分院、贵州分院合并，共同在成都成立中国科学院西南分院。1978年10月，经国务院批准，中国科学院西南分院撤销，成立中国科学院昆明分院，负责联络和协调中国科学院在云南和贵州地区的研究所。沈阳分院的前身是1951年成立的中国科学院东北分院，负责管理中国科学院驻东北的工业化学研究所等8个科研单位。1954年8月中国科学院东北分院撤销，所属研究所归中国科学院直接领导。1958年12月，成立中国科学院辽宁分院，负责管理中国科学院在辽宁地区和地方的科研机构。1961年8月中国科学院辽宁分院撤销，所属科研机构划归辽宁省科委领导。1962年10月恢复中国科学院东北分院，负责管理中国科学院在东北的科研单位。1970年8月，中国科学院东北分院撤销，所属单位归地方领导。1978年5月，中央批准恢复成立中国科学院沈阳分院。1978年5月，经中央批准恢复成立中国科学院长春分院。中国科学院上海分院始于1950年3月经政务院批准成立的中国科学院华东办事处，接管并改造了原中央研究院和北平研究院在上海、南京的研究机构，1958年11月成立中国科学院上海分院，1961年改为中国科学院华东分院，1970年中国科学院撤销分院体制，1977年11月恢复成立中国科学院上海分院。中国科学院协陕西省委于1958年4月11日决定成立中国科学院陕西分院。1950年中国科学院接管原中央研究院在南京的科研单位，成立中国科学院华东办事处，1969年撤销，全部业务交江苏省科技主管部门管理。1978年11月，经批准成立中国科学院南京分院。1956年4月，中国科学院从当时的战略需求出发，将中国科学院西北分院筹备委员会从西安迁至兰州，1958年经中国科学院批准，中国科学院兰州分院正式成立。1962年，中国科学院兰州分院迁至西安，改称为中国科学院西北分院，"文化大革命"期间被撤销。1978年10月，中国科学院批准在兰州重新恢复中国科学院兰州分院。

1960 年底全国共有 224 个院属研究所（包括与地方双重领导的），分院和地方科学研究机构的工作人员已达 35318 人[1]，而 1956 年底中国科学院的各类人员总数是 13042 人。

1958～1962 年，中国科学院经历了 5 年的机构大发展到大调整。先是新建、升级了许多研究所。1959 年，昆虫研究所上海工作站改为上海应用昆虫研究所（今上海昆虫研究所的前身）；在昆虫研究所紫胶站的基础上成立了昆明动物研究所；植物研究所的遗传研究室和动物研究所的遗传研究室合并建立遗传研究所；综合考察工作委员会（简称"综考会"）的土壤队改为土壤及水土保持研究所；海洋生物研究所改为海洋研究所；兴建西双版纳热带植物园。1960 年，南京中山植物园独立成南京植物研究所。1961 年，中国科学院新疆水土生物资源综合研究所[2]成立。1962 年，在青海分院生物研究所的基础上建立了西北高原生物研究所。

接着，按照中共中央"调整、巩固、充实、提高"的八字方针，又进行了一些归并和调整，如把北京植物生理室、昆虫所和土壤及水土保持所分别并入植物研究所、动物研究所和土壤研究所，昆明植物研究所改为植物研究所昆明分所，武汉植物园改由华南植物所领导等。

1962 年底，各省、区、市科学分院，除新疆分院保留外，一律撤销，同时成立中国科学院中南、华东、西北、西南、东北 5 个分院和华北办事处，调整分院所属研究机构，大量减少人员。

---

〔1〕 杨小林. 1958 年的中国科学院 [J]. 科学对社会的影响，2007，56 (2)：18－22.

〔2〕 它是在 1958 年成立的中国科学院新疆分院生物研究室、土壤研究室、地理研究室和中国科学院新疆综合考察队等三支考察队的基础上建立的。

"大跃进"运动期间各省建立的许多生物学研究所（如广州白蚁所）合并调整成 10 个，纳入中国科学院建制。

到"文革"前夕，独立的生物学研究机构达到 33 个，它们及其附属机构分布在 19 个省、区、市，可以说基本建成了学科门类比较齐全的研究体系。

"文革"期间，正常的科研教育秩序被破坏，中国科学院直属的生物学研究机构被撤销和下放，只剩下微生物研究所、遗传研究所、生物化学研究所和生物物理研究所 4 个单位。其中，心理研究所和北京、上海的两个生物实验中心被撤销，其余则划归地方领导。例如：1970 年 7 月，按照中国科学院《关于体制调整的通知》，林业土壤研究所下放辽宁省，暂由辽宁省科技局领导，1971 年 4 月划归辽宁省农业局领导，后改名为辽宁省林业土壤研究所。

"文革"结束后，中国科学院在 1977～1978 年又经历了一次比较大的机构调整。"文革"中被撤销和下放的研究所纷纷要求恢复和重新回归中国科学院。

1977 年起，经国务院批准，中国科学院收回了 18 个生物学研究所[1]（有 10 个没有收回），并重建了心理研究所（1977）。其中，上海实验生物学研究所改为上海细胞生物学研究所（1978），湖北微生物研究所改为武汉病毒研究所（1978）。1978 年，为提升和巩固农业基础地位，部署农业现代化研究试点以及前沿技术研发，中国科学院与河北省共同组建了中国科学院栾城农业现代化研究所，1979 年 5 月更名为

---

〔1〕 成都生物研究所的前身是成立于 1958 年的中国科学院四川分院农业生物研究所，1971 年改为四川省领导，1978 年改为现名。

中国科学院石家庄农业现代化研究所。[1]

接着，中国科学院新建了发育生物学研究所（1979）[2]、上海脑研究所（1980）和上海生物工程实验基地筹备处（1983）。此外，原来归化学部的上海药物研究所，划到生物学部。

到1984年，中国科学院已培养和建立起一支具有一定水平的生物学研究技术队伍，人员总数达5960人（研究人员3877人），为1950年119人（研究人员90人）的50倍，并建立起了学科门类比较齐全的研究体系及配套设施。中国科学院在北京、广州、武汉、昆明和西双版纳建成5个植物园，为植物引种驯化研究提供实验基地；在不同自然地带建立了长期的野外定位站，通过常年的连续观测和实验，积累了大量系统的生态学资料；建立了国内规模最大，收藏标本最多的动植物标本馆和菌种保藏中心，为生物学研究提供基本资料。

表8-3-3　1984年中国科学院生物部归口的27个研究所[3-4]

机构全称	建所时间	地点	主要研究领域
武汉病毒研究所	1956年	武汉	病毒学、环境微生物学、农业微生物学

〔1〕　2002年，在知识创新工程全面推进阶段，与中国科学院遗传与发育生物学研究所异地整合，成立了中国科学院遗传与发育生物学研究所农业资源研究中心，保留独立事业单位法人资格。

〔2〕　2001年，遗传研究所与发育生物学研究所整合，组建了中国科学院遗传与发育生物学研究所。2002年，中国科学院又将原石家庄农业现代化研究所并入新组建的遗传与发育生物学研究所（简称"遗传发育所"）。

〔3〕　中国科学院所属研究单位一览表 [J]. 中国科学院院刊，1986〔2〕：169-170.

〔4〕　中国科学院所属研究单位一览表（二） [J]. 中国科学院院刊，1986〔3〕：267-269.

机构全称	建所时间	地点	主要研究领域
微生物研究所	1958 年	北京	细菌分类、真菌分类、病毒及微生物生理生态、微生物代谢、微生物遗传、菌种保藏
植物研究所	1950 年	北京	植物分类、植物生态与地植物、植物形态学、植物细胞学、古植物、植物生理生化、光合作用、生物固氮、植物化学、植物引种驯化
华南植物研究所	1954 年	广州	植物分类、植物生态、植物生理生化、植物资源、植物形态、植物遗传、植物引种驯化、园林
昆明植物研究所	1958 年	昆明	植物分类地理、植物生理、植物化学、植物引种驯化、木材、植物形态解剖
武汉植物研究所	1956 年	武汉	植物分类、生态地植物、植物化学、植物遗传育种、引种驯化、植物生物技术、淡水藻类分类及细胞学
云南热带植物研究所	1970 年	西双版纳	植物分类、植物化学、植物生理、植物引种驯化、经济植物栽培、实验植物群落
上海植物生理研究所	1953 年	上海	光合作用、营养生理、植物激素、生长发育、生物固氮、细胞生理、环境生理、物质运输、分子遗传、微生物生理与遗传
动物研究所	1957 年	北京	无脊椎动物分类区系、昆虫分类区系、脊椎动物分类区系、动物生态、昆虫生态、昆虫生理、昆虫激素、昆虫毒理、内分泌学、细胞学
昆明动物研究所	1959 年	昆明	脊椎动物分类区系、细胞遗传学、昆虫学、资源动物化学、灵长类动物学
上海昆虫研究所	1959 年	上海	昆虫区系分类及昆虫生态、昆虫生理、昆虫毒理、昆虫病毒、化学生态
水生生物研究所	1950 年	武汉	鱼类学、白鳍豚生物学、鱼类遗传育种、鱼病学、藻类学、水体生态学、水污染生物学、水库渔业

机构全称	建所时间	地点	主要研究领域
成都生物研究所	1958 年	成都	植物、植物细胞、遗传育种、微生物、生物能源、环境微生物、生物化学、两栖爬行动物
西北高原生物研究所	1962 年	西宁	生态学、植物学、动物学、农作物育种及高产规律
上海细胞生物学研究所	1950 年	上海	细胞的生长、分裂、分化、免疫和癌变等生命现象及其中基因的表达调控
发育生物学研究所	1979 年	北京	用细胞核移植，引入外源遗传信息物质和人工嵌合生物的方法，研究高等生物个体发育过程中遗传性状的可控性和变化规律及其在后代中的传递问题
遗传研究所	1959 年	北京	分子遗传与遗传工程、植物细胞遗传与遗传工程、进化遗传、应用遗传、动物遗传、人类医学遗传学、遗传育种新技术新方法
上海生理研究所	1958 年	上海	神经肌肉系统的一般生理学和生物物理学、中枢神经系统生理学、特殊感觉器官生理学、呼吸与循环生理学、生殖生理学、生物电子学、计算机在生理学中的应用
上海脑研究所	1980 年	上海	痛觉的产生和控制机制、脑内神经元间的联结关系、脑的自主功能、精细运动的神经基础、视觉中枢的神经元线路、体外培养的神经细胞的形态与功能、行为的神经基础、脑发育
生物物理研究所	1957 年	北京	辐射生物物理、核酸、酶、生物膜、生物大分子晶体结构、感受器生物物理、细胞学、肿瘤、生物物理工程技术、生物物理实验技术
上海生物化学研究所	1958 年	上海	多肽激素、核酸、酶、生物膜、蛋白质及病毒学、分子遗传及基因工程、分子识别与代谢调控、甾体激素、肿瘤生化、理论生物学、生化仪器及生化试剂

机构全称	建所时间	地点	主要研究领域
心理研究所	1956 年	北京	发展心理、感知觉、生理心理和病理心理、心理学基本理论、工程心理
上海药物研究所	1953 年	上海	生物活性物质的结构、功能、作用原理和人工合成，活性物质与机体的相互作用
上海生物工程实验基地（筹备处）	1983 年	上海	生物工程关键技术的开发、生物工程产品的中试
南京土壤研究所	1953 年	南京	土壤地理、土壤－植物营养化学、土壤物理化学、土壤生物化学、土壤盐渍地球化学、土壤电化学、土壤微生物、土壤环境保护、土壤生态
林业土壤研究所[1]	1954 年	沈阳	森林、森林气象、植物、土壤资源、土壤肥力、微生物生态、微生物固氮、农田生态、污染生态
新疆水土生物资源综合研究所	1961 年	乌鲁木齐	植物、动物、微生物、土壤、沙漠

此后，随着不同分支学科的发展和产业布局的倾斜，中国科学院也部署了一些新的研究所。例如，始建于 1975 年的中国科学院环境化学研究所，1986 年与中国科学院生态学研究中心（筹备处）合并，改名为中国科学院生态环境研究中心。1998 年 8 月，中国科学院遗传研究所人类基因组研究中心成立。1999 年 7 月，中国科学院遗传研究所人类基因组研究中心与民营企业合作成立了由个人出资的股份制企业：北京华大基因研究中心（以下简称"华大基因"）。2003 年 11 月，中国科学院在中国科学院遗传研究所人类基因组研究中心的基础

---

[1] 1987 年，林业土壤研究所更名为中国科学院沈阳应用生态研究所（以下简称"沈阳生态所"）。

上，整合部分华大基因员工，组建了中国科学院北京基因组研究所（以下简称"基因组所"）。

1999 年 7 月，原中国科学院上海生物化学研究所、上海细胞生物学研究所、上海生理研究所、上海脑研究所、上海药物研究所、上海植物生理研究所、上海昆虫研究所和上海生物工程研究中心等 8 个生命科学研究机构经过结构调整，组建成了中国科学院上海生命科学研究院（简称"上海生科院"）。1999 年 11 月，上海脑研究所建制撤销，在其原址建立上海神经科学研究所。1999 年，上海生科院又成立健康科学中心（与上海交通大学医学院合建，2005 年改称健康科学研究所）。中国科学院国家基因研究中心、上海生命科学研究中心、中国科学院上海实验动物中心、中国科学院上海文献情报中心等也先后整建制并入。这是一次较大规模的体制创新，对上海生命科学领域的发展有相当重要的影响。

进入 21 世纪后，生物学的蓬勃发展，带来了进一步的机构改革。例如，2002 年 3 月，由原中国科学院长春地理研究所和原中国科学院黑龙江农业现代化研究所整合而成中国科学院东北地理与农业生态研究所，成为东北地区的综合性地理学、农学、生态学、环境科学与技术研究机构和人才培养基地。

2003 年成立的青藏高原研究所，实行"一所三部"的特殊运行方式，三个部分别设在北京、拉萨和昆明。北京部的主要功能是科学实验基地、学术交流基地、国际交流基地和综合协调基地；拉萨部的主要功能是科学观测研究的野外基地、国际合作研究的野外基地、西藏高水平科学实验基地、西藏社会经济发展的服务基地和西藏科学普及和爱国主义教育基地；昆明部的主要功能是青藏高原种质资源保存基地和极端环境下生物的生态适应性及遗传资源研究基地。2003 年，中国科学院长沙农业现代化研究所[1]更名为中国科学院亚热带农业生态研究所，其学科方向调整为亚热带复合农业生态系统生态学。

2003 年 12 月，中国科学院上海生科院又组建了营养科学研究所。2004 年 8 月，根据中国科学院、上海市和法国巴斯德研究所签署的合作总协议，建立了中国科学院上海巴斯德研究所。2005 年 7 月，该研究所开始运行。根据国家公众健康需求，该研究所通过面向应用的基础研究以及为公众健康服务和教育，在传染性疾病的预防和治疗方面做出贡献。2005 年 10 月，中国科学院与德国－马普学会合作成立中国科学院－马普学会计算生物学伙伴研究所（简称"计算生物学伙伴所"），这是一个双方联合资助、共同管理的一个国际化科研机构。

2006 年 3 月，由中国科学院、广东省人民政府和广州市人民政府三方共建，成立了中国科学院广州生物医药与健康研究院（简称"广州生物院"），从事干细胞与再生医学、化学生物学、感染与免疫、公共健康和科研装备研制等方面的研究。它是中国科学院第一个与地方共建、共管、共有的新型研发机构。同年，又由中国科学院、山东省政府和青岛市政府共同发起建设中国科学院青岛生物能源与过程研究所（2009 年建成）。

2012 年 11 月正式成立的中国科学院苏州生物医学工程技术研究所（简称"苏州医工所"）则是中国科学院唯一以生物医学仪器、试剂和生物材料为主要研发方向的国立研究机构。同年，中

---

〔1〕 成立于 1978 年 6 月 19 日，所址选在湖南省桃源县城关镇渔父路，第一任所长为著名土壤学家李庆逵院士。1979 年从湖南省桃源县迁至湖南省会长沙，并更名为中国科学院长沙农业现代化研究所。

国科学院还建成中国科学院天津工业生物技术研究所。

二 生物学部的建立

中国科学院成立后，十分注意依靠国内高水平科学家参与学术领导，在经历了评议会、科学工作委员会、专门委员会等方案的几度讨论与演变后，确定了建立专门委员制度。1953年初，专门委员人数达253人，为建立学部打下了基础。

1954年，经中华人民共和国政务院批准，中国科学院开始筹备建立物理学数学化学部、生物学地学部、技术科学部和哲学社会科学部，并组织全国科学界进行推荐，提出了第一批学部委员名单草案。1955年5月，国务院批准了中国科学院的第一批学部委员人选，共233人，其中自然科学方面的有172人。1955年6月，成立学部。

1957年5月，在第二次学部委员大会上，自然科学方面增补了18位学部委员，同时生物学地学部一分为二，成立了生物学部和地学部。生物学部共有65名学部委员。

表8-3-4 1957年生物学部和地学部古生物方向的学部委员

序号	姓名	生卒年	专业领域	序号	姓名	生卒年	专业领域
1	贝时璋	1903—2009	生物物理学、细胞学和胚胎学	6	陈焕镛	1890—1971	植物分类学
2	秉志	1886—1965	动物学	7	陈世骧	1912—1971	昆虫学和进化分类学
3	蔡邦华	1902—1983	昆虫生态学	8	陈文贵	1902—1974	微生物学
4	蔡翘	1897—1990	航空航海生理科学	9	陈桢	1894—1957	动物遗传学和生物学史
5	陈凤桐	1897—1980	农业科技	10	承淡安	1899—1957	针灸学

序号	姓名	生卒年	专业领域	序号	姓名	生卒年	专业领域
11	戴芳澜	1893—1973	植物病理学和真菌学	23	李连捷	1908—1992	土壤学
12	戴松恩	1907—1987	作物育种和细胞遗传学	24	李庆逵	1912—2001	土壤植物营养化学
13	邓叔群	1902—1970	真菌学和森林病理学	25	梁伯强	1899—1968	病理学
14	丁颖	1888—1964	现代稻作科学	26	梁希	1883—1958	林学
15	冯德培	1907—1995	神经生理学	27	林巧稚	1901—1983	妇产科学
16	冯兰洲	1903—1972	寄生物学、医学昆虫学	28	林镕	1903—1981	植物分类学
17	冯泽芳	1899—1959	现代棉作科学	29	刘承钊	1900—1976	两栖爬行动物学
18	侯光炯	1905—1996	土壤科学	30	刘崇乐	1901—1969	昆虫生物防治
19	胡经甫	1896—1972	昆虫学	31	刘思职	1904—1983	生物化学、免疫化学
20	黄家驷	1906—1984	胸外科和医学生物工程	32	罗宗洛	1898—1978	植物生理学
21	金善宝	1895—1997	农业科学和小麦育种	33	马文昭	1886—1965	细胞学、组织学
22	李继侗	1897—1961	植物生态学、地植物学	34	潘菽	1897—1988	现代心理学

序号	姓名	生卒年	专业领域	序号	姓名	生卒年	专业领域
35	裴文中	1904—1982	古人类学	50	吴征镒	1916—2013	中国植物区系和植物资源学
36	钱崇澍	1883—1965	植物学	51	伍献文	1900—1985	鱼类分类学、形态学和生理学
37	秦仁昌	1898—1986	蕨类植物学	52	萧龙友	1870—1960	中医临床学
38	沈其震	1906—1993	医学生理学	53	杨惟义	1897—1972	农业昆虫学
39	盛彤笙	1911—1987	兽医学	54	杨钟健	1897—1979	古生物学
40	斯行健	1901—1964	古植物学和陆相地层学	55	叶橘泉	1896—1989	中医中药学
41	汤飞凡	1897—1958	微生物学、病毒学	56	殷宏章	1908—1992	植物生理学
42	汤佩松	1903—2001	植物生理学	57	俞大绂	1901—1993	植物病理学
43	童第周	1902—1979	实验胚胎学	58	张景钺	1895—1975	植物形态学和植物系统学
44	涂 治	1901—1976	农学和植物病理学	59	张锡钧	1899—1988	生理学
45	王家楫	1898—1976	原生动物学和轮虫学	60	张香桐	1907—2007	神经生理学
46	王善源	1907—1981	宇宙辐射、微生物学	61	张孝骞	1897—1987	内科学
47	王应睐	1907—2001	现代生物化学	62	张肇骞	1900—1972	植物分类学
48	魏 曦	1903—1989	微生物学	63	赵洪璋	1918—1994	小麦育种
49	吴英恺	1910—2003	中国胸心外科	64	郑万钧	1904—1983	林学

序号	姓名	生卒年	专业领域	序号	姓名	生卒年	专业领域
65	钟惠澜	1901—1987	热带医学	67	朱洗	1900—1962	细胞生物学和实验胚胎学
66	周泽昭	1901—1990	外科学	68	诸福棠	1899—1994	现代儿科学

（按姓名拼音首字母排序）

学部成立之初就起到了全国科学的学术领导中心的作用，尤其表现在组织跨部门的学术讨论和考察，以及制订科学规划等方面。

以1955年召开的抗生素学术会议为例。1950年前后，抗生素在医药行业和农业方面已有广泛应用，而中国尚不能大规模生产。朝鲜战争爆发使这类药品的需求更为紧迫，但由于受到经济封锁，进口困难，抗生素的研制和生产便迫在眉睫。1954年，学部还在筹建阶段，中国科学院学术秘书处就组织工作组，对抗生素的研究与生产进行了调查。中国科学院根据调查报告的建议，报国务院采取必要措施。于是，1954年10月在北京成立了由中国科学院、轻工业部、卫生部、高等教育部和解放军总后勤部、卫生部共同组建的全国抗生素研究工作委员会。1954年12月，学部在北京召开了（国际）抗生素学术会议，出席者包括36个单位的150余名代表，以及来自11个国家[1]的外国科学家。这是中国科学院首次广泛地邀请国际科学家参加学术会议。全国抗生素研究工作委员会的建立，

----

〔1〕 苏联、波兰、罗马尼亚、保加利亚、蒙古、越南、日本、缅甸、印度尼西亚、朝鲜和丹麦。

有力地推动了我国抗生素事业的发展[1]。

1956年，中国科学院与高等教育部在青岛联合召开遗传学座谈会，由生物学地学部副主任童第周主持。这次会议对学术界贯彻"双百"方针起了推动作用。同年，在制订自然科学和哲学社会科学远景规划的工作中，生物学部提出的第56项重大理论问题中包括两个中心问题，即蛋白质的结构功能和合成以及生物个体发育规律的研究，后来都产出了重大成果。

"文革"期间，学部被撤销，1979年恢复活动。在此后的历次科学规划中[2]，学部对生物学科的重大课题设置、分支学科建设和交叉学科的发展等都起着决定性的作用。例如，在安排1979年起五年内生物学的主要任务时，学部决定重点发展分子生物学、细胞生物学、神经生物学和生态系统的研究，并深入开展生物大分子结构功能、分子遗传学和遗传工程、细胞分化发育、脑的结构功能、生物膜、光合作用、生物固氮和种群生态特征及其与环境的相互作用的研究。这些决策对中国现代生物学的发展走势、优势领域和特点的形成都有重要影响。

1984年1月，在北京召开的中国科学院第五次学部委员大会上，宣布将学部委员大会改为国家在科学技术方面的最高咨询机构，学部委员是国家在科学技术方面的最高荣誉称号。在此次会议上，学部的功能定位有所变化，但仍在学科发展中

---

[1] 制订全国抗生素研究的方针任务；推动有关单位的合作联系及资料交换；协调抗生素的研究计划，受理抗生素生产中重大问题的研究；协助推广抗生素研究成果；负责召开有关抗生素研究的各种会议，并对国际联系交换资料提出建议。

[2] 《1963~1972年科学技术发展规划》，1973年中国科学院《1973~1985年长远规划》《1978~1985年全国基础科学发展规划（草案）》等。

起着举足轻重的作用。[1]

三 高校生物学研究机构

中国的现代自然科学研究工作始于大学，20世纪20年代以来有了比较显著的发展。如上所述，1949年以前已经有不少大学，其中有一些曾开展了各种科学研究。生物学方面，教会办的东吴大学、金陵大学和燕京大学以及洛克菲勒基金会办的北京协和医学院等都有比较强的研究力量。国立院校中，中央大学、清华大学、武汉大学、浙江大学、中山大学和厦门大学等也聚集了一些高水平学者，开展了有声有色的研究。

中华人民共和国成立之初，中国科学院的成立，使大批科研力量向院属研究所集中，大学的主要任务逐渐过渡到教学。当然，在这种人才流动中，中国科学院不能靠生硬的方法直接将人才挖走，而是采取多种形式与大学开展合作，如合聘高级研究人员[2]或由院属研究人员在高校兼课[3]。同时，由于掌握着较大部分的研究经费，中国科学院也向大学提供补助[4]。此外，中国科学院还与大学开展合作研究（如心理研究所筹备处与清华大学和浙江大学分别进行儿童心理与儿童生理发展

---

[1] 2004年第12次院士大会，学部主席团会议经研究同意将生物学部更名为生命科学和医学学部，并在今后条件成熟时单独成立医学科学部。

[2] 院属研究所与大学合聘高级研究人员，其工资由中国科学院和大学各支付一半。合聘人员一半时间在大学教学，一半时间从事研究工作。就北京而言，合聘人员有清华大学5名，北京大学2名，北京农业大学4名，燕京大学1名。涉及学科有数学、物理学、昆虫学、植物生理学、社会学和语言学等。

[3] 中国科学院高级研究人员在高校兼课，每周可在高等学校兼课4小时。1950年，有28名副研究员以上人员在大学或专科学校兼课。1951年，又有15名高级研究人员在北京大学、清华大学、北京师范大学、辅仁大学、华北大学工学院、人民大学等校兼课，分别讲授宇宙线、原子核物理、理论物理、植物生理和植物分类等课程。

[4] 1950年补助北京大学和燕京大学等校所属单位或教授的研究经费，占中国科学院全部对外补助研究经费支出的80%。

的合作研究），并合作筹建研究机构。

1956年3月，高等教育部和中国科学院给南京大学、云南大学、武汉大学、清华大学、华中农学院、复旦大学、东北地质学院、北京大学和北京农业大学等10所高校发出合作筹建10所科学研究机构的通知。[1]其中，有关生物机构的计划有以下内容：（1）由北京大学和北京农业大学负责和中国科学院合作，筹建北京植物生理研究室，请汤佩松、娄成后等参加研究工作；（2）由武汉大学和华中农学院负责与中国科学院合作，在武汉筹建微生物研究室，请陈华癸、高尚荫两位教授主持；（3）由云南大学和中国科学院合作，在昆明筹建昆明生物研究所，请秦仁昌教授主持（后因秦仁昌奉调北京中国科学院植物研究所无由实现）；（4）由西南农学院负责，在重庆筹建西南土壤研究室，请侯光炯教授主持；（5）由南京大学负责和中国科学院合作筹建心理研究所，请潘菽主持，地点设在南京或北京。这些合作筹建的机构后来全部成为中国科学院下属研究所，事实上是从大学中转移出了一批高级研究人员。

1952年全国高校进行院系调整，很多综合院校的文理院系被大拆大并，很大程度上削弱了大学的科研力量。例如，1929年建立的浙江大学生物系，在中华人民共和国成立前曾鼎盛一时。这一时期的系友中，后来当选为中国科学院院士的就有8人[2]。院系调整后，浙江大学生物系解散，被分别并入复旦大学、华东师范大学、浙江师范学院等校。人员四下分散或被挖

---

〔1〕 薛攀皋，季楚卿，宋振能．中国科学院生物学发展史事要览（1949—1956）［M］．北京：中国科学院院史文物资料征集委员会办公室，1993：236－237.

〔2〕 他们是贝时璋、罗宗洛、张肇骞、谈家桢、施履吉、朱壬葆、姚鑫和施教耐。

中国生物学史·近现代卷

到中国科学院所属单位。当然，院系调整中成立的大批农林院校给应用生物学领域的研究带来了新的机遇。由于学科的地域性特征，不同地方的院校也形成了自己的专业特色和优势领域。

"文革"中，高校是受破坏最严重的领域之一。因此，改革开放之后，我国也下大力气进行了重新建设。1980 年中国政府恢复在世界银行的合法地位后，签署的第一个贷款项目就是大学发展项目——贷款 2 亿美元对当时 28 所重点大学进行教学设备更新、教学条件改善和教师培训。此后，我国又陆续签订了多个发展高等教育的项目。1984 年，国家计划委员会启动国家重点实验室建设计划，第一批接受世界银行贷款建立的国家重点实验室中，生命科学领域的有 11 个，国家教育委员会所属的有 5 个。[1]

重点实验室建设极大地带动了高校科研设施的发展，与此同时，1986 年成立的国家自然科学基金委员会则给高校获得开展研究需要的经费带来了新的途径。而"文革"造成的人才断层，也在 20 世纪 80 年代前中期派出的留学生陆续归国后，逐渐得到缓解。这些新一代的归国留学人员，在开辟新领域、创设新机构的关键时期，发挥了重要作用。

20 世纪 90 年代以来，随着生物学的蓬勃发展以及人们对 21 世纪该学科重要性的预期，各综合性大学纷纷扩建生物系，升级为生命科学学院。此后，在建设一流大学的任务中又提出了大学要做科研的要求，高校中陆续建成了很多各具特色和专长的研究单位（实验室和校属研究所等），并在生物学研究中

---

〔1〕 6 个归属中国科学院。（陈实. 中国国家重点实验室管理制度的演变与创新 [M]. 北京：冶金工业出版社，2011：35.）

发挥着越来越重要的作用。

下面就对北京大学、复旦大学、武汉大学、浙江大学、云南大学、中山大学、四川大学、北京农业大学、南京林业大学以及湖南医科大学等若干所在生物学研究方面比较有代表性的高校，就其机构变迁的过程以及学科发展特色稍作介绍。

（一）北京大学

中华人民共和国成立后不久，就在教育体制方面模仿苏联进行院系调整。原北京大学、清华大学和燕京大学三所学校的文理科各系合并，成立了新的北京大学生物学系，植物形态解剖学家张景钺为系主任。该系最初设立了植物学、植物生理学、动物学和动物生理学四个教研室，担任各教研室主任的分别为李继侗[1]、汤佩松[2]、李汝祺[3]和赵以炳[4]。他们都做出了开创性工作，都是有较高声誉的学者。例如李继侗在北京大学生物学系创办了我国第一个植物生态学及地植物学专门组，开创草原生态学研究[5]；汤佩松在植物代谢的诸多领域，如呼吸作用、光合作用等方面均有重要研究成果；李汝祺开拓了发生遗传学这一分支学科；赵以炳在冬眠生理学方面的工作被奉为经典。其他的学科带头人有动物组织胚胎学家崔之兰、

---

〔1〕 李继侗，生态学家和植物生理学家，1925年获耶鲁大学博士学位，1955年任中国科学院学部委员（院士），中国植物学会发起人之一。

〔2〕 汤佩松，植物生理学家，霍普金斯大学博士，中国科学院学部委员（院士），曾任中国植物学会理事长。

〔3〕 李汝祺，遗传学家，早年师从摩尔根和布里奇斯，1926年获哥伦比亚大学博士学位，曾任中国遗传学会理事长。

〔4〕 赵以炳，生理学家，1934年获芝加哥大学博士学位，曾任中国生理学会理事长，是世界上率先研究冬眠生理学的科学家之一。

〔5〕 1957年李继侗调内蒙古大学任副校长，将植物生态学及地植物学教研室移植至内蒙古大学，并将其发展成为我国草原生态学研究中心。

原生动物学和细胞学家陈阅增、昆虫生态学家林昌善、昆虫毒理学家张宗炳、植物发育生理学家曹宗巽等。此外，曾就读西南联合大学，后留学海外的一批学子陆续回校任教，组成了北京大学生物系强劲的教学和研究梯队。1954年，原属动物生理学教研室的沈同、张龙翔[1]和陈德明开始筹划建设生物化学教研室和生物物理教研室，并于1956年后在国内率先建立了生物化学教研室和生物物理学教研室，沈同和陈德明分别担任这两个教研室的主任。此外，当时在北京大学任教的还有细胞生物学家翟中和。他们奠定了北京大学生物系专业设置的基础。

20世纪80年代，国家计划委员会启动国家重点实验室建设之后，北京大学生物系率先建成了蛋白质工程和植物基因工程国家重点实验室，并与清华大学和中国科学院动物研究所合作建立了膜生物学国家重点实验室。1993年，生物系升级为生命科学学院，同时增设生物技术专业。近年来，以生命科学学院为依托又创建了若干新型研究中心，可以说在教师队伍建设和机构设置上，也反映出其在生物学研究领域的领头羊的地位。

（二）复旦大学

复旦大学1924年成立了心理系，后来该系几经演变于1929年改成生物学系。在民国时期的高校中，复旦大学的生物系成立并不算早，教研力量也算不上突出。1952年院系调整后，由复旦大学、浙江大学、沪江大学三校的生物系及浙江

---

〔1〕 张龙翔在多伦多大学生物化学系获博士学位，后到美国耶鲁大学化学系进行结核杆菌脂化学的研究。1952年院系调整，张龙翔教授任清华大学、北京大学、燕京大学三校建设委员会副主任，1953年任北京大学生物学系副主任，1978年任北京大学副校长，1981~1984年任北京大学校长，兼任中国生物化学学会副理事长。

大学的人类学系合并组成新的复旦大学生物系，实力明显增强，尤其是谈家桢的加盟更使其一跃成为华东地区的生物学教学和研究重镇。

1956年8月青岛遗传学座谈会后不久，谈家桢在复旦大学建立了遗传学研究室并设立了遗传学专业（这也是中国高校中的第一个遗传学专业）。1961年遗传学研究室扩建为遗传学研究所，此后一直是复旦大学生物系的重要组成部分，其主要研究领域涉及人类医学遗传学、群体和进化遗传学、微生物遗传学、植物遗传学、发育遗传学和遗传工程等。1984年，以遗传学研究所为依托开始创建遗传工程国家重点实验室，1987年通过国家验收，是我国第一批建立的国家重点实验室之一。

1986年，在谈家桢的主持下，复旦大学生物系率先成立生命科学学院，在我国高校中再开先河。目前，复旦大学生命科学学院由系、重点实验室和研究所（中心）这三组平行结构组成。其中，遗传学研究所、遗传工程国家重点实验室、遗传学和遗传工程系、生物技术中心相互依托、密切配合，成为全国遗传学研究重镇，也是复旦大学生物学研究最具优势的领域。

（三）武汉大学

武汉大学生物系的历史可以追溯到1914年武昌高等师范学校开设的以动物学和植物学为主要内容的博物学专科。民国时期，主持武汉大学生物学系的张珽是植物学家。20世纪30年代，汤佩松任教武汉大学期间创建了植物生理学实验室。唐启秀和他的儿子唐瑞昌建立了至今仍是国内高校收藏动物标本最多的标本馆，何定杰组建了武汉大学动物标本室和实验家禽场，为武汉大学生物系奠定了良好的研究基础。20世纪50年代院系调整后，武汉大学生物系设动物学、植物学和微生物学三个专业。其中，微生物专业因为高尚荫的加盟而成为武汉大学的优势领域。1972 年建立的遗传学研究室在水稻三系育种和花药培养方面也做出了比较有特色的工作。这些传统强项一直保持至今，现在武汉大学的病毒学和杂交水稻两个国家重点实验室可以说就是它们的延续。

在机构发展过程中，也经历过一些变化。1978 年，以病毒学研究室和生物物理组为基础成立病毒学系，同时成立了病毒学研究所。1984 年以生化微生物工厂为基础成立生物工程研究中心，从而一度形成了两系（生物学系、病毒学系）、一所（病毒研究所）、一中心的格局。

1992 年，生物学系、病毒学系和生物工程研究中心合并成立生命科学学院。1993 年，遗传研究室与遗传学专业一起成立了遗传学研究所。加上 1985 年建立的中国典型培养物保藏中心[1]，病毒学和杂交水稻两个国家重点实验室以及梁子湖淡水生态系统国家野外科学观测站（1998）等，确立了武汉大学生命科学学院作为高水平生物学研究机构的基本格局。

（四）浙江大学

民国时期浙江大学生物系具有相当强的科研实力，已开展的比较重要的工作有贝时璋主持的动物发育与再生研究，罗宗洛主持的微量元素和生长激素对作物早期发育和生长的促进作用研究，以及谈家桢主持的瓢虫色斑和果蝇遗传研究等。

1952 年院系调整后，浙江大学成为一所多科性的工业大学，学科和院系设置发生了很大变动。生物系大部分并入复旦大学，少量人员划归浙江师范学院。1958 年 10 月，浙江师范

---

[1] 中国专利局指定的用于专利程序的培养物保藏机构。

中国生物学史·近现代卷

学院并入新建的杭州大学。

现在的浙江大学是 1998 年 10 月由浙江大学、杭州大学、浙江农业大学和浙江医科大学四所高校合并后重新组建的。这四校在生物学研究方面都有各自的积累，如 1980 年，杭州大学建立了生物研究所；1980 年，原浙江大学也成立了生命科学研究室，并于 1986 年经国家教育委员会批准新建生物科学与技术系[1]；浙江农业大学的作物遗传育种学、生态学、微生物学、植物生理生化和生物物理学等都是优势学科。20 世纪 90 年代，我国各地区专业高校合并、组建综合性大学的现象十分流行，引起很多社会争议，但是浙江四校的合并，一般认为是成功的。

1999 年 7 月，浙江大学生命科学学院成立，植物分类学家洪德元院士为首任院长。现在，该学院拥有植物生理学与生物化学国家重点实验室（共建）以及国家濒危野生动植物种质基因保护中心等重要研究机构，在恢复浙江大学生物学研究之优良传统的同时，也带来了新的特色。

（五）云南大学

云南大学自 1937 年熊庆来担任校长后，开始重视地区性生物资源和生态环境的独特优势，认识到开展生物学研究有地利之便，学术影响甚大，于是在 1938 年成立了生物系，1939年又成立了森林系。那时正值抗日战争，国内生物学界一批精英荟萃西南，在生物资源调查、动植物分类与系统学研究、植物生态及群落分类与分布规律等领域取得了重要成果。

20 世纪 50 年代院系调整，云南大学仅设文理两科。森林

---

[1] 在访问谈家桢、姚鑫和施履吉等十余位浙江大学校友学部委员之后，制订了创办"以理为主、理工结合"的现代生物科学新专业的办学方针。

系划归云南林业学院。不过生物系因为曲仲湘[1]的加盟，与原有的朱彦丞[2]以及一批来华的苏联学者，形成了国际三大生态学派汇聚一堂的局面，生态学一时蓬勃发展，也使云南大学成为我国生态学研究的核心机构之一。云南大学于20世纪60年代创建了生态地植物研究室，1984年成立了生态学与地植物学研究所，其中以植被与景观生态学为主线的研究方向历史悠久，在国内外都有深远的影响。除生态学之外，微生物学的研究也逐渐形成了一定特色。

1997年，生物系和化学系结合组建了生命科学与化学学院；2002年生物学科又重组为生命科学学院，是云南大学最大的学院之一。生命科学学院附属的科研单位有生态学与地植物研究所、环境科学与生态修复研究所、云南省微生物研究所、云南省工业微生物发酵工程重点实验室、现代生物学研究中心等。在生物多样性及生物资源保护利用、退化环境的生态修复和功能维护等多个领域具有显著的学术影响和核心竞争力。

（六）四川大学

四川大学生物系的建立可以追溯到1916年国立成都高等师范学校中的博物部预科。1926年在国立成都高等师范学校的基础上建立的国立成都大学，正式建立了包括生物系在内的十个系。1931年，国立成都大学、国立成都师范大学、公立四川大学合并为国立四川大学，设有文学院、理学院、法学院、农学院、教育学院等五个学院，理学院中设数学、化学、

---

〔1〕 英美植物生态学学派在国内的重要代表人之一。
〔2〕 法瑞地植物学派在国内的主要代表人之一。

物理学、生物学等四个系。民国期间，罗世嶬、周太玄[1]、钱崇澍、方文培、雍克昌等先后执掌生物系，对四川丰富的植物资源开展了系统的研究。

1950 年，国立四川大学改名为四川大学，院校调整后，华西大学生物系合并到四川大学，有力地壮大了生物学研究的队伍。系里首次分设了植物学专业和动物学专业，组建了植物学、植物生理学、动物学、动物生理学教研室等。而以方文培和雍克昌为首建立的高等植物分类研究室和细胞学研究室则代表了四川大学生物系研究方面的专长。

1987 年，为适应生物技术的快速发展，学校一度将生物系分拆为生物系和生物工程系。1994 年，原华西医科大学的基础生物学与细胞学教研室合并到原四川联合大学生命科学与工程学院，形成了现在四川大学生命科学学院的架构。2004 年，四川大学开始建设四川大学生物治疗国家重点实验室，2007 年通过科技部验收。

（七）中山大学

1924 年，孙中山在广州创办了黄埔军校，接着又在广东高等师范学校的基础上建立了广东大学。1925 年孙中山逝世后，广东大学更名为中山大学。民国时期，中山大学的一个显著特点是全盘德国化，其锐意经营的医科在引进德国先进教育和学术研究人才后非常突出，学校管理也采用德国体制。生物系虽然规模不大，也汇聚了费鸿年、辛树帜、陈焕镛、罗宗洛、朱洗、张作人、董爽秋和任国荣等知名学者。1929 年，

---

[1]　生物学家、教育家、翻译家、政论家、社会活动家和诗人，在细胞学和腔肠动物研究方面有相当的成就。

陈焕镛创设的中山大学农林植物研究所，更使中山大学成为我国植物学研究的南方中心。

1952年，院系调整后，原中山大学文理院系与岭南大学合并，组成新的中山大学。岭南大学在动植物学研究上颇有传统，其自然历史博物馆的标本收藏丰富，并入后使中山大学生物系得到了更大的发展，设立了动物学教研室和植物学教研室。但随后，1954年，中山大学农林植物研究所则由中国科学院接管，建立了华南植物研究所。

1954年以后，生物系陆续成立了植物生理教研室、动物生理教研室、达尔文主义和遗传学教研室、昆虫学教研室、生化教研室、微生物教研室等，充分利用热带和亚热带生物资源的优势，在水产养殖和生态环境等领域形成了一定的研究特色。特别是蒲蛰龙[1]领导的昆虫生态学研究室，对我国尤其是华

蒲蛰龙

南地区的重大有害生物开展了成灾机理、可持续控制的基础和应用技术研究。1989年，蒲蛰龙在其基础上创建了生物防治国家重点实验室。该实验室于1995年通过验收，2005年改名为有害生物控制与资源利用国家重点实验室。该实验室在害虫生物防治、水生经济动物病害控制、海洋动物免疫机制、RNA科学与技术以及植物适应性进化等领域形成了自己的特色和优势，是我国有害生物控制研究和技术创新的主要基地之一。

──────────

〔1〕 昆虫学家，在生物防治方面成就突出，被誉为"南中国生物防治之父"。

中国生物学史·近现代卷

1991年，中山大学成立生命科学学院，除上述国家重点实验室之外，还设有南海海洋生物技术国家工程研究中心、水生经济动物繁殖营养和病害控制国家专业实验室等国家级研究机构。此外，中山医学院也始终在医学生物学研究领域保持着国内领先的地位。

（八）中国农业大学

1949年9月，北京大学、清华大学、华北大学三所大学的农学院合并，组建成新中国第一所多学科、综合性的新型农业高等学府，并于1950年4月正式命名为北京农业大学。在1952年的全国院系调整中，北京农业大学农业机械系分出，与中央农业部机耕学校、华北农业机械专科学校合并成立北京机械化农业学院。1995年，已改名为北京农业工程大学的北京机械化农业学院又与北京农业大学合并成立中国农业大学，成为一所规模更大、学科设置更趋综合化的新型农业大学。

北京农业大学1954年就被国务院列为全国六所重点院校之一，在作物遗传育种、植物生理、植物病理、昆虫学和园艺学等方面素有研究传统。此后几经改革、扩建，学校目前与生物学直接相关的院系主要有农学与生物技术学院、生物学院、资源与环境学院、动物科技学院、动物医学院以及食品科学与营养工程学院等。

中国农业大学（当时为北京农业工程大学）1987年创建的农业生物技术国家重点实验室于1990年通过国家验收，是第一批兴建的国家重点实验室之一。后来，该校又与浙江大学以及中国农业科学院合作建立了植物生理学与生物化学、动物营养学两个国家重点实验室。此外，该校还拥有一个国家工程实验室、两个国家工程技术研究中心和一个国家野外科学观测研究站等重要研究机构。

（九）南京林业大学

南京林业大学的前身可以追溯到创建于 1915 年的金陵大学林科。

1952 年合并组建的南京林学院，是当时全国仅有的三所高等林业院校之一。1955 年华中农学院林学系（由武汉大学森林系、南昌大学森林系和湖北农学院[1]森林系合并组成）并入，1972 年更名为南京林产工业学院，1983 年恢复南京林学院名称，1985 年更名为南京林业大学。学校在林木遗传育种、林产化学加工、木材科学与技术、森林保护学等领域有比较深厚的研究传统。

（十）中南大学湘雅医学院（原湖南医科大学）

1914 年，由湖南育群学会与美国耶鲁大学雅礼协会联合创建的湘雅医学院，是中国第一所中外合办的医学院。中华人民共和国成立后先后更名为湘雅医科大学、湘雅医学院、湖南医学院和湖南医科大学等。2000 年并入新组建的中南大学[2]，遂称中南大学湘雅医学院。

学校自民国时起就是中国一流的医学院校，有"南湘雅，北协和"之称。谢少文、汤飞凡和李振翩等知名学者都是该校毕业生。1979 年，学校通过美国中华医学基金会等组织的联系，与雅礼协会恢复了合作关系，对其发展大有裨益。

现在，学校拥有医学遗传学国家重点实验室、人类干细胞国家工程研究中心等重要研究机构，保持着其在生物医学研究

---

〔1〕 湖北农学院后与几所院校合并，组建为长江大学。

〔2〕 由原中南工业大学、长沙铁道学院与原湖南医科大学合并而成。

领域中的领先地位。

总而言之，许多高等院校都有着深远的生物学研究传统，取得过优秀的成绩，也树立了一定的国际声誉。步入21世纪后，创办研究型大学的理念日益深入，各地高校的研究能力不断提升，机构建设也日益丰富，改变了中国科学院一支独大的格局。

四 部委和产业部门所设机构

生物学作为基础科学，与农业、医疗等应用领域有着不可分割的联系。新的理论发现可以带来应用上的突破，农业实践和医疗实践中的问题也启发着应用和理论方面的研究。

中华人民共和国成立后，农、林、牧、渔和医疗卫生领域的主管部门，为解决自身工作中的实际问题，纷纷成立了相关研究机构。它们也是生物学学科发展中不可忽视的组成部分。其中，中国农业科学院、中国林业科学研究院、中国医学科学院和军事医学科学院等单位凝聚了比较强的研究力量。

（一）中国农业科学院和中国水产科学研究院

中国传统以农立国，直到近代，在提倡发展工业的同时，也始终致力于农业的发展。各地兴建的农校和农事试验场，一方面培养了生物学人才，另一方面也为他们提供了就业岗位。

中华人民共和国成立之后，将现代科学技术应用到农业生产中以提高生产效率，是各相关主管部门的重要任务。为此，1950年前后，各大行政区农林部门在接管原有农业科研机构的基础上，分别成立了东北、华北、西北、中南、西南、华东、华南等七个大区一级的综合性农业科研机构；国家还设立了一批中央一级的农业专业研究机构，包括兽医生物药品监察所、水产研究所、林业研究所和西北农具研究所等。与此同时，大部分省和部分市（县）也相继成立了综合性的农业科学研究所、农事试验场和示范农场。

为适应社会主义经济建设发展的需要，1954年，农业部向中共中央提出筹建中国农业科学研究院（以下简称"农科院"），根据批示，1954年10月成立了筹备小组。1957年3月，在华北农业科学研究所和原由农业部领导的大区研究所以及一些专业研究所的基础上建立了中国农业科学院（北京）。全苏列宁农业科学院副院长、遗传育种专家米哈依·亚历山特罗维奇·亚历桑斯基受聘帮助筹建。

建院初期设立了作物育种栽培、植物保护、土壤肥料、畜牧、农业气象、原子能利用、哈尔滨兽医、兰州畜牧兽医、镇江蚕业、农业机械化等11个专业研究所（室），加上东北、西北、华东、华中、华南、西南等6个大区研究所，共有职工5561人，其中科技人员2096人。[1]

此后，机构发展经历了几起几落。1957~1959年，科研机构从17个发展到34个，新增的多为针对地方特产的研究所（如徐州薯类研究所、呼兰甜菜研究所和邓县[2]黄牛研究所等）；1960年精简下放，研究所减至24个；1965年，研究所又发展到33个，直到1969年。从机构的设置与布局上看，应用基础研究、基础工作、综合性作物与畜禽、经济管理、情报信息等的研究所一般设在北京，而专业性作物或畜禽的研究所则设在主产区。但是，一些远离大城市的研究所，各种弊端突出，发展困难。

1970年，根据纪登奎所讲的"不靠七千五要靠七亿五"

〔1〕《当代中国的农业》编辑委员会. 当代中国的农业［M］. 北京：当代中国出版社，2009：556.

〔2〕 现邓州市。

要求，农科院全院除原子能所保留，农业经济所撤销外，其余全部下放地方。1971年，农科院建制撤销，与中国林业科学研究院合并，成立中国农林科学院，下属单位只有7个，涉及生物学研究的有林业研究所、生物研究所和兽医药品监察所。1978年，农科院、中国林业科学研究院和中国水产科学研究院三院各自恢复建制，农科院的28个研究所率先得到恢复。经过一系列发展建设，到20世纪末，农科院的研究所达到39个，其中大部分的研究领域都涉及生命科学。

如今的中国农业科学院，拥有32个直属研究所与9个共建研究所，全院科研人员5000多名，形成了作物、园艺、畜牧、兽医、资源与环境、工程与机械、质量安全与加工、信息与经济等8个学科集群。其中，作物遗传育种与品种资源是农科院最大的学科群，作物栽培、植物保护、畜牧兽医、蚕蜂及特产动植物等领域的研究也都凝聚了比较强的优势。农科院内共有49个国家与部门重点实验室、25个国家农作物畜禽改良中心与国家工程技术研究中心、23个国家农作物种质资源库（圃）等科技创新平台、9个国家重大科学工程与工程实验室（研究中心）以及29个国家与部门野外台站，在生物学研究领域具有强大实力。

同样归属农业部的较大规模的研究机构还有中国水产科学研究院。[1]中华人民共和国成立之初，曾设水产部，管理下设的5个研究所[2]。1970年5月，农业系统各部委合并，成立

---

〔1〕 张显良.30年创新发展　60载奋斗历程：热烈庆祝中国水产科学研究院成立30周年［M］.北京：中国水产科学研究院，2008：10.

〔2〕 黄海水产研究所、东海水产研究所、南海水产研究所、长江水产研究所和渔业机械仪器研究所。

农林部，水产部撤销，研究所下放。1978年恢复建制，先成立了中国水产科学研究设计院，1980年改称中国水产科学研究院。该院现有3个海区研究所、4个流域研究所、2个专业研究所和4个增殖实验站。该院担负着全国渔业重大基础、应用研究和高新技术产业开发研究的任务，在资源保护及利用、生态环境评价与保护、水产生物技术应用、水产遗传育种、病害防治及养殖技术等领域形成了较强的研究优势。

（二）中国林业科学研究院

中国林业科学研究院（简称"林科院"）的历史渊源可以追溯到1912年由北洋政府农林部在北平（现北京市）创建的林艺试验场，1941年更名为国民政府农林部中央林业实验所。中华人民共和国成立后，中央林业实验所由华北农业研究所接管，1950年移交中央人民政府林垦部。

1951年11月5日，林垦部改为林业部，垦务工作交给农业部管理。1953年，林业部成立了林业科学研究所，其主要任务是根据林业部的需要完成科研任务，切实解决林业生产上的重大问题。

1956年林业部分出森林工业部，林业科学研究所相应地也分成林业研究所和森林工业研究所。1958年10月，林业部经国务院科学规划委员会批准，成立了中国林业科学研究院。上述研究所划归林科院管理，并陆续收编了一些其他的研究机构。此后，随着上级机关的变动[1]，林科院的建制一

---

〔1〕 1970年6月中共中央决定撤销农业部和林业部，设农林部。1979年2月第五届全国人大常委会决定撤销农林部，分设农业部和林业部。1982年国务院机构改革将农业部、农垦部、国家水产总局合并设立农牧渔业部。1988年根据国务院机构改革方案，撤销农牧渔业部，成立农业部。

度取消[1]。1978 年恢复建制后，逐渐形成了主要从事林业应用基础研究的综合性、多学科研究机构。

林科院现直属于国家林业局，下设 11 个研究所、4 个研究开发中心和 4 个林业实验中心。其中，林业研究所（1953）、资源昆虫研究所（1955）、热带林业研究所（1962）和亚热带林业研究所（1964）等在生物学相关领域素有研究传统。森林栽培、森林生态、林木遗传育种、野生动植物保护、园林植物及观赏园艺等都是林科院研究实力较强的方向。

（三）中国医学科学院

中国医学科学院（简称"医科院"）是在原中央卫生研究院的基础上，于 1956 年创建的。该院于 1957 年与北京协和医学院合并，成为我国唯一的国家级医学科学学术中心和综合性科学研究机构，是中华人民共和国成立后的一项重大调整和建设。

北京协和医学院由美国洛克菲勒基金会于 1917 年创办，不但是民国时期学术水平最高的医学机构，也是自然科学的教育和研究领域的引领者，在生理学和生物化学等领域汇聚了当时中国的顶尖人才。

中央卫生研究院成立于 1950 年。在第一届全国卫生会议以后，根据加强医学科学研究工作的决定，中央人民政府卫生部呈请将原设于南京的中央卫生实验院的大部分研究单位迁来北京，与中央卫生实验院北京分院合并成立医科院。当时建立了 8 个研究单位，其中 6 个在北京，即营养学系、微生物学系、卫生工程学系、药物学系、病理室与中国医药研究所；1 个在南京，即该院的华东分院，主要研究寄生虫病的防治；还

---

[1] 1970 年撤销建制，一部分与中国农科院合并成立了中国农林科学院，一部分下放地方。

有 1 个在海南，即海南岛疟疾研究站。

两院合并不久后的 1958 年，即在原有学系的基础上建立了首批 5 个研究所，包括实验医学研究所（现基础医学研究所的前身）、血液学研究所、药物研究所和抗生素研究所等，随后又陆续建立了放射研究所（1959 年于北京）和医疗仪器研究所（1960 年于北京）等。

医科院与北京协和医学院实行院校合一的管理体制，医科院为北京协和医学院提供雄厚的师资和技术力量，北京协和医学院为医科院培养高层次的人才，相互依托，优势互补，教研相长。现在医科院设有 18 个研究所（以及 5 个分所）、6 所学院和 1 个研究生院，拥有 5 个国家级重点实验室，是中国最大的生物医学研究机构，在国际上也颇具影响。

（四）军事医学科学院

1951 年 6 月 11 日，中央军委向华东军区，第三、第一野战军和中南、西南、东北军区发出了《电告成立军事医学科学院》的指示。1951 年 8 月 1 日，中国人民解放军军事医学科学院（简称"军医科"）在上海巴斯德研究院和法租界卫生所旧址成立（华东军区卫生部部长宫乃泉为首任院长），是继中国科学院之后，中华人民共和国成立的第二家科学院，也是世界上第三家军事医学高级科研机构。

军医科隶属解放军总后勤部，创建之初，设置了生理系、生化系、药物系、化学系、细菌系和寄生虫系等 6 个系。至1954 年 3 月，学系增至 14 个。军医科承担的任务重点涉及与核武器、生物武器和化学武器之医学防护相关的研究，即后来所称的"三防"医学研究。这也是军队研究机构不同于社会上类似的研究机构之处。

1955 年，考虑到国防建设的战略意义和"三防"医学研究的现实需求，解放军总后勤部部长黄克诚致信周恩来总理，提出搬迁军医科的建议并获准。1958 年 5 月，军医科从上海搬迁至北京，单位级别从师级升为军级[1]。迁入首都后，原有的 14 个系整合改编为 7 个研究所。因为肩负特殊使命，军医科在调集人员物资等方面都有一定的优先权，因此得以在较短的时间里迅速建成规模大、学科设置全的一系列研究机构。多次调整改编后，军医科现设有放射与辐射医学研究所、毒物药物研究所、微生物流行病研究所、基础医学研究所、生物工程研究所、情报研究所、野战输血研究所、疾病预防与控制研究所、卫生学环境医学研究所、卫生设备研究所、军事兽医研究所等 11 个研究所，挂靠的机构有病原微生物与生物安全国家重点实验室、蛋白质组学国家重点实验室、哺乳动物细胞高效表达国家工程实验室、国家生物防护装备工程中心和国家应急药物工程技术研究中心等国家级研究机构。军医科在军事医学、药物、造血细胞、毒剂防护、寄生虫等方面形成了自己的研究特色和优势，并肩负着军事斗争卫勤保障、反恐防恐卫勤准备和疾病防控卫勤保障的任务。

五 国家重点实验室

上文已经提到了若干国家重点实验室。按照当前的理解，国家重点实验室是依托科学研究院各研究所以及重点大学等单位建设的，具有相对独立的人事权和财务权的科研实体，是国家科技创新体系的重要组成部分。

建立国家重点研究实验基地是国际上十分普遍的做法，世

---

〔1〕 1961～1970 年，曾一度执行兵团级权限。

界各国都非常重视。我国的国家重点实验室建设计划在 1982 年就开始酝酿，经国家计划委员会批准，1983 年起，中国科学院开始筹备分子生物学国家重点实验室、植物分子遗传国家重点实验室和淡水生态与生物技术国家重点实验室。1984 年，根据当时我国基础研究整体实力薄弱、力量分散以及国家投入难以大幅度增加的实际情况，为提高我国基础研究水平，探索适合我国基础研究发展的新体制，由国家计划委员会牵头，国家科学技术委员会、国家教育委员会及中国科学院等部门、机构开始共同组织实施国家重点实验室建设计划[1]；在国家教育委员会、中国科学院、卫生部和农林牧渔部所属的高等学校、科研机构中，投资装备重点实验室[2]。

与此同时，中国科学院为了摸索建立开放的、人员流动的新型研究机构，也开始实施"开放实验室规划"，这些新型研究机构中的许多机构后来都升级为国家重点实验室。

1984～1993 年，国家利用科技三项经费投资 9.1 亿元，立项建设了 81 个国家重点实验室，重点在基础理论研究方面进行了布局。1991～1995 年，国家利用世界银行贷款投资 8634 万美元和 1.78 亿元，又立项建设了 75 个国家重点实验室，重点在应用基础研究和工程领域进行了布局。两批重点实验室建成，形成了国家重点实验室计划初步框架。其中属于生物学领域的共有 42 个（见表 8-3-5）。

〔1〕 危怀安，王福涛，王炎坤. 国家重点实验室的运行管理［M］. 北京：人民出版社，2007：9.

〔2〕 陈实. 中国国家重点实验室管理制度的演变与创新［M］. 北京：冶金工业出版社，2011：22.

表8-3-5　第一、第二批生物学领域的国家重点实验室

序号	实验室名称 （省略"国家重点实验室"）	依托单位	建立和开放时间
1	病毒学	武汉大学、中国科学院武汉病毒研究所	2006
2	淡水生态与生物技术	中国科学院水生生物研究所	1989
3	分子生物学	中国科学院上海生命科学研究院	1986，1987
4	计划生育生殖生物学	中国科学院动物研究所	1993
5	脑与认知科学	中国科学院生物物理研究所	2007
6	农业虫害鼠害综合治理研究	中国科学院动物研究所	1991，1993
7	神经科学	中国科学院上海生命科学研究院	1989，2009
8	生化工程	中国科学院过程工程研究所	1992，1995
9	生物大分子	中国科学院生物物理研究所	1991
10	微生物资源前期开发	中国科学院微生物研究所	1995
11	系统与进化植物学	中国科学院植物研究所	1987，2007
12	新药研究	中国科学院上海药物研究所	1990，1995
13	遗传资源与进化	中国科学院昆明动物研究所	2009
14	植物分子遗传	中国科学院上海生命科学院	1988，1989
15	植物化学与西部植物资源持续利用	中国科学院昆明植物研究所	2003
16	植物基因组学	中国科学院遗传与发育生物学研究所、中国科学院微生物研究所	1990，2006
17	植物细胞与染色体工程[1]	中国科学院遗传与发育生物学研究所	1995

---

〔1〕　原名农作物细胞与染色体工程及育种。

序号	实验室名称 （省略"国家重点实验室"）	依托单位	建立和开放时间
18	膜生物学工程[1]	中国科学院动物研究所、北京大学、清华大学	1988，1990
19	中国科学院水利部水土保持所[2]	西北水土保持所	1991
20	癌基因及相关基因	上海市肿瘤研究所	1987
21	遗传工程	复旦大学	1985，1987
22	病毒基因工程	中国疾病预防控制中心病毒病预防控制所	1989
23	天然药物与仿生药物	北京大学	1987
24	兽医生物技术	中国农业科学研究院哈尔滨兽医研究所	1989
25	分子肿瘤学	中国医学科学院肿瘤研究所	1988
26	农业生物技术	中国农业大学	1990
27	蛋白质工程与植物基因工程	北京大学	1990
28	淡水鱼类种质资源与生物技术[3]	中国水产科学研究院长江水产研究所	1989，1990
29	热带作物生物技术[4]	中国热带农业科学院	1990
30	实验血液学	中国医学科学院北京协和医学院血液学研究所	1988，1991
31	植物病虫害生物学	中国农业科学院植物保护研究所	1992
32	医学遗传学[5]	中南大学	1991
33	计划生育药具[6]	上海计划生育研究所	1992

［1］ 原名生物膜与膜生物工程国家重点实验室。
［2］ 列在"地学领域"。
［3］ 已被摘牌。
［4］ 已被摘牌。
［5］ 已被摘牌。
［6］ 2002 年被摘牌。

序号	实验室名称 （省略"国家重点实验室"）	依托单位	建立和开放时间
34	医学分子生物学	中国医学科学院 基础研究所	1992，1993
35	有害生物控制与资源利用[1]	中山大学	1995
36	干旱农业生态[2]	兰州大学	1995
37	医药生物技术	南京大学	1995
38	生物反应器工程	华东理工大学	1995，1996
39	微生物技术[3]	山东大学	1995
40	作物遗传改良	华中农业大学	1994
41	医学神经生物学	上海医科大学	1994
42	核医学[4]	江苏省原子核医 学研究所	1992
43	植物化学与西部植物资源持 续利用	中国科学院昆明 植物研究所	2003

前 19 个为中国科学院所属或与其他单位共建。数据来源：〔1〕秦声涛，刘勤. 国家重点实验室简介（第一辑）［M］. 北京：科学出版社，1991.〔2〕秦声涛，刘勤. 国家重点实验室简介（第二辑）［M］. 北京：科学出版社，1994.〔3〕科学技术部基础研究司，科学技术部基础研究管理中心. 全国各领域国家重点实验室简介［G］. 2009：175 – 321.

国家重点实验室实行"开放、流动、联合、竞争"的运行机制。国家重点实验室的建设旨在提高科研能力和水平，稳定、有效地发展基础研究和应用研究；促进交叉学科发展；打破原有体制下条块分割、资源分散和低水平重复的弊端；把研究工作和国民经济中长期发展的需要在战略方向上统一起来，使研究工作在高层次上面向经济建设；聚集和培养优秀科学家，开发人才。某专业的国家重点实验室可以说代表了该学科

〔1〕 原名生物防治。

〔2〕 因人才流失被摘牌。

〔3〕 原名发酵工程。

〔4〕 已被摘牌。

领域在中国的最高研究水平。

除教育部和中国科学院等下属的有关大学和研究所之外，国家重点实验室的建设后来也扩展到企业以及与地方共建。建在企业（以中央企业为主体）的企业国家重点实验室，有利于促进企业成为技术创新主体，提升企业自主创新能力，提高企业核心竞争力。

1998 年国家科学技术委员会改为科学技术部后，对国家重点实验室实施统一管理［国务院部门（行业）或地方省（市）科技管理部门是行政主管部门］。这规范了"发布指南、部门推荐、专家评审、择优立项"的国家重点实验室新建程序，在国家重大需求领域和新兴前沿领域新建了 88 个实验室，同时淘汰了 17 个运行较差的实验室，建立了优胜劣汰的竞争机制，为这支科学研究的"国家队"注入了新的活力。

现在生物学领域的国家重点实验室数量已超过 100 个，标志着我国生命科学研究已进入一个迅猛发展的时期。

第四节　学术共同体和期刊建设

一　生物学及相关领域的学会组织

民国时期虽然学术不算发达，但是各学科领域的第一代奠基者已经发起成立了一批学会，以团结同人，共谋发展。例如，前文提到的中华农学会和中国生理学会；1928 年，由伍连德、谢和平、林宗扬等发起，在北京成立的中国微生物学会（1937 年改名为中国病理学微生物学会，会址移于上海）；1933 年成立的中国植物学会；1934 年在江西庐山莲谷青年会成立的中国动物学会；等等。

随着学术研究的开展，学会的数量也不断增加。到 1949 年，已有各门自然科学的学术团体近 40 个，并有相应的刊物出版了。中华人民共和国成立后，很多学会都重新选举产生了新的理事会，并积极恢复战争期间停滞的杂志出版等工作，开展学术活动，会员人数也迅速增多。

1950年8月，中华全国第一次自然科学工作者会议在北京举行，决定成立中华全国自然科学专门学会联合会（简称"全国科联"）和中华全国科学技术普及协会（简称"全国科普"），推举地质学家李四光为全国科联主席，林学家梁希为全国科普主席。1958年9月，这两个组织在合并后举行了第一次代表大会，正式成立了中华人民共和国科学技术协会，旨在组织学术交流，促进科技传播与普及，提供科技咨询，推动国际合作，联络各学科专业人员等。在这段时间里，我国成立了一批新的学会。例如，1952年在原中华微生物学会的基础上成立了中国微生物学会[1]；1953年，为应对当时植物病害严重的情况，经政务院文委同意，中国科学院与农业部在北京联合召开全国植物病理会议，对与之有关的调查研究和防治任务进行部署，同时成立了中国植物病理学会。

从"大跃进"运动开始，很多学会的活动就不能正常开展，直到"文革"结束后，才陆续恢复工作。一些相对新兴的分支学科直到20世纪70年代末至80年代初才成立了自己的学会组织，如中国遗传学会、中国生物物理学会、中国生物化学与分子生物学会[2]、中国生态学学会和中国细胞生物学

---

　[1]　1928年成立的中国微生物学会，自1945年广州大会后就停止了活动。中华人民共和国成立后，于1950年在中华医学会首都大会上成立的中华微生物学会，是为中国微生物学会的孕育阶段。
　[2]　原名为中国生物化学会，是从中国生理学会分离出来的，1979年5月成立，1993年10月经中国科学技术协会批准更名为中国生物化学与分子生物学会。

学会[1]等。20世纪80年代，这些学会纷纷通过加入相应的国际联盟，成为开展学术交流合作的纽带[2]。而20世纪90年代成立的生物工程学会和中国神经科学学会等则标志着更为前沿的领域已发展成熟。

表8-3-6　中国科学技术协会下属的理科生物学领域的学会

学会名称	成立时间和地点	首任会长/理事长	挂靠单位
中国古生物学会	1929年北平	孙云铸	中国科学院南京地质古生物研究所
中国植物学会	1933年重庆		中国科学院植物研究所
中国动物学会	1934年庐山	秉志	中国科学院动物研究所
中国昆虫学会	1944年重庆		中国科学院动物研究所
中国微生物学会	1952年北京	汤飞凡	中国科学院微生物研究所
中国植物生理与植物分子生物学学会	1963年	罗宗洛	中国科学院上海生命科学研究院
中国生物物理学会	1980年	贝时璋	中国科学院生物物理研究所
中国遗传学会	1978年南京	李汝祺	中国科学院遗传与发育生物学研究所
中国生物化学与分子生物学学会[3]	1979年杭州	王应睐	中国科学院上海生命科学研究院
中国生态学学会	1979年昆明	马世骏	中国科学院生态环境研究中心
中国细胞生物学学会	1980年兰州	庄孝德	中国科学院上海生命科学研究院
中国自然资源学会[4]	1983年北京	侯学煜	中国科学院地理科学与资源研究所

　　[1]　由中国科学院上海细胞生物学研究所原所长庄孝德、副所长姚鑫和汪德耀、罗士韦、郑国锠等国内著名细胞生物学家于1978年筹备，1979年3月经中国科学技术协会批准，1980年7月正式成立。
　　[2]　例如，1982年加入国际细胞生物学联盟，1983年加入国际生物化学与分子生物学联盟。
　　[3]　原名中国生物化学会，1993年改为现在的名称。
　　[4]　原名中国自然资源研究会，1993年改为现在的名称。

续表

学会名称	成立时间和地点	首任会长/理事长	挂靠单位
中国实验动物学会	1987 年北京	钱信忠	中国医学科学院实验动物研究所
中国菌物学会[1]	1993 年北京		中国科学院微生物研究所
中国神经科学学会	1995 年上海	吴建屏	中国科学院上海生命科学研究院
中国环境科学学会	1978 年	李超伯	

表 8-3-7　中国科学技术协会下属的工科、农科和医科中与生物学相关的主要学会

学会名称	成立时间和地点	首任会长/理事长	挂靠单位
中国生物工程学会	1993 年北京	谈家桢	中国科学院微生物研究所
中国植物保护学会	1962 年哈尔滨	俞大绂	中国农业科学院植物保护研究所
中国植物病理学会	1953 年	戴芳澜	中国农业大学
中华农学会	1917 年南京	陈嵘	农业部
中国林学会[2]	1928 年	姚传法	国家林业局
中国水产学会	1963 年北京		农业部
中国生理学会	1926 年北京	林可胜	北京协和医学院

专业学会在开展国内外学术交流，活跃学术思想，促进学科建设，普及科学知识，推广先进技术，传播科学思想和方法，为重大决策的科技论证提供咨询等方面，都起着重要作用。特别是在学术期刊的编辑出版方面，学会起着主导作用。[3]

---

[1]　前身为 1980 年成立的中国植物学会真菌学会。

[2]　前身是创建于 1917 年春的中华森林会，1928 年更名为中华林学会，中华人民共和国成立后定名为中国林学会。

[3]　例如微生物学会成立之初只主办《微生物学报》一种刊物，现在主办的刊物则已达七种之多。

学会的建立和发展反映了各学科的建制化和成熟度。目前，中国植物学会、中国动物学会和中国细胞生物学学会等会员人数都在万人以上，可见我国生物学事业蒸蒸日上。

除学会外，我国还有一些其他性质的团体，如 1983 年成立的中国野生动物保护协会，也是中国科学技术协会所属的全国性社团。该协会由野生动物保护管理、科研教育、驯养繁殖等构成，有自然保护区工作者和野生动物爱好者参与，旨在推动中国野生动物保护事业的发展，为保护、拯救濒危动物和珍稀动物做出了贡献，现已拥有会员 34.5 万多人。这也说明了相关学科的发展和社会关注度。

二　生物学期刊

学术刊物是学者们确立优先权、传播科学知识最重要的媒介，也是学科建制化的产物。

民国期间，曾经创办过数百种生物学相关的刊物，其中《中国生理学杂志》和《中国古生物志》获得过较高的国际声誉。有些刊物一直坚持出版至今，如 1935 年创刊的《中国动物学杂志》，现更名为《动物学报》。

中华人民共和国成立后，中国科学院所属的各研究所根据自己的研究领域首先创办了一批新的刊物。例如，1951 年，当时的北京植物分类学研究室创办了《植物分类学报》；1951 年，上海植物生理研究所创办了《植物生理学通讯》；1955 年，水生生物研究所则创办了《水生生物学集刊》。

中国科学技术协会建立后，学术刊物逐渐成为各专业学会发表科研成果的重要平台。例如，目前由中国植物学会主办的就有 *Journal of Integrative Plant Biology*（*JIPB*）、*Journal of Systematics and Evolution*（*JSE*）、*Journal of Plant Ecology*

（*JPE*）、《植物生态学报》、《植物学报》、《生物多样性》、《植物分类与资源学报》、《生命世界》和《生物学通报》等 9 种期刊；由中国动物学会主办的有 *Current Zoology*（《动物学报》）、《动物分类学报》、《动物学杂志》、《寄生虫与医学昆虫学报》、《兽类学报》、《蛛形学报》、《生物学通报》（与植物学会合办）、《动物学研究》和 *Chinese Birds* 等 9 种学术性刊物；由中国生物化学与分子生物学会主办的有《中国生物化学与分子生物学报》（原名《生物化学杂志》）和《生命的化学》2 种刊物；由中国生态学会主办的有《生态学报》、《应用生态学报》、《生态学杂志》、*Journal of Forestry Research* 和 *Journal of Resources and Ecology*；等等。

此外，自然科学的综合性刊物《中国科学》和《科学通报》等，也刊登高质量的生物学论文。

表 8-3-8　中华人民共和国成立后创刊的主要生物学学术期刊

序号	创刊年份	刊名	曾用名	主办单位
1	1950	昆虫学报		中国科学院动物研究所、中国昆虫学会
2	1951	植物生理学报	植物生理学通讯	中国植物生理与植物分子生物学学会、中国科学院上海生命科学研究院植物生理生态研究所
3	1951	*Journal of Systematics and Evolution*	植物分类学报	中国植物学会、中国科学院植物研究所
4	1952	*Journal of Integrative Plant Biology*	中国植物学报（英文版）、植物学报、*Acta Botanica Sinica*	中国植物学会、中国科学院植物研究所

续表

序号	创刊年份	刊名	曾用名	主办单位
5	1952（复刊）	*Current Zoology*	动物学报（1935年创刊，原名《中国动物学》）	中国科学院动物研究所、中国动物学会
6	1953	古生物学报		中国古生物学会、中国科学院南京地质古生物所
7	1957	动物学杂志		中国科学院动物研究所、中国动物学会
8	1957	古脊椎动物学报	古脊椎动物与古人类	中国科学院古脊椎动物与古人类研究所
9	1961	*Acta Biochimica et Biophysica Sinica*	生物化学与生物物理学报	中国科学院上海生命科学院生物化学与细胞生物学研究所
10	1964	*Zoological Systematics*	动物分类学报	中国科学院动物研究所、中国动物学会、中国昆虫学会
11	1971	工业微生物		上海工微所科技有限公司[1]
12	1974	*Journal of Genetics and Genomics*	遗传学报	中国科学院遗传与发育生物学研究所、中国遗传学会
13	1975	氨基酸和生物资源	氨基酸杂志	武汉大学、武汉市科学技术情报研究所
14	1978	国际免疫学杂志	国外医学·免疫学分册	中华医学会、哈尔滨医科大学

---

〔1〕 原上海市工业微生物研究所。

序号	创刊年份	刊名	曾用名	主办单位
15	1978	国际生物制品学	国外医学·预防·诊断·治疗用生物制品分册、国外医学·生物制品分册	中华医学会、上海生物制品研究所
16	1979	*Entomotaxonomia*	昆虫分类学报	西北农林科技大学、中国昆虫学会
17	1980	动物学研究		昆明动物研究所
18	1981	*Developmental and Reproductive Biology*	发育与生殖生物学报（英文版）	中国科学院遗传与发育生物学研究所
19	1981	兽类学报		中国动物学会、中国科学院西北高原生物研究所
20	1981	广西植物	植物研究通讯	广西壮族自治区中国科学院广西植物研究所、广西植物学会
21	1982	菌物学报	真菌学报	中国科学院微生物研究所、中国菌物学会
22	1982	人类学学报		中国科学院古脊椎动物与古人类研究所
23	1985	病毒学报		中国微生物学会
24	1985	免疫学杂志		第三军医大学、中国免疫学会
25	1990	*Cell Research*	细胞研究（英文版）、细胞生物学（英文版）	中国科学院上海生命科学研究院生物化学与细胞生物学研究所、中国细胞生物学学会
26	1992	激光生物学报	激光生物学	中国遗传学会

序号	创刊年份	刊名	曾用名	主办单位
27	1992	蛛形学报		中国动物学会、湖北大学
28	1992	热带亚热带植物学报		中国科学院华南植物园、广东省植物学会
29	1993	农业生物技术学报		中国农业大学、中国农业生物技术学会
30	1993	中国实验动物学报		中国实验动物学会
31	1994	国际病毒学杂志	国外医学·病毒学分册	中华医学会、北京市疾病预防控制中心
32	1994	Insect Science	中国昆虫科学（英文版）、Entomologia Sinica	中国昆虫学会、中国科学院动物研究所
33	2003	Genomics, Proteomics & Bioinformatics	发育与生殖生物学报（英文版）、Genomics Proteomics & Bioinformatics	中国科学院北京基因组研究所、中国遗传学会
34	2003	菌物研究		中国菌物学会、吉林农业大学
35	2006	Neuroscience Bulletlin		中国科学院上海生命科学研究院
36	2010	Asian Herpetological Research		中国科学院成都生物研究所、科学出版社
37	2010	Chinese Birds	中国鸟类（英文版）	北京林业大学
38	2010	Protein & Cell		高等教育出版社、中国科学院北京生命科学研究院
39	2010	Mycology, an International Journal of Fungal Biology		中国菌物学会

21 世纪以后，刊物的国际化成为一种新的追求。除新创办了一批英文刊物之外[1]，一些老牌学报也纷纷改成英文版，而原本学术性不那么强的普及性刊物则补缺成为新的中文学术期刊。这种变化一方面反映了学术的持续繁荣，另一方面也反映了价值取向的不稳定和缺乏自信，其优劣还有待观察。

三　仪器设备等

仪器设备和试剂耗材是生物学，尤其是实验生物学研究中不可或缺的物质条件。民国时期，生物化学基础薄弱，生化试剂工业则基本没有，科研、医疗、检测和教学等所需的试剂主要依靠进口。仪器方面，虽然中央研究院物理研究所、中华仪器公司等尝试过制造生物学领域最基本的显微镜，但并没有真正市场化，各单位所需的仪器设备也需要进口。

中国科学院成立后，为改变这种仪器试剂依赖外国的情况，首先在生物物理研究所（北京）和生理生化研究所（上海）进行了相应部署。1958 年，生理生化研究所设立了东风生化试剂厂（简称"东风厂"）。[2]1958 年，生物物理研究所建立了一个仪器工厂。1959 年，生理生化研究所又建立了一个仪器修制场（即"320 厂"）。生物物理研究所则建立了生化试剂厂。另外，在北京和上海两地都建设了实验动物中心，一边建设一边开始向研究所提供合格的实验动物。[3]

---

〔1〕　例如，高等教育出版社和中国科学院北京生命科学研究院联合主办的英文期刊 *Protein & Cell*，中国植物生理与植物分子生物学学会主办的 *Molecular Plant* 等。

〔2〕　中国科学院上海生物化学研究所志编辑委员会. 中国科学院上海生物化学研究所志（1950.05—2000.05）[M]. 上海：中国科学院上海生命科学研究院生物化学与细胞生物学研究所（内部发行），2008：241.

〔3〕　《当代中国》丛书编辑部. 中国科学院（上）[M]. 北京：当代中国出版社，1994：318.

上海的东风厂在其发展历程中生产过 800 余种生化试剂和生化药物，20 世纪 60 年代供应市场的葡聚糖凝胶和 20 世纪 80 年代初生产的工具酶都解决了当时国内急需的问题，节约了大量外汇。到 1982 年，上海的东风厂已发展到 100 多人，每年生产 100 多种产品。1988 年，东风厂改名为上海东风生化技术公司；1993 年合资，改名为上海丽珠东风生物技术有限公司。

320 厂建成后的主要工作，一是维修和保养生理生化研究所内的仪器设备，二是试制一些实验室需要的却又买不到的中小型仪器（如烘箱和制冰机等）。后来，320 厂也能够研制如大容量冷冻离心机这样的大型设备。1992 年，一部分人兴办了科星公司，工厂的建制取消。20 世纪 60 年代，鉴于国外对我国科研仪器设备的封锁禁运及国内科研的需要，生理生化研究所还成立了仪器研究组，研制氨基酸自动分析仪、紫外分光光度计和精密 pH 计。20 世纪 80 年代，生理生化研究所又成立了生命科学仪器研究组，瞄准仪器技术中的几个关键问题进行攻关，取得了很好的结果。

北京的生物物理研究所，因为所长贝时璋特别强调仪器研究工作，所以该所仪器工厂从一开始装备就相当先进：有进口的德国精密车床、瑞士钟表车床、捷克立铣床、滚齿机等；国产设备订购自上海、大连和沈阳等地的著名机床厂，并有配套的光学检测设备、表面处理设备、钣钳、冲压设备等。这在对生物仪器进行仿制、改造和创新开发中起到了重要作用。比较突出的有 20 世纪 60 年代为同位素示踪技术的使用推广所做的系列研发，以及 20 世纪 80 年代对离心机、移液器（精准量具）和基因枪等常用仪器进行的研制和生产。据不完全统计，从建厂到 20 世纪末的 40 多年中，生物物理研究所共研制出多种元器件和 50 多种大、中、小型精密仪器。其中，有些达到国内甚至国际先进水平，获得国家和中国科学院的各种奖励。许多成果在国内推广，带动了一些仪器仪表工业的发展。

随着现代生物学的实验愈加精细、定量，研究队伍愈加壮大，附属于研究所的硬件和消耗品厂逐渐难以满足需求。在改革开放的浪潮之下，服务科研的产业链条形成了，包括试剂耗材和仪器设备的生产企业以及商业零售企业。到 20 世纪末，我国兴起了以测序和数据信息服务为业务核心的一类新型生物研究服务企业，其中一个最突出的例子就是深圳华大基因科技有限公司。

华大基因科技有限公司的前身是 1999 年杨焕明等在北京注册成立的华大基因研究中心。2002 年，在中国科学院的领导下，依托华大基因研究中心建立了生物信息系统工程国家工程研究中心。2003 年，中国科学院又在华大基因研究中心基础上组建了北京基因组研究所，并任命杨焕明为所长。2007 年，在深圳市的支持下，部分员工南下深圳组建成立深圳华大基因研究院，在生物、农业、医药等生命科学领域为全球科研工作者提供包括常规分子生物学、高通量测序及分析、质谱分析、云平台和高端咨询等服务，同时也为普通民众提供前沿生物科技在医疗、农业、环境等领域的应用服务。

这类新型机构，在追求利润的同时本身也具备强大的研发能力，在生物学研究中起着不可忽视的作用。

20 世纪之初，德国、法国、英国和美国等各主要发达国家都已经建立了相当完备的生物学学科体系。而民国时期，中国的生物学专业研究机构只有中央研究院动植物研究所、北平研究院植物学研究所和动物学研究所、北平静生生物调查所以及中国科学社生物研究所等寥寥几个研究所以及若干高校的相关院系，对一个泱泱大国来说，科研力量可谓薄弱。经过半个世纪的曲折发展，我国终于建成了体系完整、层次丰富、功能健全且能够交叉互动的各种生物学研究机构。尤其是改革开放后的三十多年里，我国在机构建设过程中注意结合本国实际情况，吸收其他国家的经验教训，作为后发国家的优势不断显现。

与中华人民共和国同龄的中国科学院，从诞生之日起，就打上了国家使命的烙印，在各学科建设和配套服务等方面都起着领头羊的作用。高校的发展则带来了遍地开花的局面，加上产业部门的应用研究机构及时调整跟进，共同构成了国家体制内的生物学研究系统。与之相匹配的专业协会和学术期刊也得到了充分发展。除此之外，为协调发展和优化资源配置，我国还制定了若干政策指导和建立了管理机构，如1951年建立的中央生物制品检定所[1]，1955年成立的中国科学院学部，以及1983年科学技术部成立的直属机构——中国生物技术发展中心等，都在中国生物学的发展历程中起到过重要作用，并还将继续为之服务。

本章没有述及生物医药企业中的研发机构，一是因为企业的发展较晚，二是因为涉及的商业信息需保密，资料难以收集。但绝不能忽视企业在研究中的地位和作用，尤其是在经济高速发展的今天。21世纪以后，一些体制外的研究机构，如北京生命科学研究所和华大基因研究院等逐渐兴起，展现了各自的优势，增加了研究体系的多样性，同时也可为体制内的机构改革提供参考。

---

[1] 汤飞凡临时兼任所长，主持制定了中国第一部生物制品规范——《生物制品制造检定规程（草案）》。自此，中国才有了生物制品质量管理的统一体制。

第九章　生物学教育变革

一个学科体系的建立，教育和人才培养是不可缺少的环节。对中国这样的发展中国家来说，引进西方学术，教育尚在研究之先。如前所述，从清末至民国，经过几个阶段的发展，到中华人民共和国成立之时，我国已经建立起了相对完整的生物学教育体系，在大、中、小学均设有成套的课程和教学大纲，教材也有多种选择。但是，随着国家性质的改变，这些都必须经过改造，以适应新的社会需求。这个过程涉及名词术语的统一、高校学科设置、教材编写、留学生与研究生制度的设立，以及初、中等教育和公众科普等若干方面的发展变化。

第一节　生物学名词的审定与统一

如前所述，中国现代科学从西方引进，中文的科学名词之统一，主要也就是对译名的审定过程。对于翻译的原则有过诸多讨论，但总以一词一意为根本。

前面提到，动植物学的名词在清末已经开始了规范化尝试，到民国时初见成效。1918 年成立的科学名词审查会，在1935 年出版了《动植物学名词汇编》，收集了万条以上的名词。每词分列拉丁名、英文名/德文名、参考名和决定名四栏，计有植物学术语及分类科目名词、动物分类名、解剖学术语、胚胎学术语和遗传学进化论术语等。

1928 年，蔡元培在大学院设立了译名统一委员会，后归入教育部编审处。1932 年，教育部部长朱家骅奉国民政府令裁撤编审处，设立国立编译馆[1]，其主要任务之一就是审定与统一各种科学名词。截至 1949 年，由国立编译馆编审，教育部公布了一些与医学有关的免疫学译名、发生学译名和解剖学译名，尚有大量生物学名词还处于已审定未出版或者未审定的状态。其中，处于初审本整理中的有昆虫学名词、植物病理学名词、植物生理学名词、植物生态学名词、植物组织学名词及解剖学名词；处于初稿编订中的有生物化学名词、细胞学名词、组织学名词、普通动物分类学名词、脊椎动物分类学名词、植物形态学名词、植物园艺学名词和普通植物分类学名词等。

中华人民共和国成立后，中国科学院编译局接管了国立编译馆拟订的各科名词草案。考虑到中文学术名词的统一对科学研究、学术交流、教科书与参考书的编写以及科学普及工作都具有重要意义，中国科学院建议由政务院文化教育委员会（简称"文委"）统一领导，联合各有关机构组织专门委员会，主持这一艰巨的工作。1950 年 5 月，在文委下成立了学术名词统一工作委员会，郭沫若为主任委员，下设自然科学组、社会科学组、医药卫生组、时事文学组与艺术组等五个组，下面再按学科分成小组。中国科学院负责自然科学组，其工作范围包括天文学、数学、物理学、化学、动物学、植物学、地质学、地理学、古生物学、考古学、心理学、语言学、地球物理学、工程学和农学等。与医学相关的药物及生物化学等名词则由卫生部领衔。1955 年 11 月，根据国务院指示，文委撤销后，学术名词统一工作委员会归中国科学院领导。

---

〔1〕 1932 年成立之初由辛树帜任馆长，1936 年辛树帜改任西北农林专科学校校长后，改由化学家陈可忠继任。

中国科学院具体主持这项工作的是其编译局下的学术名词编订室[1]，学术名词统一工作委员会的委员则由各有关自然科学学会及研究机构分别提名，经中国科学院遴选、文委审核后聘定。著名科学家，如严济慈、华罗庚、钱三强、冯德培、茅以升等都曾受聘。

最先编订付印的是《动植物中文命名原则试用方案》（1951）。到1953年，学术名词统一工作委员会已完成了胚胎学、心理学、孢子植物形态学、种子植物学、脊椎动物解剖学等学科名词的集体审查工作。1954年，《生理学名词》出版了。[2]

在每科名词审查之前，先由编译局把名词初审本或草案分发各方，广泛征求意见，然后汇集整理提交会议，在"从先、从俗、从简"的原则下，予以周详充分的讨论审查，使名词的正确性得以提高，统一性也有较广泛的群众基础。

此外，随着科学文化走向民族化，编译工作也步入高潮。除中国科学院的工作之外，其他出版单位也组织编订了一批科技辞书（多为俄汉对照）和相关的工具书，如《俄华生物学辞典》（施浙编译，北京群众书店）、《俄华农业辞典》（东北农学院编，中华书局）以及耶格的《生物名称和生物学术语的词源》（科学出版社）等。可惜，许多从事编译的工作者，对已趋统一的科学名词全不熟悉，尤以从事俄文翻译者为甚，结果闭门造车，引起了一些不必要的分歧与混乱。

总体而言，20世纪50年代至60年代，由中国科学院主

---

〔1〕 1956年成立了中国科学院编译出版委员会名词室，1963年改为中国科学院自然科学名词编订室。

〔2〕 正编以中文笔画排列，副编按英文字母顺序编排，收集词汇3600条。

持，集中力量审定、公布了部分学科的名词几十种[1]，但很多我们现在熟悉的名词术语都尚未得到统一[2]。而"文革"的开始，让科技名词的审定与其他工作一样基本中断，直到20世纪70年代末才又重新启动。

1978年3月全国科学大会召开后，许多著名的科学家和名词工作者纷纷呼吁恢复和建立科技名词的审定机构，以推动我国科技名词的规范化和统一。

与此同时，各学科发展迅速，新理论和新技术不断出现，相应地产生了许多新的学术名词。随着改革开放后国内外学术交流日趋频繁，学术书刊的出版日渐增多，统一名词术语的工作再次呈现出紧迫性，于是在20世纪80年代初涌现了一批新的科学技术辞典。如1980年，中国科学院上海生理研究所组织汇编了《英汉生理学词汇》（科学出版社，1986）；1983年，北京师范大学生物系编写了《英汉生物学词汇》（科学出版社，1983）；等等。

1985年，经国务院批准成立的全国自然科学名词审定委员会（简称"名词委"）[3]作为代表国家进行科技名词审定、公布的权威性机构。在其领导下，由各专业学会组织，相应分支学科的名词审定委员会陆续成立了（如1985年12月成立了微生物学名词审定委员会，1986年1月成立了生物物理学名

---

〔1〕 我们在教学工作中已经可以完全不用非本国文字的学术名词，学生学习时也还方便。随着学科的发展，还会出现许多新的名词，需要随时注意收集整理。（沈同. 学术名词的统一和学术名词的拉丁化 [J]. 科学通报，1956（3）：96 – 97.）

〔2〕 董愚得. 对王在德译"伊萨英植物学教学挂图"的译文的意见 [J]. 生物学通报，1957（6）：61 – 63.

〔3〕 1995年，第三届委员会成立不久，即向国务院申报将"全国自然科学名词审定委员会"更名为"全国科学技术名词审定委员会"，并于1996年更名。

词审定委员会，以及 1988 年 11 月筹备解剖学分委会），并召开了学术研讨会[1]，推出名词审定稿[2]。

应该说，实现中文科技名词术语的标准化和规范化，建立具有我国特色的术语数据库，是发展科学技术及提高全民科学文化水平的迫切需要和广大科技工作者的共同愿望。1987 年 8 月，国务院明确指示，经名词委审定公布的名词具有权威性和约束力，全国各科研、教学、生产经营以及新闻出版等单位应遵照使用。这一指示使这一重要的基础性工作有了国家的支持。

一般来说，科技术语既要精确，又要简练；既要创新，又要尊重传统。而在生物学领域，由于物种的多样性，生命现象的复杂性，加上学科前沿的广阔、交叉的复杂、发展的迅速等特点，使得中文生物学名词的规范统一面临更为艰巨的任务，需要各分支领域的专家学者相互协调。[3]名词的审定则是一项深入到学科本身的细致工作，只有起点，没有终点。[4]

---

〔1〕 1987 年，全国园艺学会果树专业委员会于 5 月 26 日至 30 日在位于南京市的江苏省农科院园艺所召开苹果、梨、桃、柑橘名词术语及品种名称统一问题学术讨论会。

〔2〕 生物物理学名词审定委员会 1986 年 1 月成立后，经过一年多的努力，编出了生物物理学名词（第一批）审定稿 356 条。

〔3〕 例如 population 一词的翻译，在生态学、遗传学和分类学中分别使用了"种群""群体""居群"这三个不同的中文词汇。

〔4〕 到 2000 年为止，名词委颁布的生物学相关学科名词：《微生物学名词》(1988)；《林学名词》(1989)；《遗传学名词》(1989)；《医学名词》(一)(1989)；《生物化学名词 生物物理学名词》(1990)；《古生物学名词》(1990)；《人体解剖学名词》(1991)；《植物学名词》(1991)；《细胞生物学名词》(1992)；《医学名词》(二)(1992)；《农学名词》(1993)；《动物学名词》(1996)。

第二节　高校的学科设置

近代之前对生命的认识存在着医学和博物学两种传统。经过 16~19 世纪的一系列发展变化，生物学逐渐呈现出我们现在所熟悉的面貌。这个过程大致可分为两个阶段：一是16~17世纪，人文主义的兴起使人们对自然和自我的了解有了不断深入的需求，加之培根方法论的提出和显微镜这一重要仪器的发明，使生物学发生了一个飞跃，解剖学、生理学和植物学先后成为独立的学科，医学则在生理学的基础上完成了近代化的转变；二是 18~19 世纪，物理和化学方法的使用将有生命的世界和无生命的世界连接起来，地理学的发展则促进了人类对生物与环境之间关系的认识，生物学的各个分支迅速建立和发展起来[1]，旧有分支如生理学的内涵大幅扩张，从主要面向医学的领域转变为调查生命的物理和化学过程的更宽广的领域[2]。同时，细胞学说和进化论的产生则使生物学的各个分支有了统一的基础。机械论哲学的兴起在后一时期的生物学研究中起了重要的导向作用，不过持活力论（神秘主义的整体论）的学者也始终存在。直到 20 世纪初，反对活力论的实验生物学家才逐渐成为主流，他们对模式生物的广泛使用让人们对生命过程的认识得以深入和系统化。

进入 20 世纪之后，生命科学的发展更加得益于技术的进

---

〔1〕　具体而言包括：（动、植物）分类学、微生物学、生物化学、免疫学、细胞生物学、古生物学、进化生物学和生物地理学等。"生物学"一词的使用是从 18 世纪末到 19 世纪初开始的，生物学家职业化程度也大幅提高。

〔2〕　包括动物、植物和微生物等各种有机体、组织、器官、细胞乃至生物分子的生理功能。

步以及与其他学科的融合。数学方法的大量介入促进了群体遗传学、生态学、生物统计学等分支的发展；X 射线的应用和电子显微镜的发明等技术上的进步，催生了生物物理学这样的新兴学科。

20 世纪中后期，随着 DNA 结构的解析和中心法则的建立，生物学被明显地分为宏观[1]和微观[2]两个方向。实验生物学研究全面在分子层面展开，随之产生了分子生物学[3]这一事实上覆盖了以往各个分支的广阔研究领域。此后，随着诸如重组 DNA、测序、PCR 等一系列相关技术手段的创新，在还原论思想主导下的分子水平的实验工作成为生物学研究中的主流。传统的学科如分类学和进化生物学等也有了新的研究内容。在这个过程中，计算机和信息技术的发展始终与生物学研究交织在一起，为分析处理海量的分子生物学数据提供了有力的保证，同时也衍生出生物信息学和计算生物学等最新的分支。

可以看出，新学科的形成，通常是以新的研究对象被发现、新的问题被关注以及研究方法的进步或交叉为引导，通过学术共同体的汇聚，进而出版期刊、组织学会、发展研究机构，最后以拥有教科书、设置相应课程为确立的标志。因此，本节从高校的学科设置来反映生物学各分支领域在中国的建制化过程。

目前，在生物学科下有两种划分二级学科的标准：一是国

---

〔1〕 主要研究生物体及所在的群体。

〔2〕 在细胞和分子层面开展的研究。

〔3〕 "分子生物学"一词是 1938 年瓦伦·韦弗（Warren Weaver）提出的，但是在 DNA 结构破解之后才有了现在的内涵。

家标准化管理委员会的标准，包括生物数学（包括生物统计学等）、生物物理学、生物化学、细胞生物学、免疫学、生理学、发育生物学、遗传学、放射生物学、分子生物学、专题生物学研究、生物进化论、生态学、神经生物学、植物学、昆虫学、动物学、微生物学、病毒学、人类学、生物工程（亦称生物技术）等二级学科（见表9-2-1）；二是教育部的标准，包括植物学、动物学、生理学、水生生物学、微生物学、神经生物学、遗传学、发育生物学、细胞生物学、生物化学与分子生物学、生物物理学和生态学（见表9-2-2）。两种体系各有侧重，适用于不同的需求，但是几个基本的、大的分支是共同的，如植物学、动物学、微生物学、生态学、遗传学、生理学、发育生物学、细胞生物学、生物化学和分子生物学等。那么这种结构是怎么形成的呢？

表9-2-1 生物学二级学科（国家标准）

序号	编码	学科名称	序号	编码	学科名称
1	180.11	生物数学	12	180.41	生物进化论
2	180.14	生物物理学	13	180.44	生态学
3	180.17	生物化学	14	180.47	神经生物学
4	180.21	细胞生物学	15	180.51	植物学
5	180.22	免疫学	16	180.54	昆虫学
6	180.24	生理学	17	180.57	动物学
7	180.27	发育生物学	18	180.61	微生物学
8	180.31	遗传学	19	180.64	病毒学
9	180.34	放射生物学	20	180.67	人类学
10	180.37	分子生物学	21	180.71	生物工程（亦称生物技术)[1]
11	180.39	专题生物学研究			

---

〔1〕 古生物学归入170.50。

表9-2-2 生物学二级学科（教育部标准）[1]

序号	编码	学科名称	序号	编码	学科名称
1	071001	植物学	7	071007	遗传学
2	071002	动物学	8	071008	发育生物学
3	071003	生理学	9	071009	细胞生物学
4	071004	水生生物学	10	071010	生物化学与分子生物学
5	071005	微生物学	11	071011	生物物理学
6	071006	神经生物学	12	071012	生态学

1949年以前高校的生物系，通常仅设置以博物学为基础形成的植物学专业和动物学专业，或干脆设植物学和动物学两系。同时，农学和医学专业都有单独的建制，这与世界范围内的状况是相一致的。

由于农耕社会的悠久传统，中国人对生物知识的重视很大程度上出于服务农业生产的目的。早期出国留学的学生纷纷选择农学领域，他们留学归国后，很多高校的林学系和农学系都得到了相对快速的发展。其中，昆虫、植物病理和海洋生物等专业在20世纪上半叶就已经有了相当的建制。

1949年后的发展，大致可分为三个阶段：一是从院系调整到"文革"结束，各校的学科建设以设立教研室为主要形式；二是改革开放后到20世纪80年代末，伴随《中华人民共和国学位条例》的颁布以及学位授予学科、专业点的审批，各校生物系都建立了多个专业，从专业上也可以反映出各校在某些领域的传统与优势；三是20世纪90年代初以后，随着生命科学的迅猛发展，各高校纷纷将生物系升级为学院，人员队伍不断壮大，专业设置也不断更新，遂形成现在的学科群。

---

[1] 教育部学位授予和人才培养学科目录（2011年）。

一 从院系调整到"文革"结束

教研室是苏联高等学校教学科研的基本组成单位。中华人民共和国成立后，中国人民大学率先引进了这种形式，把教师们按课程组织起来进行有关的教学与研究工作。院系调整后，在全面向苏联学习的大潮中，全国各高校都成立了校级的教学研究委员会，其在系里的基层组织就是教学研究组/室（教研组/室）。[1]

一般来说，生物系都会在原有的动植物学专业基础上，首先设立动物学和植物学两个教研室，有些又分出动物生理学和植物生理学教研室（如北京大学、中山大学和四川大学等）。接着就是在米丘林生物学的旗帜下成立的各色以米丘林学说、达尔文主义为名的研究室，负责遗传与进化方面的教学（如1951 年武汉大学成立的米丘林学说教研室，1954 年中山大学成立的达尔文主义和遗传学教研室等）。

微生物和生态学这两个现在看来非常基础的学科并不是一开始就在所有高校都设立有教研室。武汉大学因有高尚荫的缘故，在微生物学方面素有传统，而中山大学也较早设立了微生物学教研室（1954）。生态学方面则又有植物、动物之分：李继侗在北京大学生物学系创办了第一个植物生态学及地植物学专门组，而后是云南大学在朱彦丞的努力下，也创建了一个生态地植物研究室；蒲蛰龙则在中山大学领导昆虫生态学的发展方向。

20 世纪 50 年代，化学、物理学方法向生物学渗透，生物

---

〔1〕 苏联的大学通常设生物土壤系（莫斯科大学和列宁格勒大学也是如此），这一点我们没学，生物系里并不包含土壤学的内容。

中国生物学史·近现代卷

化学和生物物理学蓬勃发展，正是分子生物学方兴未艾的关键时期。中国学者自然也注意到了这样的变化，因此除了中国科学院设立了相关研究所外，高校也结合中国自身的发展需求和知识积累，开始设置相应的学科。

生化教研室设立较早的有中山大学（1954）和北京大学（1956）等。生物物理学教研室则率先在北京大学（1956）和中国科技大学（1958）等校建立。此外，四川大学因为有雍克昌，兰州大学因为有郑国锠，都较早设立了细胞生物学专业，北京大学则在翟中和加盟后增加了这个专业（"文革"后期）。

"大跃进"运动期间，一些高校纷纷从原有的教研室中抽调人员组建新的专业组（如1959年武汉大学的教研室数量增加到9个，有水生生物学、资源植物学、动物生理学、动物遗传学、植物生理学、植物遗传学、微生物学、生物化学和生物物理学），一时生物系的专业数量大幅增加，但是因为师资力量欠缺，尔后又很快撤销。不过，到"文革"之前，在全国高校生物系中已基本形成了包括植物学、动物学、微生物学、生态学、遗传学、生物化学、生物物理学和细胞生物学等专业的学科体系，且招生规模不断扩大，为全面培养生物学人才打下了一定基础。

二 改革开放后到 20 世纪 80 年代末

20 世纪 70 年代以后（尤其是改革开放之后），学科体制和专业变化较多，在《中华人民共和国学位条例》（简称《学位条例》）颁布后，专业设置有了制度依据，在经济发展的支撑下，学科建设也进入了一个快速发展的时期。

"文革"前，关于我国建立学位制度的问题，曾进行过两次研究，分别在 1954～1957 年和 1961～1964 年。参加研究的单位先后包括中国科学院、高等教育部、国务院第三办公室、文化部、卫生部、教育部、中宣部和国家经济贸易委员会等。1962年，国家科学技术委员会组织了由周培源等 11 人参加的学位、学衔和研究生条例起草小组，最后在 1964 年形成了一个学位条例草案。但是，草案未经颁布就在"文革"中搁浅了[1]。

1978 年，以全国科学大会召开为标志，各学科的教育和科研工作得到了全面恢复。同年，我国又恢复了研究生招生，建立和实施学位制度就成为发展我国科教事业的一项刻不容缓的任务。

1980 年 2 月，第五届全国人民代表大会常务委员会通过了由教育部提出的《中华人民共和国学位条例》（1981 年 1 月 1 日起施行）。1980 年 12 月，我国成立了国务院学位委员会，负责该条例的贯彻实施，统筹规划学位工作的开展和改革，领导全国的学位工作等。当时对我国学位学科门类的划分，比较一致的意见是采用 1964 年制定学位条例时的学科分类方案，即分为哲学、经济学、法学、教育学、文学、历史学、理学、工学、农学和医学等 10 类。各学科设立相应的评议组，评议和审核有权授予博士学位和硕士学位的单位，拟定各学科门类授予学位的学科和专业目录等。

1981 年 9 月，国务院学位委员会审核批准的第一批博士学位授予单位 145 个，学科、专业点（即通常所称的"博士点"）805 个[2]，可以指导博士研究生的导师 1143 人。这些博士点自然成为培养高级专门人才的重要基地。其中，植物

---

〔1〕 文化部教育司研究室. 学位问题参考资料 [M]. 北京：文化部教育司研究室，1979.

〔2〕 硕士学位授予单位 350 个，学科、专业点 2957 个。

学、动物学、微生物学、生物化学、昆虫学和病毒学等学科的博士点主要集中在综合院校，免疫学、生理学、胚胎学（后来发展为发育生物学）等学科的博士点则集中在医科院校。相对来说，生态学力量比较薄弱；遗传学因为此前受李森科主义的危害，发展受到极大阻碍，能够设置博士点的学校比较少。

表9-2-3　首批高校生物类博士点一览[1]

序号	学校名称	博士授予专业
1	北京大学	植物学、植物生理学、动物学、昆虫学、生理学、生物化学
2	南京大学	植物学、生物化学
3	复旦大学	病毒学、遗传学
4	上海医科大学	组织学与胚胎学、生理学、生物化学、微生物学与免疫学
5	北京师范大学	细胞生物学
6	北京协和医学院	生物学、生理学、生物化学、微生物学与免疫学、病理生理学、药理学
7	北京医科大学	组织学与胚胎学、生理学、生物化学
8	华东师范大学	动物学
9	武汉大学	植物学、病毒学
10	中山大学	植物学、昆虫学
11	山东大学	微生物学
12	北京农业大学	作物遗传育种、植物生理生化、植物病理学、昆虫学、农业微生物学
13	同济医科大学	病理解剖学、药理学、环境卫生学
14	中山医科大学	微生物学与免疫学、药理学、寄生虫学
15	第四军医大学	生理学、生物化学、微生物学与免疫学

　　[1]　国务院学位委员会办公室. 全国授予博士和硕士学位的高等学校及科研机构名册 [M]. 北京：高等教育出版社, 1987.

序号	学校名称	博士授予专业
16	厦门大学	海洋生物学、动物学
17	兰州大学	植物生理学、细胞生物学
18	华西医科大学	组织学与胚胎学、生物化学、病理解剖学
19	上海第二医科大学	微生物学与免疫学
20	四川大学	植物学
21	湖南医科大学	医学遗传学、生理学、病理生理学、药理学
22	南京农业大学	作物遗传育种、作物营养与施肥、植物病理学、农业微生物学
23	第二军医大学	生理学、寄生虫学、生药学
24	华中农业大学	作物遗传育种、果树学、农业微生物学
25	白求恩医科大学	微生物学与免疫学
26	东北林业大学	森林植物学、森林生态学
27	东北农业大学	动物营养学
28	解放军兽医大学	传染病学与预防兽医学、兽医寄生虫学与寄生虫病学
29	西安医学院	生理学

　　能够自己全面系统地培养各学科的硕士和博士，标志着我国教育制度的进一步完善，而学位制度的实施则是教育、科学领域中一系列重要改革的第一步，对培养、选拔科学专门人才，调动人们攀登科学高峰的积极性具有重要意义。国务院学位委员会第一次扩大会议的报告明确提出："各级学位的授予单位经国务院学位委员会报国务院批准公布。目前暂不具备条件的单位，要努力创造条件，争取今后增列为学位授予单位。"由于博士点、硕士点成为科研经费的汇聚中心和很多财政及人才政策的受益者，各高校纷纷开始围绕着学科点的建设

来规划学科的发展。[1]

1985 年 5 月，以《中共中央关于教育体制改革的决定》（简称《决定》）的发布为标志，开启了科技人才培养战略的重大转变。[2]1985 年，国务院批转了国家科学技术委员会、教育部和中国科学院关于试办博士后科研流动站的报告[3]，这些政策对各学科的发展产生了直接和重要的影响。

《决定》指出："根据同行评议、择优扶植的原则，有计划地建设一批重点学科。重点学科比较集中的学校，将自然形成既是教育中心，又是科学研究中心。"被认定为重点学科的院系，作为我国攀登科学高峰的"国家队"和培养科学家的"摇篮"，将受到重点扶持。而其评定标准又与前一阶段博士点的设立密切相关。[4]

结合 20 世纪 80 年代之前的发展，以及从博士点设立到重点学科形成的过程，可以看出，学科建设人才是关键。此后，重点学科的建设在相当长的一段时期内都是高等院校的根本建设，重点学科点的数量和质量是衡量一所高等院校学术水平的

---

〔1〕 二级学科无法申请成为一级学科，但是可以申请成为硕士和博士学位授予点，而一级学科一旦申请成功，其下的所有二级学科都可申请成为博士学位授予点。

〔2〕 1983 年，邓小平就鲜明地提出："教育要面向现代化、面向世界、面向未来。"1984 年，《中共中央关于经济体制改革的决定》指出："科学技术和教育对国民经济的发展有极其重要的作用，随着经济体制的改革，科技体制和教育体制的改革越来越成为迫切需要解决的战略性任务。"

〔3〕 1985 年，在李政道的倡议和邓小平的决策下，在清华大学、北京大学、复旦大学和中国科学院建立了中国第一批博士后流动站。

〔4〕 评选标准中对人才培养的要求是：培养博士生的数量和质量于全国同类博士点前列。

重要指标。[1]

三 20世纪90年代初以后

根据《决定》提出的"建设一批重点学科"的要求，国务院学位委员会于1986～1987年进行了第一次评选工作。该委员会将一些单位的学术水平、科研成果和师资力量等方面在国内外地位和声誉突出的学科，评定为国家重点学科。此后，经过2002年的第二次评选和2006年的第三次评选，在全国选出286个一级学科国家重点学科。其中，与生物学相关的在理、工、农、医四大类中都有反映（见表9-2-4）。

表9-2-4 理、工、农、医四大类中与生物学有关的
一级学科国家重点学科

学科门类	一级学科	所属高校	学科门类	一级学科	所属高校
理学	生物学	北京大学	工学	生物医学工程	北京协和医学院－清华大学医学部，清华大学
		北京协和医学院－清华大学医学部，清华大学			上海交通大学
		复旦大学			东南大学
		南京大学			浙江大学
		中国科学技术大学			华中科技大学
		武汉大学			四川大学
		中山大学			重庆大学
					西安交通大学

〔1〕 陆耘. 高校重点学科建设的若干问题 [J]. 高教探索，1985（4）：47－49.

学科门类	一级学科	所属高校	学科门类	一级学科	所属高校
农学	园艺学	浙江大学	医学	基础医学	复旦大学
	畜牧学	中国农业大学			第二军医大学
	兽医学	中国农业大学			第四军医大学
		南京农业大学		口腔医学	北京大学
	林学	北京林业大学			四川大学
		东北林业大学		中医学	北京中医药大学
	水产	中国海洋大学			广州中医药大学
				中西医结合	复旦大学
	作物学	中国农业大学		药学	北京大学
		南京农业大学			北京协和医学院－清华大学医学部，清华大学
		河南农业大学			中国药科大学
		华中农业大学			第二军医大学
	农业资源利用	中国农业大学		中药学	北京中医药大学
		南京农业大学			黑龙江中医药大学
		浙江大学			上海中医药大学
	植物保护	中国农业大学			南京中医药大学
		南京农业大学			成都中医药大学
		浙江大学			

　　评选的标准强调学科对我国经济、社会发展和国防建设的理论意义、现实意义以及已有成果的学术水平，对学术带头人的造诣和学术梯队的结构、院系教研条件与支撑能力以及学术氛围和交流活跃度等都有较高的要求。

　　需要指出的是，一级学科国家重点学科所覆盖的二级学科均为国家重点学科。因此，北京大学、北京协和医学院－清华大学医学部、复旦大学、南京大学、中国科学技术大学、武汉大学和中山大学，可以说是我国生物学学科建设最重要的基地。而二级学科国家重点学科（见表9-2-5）较多的南开大学、厦门大学、云南大学等在生物学领域也具有较强的实力。

表9-2-5　生物学二级学科国家重点学科

二级学科	所属高校	二级学科	所属高校
植物学	中国农业大学	遗传学	上海交通大学
	北京林业大学		中南大学
	首都师范大学		四川大学
	东北林业大学		第二军医大学
	浙江大学	发育生物学	湖南师范大学
	四川大学	细胞生物学	北京师范大学
	西北大学		河北师范大学
	兰州大学		东北师范大学
	海南大学		厦门大学
动物学	南开大学		第四军医大学
	内蒙古大学	生物化学与分子生物学	中国农业大学
	南京师范大学		吉林大学
	厦门大学		上海交通大学
生理学	山西医科大学		华中农业大学
	西安交通大学		第四军医大学
	第二军医大学	生物物理学	浙江大学
水生生物学	厦门大学		华中科技大学
	暨南大学	生态学	北京师范大学
微生物学	中国农业大学		东北师范大学
	南开大学		东北林业大学
	山东大学		华东师范大学
	华中农业大学		南京林业大学
	云南大学		浙江大学
神经生物学	首都医科大学		云南大学
	第四军医大学		兰州大学

硕士点、博士点和重点学科的建立，成为高校争取资源和发展空间的依据。各高校为了获得更多新的国家重点学科，并确保已有的国家重点学科不在下一轮评选中被撤销，往往会在相关学科加大扶持力度，这直接促进了一些优势学科的发展。

这段时间里，一个重要的变化是分子生物学的崛起。分子生物学的研究在我国起步不算晚，但是不同于国外有生物化学和遗传学的两条进路，中国的分子生物学由于遗传学的缺位，主要从生物化学领域出发。我国最早的分子生物学发展规划在"文革"前就已经由中国科学院上海生物化学研究所组织提出。经过 20 多年的停滞和缓慢恢复之后，随着 20 世纪 80 年代第一批出国留学人员学成归国，终于在 20 世纪 90 年代初开启了快速发展的局面，各个领域的研究都深入到了分子水平。在这个过程中，一方面前一阶段经济建设的成果为该学科发展所需的大量资金和设备提供了保证；另一方面，由于大家看到生物工程在未来经济中的地位，作为其基础的分子生物学也受到了从政府到民间的重视和关注。

同时，制度上的变化带来的是如雨后春笋般兴起的生命科学学院。自 1986 年，复旦大学生物系率先成立生命科学学院后，南京大学（1990）、中山大学（1991）、武汉大学（1991）和北京大学（1993）等先后将生物系升级为学院，此后，建立学科门类齐全的生命科学学院成为很多高校的奋斗目标。

以中山大学生命科学学院为例，学院早期以分类学和生态学为基础，逐渐发展了生理学、微生物学、细胞学、遗传学、生物化学与分子生物学等学科。[1]因为地缘优势和产业需求，现已拥有覆盖生物学、海洋科学、农业科学、药学和畜牧学等一级学科的 17 个博士点（植物学、动物学、生理学、水生生物学、微生物学、遗传学、生物化学与分子生物学、生态学、生物物理学、神经生物学、细胞生物学、发育生物学、生物技术、食品安全生物学、信息生物学、海洋生物学、农业昆虫与害虫防治）和 20 个硕士点[2]。

进入 21 世纪之后，随着生物系研究体系的健全发展，新学科在教育系统中的体现已经排在了研究之后。一个突出的例子就是生物信息学，虽然以 1998 年参与人类基因组计划为标志，中国在生物信息学方面的工作已经与世界接轨，但直到 2002 年，才在浙江大学设立了第一个生物信息学专业。

人类在理论和实践上对知识的把握程度决定了学科分类的状况。[3]生物学是一个内容庞杂的知识体系，包括复杂的分支，不同分支学科之间又存在广泛的联系和交叉，并不断滋生出新的领域。不同标准下对生物学二级学科的划分和高校中的院系专业设置一方面反映了知识积累和认识的程度，另一方面则要适应学校管理和发展的需求，因此在不同时期，形成了不同的设定。由此构造出的一种对知识进行管理和发展的思路和框架，虽然不是学科前沿演变的决定因素，但是对知识的继承和人才的准备起着关键作用。

---

〔1〕 1987 年国家首批建立生物学博士后流动站的单位，同时也是首批获得生物学一级学科博士学位授予权的单位。

〔2〕 含除 17 个博士点之外的药物分析学、药理学和草业科学。

〔3〕 丁雅娴. 学科分类研究与应用［M］. 北京：中国标准出版社，1994.

第三节　高校教材和学制的变化

中华人民共和国成立之初，为适应国家建设的急需，就在高等学校暂行规程中对专科学校的设置做出了规定。这类学校学制一般为 2~3 年，课程强调联系实际，以期在较短的时间里培养出掌握专门技术，能够为社会主义建设服务的人才。在民国时期的旧职业学校和农事试验场的基础上，一批农林专科学校迅速建立起来，成为生物学专业教育和研究的最基层单位[1]。

院系调整期间，原来高校中普遍实行的学分制，改成了学时制；学生管理方面，则实行兼职辅导员制；各学科的课程设置和教学计划也都按当时苏联高校样式进行了修订与调整，以往公共必修的外语课从英文改为俄文。在生物学系，最重要的变化是增加了米丘林生物学。

院系调整之前，各高校仍沿用民国时期的教材，虽有政府审定推荐的种类，但并无定例，使用何种教材完全根据教员的喜好选择。水平高的学校更以直接使用国外（英美为主）的原版教材为荣。不过，从 20 世纪 50 年代初起，中央人民政府高等教育部已经开始有计划地主持翻译一批苏联高等学校的各科教材，并向全国各高校推荐。1952 年后，

译自苏联的动物学课本

---

〔1〕　袁隆平工作过的安江农校就可算其中之一。

在全面学习苏联的大潮下，各高校一方面聘请苏联教员，并随之引进苏联教材，另一方面也组织力量按苏联教学大纲编写讲义[1]。

1954年创立的高等教育出版社[2]（以下简称"高教社"），自成立至20世纪60年代初都是以翻译出版苏联教材为主（见表9-3-1）。这一时期参与翻译的主要是学习俄文专业的中国人和解放较早的东北地区的高校教师。根据中央关于"教材分两步走，先解决有无，再解决提高"的要求[3]，对苏联教材的选择以及与中国实际相结合的问题，虽不无意识，但也只能留到以后去解决了。

此外，在20世纪50年代，高等教育部还陆续主持编订了各科的教学大纲，如由北京师范大学负责的有生物化学（鲁宝重主编）、农业基础（谢孔主编）和生理学（汪堃仁主编），北京大学负责植物生理学[4]，等等。以新的教学大纲为依据，高教社又出版了一批自编教材，初步满足了高等学校和中等专业学校的教学需要。

在这段时间里，人们普遍相信"苏联的今天就是我们的明天"，在编写的教材和大纲中处处体现出要"把苏联过去的成就

---

〔1〕 如1953年的武汉大学。

〔2〕 它是中华人民共和国最早设立的专业教育出版机构之一，归教育部直接领导。

〔3〕 1952年9月24日，《人民日报》社论指出："苏联各种专业的教学计划和教材，基本上对我们是适用的。它是真正科学的和密切联系实际的。至于与中国实际结合的问题，则可在今后教学实践中逐渐求得解决。"

〔4〕 段金玉. 综合性大学生物系各专业植物生理学教学大纲的初步修订和一些体会 [J]. 植物生理学通讯，1955（4）：16-17.（大纲的基本内容主要还是依据苏联的教学大纲，建议以马克西莫夫的《植物生理学简明教程》和鲁宾的《植物生理学》为参考。动物学方面受其影响似乎较小，见吴仲贤1956年关于遗传学的文章。）

当作我们今天奋斗的目标"。一个好的变化则是可以看到野外实习得到了加强，如北京师范大学将动植物标本采集改为野外实习，固定于教学计划中：一年级到海滨，进行无脊椎动物及低等植物实习；二年级上山，进行脊椎动物及高等植物实习。

表9-3-1　部分20世纪50年代流行的译自苏联的生物学教材

出版年	书名	作者	译者	页数	出版社
1954	米丘林生物学概论	杜柏洛维娜	北京师范大学		中央人民政府高等教育部教材编审处
1953	动物学教程（上）	马特维也夫等	萧前柱等	443	中华书局
1954	动物学教程（下）	马特维也夫等	萧前柱等	405	中华书局
1954	达尔文主义	杜布罗维娜等	北京师范大学		中央人民政府高等教育部教材编审处
1954	生物化学	兹巴尔斯基	哈尔滨医科大学王琳芳		人民卫生出版社
1957	人体解剖学	巴甫洛夫		404	高等教育出版社
1957	动物学实习	克尔美涅茨基	温业棠翁禹声	282	高等教育出版社
1957	普通植物学实习	加什科娃	宋承文	153	高等教育出版社
1957	植物生物化学基础（上、下）	克列托维奇	李华等	315	高等教育出版社
1957	脊椎动物学（下）	纳乌莫夫	周家兴、刘后贻	603	财政经济出版社
1958	动物学教程（下）	波布林斯基、马特维也夫	萧前柱等	372	高等教育出版社
1958	动物学简明教程	金克维奇、纳乌莫夫	何鸿恩	415	高等教育出版社
1960	植物地理学	莎芭琳娜	华东师范大学生物系植物地理学翻译室	774	上海科学技术出版社
1960	植物生理学	拉斯卡托夫	张良诚等	366	科学出版社

1958 年，随着"大跃进"运动的展开，国家提出"教育为无产阶级政治服务，教育与生产劳动相结合"的方针，强调培养的学生除了能够在科学技术上攀登高峰外，还必须成为革命者和劳动者。因此，在 20 世纪 60 年代自编的教材中，一个明显的指导思想就是教学要与生产结合。同时，本着科学技术服务生产的基本理念，对基础课程的教学工作进行了以应用为纲的大规模改革。很多学校要求学生结合动植物课程的学习到农场去劳动锻炼。

在这个浪潮中，也掀起了人们对生物学研究目的的讨论。一部分人认为："我们研究生物学，是为了征服自然，向宇宙进军，达到人寿年丰的目的，而不是为了解释生物界的进化规律与多认识几种动植物。"[1]因此，有观点认为应摆脱"以形态解剖为纲、以达尔文进化论为中心"的脱离实际的旧教学体系，建立既能反映现代生物科学成就和时代精神，又能多、快、好、省地提高教学质量和适应社会主义建设需要的，"以生理为纲、以改造自然为中心"的新教学体系，并据此编写教材。

虽然，这类观点有些偏激，不过在认识到现代生物科学本身"已从描述的阶段进入到了研究生命现象的本质的阶段"，生物化学、生物物理学等现代科学正在迅速崛起，生物学上许多重大问题，如群体丰产、遗传物质基础，无不与生理机制和物质代谢发生密切的联系的情况下，强调研究生理机制，控制有机体生命活动，是当时生物科学的中心任务，也不无道理。

身为中国科学院生物学部主任的童第周，适时地提出要加强在生物学研究中运用现代物理学与化学的成就，特别是要迅

---

〔1〕 姚秉豫. 革命浪潮中的生物系〔J〕. 生物学教学，1960（6）：1-4.

速掌握新技术的运用，如电子显微镜、超微量分析和放射性同位素的应用等。他还建议开办训练班，在中国科学技术大学培养相关干部，以及在北京和上海建立生物学仪器制造技术系统中心等[1]。

在这种氛围下，各高校的课程和教材都实行了改革。以华东师范大学为例，第一，为贯彻教学、科研和生产劳动三结合并加强理论联系实际，在课时安排上，增加了劳动、科学研究、实验、实习[2]和自学的时间，并增设了大实验；第二，对学生的外语能力有了明确要求，并安排了第二外语的学习[3]；第三，根据教学改革的要求，改造、充实、更新了现有实验室和仪器设备，兴建了新实验室并自制了各种设备。

武汉大学生物系则办起了工厂，组织师生共同编写教学大纲和教材，到1965年已经有了同位素应用技术（选修）这样比较新的内容。

总的来说，在这一时期的探索与调整中，全国大一统的以苏联为来源的课程体系受到了挑战，在各校进行自主探索时，不乏盲动和浪费。但是，在对"理论联系实际"和"自力更生"的倡导中，高校生物系中确实也出现了一些积极的变化，主要体现在实验室和设备有了不同程度的更新，有意识地利用物理和化学方面的新成果，为开设尖端学科的实验等做出了一些尝试，积累了经验。[4]

---

〔1〕 童第周. 积极开展学术讨论与加强在生物学研究工作中运用现代物理学与化学的成就［J］. 科学通报, 1959（9）: 296 - 297.

〔2〕 从生产实践中提出问题，与工农群众结合，跟有关单位协作进行研究。

〔3〕 要求从第三学年开始学习第二外语。学生毕业时对第一外语能在本专业范围内有听、写、看的能力，第二外语达到能阅读本专业书刊的能力。

〔4〕 姚秉豫. 革命浪潮中的生物系［J］. 生物学教学, 1960（6）: 1 - 4.

"文革"开始之前，高等教育部发出了号召"半工半读"的精神，一些高校也出台了试行方案。如武汉大学生物系的动物学和植物学专业，1965 年的一年级新生就开始试行半工半读制度，减少了理化课程的课时，增加了有关农业生产的课程。

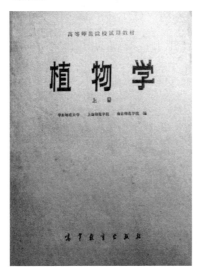

"文革"结束后编写的《植物学》和《细胞生物学》课本

　　"文革"后期，全国高校以推荐制录取学生，统称"工农兵大学生"。这段时间入学的学生文化水平参差不齐，高校采用的学制和教学大纲也不正规。仍以武汉大学生物系为例，1970 年，其微生物专业以工业微生物专业招生，学制 3 年；植物专业以农业生物系招生，学制 1 年；新设生物资源综合利用专业，学制 3 年，毕业时改为生物化学。[1]虽然如此，工农兵大学生在"文革"造成的人才断层时期，还是发挥

---

〔1〕 1970～1976 年共招生 624 人。见《武汉大学生命科学发展史实 (1907—1993)》（武汉大学生命科学学院，1993）一书。

了一些承上启下的作用，许多人后来经过进一步深造，成为业务骨干。

至于教科书的出版，从"文革"开始，生物学与其他学科一样，几乎完全停滞下来。伴随1977年高校恢复招生，大中专教材开始恢复出版。1977年8月，教育部在北戴河召开了高等学校理科教材座谈会。期间既讨论了外国教育的研究工作，也为国内的教材建设制订了规划。例如会上决定由兰州大学郑国锠教授编写《细胞生物学》高校教材，并草拟《细胞生物学教学大纲》[1]等。

1978～1989年，高等教育出版社负责了大部分生物学教科书的印制发行（见表9-3-2和表9-3-3）[2]，其中不乏经典之作。除获奖作品之外，华东师范大学的《植物学》等都是应用较广的教材。此外，一些高校的出版社也自行编印了少量教材（见表9-3-4）。

20世纪80年代，为尽快弥补"文革"带来的人才缺口，很多学校开办了工农兵学员进修班、夜校[3]和函授课程。提供生物类函授教育的主要集中在师范学校，如1982年南京师范大学生物系开设了学制三年的函授教育等。随着高校教学体系的恢复和健全，这些办学形式也就逐渐变成了补充性质的成人继续教育。

---

〔1〕 1977年10月，郑国锠受命草拟的教学大纲被成都教材会议审议通过。

〔2〕 徐家祥. 全国高等学校教学用书总目：第1辑 [M]. 北京：新华书店总店，1989：82.

〔3〕 北京协和医学院的护理专业开设了夜校。

表9-3-2　高等教育出版社发行的生物学教科书（北京印刷）

序号	书名	编著者	序号	书名	编著者
1	生物学概论＊＊	黄厚哲[1]	16	神经电生理学＊	王伯扬
2	普通生物学	南开大学、武汉大学、复旦大学、四川大学	17	动物生理及比较生理实验	李永才
3	普通生物学实验	复旦大学、四川大学	18	人体组织解剖学（第二版）	北京师范大学等
4	生物学教学论	赵锡鑫[2]	19	人体组织解剖学（第二版）	曾小鲁
5	生物进化论	李难	20	普通动物学实验指导	武汉大学、南京大学、北京师范大学
6	生物统计学	杜荣骞	21	动物学（上）	华中师范学院、南京师范大学、湖南师范学院
7	普通动物学（第二版）＊＊	武汉大学、南京大学、北京师范大学	22	动物学（下）	华中师范学院、湖南师范学院、南京师范大学
8	动物生理学＊	陈守良	23	动物学（上、下）	刘恕
9	无脊椎动物学（修订本）	江静波	24	脊椎动物学	丁汉波
10	脊椎动物学野外实习指导＊＊	盛和林、王岐山	25	脊椎动物比较解剖学	马克勤、郑光美
11	比较生理学	李永才、黄溢明	26	脊椎动物比较解剖学实验指导	马克勤
12	人体及动物生理学	王玢	27	脊椎动物比较解剖学（上、中）	张孟闻
13	生理学大纲（第五次修订）	吴襄	28	动物分类学原理与方法	郑乐怡
14	人体解剖生理学	曾晓春	29	鸟类分类及生态学	傅桐生、高玮、宋榆均
15	人体解剖生理学实验指导	曾晓春	30	大连沿海无脊椎动物实习指导	宋鹏东

〔1〕　厦门大学教授。
〔2〕　东北师范大学教授。

序号	书名	编著者	序号	书名	编著者
31	实验动物解剖学	南开大学	45	植物生理学（上、下）*	潘瑞炽、董愚得
32	动物生态学（上、下）**	华东师范大学、北京师范大学、复旦大学、中山大学	46	被子植物胚胎学	胡适宜
33	动物生态学实验指导	北京师范大学、华东师范大学	47	植物生理学	刘钟栋
34	动物胚胎学实验指导	张天荫、翟玉梅、廖承义、杜樊琴	48	植物生理学实验	薛应龙
35	发育生物学	丁汉波	49	植物群落学	王伯荪
36	昆虫学（上、下）	南开大学、中山大学、北京大学、四川大学、复旦大学	50	植物生态学	曲仲湘
37	昆虫病理学	南开大学	51	植物生态学实验	内蒙古大学
38	蜱螨学纲要	忻介六	52	植物解剖学	李正理、张新英
39	植物学（上、下）	华东师范大学	53	种子植物分类学	汪劲武
40	植物学简明教程	高信曾、汪劲武	54	真菌学	周与良、邢来君
41	植物学实验指导	高信曾	55	生物化学简明教程（第二版）	聂剑初等
42	植物学（系统、分类部分）	中山大学、南京大学	56	普通生物化学（第二版）	郑集
43	植物学（形态、解剖部分）（第二版）	高信曾	57	生化实验方法和技术**	张龙翔、张庭芳、李令媛
44	植物学（上、中）	李扬汉	58	生物化学	钟洪枢、关基石

序号	书名	编著者	序号	书名	编著者
59	生物化学实验（第二版）	袁玉荪、朱婉华、陈钧辉	72	遗传学（第二版）	周希澄、郭平仲、翼耀如
60	基础生物化学实验	北京师范大学	73	遗传学实验（第二版）	刘祖洞、江绍慧
61	生物化学实验指导	北京大学	74	遗传学实验	河北师范大学、新乡师范学院、北京师范学院、山东师范学院
62	蛋白质分子基础	陶慰孙	75	遗传学实验方法和技术	吴鹤龄等
63	基础分子生物学	刘培楠、吴国利	76	作物育种学	郭平仲
64	生物化学和分子生物学习题与计算	陶慰孙	77	细胞生物学教程	郝水
65	微生物学	武汉大学、复旦大学	78	细胞生物学实验	兰州大学
66	微生物学	谭洪治	79	有丝分裂和减数分裂	郝水
67	微生物学实验（第二版）	范秀容、李广武、沈萍	80	生物物理学	程极济、林克椿
68	微生物遗传学实验	盛祖嘉、陈中孚	81	光生物物理学	程极济
69	环境微生物学	王家玲	82	生物流变学	吴云鹏、梁子钧
70	环境微生物学实验	王家玲	83	生物物理技术——波谱技术及其在生物学中的应用	林克椿
71	基础微生物学专题选	复旦大学			

﹡1988 年获国家教委一等奖

﹡﹡1988 年获国家教委二等奖

表9-3-3　高等教育出版社发行的生物学教科书（上海印刷）

序号	书名	编著者	序号	书名	编著者
1	生物科学摄影基础	王伯扬	7	植物生理学（上、下）	曹宗巽、吴相钰
2	生理学实验	谢景田、谢申玲	8	苔藓植物学	胡人亮
3	组织学	朱洪文	9	糖类的生物化学	吴东儒
4	组织学实验指导	芮菊生	10	分子细胞生物学	韩贻仁[1]
5	组织切片技术	芮菊生、杜懋琴、陈海明、李次兰	11	膜生物物理学	张志鸿、刘文龙
6	动物胚胎学	曲漱惠、李嘉泳、黄浙、张天荫			

表9-3-4　部分高校和科技出版社发行的生物学教科书

序号	书名	编著者	出版社	出版年	备注
1	医学放射生物学	刘树铮	原子能出版社	1986	
2	遗传学题解	江绍慧、顾惠娟译	北京大学出版社	1986	斯特里克伯格（M. W. Strickberger）著
3	植物细胞和组织培养	尤瑞麟等译	北京大学出版社	1988	雷纳（J. Reinerin），雷诺玛（M. M. Yeoman）著
4	植物分子生物学	吴相钰，何笃修译	北京大学出版社	1988	格里尔森（Donald Grierson），科维（Simon N. Covey）著
5	脊椎动物学（上、下）	杨安峰	北京大学出版社	1983，1985	
6	细胞生物学实验	李荫蓁	北京大学出版社	1989	

------

[1]　山东大学教授。

中国生物学史·近现代卷

序号	书名	编著者	出版社	出版年	备注
7	微生物学实验	钱存柔	北京大学出版社	1985	
8	拉汉原生动物名称	庞延斌、邹士法	华东师范大学出版社	1987	
9	发育生物学	徐信	华东师范大学出版社	1986	
10	解剖生理学	邱树华、刘国隆	上海科学技术出版社	1986	
11	生理学	刘国隆	上海科学技术出版社	1987	
12	组织学与胚胎学	贲长恩	上海科学技术出版社	1985	
13	正常人体解剖学	邱树华	上海科学技术出版社	1986	
14	生物化学	齐治家	上海科学技术出版社	1985	
15	生物化学	赵伟康	上海科学技术出版社	1988	
16	微生物学	章育正	上海科学技术出版社	1986	
17	植物学	李扬汉	上海科学技术出版社	1984	
18	生物化学教程	张洪渊	四川大学出版社	1988	
19	基因工程原理和方法	齐心鹏、黄水秀、梁明山	四川大学出版社	1989	

贾德森（H. F. Judson）在《创世纪的第八天》一书中提到："当一门科学变成学科时，我们就能买到课本去上课，20世纪70年代初的分子生物学就处于这种状态。"这是对分子生物学革命的一个直观描述，也反映了教材在学科发展中的地位和作用。教材的出版情况，可以间接反映学科发展的成熟度，以及不同院校和其他不同单位的学科优势。这批教材，一方面反映了"文革"后对发展不同学科的迫切需求，另一方面也反映了此前中国生物学在不同领域的学术积累。

1985 年，《中共中央关于教育体制改革的决定》颁布之后，高校在课程体系建设和教材出版方面被赋予更多自主权，因此也取得了一些有特色的成就。新编、翻译或编译的教材大量涌现。同时，伴随出国留学的兴起，使用国外原版教材再度成为时尚。20 世纪 90 年代以后，影印的美国经典生物学教材，尤其是生物化学、分子生物学和细胞生物学等领域的教材〔如莱宁格尔（A. L. Lenninger）的《生物化学》（*Biochemistry*）、《基因》（*Gene*）和《细胞》（*Cell*）等〕，通过非正式的渠道，大量流传。学生使用原版教材很大程度上是为出国留学做准备，教师也鼓励这种做法。因为大量使用原版英文教材，专业名词的翻译问题就不再尖锐和紧迫，客观上促进了与国际接轨的进程。

其实，教材的出版需要配合学校的课程设置来看，才能更全面地反映生物学高等教育的基本状况。例如，20 世纪 80 年代中期，一些学校已经开设了分子生物学[1]；到 20 世纪 90 年代，一些学校在生物系的基础课中加强了对数学的要求，并开始普及计算机的使用。在不同学校的不同院系、专业中，基础课和专业课的科目选择、课时比例，实验课与实习的安排等，都映射着学科的发展水平。但限于材料，这个角度的观察尚待后续工作。

第四节　研究生教育与留学生的派遣

科学人才的培养是决定科学发展的主要环节。中国的科学基础薄弱，为了有效地促进科学研究力量的成长，需要采取正

---

〔1〕　武汉大学将其设为选修课程。

规的办法，有计划、有步骤地培养合格的科学研究人才。

一 "文革"前的生物学研究生与留学生

1954 年 6 ~ 7 月，中国科学院院务常务会议组织起草并通过了《中国科学院研究生暂行条例》，1955 年 8 月经国务院全体会议批准，成为中国第一个有关培养高级科学人员的条例。该条例对研究生的招收、培养、待遇与工作分配等做了明确规定。1955 年 9 月招收了第一批研究生，分 45 个专业，共 50 人。至 1965 年，中国科学院共招收研究生 1287 人。

分摊到生物学领域，在"文革"前培养的研究生其实寥寥可数。例如，上海生理生化研究所，1956 年开始招收研究生，到 1965 年共招收 7 届 37 人；上海植物研究所从 1955 年至 1965 年只招收了 17 人。原因在于一方面生源缺乏，另一方面导师的人数和精力也非常有限。上海生理生化研究所生化大组能够招生的导师只有王应睐和曹天钦，植物研究所（经典分类领域）虽然导师人数相对较多，但在学部的讨论会上，植物组对培养研究生条例的建议却是"目前暂不招研究生"，理由如下：一是领导忙，无力培养；二是要开课，目前没有力量；三是认为研究生应主要通过科学工作培养；四是认为时间是大问题；五是与高等学校条例不一致。[1]

说到高等学校，1953 年，高等教育部曾颁布《高等学校培养研究生暂行办法（草案）》。尔后各校以此为依据，制订自己的研究生培养规则并招收研究生。武汉大学生物系 1954 年就招收了第一届研究生，开 1949 年后高校生物系招收研究

---

〔1〕 薛攀皋，季楚卿，宋振能．中国科学院生物学发展史事要览（1949—1956）[M]．北京：中国科学院院史文物资料征集委员会办公室，1993：202．

生之先河，不过导师只有高尚荫一人。到 1956 年一共招收了 13 名研究生，其中 8 名是以遗传育种研究生班的形式由苏联专家谢洛莫娃指导学习，目的是培养达尔文主义和遗传育种学的师资。之后，1957 年和 1962 年，分别开始招收植物学和动物学研究生，不过数量有限。北京师范大学则开办了动物学研究生班和生理学研究生班，聘请了昆虫学家朱弘复和邓国藩，电生理学家、美籍加拿大人霍德，药理学家雷海鹏等兼职教授，以及多名苏联专家作为专职教授。由于这一时期尚未建立学位授予制度，研究生毕业不授予学位，只颁发毕业证书。

与此同时，我国也选送了一批学生到苏联和东欧社会主义国家留学，攻读研究生学位。其选拔条件除学业要求之外，对政治审查尤为严格，意在培养政治可靠的科技人才。

例如，中国科学院北京植物研究所 1956 年开始选拔年轻研究人员赴苏联留学，1956 年 4 月中国科学院批准了 7 人前往科马洛夫植物研究所和莫斯科总植物园等机构留学，但由于对苏联的情况并不十分了解，在专业选择和课程设计上与预期有所差距，有些人只好将留学改为进修。除中国科学院之外，各高校也都有选送[1]。1962 年后，因中苏关系紧张，这个留学渠道便逐渐取消了，最后一批留苏学生也于 1966 年底全部回国。

除派遣留学生出国留学之外，我国也开始吸收外国留学生来华学习。1954～1966 年，北京农业大学共接收了来自 12 个国家的外国留学生 131 人，按期毕业 47 人，因为"文革"影

---

〔1〕 北京师范大学在这期间选送王玢、孙儒泳、姜在阶和董悌忱到苏联留学。

响未完成学业的有 75 人。[1]

二 CUSBEA 项目

虽然 1978 年恢复研究生培养，但是各科研机构和高等院校普遍感到师资和科研力量青黄不接。因此，利用国外的条件，培养一批我国急需的优秀人才，成了当务之急。

在国家开始恢复选派学生出国留学之初，一种派出方式是校际合作。例如，1979 年，经教育部、外交部和农业部批准，北京农业大学与联邦德国霍恩海姆大学建立了校际合作，交换访问学者，接受研究生，开展合作研究等。之后，北京农业大学又与美国、加拿大、新西兰和日本等国的高校建立合作关系。

但是，普遍来讲，国内外大学之间彼此缺乏了解，中国与外部世界的联系仍不畅通。最大的留学目的地美国，其大学和研究院录取外国学生所必需的 TOEFL 考试和 GRE 考试又尚未在中国开办。因此，大规模向国外派遣留学生有着现实困难。

在这种情况下，旅居海外并具有较高学术声誉的一些华裔科学家，主动担负起了牵线搭桥的任务。1979 年，华裔美国物理学家、诺贝尔奖奖金获得者李政道率先发起中美物理学联合招生项目（China-United States Physics Examination and Application Program，简称"CUSPEA"项目），为中国向美国派出学习物理的留学生打开了通道。[2]

紧随其后，1981 年，康奈尔大学的华裔分子生物学家

---

〔1〕 其中 110 人来自越南。（张学琴. 北京农业大学外事记（1949—1995）[M]. 北京：中国农业大学出版社，1999.）

〔2〕 这个项目的实施使得中国可以连续 10 年每年选派 100 多名优秀留学生赴美国一流大学和科研机构学习物理。

吴瑞教授[1]发起了中美生物化学联合招生项目（China-United States Biochemistry Examination and Application Program，简称"CUSBEA"项目），在我国国内选拔优秀的学生赴美国学习生物化学和分子生物学。这为国内大规模地选派优秀学生到美国学习生命科学开辟了道路。

1981～1989年，CUSBEA项目由教育部[2]委托北京大学主办，一共实施了8次，先后派出422名优秀学生赴美攻读生物学科的博士学位。他们中许多人后来取得博士学位，并成为美国高校的教授，至今仍然活跃在生物科学的教学和科研岗位。[3]有相当一部分人，如王小凡、王晓东、骆利群、陈雪梅、袁钧瑛、施扬和赵国屏等成了国际一流的生物学家。

1984年起，GRE考试和TOEFL考试在中国国内开始广泛举行，留学通道基本打开。由于在这之前的几年，中国派出的留学生在美国表现非常突出，1984年以后，美国高校也开始大量接收非国家公派的个人自由申请的学生赴美留学。

留学的通道全面打开以后，CUSBEA项目在特定时期所肩负的历史使命算是圆满完成。作为我国改革开放后生命科学领域最早的国家公派留学项目，它对中国生物学研究在21世纪能够跻身国际领先地位，所起的引领作用功不可没。

与此同时，国内自行培养研究生的能力也逐步发展起来。据统计，中国科学院上海生理生化研究所（后改名为上海生物化学研究所）在1978～2000年共招收硕士研究生22届579

---

〔1〕 吴宪长子。

〔2〕 1985～1998年，称为国家教育委员会。

〔3〕 陈小科，张大庆. CUSBEA项目及其对中国生命科学发展的影响［J］. 自然辩证法通讯，2006，28（1）：53－61.

人，1985～2000 年（1999 年该所与其他几个研究所整合并入上海生命科学研究院）招收博士研究生 15 届 278 人，这些学生中后来先后担任过指导教师的有 81 人（博士生导师 52 人）。植物研究所在 1981～2007 年共毕业硕士生 360 人，1986～2007 年共毕业博士生 476 人。

高校中，以武汉大学生命科学学院为例，1993～2000 年，硕士生的招收人数保持在每年 40 人左右[1]；博士生则从 1993 年的仅招收 4 人，增加到 2000 年的 40 人。能够授予高级学位的专业增加，导师队伍扩大。

高层次人才的培养规模稳步扩大，反映了学科发展水平的提高，为中国的生物学发展保障了充足的人力资源。

第五节　初、中等教育和公众科普

1949 年以来的生物学初、中等教育情况，在教育领域已有一些回顾。以往的科技史作品很少触及这个方面，然而这才是普通大众能够从一个学科的知识增长中获得实际益处的环节，也在一定程度上左右着学科能够吸引到什么样的后继之人，因此在这里进行简要梳理。

中华人民共和国成立初期，教育部颁发过一个《中学暂行教学计划（草案)》（1950），不过全国上下并未有统一教材，生物课使用较多的教材是周建人的《植物学》和《动物学》、老解放区的《生理卫生》以及陈桢编订的《高中生物学》等。

1952 年，教育部颁发了第一部《中学生物学教学大纲

〔1〕 因受计划名额限制，规模变化幅度不大。

（草案）》，人民教育出版社开始据此编写全国通用教材。这个时期的教学正全面学习苏联，大纲设置了4门生物课程，即初中的植物学（106学时）、动物学（104学时），高中的人体解剖生理学（70学时）和达尔文主义基础（72学时），是20世纪下半叶以来课时最多的时期。同时，教材中正式设置了实验内容。例如，在初一《植物学》的"种子和种子萌发"一节，安排了观察菜豆和玉米种子的构造，用实验证明小麦种子含有水分、有机物和无机物，从面粉中析出淀粉等多项实验。1956年，教育部又颁发《中学生物实验园地实习大纲》草案，号召基本生产技能的教育，因此很多学校开辟教学园地，组织课外活动（采集、制作标本、养兔和种植作物等）。这一时期，中学生物学教材主要是向苏联学习，以知识为中心，强调严密的科学体系，重视基本知识和基本技能的培养。[1]高等院校的入学考试，生物和农医专业则需加考达尔文主义基础。[2]

这一阶段，教师教学认真、勤于钻研，还推出了一些先进典型，如上海中学的顾巧英等。但突出问题是高中生物主要学习达尔文主义基础，把意识形态带入科学课程，削弱了有关细胞、新陈代谢、生殖发育和遗传学的内容，事实上是把先进的生物学知识排除在教学之外。

1958年，顺应"大跃进"运动的形势，教育部对中学教学计划进行了调整，各地结合"当地生产实际"，自编教材。人民教育出版社出版了《高中生物学》。困难时期搞"瓜菜

---

〔1〕 周丽威. 建国以来我国高中生物学教材的发展 [J]. 生物学教学，2007，32（7）：7-9.

〔2〕 本刊中学生物教学栏. 我国中学生物学教学四十年的回顾 [J]. 生物学通报，1992（7）：9-12.

代"，学校率领学生种菜，甚至搞杂交和引种试验，虽然培养了学生的劳动技能，增加了生物学的感性知识，但生物学的课程基础教学受到了影响，教学质量有所下降。

"大跃进"运动后，在总结了前一阶段的经验和教训的基础上，1961年，人民教育出版社恢复编写中学生物学通用教材，出版了生物学一、二、三册课本，分别相当于植物学、动物学和高中生物课本。1963年，教育部制定了新的《全日制中学生物学教学大纲（草案）》，包括初中的植物学（70学时）、动物学（54学时），高中的生理学卫生（51学时）和生物学（70学时）。该大纲对实验内容做了特别详细的要求，如植物学实验要求学生能够使用低倍显微镜，做装片和徒手切片，做简单的植物生理实验，画植物见图，采集和制作标本等。

谈家桢

这一时期的生物教学停开达尔文主义基础课，教材贯彻百家争鸣的方针，编入了摩尔根学派的内容[1]，强调基础知识和基础训练，算是初步摆脱了照搬苏联的学术体系和内容。1959年，复旦大学建立了遗传学研究室，1961年扩建为研究所，遗传学家谈家桢任所长。经典遗传学在我国又开始有了一线生机。当时，我国还从国情出发，要求加强教学中的直观性，为此举办了全国自制教具展览等有助于提高教学质量的活动。

---

〔1〕 当然也还没有舍弃米丘林学派。

然而，随着"文化大革命"的到来，中学生物学课程被取消，各地自编农业基础知识课，甚至以生产劳动代替生物学课程学习。

直到 1978 年，教育部召开全国教育工作会议，发布了《全日制十年制学校中学生物教学大纲（试行草案）》和《全日制十年制学校中学生理卫生教学大纲（试行草案）》，生物学课程才得到初步恢复。这一版大纲设置初中的生物学（64 学时）、生理卫生（48 学时）和高中的生物学（30 学时）。[1]

这一时期最严重的问题是师资缺乏且水平不高（新教师多，外行多），且由于多年的封闭，教师多不具备现代生物学知识。虽然 1980 年复刊的《生物学通报》系统地组织了有关现代生物学知识的文章，介绍国外生物教学情况，有关单位也组织了教师的进修和培训，但因为高考入学考试不考生物学，所以这个学科尚未得到足够重视，实验室空置、教具缺乏都是普遍现象。

根据邵阳地区教学辅导站 1979 年对区内中学做的一次调查发现，忽视甚至取消生物课的情况严重，表现在：一是约一半的学校根本不开生物课，有的学校虽然开了生物课，但常常要为其他科目让路；二是学校生物教师的数量和质量都得不到保证，教学积极性不高。许多学校把生物课打入"冷宫"，把生物教师也入了另册。[2]

---

〔1〕 1979 年编写出版的高中生物试用课本主要讲述了生命的物质基础和结构基础以及生命的基本特征（新陈代谢、生殖发育及其调节、遗传和变异等）的内容。教材介绍了分子生物学的初步知识，阐述了有关生命活动本质的一些内容。

〔2〕 邵阳地区教学辅导站. 救救生物课 [J]. 湖南教育，1979（9）：44.

这种情况引起生物学家的极大关注。1980 年，38 名知名生物学家联名发出《关于恢复和加强生物教学的倡议》，提出加强师资培训和归队工作。[1]但直到 1980 年底，仍有不少学校在是否要开设生物课问题上犹豫不决。

从 1981 年开始，我国要求报考高校理、工、医、农科的考生都参加生物学考试，并将逐年增加计分比例。这对于中学生物学教学的改革与充实，以及自然科学知识的普及与提高都有着很大的意义。

从 1981 年普通高等学校招生全国统一考试生物卷的成绩看，不同地区间的成绩差异甚大，细胞学和遗传学的基础普遍较差。据浙江省的统计，在近五万份试卷中，"试从分子水平扼要说明细胞有丝分裂的间期，细胞内部发生的一个主要变化是什么。举例说明这个变化在遗传和变异上有什么重要意义"一题，几乎没有一人能完全达到得分要求。有一考生在试卷上以惋惜的口气写道："我并不是要学张铁生，只因为我们学校没有开生物课，无法解答，请批卷老师原谅。"[2]

此后，认为生物学课可有可无的想法，终于得到了改变，教学内容安排和教材编写不当等方面的问题也逐渐得到解决[3]。

1986 年，《中华人民共和国义务教育法》开始实施。国家教育委员会根据九年义务教育的要求，组织草拟生物学教学大

---

〔1〕 刘恩山，张海和. 建国以来我国中学生物学课程简要历史回顾［J］. 生物学通报，2007，42（7）：37–41.

〔2〕 李泽浩. 从 1981 年高考生物学试卷看如何提高中学生物学教学质量［J］. 杭州师范学院学报（社会科学版），1981，3（S1）：98–99.

〔3〕 在相当长的时期内，中学生物教材编写原则都面临双重任务：一是为高一级学校输送合格的新生，二是为各产业部门输送合格的劳动后备力量。

纲，于 1988 年 1 月颁布了《九年制义务教育全日制初级中学生物学教学大纲（初审稿）》（含植物，细菌、真菌、病毒，动物，人体生理卫生，生物的遗传、进化和生态等 5 个部分），供各地编写试验教材。这也是我国第一次正式开放教材的编写。

高中部分，则在 20 世纪的最后 10 年有过若干次调整。1990 年 3 月，国家教育委员会对现行普通高中教学计划进行了调整，高中生物变成由高二的生物必修课和高三的生物选修课组成。在 1992 年高考改革中，全国除 4 省（市）外，多数省（市）开始实施"3＋2"高考方案，把生物学和地理学科排除在高考学科之外。这一变化引起轩然大波，被认为与科技发展的潮流背道而驰。不过，1996 年起，随着全国大部分省份实行高中毕业会考，生物学包括实验操作都被纳入考查之列，不合格者不予毕业，这一学科的教学也就不容忽视了。此后，在与国际接轨的大趋势中，高中教材也开始直接引入国外的内容，如 1998 年，北京大学教授吴相钰组织翻译了美国高中生物学课本和教学参考书，并在北京部分学校试验。随着社会生产的发展，生物学在现代科学中的重要性进一步在实践中得到证实，中学生物学的教学任务也将不断随之调整。

最后，再稍微回顾一下生物学的科普情况。中华人民共和国成立之初，和其他领域一样，科技知识的普及也要向苏联学习。按照当时的认识，新中国的文化教育是民族的，科学是大众的，因此科学必须为工农兵服务，也只有在工农兵都懂得科学的时候，科学才能蓬勃地发展。为此，我国在文化部之下设立了科学普及局，积极采用各种方法使科学知识有系统地深入到人民大众中去。新中国的第一代生物学家们也非常重视科普工作，经常撰写面向公众的作品。1951 年，科学普及局通过无线电为工农大众直接广播各种主题的演讲和报告。[1]主要面向中学教师的《生物学通报》自 1952 年创刊以来，一直有较大的发行量。另外，《植物杂志》（现名为《生命世界》）和《昆虫知识》等专业科普杂志也有相当的影响。

直到"文革"之前，虽然有各种各样的政治运动，但在"人民的科学"这一中心思想指导下，科学家和科学活动与普通民众的距离并不遥远。生物学知识因为与农业、医学密切相关，因此借由农村的农艺推广站和县级的图书馆等，可以得到比较广泛的渗透。在大城市中，以学校为主导的生物课外科技活动的质和量都有所提高，形式从兴趣小组发展到夏令营，并不断注入科研的内容。20 世纪 90 年代以后，我国开始组织高中生参加国际生物奥林匹克竞赛（International Biology Olympiad，简称 IBO）[2]，对培养学生对生物学的兴趣和激发创造力起到了一定的积极作用。然而，由于生物学家的专业化程度日趋提高，与公众的交流不断面临新的挑战。

综上所述，生物学的学科教育在经历 30 多年不同于其他学科的曲折道路之后，尤其是改革开放后在各个方面都取得了长足的进步，建立了完整的教学体系。不过，随着学科的快速发

〔1〕 巴契宁，丁辽生. 解放了的中国的科学〔J〕. 科学通报，1951（3）：224－226.

〔2〕 IBO 于 1989 年建立，是为中学生举办的世界级生物竞赛，旨在考查参赛者的生物实验技能和解决生物难题的能力，竞赛委员会设在捷克的布拉格。我国于 1991 年和 1992 年连续两年派观察员出席 IBO，从 1993 年起开始组队参赛，至今已参加了十二届比赛，每年均取得很好的成绩。

展，在教学内容、形式和体制方面仍势必需要不断进行适合国情的调整，以培养多样化的人才队伍，充分发挥我国在生物资源方面的优势，扩大科研领域的成绩，真正成为生物科技的强国。

第十章 生物学研究

19世纪末以后，在物理学和化学快速发展带来的影响下，生物学在方法和内容上都产生了一些新的特征。实验方法日益受到重视，以观察描述为主的博物学传统则逐渐式微。

20世纪下半叶，生物学发生了革命性的变化。尤其是1950～1970年的这20年间，在遗传学、生物化学、细胞学和分子生物学等领域，出现了一些重大的突破，自19世纪中叶以来提出的许多问题已经得到了解决。[1]而新仪器和新方法的使用，又带来了新的问题（或者是把老问题在新的层面提出）。

在20世纪末，中国在经济起飞的基础上加大了科技投入，20世纪80年代出国留学并在国外取得一定成就的学者纷纷回国，他们抓住机遇在已有基础上建立了一批新的研究平台，为中国生物学向国际化发展开辟了道路。

本章依据生物学不同分支的几部专门史书、若干重要研究单位的志书以及几部综合史书，如《中国植物学史》《中国遗传学史》《中国生理学史》《中国科学院植物研究所志》《中国科学院上海生物化学研究所志》《生物学：20世纪中国学术大典》等，选出一些相对重要的成果和有代表性的工作，结合

---

〔1〕 20世纪50年代早期，就有人开始用电子显微镜观察细胞的内部结构。20世纪50年代这10年中，生物化学的最大技术突破是无细胞蛋白质合成系统的发展，它是最终解决编码问题的工具（此前，生物化学只考虑为了执行细胞功能需要从哪里得到能量和物质）。胚胎学的问题重新被提出，后来演变为发育生物学这样的学科。到20世纪70年代，一大半早期的分子生物学家都转到神经学领域去了。

它们所处的时代背景稍作回顾，以管窥 20 世纪后半期中国生物学的研究进程。挂一漏万，在所难免。叙述的顺序，按照基础研究在先、应用研究在后，前者又按照当时流行的理念，分宏观（分类、进化与生态）和微观（生理生化、细胞、发育与遗传）两方面，最后提及若干 20 世纪末的新方向。

第一节　生物区系调查和"三志"的编研

一　区系调查

中国幅员辽阔，有着复杂的自然条件和丰富的生物多样性，与欧亚大陆西部和美洲等地存在很多不同。近代之后，随着西方人来华，这种东西自然环境与动植物的差异，引起了西方人的极大兴趣。这一点，从 1689 年下半年，莱布尼茨向闵明我（Philippus Maria Grimaldi）提出的关于中国的问题也可清晰看出。很快，西方人兴起了对中国自然资源与生物资源的调查。此后，随着近代科技知识与自然观念的传入，民国时期的中国学者也认识到资源调查的重要性，开始有组织地开展以地质和动植物资源为主的调查，并对外国人在中国境内的考察活动予以限制和规范。抗战时期，资源紧张，科学社团和政府机构组织的科学考察活动成为一时之风气。[1]如前所述，受衰弱的国力和战乱所限，20 世纪上半叶的学科发展仍然困难重重。

1949 年以后，恢复生产，发展国民经济，制订长远发展规划，迫切需要可靠的科学依据。因此，充分掌握自然资源的

---

〔1〕　1939 年 7～10 月，曾昭抡组织的"中华自然科学社西康科学考察团"的活动，就是一次时间长、有影响的重要考察活动。

中国生物学史·近现代卷

分布情况、自然条件的变化规律及其历史演变过程等资料，为经济建设服务，"摸清家底"就成为一项刻不容缓的基础性任务。我国当时综合考察的主要领导人和组织者竺可桢指出："我国幅员辽阔，有着优越的自然条件和丰富的自然资源。但是……占全国面积 60% 以上的地区，在科学上几乎还是一片空白。解放后，国家为了使这些优越的条件和富饶的资源能够适合国家经济建设的要求，得到充分的利用和合理的开发，就必须对需要开发的地区进行一系列专业的和综合的调查研究工作，以便在充分掌握自然条件的变化规律、自然资源的分布情况和社会经济的历史演变过程等资料的基础上，提出利用和开发的方向，国民经济的发展远景以及工农业的配置方案，作为编制国民经济计划的科学依据。"[1]

因为这个缘故，中华人民共和国成立初期，对于收集作物、牧草、果蔬品种和野生品种、野生油料作物、中草药、工业原料植物资源等十分重视。出于上述目的而进行的综合考察，除为制订国民经济的发展远景规划和工农业合理配置的方案等提供依据之外，对生物学这一学科来讲，也为动植物区系研究、志书编写、资源开发以及对生态系统的认知等工作积累了基本资料。

中华人民共和国成立初期，对自然资源的综合考察主要围绕边疆地区和国民经济需要展开。1951 年由政务院文化教育委员会组织西藏工作队进藏考察，涉及地质、地理、气象、水利、农业、牧业、植物、土壤、社会历史、语言、文艺和医药

---

〔1〕 竺可桢. 综合考察是建设计划的计划［M］∥竺可桢. 竺可桢全集：第 3 卷. 上海：上海科技教育出版社，2004：545.

卫生等各个学科的初步考察工作，植物学家钟补求和崔友文以及农学家庄巧生等参与考察，历时近3年。这是我国对西藏地区进行的首次多学科综合考察。

1954年，中国和东德专家合作考察东北，启程前在北京的合影。
左起汪发缵、东德专家、王伏雄、刘慎谔、钱崇澍、吴征镒、钟补求

抗美援朝开始后，美国等西方国家对我国实行封锁，禁运橡胶等战略物资。一向从印度进口的重要工业原料紫胶也因为印方的出口限制而使供应受到威胁。为了自力更生解决这些问题，1952年起，由中国科学院牵头（与苏联方面合作），我国对海南岛、雷州半岛和广西南部进行了针对

中苏联合考察云南紫胶虫

热带资源的植物考察[1]；1953年，又与苏联合作组织了紫胶

---

　　[1]　在此基础上，1957年建立了固定的有关华南热带生物资源的综合考察队伍。

虫的考察工作，后来发展为云南热带生物资源综合考察队，带动了西南地区的昆虫研究。此外，我国对淡水水域及黄海、渤海的水产也进行了大规模的调查。至 1954 年，中国科学院共派遣了 27 个工作队，参加人数达 320 人，设立了 112 个研究题目。对于水患频发的黄河，则由水利部和黄河水利委员会组织了考察团研究如何治理和开发。中国科学院的生物学地学部成立之后，也把黄河中游水土保持研究作为重点工作之一。

在 1956 年国家起草的《1956～1967 年科学技术发展远景规划》中，提出了"以任务带学科"的工作方针，对青藏高原和横断山脉的考察被列为重点项目。这些都推动了野外生物学考察活动，尤其在青藏高原的历次考察中都有不少新发现。1959 年，我国组织了对珠穆朗玛峰（简称"珠峰"）的综合考察，考察了以珠峰为中心约 7000 平方千米的地域，动物工作者发现了 2 种鸟类（国内新纪录）、1 种兽类（国内新纪录）和 2 个国内新亚种。1960 年，中国科学院组织考察队对川藏公路和青藏公路沿线，以及藏北的黑河地区和藏南的日喀则等地进行调查。后来记述的水生生物和昆虫当中，有 2 个新属，24 个新种。[1]

为了摸清生物的分布状况，寻找新物种，而对未开发的边远地区进行考察，通常费用不菲，且条件艰苦、环境险恶，考察人员需要应对多种突发情况。1949 年以前，在野外考察中因为疾病、匪患、意外等丧生的科研人员不少（例如做地质调查的赵亚曾，做生物学调查的陈谋、邓世纬等）。因此，组

---

〔1〕 孙鸿烈. 西藏高原的综合科学考察史［J］. 中国科学史料，1984，5（2）：10－19.

织多学科的综合考察队是保证人员安全、提高调查效率的一种常见方式，前文提到的中瑞西北科学考察团等就是如此。

中华人民共和国成立之初的综合考察，具有显著的计划性和任务性。为便于协调跨部门的工作，经国务院批示，1956年1月在中国科学院正式成立了综合考察工作委员会（简称"综考会"）。在1956年制定的《1956～1967年科学技术发展远景规划》中，自然条件及自然资源[1]的考察是一项分量极重的研究工作，被列为最重要的任务之一，由综考会负责。

除上面提到的云南紫胶虫与南方热带生物资源综合考察（1955～1962）以及黄河中游水土保持综合考察（1955～1958）持续开展之外，综考会先后组织了黑龙江流域（1956～1960）、新疆资源（1956～1960）、青海柴达木盆地盐湖资源（1957～1961）、西北地区治沙（1959～1961）、青甘地区（1958～1961）、西部地区南水北调（1959～1963）和蒙宁地区（1961～1964）的综合考察等。到1963年，各考察队基本完成了规划的预定任务[2]。

此后，综考会的建制和地位几经变动[3]，但始终致力于我国自然资源的综合考察，甚至在"文革"期间也没有完全停止工作，如1973～1980年对西藏的全面综合考察，尤其是1973～1976年对西藏进行了一次全面系统的考察。此次考察发现了大批的动植物新种，其中包括哺乳类1个新种、9个新

---

[1] 规划包括4项资源综合考察与区域开发战略研究任务，分别是：①西藏高原和横断山区综合考察及开发方案研究；②新疆、青海、甘肃、内蒙古地区综合考察及其开发方案研究；③热带地区特种生物资源的研究与开发；④重要河流水利资源综合考察和综合利用研究。

[2] 西藏高原综合考察断断续续地进行（1959，1960～1961，1964）。

[3] "文革"中一度被撤销，后复建。

中国生物学史·近现代卷

亚种以及 3 个种和 15 个亚种的国内新纪录；鸟类 2 个新亚种，2 个种、27 个亚种的国内新纪录；昆虫 20 个新属，400 多个新种。这些昆虫新种约占我国 1949 年以后发现新

1975 年植物学家在西藏考察

种的四分之一。不仅如此，此次考察还首次发现了缺翅目昆虫，填补了一个目的空白；发现了植物 7 个新属，300 多个新种。[1]

20 世纪 80 年代，我国又对横断山区、南巴迦瓦峰地区、喀喇昆仑山－昆仑山地区和可可西里地区进行综合考察。[2] 在综考会成立之后组织的 30 余个考察队中，大都包含生物资源调查的工作内容。通过这些考察，初步摸清了我国生物资源的基本状况，对独特的地质历史和复杂的气候条件所带来的生物资源种类多样、地域差异明显的特征有了基本认识[3]，由此为当时与后来的合理开发利用提供了科学依据[4]，发挥了不可替

〔1〕 孙鸿烈. 西藏高原的综合科学考察史 [J]. 中国科学史料, 1984, 5 (2)：10－19.

〔2〕 孙鸿烈. 青藏高原的综合考察与科学研究 [C] //周光召. 科技进步与学科发展——"科学技术面向新世纪"学术年会论文集. 北京：中国科学技术协会, 1998：242－246.

〔3〕 现知我国高等植物 3 万余种（隶属于 353 科、3184 属，其中 190 属为我国特有），兽类 478 种，鸟类 1200 多种，两栖类动物 274 种，爬行动物 387 种，鱼类 3000 多种。仅以陆地生态系统而言，除赤道雨林之外，几乎所有北半球的植被类型在我国都有分布。

〔4〕 配合按自然地理条件的相似性和差异性进行的自然区划工作。

代的作用。

除以综考会为核心的大型综合考察之外，中国科学院相关研究所还与水产部门联合，对海洋资源开展了长期持续的调查。例如，20 世纪 50 年代初，张春霖、成庆泰、郑葆珊等对黄海、渤海的鱼类进行了进一步的调查，1955 年出版了《黄渤海鱼类调查报告》。从 1954 年开始，鱼类学家又对南海的生物种类和海产资源进行了长期的考察。1956 年开始对西沙群岛进行调查，在 12 年间共进行了 6 次调查，获得藻类、无脊椎动物和鱼类标本 12000 多号，以及大量观测资料。1962 年，由朱元鼎等编写的《南海鱼类志》出版。

《南海鱼类志》书影

1953 年，在动物学家寿振黄的率领下，我国的兽类学家对东北大小兴安岭、长白山区和一些平原地区的兽类进行了调查。经过 4 年的艰苦工作，采集到动物标本 1 万余号，并于 1958 年出版了《东北兽类调查报告》。

20 世纪 80 年代后，随着装备的进步，经费投入的增加，远洋能力的提高以及卫星定位和遥感等技术的发展，能够探索的区域不断延伸，对海域的考察范围也逐渐向领海的远端甚至之外扩展[1]。1980 年，我国科学家随澳大利亚南极考察船参加国际 "BIOMASS" (the Biological Investigations of Marine Antarctic Systems and Stocks) 计划的第一次考察，带回第一批有关南大洋生态系统的调查资料和生物样品。1984~1985 年，

---

[1] 1984 年起南海海洋所对南沙群岛海域进行了为期 3 年的考察。

我国自行派船建站，开启了对南极的独立考察。这不仅使我国在国际南大洋生物资源开发和保护问题上拥有发言权，也为指导我国今后的资源开发提供依据，并开辟了极地生物低温生理学的研究。

生物资源是农、林、牧、副、渔业经营的主要对象，并能为工业、医药和交通等提供必要的原料和能源。中国的生物资源调查，从寻找战略性工业原料，制定农牧业区划，开发水产资源等现实问题出发，伴随多学科的综合性野外考察逐步推进。调查所得的资料，不但服务于工农业生产建设，也为相关学术领域填补了空白，推动了动植物区系、生态、分类与进化方面的研究[1]。

随着社会经济的发展，对资源的过度开发和不合理利用，导致水土流失、生态平衡破坏和物种濒危等问题急剧恶化，资源调查面临新的任务挑战，也为相关学科提出了新的学术问题。另外，经过半个世纪以来对自然资源的综合考察与研究，资源科学与可持续发展的概念有机结合，生物学形成了独特的学科体系[2]。

目前，我国的生物资源基础数据仍相当薄弱。鉴于生物资源变动性大的特点，在今后的调查中应注意建立连续清查和监测的系统，以掌握生物资源的动态规律，并逐步建立和完善相关数据库和信息系统。

二 "三志"编纂和分类学发展

竺可桢认为："一个国家的科学水准很容易从这个国家对

---

〔1〕 各门类都发现了不少新种，为编纂"三志"提供了丰富的新资料。

〔2〕 2000 年中国科学院综考会与地理研究所整合，定名为"地理科学与资源研究所"，标志着资源科学的建制化。

于其国境内的地形、气候、动植物和矿产的普查工作做得怎么样而看出来；……要看这个国家有没有出全国动物志、全国植物志。这类普查工作不但为建立生物学、地学各科的基本理论研究奠定基础，而且也是做国民经济建设计划时所必需的基本材料。"[1]

分类是生物学研究之重要基础，也是最先发展起来的学科。欧美发达国家多在 19 世纪就完成了对本国生物物种的初步调查，编写了汇总物种信息的动物志和植物志。生物学自身的发展和地域之间的交流，促使欧洲学者的动植物调查采集区域扩展至欧亚大陆、南北美洲、大洋洲等更广泛的地区，"新"的物种被不断发现。我国疆域辽阔，自然条件多样、复杂，孕育着极其丰富多彩的生物种类，为全世界所瞩目。早在 18~19 世纪，许多外国人就不断到我国来考察和采集动植物标本，并据此发表了大量的新科、新属、新种研究成果。但是他们的活动使得标本和文献资料分散于世界各地[2]，且早期的采集与分类存在不少错误。因此，这给中国学者研究本国动植物带来了很大的困难。

我国分类学家自 20 世纪初也陆续开始了动植物采集，并先后到欧美各国查阅保藏在那里的标本、文献（如秦仁昌、胡先骕、方文培等）。由于对高等植物的分类学研究获得了一

---

〔1〕　竺可桢. 中国生物学地学的发展状况与前途［M］∥竺可桢. 竺可桢全集：第 3 卷. 上海：上海科技教育出版社，2004：280.

〔2〕　数十万份标本，几乎全都存于国外，其中许多后来成为模式标本。大量中国模式标本在约十个国家的各标本馆收藏。

定积累[1]，在 1949 年前就有若干学者[2]提出了编写中国植物志的计划。然而，志书的编写，除了要给区域内每种生物以正确的名称和科学的形态描述之外，对其分布、生境、物候等也要进行全面的概括，这就要求以大量考察研究为基础。以当时的条件和研究状况，无法真正实施。

（一）《中国植物志》的率先行动

中华人民共和国成立后，基于国家战略需求、已有的研究基础以及科研人员的专长，中国科学院先后成立了数个以分类学为主要方向的植物研究所。

在前文所述的历次综合考察中，都有植物学家参与，采集了大量植物标本，同时，综合考察工作委员会也负责组织专门的全国植被和植物资源考察。此外，各大专院校和有关部门还组织了形式多样的考察和采集，如野生植物资源普查和多次中草药普查等，增添了大量的植物标本。这些都为植物志的编写打下了基础。

1950 年 8 月，中国科学院在北京召开了全国植物分类学工作会议，会上正式提出了编著《中国植物志》的议题[3]。接着，由中国科学院植物分类研究所组织全国分类学家编写《中国种子植物分科检索表》、《种子植物名称》、《种子植物形态学名词》、《中国主要植物图说》（豆科、禾本科、蕨类植物门各一册）和《北京植物志》等；中国科学院华南植物研究

---

〔1〕 完成《江苏植物志》《中国树木志》《中国植物图谱》等基础性著作。

〔2〕 20 世纪 30 年代，胡先骕与留法的林镕和刘慎谔等都先后提出过编撰中国植物志的想法。

〔3〕 崔鸿宾. 我所经历的《中国植物志》三十年［J］. 中国科技史杂志，2008，29（1）：73-89.

所组织编著《广州植物志》和《中国种子植物科属词典》；中国科学院林业土壤研究所植物室编写《东北植物检索表》；中国科学院南京植物研究所（现江苏省植物研究所）编写《江苏南部种子植物手册》等。这些都属于编研《中国植物志》的前期工作，既整理和鉴定了大量的植物标本，又培养训练了年轻科研人员。

动物学的相关工作启动稍晚。1954 年，中国科学院发起了中国动物图谱的编辑工作。虽然定位为科普著作，但编委会成员[1]皆为著名动物学家。

（二）从十二年科学技术发展远景规划到"三志"工作会议（1956～1973）

1961 年，《中国植物志》编辑委员会第二次会议
中排右 8 为刘慎谔，右 10 为钱崇澍，右 11 为陈焕镛，右 12 为胡先骕

1956 年，动物志和植物志的编研被列入《十二年科学技术发展远景规划》[2]。在中国科学院的主持下，1959 年和

---

〔1〕 王家楫、李汝祺、周太玄、秉志、胡经甫、陈世骧、陈桢和张玺等。

〔2〕 中国科学院在科学技术发展远景规划会议中，正式将《中国植物志》的编研列入生物系统分类和资源开发利用规划的项目之中。

1962 年，《中国植物志》和《中国动物志》编辑委员会先后成立了，开始举全国学术力量完成这项工作。

事实上，《中国植物志》的编研工作在 1958 年就已经启动，并于 1959 年就出版了秦仁昌编辑的蕨类植物卷[1]。截至 1963 年，《中国植物志》出版了三卷，另外两卷是第 11 卷（莎草科一部分）和第 68 卷（玄参科一部分）。1966 年，编委会决定组织力量优先编写经济意义较大的科。但不久后，"文革"的爆发使两志的编研停顿下来。部分植物分类学家则以编写出版《中国高等植物图鉴》的方式，继续此项工作，以适应社会的迫切需要，并进一步整理了资料和积累了经验。

《中国经济动物志》书影

1958 年，《中国动物图谱》的《鱼类》分册首先问世。到"文革"前夕，由科学出版社出版的《中国动物图谱》已达 21 册。其间，《中国经济昆虫志》和《中国经济动物志》也相继开始出版。

"文革"期间，《中国植物志》和《中国动物志》的编研工作陷于停顿。得益于毛泽东的指示——"中国医药学是一个伟大的宝库，应当努力发掘，加以提高"[2]和"把医疗卫生工作的重点放到农村去！"，全国掀起调查中草药资源和编纂各地中草药图谱的热潮。这促进了各地的植物资源调查，在一

---

〔1〕 这是《中国植物志》的第 2 卷，内容包括我国产的蕨类植物瓶尔小草科等 17 科蕨类植物。

〔2〕 中共中央文献研究室. 毛泽东文集：第 7 卷 ［M］. 北京：人民出版社，1999：423.

定程度上给植物学者提供了科研的支持，同时也培养了一些青年植物学爱好者。

在经过"文革"期间将近 7 年的停滞之后，很多动植物学者纷纷要求恢复动植物志的编研工作。1973 年，中国科学院生物学部在广州召开了《中国植物志》《中国动物志》《中国孢子植物志》（简称"三志"）的编研工作会议（1973 年成立了《中国孢子植物志》编辑委员会），开始有组织、有计划、系统性地对我国几大类生物资源进行普查与编研。在工作恢复的初期，由于老一辈分类学家大多已逝世或年迈体弱，因此首先调整了编委会，并增加了中青年编委。自 1978 年开始，编志的步伐明显加快。1980 年，在国家科学技术委员会制订的科技发展规划中，"三志"被作为重大项目列入规划，成为国家的重大项目之一，并成立了"三志"联合编委会。此后，"三志"的编研和出版，一直受到中国科学院、国家自然科学基金委员会和国家科学技术委员会（后更名为科技部）的重视和支持[1]。全国有数以千计的分类和系统学专家参与到中国生物志书的编研工作中。志书编研工作的成果也受到广泛的国际关注：1988 年 10 月，中国科学院与美国密苏里植物园签订协议，合作编写英文版《中国植物志》（*Flora of China*）；《中国动物志》和《中国经济动物志》的部分卷册也陆续被外

---

　　[1] "八五"期间，进展加快。在以前编研工作的基础上，1992 年，国家自然科学基金委员会决定将"三志"编研列为基金重大项目，并由国家自然科学基金委员会、中国科学院和国家科学技术委员会（后更名为科技部）联合资助。"九五"期间，"三志"编研继续作为基金重大项目，得到两部委和中国科学院的联合资助，同时还得到了中国科学院知识创新工程重大项目（1999—2001）资助和财政部的一次性专项支持，使得"三志"编研和出版的经费短缺状况在很大程度上得到缓解。

国翻译出版[1]。

（三）成果与展望

截至 2000 年，"三志"共完成总计划的 40%。其中，植物志的完成情况最好。

《中国植物志》最后一任主编吴征镒与《中国植物志》第一卷书影

2004 年，《中国植物志》率先全部出版[2]。全书 80 卷 126 册，5000 多万字（图片 9000 余幅），先后有 312 位专家参与。书中记载了维管植物 301 科、3434 属、31180 种[3]，是世界各国已出版的植物志中种类数量最多的一部。经过四代植物分类学者[4]的艰辛努力，终于初步摸清"家底"，为合理开发利用植物资源提供了最基础的信息和科学依据，也为中国植物其他方向的研究和教学提供了重要的基础性资料。《中国植物志》的编研也因此获得 2009 年国家自然科学奖一等奖。

---

〔1〕 美国翻译出版了《中国经济动物志·鸟纲》，日本翻译出版了《中国动物志·淡水桡足类》。

〔2〕 中国科学院中国植物志编辑委员会. 中国植物志：第一卷 ［M］. 北京：科学出版社，2004.

〔3〕 马金双. 中国植物分类学的现状与挑战 ［J］. 科学通报，2014，59 (6)：510－521.

〔4〕 参加编研的编研人员 312 位，绘图人员 164 位。

1988 年，我国和美国就《中国植物志》（*Flora of China*）英文修订版的编写达成合作协议后，于 1989 年正式启动编撰工作。经过中美植物学家长达 25 年的细致工作，到 2013 年，《中国植物志》英文修订版全部出齐。全书总共 49 卷，记述我国维管束植物 312 科，3328 属，计 31362 种。[1]

《中国动物志》预计出版 248 卷，到 1997 年完成了 48 卷，其中脊椎动物 12 卷，昆虫 16 卷，共 1905 万字，记述我国动物 11837 种。后来进度加快，到 2015 年已经出版 142 卷（册）。[2]《中国孢子植物志》是关于我国能产生孢子的植物的志书，主要包括藻类、真菌、地衣和苔藓等门类，预计出版 176 卷。截至 2014 年 9 月，已出版 88 卷，记述我国孢子植物 354 科、1822 属、15522 种；送交出版社待付印的有 7 卷（册），审稿及修改中的有 17 卷（册）[3]。但是，与我国拥有的孢子植物种类（20 万种以上）相比，这部分"家底"还远远没有摸清[4]，仍有待大规模、系统性的调查。

《中国动物志》书影

在编研"三志"的过程中，产生了许多分类学研究成果，包括新的分类系统、区系和生物地理的研究等，其中不乏创新

〔1〕 马金双. 中国植物分类学的现状与挑战 [J]. 科学通报，2014，59 （6）：510 – 521.

〔2〕 马克平，中国生物多样性编目取得重要进展 [J]. 生物多样性，2015，23（2）：137 – 138.

〔3〕 褚鑫，魏江春，庄文颖，等. 国家自然科学基金重大项目"中国孢子植物志编研"概述 [J]. 中国科学基金，2015（1）：60 – 61.

据马克平 2015 年的文章，当时孢子植物志已出版 96 卷（册）。

〔4〕 目前报道的有 3 万余种，仅占估计种数的 15%。

性的工作。例如，分别在 1976 年和 1979 年完成的《中国高等植物图鉴》和《中国高等植物科属检索表》获得了 1987 年的国家自然科学奖一等奖；秦仁昌的《中国蕨类植物科属的系统排列和历史来源》则获得了 1993 年的国家自然科学奖一等奖[1]。

第一版生物志的完成仅仅是对中国本土生物物种认识的开始。随着标本资料的不断扩充和新技术条件的发展[2]，分类学这个传统学科也在不断发展新的学术增长点。一方面，分类所依据的性状势必越来越多样化、专业化；另一方面，公众对生物志的兴趣也在增长，因此，这就要求其更具实用性，降低门槛，能够为更多未受过专业训练的读者使用。一些学者认为志书的档案性功能和传播学功能应该分开，但随着信息技术的发展，数字化动植物志的尝试[3]也许能够同时满足两种需求。

---

〔1〕 秦仁昌 1940 年发表的《水龙骨科的自然分类》（*On Natural Classification of the Family "Polypodiaceae"*）一文，是 20 世纪国际蕨类植物系统学研究最具影响的论文之一。秦仁昌在 Christensen（1938）对水龙骨科（广义的）的科下分类的基础上，大胆而科学地提出把 100 多年来囊括蕨类种的 90% 以上，属的 80% 的混杂的水龙骨科划分为 33 个科，249 属的系统方案，并提出了 5 条谱系线展示它们之间的系统发育关系，从而结束了自 19 世纪 60 年代以来被胡克分类系统长期统治的影响，为现代蕨类植物分类系统迈向自然分类开创了新的历史局面。随后，国际上相继出现的蕨类分类系统都受到了该文的影响，秦仁昌建立的许多科在国际上也普遍得到采用。秦仁昌因此荣获了荷印 Rumphius 生物学奖。1954 年，秦仁昌又用中文发表了中国蕨类的科属分类系统，在国内广泛使用。秦仁昌院士完成的《中国蕨类植物科属的系统排列和历史来源》荣获 1993 年国家自然科学奖一等奖。该成果对当代蕨类植物，特别是分布于亚洲的蕨类植物的一些重大分类学问题进行了评论，提出了一个新的中国蕨类植物分类系统，将蕨类植物门分为 5 个亚门，63 科，223 属，阐明了科、属的起源及其演化关系。该系统比诸旧的蕨类植物分类系统更为合理，得到国际蕨类学界的普遍重视，许多科的分类得到国际上同行的采用，在《中国植物志》的编著和国内标本馆标本系统排列上已得到广泛应用。

〔2〕 除形态方法之外，细胞、生化和分子方法得以使用。

〔3〕 并不是简单地将已有文本电子化，而是将生物性状数据以格式统一的数据库作为存储形式。

生物多样性为人类生存与发展提供了重要资源，同时也是亿万年生物演化的结果。在这种观念的指导下，到 20 世纪末，以生物的多样性为研究对象的分类学，不仅要对生物定名以识别物种，阐明生物间的亲缘关系并建立符合进化发育过程的分类系统，还要把问题延伸向物种濒危的机制与生物多样性保护策略等方面，为国家可持续地开发生物资源提供依据。正是在新的社会需求下，这个古老的学科才能焕发勃勃生机。

与此相适应，生物多样性的保护也逐渐为我国学术界所重视。早在 1956 年，在我国老一辈生物学家的推动下，我国设立了第一个自然保护区——鼎湖山自然保护区。改革开放后，随着中国社会经济的发展，人们认识水平的提高，以及对自然保护的日益关注，自然保护事业在我国发展迅速。到 2001 年底，我国已经设立各种自然保护区 1500 多个，约占国土面积的12.9%，其中有武夷山、长白山、西双版纳、卧龙等国家级自然保护区 170 余个。这使我国 85% 的陆地生态系统类型、85% 的野生动物种群和 65% 的高等植物群落类型，国家重点保护的 300 余种珍稀濒危野生动物的主要栖息地、130 多种珍贵树木的分布地得到了较好的保护。

第二节　以虫鼠害防治研究和生态系统研究
网络组建为代表的生态学工作

生态学是研究生物与环境[1]间相互关系和相互作用的科学。虽然在 19 世纪这个领域已经凝聚了一些研究问题，但其成为生物学的一个显要分支，还是 20 世纪后半叶的事。生态

---

〔1〕 既包括非生物的，也包括生物的。

学思想与政治、经济、哲学等思潮密切相关，使用的方法更是多种多样。因为涉及的内容特别广泛[1]，所以就如何划定生态学的边界，学者们难以达成共识。

民国时期的学者，在植物生理生态、地植物学和昆虫生态等方向，有了一定积累。中华人民共和国成立后，我国进行了许多与生态学密切相关的科学考察工作，其中包括热带地区橡胶宜林地和热带生物资源调查、黄河流域水土保持、西北地区荒漠治理、全国森林植被勘察等。为适应农林业生产的需要，我国在有害动物的防治（包括昆虫、兽类的生理生态学、行为生态学、种群生态学、农业生态工程与生态农业等）、资源动植物以及植被动态等方向投入了比较多的力量，取得了一些有特色的成果。以虫鼠害相关的生态学研究为例，中华人民共和国成立后，为更好地发展农业生产，国家对虫害和鼠害给予高度重视。1958 年，成立不久的中国科学院动物研究所即承担了"研究农作物害鼠的生物学特征并提高虫害的预测和防治方法"的国家科研任务。[2]

一　鼠类种群生态研究

鼠类属于啮齿类，是哺乳类动物中最大的一个类群，种类繁多[3]，繁殖力、适应性极强，其活动常对农业生产造成巨

---

〔1〕　内容包括个体（生活史）、种群、群落的观察，实验、生理生态、动物行为、遥感监测，保护区、动物地理，生物防治。

〔2〕　中国科学院动物研究所所史编撰委员会. 中国科学院动物研究所简史[M]. 北京：科学出版社，2008：127.

〔3〕　共有1600多种。

大灾害[1]，并可传播多种病原微生物，对人类健康带来直接威胁。国际上，从20世纪20年代开始就系统地探讨小型啮齿类动物的种群数量波动规律和调节机制，使用的方法从实验种群的生理生化分析、数学模型和模拟发展，到无线电遥感技术等，观察的层次也从宏观深入到微观。但是，始终未能找出适合每个物种、地区的统一理论。

自20世纪50年代以来，我国大力发展群众运动，在全国范围内除"四害"，其中就包括对老鼠的防除。从那时开始，我国对许多地区的主要鼠类种群数量变化进行了监测和统计分析（如新疆的小家鼠、华北平原大仓鼠、南方的黑线姬鼠、内蒙古的布氏田鼠，以及东北林区的大林姬鼠、棕背䶄、红背䶄等），证明其存在明显的密度反馈机制。此外，我国就气候因素和天敌对鼠类数量的作用也有了进一步了解，并且出版了一批专著，如1958年科学出版社出版的《红松直播防鼠害之研究工作报告》等。

20世纪80年代中期以后，鼠害防治连续被列为"七五"、"八五"和"九五"国家科技攻关项目。[2]经过两代科学家的共同努力，我国在华北平原、内蒙古草原、青藏高寒草甸、黄土高原以及长江、珠江流域水稻区十几种主要害鼠的发生规律、控制技术和对策研究上取得了大量资料，在关于种群爆发机理方面有所发现和创新，并解决了中短期数量预测预报的问

---

〔1〕 据统计，世界各地的农业鼠害造成的损失，相当于世界谷物产量的20%左右。鼠类的啃食和挖掘活动还会造成草场退化，加速土壤风蚀，对农业建筑物和农田水利设施也会造成很大危害。作为流行性传染病的潜在宿主，它还直接威胁着畜牧业的安全。

〔2〕 农业虫害鼠害综合治理研究国家重点实验室依托中国科学院动物研究所，实验室是利用世界银行贷款建立的。

题。中国科学院动物研究所主持的"农田重大害鼠成灾规律及综合防治技术研究"于2002年获国家科技进步奖二等奖。

二 东亚飞蝗等害虫的防治

同样出于发展农业、林业和牧业生产,水利工程设施,卫生保健和环境保护工作的需求,中华人民共和国成立后以重要经济昆虫为研究对象(包括飞蝗、螟虫、黏虫、稻飞虱、棉虫、松毛虫、白蚁、蝇、蚊和紫胶虫等[1]),集中一定力量,进行了比较全面的生态学研究。其中,飞蝗是遍及亚洲、非洲、欧洲和澳洲的重要害虫,在我国历史上,蝗灾与旱涝灾害一样,是威胁农业生产、影响人民生活最严重的三大自然灾害之一,而造成这种危害的主要是东亚飞蝗(Locusta migratoria)。中华人民共和国成立后,为根治蝗害,以中国科学院昆虫研究所[2]为主,分别与苏、皖、鲁、冀、豫等东亚飞蝗发生地的防治站协作,开展蝗区定位研究和实验室内的多学科基础研究。

自1952年起,中国科学院昆虫研究所的马世骏、钦俊德领导的昆虫生态研究室和生理研究室利用昆虫生态学、生理学、分类学和形态学等多学科综合的优势,用动态的观点,阐明了我国东部东亚飞蝗发生地的自然地理特征,蝗区的类型、结构及其转化演变规律;结合滨湖蝗区、沿海蝗区、河泛蝗区、内涝蝗区等四种蝗区的飞蝗种群数量和发生动态的时空特点及其调节机制与旱涝等自然灾害的关系,查明了东亚飞蝗的

---

[1] 据1979年的不完全统计,研究的主要昆虫对象包括40多种。
[2] 后来并入动物研究所。

聚集、扩散和迁飞等特性[1]，并提出了蝗情预测预报方法及改造蝗区、根治蝗害的草案[2]。

马世骏（前排左一）和赵修复（前排中）等昆虫学家在一起

经过全国主要蝗区科技人员和广大群众的共同努力，到20世纪末，蝗虫发生面积、密度和大发生的频率均已大幅度降低。

在此期间，一些昆虫学家通过相关的研究制订棉蚜虫的预测预报工作，对该害虫的防治有很好的指导作用。此外，从20世纪50年代起，我国的昆虫学家对小麦吸浆虫、黏虫、棉铃虫、红蜘蛛等农业害虫的危害规律也做了大量的基础研究，并提出防治的合理化建议。[3]

总的来说，在动物生态研究方面，中华人民共和国成立初

---

〔1〕 认为种群数量动态存在调节作用，除生境转移之外，是由三个制约种群数量增减的反馈机制所构成，提出了数学预测公式。

〔2〕 马世骏、陈永林等的"东亚飞蝗生态、生理学等的理论研究及其在根治蝗害中的意义"研究获 1982 年国家自然科学奖二等奖。

〔3〕 中国科学院动物研究所所史编撰委员会. 中国科学院动物研究所简史[M]. 北京：科学出版社，2008：112.

期，研究集中在一般描述性的发生规律[1]，随后逐渐开展了以生理生态特性为基础的实验生态学工作；20 世纪 60 年代，生态学家开始借助计算机进行多因素分析，并运用生物化学及生物物理学手段，进行行为生态机理和种群动态的理论研究；20 世纪 70 年代，随着若干新概念和新方法的引进，研究进一步向生态系统的物质循环、能量流动以及数理生态学等方面推进[2]。植物生态的工作，则主要配合资源普查、水土保持、沙漠治理、南水北调等国家工程开展，除各地区植被调查之外，不同植被类型的演替规律一直属于研究热点。

理论上，种群动态始终是生态学的一个中心问题。实际上，围绕人工农业生态系统的建立和平衡所做的研究，取得了比较显著的成绩。[3]此外，与环境保护相关的问题自 20 世纪 70 年代以来也受到我国生态学家的关注。

三 中国生态系统研究网络（CERN）建设

从 20 世纪 50 年代开始，为了更好地研究自然规律，除进行大规模的科学考察之外，中国科学院还逐渐开始在一些有典型意义的地方设立生态观测站，著称的如：1955 年，沙漠研究所（后改名为寒区旱区环境与工程研究所，现已并入西北生态环境资源研究院）在宁夏中卫建立沙坡头沙漠试验研究站；1959 年，中国科学院冰雪利用研究队在天山乌鲁木齐河

----

〔1〕 根据 1979 年的不完全统计，中华人民共和国成立三十年来在《昆虫学报》、《动物学报》和《植物保护学报》上发表的论文，一半以上是有关一般发生规律的，其次是生理生态和数量生态。

〔2〕 新系统论、现代控制论和数学、化学、物理学等新成就的进一步渗透，促进了我国生态学的发展。其中的系统工程学原理及系统分析等若干新的数理分析方法，正有助于我国的生态学迈入更精确的数量科学阶段。

〔3〕 侯学煜. 生态学与大农业发展 [M]. 合肥：安徽科学技术出版社，1984.

源海拔 3545 米处，建立中国天山冰川站，开展冰川学、水文与气象方面的观测研究；1978 年，中国科学院华南植物研究所（现中国科学院华南植物园）在广东鼎湖山自然保护区内建立鼎湖山森林生态系统定位研究站；1979 年，中国科学院林业土壤研究所（现中国科学院沈阳应用生态研究所）在长白山建立长白山森林生态系统定位站。从 1988 年开始，为了解决人类所面临的气候变化、生物多样性、土地资源利用和植被变迁等生态学问题，中国科学院开始组建中国生态系统研究网络（Chinese Ecosystem Research Network，简称 CERN）。

CERN 的建立，打破此前的野外观测研究站分散活动、各自为政的局面，建立了统一观测指标、统一技术规范、统一观测的联网研究的科技创新模式。这个生态网络建设有极为重要的学术价值：克服了单个生态站监测和研究的局限，使得在国家层面上开展生态系统的全面研究和各区域的对比研究，以及和其他国家的生态系统研究网络开展全球生态系统变化协作研究成为可能，是我国生态学监测和研究的重要综合平台，被认为是世界上最重要的国家级生态网络之一。

这个根据我国自然区划特点创建并系统设计的中国生态系统研究网络，经过 21 个研究所，千余位科技人员 20 多年的艰苦努力，至 2012 年，已建立 42 个站、5 个学科分中心和 1 个综合中心，涵盖农田、森林、草地等主要类型的生态系统，成为中国第一个生态监测研究网络。进入 21 世纪以后，我国生态科学工作者利用这个平台的综合优势，进一步开展了许多有重大理论意义和实践价值的研究工作。从 2008 年开始，根据

《中国生态系统研究网络发展战略规划（2008～2020 年)》[1]，通过这个平台进行的重大计划和研究项目有"生态系统服务功能的时空格局变化及驱动机制研究计划""陆地生态系统碳、氮、水通量观测与研究计划""陆地生态系统与全球气候变化样带研究计划""生物多样性和生态系统功能实验与研究计划"等 14 项。

20 多年来，中国科学院通过这个平台取得了众多的重大科研成果。在陆地生态系统碳循环、土壤质量演变、长江下游浅水湖泊富营养化原因、温带草原生态系统和黄土高原丘陵沟壑区土壤干层形成原因等方面都有非常重要的进展。中国科学院还通过 CERN 建立了我国的陆地生态系统通量观测研究网络，进一步发展和完善农田养分循环与氮、磷、钾平衡试验平台，以及生物多样性大样方监测体系。其中，植物研究所的内蒙古锡林郭勒草原生态系统国家野外科学观测研究站在《自然》(Nature) 杂志上发表的《温带草原生态系统多样性与稳定性的关系及其补偿效应》，从"物种—功能群—群落"的层次阐明了温带典型草原生态系统的补偿效应，在温带草原生态系统的生物多样性和稳定性关系研究方面取得了重大的理论突破，对于指导我国北方的草地管理和退化草地生态系统的恢复与重建有重要的指导意义。华南植物园在《科学》(Science) 上发表《成熟林可在土壤中积累碳》的论文，提出的观点可能颠覆经典生态学理论中关于成熟林碳汇弱的理论，对全球碳

[1] 陈宜瑜，等. 中国生态系统研究网络发展战略规划 (2008～2020 年) [M]. 北京：中国科学院中国生态系统研究网络科学委员会，2008：1-48.

循环研究有深远的影响。[1] 他们的相关研究成果"华南热带亚热带森林生态系统恢复/演替过程碳、氮、水演变机理",荣获 2008 年国家自然科学奖二等奖。而凭借在构建我国生态环境领域野外台站网络平台建设的理论体系,围绕生态环境科学和农业生产基本问题和国家需求,系统发展了我国生态系统科学研究的方法论和理论体系等方面取得的重大突破,由孙鸿烈、陈宜瑜牵头的"中国生态系统研究网络的创建及其观测研究和试验示范"项目,则于 2012 年获国家科技进步奖一等奖。

四 生态学与环境问题

环境问题涉及地理、生物、物理、化学、农业、经济、管理、工程等多个领域。最初,对环境问题的认识集中在生态领域,如今则已经形成了环境科学这样一个综合性的学科体系。

20 世纪 60 年代以来,环境保护就是国际公认的五大社会问题之一。为应对人类活动带来的环境变化,国际上相继发起了国际生物学计划(IBP, 1969~1974)、人与生物圈计划(MAB, 1971~)、国际地圈-生物圈计划(IGBP, 1986~)等国际协作计划。因为涉及资源分配,生态和环境问题越来越成为政治活动的筹码。20 世纪 80 年代以来,我国陆续加入了一系列国际公约[2],自觉应用生态系统的调节与再生的动态平衡机理,因地制宜地合理安排农、林、牧、副、渔业生产和工矿布局。这不仅成为应遵循的准则,也是保护环境的根本措

---

〔1〕 杨萍,于秀波,庄绪亮,等. 中国科学院中国生态系统研究网络(CERN)的现状及未来发展思路 [J]. 中国科学院院刊,2008,23(6):555 - 561.

〔2〕 中国于 1981 年加入《濒危野生动植物国际贸易公约》,1992 年签署《气候变化框架公约》和《生物多样性公约》。

施。与此同时，地理信息系统、分子生物学等方法的渗透，带来了新的研究视角和问题，极大地促进了生态学的发展。

到 20 世纪末，生态学在我国已经广泛与工农业建设、城市管理、环境保护、国土整治等社会经济领域结合，研究的层次贯穿个体、种群、群落、生态系统乃至整个生物圈。除在素有积累的农业生态方面进一步深化之外，景观生态、城市生态、生物多样性、碳循环以及全球变化等新的热点领域也都凝聚了一定的研究力量。

第三节　若干重要化石群的发现与古生物学的发展

古生物学研究地质历史时期中的生命[1]，研究对象是生物的遗体和遗迹（即化石）。古生物学作为一个二级学科，它通常被划入地学领域[2]，但其与生物学是相互补充、相互影响的亲缘学科关系并不容分割。尤其是在理解生物进化、人类起源以及长时段的全球变化等问题时，古生物的研究贡献良多。

在中国，古生物学算是一门后起但发展比较迅速的学科。由于我国化石种类丰富，标本保存状况又多为其他国家所不及，很多发现对于解决世界地层分层和对比，以及古生物类群的分布和演化问题起着决定性作用，因此这些研究成果颇受世界瞩目。例如，位于山东临朐山旺层的植物化石由于杨钟健、

---

〔1〕　古、今生物很难以某一时间界限截然分开，一般多以全新世（距今 1.2 万年）作为分界。

〔2〕　这有一定历史原因，工业革命中对矿产资源的需求促进了地质科学中矿物学和岩石学的发展，很多沉积岩中都产化石，地质学家们逐渐认识到化石可以作为地层岩石的标志。因此，19 世纪这个以化石为研究对象的学科刚刚形成的时候，生物学家对它较缺乏兴趣。

胡先骕和钱耐（W. Chaney）的研究，早在 20 世纪 40 年代便闻名于世[1-2]。同时，在贵州关岭发现的海百合化石群，除具有研究价值之外，还因其极具观赏性而成为收藏珍品。

中华人民共和国成立后，古生物学的工作一度以服务地质矿产勘探为主要目的，资料积累和研究围绕在全国范围内广泛开展的矿产普查和区域地质调查而进行，与生产实践密切相关的生物地层学、孢粉学和微体古生物学发展比较迅速。不过，对化石的形态和分类等研究也没有停滞。在 1964 年出版的《中国各门类化石》一书中，记载了各种古植物、古无脊椎动物、古脊椎动物和古人类化石约一万种[3]。此外，伴随地质普查勘探工作的开展，涌现了大批古生物学人才，他们在很多地区都发现了新的化石。"文革"后，围绕若干重要化石群的发掘，给中国古生物学带来了迅猛发展。

一 澄江生物群与热河生物群

1984 年 7 月，中国科学院南京地质古生物研究所（以下简称"南古所"）的侯先光在澄江县帽天山首次发现了纳罗虫[4]化石，经确认为距今 5.3 亿年前寒武纪的无脊椎动物，南古所随即组织进行了一系列研究和发掘。由于化石种类丰富且保存极其完整，在此后的十年间，澄江生物群的工作吸引了

〔1〕 YOUNG C C. On the Cenozoic geology of Itu, Changlo and Linchu districts (Shantung) 〔J〕. Bulletin of Geological Society of China, 1936, 15 (2): 171 – 188.

〔2〕 HU H H, CHANEY R W. A Miocene flora from Shantung Province, China 〔J〕. Palaeontologia Sinica, 1940 (112): 1 – 147.

〔3〕 卢衍豪. "中国各门类化石"的编写和今后我国古生物工作的几个主要问题〔J〕. 科学通报, 1963 (1): 40 – 63.

〔4〕 这是一种海底爬行泥食性无脊椎动物，也是澄江生物群中最常见的节肢动物之一。

来自十几个国家的数十位古生物学家参与其中。根据在该地区采集的数万块化石，共发现了近 100 种早期多细胞动物[1]。这为解开寒武纪生命大爆发和现代生物多样性起源之谜提供了关键证据[2]，由此重构出了一幅完整的、最古老的海洋生态群落图。此外，相关的研究成果涉及演化生物学、系统生物学、生态学、埋葬学和痕迹学等研究领域。因此，澄江生物群被称为"20 世纪最惊人的科学发现之一"[3]。

热河生物群的发现，可以追溯到 1928 年美国地质学家葛利普在辽西进行的地质发掘，他使用的是"热河动物群"（Jehol fauna）这个名称。1962 年，南古所的顾知微在此基础上提出了"热河生物群"的概念[4]，包括动物群和植物群两方面内容。不过，直到 20 世纪 90 年代，一些重要化石的发现才把热河生物群的研究逐步推向了国际前沿。这些化石包括保存完整的早期鸟类、带羽毛的恐龙、原始哺乳动物以及最古老的被子植物等。在辽西这个独特而完整的陆相中生代地层中发现的化石，填补了生物演化在这一地质历史时期的空白，使得热河生物群成为一个独具魅力的研究领域[5]。

---

〔1〕 包括脊索动物门在内的近 30 个相当于门一级的分类单元。

〔2〕 侯光先，等. 澄江动物群：5.3 亿年前的海洋生物［M］. 昆明：云南科技出版社，1999.

〔3〕 "澄江动物群与寒武纪大爆发"的研究工作获得了 2003 年国家自然科学奖一等奖。该研究在世界上首次证实了现在的动物门和亚门以及复杂生态体系起源于早寒武世，几乎所有的动物祖先都曾经处在同一起跑线上。

〔4〕 邢立达. 热河生物群——朝圣中生代生命演化圣地［J］. 自然杂志，2005，27（1）：20–25.

〔5〕 被誉为"20 世纪全球最重要的古生物发现之一"。

除此之外，早前就进行过发掘的关岭[1]、山旺[2]以及和政生物群[3]等在 20 世纪后期也都有新的发现。而 1958 年恢复的周口店挖掘，则带动了中国古脊椎动物学和新生代（特别是第四纪）的研究[4]。这些在特异埋藏条件下保存的化石群，不但使人们得以窥见各个地质时代的动植物界面貌，也成为展示生物和人类演化进程、地区分布的"窗口"。

二 古生物给进化生物学带来的新知识

古生物学的形成和发展过程，与 19 世纪中叶诞生的进化论和 20 世纪 60 年代确立的板块构造学说，关系极为密切，可以说是在互相推动中不断完善。而进化则是生物学最大的综合，是一个能引起争论和激发思考的领域，也不断从遗传、分类、生态和古生物等不同进路获得新的认识。

重要生物类群（包括人类）的起源，是进化论者和神创论者激烈争论的话题。而古生物学家们，则在寻找各门类生物之间连接的过程中，为丰富生物进化论的学说提供了许许多多的实证，建立起生物与地球协同演化的观念。数十年来，在中

---

〔1〕 20 世纪 90 年代后又在关岭发现了海生爬行动物化石群。从目前发掘出来的化石看，关岭的海生动物生活在 2.2 亿 ~2.3 亿年前，在水深 200 ~500 米的海洋中生活，当时由于沉积环境宁静，水生爬行动物以及鱼类、海百合和大量的无脊椎动物等完好地保存下来，经后期地质作用和石化形成了现在的水生爬行动物——海百合化石库。

〔2〕 其中最重要的 8 个软躯体化石产地我们称之为"八大奇迹"，它们绝大多数是在近 20 多年来被发现或借助新技术重新进行深入研究的。在这八大奇迹中，时代最新的算是山旺生物群。

〔3〕 在距今 2400 万 ~520 万年的中新世纪，位于中国中部的和政地区曾是亚热带，该生物群主要产于甘肃和政、广河、东乡、临夏和康乐等地区的新近纪红土层和第四纪地层。

〔4〕 甄朔南. 古脊椎动物学在中国的发展 [J]. 中国科技史料, 1981, 2 (1)：72 -77.

国发现的若干重要化石群，为探索地球上生物起源和演化规律，如有性生殖的起源、各大动物类群的起源（包括脊索动物、鸟类和哺乳动物等）、被子植物的起源以及地球上生物多样性的起源、辐射、灭绝和复苏演化模式等重大科学问题提供了新的资料，改变了传统的观念和认识，开拓了一系列前沿领域[1]。

古生物是一门区域性很强的学科。中国境内广泛发育有从几十亿年前的隐生宙到近代第四纪的地层，地层剖面之连续完整，化石种类之丰富，堪称世界之最。国际上许多重要的古生物学和地层学问题的解决都有赖于中国在相关领域的发现和研究。这也是中国古生物学能产生世界一流成就的首要条件。

古生物学曾有力地促进了进化论的创建与发展。作为一个交叉学科，古生物学的许多重要发现和基本理论问题上的重大突破，与其他学科一样受益于新技术和新方法的应用。例如，软躯体化石的认知就离不开 X 射线技术、电子显微镜以及 CT 等观测技术的应用。同时，大量新理论和新兴研究领域的建立，如生态地层学、古生物地理学、生物成矿理论、生物岩石学和古生物化学等，则受实用目的的驱动。这些也使古生物学的研究逐渐从野外调查、数理统计等传统方法向模拟和实验倾斜，开拓出地球生物学这一更广阔的领域。

第四节　生理生化研究

一　在"针刺麻醉"保护下的神经生物学

对神经系统的认识（包括不同脏器与意识的关系），虽然

---

〔1〕　特别是银杏起源与演化、硬骨鱼类起源和早期分化、云南澄江动物群、贵州瓮安生物群、中华龙鸟、辽宁古果等中国古生物学的重要成果。

从古代就开始了探索，但直到 19 世纪末，细胞染色方法和对电刺激的反射进行观察等研究手段普及之后，才可能形成科学的理解。20 世纪，神经科学逐渐成为一门独立的学科，并从 20 世纪后半叶开始其重要性迅速攀升。

20 世纪上半叶，中国主要的神经科学研究中心设在两个机构内，即北京协和医学院和中央研究院心理研究所[1]。林可胜、冯德培和卢于道等神经解剖学家和神经生理学家做了奠基性的工作。中华人民共和国成立后，中国科学院的上海生理生化所（1958 年分出的生理所）成为一个主要的神经科学研究中心，重点开展神经肌肉生理、中枢神经系统以及感觉器官生理三个方向的研究。除此之外，20 世纪 50 年代，在苏联影响下，全国上下都兴起了对巴甫洛夫[2]学说的传播和学习[3]，神经科学某种程度上也因此比生物学的其他领域都要活跃。不过当时苏联在这方面的研究受政治因素影响较大[4]，在方法上长期滞后，不可避免地也影响了中国[5]。

到了"文革"期间，大学和研究机构的多数基础科学工

---

〔1〕 张香桐，陈莹. 神经科学在中国的发展 [J]. 生理科学进展，1983，14（2）：100 - 104.

〔2〕 巴甫洛夫（1849—1936），苏联生理学家，心理学家，医师，高级神经活动学说的创始人，条件反射理论的建构者。

〔3〕 从 1953 年夏起，北京、上海、天津、昆明和西安等地都先后举办了巴甫洛夫学说学习会，参加学习会的有数千人，形成了全国性的学习巴甫洛夫学说的高潮。

〔4〕 当时巴甫洛夫经典条件反射理论被看成是跟西方心理学的有关理论针锋相对的东西，认为它们体现了两种世界观的对立。

〔5〕 20 世纪 50 年代，神经生理学形成了 3 个最有成效的研究领域：脑电图研究，通过埋藏电极及多导示波器对脑深部结构和边缘系统的研究，通过微电极技术对脑细胞单位活动的研究。（沈政. 巴甫洛夫学说的某些进展 [J]. 国外医学（精神病学分册），1979（3）：160 - 164.）苏联生理所在神经细胞组织培养、微电极记录等方面做出了可圈可点的工作。

作都被认为脱离实际而停顿下来，生物学特别是实验生物学（或被归为微观领域的部分），因受李森科主义的影响，境遇尤为不好。但是，神经科学的某些方面却幸存了下来，甚至还得到了发展，这都有赖于针刺镇痛的研究。

用针灸治疗疼痛在中国古籍中早有记载。1956年出台的《1956～1967年科学技术发展远景规划》提出要"发掘整理祖国优秀文化遗产"，这成就了科学技术史这个一级学科，并对当时各领域的研究选题有着重要的影响[1]。1958年，针刺镇痛（也称针刺麻醉)[2]的方法首次被成功地应用在了外科手术中。同时，毛泽东发出"中国医药学是一个伟大的宝库，应当努力发掘，加以提高"[3]的指示，因此1959～1960年很多医院都开展了相关临床实验，并报道了大量有效的结果。

针刺麻醉本来是一项应用型的成就，却也给相关科学领域提出了理论研究的新课题。一些神经生理学家认为这是对生理学的一个挑战，于是主动出来应战，开始从神经生物学的视角研究这个问题[4]。"文革"期间，因开展针刺镇痛实验符合当时的政策，这项研究很快成为最受重视的领域，成百上千的生物学工作者和临床医生涌入其中，中国几乎所有的医学院校的生理系都开始从事针刺研究。再加上一些研究所和综合院校，

---

〔1〕 张香桐在20世纪80年代回顾神经科学的发展时，一开始先回顾了《黄帝内经》中的相关记载。另外一项受这一指示影响的项目是青蒿素。

〔2〕 上海市立第一人民医院耳鼻喉科、针灸科. 针刺应用于临床局部麻醉的初步观察 [J]. 上海中医药杂志，1959 (1)：25－27.

〔3〕 中共中央文献研究室. 毛泽东文集：第7卷 [M]. 北京：人民出版社，1999：423.

〔4〕 1961年，生理研究所组织了一个神经电生理训练班，对传播这方面知识和方法具有很大意义。那几十名参加者回到原单位建立了新实验室，后来多成为神经科学领域的带头人。

不下几十个生理实验室都在试图找出针刺镇痛的生理机制。

对于针刺为什么能镇痛，当时形成了大致三种见解：一是认为针刺麻醉主要通过神经系统起作用；二是认为是神经－体液作用（强调体液作用）；三是认为是经络的调气和治神功能[1]。

其实，经络理论是针刺麻醉实践的基础，因为行针必须在穴位处。但对于中医所言之经络的物质基础，很多人又认为与神经系统相关，因此研究的对象必然仍集中在神经。像第三种观点那样完全以中医理论所做的解释，不能说服受西方自然科学教育的现代学者。同时，在中西医结合的倡导中，也要求利用现代医学和自然科学的新理论和实验条件来分析祖国的经络理论。围绕这些观点，国内发起了很多争论，就是想弄清什么是针刺麻醉现象的物质基础。可是，经络理论不能像神经元学说那样得到电子显微镜观测等设备的支持。

到了改革开放之初，一般总结性的观点认为，针刺镇痛的主要机理在于提高了人体感受疼痛的阈值。或者，按照张香桐等提出"两种信号相互作用"的假说，即针刺镇痛可以被认为是不同感觉传入在中枢神经系统内相互作用并进行整合的结果：疼痛的缓解是由于来自痛源部位的神经冲动和来自穴位处的神经冲动，在中枢神经系统内相互作用而产生的。[2]

总而言之，"文革"期间，为了对针刺麻醉的效果做出科学解释，我国在神经解剖、神经分泌、神经电生理等领域都开展了一些深入的研究，并且还培养了一大批年轻的神经科学研

〔1〕 廖宇衡. 当前国内针刺麻醉的学术动态 [J]. 新中医, 1972 (Z1): 35 - 37.
〔2〕 张香桐. 针刺镇痛的神经生理学基础 [J]. 中国科学, 1978 (4): 465 - 475.

究人员。虽然有些生理学家可能对针刺麻醉的兴趣不大，但为了保存研究力量，他们也投入针刺麻醉的相关研究活动中。因此，普通生理学、神经科学和生物化学[1]等相关学科受到的破坏相对较少。实验室设备和研究人员也因此被保存了下来，神经生物学（尤其是中枢神经系统的电生理学）才没有遭受到像其他学科那样大的损失。也正因此，"文革"结束后中国的神经科学能够迅速发展起来。

传统上，神经生物学作为生物学的一个分支，其知识和方法源于生理学、生物化学、生物物理学、药理学、解剖学、胚胎学、心理学和精神病学等[2]。但是，近年来，随着神经科学与其他学科，诸如数学、计算机、认知科学、工程学、语言学、医药和分子遗传学等的相互渗透，对神经系统的研究手段更为丰富，视角更为立体，关注的科学问题也越来越广泛。其中，有关中枢神经系统（特别是脑）的结构和功能，以及相关疾病的基本过程等领域的研究受到极大重视，遂衍生出脑科学这样的新兴学科（后文将再次提及）。

科学发展与社会需求有紧密联系。正如同美国脑研究的兴起受益于军事的发展，针刺镇痛的热潮在中国的出现有特定的历史背景。不过这方面的研究并非昙花一现，从1970年以来，相关研究论义持续发表（数量稳步上升）。这些工作肯定了针

---

〔1〕 例如，20世纪60年代张昌绍等的吗啡受体研究，后来韩济生研究了针刺镇痛的神经化学基础。

〔2〕 各亚学科侧重单一的研究策略，如神经解剖学发现神经系统的基本结构；神经生理学分析神经系统内信息传递的基本规律；生物物理学研究神经细胞的物理特性；神经生物化学找到神经系统的化学成分；神经遗传学了解影响神经系统结构和功能的遗传因素；神经病理学着重神经、精神疾病的解剖结构变化；神经病学和精神病学主要从事疾病的临床分析和治疗。

刺镇痛的疗效，并试图阐明其原理（随着分子生物学的发展，包括对疼痛的解释等，这些研究也更为细化和深入）。1997年，美国国立卫生研究院（National Institutes of Health，简称NIH）举办针刺疗法听证会，证明针刺镇痛的有效性和科学性，导致国内和国际上都加大了科研资助，针麻镇痛研究在全球广泛开展[1]。

二　从合成胰岛素到合成核酸

蛋白质与核酸是执行重要功能的生物大分子，从被发现起[2]，它们就是生物化学领域的研究热点。20世纪50年代，随着DNA分子双螺旋结构的解析，西方学者对核酸与蛋白质的研究集中在分析一些已知分子[3]的序列、结构（并据此解释其功能），而为了解决遗传信息是如何从核酸传递到蛋白质的问题，不但凝聚了众多生物学家，也吸引了一批物理学家和化学家参与其中。

前面说过，受李森科主义的影响，中国对遗传的研究在相当一段时间内阻碍很大，作为遗传物质的核酸和基因甚至被认为是唯心主义的东西。但恩格斯关于"生命是蛋白体的存在方式"[4]的论断，在一定程度上使得蛋白质的研究在二十世纪五六十年代能够得到支持，对这方面的研究，中国学者跟踪国际前沿比较及时，在1957年就有人对人工合成蛋白质进行了

〔1〕　韩济生. 针麻镇痛研究［J］. 针刺研究，2016，41（5）：377－387.

〔2〕　1841年，Liebig发表了分析蛋白质的文章。1883年，John Kjedahl发明了一种准确测定氮进而测定蛋白质含量的分析方法。米歇尔于1868年发现并分离出核酸。

〔3〕　指可以通过固定方法分离，并对其功能特点有一定认知的分子。

〔4〕　恩格斯. 反杜林论［M］. 北京：人民出版社，2015：85.

展望[1]。

到了 1958 年，这一领域的研究中心是中国科学院上海生化研究所。在"大跃进"的推动下，和全国各界一样，学者们热烈地讨论了怎样打破常规，做出惊人的工作来。当时胰岛素的氨基酸顺序刚被阐明[2]，"合成一个蛋白质"一经提出，立即唤起了人们极大的热情[3]。

（一）人工合成牛胰岛素

实际上，当时国内的具体条件还远未具备。虽然当时我国在蛋白质的分离纯化和活性测定等方面有了一定积累，但还没有合成多肽的经验，除纯度不高的甘氨酸、精氨酸、谷氨酸之外，国内无法生产任何其他氨基酸。然而，合成牛胰岛素的课题还是在 1958 年底启动了，很多单位都积极要求参加，最后根据研究能力，只有中国科学院上海有机研究所、生化研究所和北京大学成为主要协作单位。

胰岛素是由 A、B 两条多肽链组成的蛋白质激素。A 链含 21 个氨基酸，B 链含 30 个氨基酸，两条链由 2 个二硫键连接，在 A 链内还有 1 个二硫键。当时国外已经有了合成九肽催产素的经验[4]，胰岛素合成的关键问题是这 3 个二硫键能否正确形成。

工作的基本思路是先分别合成 A 链和 B 链，再把它们连

---

〔1〕 王世中. 关于蛋白质的人工合成〔J〕. 生理科学进展，1957，1（1）：71–82.

〔2〕 1956 年，桑格（F. Sanger）阐明了最简单的蛋白质——（牛）胰岛素的全部化学结构。

〔3〕 1957 年，杨振宁、李政道获诺贝尔物理学奖，刺激了国人对诺贝尔奖的关注。桑格（F. Sanger）测定了牛胰岛素的化学结构，于 1958 年获诺贝尔化学奖。

〔4〕 液相多肽合成法。

起来。首先，要对天然胰岛素进行拆合[1]，以证明技术路线的合理；其次，组织制备组以解决处于空白状态的氨基酸生产问题[2]。这些工作都是由上海生化研究所承担。而关于多肽链的合成，B链由上海生化研究所负责，A链则由上海有机研究所和北京大学化学系共同承担。到1959年底，随着许多小肽的合成，很多人认为多肽合成工作的主要矛盾不再是技术，而是人手不足。为了扩大队伍，北京大学与复旦大学启动了"小兵团联合作战"，后来又增加了山西大学和四川大学等。

1960年4月，在中国科学院第三次学部大会上，上海生化研究所宣布已合成了人工胰岛素B链，并成功合成了半人工半天然的胰岛素，北京大学也宣布合成了A链，但是未能收到全合成的喜报。为了加快工作进度，中国科学院党委决定投入上海生化研究所全部力量进行突击，并动员中国科学院药物研究所、实验生物研究所、生理研究所和有机研究所等，进行"大兵团作战"。这项工作的代号为"601"[3]，遂在上海分院成立了"601"指挥部，先后有300多人参与。然而，"大兵团作战"的效果并不好，经过两个多月的尝试，在王应睐的建议下，中国科学院的合作单位只保留上海生化研究所和

---

〔1〕 指天然胰岛素二硫键经还原拆开而失活，再经氧化重新接合而恢复胰岛素生物活性。

〔2〕 在这个技术小组的基础上，于1958年底组建成立东风生化试剂厂。东风厂后来由小到大，共可生产700余种生化试剂、药物、培养基和分离分析材料，供全国科研之需。"文革"前夕，它每年可向中国科学院院部上缴利润200万～300万元，效益一度非常好。（陈远聪. 筹建东风生化试剂厂的回顾［J］. 生命科学，2015，27（6）：793–795.）

〔3〕 这是国家级机密研究计划的编号，表示"1960年第一项重点研究项目"。（熊卫民. 人工全合成结晶牛胰岛素的历程［J］. 生命科学，2015，27（6）：692–708.）

上海有机研究所，生化研究所则只保留了 20 人左右的精干队伍。

　　此后，在进行了一系列总结和调整以及重新组织协作后，终于在 1965 年 9 月获得了人工合成胰岛素的结晶。经测定，其活性达到天然胰岛素的 80%。对后来的多批人工合成产物，用电泳、层析、酶切图谱和免疫学方法对其物化、生物性质做了尽可能全面的检测，结果均表明人工产物与天然物相同。

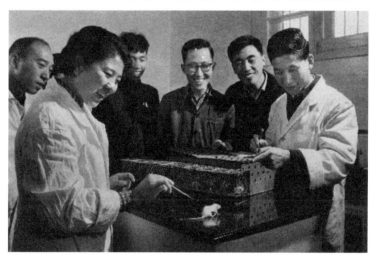

牛胰岛素活性测定

　　1966 年，人工全合成结晶牛胰岛素的工作成果在《科学通报》和《中国科学》上发表，引起了热烈的国际反响，并一度有过摘取诺贝尔奖的呼声。但对主要的参与者来说，这项居于国际前沿的基础性研究工作能够在"文革"前夕完成，更重要的意义也许在于赢得了学术空间，并保持了一定程度的国际交流[1]。

―――――――――――

〔1〕 "文革"期间仍有不少外国人来访。

（二）人工合成核酸

合成胰岛素的工作完成后，包括上海生化研究所在内的我国科技人员开始思考和酝酿下一步与之相关的研究课题，在议论中被提及较多的有两方面，一是合成更大的、具有特定功能的蛋白质（如病毒中的蛋白质）[1]，二是合成核酸。

核酸分脱氧核糖核酸和核糖核酸，即 DNA 和 RNA，前者由于分子太大，在 20 世纪 60 年代，尚未成功测得序列，而 RNA 分子中最小的转移核糖核酸（tRNA）只有几十个核苷酸。正好在 1965 年，美国的 Holly[2]实验室首次测出了酵母丙氨酸 tRNA（酵母 tRNA^{Ala}）的序列（同时它也具有明确的生物功能——接受丙氨酸），于是这个分子就成了合成核酸的首选对象。

进行这项工作，我国同样面临技术薄弱、条件不成熟的困难，但经过中国科学院北京几个研究所到上海生化研究所"串联"讨论，与会人员还是取得了基本一致的意见，决定打报告对这个项目进行立项。1968 年，在科学技术委员会批复后，由上海生化研究所负责[3]，组织了一支庞大的人工合成酵母 tRNA^{Ala}研究队伍。

酵母 tRNA^{Ala}由 76 个核苷酸组成，二级结构呈三叶草型。经过一系列预实验，研究人员决定采用分段合成的路线，主要步骤包括用化学法（或和化学与酶促相结合的手段）合成

---

〔1〕 具体被提到的是合成 1960 年已测定氨基酸序列的烟草花叶病毒外壳蛋白。这一工作 1968 年在中国科学院生化研究所立项。

〔2〕 罗伯特·霍利（Robert W. Holly）1968 年因此项工作分享了诺贝尔生理学或医学奖。

〔3〕 实验生物研究所（后来的细胞研究所）、有机研究所、北京的生物物理研究所、微生物研究所、遗传研究所和动物研究所参加。

2 – 8核苷酸的小片段；用 T_4RNA 连接酶将小片段连接成较大的片段，进而连接成两个半分子；最后用 T_4RNA 连接酶将两个半分子连接成完整分子。由于该项目在"文革"期间启动，研究工作受"革委会"领导，不免断断续续，也曾出现过上面不关心、下面人心涣散的现象，大有下马之趋势。"文革"结束后，中国科学院成立了项目协作组，由王应睐任组长。1978 年，项目协作组采纳王德宝的建议，成立了 3 个会战组以解决关键性问题，并对研究队伍进行了重组[1]。到 1981 年11 月，终于成功合成了具有活性的酵母 tRNA^{Ala}。

人工合成胰岛素与人工合成核酸的相继成功，表明中国在生物化学等相关领域已能开展从国际跟踪向国际并行的研究工作。这两项研究分别获得 1982 年和 1987 年的国家自然科学奖一等奖，代表了改革开放之前我国生物化学研究的最高成就，这对该学科后来的发展也产生了重要影响。

虽然，对很多当事人来说，"集中那么大的力量，花费那么多的时间（来做这些），究竟是否值得。如果把这样大的力量用在其他方面，对我国生物化学的全面发展是否更为有益"[2]，始终是值得反思的。但是，在条件非常简陋的情况下，通过不同实验室的合作，我国打造了一支优秀的学术梯队，发挥了独立自主的创新精神。同时，在项目需求的促进下，研究人员迅速提高了生化试剂的制备生产能力[3]，也为后来生化研究的

〔1〕 合作单位改为生化研究所、细胞研究所、有机研究所、生物物理研究所、北京大学生物系和东风生化试剂厂。

〔2〕 邹承鲁. 行进中的回忆 [J]. 生理科学进展，1990，21（2）：97 – 107.

〔3〕 张友尚. 中国生物化学与分子生物学的发展 [J]. 生命的化学，2009，29（5）：619 – 624.

发展奠定了良好的基础。

合成牛胰岛素是世界上首个人工合成的具有生物活力的蛋白质，开启了蛋白质研究与合成的新时代。随着糖尿病患者在人口中的比例不断攀升，胰岛素作为治疗糖尿病的特效药物，需求量很大，对它的研究在解决人工合成的问题之后仍远没有结束。二十世纪七八十年代，我国又开展了对胰岛素（及其衍生物的）结构、功能和生产工艺等方面的系列研究，待分子生物学大发展之后，用基因工程方法生产人胰岛素的工作也欣欣向荣。可以说，一个小分子，带动了若干个大方向（如内分泌、代谢和大分子结构等）的研究。

三　蛋白质的生物活性与大分子结构研究

在生物细胞中，蛋白质是含量最高、功能最重要的大分子。上文提到蛋白质研究较受青睐，而蛋白质如果按照功能区分，除结构蛋白之外，最多的就是起生物催化作用的酶[1]。19 世纪末，当人们还不能识别酶是一种什么样的分子时，就已经有人开始了对酶促反应的系列研究，由此诞生了酶学这样的分支。20 世纪 30 年代，酶的本质被证明为蛋白质后[2]，其活性与分子结构之间的关系就是蛋白质研究的核心问题之一。在中国，吴宪首先开创了蛋白质变性研究。20 世纪下半叶，随着社会形势的变化，中国科学院上海生化研究所逐渐成为这方面研究的中心。

（一）蛋白质功能基团的修饰及其生物活性之间的定量关系

由于蛋白质本身的可变性与多样性，其研究技术非常复杂。在 20 世纪中叶，用各种方法改变蛋白质分子中侧链基团

---

〔1〕　此外，还有免疫蛋白、信号蛋白和运输蛋白等。

〔2〕　后来发现有些 RNA 也起着催化作用。

的性质，观察对其生物活力的影响（即蛋白质化学修饰的研究），是当时研究蛋白质的主要方法。然而，这类研究很长一段时间一直停留在定性描述阶段。由于无法区分某类侧链基团在功能上是否为必需[1]，所以大量的实验结果不能进行定量处理，也就无法从实验数据中确定必需基团的性质和数目。1961年，美国的雷（W. J. Ray）和科什兰（D. E. Koshland）提出用比较一级反应动力学常数的方法来确定必需基团的性质和数目，但是其应用范围存在着很大的局限性[2]。

邹承鲁

1962年，邹承鲁提出了一种更具有普遍应用意义的统计学方法。他总结和分析了当时已积累的大量实验结果，根据侧链基团修饰和酶活性之间的关系，针对六种不同情况分别提出了确定必需基团性质和数目的公式，并根据这些公式建立了"邹氏作图法"。这一方法克服了上述动力学方法的局限性，后来在国际上被广泛采用。[3]在提出这一方法的同时，他还对当时已有的实验数据进行了定量处理，提出在蛋白质分子中为其生物活力所必需的侧链基团通常只是其中的极少数。这一论断被此后20多年间的

---

〔1〕 因为必需和非必需基团在与某试剂起反应上往往是相同的。虽然从实验上可以测得随侧链基团的被修饰导致蛋白质生物活力下降的关系，但是在所测得的被修饰的基团中，既有必需的，也有非必需的。

〔2〕 对于那些反应速度极快和不满足一级动力学条件的修饰作用则无法应用。

〔3〕 邹承鲁，赵康源. 蛋白质功能基团的改变与其生物活力之间的定量关系 [J]. 生物物理学报，1989，5（3）：318－325.

国内外大量实验结果所证实。[1]

到了 20 世纪 90 年代，随着分子生物学技术的突飞猛进，对蛋白质分子组成与其生物功能的研究有了新的方法[2]，而对蛋白质三维空间结构的研究则成为发展最为迅速的领域，并由此衍生出了结构生物学这样的分支。

（二）结构生物学的领先布局和快速发展

蛋白质的功能纷繁复杂，其特定生物功能的发挥依赖于分子的三维结构。所以，在三维水平上了解其空间结构，是阐明有关蛋白质生物学问题的重要环节，可以为分子间的结合方式、作用机制、反应动力等问题的解决带来线索。

前文提到 1956 年桑格（F. Sanger）等完成了胰岛素结构的测定，这指的是其一级结构，即氨基酸顺序。邹承鲁等对侧链基团的定量研究，同样针对的是一级结构[3]。而更高级别结构的研究则有赖于仪器设备和技术的进步。例如，通过 X 射线衍射技术，可以对蛋白质和核酸等生物大分子进行成像。20 世纪四五十年代，蛋白质的 α 螺旋和 DNA 分子的双螺旋结构等重要发现都是从衍射图谱的分析中得出的。

在我国，1963 年，中国科学院上海生化研究所的曹天钦等首先在原肌球蛋白和副肌球蛋白类晶体的电子显微镜观察方面取得了开创性成果[4]。接着，在前述人工合成胰岛素的工

---

[1] 这一成果获 1983 年国家自然科学奖一等奖。

[2] 例如，定点突变的发明可以任意改变蛋白质分子中的氨基酸残基，以观察其对生物功能的影响。

[3] 蛋白质结构分四级。

[4] 同时，也与植物病理学的实验室合作，对侵染烟草、小麦和其他作物的植物病毒开展了研究。电镜可以观察到较大蛋白质的四级结构。（张友尚. 中国生物化学与分子生物学的发展 [J]. 生命的化学, 2009, 29（5）: 619 – 624.）

作胜利完成后，为了进一步拓展这一科学方向上的成就，深入研究胰岛素的结构与功能关系，1969 年他们组建了以测定猪胰岛素晶体结构为目标的北京胰岛素结构研究组[1]。他们在极为困难的工作条件和复杂的政治环境中，经过艰苦奋斗，群策群力，分别于 1971 年和 1974 年解出了 2.5 埃和 1.8 埃分辨率的猪胰岛素分子的三维结构。这是我国第一个解析的蛋白质三维结构，也是当时亚洲第一个、国际上少数成功解析的生物大分子三维结构。这一成果不但给结构生物学研究在中国的发展奠定了一个较高的起点[2]，而且也带来了"文革"中难得的国际交流[3]。

20 世纪 80 年代以后，随着蛋白质与核酸测序技术的飞跃式发展[4]，对结构的研究更超越了单纯的空间结构测定，开始瞄准待测结构的生物大分子的功能，并直接考察那些与功能紧密联系在一起的生物大分子复合物的结构[5]。1993 年，英国《自然》（*Nature*）杂志首次召开以结构生物学为主题的国

---

〔1〕 当时参加这一协作组的主要单位有中国科学院物理研究所、生物物理研究所、上海生化研究所、北京大学化学系和生物系等。

〔2〕 王大成，秦文明，李娜，等. 结构生物学在中国 [J]. 生物化学与生物物理进展，2014，41（10）：944-971.

〔3〕 通过这项工作，北京胰岛素结构研究组与牛津大学 Dorothy Hodgkin 的实验室建立了长期的合作关系。后来 Hodgkin 写了一篇短文发表于 1975 年 5 月的《自然》上，期望中国与西方能在胰岛素的研究上有更多的交流。

〔4〕 桑格（F. Sanger）等测定胰岛素结构用了 8 年，到 20 世纪 80 年代，用氨基酸自动分析仪一次就可解决长达六七十个氨基酸残基顺序的测定。核酸化学结构的测定在 20 世纪 70 年代初期还落后于蛋白质顺序的测定，那时已知化学结构的核酸为数有限，测定一个由二十个核苷酸组成的核酸结构，需一个熟练工作者工作三年。20 世纪 80 年代的平板式 DNA 测序仪，一个工作日便可完成数十段几百个碱基对的测序。

〔5〕 如酶与底物、酶与抑制剂、激素与受体、抗原与抗体、DNA 与其结合蛋白等。

际学术会议，宣称结构生物学时代已经开始。[1]

在我国，蛋白质相关研究受重要科
研任务的带动，也得益于具备国际眼光
的王应睐等科技领导者。改革开放之初，
结构生物学上的基础，相对其他生物学
分支，应该算是比较好的[2]。在若干战
略科学家[3]的大力推动下，迅速建立了
生物大分子国家重点实验室，以及一些
跨单位的结构生物学研究中心，对仪器

王应睐

设备的升级也投入了较多的资金[4]。研究方面，从蛋白质晶
体结构分析出发[5]，在溶液构象变化与生物活性关系以及膜
蛋白等方面陆续做出了一批较高水平的成果。

20世纪末，结构生物学已成为生命科学中发展极为迅速
的重要前沿学科[6]。方法上，X射线晶体结构分析、多维核
磁共振波谱解析和电子显微镜二维晶体三维重构等技术的不断

---

〔1〕《自然》杂志每年11月召开一次分子生物学国际学术会议，讨论生物
学领域内这一最重要的学科一年来的最新动态。

〔2〕 改革开放后，国人在国外发表的第一篇论文就是这个领域的。(HO Y
S, TSOU C L. Formation of a new fluorophore on irradiation of carboxymethylated
Dglyceraldehyde – 3 – phosphate dehydrogenase 〔J〕. Nature, 1979, 277 (5693):
245 – 246.)

〔3〕 包括邹承鲁和梁栋材等。

〔4〕 20世纪末，在电子显微镜、隧道电子显微镜及各种光谱技术等方面，
我国都有相当好的实验室。

〔5〕 主要研究对象多为有地域特色的功能蛋白质，如天花粉蛋白、江浙蝮
蛇神经毒素、东亚钳蝎神经毒素、植物抗真菌蛋白、抗病毒蛋白、抗肿瘤蛋白等，
以及一些重要酶分子。其中，特殊中药功能分子天花粉蛋白晶体结构是我国第二
个进行解析的新蛋白质结构。

〔6〕 王大成. 结构生物学研究的一些新进展 〔J〕. 生物化学与生物物理进
展, 1998, 25 (5): 396 – 404.

成熟完善，及其与现代分子生物学最新成就的结合，使得在原子水平上完整、精确、实时测定生物大分子三维结构成为可能。此外，根据氨基酸序列对蛋白质空间结构进行理论预测，也是一个受到广泛重视的研究方向。而研究对象则深入到由许多生物大分子组成的极其复杂的大分子组装体的结构，如组成细胞骨架的微管系统、病毒与抗体复合物等。这些研究，在尝试解答生物分子结构与功能的关系这一分子生物学核心问题的同时，也必将对整个生命科学的发展产生重要影响。我国在这一领域的研究已经在国际上处于某些领先地位，如何保持和发扬，并由此推动我国生命科学的全面发展，是当前备受关注的一个课题。

第五节　植物生理学研究

一　对光合作用的研究

光合作用简单来说就是植物、藻类和某些细菌，利用光能，将二氧化碳、水或硫化氢转化为碳水化合物的过程。对于绝大多数生物来说，光合作用提供了赖以生存的食物和氧气，同时也是人类所需化石能源[1]和生物质能源的最初来源。[2]认识光合作用的机理与影响，是理解植物进化、生态环境、生物圈和农业生产的知识基础，因而受到生物学家的重视。

从 17 世纪起，人们开始用科学方法对植物生长过程中物

〔1〕　煤、石油和天然气等。
〔2〕　通过光合作用，太阳能最大规模地转化成了化学能并得以贮存。由于很长一段时间里人们能够利用的主要是植物，所以也称光合作用为植物的第一生产力。

质能量的来源进行解析。[1]到 19 世纪末，人们对此的理解是绿色植物吸收太阳光能，把从空气中吸收的二氧化碳和从土壤中吸取的水转化成有机物，放出氧气。[2]20 世纪初，德国的沃伯格（O. Warburg）开始使用单细胞绿藻作为实验材料，这一改进使得此后十几年间取得了不少成绩，如对光合作用光反应和暗反应的认识等。[3]

20 世纪 30 年代，细菌光合作用和高等植物离体叶绿体的光化学活力的发现进一步扩展和深化了对光合作用的研究。第二次世界大战以后，得益于同位素示踪法等新技术的应用，通过卡尔文（M. Calvin）等人的工作，终于把光合作用中二氧化碳固定和电子传递的步骤基本上弄清楚了。[4]不过，有关光合作用的内在机制、演化过程和利用前景等仍然存在大量需要深入研究的问题，而中国学者的加入为这方面的研究做出了一些有价值的贡献。

20 世纪 20 年代，李继侗等已经开始了对光合作用的基础研究。虽然所用的仪器设备简陋、方法粗糙（只能算是半定量），但是因为思路巧妙，还是得到了一些有价值的成果。[5]

中华人民共和国成立后，我国对实验生物学加强了布局。植物生理学因为与农业生产有密切联系，在基础学科中比较受

---

〔1〕 因为一直是用整株植物或者叶片来做实验，测定方法是气体分析或称量干重的增加。这既不精密又花时间，所以进展缓慢。

〔2〕 "光合作用"这个词在 1897 年首次出现在教科书中。

〔3〕 实验材料的选择和实验方法的革新常常是自然科学出现突破性进展的一个关键点。

〔4〕 殷宏章. 光合作用研究五十年 [J]. 自然辩证法通讯，1979，1（3）：16 - 26.

〔5〕 LI T T. The immediate effect of change of light on the rate of photosynthesis [J]. Annals of Botany, 1929, 43 (3): 588 - 601.

重视。而光合作用则是其中最重要的一个研究方向。在汤佩松对我国植物生理学年《1956～1967年科学技术发展远景规划》所做的建议中，第一项列的就是光合作用，其目标和方向为："以光合作用的机构为主，从而达到人工光合。不但是植物生理学的基本问题，（而且）是生物学、（乃至）自然科学的一个重大的理论和实际的问题，应作为长期重点研究……"[1]在很长一段时间里，这个建议确实起着指引作用[2]。

光合作用的研究，以殷宏章和汤佩松为首分别在上海和北京形成了两个中心。1958年，为了顺应总结农业丰产经验的需求，殷宏章率领一批研究人员，在调查高产水稻的基础上，提出了群体光合作用的概念，这是一次联系实际的尝试。不过，更多的研究还是集中在基础理论方面。20世纪60年代的研究集中在原初反应（光能吸收、转移和电荷分离）光动力学与生化过程的关系。1961年我国对光合磷酸化量子需要量（约为4)[3]以及1962年对光合磷酸化高能中间态的报道，都早于国际同行，颇不容易。

20世纪70年代，由于认识到膜在生物转能作用上的重要性，我国开始对"光合膜"（反应中心）展开大量工作，主要集中在反应中心的分离提取、化学成分、光活性和对其分子结构的推测上，并对叶绿体膜及叶绿素蛋白复合体的结构功能进行了系统研究。而这些工作最终还是为了得到一个进行光合作

---

〔1〕 汤佩松.关于我国植物生理学12年远景规划的一些建议和资料 [J].科学通报，1956，1 (3)：49-59.

〔2〕 建议中也列出了若干具体问题。

〔3〕 殷宏章，沈允钢，沈巩楸，等.光合磷酸化的量子需要量 [J].生物化学与生物物理学报，1961，1 (2)：65-75.

用的"基本单位"（最低结构），以便不受干扰地去研究原初反应。尔后，很多物理界和化学界的学者纷纷参与到光合作用的研究工作中[1]，进行了飞秒级超快反应的研究，用 X 光衍射技术分析了光合细菌－叶绿素－蛋白的分子晶体结构[2]等。由此，光合作用的研究也显现出很强的学科交叉特点。2004年，菠菜主要捕光复合物（LHC-II）晶体结构研究成果的获得，标志着我国的光合作用膜蛋白研究达到了国际领先的水平。

此外，我国学者对光合作用中的关键酶（Rubisco 等）、光抑制、C_4 途径植物、叶绿体遗传、细菌与藻类的光合作用等问题的研究也有一些重要的发现，产生了较大的国际影响。

光合作用是生物学中一个基础理论课题，且它与生产实际也有重要关系。很多研究问题是从实践中来[3]，反过来又带动应用研究。20 世纪末，在国家重点基础研究发展计划（"973 计划"）支持下，我国研究人员在深入探索光合作用机理的同时，也在研究光合器官衰老对作物光合速率及产量的影响，非叶器官对光合作用速率和产量的贡献，以及作物高产与光合机理的关系等与农业生产联系密切的问题。而新型生物质能源的开发和人工合成光合作用反应中心的研究也将会继续蓬

---

〔1〕 自 20 世纪 20 年代 Warburg 将光化学的两个原则运用到光合作用研究开始，物理学家们即着手研究光量子对叶绿素分子激发的状态，以及从固体物理学方面研究光对叶绿素的激发。化学家们从 20 世纪 60 年代后期开始从叶绿素分子结构及聚合物的光激发量子化学入手进行研究。光合单位（反应中心）的概念提出后，逐渐把物理、化学、生物三方面的努力集合在一起的实体上，从而可以提出具体问题，有的放矢地去研究。

〔2〕 汤佩松. 对光合作用机制研究的一些展望与两点建议 [J]. 化学通报，1978（4）：2－4.

〔3〕 例如，四碳途径的发现就是从追求了解某些高产作物的特性而得出的。

勃发展。[1]

光合作用对人类生活和科学理论都具有重要意义，所以相关研究一直受到重视，但光合作用过程十分复杂，随着科学技术的发展，探索仍在不断深入中。[2]

二 作为农业之基础的植物生理学

在 1956 年关于植物生理学的《1956～1967 年科学技术发展远景规划》中，对除光合作用之外的各个方面都有所涉及，如高等植物的有机物质代谢、矿质营养、水分生理、生长与发育、细胞生理、植物的感应性、生殖生理以及植物生化与生物物理等，有些方面提出了具体的研究问题和方略，有些方面则只是给出尝试性的建议。[3] 鉴于研究人员和资源的分配无法均衡，并且也受各种社会因素的影响以及国际上最新研究进展的牵动，我国植物生理学的发展也表现得有所侧重。

20 世纪 50 年代，在苏联李森科主义的影响下，相关的各主要研究机构、农林院校等都布置了春化作用的研究课题。其实早在 19 世纪人们就注意到低温对作物成花的影响，我国北方农民早就在应用的"闷麦法"[4] 就是利用了这个原理。德国的克勒布斯（G. Klebs）和苏联的米丘林也都曾提出过植物发育过程具有阶段性。然而，李森科将这个只存在于部分植物的

---

[1] 曾有人提出人工体外模拟光合作用应是为人类由"靠天吃饭"的农业劳动中彻底解放出来的理想途径，因而引起这个话题：人工体外模拟光合作用是否为光合作用研究的最终方向。（汤佩松）

[2] 上海植物生理研究所，中国科学院植物研究所. 光合作用研究进展[M]. 北京：科学出版社，1976.

[3] 汤佩松. 关于我国植物生理学 12 年远景规划的一些建议和资料[J]. 科学通报，1956，1（3）：49–59.

[4] 把萌发的冬小麦种子闷在罐中，在 0～5℃低温处放置 40～50 天后，就可在春季播种，当年获得收成。

现象过度上升为具有一般意义的阶段发育学说，片面强调外界环境的作用，以否定遗传基因对性状的决定性作用。为了验证和实践他的理论，曾经浪费了一些人力和时间。不过在认识到春化作用是一个低温诱导基因表达的过程（与光周期现象紧密联系）后，作为一个发育生理方面的课题，弄清楚作物光周期过程对温度的依赖，对农业生产还是有实际意义的。

植物激素，尤其是生长素和赤霉素等的研究从 20 世纪 50 年代开始在国际上十分兴盛。用它们制成的植物生长调节剂很快跃居农药之首，可以说是植物生理学对种植业的一大贡献。我国以娄成后为首，快速跟踪这一课题，开展了长期深入的研究，并在田间生产上试用推广，后来还发展到果蔬保鲜和稻田除草等方面的应用。

20 世纪 70 年代，植物细胞的全能性经过充分论证之后，（配合植物激素的应用）组织培养技术得到迅速发展。我国在 20 世纪 30 年代就有了这方面的工作基础[1]，自 20 世纪 70 年代起，通过花粉培养，使数百种植物的快速繁殖获得成功，带动了细胞生理学的基础研究。

20 世纪 80 年代以后，几乎所有植物生理问题[2]的研究都深入到了分子层面，国内学者在信号传导、生物固氮、逆境生理和次生代谢产物的利用等方向上做出了国际领先的成果，直接或间接地促进了我国农业科技的现代化。

---

〔1〕 李继侗进行过银杏胚胎的培养，罗宗洛和罗士苇做过石刁柏的茎尖培养。
〔2〕 营养与代谢、生长与发育、感应性与整体性。

第六节　膜与细胞生物学

生物学发展中具有革命性意义的成就之一就是认识到细胞是（除病毒之外的细胞）生命的基本单位。而细胞则主要是由膜系统组成的多分子动态体系。在真核细胞中，膜结构占了干重的 70%～80%[1]，它们不但把细胞与外部环境分隔开来，而且构成了各种主要细胞器[2]，并执行着重要的生物功能，如细胞识别、物质的主动运输以及能量转换与信号传导等都与生物膜密切相关。

前文提到光合作用的过程，如光能吸收、传递、转化、水光解、电子传递及光合磷酸化等功能均是在叶绿体内具有一定分子排列的膜结构中进行的，因此，为阐明光合作用的机理，必须将膜的结构与功能紧密结合起来进行研究。

20 世纪 70 年代以来，生物膜的研究成为发展迅速的一个重要领域。但此前的一百多年里，人们的认识一度只限于把胞浆和胞核包裹起来的细胞膜。19 世纪末，通过对细胞透性的研究，我国研究人员提出细胞膜是脂质膜的假说；1925 年，在研究红细胞的表面积和膜脂质含量的关系时，通过精确计算，我国研究人员提出质膜是由类脂双分子层所构成的假说[3]。此后，随着物理和化学新技术的应用[4]，我国研究人

---

〔1〕　刘树森. 膜分子生物学的研究进展 ［J］. 动物学报，1977，23（4）：380－399.

〔2〕　包括线粒体、叶绿体、高尔基体和内质网等。

〔3〕　发现提取的全部膜脂质在水面铺展成单分子层时，恰好是红细胞表面积的两倍。

〔4〕　包括荧光法、核磁共振、激光拉曼、X 光散射、自旋标记共振、扫描电镜和透射电镜。

员对于膜结构的动态研究有了较深入的了解，陆续提出了单位膜结构[1]、流动镶嵌[2]和晶格镶嵌等模型。加上对细胞内部微观结构的解析，膜与细胞的行为、功能越发紧密联系起来，膜蛋白[3]和人工膜等都成为很引人注意的研究课题[4]。近年的基因组学研究表明，哺乳动物1/3的基因用于编码膜蛋白。

一 我国对生物膜的研究

二十世纪五六十年代，我国对生物膜的研究始于《1956～1967年科学技术发展远景规划》，当时称之为"片层结构"[5]，研究主要集中于能量转化膜——线粒体和叶绿体内膜上的结合蛋白、偶联因子以及电子传递等。经过"文革"的停顿之后，1978年中国科学院派出了一个生物膜小组赴联邦德国考察。1979年，第一次生物膜结构与功能学术会议在北京召开。1981年，在中国科学院生物局的倡议下，中国生物物理学会、中国生化学会和中国细胞生物学学会联合举办了全国生物膜学术研讨会。此后，我国对生物膜的结构与功能都开展了大量研究，取得了一批重要成果。例如，生物物理研究所杨福愉等研

---

〔1〕 1959年，罗伯逊通过电镜观察发现细胞膜呈三层结构，即由两条厚二十埃的暗带，中间夹一条三十五埃的明带所组成。他认为暗带可能是蛋白质，而中间未染色的明带是脂质。他还认为无论真核细胞或原核细胞表面，均有一层共同的膜结构，并称之为"单位膜"。细胞器的表面也存在单位膜结构。这就是罗伯逊膜型。

〔2〕 1972年，美国生物学教授辛格与尼科尔森在前人研究的基础上，提出了膜的液态镶嵌模型。这一模型认为生物膜是由脂质双分子层组成了骨架，在这一骨架上附有或埋入具有各种机能的相互作用的蛋白质，而脂质又保持其可流动的液态特征。这一模型能解释许多单位膜不能解释的现象。

〔3〕 由于其在细胞识别和细胞免疫中的作用。

〔4〕 王应睐. 我国生物化学研究的发展 [J]. 生物化学与生物物理学报，1979（3）：293-299.

〔5〕 杨福愉. 生物膜研究在生物物理研究所的兴起与发展 [J]. 生物化学与生物物理进展，2014, 41（10）：972-982.

究了镁离子、钙离子的浓度与膜脂物理状态及膜蛋白功能的关系[1]。清华大学隋森芳等开发了一系列研究生物膜的生物物理技术[2]，并应用于研究中，取得了很好的效果。

　　值得一提的是，由于生物膜具有在正常生理条件下处于液晶态的性质[3]，也引起了很多物理学家的兴趣[4]。其实，早在1933年就有人提出了生物结构的液晶性质问题[5]，不过直到1959年才有人明确提出活细胞和组织的结构中存在液晶态[6]。在1965年的第一次国际液晶会议上，液晶生物结构就成了重要的讨论课题。研究液晶和活细胞的关系，也是现今生物物理研究的内容之一[7]。我国学者在20世纪70年代已经开始积极跟踪这一方向[8]，欧阳钟灿等理论物理学家在这一

----

　　〔1〕　用生物膜拆离与重建方法研究膜蛋白（包括膜酶）的功能是国际上普遍采用的手段，但要获得具有较高重建酶活性而实验重复性又好的结果却非易事。

　　〔2〕　如表面等离子激光共振吸收谱和平面膜圆二色谱等。

　　〔3〕　液晶相要具有特殊形状分子组合才会产生，它们可以流动，又拥有结晶的光学性质和不同角度的视觉感。

　　〔4〕　20世纪80年代后期起，生物膜与高温超导并被列为凝聚态物理的六大热点之一。

　　〔5〕　法拉第学会会议期间。

　　〔6〕　这时发现了存在于肾上腺皮质、卵巢等组织中的复杂类脂在体温时呈中间相（液晶态）。这观察主要来自对新鲜组织的检验，而常用的对组织进行处理检验的方法，即固定、脱水、有机溶剂和冲洗等操作破坏了液晶态的全部特征，这也就是过去经典的组织学中未能发现液晶态的原因。

　　〔7〕　生物膜的物理性质与其生物功能的研究在20世纪末已经走向定量化，例如基于液晶曲率弹性理论建立起来的液晶生物膜力学模型，不仅能说明已发现的生物细胞的形状及其奇异的形变，而且已可以从理论上预告并指导实验去发现新的细胞形状。理论生物物理多年来企图用数学方程来精确描述生命现象，这算是一个成功的事例。

　　〔8〕　郑正炳.生命现象中的液晶态［J］.生物化学与生物物理进展，1974（4）：40-44.

领域做出了很多重要的基础理论工作[1]。在工程技术中，生物膜法用于污水处理和制造生物传感器等方面的实践也开展了很多尝试。

二　细胞生物学的其他若干方向

当然，以活细胞为功能单位的生命现象，具有复杂、灵敏、均衡、适应性及高度完整性等特征，因此，将细胞视为研究对象的工作还需要从更多的角度深入进行[2]。

与其他研究对象（植物学和动物学）相似，细胞生物学也经历了从形态到实验的发展历程。20世纪初开展的离体细胞轴突生长的研究，开体外活细胞研究之先河[3]。20世纪40年代开始，多种新技术的发明极大推进了这方面的工作，如组织化学和免疫荧光等技术解决了各种分子在细胞内的定位问题，电子显微镜的应用发现了多种细胞器及其精细结构，免疫电镜则把生命活动规律在亚显微结构水平加以呈现。细胞生物学研究的问题集中在胚胎诱导和细胞分化、细胞周期及其调控、细胞衰老与凋亡、免疫活性细胞及癌细胞、胚胎干细胞、信号转导以及细胞工程等方向。

改革开放之前，我国在细胞生物学领域的主要工作可以分为两个方面：动物细胞主要结合胚胎发育的研究进行[4]；植物细胞侧重制片技术、细胞培养、细胞分裂中的染色体行为等方面。其中，20世纪中期，吴素萱对植物细胞核穿壁现象的

---

〔1〕　例如，1990年根据胆甾液晶相似性提出突破 Helfrich 流体膜框架的手征膜理论，对1984年以来发现的类脂双层膜的螺旋结构做了全面解释。

〔2〕　细胞生物学从细胞的不同层次以及细胞间的相互关系来研究细胞的增殖、生长、分裂、分化、遗传、变异、运动、兴奋传递、衰老和死亡等基本规律。

〔3〕　由此逐渐扩展到细胞膜的透性、生长、运动和营养等方面。

〔4〕　在下一节还将进一步阐述。

观察和解释具有比较重要的科学意义。20 世纪 70 年代，我国在细胞核移植、癌细胞株培养及其生物学特性等领域开展了一些研究，不过总的来说，与国际先进水平的差距较之前更加大了。

1977 年，全国自然科学学科规划会议制订了第一个细胞生物学规划，中国科学院上海实验生物学研究所改为中国科学院上海细胞生物学研究所，一些相关的研究所和高校也建立了细胞生物学教研室、研究组，并发展了一些新技术。此后的 20 年间，我国细胞生物学研究发展迅速，也做了一些比较有特色的工作并取得显著的成绩。例如，在癌细胞生物学方面，对白血病的基础研究和临床治疗均有突破性进展[1]。在干细胞方面，从建立小鼠胚胎干（ES）细胞系到分离人的 ES 细胞，到 20 世纪末已经可以将人的 ES 细胞定向诱导为浆细胞和造血干细胞；此外，由于造血干细胞取材简单，基础研究和临床应用开展较早，这方面的研究逐渐成为我国的优势领域[2]。在细胞工程[3]方面，植物的花药培养、单倍体育种和快速繁殖等发展迅速，动物的杂交瘤技术在生产上也得到广泛应用，有的已形成新产业[4]。如果说这些是偏重应用的研究，那么

---

〔1〕 陈竺等用全反式维甲酸治疗急性早幼粒细胞白血病。

〔2〕 人的 ES 细胞建系后，一些国家的法律和道德伦理禁止将其用于人体胚胎研究。然而，ES 细胞不仅是研究细胞分化的理想模型，而且与同人类健康直接相关的细胞移植、组织工程和基因治疗等也关系密切，这项研究必将产生巨大的经济效益和社会影响。

〔3〕 指细胞水平的遗传操作，以及利用离体培养细胞的特性，生产特定的生物产品，快速繁殖或培育新的优良品种。这种操作可以在细胞结构的不同层次进行：细胞整体水平（细胞融合）、细胞器水平（核移植、染色体倍性改变）。而外源基因导入则属于和基因工程重叠的范围了。

〔4〕 王亚辉. 细胞生物学的发展历史和现况 [J]. 细胞生物学杂志, 1986, 8 (1)：7-11.

在更为基础的课题上，贝时璋主导的细胞重建研究[1]，关注细胞繁殖增生的另一个途径[2]，试图为阐释生命起源和细胞起源助力；裴刚等对 G 蛋白偶联受体的研究，揭示了细胞信号转导的相关机制。随着中国航空航天技术的进步，空间细胞生物学也将是一个优势领域。1994 年，中国科学院研制成功一种空间细胞培养装置，经过卫星搭载实验，在空间成功地进行了哺乳动物细胞的培养。

细胞生物学的研究对象介于分子与生物个体之间，与分子生物学、生物化学和材料科学等不断交叉，形成新的研究问题，并在相互推动中迅速发展。

第七节　从胚胎学到生殖生物学

胚胎学研究个体发生来源及发育规律[3]，诞生于对动物胚胎的静态观察，到 19 世纪末，人们开始应用显微操作技术对两栖动物的胚胎进行分离、切割、移植和重组等实验[4]，试图理解胚胎发育的不同时期，细胞分化以及各种组织器官形成的机制和影响因素（即实验胚胎学）。在这个过程中，著名的渐成论与预成论的争战自 18 世纪开启，直到 20 世纪 20 年代后半叶才真正淡出。

我国的胚胎学研究始于 20 世纪 20 年代。此后，朱洗对受

---

〔1〕　20 世纪 30 年代对丰年虫进行观察，1976 年在生物物理研究所建立研究组。

〔2〕　区别于细胞分裂。

〔3〕　广义地理解为研究精子、卵子的发生、成熟和受精，以及受精卵发育到成体的过程的学科。

〔4〕　始于德国学者 Spemann（1869—1941），他提出了诱导学说，认为胚胎的某些组织（诱导者）能对邻近的组织（反应者）的分化起诱导作用，并由此奠立了实验胚胎学。

精的研究，童第周对质核关系、胚胎轴性以及胚层间相互作用的研究都具有一定开创性。其中，鱼类核移植的工作，可以说开启了我国克隆动物的实践，对后世较有启发意义，在此进行简单介绍。

一　鱼类核移植

所谓核移植，是指将一个双倍体的细胞核移入另一个已除去了本身单倍体细胞核的卵细胞的细胞质内，构建成一个核质重组卵。在一定条件下，它能够像受精卵那样启动发育，形成胚胎、幼体乃至成体[1]。设计这样的实验，最初是为了研究细胞核与细胞质在发育和遗传中的功能及其相互作用。但因为操作难度大，国际上自 20 世纪 30 年代提出后，直到 20 世纪 50 年代才在两栖动物的研究中获得了一些成功的实验结果[2]，证明细胞质对卵的发育分化有影响。

在中国，实验胚胎学家童第周等对两栖动物的核移植有丰富的知识积累，他们自 20 世纪 60 年代开始尝试在其他脊椎动物中进行同类实验，1963 年首先在鱼类中取得了成功，即世界上第一群克隆鱼[3]。其中，技术上的难关主要是操作层面的问题，而涉及的理论问题则是细胞核与细胞质的功能。当时，分子生物学刚刚建立，人们一般都把关注点放在细胞核，认为它是遗传或生理的中心，控制整个细胞的活动。童第周等则希望用胚胎发育上的现象来证明在这个过程中，细胞质与细

---

　　〔1〕　由于能够获得核型相同的群体，就像一批复制品，所以现代生物技术中又将其称为动物的"克隆"（"克隆"一词最初指植物的无性繁殖系，后来应用于 DNA 分子的体外扩增）。

　　〔2〕　因为两栖动物的卵比较大。

　　〔3〕　童第周，吴尚勤，叶毓芬，等 . 鱼类细胞核的移植 [J]. 科学通报，1963，8（7）：60.

胞核一样，也有它的功能和作用[1]。

这一工作到 20 世纪 70 年代扩展到了不同类群间的核移植[2]，所有核质杂种卵的发育速度和模式均表现为细胞质型，说明发育模式和遗传表型受细胞核和细胞质两者相互作用的影响。同时，他们还从不同物种的不同组织细胞中提取核酸[3]，注射到金鱼的受精卵中，观察其在金鱼发育过程中的诱导作用[4]，以探索"体质"对"种质"的改变。[5]

事实上，二十世纪五六十年代，诱导作用仍是胚胎学的中心问题，研究者围绕遗传、胚胎内部、胚胎外部三个因素的作用设计了一系列实验，但在分子与细胞生物学的新技术能够得到广泛应用之前，这些讨论始终有一种朦胧的色彩，并且很容易引发哲学上的思考。尤其是在接受马克思主义哲学的强化教育之后，受精卵在发育过程中的可塑性，某种程度上也成为联系实际学习唯物辩证法的活材料[6]。

20 世纪 70 年代以后，分子生物学理论和方法的引入，使胚胎诱导的研究得到迅速发展。诱导因子的本质是什么，通过什么样的信号途径起作用，参与这个过程的基因是如何被调控的等问题的探索都深入到了分子层次。以出生前胚胎在子宫内

---

〔1〕 童第周. 从胚胎发育看细胞核和细胞质的功能 [J]. 科学通报, 1964, 9 (8)：667–675.

〔2〕 童第周, 叶毓芬, 陆德裕, 等. 鱼类不同亚科间的细胞核移植 [J]. 动物学报, 1973 (3)：4–15.

〔3〕 包括 DNA 和 mRNA。

〔4〕 童第周, 牛满江. 核酸诱导金鱼性状的变异 [J]. 中国科学, 1973 (4)：389–395.

〔5〕 汪德耀. 生殖细胞发育规律的辩证法 [J]. 遗传学报, 1976 (3)：203–210.

〔6〕 叶毓芬. 从文昌鱼的胚胎发育中提供辩证唯物论的资料 [J]. 自然辩证法通讯, 1960 (1)：50–53.

发育为主要内容的胚胎学则向更广泛的领域延伸，进而诞生了发育生物学这样的分支。中国科学院在 1980 年建立遗传发育生物学研究所，从细胞、亚细胞和分子水平来研究高等生物和人类发育过程中的一些主要生命现象，如配子发生，胚胎细胞分化、组织器官形成、基因表达的分子基础和遗传性状的形成，异常发育和畸形、遗传缺陷乃至肿瘤发生、免疫发生、神经发生和行为等。

而核移植技术，在 20 世纪 80 年代的哺乳类研究中取得成功之后，人们才发现克隆动物有潜在的巨大应用价值[1]，因此在 20 世纪末掀起一股研究热潮。

二　生殖生物学

生殖是生命之本，也是生物学家历来重视的问题。生殖过程主要包括生殖细胞的来源与发生、受精以及胚胎着床和发育等。对生殖的研究，一开始也是以形态描述为主。20 世纪初，激素的概念引入生理学后，生殖内分泌（激素调节生殖活动）的研究开始有较快的发展。20 世纪中叶，以海产无脊椎动物为模型，我国对受精进行了广泛的研究（精子入卵的一些机制已经部分清楚）。此后，细胞和分子生物学技术的应用给生殖研究带来了跃进。

自从对胚胎形成后的问题的关注逐渐被纳入新的发育生物学范畴后，以胚胎形成之前的问题为核心，另外衍生出生殖生物学这一分支[2]。20 世纪末，我国生殖生物学成为显示度较高且成绩比较突出的领域，可直接归因于计划生育这一基本国

---

〔1〕　如复制模型动物、生产药物和改良品种等。
〔2〕　这两个分支交叉很多，并不能划出清晰的界限，只是强调不同的问题或同一问题的不同方面而已。

策的确立。

20世纪70年代后期，由于控制人口的迫切需求，与生殖相关的研究被提到重要位置。特别是在1982年3月13日将计划生育定为一项基本国策之后，我国成立了很多专门的研究机构[1]。早年致力于胚胎学的不少学者，将研究方向转入这个领域，更多的研究人员也从医学免疫学和内分泌学等进路汇聚过来。

在人口压力带来的紧迫感下，免疫避孕、排卵及卵成熟的调控以及激素受体的分子生物学等方面的研究迅速取得了一些突破性的进展。[2]而性腺的细胞和分子生物学[3]、受精生物学及受精生殖工程[4]以及胚胎植入分子机理[5]则被设定为生殖生物学科研领域中最重要的三方面。其他重要研究课题则包括性别控制、早期胚胎的性别鉴定、卵子和胚胎的超低温长期保存、早期胚胎卵裂球的分割（胚胎细胞的移植和人工制造同卵双胎或多胎）、无性繁殖（细胞核的移植）等。对生殖规律的深入认知，不但有助于人类自身的健康和繁衍，也使人们能

---

〔1〕 1985年，中国科学院动物研究所成立了生殖生物学开放实验室，1991年升级为国家重点实验室。此外，各省、区、市建立了计划生育科学技术研究所，很多院校也建立了研究室。

〔2〕 李伟雄. 生殖生理研究的某些进展 [J]. 生理科学，1987（6）：323－330.

〔3〕 研究原始卵胞（卵子）的启动、生长、分化（优势卵泡和闭锁卵泡）以及卵泡破裂调控的分子机理；研究精子发生的基因调控和差异筛选特异精子发生基因。

〔4〕 探索精子、卵子相互激活及信息转导的分子机理；精子DNA疫苗控制人类生育和有害动物的应用研究；显微受精与克隆动物基础理论及应用研究。

〔5〕 胚胎着床的启动调控及植入机理；胚胎植入的分子机理。

够在很大程度上干预动物的繁殖过程[1]，对畜牧业的发展具有不可估量的价值[2]。

在这些课题中，克隆动物的实践以及后来干细胞的研究等，我国迅速走在了国际前列。1993年，中国科学院遗传与发育生物学研究所与扬州大学合作获得了一批继代核移植的克隆山羊。1995～1996年，华南师范大学、广西大学和中国农业科学院畜牧研究所等相继获得了胚胎细胞克隆牛。这些都与国际最新成果同步。但是，生命个体的发育原本起始于受精，而上述技术的应用，使受精过程不再是必需的[3]，其带来的伦理挑战还是应该谨慎对待的。

随着以高新技术为主导的新知识经济时代的来临，人们对生殖健康和优生优育的意识日益提高。尤其是在中国这样的人口大国，充分应用生物医学的最新科技成就，加强生育的自我调控，不但是国策的要求，也反映了大众的主动选择。在发育与生殖研究领域设置更多的专项计划也是大势所趋[4]。

第八节　作物遗传育种与水产养殖

作为历史悠久的农业大国，中国自古就重视选用良种，并留下了丰富的实践经验。不过，西方人在19世纪（特别是进

---

〔1〕　在家畜方面形成了一系列的繁殖控制技术，如家畜的人工授精、同期发情、超数排卵、胚胎移植、诱发分娩、早期断奶和早年配种等。

〔2〕　董伟. 生殖生物学与畜牧〔J〕. 动物学杂志，1981（2）：67-71. 此外，从20世纪90年代开始，植物生殖生物学也是非常活跃的一个领域。

〔3〕　干细胞可以替代精子和卵子重建生命。

〔4〕　"十一五"规划设置了一个重大科学研究专项计划，内容包括：胚胎与器官发育，雄性生殖细胞发生、成熟及其重要疾病的基础研究，干细胞与体细胞重编程，母胎识别与免疫豁免的机制研究，生殖细胞健康的分子基础，发育与生殖研究的伦理学指导原则和发育研究的模式动物平台等。

化论建立之后）已经逐步由依赖直观经验的"存优去劣"，过渡到有计划地使用科学方法培育动植物新品种，以提高牲畜和农作物的品质与产量。

利用杂种优势[1]是一个古已有之的思路，但直到 20 世纪，随着孟德尔遗传定律的重新发现，相关的理论研究得以推进，加之多种作物中雄性不育类型的发现，杂种优势在农作物育种实践中的利用才逐渐得以普及[2]。鉴于水稻是我国最主要的粮食作物，在此，重点回顾一下杂交稻的研究。

一 农作物育种

（一）三系杂交稻的诞生

由两个遗传组成不同的水稻品系间杂交产生的，具有强优势的子一代杂交组合的水稻统称杂交水稻[3]。20 世纪 30 年代，丁颖等就从事过水稻杂交育种的研究，使用野生稻与栽培稻杂交[4]，获得了"千粒穗"品系。但是，要获得有大规模生产意义的杂交稻，必须依赖雄性不育系与其他品系的配套[5]。

虽然美国人在 20 世纪 20 年代就在水稻中发现了雄性不育现象，但直到 1958 年，才由日本学者获得了雄性不育系，并

---

[1] 指两种遗传基础不同的生物进行杂交产生的后代在某些性状上优于两个亲本的现象，如农作物的抗逆、早熟、高产或牲畜的耐粗饲、耐劳役、抗病等优势。

[2] 高粱、玉米、水稻和小麦等主要粮食作物，都是通过直接利用雄性不育系配制杂交种的。

[3] 杂交水稻的基因型为杂合体，从子二代起，出现性状分离，生长不整齐，优势减退，一般不能继续作为种子使用，所以需要每年进行生产性制种。

[4] 水稻属自花授粉植物，雌雄蕊着生在同一朵颖花里，由于颖花很小，而且每朵花只结一粒种子，因此很难用人工去雄杂交的方法来生产大量的第一代杂交种子，所以长期以来水稻的杂种优势未能得到应用。

[5] 早期普遍使用的是三系配套，后来随着光敏不育系的发现和构建，又开发出了两系配套的方法。

于 1964 年实现粳型稻的三系配套[1]。

中国对"三系"的研究起步于 20 世纪 60 年代，最初主要在玉米和高粱中进行杂交试验，并很快在农业生产中得到应用。受相关报道的启发，时任湖南安江农校教师的袁隆平开始研究水稻的杂交。1964 年，他在学校农场的籼稻品种中发现了能够遗传的自然雄性不育株，于是提出选育三系配套杂交稻的设想[2]。这一设想很快得到科学技术委员会的重视，认为对粮食增产有重要意义。因此，1967 年在其单位正式设立了水稻雄性不育研究小组。

此后，袁隆平以这些不育株为材料与数以千计的品种进行了测定，但未能筛选得保持系。1970 年，袁隆平等人转换思路，构想"把杂交育种材料亲缘关系尽量拉大，用一种远缘的野生稻与栽培稻进行杂交"[3]，为此，其助手李必湖等赴海南搜集野生稻，在这个过程中发现了一株花粉败育型的雄性不育野生稻（简称"野败"），为籼型杂交水稻三系配套打开了突破口。

1972 年，杂交水稻被列为全国重点科研项目，国家组织了全国性的协作攻关，将袁隆平研究组的"野败"材料分发到全国 10 多个省、区、市的 30 多个科研单位，用了上千个品种与之进行杂交和连续择优回交，育成了不育系和保持系；同

---

　　〔1〕　三系配套中，不育系花粉败育不能自交结实，保持系与不育系杂交后继续产生不育系，恢复系与不育系杂交，产生的就是杂交稻种子。在生产实践中，这三系按一定比例间隔种植，才能持续获得具有优势的杂交稻种子。

　　〔2〕　袁隆平. 水稻的雄性不孕性 [J]. 科学通报，1966（4）：185－189.

　　〔3〕　1970 年起，遂放弃上述属于细胞核遗传的材料，转而试图通过野生稻与栽培稻杂交，来创造细胞核与细胞质互作遗传的雄性不育系。

时，利用"野败"型不育系与国内外品种（系）测交[1]，筛选出一批恢复系[2]，终于在 1973 年实现了籼型杂交水稻三系配套[3]。

据统计，1976～1980 年，杂交水稻在全国累计播种面积达二亿五千多万亩，平均亩产比其他水稻良种多 100 斤以上。期间，我国杂交水稻还引种到其他国家[4]，并在 1980 年作为我国的第一个农业技术转让给美国[5]。而杂交水稻在我国实现商业性生产的报道，也在 20 世纪 70 年代末掀起了第二次水稻杂种优势利用的研究热潮。

水稻在中国的种植历史久远、种植范围广阔。20 世纪 50 年代后期至 60 年代初，南方稻区推广应用耐肥、抗倒的矮秆良种，使水稻单产有一次大幅提高[6]，籼型三系杂交水稻的成功，使产量又提高了 20%。不过，对杂交水稻的研究并没有止步于此。1973 年，湖北省沔阳县沙湖原种场的石明松发现了天然的光敏雄性不育水稻，以此为基本材料，于 20 世纪

---

〔1〕 未知基因型的显性个体和隐性纯合体亲本交配，用以测定显性个体的基因类型。

〔2〕 1973 年从东南亚的一些品种中测得了具有较强恢复力的恢复系。

〔3〕 冯永康最近有篇文章对此另有叙述，主要观点是强调裴新澍等提出的亲缘生态理论对筛选恢复系与保持系的指导作用（http://www.360doc.com/content/17/0115/09/3749771_622560165.shtml）。

〔4〕 1977 年引种到柬埔寨，1979 年引到菲律宾国际水稻研究中心种植。

〔5〕 田惠兰. 作物育种方法（述评）[J]. 农业新技术，1981（3）：1-2.

〔6〕 由 250～300 千克上升到 350～400 千克。1976 年，杂交水稻在生产上的应用获得了巨大的经济效益。

80 年代中期开发出了两系法杂交水稻技术[1]，并于 20 世纪 90 年代推广应用，是杂交水稻技术实用性的新突破。

（二）农作物遗传育种

除水稻之外，小麦、玉米和棉花等重要农作物的遗传育种工作在 20 世纪上半叶的各农事试验场中都有所开展，大都是采用系谱法，通过若干代的分离培育获得优良单株。1949 年后的一段时间里，我国仍沿用这种方法。但该方法费时长，且不能解决杂种优势退化的问题。

20 世纪 50 年代初，霍尔丹（J. B. S. Haldane）[2]首先提出了固定作物杂种优势的可能性[3]，自此，探索固定子一代杂种优势的有效途径就成了遗传育种学界的核心课题。常用的方法包括无性繁殖和构建双二倍体等。而组织培养技术和细胞遗传学的发展，则不断给育种工作提供新的思路。

改革开放之前，中国遗传学的基础研究受到极大破坏，但以增加粮食产量为目标的育种工作还是在向前推进的。尤其是到了"文革"期间，在"以粮为纲""三结合"等形势下，绝大部分科研人员结合生产开展了实用性的课题。同时，在"抓革命、促生产"的口号下，普通群众也被发动起来，参与研究。例如，杂种优势利用的研究就以轰轰烈烈的群众运动的方式，在全国各地蓬勃地开展，广大农民被发动起来，去寻找

---

[1] 两系法杂交稻是利用光温敏不育系水稻为基本材料培育的。该品系的生育能力随光和温度的变化可达到一系两用的目标。在夏季，长日照、高温下，表现为雄性不育，这时所有正常品种都能与之杂交，生产杂交种子；在秋季，短日照、低温下，又变成正常的水稻，可以自交繁殖。因此只需要不育系（母本）和恢复系（父本），不需要保持系（中间体），故称两系法杂交水稻。

[2] 英国生理学家、生物化学家、群体遗传学家。

[3] 认为获得异源四倍体，可以保持永久杂合状态而固定杂交种优势。

小麦、谷子和糜子等作物的雄性不育株[1]。客观地说，我国的育种和良种繁育工作在这段时间确实取得了一些进展。

除在短短几年里就育成了籼型三系杂交水稻之外，我国对各种农作物的个体发育、生理生态以及耐肥、抗病、抗逆、株型、根系、穗粒数量和穗粒大小等农艺性状的遗传变异都做了大量研究。此外，我国在辐射育种、单倍体育种和远缘杂交[2]等方面也进行了较多的尝试。其中，远缘杂交的小麦育种工作颇具代表性。

苏联、美国和加拿大等的小麦产区早已对此进行了比较长时间的研究。中国自 1956 年开始，以培育高产抗病小麦新品种为目的，探索有关远缘杂交的遗传规律[3]。中国科学院西北农业生物研究所李振声等，用牧草与小麦杂交，经过 20 多年的努力，解决了小麦远缘杂交不亲和、杂种后代不育等问题，将偃麦草的抗病和抗逆基因转移到小麦当中，育成了小偃系列小麦新品种，并建立了蓝粒小麦[4]染色体工程育种新体系。

---

〔1〕 本刊讯. 杂交育种的群众运动正在我国蓬勃兴起 [J]. 甘肃农业科技简讯，1971（5）：18 - 19.

〔2〕 选择亲缘关系较远、异类型的优良自交系相互杂交，所配成的杂交种优势较大，增产较显著；反之，两亲本亲缘关系太近，或属于同一类型，其杂交种优势不大，甚至无杂交种优势。

〔3〕 李振声，陈漱阳，刘冠军，等. 小麦与偃麦草远缘杂交的研究 [J]. 科学通报，1962（4）：40 - 42.

此外，20 世纪 60 年代也从国外引进了小麦的雄性不育系，但在不育系育性不稳定、恢复源少、群体杂种优势不够显著等问题没有解决之前，杂交小麦一直处于小面积试验阶段。

〔4〕 蓝粒小麦最初是从普通小麦与长穗偃麦草的杂交后代中选出的。它的突出特点是籽粒为深蓝色。蓝粒是一种非常有意义的形态标记，蓝粒单体小麦作为一种重要的工具已应用于小麦染色体工程中。

简单说，现代育种学有两大基本任务：一是选育出优良品种，二是选育出适宜的自交系以产生杂种优势[1]。实现这两大基本任务是一项高度综合性的工作，需要各相关学科的知识积累。除遗传学（数量遗传学和细胞遗传学）是核心之外，种质资源调查、形态、生殖、生理生化、土壤生态和农田管理等都不可或缺。

20 世纪中期，根据细胞遗传学的成就[2]，我国促成了一系列把遗传物质从作物的某些野生近亲转接到栽培品种上的新方法[3]。到 20 世纪末，分子生物学的快速发展给遗传育种提供了更为宽阔的思路和有力的工具。包括袁隆平团队在内的很多研究组都开始尝试开发将分子生物学技术与杂交育种相结合的第三代杂交育种技术，以期解决常规杂交育种过程中资源利用率低[4]、育种周期长等问题。同时，雄性不育的遗传机制（包括各种形式雄性不育[5]的遗传控制）、植物繁殖的遗传系统和杂种退化等也都是这一领域需要进一步深入研究的问题[6]。

---

　　〔1〕　方宗熙等进行的海带单倍体遗传育种的实验，针对作物自身的特性，侧重不同的进路。例如海带育种中，主要是通过自交，在后代中选择优良个体的办法，进行育种。

　　〔2〕　通过非整倍体植物的培育，给遗传分析打开了全新的可能性。

　　〔3〕　双二倍性，获取具额外染色体的品系，异质染色体替换，一定基因（AB）的抽出、换位，用回交法对个别基因的传递等。

　　〔4〕　在第一代杂交育种技术条件下，水稻品种资源可利用率仅 5% 。第二代杂交育种技术高度依赖温度环境，失败率高。而利用分子育种技术，水稻品种资源可利用率高达 95% 。

　　〔5〕　基因型、核-胞质型、细胞质型。

　　〔6〕　陆作楣. 关于杂交水稻"三系"提纯复壮技术研究的几个问题 [J]. 种子，1983（1）：45－47.

二 水产养殖与水生生物学

我国拥有广阔的海域和淡水水域，水产资源十分丰富。古代先民从事水产生产的历史悠久[1]，但到了近代，传统的生产技术日益衰退，渔业萎缩[2]。

中华人民共和国成立后，渔业生产有了新的组织。扩大生产的需求带动了对相关科技知识的追求，如何开发利用水域生物资源成为生物学家所要面对的紧迫现实问题。

在强调科学为生产服务的政治背景下，中国科学院水生研究所从上海搬到湖北武汉。经过几轮政治学习和改造的科学家们，普遍增进了为人民服务的意识，专长于水生生物的若干学者，自觉地将研究课题定位在解决渔业生产中的科学问题，在短时间内淡水和海水养殖均取得了突破性的成绩[3]。

（一）淡水鱼养殖

鉴于湖泊渔业投资少、效益高的优点（相对于池塘养殖），发展淡水渔业的方向首选湖泊放养。1956 年，由中国科学研究院水生研究所（饶钦止）牵头组织，出版了我国第一本湖泊调查的综合性参考书《湖泊调查基本知识》，其中不仅包括了湖泊生物的几大类群、综合生态，而且也对放养标准、水质分析和鱼苗饲养等问题有所论述，系统总结了以往研究的结果，对生产有直接的指导意义。

我国淡水养殖鱼类，主要是被称为"四大家鱼"的青鱼、草鱼（鲩鱼）、鳙鱼和鲢鱼[4]。它们在自然条件下是不在湖沼

---

[1] 例如，淡水养鱼的记录可追溯到 3000 多年前的商末周初。

[2] 1949 年，全国水产品产量仅 45 万吨。

[3] 1957 年，全国水产总产量约 300 万吨。

[4] 实际上这是一种传统的说法，在现实中鲤鱼的养殖远比青鱼重要得多。

中产卵繁殖的，发展湖泊放养中所需要的鱼苗，需要从河流中捕捞。随着养殖区域的扩大[1]，且由于兴修水利，增多了水面，不少地区出现了由于鱼苗供应不足而制约渔业生产发展的情况[2]。

如何摆脱天然鱼苗不稳定的局面，保证养殖发展的需要，成为科学工作者的重大研究课题[3]。其实，20世纪50年代初，中国科学院水生研究所的刘建康等人就曾在长江流域调查家鱼产卵场的分布情况和生态条件，并成功地对草鱼和鲢鱼进行了人工授精与孵化。他们用给未充分成熟的青鱼注射鱼类脑垂体激素催情的方法，使青鱼提前产卵，为后来"四大家鱼"成功地进行人工繁殖提供了技术条件。1958年，广东省水产研究所[4]的钟麟等人，采用生态与生理相结合的技术路线[5]，推翻了历来认为家鱼在池养环境性腺不能成熟的结论，成功使鲢鱼和鳙鱼在池塘中产卵[6]。此后，各地水产工作者在生产实践中又相继实现了鲤鱼、草鱼和青鱼的人工孵化。[7]

池养家鱼全人工繁殖，结束了我国淡水养鱼依赖从江河捕捞天然鱼苗的历史。这项居世界领先地位的成果不但极大地推动了生产发展，而且也促进了鱼类发育生物学和受精生物学等

---

〔1〕 很多过去根本吃不到鱼的地方都有了各种鱼和水产品供应。

〔2〕 赵换珉. 鲤鱼人工采卵与孵化〔J〕. 动物学杂志, 1959（9）: 411 - 413.

〔3〕 对体型较大，生活在大江大河的鱼类进行人工繁殖，国外学者也认为是一大难题（欧美都是到比较晚近才开始这方面研究的）。为此，1956年将这项任务列入国家《1956~1967年科学技术发展远景规划》和中苏两国合作安居计划。

〔4〕 广东省水产研究所分成南海与珠江两个所。钟麟后来一直在珠江所。

〔5〕 生态生理催产法。

〔6〕 发现家鱼的性成熟需要一定生态条件的综合刺激，包括温度、溶氧、光照和水流速度等。

〔7〕 1962年拍了一部科教片《人工繁殖家鱼》，介绍了这方面的工作。

方面的研究[1]，丰富了鱼类生理和生态等学科的理论。在解决了鱼苗来源的关键问题后，相对于湖泊放养，如何提高池塘养殖的单位面积产量又是一个值得注意的问题。围绕这个中心，淡水鱼的区系和种类、家鱼的适用饲料以及病害等都得到了比较深入的研究[2]。在此基础上，我国对其他水生经济物种的研究和鱼苗品种的选育等也陆续展开[3]。

然而，我国在利用湖泊的同时，对水域生态的脆弱性估计不足，由于资源过度开发和湖滨人口增长等原因，湖泊面貌有很大改变。到20世纪80年代，水域环境问题开始受到关注。水体生态系统的结构、功能和生产力的优化等问题取代了单纯的增产实验，成为研究的核心。特别是有关大型水生植物（水草）与浮游生物的功能和动态平衡的认识，正在学术争论中不断推进。

（二）海藻的研究

相对于淡水水域，我国海洋面积更为广阔，但受技术条件限制，很长时间里只能对近海海域加以开发利用。其中，20世纪50年代对海带和紫菜等海藻的研究，促成了大规模养殖，经济效益显著，并且也带动了海洋生物学的发展。

海带是一种在低温海水中生长的大型褐藻，富于食用价值，并可做工业原料，中国海域原本没有自然分布。虽然在20世纪20年代就从日本引种，但由于养殖上存在困难，一直

---

〔1〕 岑玉吉. 建国三十五年来我国淡水养殖科技事业的发展回顾［J］. 淡水渔业，1984，14（4）：1-6.

〔2〕 例如，1956年刘建康对中国传统养鱼方法进行了科学总结，首次提出了草鱼和青鱼的饲料系数。1963年，伍献文等编著出版了《中国经济动物志·淡水鱼类》。

〔3〕 例如珍珠养殖。

停留在小规模实验阶段[1]。

　　自然条件下，海带的生活周期为两年（从第一年的秋季孢子萌发，到第三年秋季释放孢子。其中，第二年夏季有时也会释放孢子），在中国海域度过夏天是个问题。中国学者在研究了海带配子体和幼孢子体的生长发育与温度、光照、营养等主要环境条件的关系后，首先提出了秋季用育苗器采孢子育苗然后再分苗进行海上筏式养殖的方法，使养殖的海带在一年之内完成生活周期，避免度夏之苦。1955 年，海藻学家曾呈奎等又推出了海带夏苗培育法，即采集夏孢子，在育苗室内人工控制低温的条件下培育过夏，然后再上筏养殖，这样延长了生长时间，可以大幅提高产量。

　　这期间，相关研究也遇到了其他问题。例如，1951 年海带南移青岛试养成功后，附近许多海区生产的海带却达不到商品规格。对此，青岛的研究单位和生产单位通过 1952 年冬到 1953 年秋的调查与对比，确认是营养贫瘠问题。1953 年冬，在朱树屏指导下开展了海带施肥养殖试验，验证了氮肥促进海带生长的作用，从而使北方广大贫瘠海区均能产出商品海带。至 1958 年，我国海带的人工养殖达到了全人工控制的高技术水平，北起辽宁南至广东的沿海，遍布海带养殖场。我国海带产量从此居世界首位。[2]

　　除海带之外，我国紫菜养殖也取得了突出成就。紫菜属于红藻门、红毛菜科，均为海产，世界约有几十种，我国的经济

─────────────────

〔1〕 这是因为对海带来说，中国海区夏天水温过高，且北方海区属少氮的瘦水区，海带无法自然生长。

〔2〕 1985 年，我国年产海带干品 25 万吨，占全世界年产量的 80%，成为世界上头号海带养殖生产大国。

种类约 10 余种。因为分布广，现在很多国家都进行人工养殖，以日本的产量最高。在 20 世纪中叶之前，紫菜的生活史和孢子来源一直是个谜，所以无法人工采苗和养殖，全凭经验和运气从海里捞取野生紫菜进行养殖，产量甚微。1949 年，英国的藻类学家特鲁（K. M. Drew）首先阐明了紫菜生活史有两个不同的阶段：一是叶状体阶段（即紫菜），二是丝状体阶段[1]。但是仍有很多问题没弄清楚。

1949 年后，曾呈奎等深入研究了甘紫菜等的生活史。20 世纪 50 年代中期，经实验和海面潮间带观察相结合的研究，终于弄清了紫菜生活史中的各发育阶段及其所需生态条件[2]，包括其生活史中 3 种孢子（即单孢子、果孢子和壳孢子[3]）的产生和萌发过程，以及争论很久的夏型小紫菜的来源和发育等问题[4]。继而，他们又在实验室内证实了秋季海面上出现的大量孢子正是养殖紫菜所需的壳孢子，从而结束了养殖紫菜靠大自然恩赐种子的历史[5]，开始了科学种植紫菜的时代。从 20 世纪 50 年代末起，他们的成果在沿海推广[6]，使得人工栽培紫菜业迅速发展起来[7]。

生活史是对一个物种最基本的研究，又与生产实践的关系

---

[1] 19 世纪曾被定名为壳斑藻。

[2] 发现紫菜孢子萌发后可以钻进贝壳里成长为丝状体；丝状体成熟后，可以钻出贝壳在一定条件下放散出一种孢子；孢子附着在基质上后，可以长成叶状体紫菜。曾呈奎等把这种孢子命名为"壳孢子"。壳孢子的发现，把紫菜生活史中空白的一段联结起来，同时也解决了紫菜人工养殖上最关键的孢子来源问题。

[3] "壳孢子"一词，由曾呈奎定名，得到了国际藻类学界的普遍承认并一直沿用下来。

[4] 丝状体（壳斑藻）晚秋生成孢子，萌发为幼体后长成叶状体紫菜。

[5] 20 世纪 60 年代又发展出全人工采苗技术。

[6] 福建、浙江、江苏、辽宁等已成为中国紫菜的主要养殖基地。

[7] 现在紫菜年产量也居世界第一。

非常紧密（对经济物种来说）。除海带和紫菜之外，我国对螺旋藻、固氮蓝藻、石花菜、裙带菜等经济海藻也进行了比较深入的研究。这些研究促进了藻类科学的发展，并提高了我国在这一领域的国际地位。

当然，除食用海藻之外，近海海域能够生产的还有鱼虾贝类等。为全面发展水产事业，学者们对这些经济动物及作为其食料的浮游植物等都进行了比较系统的调查和分类[1]。

有学者指出："水域生产力可以等于或大于同等面积的耕地，种水之利大于种地。"[2]在这种认识的指导下，水产养殖一直受到比较高的重视。为解决生产实际中提出的问题，与之密切相关的水生生物生态学和生理学的发展也得到了很大促进，而这些领域在1956年前，在中国几乎还是空白。在20世纪50年代淡水鱼养殖和海藻生产取得突破性进展之后，相关的研究并没有停滞。例如，20世纪70年代开始的鱼类核移植，为解决鱼类远缘杂交往往不育和提高鱼类的抗逆性提供了有希望的手段；[3]同样在20世纪70年代，我国还开展了海带单倍体遗传育种的工作；1985年对甘紫菜等7种中国产的紫菜进行的细胞学研究[4]，终于彻底弄清了紫菜生活史的问题。随着远洋能力的提高，对海洋生物的调查以及资源的开发利用则成为新的研究热点。

---

〔1〕 朱树屏，郭玉洁.十年来我国海洋浮游植物的研究［J］.海洋与湖沼，1959（4）：223－229.

〔2〕 朱树屏在1959年3月全国水产科学教育会议上的发言中，就积极提倡从种地扩大到种水。

〔3〕 岑玉吉.建国三十五年来我国淡水养殖科技事业的发展回顾［J］.淡水渔业，1984，14（4）：1－6.

〔4〕 进一步确证了紫菜生活史的减数分裂发生在壳斑藻的壳孢子囊产生壳孢子时，而不是发生在合子形成果孢子时。

第九节 沙眼衣原体的发现与微生物学

微生物包括除高等动植物以外的所有微小生物[1]，在生物的三个域（界）中都有分布。对它们的认识，起步于显微镜的发明。到 19 世纪，受一些实用需求的推动，微生物学有了较大的发展[2]。

1949 年以前，我国从事微生物学研究的工作者虽然不多，但是他们所表现出的智慧和做出的成绩还是在国际学界获得了认可和重视，如伍连德对鼠疫和霍乱病原的探索和防治，在国际上产生了很大影响。在其带动下，中央防疫处和一些医学校的细菌系对医学微生物学有了较多的实验研究。其中，汤飞凡对沙眼病原的研究到中华人民共和国成立后终于取得了突破，可算是微生物学领域一项有代表性的工作。

一 沙眼衣原体的分离

沙眼[3]是世界性的传染病，曾经也是致盲的主要原因[4]。自 19 世纪末起，就有不少人从事沙眼病原问题的研究，并形成了好几个学说[5]。1907 年，沙眼病灶细胞中的包涵体被发现后，很多人试图分离出病原体，但都没有成功，这使该病症的诊断、治疗和预防迟迟无法推进。

---

〔1〕 包括没有细胞结构的病毒、单细胞的古细菌、真细菌和藻类，以及丝状真菌和原生动物等。

〔2〕 巴斯德、科赫等细菌的化能营养以及病毒的发现等。

〔3〕 沙眼是由沙眼衣原体引起的一种慢性传染性结膜角膜炎。因其在睑结膜表面形成粗糙不平的外观，形似沙粒，故名沙眼。严重时可造成角膜损害、影响视力甚至引起失明。

〔4〕 据 20 世纪 50 年代初的统计，我国人口约有 50% 以上患沙眼，边远农村地区患病率高达80%~90%。

〔5〕 主要有细菌、立克次氏体和病毒三种观点。

汤飞凡在 20 世纪 30 年代就开始了沙眼病原的研究，但抗战后他肩负着组织研制生产血清、疫苗和抗生素的重任，因此放下了这部分工作。1954 年，他与北京同仁医院眼科张晓楼等合作，继续原来的研究。此时，国际上有关沙眼病原体流行的是"病毒说"，但沙眼病毒始终未能从宿主细胞组织中分离出来，因此未被证实[1]。

　　当时，尝试分离培养病毒所采用的常规操作是从沙眼病人的结膜上取包涵体[2]接种到鸡胚，根据分离病毒的经验，在这个过程中要加进青霉素和链霉素[3]以抑制杂菌污染。汤飞凡等认同"病毒说"[4]，不过，他们意识到沙眼病原体可能与其他病毒不同，对抗生素有敏感性，因而在此前的实验中无法分离[5]。

　　在分析了国内外使用这两种抗生素治疗沙眼的临床资料后，他们发现青霉素可以控制沙眼的发展，而链霉素则基本无效。据此，在接种时，他们调整了青霉素的用量，只用了一年多时间，1955 年就成功地分离培养出沙眼病原体。这一结果一经报道，迅速在国际上为一系列实验所证实，从而结束了长达 50 多年的争论[6]，填补了医学上长期遗留的空白，促进了对沙眼的传染、免疫、诊断、预防和治疗等方面的研究，将世

　　〔1〕　不过细菌和立克次氏体说已有证据表明不正确。
　　〔2〕　包涵体被人们视为病毒在宿主细胞中的集体生活方式，相当于细菌在培养基上形成的菌落。
　　〔3〕　分别抑制革兰氏阳性和阴性细菌的生长。病毒对抗生素是不敏感的。
　　〔4〕　汤飞凡，张晓楼，李一飞，等．沙眼病原研究Ⅱ：猴体传染试验［J］．微生物学报，1956（1）：18－27.
　　〔5〕　在接种时加入的抗生素破坏了沙眼病原体。
　　〔6〕　被列为 1958 年世界医学界十大事件之一。

界范围的沙眼研究向前推进了一大步[1]。

同时，这一发现也导致了微生物分类学上的一项大的变革。沙眼病原体是一种大小介乎细菌与病毒之间的微生物，其代谢方式与这二者都不同[2]。在刚被分离出来时，它被归为病毒，但随着认识的加深，在20世纪70年代经过国际学界的讨论，决定把"沙眼病毒"改名为"沙眼衣原体"。衣原体被从病毒中划出来，在微生物分类学中增加了一个新的目级单元。不过，为纪念汤飞凡的贡献，它也被称为"汤氏病毒"，而我国提供的沙眼衣原体则被用作国际标准参考株。

二 微生物学领域的其他重要工作

在医学微生物领域，除沙眼之外，各种病原微生物之分离及其与传染病的关系都久为学者所注意，积累了大量作为研究基础的菌株。特别是在医学病毒学领域，我国的发展基本与国外同步，某些方面还居领先地位。例如成功分离了国际上普遍认为较难培养的人冠状病毒[3]等，并研制成功多种疫苗。病毒代表着最简单的有机体，体现了生命物质的主要特性[4]。而病毒学在微生物学的发展过程中则形成了一个重要且具有相当独立性的分支。自20世纪50年代，高尚荫创立用单层细胞培养昆虫病毒这一大重要突破性方法之后，病毒学的工作一直受到较高的重视。

---

〔1〕 此成果于1982年获国家自然科学奖二等奖。

〔2〕 它没有合成高能化合物ATP、GTP的能力，必须由宿主细胞提供，因而成为能量寄生物。

〔3〕 它是引起上呼吸道感染的主要病原。2002～2003年肆虐全球的严重急性呼吸综合征（SARS）病毒，就是一种冠状病毒。

〔4〕 病毒的研究不仅致力于消灭各种疾病，同时也使我们能进一步了解生命的本质。

与医学密切相关的还有抗生素[1]的研究。在 20 世纪 50 年代，以青霉素的生产为契机，我国建立了抗生素工业。与此同时，在工业微生物领域，用现代发酵方法生产有机酸、氨基酸（如味精）、酶制剂和维生素的技术也从实验室走进了工厂。这又带动着微生物遗传和代谢以及菌种开发和保藏[2]等方面的工作。例如，在工业微生物育种方面，我国成功培养出了高温酵母[3]；比较细致地分析了金色链霉菌中金霉素的氧化代谢途径及其与金霉素生产的关系等。二十世纪五六十年代，中国科学院上海药物研究所抗生素室和微生物研究所发酵室，科技人员的数量一度上百人，他们在利用有益微生物和选育优良菌种方面开展了大量工作。

然而，"文革"开始后，基础理论性工作受限，严重影响了工业微生物的发展。以抗生素生产为例，在只重产量和产值，不重质量和新品种开发的大环境中，我国产品与国外的差距开始拉大，育种等工作进展缓慢[4]。不过，在此期间也有比较出色的工作，如 20 世纪 60 年代末，北京制药厂向中国科学院微生物研究所提出了改革维生素 C 生产老工艺的需求，微生物研究所第二年发现了一株由 L - 山梨糖产生维生素 C 前体——2 - 酮基 - L - 古龙酸的优良菌株 N 1197A，继而开发出一条以生物氧化代替化学氧化的全新工艺路线——维生素 C

---

[1] 抗生素是由微生物（包括细菌、放线菌和真菌）或高等动植物在生活过程中所产生的具有抗病原体或其他活性的一类次级代谢产物，是能干扰其他生活细胞发育功能的化学物质。

[2] 微生物菌种的保藏，是从无意识到有意识，从简单到复杂地发展起来的，它也与微生物学及其他学科的发展有着密切的关系。

[3] 适用于热带地区的酒精制造。

[4] 吴志纯. 我国抗生素产业的兴盛与落伍 [J]. 中国生物工程杂志，1989，9（5）：31 - 34.

二步发酵法[1]。1986 年，该技术以 550 万美元的价格转让给国际著名制药公司——瑞士 Roche 公司。这一技术的出口交易额创造了当年中国最大的单项技术出口交易额纪录，不仅获得了声誉和经济利益，也振奋了科研人员的信心。

在农业微生物领域，我国对反硝化作用的研究比较系统，一直紧跟国际水平。生物固氮，特别是根瘤菌与豆科植物的共生研究，是持续开展的一个重要项目。相关的微生物分类和生态等方面的研究也有较好的成果。在植物与微生物的关系中，农作物病害的侵染途径是另外一个热点问题，当然也包括对植物病毒（非细胞形态）的研究。事实上，我国这方面的进展还是相当快的，对植物病毒无论是作为一种研究生命现象的对象，还是作为一种病原物来研究，在研究的数量和质量上都在不断提高。20 世纪 80 年代以后，几乎所有的研究最终都进入了分子生物学的范畴[2]。

1954 年，苏联科学院代表团访问我国时，曾对我国微生物学研究工作的成就表示赞许[3]。在此后近半个世纪的发展中，总的来说，我国在医学微生物、工业微生物和农业微生物领域集中了比较多的研究力量，也做出了一些可圈可点的成绩。到 20 世纪末，我国在使用 DNA 重组技术构建工程菌、微

〔1〕 二步发酵法是相对传统上用化学方法生产维生素 C 的莱氏法而言，在原料消耗和生产安全方面都有显著提高。它也是目前唯一成功应用于维生素 C 工业生产的微生物转化法，其技术关键是在第一步发酵得到 L－山梨糖后，利用大小两种菌的自然组合进行第二步发酵，生成 2－酮基－L－古龙酸，再进行转化精制得到维生素 C。

〔2〕 袁维蕃. 我国在植物病毒及病毒病研究三十年 [J]. 植物病理学报，1980（1）：1－14.

〔3〕 郭可大. 新中国微生物科学研究的进展 [J]. 人民军医，1956（10）：80－83.

生物资源开发以及涉及污染控制和生物治理的微生物生态学等方向上重点布局，充分反映了社会需求对这一学科发展的影响。

第十节　"523 任务"与青蒿素的研发

疟疾是一种由寄生虫（疟原虫）引起的传染病，传播途径主要为蚊虫叮咬，在热带、亚热带地区尤为流行。传统上让人谈虎色变的"瘴气"，就包括疟疾。疟疾的症状为周期性的全身发冷、发热和多汗等，长期多次发作后，可引起贫血和脾肿大。依疟原虫种类的不同，表现程度有所区别，其中恶性疟死亡率极高。

20 世纪 60 年代中期，越南战争期间，因越南地处蚊虫四季滋生的热带，军事行动中的无形杀手——疟疾，甚至超过战火对士兵的杀伤，成为困扰交战双方非战斗减员的一个重要问题。当时，越南的疟原虫对原有的一些抗疟药物如氯喹等已经产生抗性。能否找到新的高效抗疟药，成为中美在军事医药领域的一场竞争。

美军为解决这一难题，专门成立了疟疾委员会，组织数十家机构参加抗疟研究，并大幅增加这方面研究的投入。越南则选择求助于中国。中国领导人同意了越方的请求，于是一项"援越抗美"的紧急任务悄然展开。当时正值"文化大革命"的非常时期，几乎所有研究机构的工作都不在正常状态。但是这个项目来自高层的直接批示，于是相关单位得以团结协作，加紧防治恶性疟疾的新药研制。

项目的规划草案由军事医学科学院起草。1967 年 5 月 23 日，国家科学技术委员会和解放军总后勤部组织各相关单位在北京召开了全国协作会议，讨论研究规划。因为这是一项援外备战的紧急军工项目，遂以会议日期为代号，称"523任务"。

一　青蒿素的发现

"523任务"的领导小组由国家科学技术委员会、国防科学技术工业委员会、解放军总后勤部、卫生部、化工部和中国科学院6个部门组成，按专业任务成立了化学合成药、中医中药、驱避剂、现场防治4个专业协作组。

实施之初，寻找抗疟药物的研究从两个方面着手：一是合成新化合物和广泛筛选化合物，寻找化学抗疟药；二是从发掘祖国医药学入手，争取在中医药领域有所发现和突破。

1967~1969年，北京地区中医中药协作组，由中国中医科学研究院中药研究所（简称"北京中药所"）和中国人民解放军军事医学科学院会同云南、广东和江苏等地的科技人员，组成了几个民间调查组，对地方上使用的治疟中草药进行调查，就地粗提，进行药效试验和临床初步观察。经过筛选，调查组挑出了常山、鹰爪花、仙鹤草、青蒿、陵水暗罗等10余种有希望的中草药。

1970年，北京地区"523任务"领导小组决定，由军事医学科学院和北京中药所合作，查阅古今医药书刊资料，挑选出现频率较高的抗疟中草药或方剂，经实验室水煎和醇提，送军事医学科学院用鼠疟模型进行筛选，发现黄花蒿提取物有一定的抗疟作用，曾出现过对鼠疟原虫60%~80%的抑制率，但不稳定。1971年后，军事医学科学院派员到北京中药所帮助建立鼠疟动物实验模型，此后，青蒿有效成分的研究就由北京中药所继续进行。研究人员受东晋葛洪《肘后备急方》中记载的启发，认为温度高可能对有效成分造成破坏，于是将常规的乙醇提取改为用沸点更低的乙醚提取。结果，乙醚提取物对鼠疟原虫的近期抑制率显著提高，达到近 100%。

1972 年 3 月，全国"523 任务"办公室在南京召开化学合成药和中草药两个专业组会议。会上，北京中药所的代表屠呦呦报告了上述实验结果，引起项目组的重视。会上要求北京中药所抓紧时间，对青蒿的提取方法、药效和安全性做进一步研究，在肯定临床效果的同时，加快开展有效成分或单体的分离提取工作。

此后，北京中药所、山东中医药研究所和云南药物研究所都加快了有效结晶的提取研究，并做了化学结构测定研究的准备工作。其中，山东中医药研究所从当地的黄花蒿中得到的有效单体"黄花蒿素"取得了可喜的临床结果，而北京中药所得到的"青蒿素Ⅱ"却发现有较强的心脏毒性。云南药物研究所利用当地植物资源丰富的有利条件，对蒿属植物进行了广泛筛选，得到的"苦蒿结晶Ⅲ"（后称"黄蒿素"）未发现明显的副作用。经鉴定，获得此结晶的原植物为黄花蒿的一个变型。由于当地资源少，云南药物研究所从重庆购买了一批酉阳出产的黄花蒿，发现其中的有效成分含量更高，于是确认了一个优质产地。

与此同时，临床试验也在云南和海南等地展开，对黄蒿素治疗恶性疟的疗效和毒副作用进行基本评价，认为其具有速效、高疗效和低毒的特点。

化学结构测定的工作，由中国科学院上海有机化学研究所主持。首先，通过元素分析、化学反应及反应物鉴定等方法，推断出青蒿素的化学分子式，进而确定其相对构型。接着，中国科学院生物物理研究所用 X 射线衍射法确定了其化学结构的立体绝对构型。最终证明青蒿素是一个由碳、氢、氧 3 种元素组成的具有过氧基团的新型倍半萜内酯，是与已知抗疟药结构完全不同的一种化合物。

1978 年，全国"523 任务"领导小组在扬州主持召开了青蒿素（黄蒿素）治疗疟疾科研成果鉴定会。提交的资料分为 12 个专题，包括青蒿品种和资源调查报告、青蒿的化学研究、药理学研究、临床研究、含量测定和质量标准、剂型和生产工艺的研究等。鉴定会的召开，宣告了中国抗疟新药青蒿素的诞生。不过，这还只是青蒿素研发历程中的前期过程。

二　后续工作

项目虽然结束，但是在其基础上的研究仍在延续，包括对青蒿素衍生物以及新复方的研发，青蒿素对其他疾病的应用等。另外，青蒿素工业化生产的问题还需解决。

在结构测定的过程中，研究人员进行了多种化学反应，获得了多种反应物，为后来发展一系列的青蒿素衍生物打下了坚实的基础。其中，双氢青蒿素（还原青蒿素）被发现生物活性是青蒿素的 2 倍；后来又发现了抗疟效价更高、剂型更方便的蒿甲醚和青蒿琥酯等（20 世纪 80 年代之前）。

青蒿素抗疟疾作用机理是通过青蒿素活化产生的自由基与疟原蛋白结合，作用于疟原虫的膜系结构，从而对疟原虫的细胞结构及其功能造成破坏。这是继乙氨嘧啶、氯喹和伯氨喹之后最有效的抗疟特效药，具有速效和低毒的特点，曾被世界卫生组织称作"世界上唯一有效的疟疾治疗药物"。非洲地区受益于青蒿素联合疗法，大量受疟疾困扰的民众得以救治。

"523 任务"是在一个特殊历史条件下，由全国 60 多个科研单位和 500 多名科研人员组成的集体，在统一组织管理下共同执行的科研任务，涉及中药学、植物学、生物化学、生物物理和临床医学等多领域研究人员的团结协作。在这个过程中，青蒿素及其衍生物的发现和发明，是世界抗疟药研究史上的一个重大突破。2015 年，屠呦呦因发现青蒿素对疟疾寄生虫有出色疗效而获得诺贝尔生理学或医学奖，成为首个获诺贝尔奖的中国本土科学家。这也是世界对中国寄生虫病研究的肯定。

第十一节　基因工程与人类基因组计划

由于分子生物学和微生物遗传学的进展，特别是限制性内切酶的发现，20 世纪 70 年代，基因工程（或称重组 DNA）这项重要的新技术[1]兴起了。20 世纪 80 年代，聚合酶链式反应（PCR）技术的发明，加速了基因工程的发展。加上序列测定和分析等方面能力的提高，到 20 世纪末，分离目的基因，将其在体外进行剪切、拼接和重组，然后再把重组体导入宿主细胞或个体中表达，获得人类所需要的基因产物，已经成为一项现代生物学的核心技术。利用基因工程培育新品种、治疗疾病、生产药物等，不再仅仅是理论上的可能性，而是已经并将日益广泛地应用于实践。

中国在这方面起步较晚。20 世纪 70 年代末，中国科学院等单位在国内率先制订了基因工程研究计划。20 世纪 80 年代初，全国科学大会将基因工程列为国家八大科技领域之一[2]。随后，通过"863 工程"等项目的促动，我国在若干方向上获

---

〔1〕　重组 DNA 技术，是指将不同来源的基因按预先设计的蓝图，在体外构建杂种 DNA 分子，然后导入活细胞，以改变生物原有的遗传特性，获得新品种，生产新产品。

〔2〕　钱迎倩，王亚辉. 生物学：20 世纪中国学术大典 [M]. 福州：福建教育出版社，2004：443.

得了一些突破性的进展。其中，转基因抗虫棉在 20 世纪末已实现商品化生产，作为转基因植物的代表，在其研发过程中有若干标志性事件，这里略作介绍。

一　转基因抗虫棉的研发

棉花是我国主要纤维作物，栽培面积曾高达一亿亩（1 亩约为 667 平方米），而棉铃虫灾害的连年爆发是棉花生产中的一大危害[1]。大量施用化学农药既增加棉农的负担，又会引起害虫抗药性增强和环境污染等问题，因而世界各国都十分重视探索新的棉铃虫管控途径。由于面临种质资源贫乏和远缘杂交不育等问题，要想通过传统方法进行棉花育种从而得到高产、优质与抗性的组合是十分困难的，而基因工程技术就为加速棉花育种进程和提高育种效率带来了新的希望。

利用基因工程使植物获得对害虫抗性的研究，在国外经过十余年的积累，到 1987 年已经有 3 家实验室报道了相关成果。研究人员将苏云金芽孢杆菌毒蛋白（Bt 毒蛋白）[2]基因转入烟草或蕃茄，获得了抗虫植株，但表达量低，抗虫活性不高。差不多同时，美国的孟山都公司则报道了获得带有外源标志基因的转基因棉花。自此，通过基因工程技术将外源抗虫基因导入商品棉成为一个热门的研究课题。

我国自 1986 年开始，将苏云金杆菌毒蛋白抗虫基因工程

---

[1] 据统计，全世界每年用于防治棉铃虫的费用达 20 亿美元，占农田用药花费的 25%。（贾士荣，郭三堆，安道昌. 转基因棉花 [M]. 北京：科学出版社，2001.）

[2] 苏云金杆菌，简称 Bt，是包括许多变种的一类产晶体芽孢杆菌。该菌可产生两大类毒素，即内毒素（伴胞晶体）和外毒素，使害虫停止取食，最后害虫因饥饿和中毒死亡。因此，该杆菌可做微生物源低毒杀虫剂，用于防治直翅目、鞘翅目、双翅目和膜翅目，特别是鳞翅目的多种害虫。

列入国家"七五"攻关课题。中国科学院微生物研究所、遗传研究所和中国农科院生物技术研究中心等单位相继开展转基因植物的抗虫性研究。他们首先成功完成了杀虫蛋白基因BtCryIA的人工合成，1991年，首次将该基因转入烟草，获得了具有很强杀虫作用的工程烟草植株。这使我国在植物基因工程领域的研究达到了国际同类的先进水平[1]。

这期间，孟山都公司的转基因抗虫棉已通过田间试验，转基因抗除草剂溴苯腈（BXN）棉花则启动了商用示范[2]。而在我国，棉铃虫的危害日益猖獗，造成了棉花的大面积减产。这些都给我国抗虫棉的研发带来了很大压力。

1991年，"863计划"正式启动了棉花抗虫基因工程的育种研究[3]，中国农科院生物技术研究中心与山西省农科院棉花研究所、江苏省农科院经济作物研究所等联合攻关，首先人工合成了经改造的Bt杀虫基因，之后将此人工合成的杀虫基因转入若干棉花主栽品种，于1994年获得了高抗棉铃虫的转基因棉花植株，且农艺性状基本没有改变[4]。

我国人工合成的基因，在表达调控元件和载体构建上有许多创新，因此在棉花中能够高效表达外源基因产物，使棉花获得更高的抗虫性。这一成果使我国成为继美国之后拥有自主知

---

〔1〕 由于植物基因远比微生物基因复杂，遗传背景不像微生物研究得那么清楚，在载体开发方面也只有较少的选择，而如何从原生质体分化成植株又是另外一个需要攻克的难题，因此植物基因工程比起微生物基因工程来说有更大的难度。

〔2〕 王淑民. 世界棉花生物工程进展简述［J］. 生物技术通报，1999，15(5)：43-44.

〔3〕 后来又被列为"863计划"重大关键技术项目。

〔4〕 林菲文. 我国首次人工合成杀虫基因并导入棉花［J］. 生态农业学报，1994（4）：44.

识产权、独立研制成功转基因抗虫棉的第二个国家。面临外国种子公司即将形成的垄断局面，我国具备了一定的竞争能力[1]。1997年，转基因抗虫棉通过农业部安全评审，20世纪末，在我国累计推广种植550万亩[2]。这使我国降低了农药用量和人工成本，产生经济效益7.7亿元。

不过，CryIA基因产生的毒蛋白对害虫是有选择性的[3]，因此，转Bt棉并非在所有棉区都可发挥优势。所以通过基因工程进行棉花育种的研究则在持续进行，出于降低生产成本和保护环境的目的，此后我国又陆续开发了双价转基因抗虫棉和抗真菌病转基因棉花等一系列品系。

转基因抗虫棉的成功，标志着我国植物基因工程技术步入了国际前列，也带动了水稻、番茄和杨树等一批转基因植物的研发。随着作物基因组测序的稳步推进，定向培养新品种的工作将达到新的高度。

除转基因植物之外，许多真核细胞的基因经过剪接并通过运载体[4]转入原核细胞进行表达的研究也都已获得成功（如血红蛋白的珠蛋白、卵清白蛋白和胰岛素等），并表现出相应的生物活性。这就意味着使用基因工程菌生产药物已经迈出了第一步。在生物技术列入"863计划"之后，我国确定了3个关系国计民生的医药技术和农业技术主题，即高产、优质、抗

---

〔1〕 孟山都公司，1995年，商用生产Bt棉种子大规模繁殖；1996年，Bt棉首次进入商用生产；1997年，同时含有抗虫、抗除草剂的多基因转育品种首次进入商用生产，在很多国家推广种植。

〔2〕 强伯勤. 我国生物技术蓬勃发展的十五年——863计划生物领域十五年来的主要工作进展 ［J］. 高科技与产业化，2001（1）：4-6.

〔3〕 在鳞翅目害虫为主的棉区的种植效果很好，对烟蚜夜蛾的抗性更佳，而且对棉铃虫的抗性也很好，但对刺吸式害虫无抗性。

〔4〕 可以是质粒，也可以是噬菌体。

逆动植物新品种，新型药物、疫苗和基因治疗，蛋白质工程。1989 年，我国第一种基因工程药物——重组 $\alpha 1b$ 干扰素[1]获准投放市场，到 20 世纪末，已有十几种基因工程药物和疫苗获准进行商业化生产。基因治疗也进入了临床研究。

转基因技术代表了一种新的生产力，它能够打破物种之间的界限，有目的地将不同来源的基因整合起来，获得新的生物功能。这颠覆了人类文明数千年来的传统。在这个过程中，也产生了剧烈的文化、安全、伦理、社会冲突。

1975 年，在这一技术刚刚成型后不久，西方国家便有感于其革命性与风险性，因此召开会议[2]，形成了一份对重组 DNA 技术进行规范的协议。在我国，"转基因"在 20 世纪末也成了社会热点话题，但与之相关的知识传播却做得并不到位。媒体的争论在培育公众风险意识的同时，使转基因成为生物技术风险的代名词，似乎有将其污名化的倾向。人们对冠以"转基因"之名的农产品感觉不安全，持反对态度，大多并非基于对该技术的正确理解，而是基于对相关经济利益团体的反感，从而导致了对生物技术风险认识的混乱。

但是，这些都无法阻止生物技术的快速成长。作为 20 世纪 70 年代诞生的现代生物技术之核心，基因工程经过 30 年的发展，伴随着生物信息技术和蛋白质工程等相关领域的持续创新，正加速推动着医药、农业和工业等传统行业的变革。这有助于解决人类的粮食问题，提高健康水平，减少环境污染和保护生态。

---

[1] 第一个源于中国人的基因的基因工程药物。
[2] 阿希洛马会议。

二 1% 人类基因组计划与生物信息学

自 1953 年 DNA 分子双螺旋结构的解析之后，分子生物学家相继在 20 世纪 50 年代和 20 世纪 60 年代实现了对蛋白质氨基酸顺序以及核酸中核苷酸顺序的测定，并建立了关于遗传信息传递与表达的中心法则。20 世纪 70 年代[1]，DNA 顺序测定技术有了飞跃的发展，于是一些发达国家开始酝酿对人类的整个基因组进行测序[2]。相关的计划在很多国家以不同规模展开，但作为国家级的重大项目还是由美国率先开始的[3]。

经过长达 6 年的争论，美国科学家们于 1990 年正式启动了人类基因组计划（Human Genome Project，简称 HGP），预定在 15 年内，将人体基因组中 30 亿对碱基的序列完全测定出来。随后，英国、法国、日本、德国和中国也先后加入了这个投资规模堪比曼哈顿计划和阿波罗计划的宏伟项目。

（一）中国的人类基因组研究和"1% 项目"

中国的人类（医学）遗传学研究在中华人民共和国成立后的一段时间里受意识形态影响，发展阻力较大，但相对来说，遗传病的病例报告组织得还比较好[4]。20 世纪 60 年代，我国引进了染色体分析技术。甚为可喜的是，1973 年来自基

---

〔1〕 特别是 1974 ~ 1978 年。

〔2〕 鉴于人类的全部遗传信息储存在 DNA 分子中，如果能够破译其全部核苷酸顺序，建立人类遗传物质的完整信息数据库，那么，有关生命现象的许多"不解之谜"将可能迎刃而解。

〔3〕 两个源头性的项目：一是美国能源部对原子弹爆炸幸存者及其后代的研究；二是美国的肿瘤研究计划。这些研究使科学家们认识到无法从一个或几个基因入手解决问题。

〔4〕 尽管这些报告仅涉及临床资料，但提供了紧随国外研究进展而继续分析病因学的基础。

层医院[1]的一项利用胎儿绒毛细胞进行细胞遗传学分析测定胎儿性别的研究，提供了一种可用于产前诊断的新选择，是一项有广泛国际影响的原始创新性成果。

改革开放后，我国人类细胞遗传学、群体遗传学和遗传病学等方向的研究逐渐启动和复苏，研究力量也不断加强[2]。20世纪80年代，我国已开始了对DNA序列和功能的研究。当1988年美国将要启动人类基因组计划的消息一公布，以谈家桢为首的中国学者就开始积极与美国和加拿大等国家的学者联络，酝酿如何参与国际合作，在中国开展人类基因组的研究。此事后因故搁置起来。

尽管关于我国是否应参与序列图绘制的国际合作，决策部门存在争议，但是国家高技术研究发展计划（"863计划"）自20世纪80年代末就开始注意资助研究基因组的有关技术。1993年，国家自然科学基金编制了"中华民族基因组若干位点基因结构的研究"重大项目指南，标志着我国人类基因组研究正式启动。随后，我国在北京和上海相继成立了两个国家人类基因组中心[3]。1998年，中国科学院又在遗传研究所建立了人类基因组中心暨北京华大基因研究中心（简称"北京中心"[4]），大大加强了我国基因组学的研究实力。

随着经济实力的增强以及国内和国际形势的变化，1999年，北京中心代表中国在人类基因组测序参与者索引（HGS1）

---

〔1〕 鞍山钢铁厂铁东医院韩安国的文章。

〔2〕 如复旦大学的基因工程和分子遗传学实验室、中国科学院分子生物学实验室、中国医学科学院分子肿瘤实验室等。

〔3〕 北方中心和南方中心，分别由强伯勤和陈竺领导。

〔4〕 由杨焕明领导。

注册，同年被正式接纳为国际测序俱乐部成员，承担测定 3 号染色体短臂上[1]约 3000 万碱基对的任务。作为第六个参与 HGP 的国家，中国负责的部分从遗传图来看约占整个基因组的 1% ，因此简称为"1% 项目"。随后，南方中心和北方中心也加盟这一任务，在三个单位的合作下，于 2000 年提前完成[2]。

虽然中国在国际 HGP 中只承担了 1% ，但这改变了人类基因组国际合作的格局，使我国拥有相关事务的发言权，同时能够分享此前 HGP 积累的技术与资料。在其推动下，我国建立了基因组大规模测序的全套技术及研究队伍，为我国基因组科学的进一步发展奠定了基础。

（二）组学和生物信息学

在 HGP 的完成过程中，不仅需要生物学家和化学家们的努力，而且还少不了计算机专家的支持。新序列的测定意味着信息量的增加，而信息处理工作（如新旧序列的比较和鉴定等）则必须依赖计算机。因此，如果说这项计划的开始关键在于生物化学方面的突破，那么其结尾部分则更多地依赖计算机科学家的贡献。

随着 DNA 样本的制备和测序方法不断改进，20 世纪末，我国已经实现了大规模高通量测序，数据库中的 DNA 序列以数十亿碱基对计，且呈现指数增长。面对这类数量巨大且具有高度复杂性的生物数据，如何有效地进行管理和分析，对信息

---

[1] 从端粒到标记 D3S3610 间大约 30 厘摩的区域。

[2] 启动于 1990 年的人类基因组计划原定 15 年完成，由于技术的成熟与基因组测序的规模化运作，以及来自商业竞争方面的压力，使 HGP 的完成日期不断提前。到 2001 年，各国完成的份额分别为：美国 54% ，英国 33% ，日本 7% ，法国 3% ，德国 2% ，中国 1% 。

技术提出了新的要求，由此，一门新兴的学科——生物信息学应运而生[1]。生物信息学综合运用数学、计算机科学和生物学的技术手段来理解各类数据的生物学意义，其主要研究方向包括生物信息理论、数据库建设、序列拼接、比对、基因识别、蛋白质结构和功能预测，以及药物设计和构建系统进化树等。

在完成人类基因组测序的同时，多种模式生物的基因组全序列也得到了测定（如中国在 1992 年启动水稻基因组计划，后与英、美、日、韩等国合作，于 2002 年完成精细图），基因组的研究重心逐渐从结构转向功能，生命科学随之开启了后基因组时代的新纪元。在后基因组时代，生物信息学家面对的不仅是序列和基因，而是越来越多的完整基因组和基因表达网络。"组学"[2]这一后缀的广泛使用（如蛋白质组学[3]、代谢组学、转录组学和免疫组学等），则表明一百多年来在还原论指导下的生物学研究又重启了整体论的思路。

HGP 通过揭示人类生命活动的遗传学基础带动整个生命科学的发展，并为此后的分子医学（基因诊断、基因治疗和基因工程产品开发）奠定了基础。与遗传相关的疾病[4]将有

---

〔1〕 该学科包含了两个交叉领域的工作：用于建立现代生物学所需信息系统框架的研究开发工作（即传统意义的生物信息学）和旨在理解基本生物学问题的基于计算的研究工作（即计算生物学）。

〔2〕 组学的英文是 Omics，指一些种类个体的系统集合。例如 Genomics（基因组学）是构成生物体所有基因的组合，这门学科就是研究这些基因以及这些基因间的关系。

〔3〕 1994 年，澳大利亚科学家率先提出通过对某一种生物的所有蛋白质全部进行质谱筛选与序列分析，以一种不同于 DNA 快速测序的途径对其提供分子水平的全面分析。1995 年在文献中首次公开使用"proteome"。

〔4〕 包括六千多种人类单基因遗传病和一些严重危害人类健康的多基因病，如恶性肿瘤和心血管疾病等。

可能得到预测、预防和治疗，农业、工业和环境科学也将从中受益。但是，它也引发了一系列新的伦理、法律和社会学问题。1994 年，中国成立了由遗传学家组成的中国人类基因组伦理、法律、社会问题委员会，但对相关问题的探讨（包括信息安全等方面的研究）以及制度的健全，需要更多领域学者的参与和社会关注。

中国在参与 HGP 的过程中，建立了若干规模化的研究中心，吸引了一些数理、计算机领域的科学家参与到生物信息学的发展中。同时，一些民营机构也纷纷把测序服务列入业务范围。其中，从北京中心衍生出的"华大基因"迅速占据了这一新兴产业的领头位置，并开始在基因组学、蛋白质组学和生物信息分析等领域的研究中发挥积极作用。

结　语

　　中国生物学到 21 世纪初，已经有了很大发展，不但论文发表量位居世界前列，教育和研究中心也不再局限于北京和上海等有限的几个地区。在国家经济实力日益增强，对科技和教育的支持力度大幅增长的大环境下，生物学人员团队和仪器设备的投入都非常显著。为适应新兴分支学科的发展，新的研究机构不断涌现。同时，生物制药、精准医疗和现代农业等相关行业也从中受益并反过来激励着研究的发展。

　　在这个过程中，有一些趋势是比较有中国特色的，如研究的计划性、实用价值取向和政策引导等。中国的科技计划体系，从最先的东北开始算起，历经十二年远景规划、十年规划和八年规划等，一直是由国家主导。一些重要成果确实是从这些计划中产生的（如"三志"的编研）。

　　计划强烈地体现了国家需求。在中华人民共和国成立后的相当长一段时间里，战备和军工方面的需求都是促进科技工作的一大动力，直接受益于此的生物学研发项目较少（青蒿素可算一例）。与生物学有密切关系的首先是农业[1]方面的需求，经过 20 世纪 50～70 年代的大发展，粮食问题已经不是国人生存和发展的主要问题，健康和环境等问题日益提上日程，并因此布局了一些新的研究课题。

　　从学术共同体的角度看，在思想改造批判了单凭个人兴趣，"为科学而科学"的旧研究作风以后，除了中国科学院范

----

〔1〕　包括农、林、牧、渔的大农业。

围内还比较着重基础研究，发展生长点，培养队伍外，高等院校和其他部门的研究单位均倾向于结合实际的工作[1]。强调理论结合实际，是对科研工作的一个重要评判标准[2]。不过这个标准在20世纪末受到了挑战，在"不发表毋宁死"的新观点下，研究人员更多地从论文中受到激励。

具体到项目实施层面，大协作出大成果的特点在生物学领域的若干重大突破（如胰岛素、杂交稻、青蒿素，乃至后来的人类基因组计划等工作）中都有所体现。这种大协作凝聚大批研究人员，为了共同目标真诚合作的氛围，是难能可贵的。

科研的计划性取决于国家政治、经济体制。改革开放后，科研活动总量提升，但低水平重复的现象在生物学领域还是比较突出的。当然，这在一定发展阶段之内也许不可避免，不过，在科研活动仍然以国家主导的情况下，政策引导方面或许有值得探讨的问题。

就整个学科的发展来看，20世纪后半叶，生物科学经历了由描述发展到实验论证，由定性上升为定量，由宏观深入到微观的巨大变革。数学、物理学和化学等学科的思想和方法渗入，给生物学带来新的增长方向[3]。子学科的交叉和融合则成为长期的动态趋势，新学科不断涌现，诸如分子生物学与生

---

〔1〕 20世纪50~60年代，研究工作主要是在研究所里进行。大学的教学任务比较集中，能够发展研究的人力和空间都有限。

〔2〕 （甘紫菜）评审意见认为，这是理论研究服务于生产的一个好例子，说明实际问题的根本解决要依赖于理论的研究。

〔3〕 特别是在物理学革命的影响下，生物学得到了革命性的突破，这就是分子生物学的建立。分子生物学坚持在分子水平上探究各种生命现象，揭示了代表生命主要特征的遗传的奥秘，物理科学和生物科学之间深邃的鸿沟开始逐步得到填补。

物化学、遗传与发育生物学等姐妹学科之间已不能划出清晰的界限[1]。此外，在进入实验生物学阶段后，生物学的发展高度依赖新仪器和新技术。由于生物本身的多样性，一套仪器方法建立之后，应用于不同的对象，便可得到新的知识，因此，仪器的驱动作用是值得关注的现象。

生物学的变革，也对其他学科提出了新的问题，并反过来促进自身的发展。同时，它对于整个国民经济的影响则是广泛而深远的。"八五"计划期间，邓小平提出"发展高技术，实现产业化"。除传统上的农业问题需要生物技术来解决之外[2]，药物研发和精准医疗等都为生物技术提供了广阔的施展空间。目前，生物工程已成为 21 世纪的主导产业之一，而我国生物企业的研发能力也在实现经济效益的同时大幅提高，诞生了像华大基因、隆平高科这样大规模、高产出的新型企业。

回顾起来，20 世纪后半叶的这 50 年，中国生物学的发展经历过很多困难和挫折，也有自己独特的经验，且变化又特别大。但是，对这段历程的回顾，目前非常零散。在史料和学识都欠缺的情况下，就一些标志性的事件进行蜻蜓点水般的叙述，可谓是个贸然的尝试。希望读者的记忆不仅仅停留于此。

---

〔1〕 知识体系的生长与物种的进化相似，呈现网状结构。学科分类则是线性的，人为性强，不应太过纠结。

〔2〕 将来农业问题的出路，最终要由生物工程来解决，要靠尖端技术。（邓小平. 邓小平文选：第 3 卷 [M]. 北京：人民出版社，1993：275.）

主要参考文献

中文著作

［1］《北京出版史志》编辑部．北京出版史志：第 8 辑［M］．北京：北京出版社，1996．

［2］北京师范大学校史编写组．北京师范大学校史（1902 年—1982 年）［M］．北京：北京师范大学出版社，1984．

［3］行政院新闻局．北平研究院（民国二十六年至三十六年）［M］．南京：行政院新闻局，1948．

［4］包世英，毛品一，苑淑秀．云南植物采集史略（1919—1950）［M］．北京：中国科学技术出版社，1998．

［5］曹育．生理科学在中国解放前的发展［D］．北京：中国科学技术大学，1988．

［6］陈景磐．中国近代教育史［M］．北京：人民教育出版社，1983．

［7］陈孟勤．中国生理学史［M］．2 版．北京：北京医科大学出版社，2000．

［8］陈嵘．中国森林史料［M］．北京：中国林业出版社，1983．

［9］陈胜昆．近代医学在中国［M］．台北：当代医学杂志社，1992．

［10］陈实．中国国家重点实验室管理制度的演变与创新［M］．北京：冶金工业出版社，2011．

［11］《陈世骧》文选编辑组．陈世骧文选［M］．北京：科学出版社，2005．

［12］陈学恂．中国近代教育史参考资料：下册［M］．北京：人民教育出版社，1987．

［13］陈菅，陈旭华．厦门大学校史资料：第五辑［M］．厦门：厦门

大学出版社，1990.

［14］《当代中国》丛书编辑部．中国科学院［M］．北京：当代中国出版社，1994.

［15］邓小平．邓小平文选：第 3 卷［M］．北京：人民出版社，1993.

［16］董光璧．中国近现代科学技术史论纲［M］．长沙：湖南教育出版社，1992.

［17］董光璧．中国近现代科学技术史［M］．长沙：湖南教育出版社，1997.

［18］德本康夫人，蔡路得．金陵女子大学［M］．杨天宏，译．珠海：珠海出版社，1999.

［19］任鸿隽．科学救国之梦——任鸿隽文存［M］．上海：上海科技教育出版社，2002.

［20］樊洪业．中国科学院编年史：1949—1999［M］．上海：上海科技教育出版社，1999.

［21］费正清．美国与中国［M］．张理京，译．北京：世界知识出版社，1999.

［22］冯双．中山大学生命科学学院（生物学系）编年史：1924～2007［M］．广州：中山大学出版社，2007.

［23］冯友兰．冯友兰自述［M］．北京：中国人民大学出版社，2004.

［24］方豪．中国天主教史人物传［M］．北京：宗教文化出版社，2007.

［25］服部宇之吉．心理学讲义［M］．东京：东亚公司，1905.

［26］高时良．中国教会学校史［M］．长沙：湖南教育出版社，1994.

［27］郭秉文．中国教育制度沿革史［M］//《民国丛书》编辑委员会．民国丛书：第 3 编（45 册）．上海：上海书店，1992.

［28］海波士．沪江大学［M］．王立诚，译．珠海：珠海出版社，2005.

［29］何炳棣．读史阅世六十年［M］．桂林：广西师范大学出版社，2005.

［30］合信．博物新编：第3集［M］．上海：墨海书馆，1900.

［31］合信．全体新论［M］．上海：墨海书馆，1851.

［32］赫胥黎．天演论［M］．严复，译．北京：中国青年出版社，2009.

［33］洪永宏．厦门大学校史（第1卷）：1921—1949［M］．厦门：厦门大学出版社，1990.

［34］侯光先，伯格斯琼，王海峰，等．澄江动物群：5.3亿年前的海洋动物［M］．昆明：云南科技出版社，1999.

［35］黄宗甄．罗宗洛［M］．石家庄：河北教育出版社，2001.

［36］胡先骕．忏庵诗稿［M］．自印本．1961.

［37］贾士荣，郭三堆，安道昌．转基因棉花［M］．北京：科学出版社，2001.

［38］中国科学院植物研究所（南京中山植物园）所（园）志编写委员会．所（园）志［Z］．南京：中国科学院（内部发行），2009.

［39］蒋梦麟．蒋梦麟自传［M］．北京：团结出版社，2004.

［40］教育部．全国专科以上学校教员研究专题概览：上册［M］．上海：商务印书馆，1937.

［41］贾文治．神农架探察报告［R］．1943.

［42］京师大学堂．暂定各学堂应用书目［M］．［出版地不详］：江楚编译官书局，1903.

［43］金善宝．中国现代农学家传：第一卷［M］．长沙：湖南科学技术出版社，1985.

［44］璩鑫圭，唐良炎．中国近代教育史资料汇编·学制演变［M］．上海：上海教育出版社，1991.

［45］课程教材研究所．20世纪中国中小学课程标准·教学大纲汇编：生物卷［M］．北京：人民教育出版社，2001.

［46］梁栋材．20世纪中国知名科学家学术成就概览·生物学卷·第一分册［M］．北京：科学出版社，2012.

［47］梁启超．戊戌政变记［M］．南京：江苏广陵古籍刻印社，1999.

［48］《李继侗文集》编辑委员会．李继侗文集［M］．北京：科学出版社，1986.

［49］李先闻．李先闻自传［M］．台北：台湾商务印书馆，1970.

［50］李书华．李书华自述［M］．长沙：湖南教育出版社，2009.

［51］利玛窦．利玛窦中文著译集［M］．上海：复旦大学出版社，2001.

［52］刘启林．当代中国社会科学家［M］．北京：社会科学文献出版社，1992.

［53］《刘慎谔文集》编辑组．刘慎谔文集［M］．北京：科学出版社，1985.

［54］罗久芳．罗家伦与张维桢：我的父亲母亲［M］．天津：百花文艺出版社，2006.

［55］罗久芳．五四飞鸿：罗家伦珍藏师友书简集［M］．天津：百花文艺出版社，2010.

［56］罗义贤．司徒雷登与燕京大学［M］．贵阳：贵州人民出版社，2005.

［57］《科学家传记大辞典》编辑组．中国现代科学家传记：第1集［M］．北京：科学出版社，1991.

［58］《科学家传记大辞典》编辑组．中国现代科学家传记：第2集［M］．北京：科学出版社，1991.

［59］《科学家传记大辞典》编辑组．中国现代科学家传记：第3集［M］．北京：科学出版社，1992.

［60］《科学家传记大辞典》编辑组．中国现代科学家传记：第 4 集［M］．北京：科学出版社，1993.

［61］《科学家传记大辞典》编辑组．中国现代科学家传记：第 5 集［M］．北京：科学出版社，1994.

［62］《科学家传记大辞典》编辑组．中国现代科学家传记：第 6 集［M］．北京：科学出版社，1994.

［63］毛泽东．毛泽东选集：第 5 卷［M］．北京：人民出版社，1977.

［64］毛泽东．毛泽东文集：第 7 卷［M］．北京：人民出版社，2009.

［65］费正清，麦克法夸尔．剑桥中华人民共和国史・上卷・革命的中国的兴起：1949—1965［M］．北京：中国社会科学出版社，1990.

［66］南京林业大学林业遗产研究室．中国近代林业史［M］．北京：中国林业出版社，1989.

［67］钱迎倩，王亚辉．生物学：20 世纪学术大典［M］．福州：福建教育出版社，2004.

［68］裘维蕃，等．资深院士回忆录：第 2 卷［M］．上海：上海科技教育出版社，2006.

［69］上海商务印书馆编译所．大清新法令（1901—1911）点校本：第 1 卷［M］．北京：商务印书馆，2010.

［70］上海植物生理研究所，中国科学院北京植物研究所．光合作用研究进展［M］．北京：科学出版社，1976.

［71］沈其益，等．中国真菌学先驱——邓叔群院士［M］．北京：中国环境科学出版社，2002.

［72］沈宗瀚．沈宗瀚自述（上）：克难苦学记［M］．合肥：黄山书社，2011.

［73］石声汉．国立中山大学广西瑶山采集队采集日程［M］．广州：中山大学生物学室，1929.

［74］舒新城．中国近代教育史资料：中册［M］．北京：人民教育出版社，1981．

［75］司胜利，孙仲康．尹文英［M］．贵阳：贵州人民出版社，2011．

［76］中央教育科学研究所教育史研究室．中华民国教育法规选编（1912—1949）［M］．南京：江苏教育出版社，1990．

［77］宋健．中国科学技术回顾与展望［M］．北京：中国科学技术出版社，2003．

［78］孙中山．孙中山全集：第一卷［M］．北京：中华书局，1981．

［79］《中国林业科学研究院院史》编委会．中国林业科学研究院院史（1958～2008年）［M］．北京：中国林业出版社，2010．

［80］谈家桢．中国现代生物学家传：第一卷［M］．长沙：湖南科学技术出版社，1985．

［81］谈家桢，赵功民．中国遗传学史［M］．上海：上海科学技术出版社，2002．

［82］汤佩松，等．资深院士回忆录：第1卷［M］．上海：上海科技教育出版社，2003．

［83］唐崇惕，赵尔宓．唐仲璋教授选集［M］．成都：四川教育出版社，1994．

［84］王德滋．南京大学百年史［M］．南京：南京大学出版社，2002．

［85］王国平，张菊兰，钱万里，等．东吴大学史料选辑（历程）［M］．苏州：苏州大学出版社，2010．

［86］王鸿祯，孙荣圭，崔广振，等．中国地质事业早期史［M］．北京：北京大学出版社，1990．

［87］王建军．中国近代教科书发展研究［M］．广州：广东教育出版社，1996．

[88] 王立诚. 美国文化的渗透与近代中国的教育：沪江大学的历史 [M]. 上海：复旦大学出版社，2001.

[89] 王伦信，樊冬梅，陈洪杰，等. 中国近代中小学科学教育史 [M]. 北京：科学普及出版社，2007.

[90] 王森然. 近代名家评传：初集 [M]. 北京：生活·读书·新知三联书店，1998.

[91] 王森然. 近代名家评传：二集 [M]. 北京：生活·读书·新知三联书店，1998.

[92] 王树槐. 基督教与清季中国的教育与社会 [M]. 桂林：广西师范大学出版社，2011.

[93] 王韬. 王韬日记 [M]. 北京：中华书局，1987.

[94] 王韬. 弢园文录外编 [M]. 沈阳：辽宁人民出版社，1994.

[95] 王有琪. 现代中国解剖学的发展 [M]. 上海：科学技术出版社，1956.

[96] 《王战文选》编委会. 王战文选 [M]. 北京：科学出版社，2011.

[97] 中国生理学会编辑小组. 中国近代生理学六十年：一九二六——一九八六 [M]. 长沙：湖南教育出版社，1986.

[98] 危怀安，王福涛，王炎坤. 国家重点实验室的运行管理 [M]. 北京：人民出版社，2007.

[99] 魏而斯. 动物学详考 [M]. 宋传典，译. 上海：美华书馆，1907.

[100] 吴征镒. 百兼杂感随忆 [M]. 北京：科学出版社，2008.

[101] 吴中伦. 吴中伦云南考察日记 [M]. 北京：中国林业出版社，2006.

[102] 《武汉大学生命科学学院院史》编纂委员会. 奋进岁月　铸就辉煌——武汉大学生命科学学院院史 [M]. 武汉：武汉大学出版社，2012.

中国生物学史·近现代卷

［103］夏东元．洋务运动史［M］．上海：华东师范大学出版社，1992.

［104］萧超然，沙健孙，周承恩，等．北京大学校史（1898—1949年）［M］．上海：上海教育出版社，1981.

［105］熊大同．中国林业科学技术史［M］．北京：中国林业出版社，1995.

［106］熊月之．晚清新学书目提要［M］．上海：上海书店出版社，2007.

［107］熊月之．西学东渐与晚清社会［M］．上海：上海人民出版社，1994.

［108］徐维则，顾燮光．增版东西学书录［M］．石印本．［出版地不详］：［出版者不详］，1902.

［109］薛德焴．近世动物学［M］．上海：商务印书馆，1923.

［110］薛攀皋．科苑前尘往事［M］．北京：科学出版社，2011.

［111］薛攀皋，季楚卿，宋振能．中国科学院生物学发展史事要览（1949—1956）［M］．北京：中国科学院院史文物资料征集委员会办公室，1993.

［112］杨鑫辉，赵莉如．心理学通史：第2卷［M］．济南：山东教育出版社，1999.

［113］杨钟健．西北的剖面［M］．兰州：甘肃人民出版社，2003.

［114］严绍颐．童第周［M］．石家庄：河北教育出版社，2001.

［115］姚远，王睿，姚树峰，等．中国近代科技期刊源流：1792～1949（上）［M］．济南：山东教育出版社，2008.

［116］殷宏章，等．罗宗洛文集［M］．北京：科学出版社，1988.

［117］张大为，胡德熙，胡德焜．胡先骕文存（上卷）［M］．南昌：江西高校出版社，1995.

［118］张大为，胡德熙，胡德焜．胡先骕文存（下卷）［M］．南昌：中正大学校友会，1996.

[119] 张玺，相里矩．胶州湾及其附近海产食用软体动物之研究[M]．北平：国立北平研究院，1936.

[120] 张显良．30年创新发展　60载奋斗历程：热烈庆祝中国水产科学研究院成立30周年 [M]．北京：中国水产科学研究院，2008.

[121] 张宪文．金陵大学史 [M]．南京：南京大学出版社，2002.

[122] 张研，孙燕京．民国史料丛刊：1082文教　高等教育 [M]．郑州：大象出版社，2009.

[123] 翟启慧，胡宗刚．秉志文存：第三卷 [M]．北京：北京大学出版社，2006.

[124] 郑国锠．植物细胞融合与细胞工程：郑国锠论文选集 [G]．兰州：兰州大学出版社，2003.

[125] 郑集．中国早期生物化学发展史（1917—1949） [M]．南京：南京大学出版社，1989.

[126] 中华教育文化基金会．中华教育文化基金董事会第三次报告 [R]．1929.

[127] 中华教育文化基金会．中华教育文化基金董事会第四次报告 [R]．1930.

[128] 中华教育文化基金会．中华教育文化基金董事会第十三次报告 [R]．1938.

[129] 中国第二历史档案馆．中华民国史档案资料汇编：第三辑　教育 [G]．南京：江苏古籍出版社，1991.

[130] 中国第二历史档案馆．中华民国史档案资料汇编：第五辑第一编　文化（二）[G]．南京：江苏古籍出版社，1994.

[131] 中国第二历史档案馆．中华民国史档案资料汇编：第五辑第一编　教育（一）[G]．南京：江苏古籍出版社，1994.

[132] 中国第二历史档案馆．中华民国史档案资料汇编：第五辑第一编　教育（二）[G]．南京：江苏古籍出版社，1994.

[133] 中国科学院动物研究所所史编撰委员会．中国科学院动物研

究所简史［M］. 北京：科学出版社，2008.

［134］中国科学院学部联合办公室. 中国科学院院士自述［M］. 上海：上海教育出版社，1996.

［135］中国科学院上海生物化学研究所志编辑委员会. 中国科学院上海生物化学研究所志（1950.05—2000.05）［M］. 上海：中国科学院上海生命科学研究院生物化学与细胞生物学研究所（内部发行），2008.

［136］《中国科学院植物研究所所志》编纂委员会. 中国科学院植物研究所所志［M］. 北京：高等教育出版社，2008.

［137］中国科学院中国植物志编辑委员会. 中国植物志：第一卷［M］. 北京：科学出版社，2004.

［138］中国林学会. 陈嵘纪念集［M］. 北京：中国林业出版社，1988.

［139］中国林业科学院《吴中伦文集》编辑委员会. 吴中伦文集［M］. 北京：中国科学技术出版社，1998.

［140］中国社会科学院“近代史资料”编辑部. 民国人物碑传集［M］. 成都：四川人民出版社，1997.

［141］中国科学技术协会. 中国科学技术专家传略·农学编·林学卷1［M］. 北京：中国科学技术出版社，1991.

［142］中国科学技术协会. 中国科学技术专家传略·农学编·植物保护卷1［M］. 北京：中国科学技术出版社，1992.

［143］中国科学技术协会. 中国科学技术专家传略·农学编·养殖卷1［M］. 北京：中国科学技术出版社，1993.

［144］中国科学技术协会. 中国科学技术专家传略·医学编·预防医学卷1［M］. 北京：中国科学技术出版社，1993.

［145］中国科学技术协会. 中国科学技术专家传略·医学编·药学卷1［M］. 北京：中国科学技术出版社，1995.

［146］中国科学技术协会. 中国科学技术专家传略·理学编·生物学卷2［M］. 北京：中国科学技术出版社，2001.

[147] 中国科学社. 中国科学社概况 [M]. 北京: 中国科学社, 1931.

[148] 中国科学社. 中国科学社生物研究所概况——第一次十年报告 [R]. 北京: 中国科学公司, 1933.

[149] 中国协和医科大学. 中国协和医科大学校史 (1917—1987) [M]. 北京: 北京科学技术出版社, 1987.

[150] 中国遗传学会. 孟德尔逝世一百周年纪念文集 [M]. 北京: 科学出版社, 1985.

[151] 中国医学科学院. 纪念吴宪教授诞辰一百周年 [M]. 北京: 北京医科大学出版社, 1993.

[152] 中国植物学会. 中国植物学史 [M]. 北京: 科学出版社, 1994.

[153] 周邦任, 费旭. 中国近代高等农业教育史 [M]. 北京: 中国农业出版社, 1994.

[154] 周恩来. 关于知识分子问题的报告 [M] // 中共中央文献编辑委员会. 周恩来选集. 北京: 人民出版社, 1984: 158 – 189.

[155] 周光召. 科技进步与学科发展——"科学技术面向新世纪"学术年会论文集 [G]. 北京: 中国科学技术协会, 1998.

[156] 周尧. 二十世纪中国的昆虫学 [M]. 西安: 世界图书出版公司, 2004.

[157] 朱炳海, 曾昭抡, 朱健人, 等. 中华自然科学社西康科学考察团报告 [R]. 北京: 中华自然科学社, 1941.

[158] 《当代中国的农业》编辑委员会. 当代中国的农业 [M]. 北京: 当代中国出版社, 2009.

[159] 朱有瓛. 中国近代学制史料: 第1辑 [M]. 上海: 华东师范大学出版社, 1983.

[160] 朱有瓛, 高时良. 中国近代学制史料: 第4辑 [M]. 上海: 华东师范大学出版社, 1993.

[161] 竺可桢. 竺可桢全集：第3卷［M］. 上海：上海科技教育出版社，2004.

[162] 竺可桢. 竺可桢日记［M］. 北京：人民出版社，1984.

[163] 邹树文. 中国昆虫学史［M］. 北京：科学出版社，1982.

[164] 邹秉文，胡先骕，钱崇澍. 高等植物学［M］. 上海：商务印书馆，1923.

中文档案资料

中国第二历史档案馆（南京），关于中央研究院自然博物馆、动植物所和心理所等机构的档案资料，全宗号393。

中国第二历史档案馆（南京），有关静生所的部分档案，全宗号609。

中国第二历史档案馆（南京），有关北平研究院生物所的部分档案，全宗号394。

中国科学院档案处，芝加哥自然博物馆到滇黔二省考察动物咨教育部，卷宗号49-2-31。

中国学术团体协会西北科学考察团报告，1928（民国十七年二月），中国科学院档案，卷宗号50-2-27。

中国科学院植物研究所档案室相关档案。

中国科学院动物研究所档案室相关档案。

中国科学院武汉水生生物研究所档案室相关档案。

中国科学院华南植物园档案室相关档案。

南京中山植物园、江苏省中国科学院植物研究所部分档案。

武汉大学档案室，钟心煊和高尚荫等专家档案。

湖北省档案局（馆）、广东省档案馆相关档案。

《国立武昌高师、武昌师大毕业同学通讯录附国立武昌高师武昌师大教授通讯录》，中华民国二十六年六月出版，湖北省档案馆，LSF2.1-89。

外文著作

［1］ ALLEN G M. Mammals of China and Mongolia ［M］. New York: American Museum of Natural History, 1938 – 1940.

［2］ BOWERS J Z, HESS J W, SIVIN N. Science and medicine in twentieth-century China: research and education, science, medicine, and technology in East Asia 3 ［M］. Ann Arbor: Center for Chinese Studies, the University of Michigan, 1988.

［3］ BRETSHNEIDER E. History of european botanical discoveries in China I ［M］. London: Sampson Low, Marston and Company, 1898.

［4］ COX E H M. Plant-hunting in China ［M］. London: Collins, 1945.

［5］ ZHAO E M, ADLER K. Herpetology of China ［M］. Ohio: Society for the Study of Amphibians and Reptiles, 1993.

［6］ FAIRCHILD D. The world was my garden: travels of plant explorer ［M］. New York: Charles Scribner's Sons, 1938.

［7］ FERGUSON M E. China medical board and Peking Union Medical College ［M］. New York: China Medical Board of New York, 1970.

［8］ GEE N G. A text book of botany ［M］. 上海: 商务印书馆, 1915.

［9］ HAAS W J. China voyager – Gist Gee's life in science ［M］. Armonk: M. E. Sharpe, 1996.

［10］ NANCE W B. Soochow University ［M］. New York: United Board for Christran Colleges in China, 1956.

［11］ NORIN E. Geological explorations in Western Tibet ［M］. Stockholm: Tryckeri Aktiebolaget Thule, 1946.

［12］ SCHNEIDER L. Biology and revolution in twentieth-century China ［M］. Lanham: Rowman & Littlefield Publishers, 2003.

［13］ OGILVIE M B, CHOQUETTE C J. A dame full of vim and vigor

[M]. Amsterdam: Harwood Academic publishers, 1999.

[14] HEDIN S A. History of the expedition in Asia 1927—1935: Vol. 3

[M]. Stockholm: Göteborg, Elanders boktrycke aktiebolag, 1944.

中国生物学史·近现代卷

附录：中国近现代生物学发展大事年表

1805 年，英国医生在广州为儿童种牛痘，并出版《英吉利国新出种痘奇书》，首次将西方种牛痘，防治天花的知识介绍到中国。

1843 年，麦都思（W. H. Medhurst）创办墨海书馆。后来该馆印了不少生物学方面的启蒙书籍。

1846 年，容闳、黄宽到美国留学。1854 年，容闳从耶鲁大学毕业；黄宽后来转往英国爱丁堡学医，1857 年回国。

1851 年，墨海书馆出版了合信（B. Hobsen）和我国学者陈修堂共同合译的《全体新论》一书。

1857 年，黄宽著《人体解剖学》。

1858 年，墨海书馆出版韦廉臣和李善兰翻译的《植物学》一书。

1862 年 7 月 11 日，建立同文馆。包尔腾（J. S. Burdon）任英文教习，徐澍琳任中文教习。

1866 年，清政府兴建福州船政学堂。严复即于 1866 年进该学堂学习。

1876 年，韦廉臣出版《格物探原》（三卷），包括部分解剖学内容，卷二包括部分昆虫种类的介绍。

1876 年，第一种中文科学杂志——《格致汇编》创刊（1892 年停刊），该刊刊登了一些介绍西方植物学的文章。瑞典植物学家林奈（C. Linnaeus）的中文译名可能最先见于该刊。

1877 年，英国医生梅森（Patrick Manson）在厦门指出班氏丝虫病是由致倦库蚊（Culex quinquefasciatus）传播的，据说这是世界上首次证明一种昆虫作为疾病的传播媒介，也标志医学昆虫学作为一门独立学科的诞生。

1881 年，韦廉臣在《万国公报》连续刊出《动物》数篇。

1890 年，韦廉臣在《万国公报》刊出介绍显微镜和巴斯德等科学家的文章，以及《礼弥由斯先生植学志略》。

1893 年，湖北设立自强学堂，内设格致科，讲授动植物学课程。

1895 年，傅兰雅编的《植物图说》出版。

1895 年，盛宣怀创办天津中西学堂和南洋公学。

1896 年，罗振玉等发起成立上海农学会。

1897 年，严复翻译的《天演论》（赫胥黎的 *Evolution and Ethics and Other Essays* 前半部分）在刊物上发表，宣传了"物竞天择，适者生存"的观点，推动了我国哲学思想的革新和社会的变革。

1897 年，罗振玉办的《农学报》创刊，直到 1907 年停刊，共刊出 350 册，有不少动植物学方面的文章（主要译自日本，估计文稿占 80% 左右，与当时向日本学习的潮流相适应）。

1897 年，商务印书馆成立，它把编译出版教科书当作主要业务之一。后来许多生物学的课本、参考书和工具书都由该馆印刷。商务印书馆在近代学术传播中占有重要地位。

1897 年，杭州蚕学馆聘前岛轰木和西原两名日本学者作为教习。据说，这是农校聘外籍教授之始。

1898 年，京师大学堂成立，不久停办，1902 年又重办。该校课程包括格致方面的内容。曾聘日本藤田丰八、桔仪一、小野孝太郎、三宅市郎和船津常吉为农科教员。桑野九教授动物生理学，矢部吉桢讲授植物学和矿物学，三宅市郎讲授植物病理学和昆虫学。

1898 年 9 月，严复翻译的《天演论》正式出版，成为此后一段时间内影响最大的西方学术著作之一。

1900 年，中国人自办的自然科学期刊《亚泉杂志》创刊。

1900 年，罗振玉在《农学报》上刊出《创设昆虫研究所议》，最早提出建立昆虫研究机构。

1901 年，美国生物学家祁天锡到东吴大学教授自然科学，主要是生物学。

1903 年，上海科学仪器馆创刊《科学世界》，1904 年停刊。

1904 年 1 月，清政府颁布的《奏定大学堂章程》里的农学门有植物生理学、植物病理学、昆虫学、植物学实验、动物学实验、动物生理学和生理学等生物学课程。大学堂预科有动物学和植物学。高等农业学堂的课程也包括动植物学课程。

1905 年，废除科举为现代教育扫除了一个重大障碍。

1905 年，黄明藻据日本教材编写的《植物讲义》出版。

1906 年，山西大学堂翻译出版《植物学教科书》。

1907 年，留法学生李煜瀛发起组织远东生物学研究会，其宗旨是"会通中外，切合实用"，"发明中国故有之特长，为前人习而不察者，证以西人科学，发明远东物产之功用"，同时还要"输西法之精能"。

1907 年，留日学生王焕文、曾晟和赵燏黄等人在东京发起成立东京留日中华药学会。1909 年在东京举行第一次年会，王焕文当选会长，赵燏黄任书记。1912 年改名为中华民国药学会（简称"中华药学会"），1932 年又改为中华药学会，1942 年改称中国药学会。

1908 年，美国退回庚子赔款，第一期专门用于办理留美预备学校（1911 年改称清华学堂）和留学美国事业。辛亥革命后，清华学堂改称清华学校。

1908 年，京师译学馆博物学教授叶基桢编译了《植物学》，在日本出版。

1911 年 4 月，由伍连德组织，在我国东北沈阳召开万国鼠疫研究会。这是我国有史以来召开的第一次国际学术讨论会。会上专家基本确定旱獭是鼠疫传染源，跳蚤是传播媒介。

1911 年，奚若和蒋维乔翻译《胡尔德氏植物学教科书》。

1912 年，东吴大学成立生物系，祁天锡是生物系的主任。

1912 年，北京高等师范学校成立，陈仲骧任博物部主任兼动物学教授，彭世芳任植物学教授。

1913 年，武昌高等师范学校成立，1914 年开始设博物部，薛德焴任动物学教授、博物部主任，张珽任植物学教授。

1914 年 2 月 4 日，中华博物研究会在南京成立，会部设在上海。1914 年 10 月，学会创刊《博物学杂志》。

1914 年，金陵大学创办农科，标志着我国高校四年制农业教育开始。

1914 年，邹树文在国外发表第一篇昆虫学论文。

1914 年 11 月 3 日，我国首部森林法颁布。

1915 年，留学美国康奈尔大学等高校的任鸿隽、杨铨（号杏佛）、胡明复、周仁、秉志、章元善、过探先、金邦正和赵元任 9 人聚集在美国纽约州的伊萨卡（Ithaca）成立中国科学社。这些热血青年达成共识，以发展祖国的科学事业为职志。

1915 年 1 月，中国科学社创办的《科学》的创刊号在美国的康奈尔大学编辑，由上海商务印书馆在国内印刷发行。

1915 年，由颜福庆和伍连德等发起成立的中华医学会（Chinese Medical Association）在上海成立，颜福庆任第一任会长。

1915 年，南京高等师范学校成立，1917 年设农业专修科，邹秉文任主任。1919 年起聘胡先骕在此任教。（此后广东、成都和沈阳都成立高等师范学校；1923 年以后，它们和北京、武昌、南京等高等师范学校皆改为大学，博物部改为生物系。）

1915 年，祁天锡在商务印书馆出版了大学教材《植物学教科书》（*A Text Book of Botany*）。

1916 年，金陵大学农科与林科合并为农林科，设立生物、农艺和林学等系。

1916 年，钱崇澍发表我国植物生理学的第一篇论文《钡、锶、铈对水绵属的特殊作用》。

1917 年，陈大齐在北京大学开设心理学课程，建立我国第一个心理学实验室。

1917 年，胡经甫从东吴大学生物系毕业。他是最早从国内大学生物系毕业的学生之一。

1917 年 1 月，王舜臣和陈嵘等在上海发起成立中华农学会，陈嵘任会长。

1917 年，凌道扬和陈嵘等林学家发起组织中华森林会，凌道扬任会长。

1918 年 2 月，北京大学理预科教授钟观光率人开始在国内大规模采集植物标本。采集时间长达 5 年，范围涉及广东（包括海南）、广西、云南、四川、福建、江西、浙江、安徽、湖北、河南和山西等 11 个省（区），共采得植物 6000 种，标本 2.5 万号。

1918 年，我国近代生物学主要奠基人秉志在康奈尔大学获哲学博士学位。

1918 年，陈映璜出版《人类学》，这是我国学者编写的第一本人类学专著。

1918 年，马君武编译《实用主义植物学教科书》。

1918 年，商务印书馆出版杜亚泉和黄以仁等编的《植物学大辞典》。

1918 年，武昌高等师范学校开始刊行《博物学杂志》(*Journal of Natural History*)。1924 年该杂志改名为《生物学杂志》。

1919 年，胡经甫和施季言从东吴大学生物系获得硕士学位，他们是最早在国内获得生物学硕士学位的学生。

1919 年，陈焕镛到海南岛大规模采集植物标本。

1919 年 9 月，北京高等师范学校开始刊行《博物杂志》。

1920 年，金陵女子大学（后改名金陵女子文理学院）成立生物系。

1920 年，马君武全译了达尔文的《物种起源》(*the Origin of Species*)，当时他的中译本名称为《达尔文物种原始》。

1920~1921 年，顾复将孟德尔《植物杂交之试验》全文译成中文，连载于《学艺》杂志［1920，2（5、7、9、10），3（4）］。

1921 年，东南大学成立（从南京高等师范学校相关科分出），秉志等建立了国立大学中的第一个生物系。

1921 年 8 月，南京高等师范学校暑期教育讲习会的学员发起成立中华心理学会，后因九一八事变停止活动。1936 年 11 月，由北平、南京和上海等地的生理学者 34 人发起，1937 年 1 月在南京成立中国心理学会，陆志韦任会长；七七事变后停止活动；1955 年重建。

1921 年，中华心理学会成立，张耀翔任会长。

1922 年，厦门大学成立动物学系、植物学系。

1922 年，我国第一个昆虫学研究机构——江苏昆虫局在南京建立。

1922 年 8 月 18 日，中国科学社生物研究所成立，秉志任所长。成立之初，实际主事者只有胡先骕和陈桢两人。1925 年起，研究所出版《中国科学社生物研究所丛刊》。

1922 年，陈焕镛出版《中国经济树木》。

1923 年，北京高等师范学校改为北京师范大学，武昌高等师范学校改为武昌师范大学（后改为武昌大学，1928 年再改为武汉大学），沈阳高等师范学校并入东北大学。

1923 年，薛德焴著的《近世动物学》上、下两册在商务印书馆出版。

1923 年，邹秉文、胡先骕和钱崇澍编写《高等植物学》，作为大学教科书。

1923 年，北京农业专门学校改为国立北京农业大学，内设生物系；1928 年改为国立北平大学农学院。

1923 年，由索尔比（A. C. Sowerby）创办的 the China Journal of Science and Arts［即《中国科学和美术杂志》，1927 改名为 the China Journal（《中国杂志》）］开始发行。该刊发表了大量博物学的文章。

1924 年，北京协和医学院成立生化科，由吴宪任科主任。

1924 年，陈克恢在北京协和医学院药理系系主任、美国药理学家施密特（Carl F. Schmidt, 1893—1965）的支持下，共同从中药麻黄（中医用来治疗咳嗽的药物）中分离出左旋麻黄碱。

1924 年，孙云铸发表了《中国北方寒武纪化石》。

1924 年，武昌师范大学生物学会出版的《博物学会杂志》改称《生物学杂志》。这可能是我国最早的生物学专业期刊。

1924 年 9 月 18 日，美国退回的第二期庚子赔款用于建立中华教育文化基金会。其董事会主要负责人之一孟禄认为用来促进人民在农、工、健康方面的应用知识，远比纯粹的科学研究重要。当时 10 名中国董事的名单如下：颜惠庆（内阁总理）、顾维钧（外交总长）、施肇基（驻美公使）、范源廉（北京师范大学校长、前教育总长）、黄炎培（江苏省教育会会长）、蒋梦麟（北京大学代理校长）、张伯苓（南开大学校长）、郭秉文（东南大学校长）、周诒春（清华学校前校长）、丁文江（地质调查所所长）。范源廉任首届干事长，任鸿隽任秘书。当时美方的董事有：门罗（P. Monroe，哥伦比亚大学师范学院国际研究所主任）、顾临（R. S. Greene）、贝克（J. E. Baker，1880—1957，交通部铁道管理局顾问）、贝纳特（C. R. Bennett，1885—?，北京国际银行总裁）、杜威（J. Dewey，在任一年，后改司徒雷登）。

1924 年，留法的周太玄、刘慎谔、李亮恭、汪德耀、夏康农、陆鼎恒、张玺、林镕和刘厚在法国成立中国生物科学学会。1928 年移回北平。出版《中国植物学报》《中国实验生物杂志》《生物学杂志》。

1924 年，广东高等师范学校与其他专门学校合并成立广东大学，原广东高等师范学校博物部改为生物系，费鸿年任系主任。

1924 年，当年成立的大夏大学成立生物系。

1924 ~ 1925 年，钟心煊的《中国乔灌木目录》出版。

1925 年，北京大学生物系成立，谭熙鸿任系主任，教授有李煜瀛、谭熙鸿、钟观光等。

1925 年，刘慎谔任中国生物科学学会总书记。

1925 年，当年成立的光华大学成立生物系。

1925 年 9 月，由祁天锡等发起的北平博物学会成立，传教士、鸟类学家万卓志（George D. Wilder）任会长。1927 年开始出版《北平博物学期刊》（*Peking Natural History Bulletin*）。

1925 年，李亮恭编译《植物解剖学与生理学》，由商务印书馆出版。

1926 年 9 月 6 日，中国生理学会在北京协和医学院成立，林可胜任理事长。

1926 年，复旦大学的心理学院改为生物学科，1929 年改为生物系。

1926 年，成都高等师范学校改为成都师范大学，后又改为成都大学，1931 年改为四川大学。1926 年，成都大学就设立了生物系，罗世嶷任系主任。

1926 年，李汝祺在哥伦比亚大学摩尔根实验室获得遗传学博士学位。他是最早获得这个学科博士学位的中国学者。

1927 年，中山大学农林植物研究所成立。1930 年开始创刊《国立中山大学农林植物研究所专刊》（*Sunyatsenia*）。

1927 年春，《中国生理学杂志》创刊，不久便成为世界上有影响的学术刊物。

1927 年，陈桢发表《金鱼的变异、进化和遗传》。

1927 年，李继侗和殷宏章用气泡计数法发现光合作用的瞬间效应，这是光合机理有两个光反应的先驱性的发现。

1928 年 4 月，中央研究院组织广西科学调查团。参加者有秦仁昌、方炳文和常麟定等，采集期 6 个月。采得各种植物标本 3400 余种，3 万多号；动物标本 1200 多种，8000 多号。这为建立自然博物馆奠定了基础。

1928 年 5～8 月，辛树帜组织中山大学生物系的师生任国荣和石声汉等到人迹罕至的大瑶山采集动植物标本，取得丰硕成果，并在国际学界产生了深远的影响。

1928 年 6 月 9 日，中央研究院成立，蔡元培任院长。它是民国时期国立最高学术机构。

1928 年 8 月 4 日，一些林学家在金陵大学发起组织中华林学会，姚传法当选为理事长。

1928 年 10 月，静生生物调查所在北平成立。这是一个依靠中华教育文化基金会提供经费，后来成就突出的民办生物学研究机构。秉志任首任所长。该所 1929 年开始出版《静生生物调查所汇报》。

1928 年，伍连德和谢和平等学者发起成立中国微生物学会。

1929 年 1 月，中央研究院聘钱天鹤等 7 人在南京筹建自然历史博物馆，1930 年 1 月正式成立［同年创刊《国立中央研究院自然历史博物馆特刊》(*Sinensia*)］，钱天鹤任主任。1933 年，钱天鹤辞职，徐韦曼和伍献文先后代过馆主任。该馆下设动物组和植物组两组，植物组由裴鉴主持，动物组由伍献文主持。1934 年 7 月改为动植物研究所，王家楫任所长。抗日战争全面爆发后，研究所经湖南南岳至广西阳朔。1940 年又西迁至重庆北碚。1944 年 5 月又分植物和动物两所。1946 年两所迁至上海的原日本在上海所设自然科学研究所旧址之内（岳阳路 320 号）。

1929 年，吴宪在第 13 届国际生理学会上对蛋白质变性问题，首次从分子结构变化上做出了解释。

1929 年，汤飞凡开始研究沙眼病毒，并于 1937 年与魏曦合作首次提出支原体发育时期中有形态不同的 5 个阶段，这些都是病毒学研究中的经典工作。

1929 年 5 月，中央研究院心理学研究所在北平正式成立，唐钺任所长。1930 年 8 月购置北平东城芳嘉园 1 号为办公所址。1933 年迁至上海，1933 年夏天，改由汪敬熙任所长。1934 年 6 月又迁至南京钦天山下。抗日战争全面爆发后，1940 年冬又转迁桂林。1946 年迁至上海的原日本在上海所设自然科学研究所旧址之内。

1929 年 5 月，在戴芳澜和邹秉文等人的倡议下，中国植物病理学会成立。戴芳澜任会长，邓叔群任书记。

1929 年 8 月 31 日，由孙云铸和杨钟健等发起的中国古生物学会在北平成立，葛利普任主席，孙云铸任会长。

1929 年 9 月，北平研究院成立，李煜瀛任院长。与之同时，组建动物所和植物所。植物所由刘慎谔任主任（后改称所长），1931 年创刊《国立北平研究院植物学研究所丛刊》。动物所由陆鼎恒任主任，主要对海洋动物进行调查采集。两所所址都在北京西直门外天然博物院内。

1929 年，中山陵园纪念植物园成立。

1929 年，上海雷士德医药研究所成立。

1929 年，裴文中在周口店史前古人类遗址发掘出北京猿人头盖骨。

1929 年，蔡翘在商务印书馆出版大学教材《生理学》。

1929 年，中国人自己经办的商检机构——上海商检局成立，内有病虫害检验课。

1930 年，中华海产生物学会在厦门成立，胡经甫任学会会长。

1930 年，林可胜等自小肠黏膜中提取出具有抑制胃酸分泌和胃运动作用的物质——肠抑胃素（enterogastrone），被世界公认为是一项经典性工作。

1930 年 4 月，中央研究院自然历史博物馆组织贵州科学调查团，采集到脊椎动物 530 余种，标本 7000 余号，无脊椎动物 700 余种，标本 6000 余号。

1930 年 8 月 3 日，中华海滨生物研究会成立，秉志当选为会长，委员有辛树帜、刘崇乐、胡经甫、郑章成、武兆发、陈子英和贺辅民等。

1930 年，由法国留学回国的光华医学院教授罗广庭宣扬"自然发生说"谬论。后来遭到中山大学生物系朱洗等生物学家的严正驳斥。

1930 年 9 月，中国西部科学院在四川北碚（今属重庆）成立，卢作孚任院长。1931 年夏建立生物研究所，1938 年停办。俞德浚、傅德利（德国人）、施白南、刘振书任研究员、主任。1934 年起，王希成、戴立生先后任所长。

1930 年，中国科学社生物研究所组织考察队在四川进行生物学调查。

1931 年，吴宪提出蛋白质变性理论。该理论至今仍是当前国际上蛋白质变性和蛋白质折叠研究的基础。

1931 年，国立成都师范大学与其他学校合组国立四川大学。

1931 年，国际联盟教育考察团提出批评，他们认为美国对中国知识界的影响太大。

1931年，中央农业实验所成立，谭熙鸿任所长，美国康奈尔大学的育种专家洛夫被聘为总技师。

1931年，朱元鼎发表《中国鱼类索引》。

1931年，静生生物调查所练习生蔡希陶到四川云南采集植物标本，他克服重重困难，在头3年中即采集得标本2万多份。

1932年，沈嘉瑞发表《华北蟹类志》（英文）。

1932年，北平研究院建立了生物学研究所，1934年改名为生理学研究所。经利彬主持，所址在天然博物院内。1943年经利彬辞职后，研究所停止工作。抗战后朱洗主持过该所，在上海恢复工作。

1932年北平研究院药物研究所成立，赵承嘏任所长。

1932年，冯德培发现肌肉代谢因拉长而增加的效应，被称为"冯氏效应"。

1932年10月，由杜就田等人负责编撰的《动物学大辞典》由商务印书馆出版发行，这是我国近代第一本动物学大辞典。

1933年5月，中央研究院自然历史博物馆组织云南动植物采集团，两年间采集得大批动植物标本。

1933年8月20日，中国植物学会在中国西部科学院成立，钱崇澍为首任评议会会长，会址设在北平文津街静生生物调查所。植物学会董事会董事有蔡元培（中央研究院院长）、朱家骅（交通部长）、秉志（中国科学社生物研究所所长）、翁文灏（地质调查所所长）、任鸿隽（中华教育文化基金董事会总干事）、丁文江（中央研究院总干事）、马君武（广西大学校长）、邹秉文、周诒春（燕京大学校长）。1934年创办《中国植物学杂志》，1935年创办《中国植物学会汇报》（西文半年刊）。

1933年，董爽秋、张作人、朱洗和费鸿年等生物学家驳倒了罗广庭的"自然发生说"。

1933年，浙江昆虫局创办的《昆虫与植病》旬刊开始刊行。

1934年，中国科学社生物研究所、静生生物调查所、中央研究院自然历史博物馆和一些高校组织海南生物采集团。

1934 年，朱宪彝发现软骨病和佝偻病的发病机制与钙和维生素 D 缺乏的关系。

1934 年，刘慎谔发表《中国北部与西部植物地理概论》；1936 年发表《中国南部和西南部植物地理概要》。这些都是我国植物地理学开拓性的著作。

1934 年 7 月，中央研究院自然历史博物馆改为动植物研究所，由原生动物学家王家楫任所长。

1934 年 8 月，静生生物调查所庐山植物园成立，秦仁昌任主任。

1934 年 8 月 23 日，中国动物学会在江西庐山莲花谷成立。秉志当选为会长，胡经甫为副会长，王家楫为书记，陈纳逊为会计。1935 年 5 月，《中国动物杂志》创刊。

1935 年，植物学家陈焕镛组织建立广西经济植物研究所。

1935 年，北平研究院增设细胞及实验生物学研究所，由胚胎学家朱洗主持。

1935 年，中国科学社生物研究所应江西地方政府的邀请，组队调查鄱阳湖鱼类。

1935 年，植物学家朱彦丞发表了以他自己定名的标本为基础的论文《中国地衣初步研究》。

1935 年 2 月，静生生物调查所王启无率队到云南采集植物标本，两年间采得标本 9600 号。

1935 年，陈焕镛和李继侗出席第六届国际植物学会议，会上陈焕镛当选为分类学组执行委员。

1936 年，罗宗洛等创立的《中国实验生物学杂志》开始刊行。

1936 年 5 月，静生生物调查所何琦在陕西采集到昆虫标本 7000 余件，邓祥坤在江西采得昆虫标本 45000 余件，常麟春在烟台采得海产鱼类标本 368 件。

1936 年，秦仁昌当选为国际植物学会学名词审查委员会委员。

1936 年，柳支英发表《我国蚤类名录》，1939 年发表《中国之蚤类》。

1936 年，寿振黄发表《河北鸟类志》。

1936 年，北平研究院植物学研究所和西北农林专科学校合作成立西北植物调查所。

1936 年，北洋图书社出版张春霖的《脊椎动物分类学》（北平）。

1937 年，姚永政等人发现中华白蛉为黑热病原虫的中间宿主和黑热病的传播媒介。

1937 年，静生生物调查所与英国园艺学会合作，派俞德浚到云南采集植物，一年中采集到标本万余号。

1937 年，静生生物调查所派人与山东省青岛博物馆合作，在山东采集动物标本，历经 5 个多月得标本 3 万余件。

1937 年，贾祖璋和贾祖珊编著的《中国植物图鉴》出版。

1937 年，林学家陈嵘的《中国树木分类学》出版。

1937 年，张锡钧与合作者提出了"迷走神经 - 垂体后叶反射"的理论，阐明垂体后叶这一内分泌腺也是受神经支配的。

1937 年 6 月，林可胜派冯德培到南京借中央研究院的几间房子，开始在中央研究院内筹建生理学研究所。后因抗日战争全面爆发，此计划没能完成。1944 年 12 月 1 日，（林可胜让冯德培在中央研究院筹建一个医学研究所）中央研究院成立医学研究所筹备处。

1938 年，静生生物调查所与英美有关机构合作，派俞德浚在云南采集植物，工作一年后，采集到标本近万号。

1938 年，静生生物调查所和云南省教育厅合办的云南农林植物研究所成立。

1939 年，中英庚款会委托武汉大学组织川康科学考察，时间持续半年，为进一步摸清我国西部生物区系做了大量的工作。

1939 年，延安自然科学院成立。

1940 年，秦仁昌在《国立中山大学农林植物所专刊》发表了《水龙骨科的自然分类》。他的观点不同程度地被国际蕨类学界所赞同。

1941 年，中央林业实验所成立，韩安任所长，并从中央研究院动植物所借调邓叔群任副所长。

1941 年，林学家干铎发现水杉大树，于 1942 年托人采集到有枝叶的标本。1946 年植物学家胡先骕和林学家郑万钧共同鉴定活化石植物水杉，并命名。1946 年在《地质调查所汇报》中发表《记古新世期之一种水杉》一文，1948 年在美国纽约植物园园刊发表《中国发现活化石水杉之经过》一文。这是中国植物学家对世界植物学研究的一大贡献。

1941 年，胡经甫编写的《中国昆虫名录》6 卷出齐，共收录昆虫 20069 种。该书对近代中国昆虫形态、分类、生态和生物防治等方面的研究起了很大的推动作用。

1941 年，重庆中央卫生实验院（该机构是战时营养工作的中心，院长朱章赓）主持召开了全国第一次全国营养会议，郑集、林国镐和万昕等出席。

1942 年，侯学煜的《川黔境内酸性土及钙质土之指示植物》出版，提出指示植物概念。

1944 年 5 月，中央研究院动植物研究所拆分为动物研究所和植物研究所，分别由王家楫和罗宗洛任所长。

1944 年，中央大学农学院和中央农业试验所合作，育成"鸡脚德字棉8207 号"，这可能是我国最早用杂交方法育成并在生产上大面积推广的优良棉种。

1944 年 9 月，在汤飞凡的领导下，朱既明、黄有为和樊庆生利用自己设计的简陋设备研制出中国第一批青霉素，为我国抗生素事业打下了基础。

1944 年 10 月 12 日，中华昆虫学会在四川重庆成立。1950 年改称中国昆虫学会。

1944 年 12 月，中央研究院在重庆建立了医学研究所筹备处，1946 年迁至上海，主任为林可胜，代理主任为冯德培，由后者主持工作。

1945 年，中央卫生实验院主持召开了第二次全国营养会议，出席会议的有郑集、王成发、万昕、罗登义、任邦哲和汤佩松等。会上正式成立营养学会，选举了理监事，万昕任第一届理事长。

1945 年，郑集在中央大学医学院创办了生物化学研究所，开始培养研究生。

1945 年 12 月 15 日，由中央研究院地质研究所土壤室、中央农业实验所等机构的土壤学家陈华癸、叶和才、宋大泉和马溶之等发起的中国土壤学会在南京成立。

1946 年，由中国营养学会编辑的《中国营养学杂志》出刊。

1946 年，谈家桢在美国 *Genetic* 杂志上发表了"异色瓢虫色斑遗传中的镶嵌显性"理论。

1947 年 7 月，中国解剖学会在上海成立。当时有会员 80 多人，但未展开广泛的学术活动。

1947 年，有人提议由美国出钱，与我国合编《中国植物志》，钱崇澍坚决拒绝了这个提议，他的举动得到广大植物学家的支持。

1948 年 11 月，中央研究院药学研究所于上海成立。

1948 年，林国镐、郑集和万昕等人筹备成立中国生物化学会，1948 年成立理事会，由林国镐任理事长。（1950 年停止活动。1962 年王应睐等倡议成立中国生物化学会，1979 年 5 月正式成立。）

1948 年，北京大学出版社出版李景均的《群体遗传学导论》（后改名《群体遗传学》）。

1948 年，蓝天鹤在华西协合大学医学院成立生物化学研究所，自任所长。

1949 年 6 月，中共中央决定筹建中国科学院，责成中共中央宣传部部长陆定一负责其事。化学家恽子强、心理学家丁瓒、物理学家钱三强和植物生理学者黄宗甄参与其事。

1949 年，李森科于 1948 年在全苏列宁农业科学院会议上的报告《论生物科学状况》被译成中文，并大量发行。

1949 年 11 月 1 日，中国科学院成立，郭沫若任院长，副院长有陈伯达、李四光、陶孟和、竺可桢和吴有训（1950 年 12 月 26 日任命）。

1949 年 11 月 16 日，中国科学院接收北平研究院动物学研究所、植物学研究所。

1949 年 12 月 16 日，中国科学院接收静生生物调查所。

1949 年 12 月 21 日，中国科学院接收西北科学考察团（称该组织散漫，无固定团址）。

1949 年，政府在中央农业实验所北平农事试验场的基础上成立华北农业科学研究所（中国农业科学院前身），所长是所接收的农事试验场的陈凤桐。

1950 年 1 月，中国海洋湖沼学会成立。

1950 年，《中国植物学杂志》复刊，汪振儒任总编辑。

1950 年 3 月 10 日，中国科学院接收中央研究院药学研究所筹备处、植物研究所、动物研究所、医学研究所筹备处（上海）。

1950 年 3 月 21 日，中国科学院接收北平研究院药物研究所，并在此基础上成立中国科学院上海药物研究所；同时接收北平研究院生理学研究所（后并入中国科学院实验生物研究所）。

1950 年 5 月 9 日至 6 月 6 日，竺可桢率领东北科学考察团在东北考察。团员有吴征镒、朱弘复、庄长恭和周仁等，调查东北地区的科技机构和自然资源状况。

1950 年 5 月 19 日，中国科学院在静生生物调查所和北平研究院植物学研究所的基础上组建植物分类研究所。钱崇澍任所长，吴征镒任副所长。1953 年 5 月 11 日改名为植物研究所。

1950 年 5 月 19 日，中国科学院把中央研究院动物研究所和植物研究所研究藻类部分和北平研究院动物学研究所水生生物部分在上海组建为水生生物研究所，1954 年迁往湖北武汉。王家楫任所长。该所已成为研究中国和东亚淡水鱼类的中心之一。其下属的淡水鱼类标本室于 1990 年更名为淡水鱼类博物馆，有国内淡水鱼类标本近千种，模式标本约 260 种，计有标本 40 万号；国外鱼类标本 600 种，以及数百种海产水生动物、两栖爬行动物和水生哺乳动物等。该馆是亚洲最大的鱼类标本馆，尤以鲤形目类群最齐全、标本数量最丰富、地理分布最广泛为特色。

1950 年 5 月 19 日，中国科学院在中央研究院医学研究所筹备处基础上组建上海生理生化研究所，冯德培任所长。1958 年该研究所分为生理研究所和生化研究所。生理研究所后来成为我国神经学研究的一个主要中心。

1950 年 7 月 26 日，中国科学院成立动物标本整理委员会，陈桢为主任委员。静生生物调查所、北平研究院动物学研究所的动物标本都归该委员会。北平研究院昆虫学研究人员并入实验生物研究所成立昆虫研究室，另一部分人员到水生研究所青岛海洋室工作。1951 年，上述委员会改为动物标本工作委员会。1953 年 5 月 11 日发展为动物研究室（由北京大学和中国科学院共同领导）。

1950 年 8 月 1 日，中国科学院在北平研究院生理学研究所和动物学研究所部分、中央研究院动物研究所和植物研究所部分基础上组建上海实验生物学研究所。同时根据上述两个动物学研究所昆虫研究部分设立研究室。贝时璋任所长。1978 年改建成中国科学院上海细胞生物学研究所。

1950 年 8 月 24 日，中国科学院在中央研究院地质研究所古生物室、南京地质调查所古生物室和北平地质调查所新生代室基础上成立南京古生物所。李四光（兼）任所长，1951 年 5 月 7 日起，由斯行健任代理所长。1959 年 3 月 3 日改为地质古生物研究所。

1950 年 9 月 1 日，中国科学院接收隶属静生生物调查所等的昆明农林植物研究所（1938 年组建）和北平研究院植物学研究所云南工作站，合并为植物分类研究所昆明工作站。

1950 年 9 月，中国科学院昆虫研究室的学者处理了"鼓楼冒烟"（小摇蚊）事件。

1950 年 10 月，中国科学院接收庐山植物园，改为植物分类研究所庐山工作站。

1950 年 10 月，中国科学院接收北平研究院等机构的西北植物调查所（陕西省武功县），改为植物分类研究所西北工作站。

1950 年 10 月，中国科学院与卫生部相关单位为防治内蒙古地区的鼠疫，达成共同研究该地区鼠类的协议。

1950 年，中国科学院组建心理研究所筹备处，陆志韦任主任。1953 年 5 月 11 日，改为心理研究室，曹日昌任主任。

1951 年，《植物分类学报》创刊，由林镕主持。

1951 年，《植物生理学报》创刊。

1951 年，中山大学生物系教授陈焕镛率领代表团参加印度南亚栽培植物的来源及分布的学术讨论会。

1951 年，中国科学院接收厦门大学中国海洋生物研究所，改为水生生物研究所厦门海洋生物研究室。1953 年 1 月 29 日撤销。

1951 年 6 月，中国科学院组织西藏工作队进行综合考察，考察内容包括农业气象和医药等，57 人参加了考察。农业组由李连捷领导，植物学者钟补求、崔友文和贾慎修以及农学家庄巧生和郑丕尧等 17 人参加了考察。

1951 年 6 月 13 日，中国科学院以北京农业大学农业生物学研究室为基础，成立遗传选种实验馆，乐天宇任馆长。1952 年 10 月 10 日撤销，改为植物分类研究所的遗传栽培研究室，负责人是冯兆林。后于 1956 年 5 月更名为遗传研究室，负责人是祖德明，仍隶属植物所；原栽培部分于 1955 年并入西北农业生物研究所。

1951 年 8～9 月，在陈云副总理的领导下，（吴征镒等参与）制订了橡胶草、橡胶树和野生橡胶植物的调查计划。

1951 年 10 月 23 日，中国科学院建立菌种保藏委员会。中央生物制品研究所教授汤飞凡任主任委员。1952 年接收黄海化学研究社的发酵与菌学实验室。1957 年改建为微生物研究室。后与 1956 年 11 月建立的应用真菌学研究所（戴芳澜任所长。其前身是清华农业科学研究所真菌部分，1949 年后归入北京农业大学，1952 年 10 月转植物研究所为真菌植物病理研究室）合并，于 1958 年 12 月 8 日成立中国科学院微生物研究所。

1951 年，生理学家张香桐发现光线照射视网膜，可提高视觉中枢和中枢神经系统的兴奋性，生理学界称之为"张氏效应"。

1952 年 3 月 10 日，中国科学院派实验生物研究所昆虫研究室马世骏等 3 人前往东北，调查美国在细菌战中在东北撒布昆虫的情况。

1952 年，中国植物学会开始编辑出版《植物学报》，罗士苇任主编。

1952 年，《中国植物学杂志》停刊，中国植物学会与中国动物学会合编《生物学通报》，汪振儒任主编。

1952 年 4 月至 6 月间，政务院文委计划局科学卫生处会同中国科学院计划局先后三次召开生物科学工作座谈会，批判遗传选种实验馆馆长乐天宇在担任北京农业大学校务委员会主任委员期间（1949～1950）的错误。

1952 年 6 月 29 日，《人民日报》发表了题为《为坚持生物科学的米丘林方向而斗争》的文章。

1952 年 7 月 1 日，应郭沫若邀请组成的"调查在朝鲜和中国的细菌战事实国际科学委员会"在北京成立，近代物理所所长钱三强任委员会联络员。

1952 年，中国科学院土壤研究所、植物研究所、地理研究所和植物生理研究所的科学家参加了林垦部组织的广东省海南岛、雷州半岛等地和广西沿海地区的橡胶宜林地的考察。

1952 年 12 月，由汤飞凡、谢少文和方心芳等组织发起，在北京成立中国微生物学会。汤飞凡任理事长。该会后来挂靠在中国科学院微生物研究所。

1953 年，中国科学院植物研究所编写《中国植物科属检索表》（吴征镒组织并参与）。

1953 年 2 月 27 日～3 月 7 日，中国科学院和农业部联合召开全国植物病理会议，中国科学院、农业部、林业部和高等院校的 80 人参加会议。会议决定成立全国植物病理工作委员会，戴芳澜任该委员会主任委员。

1953 年 5 月 3 日~7 月 17 日，水利部联合中国科学院、林业部和农业部等单位组成西北水土保持考察团和勘查队，在陕西和甘肃等地调查。1954 年，中国科学院组织有关研究所进行黄河开发和水土保持的综合性调查和定点研究。1955 年，成立黄河中游水土保持综合考察队，考察工作至 1958 年基本结束。

1953 年 5 月 11 日，中国科学院植物分类研究所增设了不少研究室，改名植物研究所。

1953 年 5 月 11 日，中国科学院实验生物研究所下属植物生理研究室独立出来，扩建成植物生理研究所，罗宗洛任所长。

1953 年，中国科学院生理生化研究所有机化学部分划转中国科学院有机化学研究所。

1953 年 5 月 11 日，中国科学院实验生物研究所分出的昆虫研究室（1952 年底在上海成立工作站）在北京成立昆虫研究所，陈世骧任所长。

1953 年 5 月 11 日，中国科学院有机化学研究所分出药物化学研究室成立研究所（原属理化学部，后划归生物学部），赵承嘏任所长。

1953 年 5 月 11 日，在原地质调查所土壤室的基础上组建中国科学院南京土壤研究所及其武功黄土试验站，马溶之任所长。

1953 年 8 月 18 日，原属中央地质工作指导委员会的古脊椎动物研究室划归中国科学院，杨钟健任室主任。

1953 年 8 月，中国科学院与卫生部、全国科联在北京联合举办巴甫洛夫学说学习会。9 月 26 日，联合举行巴甫洛夫诞生 104 周年扩大纪念会，郭沫若做纪念报告。11 月 14 日，院务会议通过《关于成立"巴甫洛夫学说研究委员会"办法》。

1953 年，我国在上海成立抗生素研究工作委员会。

1953 年，中国科学院组成热带生物资源考察队对海南和雷州半岛的生物资源进行考察，并组队对滇南适宜橡胶种植林地进行考察。

1954年1月1日，原中国科学院水生研究所的青岛海洋研究室独立，童第周任主任。

1954年，中国科学院成立科学名词审查委员会。

1954年6月3日，中国科学院通知成立各学部筹备机构。

1954年6月3日，中国科学院在接收中山大学农林植物所和广西经济植物所的基础上建立华南植物研究所，陈焕镛任所长，同时在龙眼洞初选植物园园址。（接收工作于1953年12月即开始。）

1954年8月17日~20日，中国科学院在北京召开中国动物图谱会议。会议对动物图谱的性质、目的、要求和编写方法组织等问题进行了讨论，确定了编辑方案，推荐了编委会人选。由动物研究室主任陈桢任编委会主任，编译局副局长周太玄为副主任。

1954年8月和11月，中国科学院昆虫所提出《根治洪泽湖区蝗害建议》和《根治微山湖区蝗害建议》草案。

1954年，武功的植物研究所西北站和土壤研究所的黄土站合并成立西北农业生物研究所。

1954年10月，中国科学院将原东北农学院农林植物调查所的一部分和1950年成立的东北土壤队合并组建为中国科学院林业土壤研究所。1987年改为中国科学院沈阳应用生态研究所。

1954年10月16日，中国科学院院常务会议通过《中国动物图谱编辑委员会组织办法》及委员名单。由陈桢和周太玄分任主任委员和副主任委员。

1954年，陈桢发表《金鱼家化史和品种形成的因素》。

1954年，曾呈奎在《植物学报》上发表《甘紫菜的生活史》一文，在紫菜的生活史研究方面取得了突破性成就。

1954年10月，苏联土壤学家柯夫达到中国科学院任院长顾问，1955年6月底回国。

1954年，侯学煜的《中国境内酸性土、钙质土和盐碱土的指示植物》出版。

1954 年，李正理在《美国植物学报》发表《银杏的性染色体》一文，这是国人最早开始的染色体研究工作。

1955 年初，俞德浚选定卧佛寺为中国科学院北京植物园园址。

1955～1956 年，钟补求发表《马先蒿属的一个新系统》一文。此项成果于 1956 年获评国家自然科学奖二等奖。

1955 年 3 月 17 日，中苏两国科学院紫胶工作队赴云南进行紫胶（虫瘿寄主植物）的合作考察（1956 年改名云南生物考察队，1957 年改名云南热带生物资源综合考察队，直到 1961 年结束紫胶等生物资源的考察和研究）。刘崇乐为队长，吴征镒和蔡希陶为副队长。

1955 年 3 月，高等教育出版社出版了胡先骕的《植物分类学简编》。

1955 年，中国科学院黄河中游水土保持综合考察队正式成立，5 月 25 日出发到山西西部工作。

1955 年 5 月 31 日，国务院批准中国科学院首批学部委员名单（共 233 人）。

1955 年 6 月 1 日～10 日，中国科学院学部成立大会在北京召开。生物学地学部成立，主任由竺可桢兼任，黄汲清和童第周等任副主任。生物学地学部作为生物学和地学二学科的学术领导机构。1957 年，又分为生物学部和地学部。

1955 年 6 月 12 日，汤飞凡和他领导的研究小组，成功分离沙眼病原体（后称"汤氏病毒"），为沙眼防治做出了巨大贡献。

1955 年 10 月 10 日，中国科学院与水利部、农业部和林业部联合在北京召开全国水土保持工作会议。

1955 年 10 月 25 日，全国抗生素研究工作委员会在北京成立，由中国科学院领导。

1955 年 10 月 28 日～31 日，中国科学院与全国科学技术联合会在北京联合举办米丘林诞生 100 周年纪念会。

1955 年 12 月 1 日～6 日，中国科学院在北京召开全国抗生素研究学术会议，苏联和波兰等 10 国学者也应邀与会。全国抗生素研究工作委员会在会上提出《关于我国抗生素研究工作的方向和任务的意见》，会议通过了《一九五五年抗生素学术会议决议》。1955 年 12 月 7 日，全国抗生素研究工作委员会扩大会议在北京召开。

1955 年，《中国鸟类分布目录》第一册出版。（第二册于 1958 年出版）

1955 年，《黄渤海鱼类调查报告》出版。

1955 年，高尚荫编撰了《电子显微镜下的病毒》一书，1959 年创立了用单层细胞培养昆虫病毒的方法，被认为是昆虫病毒研究上的重要突破。

1955 年底，中国科学院着手自然区划工作。

1955 年，吴素萱和郑国锠在《植物学报》上发表文章，阐述细胞核穿壁运动。

1955 年，娄成后在《植物学报》上发表《植物体中原生质的连续性》一文。

1955 年 12 月 27 日，经国务院批准，中国科学院成立综合考察工作委员会，竺可桢任主任。1956 年 1 月 1 日开始办公。1957 年改名为综合考察委员会。

1955 年，北京动物园成立。

1956 年 1 月 14 日～20 日，中共中央召开关于知识分子问题的会议。周恩来做了《关于知识分子问题的报告》，提出知识分子是工人阶级的一部分，制定《1956～1967 年科学技术发展远景规划纲要》，提出向现代科学进军等。

1956 年 2 月，中国科学院植物研究所西北工作站与南京土壤研究所黄土实验站合并组建成中国科学院西北农业生物研究所。1979 年改为中国科学院西北水土保持研究所。

1956 年 3 月 20 日，中国科学院心理室和南京大学心理系合并成立中国科学院心理研究所，潘菽任所长。心理研究所在"文革"期间一度曾被撤销，后于 1977 年重建。

1956 年 3 月 1 日，中国科学院与武汉大学和华中农业大学合作成立中国科学院武汉微生物研究室筹备处，1957 年 12 月 17 日该室成立，高尚荫任主任。后发展为武汉病毒研究所。

1956 年 3 月 1 日，中国科学院与北京大学、北京农业大学合作筹办植物生理研究室。1956 年 11 月成立，汤佩松任室主任。1961 年 8 月 3 日植物生理研究室并入植物所。

1956 年 6 月 12 日，中国科学院武汉微生物研究室开始创建，1961 年，该室升格为中国科学院中南微生物研究所。1978 年改名为中国科学院病毒研究所。

1956 年 7 月，新疆综合考察队出发考察，至 1960 年结束考察工作。周立三任考察队队长，于强任副队长。参加考察的有国内外 30 多个单位，20 多个专业 800 多人次。苏联也派了 10 名科学家参加考察。通过四年的野外考察，我国初步查清了新疆的自然条件和农业自然资源的分布情况，填补了我国新疆科学资料史的空白。

1956 年，中国科学院武汉植物园筹备处成立，1958 年正式成立，陈封怀任园长。

1956 年，北京植物园创立，隶属北京市园林绿化局。规划面积 400 公顷（100 公顷＝1 平方千米），现栽培植物种和品种达 10000 余个。

1956 年 8 月 10 日~25 日，中国科学院和高等教育部联合在青岛召开遗传学座谈会，贯彻"百家争鸣"方针。会后，原先被禁止讲授的摩尔根遗传学逐步解禁，相关的研究也在复旦大学等学校开展起来。

1956 年，朱洗的研究解决了以往引进印度蓖麻蚕存在的技术问题，引种驯化印度蓖麻蚕终于获得成功，该研究获得 1956 年国家自然科学奖三等奖。1956 年，植物学家钟补求获得国家自然科学奖二等奖，曾呈奎获得国家自然科学奖三等奖。

1956 年 8 月 18 日，《关于中华人民共和国和苏维埃社会主义共和国联盟共同进行调查黑龙江流域自然资源和生产力发展远景的科学研究工作及编制额尔古纳河和黑龙江上游综合利用规划的勘测设计工作的协定》在北京签字。1956～1959年，中苏两国科学家对黑龙江流域进行了综合考察。中方队长为冯仲云，副队长为朱济凡和陈剑飞。中方总负责人为竺可桢，苏方总负责人为涅姆钦诺夫院士。

1956年8月21日，中国科学院学部的由全国自然科学和技术科学方面知名专家编写，并由苏联专家帮助制订的《1956～1967年科学技术发展远景规划纲要（草案）》基本完成。

1956年10月，生物学家陈焕镛、钱崇澍、秉志、杨惟义和秦仁昌等在第一届全国人民代表大会上提出了92号提案，要求在全国各省区划定天然森林禁伐区，以便保护自然植被，供科学研究之用。随即国务院批准了该提案，并在广东肇庆建立我国第一个自然保护区——鼎湖山自然保护区。它隶属于中国科学院华南植物研究所。1956年10月，在第七届全国林业会议上，在14个省区划定40多处自然保护区，并制定了相应的法律和管理条例。

1956年12月，中国科学院海洋生物研究室娄康后等人研究成功防除危害船只的船蛆的有效方法。

1956年，最高国务会议讨论通过《全国农业发展纲要（草案）》，将麻雀定为四害之一，号召加以消灭（1957年10月26日，《1956～1967年全国农业发展纲要》做了缓解）。此事被认为是"科学死亡"的一个表征。1960年，在生物学家朱洗、冯德培、张香桐和郑作新等人的努力下，1960年3月，毛泽东终于提出麻雀不要打了。

1956年，吴素萱发表了《细胞核的更新现象》一文，她用组织和细胞化学的手段提出了RNA可向DNA方向发展的推论。

1956年，陈义编写的《中国蚯蚓》出版。

1956年，陈兼善编的《台湾脊椎动物志》出版。

1956年，钱崇澍、吴征镒和陈昌笃著的《中国植被的类型》一文在《地理学报》上发表，该文揭示了中国植被的类型和特征。

1956～1959年，中国科学院动物研究所、海洋研究所和上海水产学

中国生物学史·近现代卷

院联合在西沙群岛进行多次调查研究。报道动物 1200 种，其中新纪录 638 个，新属 11 个，新种 118 个。植物 440 种，新科 1 个，新属 11 个，新种 118 个。

1957 年 3 月 1 日，农业部在华北农业科学研究所基础上成立中国农业科学院。

1957 年 3 月 11 日，中国科学院与农垦部联合在广州召开华南热带资源开发科学讨论会。此后中国科学院热带生物资源考察队在华南地区进行了以橡胶为主的热带生物资源的考察，到 1961 年结束。

1957 年 5 月 7 日，中国科学院动物研究室扩建为动物研究所，陈桢任所长。1959 年起，童第周任所长。1962 年，昆虫研究所并入，陈世骧任所长。该所有亚洲最大的动物标本馆，馆藏标本 388 万号。

1957 年，实验生物研究所北京工作组扩建为北京实验生物研究所，1958 年 9 月 26 日改为生物物理研究所，贝时璋任所长。

1957 年 5 月 7 日，中国科学院青岛海洋生物研究室扩建为海洋生物研究所。童第周任所长。1959 年 1 月 7 日改为海洋研究所。

1957 年 5 月 7 日，中国科学院古脊椎动物研究所成立，杨钟健任所长。1960 年 4 月 9 日改名为古脊椎动物与古人类研究所。

1957 年 5 月 27 日，中国科学院生物学地学部分为生物学部和地学部。生物学部的主任为童第周，副主任为林镕；地学部主任为尹赞勋，副主任为黄汲清。

1957 年 6 月 18 日，中国科学院西北农业生物研究所改为西北生物土壤研究所。

1957 年 9 月 12 日，中国科学院等单位在北京联合举办世界文化名人瑞典博物学家卡尔·林奈诞生 250 周年纪念会。

1957 年，在中国科学院海洋所曾呈奎等学者的努力下，海带南移养殖获得成功。我国海带的产量因此大幅度提高。

1958 年 1 月 31 日，经国务院批准，中国科学院上海原生理生化研究所拆分为生理研究所（冯德培任所长）和生物化学研究所（王应睐任所长）。

1958 年春，吴征镒陪周恩来等到广东新会视察，重点视察野生植物利用。

1958 年 6 月，中国科学院青海甘肃综合考察队开始在柴达木、祁连山和河西走廊共 54 万平方公里的地区进行考察，侯德封为考察队队长，考察工作于 1960 年结束。经过 3 年的科学考察，考察队提出了《青甘地区生产发展远景设想》的报告。

1958 年 7 月，中国科学院上海生化研究所提出了人工合成胰岛素的课题；1958 年 12 月，上海生化研究所确立了该课题，成立了领导小组，曹天钦任组长。1960 年决定成立人工合成胰岛素领导组，王芷涯任组长，钮经义任副组长。1960 年 5 月，上海生化研究所在实验大楼召开胰岛素全合成动员大会，随即上海分院成立"601"（意为 1960 年第一项重点项目）指挥部，王仲良任总指挥。

1958 年 8 月，上海生化研究所下属的东风生化试剂厂正式成立。

1958 年，上海生化研究所创办《生化学报》，1960 年改名为《生物化学与生物物理学报》。1966 年停刊，1973 年复刊。1988 年出版英文版。

1958 年，中国科学院建立四川分院农业生物研究所，1978 年改名为中国科学院成都生物研究所。

1958 年，家鱼人工繁殖获得成功，取得巨大经济效益。

1958 年 8 月，中国科学院林业土壤研究所刘慎谔、李鸣岗和刘瑛心等与有关单位合作，研究提出了包兰铁路通过腾格里沙漠地区沙坡头一带的固沙有效措施。

1958 年 9 月 23 日，全国科联、全国科普代表大会通过《关于建立"中华人民共和国科学技术协会"的决议》。原全国科联、全国科普撤销。

1958 年 11 月，国家科学技术委员会成立。

1958 年 12 月 3 日，国务院批准《中国科学院关于禁止随便采掘古脊椎动物和古人类化石的报告》。

1958 年，朱洗的《生物的进化》出版。

1958 年，寿振黄和夏武平等的《东北兽类调查报告》出版。

1958 年，中国科学院植物研究所昆明工作站扩充为中国科学院昆明植物研究所，吴征镒任所长。1962 年改为植物研究所昆明分所。1958 年夏天，中国科学院昆明植物研究所创立植物资源化学研究室。

1958 年，中国科学院广州分院成立昆虫研究所，1972 年下放，改称广东省昆虫研究所。

1958 年，林业部创立林业科学研究院，张克侠任首任院长。

1959 年，中国科学院上海昆虫研究所成立，杨平澜任所长。震旦博物馆的部分标本资料归入该所。该所昆虫标本居全国第二，共有 30 个目的昆虫和螨等节肢动物的标本 60 余万号。

1959 年 1 月 7 日，中国科学院南海海洋研究所成立，张玺任所长。

1959 年 2 月 3 日，南京中山植物园成立，裴鉴任主任。1960 年 6 月 16 日改为南京植物研究所，裴鉴任所长（其中人员部分是中央研究院植物研究所的职工）。

1959 年 2 月 7 日，国务院批准中国科学院与商业部合作开展野生植物资源普查及编写经济植物志的报告。

1959 年 3 月，中国科学院和国家体育运动委员会联合组织了珠穆朗玛峰考察队，包括植物和动物专业的 46 名科学工作者参加了考察，完成了以珠穆朗玛为中心约 7000 平方千米，海拔 2500 米到 6500 米范围内的考察。

1959 年 4 月 23 日，中国科学院昆明动物研究所成立（以昆虫所紫胶站为基础），刘崇乐任所长。

1959 年 8 月，中国科学院海洋研究所曾呈奎和吴超元等与有关单位合作，海带低温育苗与南移养殖研究获得成功。

1959 年，综考会的土壤队改为北京土壤及水土保持研究所。1961～1962 年并入南京土壤研究所。

1959 年，成立中国科学院青海分院生物研究所。1962 年改成西北高原生物研究所。1970 年下放青海省，1979 年归中国科学院、地方双重领导，以中国科学院的领导为主。

1959 年，中国科学院西双版纳热带植物园园址（勐仑葫芦岛）勘定，随即由蔡希陶一批人开始创办。1997 年成立为中国科学院西双版纳热带植物园。

1959 年，《中国植物志·第二卷·蕨类植物》出版发行。

1959 年 9 月，中国科学院植物研究所遗传室和动物研究所遗传室合并成立中国科学院遗传研究所。钟志雄任专职副所长，祖德明任兼职副所长，还成立了《遗传学集刊》编辑部。

1959 年 9 月 7 日，《中国植物志》编辑委员会成立，挂靠中国科学院植物研究所。钱崇澍和陈焕镛任主编。1959 年 11 月 11 日～14 日，《中国植物志》第一次编委会在植物研究所（北京）举行。

1959 年 11 月，邹承鲁领导的合成胰岛素拆分小组将天然的没有生物活性的胰岛素 A 链和 B 链重新组合成了胰岛素，得到与天然胰岛素一致的结晶。

1959 年，郑作新和张荣祖等的《中国动物地理区划与中国昆虫区划》出版。

1959 年，中国科学院昆明植物研究所的大勐龙生物地理群落定位观察实验站建立。

1960 年 6 月 16 日，在上海植物生理所微生物室基础上成立了上海微生物研究所。1962 年又并回植物生理研究所。

1960 年，王伏雄等主编的《中国植物花粉形态》一书出版。

1960 年，中国科学院自然区划工作委员会出版《中国植被区划》。

1960 年，侯学煜的《中国的植被》出版。

1960 年始，郑作新和寿振黄主编的《中国经济动物志》各卷逐渐出版。

1961 年，中国科学院新疆分院建立水土生物资源综合研究所，1974

年改成生物土壤沙漠研究所。后来与新疆地理所合并成立新疆生态与地理研究所。

1961年，复旦大学生物系在遗传教研室基础上成立遗传研究所。与中国科学院当时的遗传研究所（是所谓米丘林学说的倡扬阵地）不同，这是一个摩尔根理论指导的研究所，所长是谈家桢（南北对应，也算青岛遗传学会议后的一个成果）。该所研究辐射遗传、微生物遗传和基因生化遗传，以及研究植物人工合成新种。

1961年，刘承钊和胡淑琴合著的《中国无尾两栖类》出版。

1961年3月，中国科学院实验生物研究所的朱洗等成功实现了世界上第一只无父的母蟾蜍产卵传种。

1961年3月18日，国务院就中国科学院1960年12月21日报送的《关于保护古脊椎动物化石问题的请示报告》发出批转通知。

1961年，商业部土产废品局和中国科学院植物研究所合作出版《中国经济植物志》（上、下册）。

1961年，中国扑灭天花这种恶性传染病。

1961年12月，中国科学院组织50多个单位200余人参加内蒙古宁夏综合考察队，开始这两个自治区的考察。考察由侯德封和马溶之主持，1964年结束。

1962年4月27日，中国科学院常务会议通过成立《中国动物志》编委会，主任委员是童第周，副主任委员是陈世骧，编委会挂靠中国科学院动物研究所。至2015年已出版142卷册。

1962年，曾呈奎主编的《中国经济海藻志》出版。

1962年，北京自然博物馆成立，杨钟健任首任馆长。该馆隶属北京科学技术研究院。

1962年，徐冠仁和项文美在《中国农业科学》上发表《利用雄性不育系选育杂种高粱》一文，介绍了利用雄性不育系、保持系和恢复系等材料成功培育出我国首例高粱不育系和杂种高粱。

1962年6月，中国科学院上海药物研究所的邹冈和其导师在《生理学报》和 1964 年的《中国科学》（外文版）发表文章，揭示吗啡镇痛的作用机制。

1962 年 8 月，中国科学院上海植物生理研究所的沈允钢发现光合磷酸化的高能态。

1962 年 11 月，中国科学院生物化学研究所的邹承鲁在《中国科学》第 11 卷发表了在蛋白质化学修饰研究中取得的重要成果。邹承鲁在一系列实验的基础上，建立了蛋白质（酶）必需基团的化学修饰和活性丧失的定量关系，该定量关系成为国内外生化教科书采用的"邹氏公式"或"邹氏作图法"。

1963 年 4 月 5 日~17 日，中苏研究黑龙江流域生产力问题联合学术委员会会议在北京举行。双方对 1956~1960 年黑龙江流域的共同考察成果表示满意。

1963 年 6 月，中国科学院古脊椎动物与古人类研究所在陕西省蓝田县发现一具完好的猿人下颌骨化石。

1963 年 7 月，童第周、吴尚勤和叶毓芬等人在《科学通报》上发表了名为《鱼类细胞核的移植》的论文，首次阐明了在鱼类中进行细胞核移植的工作情况。

1963 年 7 月 19 日，我国第一枚生物火箭发射成功。

1963 年，上海医生陈中伟进行断肢再植获得成功。

1963 年 10 月 16 日，中国植物生理学会成立，罗宗洛当选理事长。

1963~1965 年，中国科学院西南地区综合考察队对四川、云南和贵州三省进行了综合考察。

1963 年 12 月 16 日，中国水产学会在北京成立。

1963 年，由中国科学院植物研究所编辑的《植物分类学报》和《植物生态学和地植物学丛刊》改由植物学会编辑，钱崇澍任主编。

1963 年，邓叔群发表专著《中国的真菌》。

1964 年 1~4 月，吴征镒等与越南专家合作，在越南北部进行植物学考察。

1964 年 5 月 16 日，以中国科学院生物物理研究所部分人员组建的北京生物学实验中心成立。

1964 年 7 月 9 日，西北生物土壤研究所（陕西武功）改为西北水土保持生物土壤研究所，虞宏正任所长。1979 年 6 月，改为西北水土保持研究所。

1964 年 7 月，中国科学院古脊椎与古人类研究所的研究人员在陕西蓝田发现猿人头盖骨。

1964 年 8 月 21～31 日，我国召开了北京科学讨论会。大会由周培源主持。亚洲、非洲、拉丁美洲和大洋洲 44 个国家的代表参加了会议。中国植物学家吴征镒在会上宣读了《中国植物区系的热带亲缘》（摘要发表在 1965 年的《科学通报》上）。此次会议引起了毛泽东对生物科学的兴趣，后来他提到"关于生命起源要研究一下"，"关于细胞起源要研究一下"，促使一些生物学家、化学家和物理学家在"文革"期间开展细胞起源、蛋白质起源和生命起源的研究。

1964 年 9 月，中国植物学会在庐山举行全国第一次植物引种驯化学术会议。

1964 年 10 月，吴征镒和肖培根等组队到柬埔寨考察植物。

1964 年，伍献文的《中国鲤科鱼类志》（上册）出版。

1964 年，湖南安江农校教师袁隆平开始杂交水稻研究。

1964 年，国家科学技术委员会决定将分子生物学列为国家重点研究课题，并指定中国科学院生化研究所为主要负责单位。1964 年，分子生物学规划会议在北京召开，王应睐、邹承鲁和鲍纪英等出席会议。

1964 年 12 月 21 日，中国科学院上海生化研究所等单位人工合成的牛胰岛素 A 链和 B 链第一次组合成功，具有胰岛素活性。

1964 年底，中国科学院生物物理研究所承担核爆炸生物效应研究。

1965 年 4 月，中国科学院组织所属的土壤研究所、地质研究所和植物研究所等 9 个单位，选择河南封丘作为综合治理黄淮海平原的试点。

1965 年 5 月 31 日，中国科学院地学部在北京举办蓝田猿人初步研究成果学术报告会，公布蓝田猿人是一种最早的猿人类型的人类。

1965 年 9 月 17 日，中国科学院上海生化研究所与上海有机研究所和北京大学化学系等单位合作，完成了世界上第一个用人工方法合成的、具有生物活性的蛋白质——结晶牛胰岛素，比活性达到 80%。

1965 年，马世骏的《中国东亚飞蝗蝗区的研究》由科学出版社出版。

1965 年，郑重、张松踪、李松等著的《中国海洋浮游桡足类（上卷）》由上海科学技术出版社出版。

1966 年 4 月，国家科学技术委员会在北京友谊宾馆召开人工合成胰岛素工作鉴定会议。会议期间有北京大学学者（唐有祺）提出测定胰岛素晶体结构的设想。

1966 年 5 月，北京大学化学系和中国科学院物理研究所等 11 个单位在北京大学开会，启动"测定胰岛素结构"项目（代号 691）。

1966 ~ 1968 年，中国科学院再次组织珠穆朗玛峰考察队，考察东起亚东、西至吉隆的雅鲁藏布江以南约 5 万平方千米的高山地区。考察队由全国 30 个单位 130 人组成。

1967 年初，中国科学院上海生化研究所、上海有机研究所和实验生物研究所部分研究人员，以及生物物理研究所、微生物研究所和遗传研究所的科研人员共同讨论，决定向国家科学技术委员会提出人工合成酵母丙氨酸转移核糖核酸研究的建议报告。

1967 年 6 月 12 ~ 23 日、26 ~ 29 日，国家科学技术委员会等在上海、北京分别召开胰岛素工作会议，组织开展测定胰岛素晶体结构的协作研究。

1968 年 4 月 22 日 ~ 28 日，中国科学院在北京召开植物病毒专业会议。

1968 年 8 月 24 日，中国科学院组织有关单位协作开展酵母丙氨酸转移核糖核酸的人工合成研究（代号 824）。分沪、京两组，沪区组挂靠上海生化研究所，参与的有上海有机研究所、实验生物研究所、上海试剂二厂；京区组挂靠微生物研究所，参与的有生物物理研究所、动物研究所、北京大学生物系、首都啤酒厂等。

1968 年，中国科学院心理研究所全体人员下放湖北，心理研究被一些人说成是伪科学。1970 年 1 月该所被撤销。

1969 年 8 月开始，中国科学院地理研究所的谭见安和水土保持研究所、林业土壤研究所、中国医学科学院等协作研究克山病和大骨节病的病因，直到 1985 年，发现它们与低硒环境有关，补硒是一种有效的防治手段。

1969 年，中国科学院有机化学研究所研制成功一种新型血液代用品。

1970 年 6 月 1 日，国家科委军管会、中科院革委会向国务院业务组并总理、陈伯达呈报《关于国家科委、中国科学院现有科研单位体制调整的请示报告》，获批准。其中内容包括：生物物理研究所划归国防科委，由上海生化研究所与地方双重领导，以地方领导为主；药物研究所、生理研究所、实验生物研究所、植物生理研究所划归上海地方领导（1977 年上述单位和昆虫所改为院地双重领导，以院领导为主）；水生研究所归湖北领导；华南植物研究所归广东领导；西北水土保持生物土壤研究所归陕西领导；林业土壤研究所归辽宁领导；撤销一批分院和北京生物学实验中心。

1970 年，中国科学院云南热带植物研究所成立。后并回西双版纳植物园。

1970 年，中国科学院华南植物研究所、中南昆虫研究所和中南真菌研究室被广东省农林水战线革命委员会接收。1970 年，中国科学院 78 个研究单位，包括大批生物学研究机构下放地方。

1970 年，中国科学院上海实验生物研究所开展甲胎蛋白研究，对肝癌的早期诊断和提高治疗水平，有重大贡献。

1971 年 4 月，中国科学院遗传研究所的欧阳俊闻等首次成功诱导出小麦花粉植株。1973 年他们在《中国科学》上发表《小麦花粉植株的诱导及其后代的观察》一文，正式报道他们成功培育出首例小麦花粉植株。随后，遗传研究所、植物研究所的科技人员进行了大量工作，并培育出由花药培养的烟草、水稻和小麦等新品系。

1971 年 6 月，中国科学院物理研究所、生物物理研究所和北京大学等单位完成猪胰岛素晶体中等分辨率（2.5Å）的测定工作，1973 年 8 月完成了更精细的高分辨率（1.8Å）的晶体结构测定工作。

1971 年，中国科学院遗传研究所李向辉建立的遗传操作实验室，是国内第一个从事植物生物技术研究的遗传操作实验室。

1972 年，经国务院批准，中国科学院综合考察委员会撤销。

1972 年，中国中医研究院中药研究所的屠呦呦课题组提纯了抗疟疾新药青蒿素（artemisinin），并于 1977 年在《科学通报》发表《一种新型的倍半萜内酯——青蒿素》一文。

1972 年，中国科学院植物研究所和动物研究所改为中国科学院与北京地方双重领导（1977 年 9 月回归中国科学院领导）。

1972 年，中国科学院植物研究所等单位编纂的《中国高等植物图鉴》开始出版，1979 年出齐，图鉴 5 本，《中国高等植物科属检索表》1册。

1972 年，夏家辉在我国最早建立了中国人显带染色体模式图，1975 年在世界上最早将人类染色体显带技术应用于肿瘤学研究，发现一条与鼻咽癌相关的标志染色体。

1972 年 1 月 26 日，中国科学院等单位的科学工作者在山东诸城发现一具巨大的恐龙化石；同日在河南郑州发现纳玛古象的一对长达 3 米的门齿和其他化石。

1972 年 3 月 16～25 日，中国科学院在海南岛崖县召开全国遗传育种学术讨论会。

1972 年 10 月，中国科学院在长春召开全国化学模拟生物固氮工作会议，组织全国有关单位开展协作研究。该协作研究持续至 1988 年仍在进行。

1973 年 2 月 19 日~3 月 7 日，中国科学院主持的中国动植物志编写工作会议在广州举行。

1973 年 3 月，《中国孢子植物志》编辑委员会成立，挂靠中国科学院微生物研究所。王云章代理主编，曾呈奎和饶钦止担任副主编。至 2015 年已经出版了 96 卷（册）。

1973 年春夏间，中国科学院动物研究所科技人员对南海诸岛海域鱼类区系进行了大规模的调查。

1973 年 9 月 27 日，中国科学院上海生化研究所的裘慕绥和吴仁龙等用化学与酶促相结合的方法，合成一段 8 核苷酸，是当时世界上合成的最长 RNA 片段之一。

1973 年，中国科学院青藏高原科学综合考察队围绕"青藏高原隆起及其对自然环境与人类活动影响"这一中心主题，对青藏高原进行了大规模的全面考察，后来出版了一批专著。青藏高原综合科学考察是由中国科学院领导、主持和组织实施的大型综合科学考察活动，考察从 1973 年开始，分 3 个阶段进行：第一阶段为 1973~1980 年，考察了西藏自治区；第二阶段为 1981~1986 年，考察了高原东部的横断山区；第三阶段为 1987~1991 年，考察了高原北部的喀喇昆仑山和可可西里地区。考察活动由孙鸿烈领导。

1973 年起，中国科学院南海海洋研究所开始对包括中沙群岛在内的南海中部进行多次综合调查。

1973 年，中国参与了人与生物圈（MAB）计划。

1973 年，中国科学院植物研究所化学室从田菁中分离出田菁胶，1974 年经材料改性的羧甲基田菁胶在大庆油田用作石油井水基压裂液获得成功后，便开始取代进口的瓜尔胶，该研究结果于 1978 年在《植物学报》上发表。

1973 年，《植物学报》和《植物分类学报》复刊。

1973 年，袁隆平培育成功籼型杂交水稻。

1973 年，童第周等培育出一种生长快并能繁殖后代的鲤鲫核质杂交鱼。

1974 年，中国科学院上海有机研究所开展抗疟新药青蒿素的全合成研究，1982 年人工合成成功。后来中国科学院上海药物研究所的李英等合成的"蒿甲醚"成为一种对治疗抗氯喹恶性疟疾和凶险型疟疾有确切疗效的新药，是中国第一个被国际公认的合成药物。

1974 年 12 月，中国科学院决定恢复综合考察委员会，机构名称为"中国科学院自然综合考察组"；1980 年 8 月改名为"中国科学院自然资源综合考察委员会"。

1974 年，中国科学院植物研究所和中国农业科学院山东烟草所合作，培育出"单育 1 号"烟草新品系。

1974 年，中国植物学会创办中级刊物《植物学杂志》，1977 年改为科普刊物《植物杂志》（后又改为《生命世界》）。

1975 年，中国科学院上海生化研究所成立遗传工程研究小组，1977年扩充为分子遗传与工程研究室。

1975 年，中国科学院微生物研究所研究出的二步发酵生产维生素 C的新工艺，开始用于工业生产。

1975 ~ 1976 年，中国科学院再一次组织珠穆朗玛峰综合科学考察。

1976 年 2 月 9 日 ~ 3 月 6 日，中国科学院在北京召开全院环境保护科研工作座谈会。

1976 年 12 月 15 日，中国科学院实验生物研究所的朱心良等提纯了RNA 连接酶。

1976 年，中国科学院组织的青藏高原综合科学考察野外工作结束，在 1973 ~ 1976 年的考察期间，采集得大量的生物学标本。

1976 年，中国医学科学院药物研究所等单位在《化学学报》上发表《海南粗榧中抗肿瘤有效成分的研究》。1985 年，薛智等的"海南粗榧抗癌有效成分的研究"获国家科学技术进步奖一等奖。

1976 年，中国科学院和农林部门的生物学家调查四川和甘肃大熊猫大量自然死亡的原因。

1976 年,《遗传工程》创刊,1986 年改为《生物工程进展》。

1977 年 2 月,中国科学院在北京主持召开了全国首次遗传工程会议。

1977 年,伍献文主编的《中国鲤科鱼类志》(下册)出版。

1977 年 4 月 9 日,中国科学院古脊椎动物与古人类研究所和云南博物馆联合考察队在云南禄丰发现一具世界上从未见过的完整古猿下颌骨化石。

1977 年,中国开始杂交水稻的规模化生产栽培。

1977 年 6 月,中国科学院重新建立心理研究所。

1977 年 6 ~ 8 月与 1978 年 5 ~ 8 月,中国科学院组织科学考察队对天山托木尔峰的生物进行考察,采集得兽类标本 30 多种,200 余号,昆虫标本 400 多种,17000 余号。

1977 年 7 月,中国科学院通知,成立人工合成酵母丙氨酸转移核糖核酸协作组,协调京沪两地的研究工作,王应睐任组长。

1977 年,新疆生物土壤沙漠研究所和成都生物研究所等下放单位改为中国科学院和地方双重领导,以中国科学院的领导为主。

1978 年,经国务院批准成立中国人与生物圈国家委员会,地点设在中国科学院,负责组织和协调 MAB 计划在中国的实施。

1978 年 2 月,昆明植物研究所和热带植物研究所、云南动物研究所、华南植物研究所(陈封怀任所长)、林业土壤研究所(陶炎任所长)、武汉水生生物研究所、湖北微生物研究所、植物研究所(6 月改)改为中国科学院和地方双重领导,以中国科学院的领导为主。

1978 年 3 月,在全国科学大会上,中国科学院提出"侧重基础、侧重提高,为国民经济和国防建设服务"的办院方针。

1978 年 4 月,中国科学院上海实验生物研究所改名为中国科学院上海细胞生物学研究所。

1978 年 5 月 25 ~ 30 日,中国科学院与澳大利亚科学院共同主持的中澳植物组织培养学术讨论会在北京举行,参加的还有英国和法国等 8

国的科学家。

1978 年 6 月，中国科学院在石家庄成立栾城农业现代化研究所，2005 年并入遗传发育研究所。

1978 年 10 月，中国遗传学会成立，李汝祺为理事长；1980 年该会加入国际遗传学联合会。

1978 年，中国科学院湖北微生物研究所改为中国科学院武汉病毒研究所，高尚荫任所长。该所设有中国普通病毒保藏中心。

1978 年，全国科学大会把遗传工程列为国家科技八大重点发展领域之一。

1978～1981 年，中国农业科学院品种资源研究所组织了对云南作物种质资源的考察和研究。

1978 年，秦仁昌在《植物分类学报》上发表《中国蕨类植物科属的系统排列和历史来源》一文，建立起中国蕨类植物分类新系统。该成果获中国科学院自然科学奖一等奖，1993 年获国家自然科学奖一等奖。

1978 年，农业部门开始组织全国性的野生大豆种质资源考察。

1978 年，我国开始全国野生稻的普查工作，历时 5 年；同时组织对神农架等华中地区、大巴山及川西南、黔南、桂西、赣南、粤北和海南岛等地的野生小麦近缘种的考察收集。

1978 年，中国科学院植物研究所陶国清等的"马铃薯茎尖培养去毒复壮及第一个无病毒原种场的建立"获全国科学大会奖。

1978 年，中国科学院水生生物研究所等机构成立白鳍豚研究协作组，制订出《白鳍豚研究规划（1979—1985）》。

1978 年 12 月，武汉植物研究所重新归属中国科学院。

1979 年 2 月，《云南植物研究》创刊，吴征镒任主编。

1979 年 5 月 29 日，中国生物化学会成立，王应睐任理事长，挂靠中国科学院上海生物化学研究所。1993 年 8 月改名为中国生物化学与分子生物学会。

1979 年 10 月 27 日，中国科学院在上海举办中、西德核酸蛋白质学术讨论会，参加的还有美、日等国的科学家。

1979 年 11 月 30 日，京津渤地区环境污染遥感试验工作会议在北京举行。1981 年 2 月、1982 年 3 月、1984 年 12 月又召开京津渤环境的科学会议。

1979 年 12 月 1 日，中国生态学会在昆明成立，挂靠中国科学院动物研究所，马世骏当选为首任理事长。

1979 年，戴芳澜的《中国真菌总汇》出版。

1979 年，《植物生态学与地植物丛刊》复刊，中国科学院植物研究所侯学煜任主编。

1979 年，中国微生物菌种保藏管理委员会成立，方心芳担任主任。

1979 年，马世骏主持编写的《中国主要害虫综合防治》出版。

1979 年，被誉为"模式标本圣地"的福建武夷山经国务院批准建立国家级自然保护区。

1980 年，由童第周和牛满江共同建议的中国科学院发育生物学研究所（北京）组建，庄孝僡任所长，人员主要来源为童第周领导的动物研究所细胞遗传学研究室。

1980 年 1 月 5 日，中国科学院水生生物研究所人工饲养世界珍稀动物白鳍豚（淇淇）获得成功。

1980 年 2 月，中国科学院生态学研究中心筹备组建立，马世骏任组长。

1980 年 2 月 27 日，中国科学院成立南方山区综合考察队，1980～1988 年进行了江西、云南和贵州等地区的综合考察和实验研究工作。

1980 年 3 月 29 日～4 月 5 日，中国科学院、国家科学技术委员会和国家农业委员会在西安联合召开黄土高原水土流失综合治理科学讨论会。1980 年 8 月 28 日，中国科学院向中共中央、国务院报送《关于加速黄土高原水土流失综合治理尽快建成牧业基地和林果基地的报告》。

1980 年 4 月 25 日，核糖核酸在发育和生殖中的作用国际讨论会在北京开幕。

1980 年 5 月，中国生物物理学会（其前身是中国生理学会生物物理专业委员会）成立，贝时璋任理事长。

1980 年 6 月，中国科学院将生理研究所中枢神经系统研究室的一半分出，组建上海脑研究所，张香桐任所长。

1980 年 7 月 15 日，中国细胞生物学会在上海成立，庄孝僡任首届理事长。

1980 年 11 月 20 日，中国生物医学工程学会在北京成立，黄家驷任理事长。

1980 年 11 月 27 日，由北京自然博物馆等机构发起的中国自然科学博物馆协会在北京成立，裴文中任理事长。

1980 年 12 月 1 日，中国科学院古脊椎动物与古人类研究所和云南博物馆的科技人员在云南禄丰首次发现一具约 800 万年前的腊玛古猿头骨化石。

1980 年 12 月，由中国科学院综考会等机构的专家学者参加的青藏高原隆起及其对自然环境与人类活动影响的综合研究取得重要成果。

1980 年，国家环保局会同中国科学院和农林、卫生等部门的科技工作者，开始编写《我国珍稀濒危保护植物名录》。

1980 年，吴征镒主编的《中国植被》出版。

1981 年，中国科学院上海细胞生物学研究所葛锡瑞课题组采用小鼠细胞融合法，获得了产抗北京鸭红细胞单克隆抗体的杂交瘤细胞株。这是我国自己建立的第一株杂交瘤细胞株。

1981～1984 年，中国科学院组织综合考察队对横断山区进行全面考察，收集得大量动植物标本，后来记叙昆虫和蜱螨 4826 种，新种 850 个。

1981～1984 年，中国农业科学院组织了对西藏作物种质资源的考察和收集。

1981 年 4 月 8 日，中国加入《濒危野生动植物种国际贸易公约》（CITES）。

1981 年 5 月，中国科学院动物研究所科技人员在陕西省洋县重新发现绝迹多年的朱鹮。

1981 年 9 月 27 日~10 月 16 日，中国科学院遗传研究所与国际细胞组织、国际水稻研究所在北京联合举办植物体细胞遗传及其在禾谷类作物中应用的国际训练班。

1981 年 10 月 19 日，我国（中国科学院上海生物化学研究所、细胞生物学研究所、有机研究所、生物物理研究所和北京大学生物系、上海试剂二厂协作）人工全合成酵母丙氨酸转移核糖核酸获得成功。这是世界上第一个被合成的核酸分子。

1981 年，邹承鲁在大量实验基础上，提出"酶活性部位柔性学说"。

1981 年开始，马骥在《北京林业学院学报》连续刊载《中国地衣名录》。

1981 年，卢惠霖等建立了人类生殖工程研究组，建立了我国第一个人类精子库，开展人工授精研究。

1981 年，侯学煜提出"大农业""大粮食"的观点。

1982 年，贵州大学的赵元军在贵州发现凯里生物群。

1982 年 12 月 24 日，赵紫阳代表中共中央、国务院在全国科学技术奖励大会上做报告，他指出经济建设必须依靠科学技术，科学技术必须面向经济建设。

1982 年，国务院做出对全国重要资源进行系统的调查研究的决定。

1983 年 1 月，中国科学院院工作会议讨论贯彻关于科学研究为国家的经济建设服务的指导方针及具体措施。

1983 年，湖南医学院诞生了我国第一例人工授精婴儿。

1983 年，洪国藩在英国进修期间创立了脱氧核糖核酸（DNA）分子结构非随机测定的新方法。

1983 年 4 月 13 日，国务院发布"关于严格保护珍贵稀有野生动物的通令"。

1983 年 6 月 19~25 日，受国际海藻学会委托，青岛举办第 11 届国际海藻学术讨论会。

1983 年，中国科学院开始筹备分子生物学、植物分子遗传、淡水生态与生物技术三个国家重点实验室。

1983 年 8 月，中国科学院成立上海生物工程实验基地筹备处。1984 年 2 月，上海生物工程研究与发展基地被列为中国科学院"七五"期间的国家重点工程建设项目。1984 年 7 月，中国科学院成立上海生物工程实验基地筹备组，经理为王芷涯。1986 年 5 月 24 日，上海生物工程实验基地破土动工；1991 年 11 月通过国家验收，定名为中国科学院上海生物工程研究中心。

1983 年 9 月 20 日，我国颁布《中华人民共和国森林法》。

1983 年 11 月，国务院批准建立了中国生物工程开发中心，隶属科技部。

1983 年 12 月，中国科学院组织新疆资源开发综合考察队对新疆进行综合考察，1986 年野外考察结束。

1983 年，"六六六"、"滴滴涕"等高残留杀虫剂停止生产。

1983 年，中国植物学会开始出版中级刊物《植物学通报》，曹宗巽任主编。

1983 年，植物引种驯化学会在武汉成立，俞德浚被推选为理事长。

1984 年，中国科学院南京地质古生物研究所在云南发现澄江动物群化石。

1984 年，《中国珍稀濒危植物名录》正式公布。

1984 年开始，中国科学院南海海洋研究所进入北纬 12 度以南的南沙群岛海域进行为期 3 年的考察。后来国家有关部门继续组织了一系列的考察。

1985 年，《生物工程学报》创刊。

1985 年，李振声和陈漱阳等育成的"远缘杂交小麦新品种 6 号"（小偃 6 号）获国家发明一等奖。从 1980 年到 1988 年，该品种在黄河流域 10 个省区累计推广 5460 多万亩（1 亩约为 666.7 平方米），增产粮食

15 亿千克。

1985 年 4 月 4 日，中国科学院上海细胞生物学研究所和西德马普协会合作设立的细胞生物学客座实验室在上海举行揭牌式。

1985 年 4 月，中国科学院微生物研究所孔显良等与有关单位合作，研究成功黑曲霉酶活性的提高及其在工业上的应用，获 1985 年国家科技进步一等奖。

1985 年 7 月，卢惠霖在湖南教育出版社出版《人类生殖与生殖工程》一书。

1985 年 8 月 14 日，中国科学院动物研究所开放研究实验室成立。

1985 年，中国科学院古脊椎动物与古人类研究所的侯先光和他的导师张文堂在《古生物学报》发表论文，揭开云南澄江古生物化石群的面纱。

1985 年 11 月 10～13 日，国际药用天然产物有机化学讨论会在上海举行。

1985～1987 年，黄土高原综合科学考察队进行了以国土整治为主要内容的综合考察。

1986 年初，国家把中国科学院确定为国家攻关项目生物技术的主持部门。

1986 年 2 月，国家自然科学基金委员会成立（前身是中国科学院基金局）。

1986 年 2 月 26～28 日，长江三峡工程生态与环境科研领导小组扩大会议在北京召开。

1986 年 4 月，中国科学院昆明研究所成立植物化学开放实验室，2001 年获批准升格为国家重点实验室进行建设，2003 年建成并改名为植物化学与西部植物资源利用国家重点实验室。

1986 年 6 月，国际遗传工程和生物技术中心批准接纳中国生物工程中心作为它的中国附属中心。

1986 年 8 月 3 日，中国科学院生态环境研究中心成立，庄亚辉任主任。

1986 年，中国农科院建立生物技术研究中心，范云六任主任，1999年该中心改称生物技术研究所。

1986 年 9 月 22 日，中国科学院西南资源开发考察队成立，此后至1987 年开展了大西南国土资源综合考察。

1986 年 10 月 13～15 日，中国科学院组织的国际发育生物学讨论会在北京召开。

1986 年 10 月 20～25 日，在巴黎召开的联合国教科文组织人与生物圈计划国际协调理事会第九届会议上，综考会李文华当选为执行局主席。

1986 年 10 月 27～30 日，中国科学院与国家环保局、国际自然和自然资源保护联合会共同在武汉召开淡水豚生物学和物种保护国际学术讨论会。

1986 年底，依托于中国科学院上海生物化学研究所的分子生物学国家重点实验室建成。这是中国第一个国家重点实验室。

1986 年 12 月，兰州沙漠研究所李鸣岗等与有关单位合作，在包兰线沙坡头段铁路治沙防护体系的建立方面取得重要成果，获 1988 年国家科技进步奖特等奖。

1986 年，中国科学院遗传研究所的雷鸣和李向辉等在《科学通报》发表《水稻原生质体的植株再生》一文，报道成功从原生质体诱导出再生植株。

1986 年，中国科学院承担了黄淮海平原中低产地区综合治理开发任务，为这一地区的农业发展做出巨大贡献。

1987 年初，中国科学院提出"把主要力量动员和组织到国民经济建设的主战场，同时保持一支精干力量从事基础研究和高技术跟踪"的办院方针。

1987 年 3 月，生物物理研究所邹承鲁和上海生化研究所许根俊等研究蛋白质功能基团的修饰与其生物活性之间的定量关系取得重要成果，获 1987 年国家自然科学奖一等奖。

1987 年 4 月，由中国科学院和有关部委等 30 多个单位联合组成南沙综合科学考察队，对南沙进行了为期一个多月的考察活动。

1987 年 4 月，中国实验动物学会在北京成立。

1987 年 5 月 7 日，中国科学院昆明生态研究所成立，冯耀宗任所长。热带植物研究所撤销，重新组建西双版纳热带植物园（后生态研究所撤销，并入该园）。

1987 年 5 月，中国科学院植物研究所成立系统与进化开放实验室。

1987 年 5 月 24～26 日，国际海藻生产利用研讨会在青岛举行。

1987 年 6～9 月、1988 年 6～9 月，中国科学院组织青藏高原综合考察队，重点考察新疆和西藏接壤的喀喇昆仑-昆仑山地区哺乳类动物和昆虫。

1987 年 7 月 30 日，中国科学院成立生物技术专家委员会。

1987 年 9 月开始，中国科学院等机构联合进行塔克拉玛干沙漠的综合考察活动，考察历时 4 年，取得丰硕成果。

1987 年，由谈家桢等创建，依托于复旦大学的遗传工程国家重点实验室建成。

1987 年，依托于北京医科大学药学院的天然药物及仿生药物国家重点实验室建成，张礼和为主任。

1987 年，成都生物研究所的李伯刚等研制的"地奥心血康"通过专家鉴定，1989 年开始投放市场。

1987 年，国务院环境保护委员会发布了《中国自然保护纲要》。

1987 年，郑作新的《中国鸟类区系纲要》（英文）出版。

1987 年，《西藏植物志》5 卷全部问世。

1987 年，中国科学院综考会的"青藏高原隆起及其对自然环境和人类活动影响的综合研究"项目获国家自然科学奖一等奖。

1987 年 11 月～1990 年 12 月，中国科学院动物研究所牵头组织考察人员考察武陵山区的自然环境和动物资源，共采集到各种标本 18 万号，新种 280 多个。中国科学院植物研究所由路安民牵头，也到武陵山考察植物资源。

1987 年，由中国科学院华南植物研究所、昆明植物研究所和植物研究所（北京）合作的《中国油脂植物》编写完成。

1987 年，依托于上海市肿瘤研究所的癌基因及相关基因国家重点实验室建成。

1988 年，经国家科学技术协会批准，成立了"国际地圈生物圈计划"（IGBP）中国委员会。叶笃正、陈宜瑜历任主席。

1988 年，许智宏等创办，依托于中国科学院植物生理研究所的植物分子遗传国家重点实验室建成。

1988 年，依托于中国医学科学院肿瘤研究所的分子肿瘤学国家重点实验室建成。

1988 年 6~8 月，中国科学院动物研究所组织考察队考察贵州东北部和湖南西部的武陵山区，采集到昆虫标本近 6 万号。

1988 年 8 月，湖南医科大学诞生了我国供胚胎移植试管婴儿，标志着我国生殖工程进入世界先进行列。

1988 年 10 月 1~11 日，中美签订合作编辑和出版《中国植物志》的英文增订版（即 *Flora of China*）协议。

1988 年 11 月 8 日，我国颁布《中华人民共和国野生动物保护法》。

1988 年，中国科学院开始进行黄淮海平原中低产地区综合治理开发。该项目 1996 年 4 月通过验收。

1988 年，为了解决人类所面临的气候变化、生物多样化、土地资源利用和植被变迁等生态学问题，中国科学院开始组建中国生态系统研究网络（Chinese Ecosystem Research Network，简称 CERN）。

1988 年，中国科学院植物研究所的王献溥等开始生物多样性的研究。

1989 年，由邹承鲁等创建，依托于中国科学院生物物理研究所的生物大分子国家重点实验室开始建立，1991 年通过国家验收。

1989 年，由刘建康和陈宜瑜创建，依托于中国科学院水生生物研究所的淡水生态与生物技术国家重点实验室建成。

1989 年，依托于中国疾病预防控制中心病毒病预防控制所的病毒基因工程国家重点实验室建立。

1989 年，依托于中国农业科学院哈尔滨兽医研究所的兽医生物技术国家重点实验室建成。

1989 年，邹承鲁编撰的《当前中国的生物化学研究》（*Current Biochemical Research in China*）在美国出版。

1989 年，由范云德课题组分离出来的 α1b 干扰素被开发成产品，为卫生部正式批准投放市场。它在治疗肝炎等疾病上有明显疗效。

1989 年，《中国蕨类植物科属系统排列和历史来源》、《中国鸟类区系纲要（英文版）》、《酶活性部位的柔性》和《视网膜第一突触层中的信息处理》等 4 项成果获中国科学院自然科学一等奖。

1990 年，我国学者获得胚胎细胞克隆兔，1991 年获得胚胎细胞克隆羊，1993 年获得一批继代核移植的克隆山羊，1995～1996 年获得胚胎细胞克隆牛，1999 年以山羊胎儿成纤维细胞为供核细胞获得克隆山羊。

1990 年，魏江春的《中国地衣综观》出版。

1990 年 9 月，依托于北京大学的蛋白质工程与植物基因工程国家重点实验室建成，并通过国家验收。许智宏任实验室主任。

1990 年 11 月，中国科学院动物研究所和清华大学、北京大学合建的生物膜与膜生物工程国家重点实验室（后改名为膜生物学国家重点实验室）建成，动物研究所的刘树森任实验室主任。

1990 年 11 月，依托于中国农业大学的农业生物技术国家重点实验室建成。

1990 年，依托于中国科学院上海药物研究所的新药研究国家重点实验室建成。

1990 年 12 月，依托于中国热带农业科学院（海南）的热带作物生物技术国家重点实验室建成通过验收。

1991 年 12 月～1992 年 2 月，贝时璋主编的《中国大百科全书·生物卷》（3 卷）出版。

1991 年，中国科学院上海生物化学研究所的洪国藩领导的课题组，首创了高温脱氧核糖核酸（DNA）顺序测定技术。

1991 年，中国与欧盟正式成立中国－欧盟生物技术信息中心。

1991 年，依托于中国医学科学院北京协和医学院血液学研究所的实验血液学国家重点实验室建成。

1991 年底，依托于中南大学的医学遗传学国家重点实验室建成，邓汉湘任实验室主任，夏家辉任学术委员会主任。

1991 年，中国科学院建成上海生物工程研究中心。

1991 年，傅立国主编的《中国植物红皮书——稀有濒危植物》出版。

1992 年 4 月，农业部成立了中国农业生物技术学会。

1992 年 6 月，依托于中国科学院上海分院的国家基因研究中心成立，洪国藩为主任。

1992 年，李载平等人领导的课题组研制的乙肝基因工程疫苗获新药证书和试生产文号。

1992 年，我国开始实行"中国水稻基因组计划"（the Chinese Rice Gename Project）。

1992 年，依托于上海计划生育科学研究所的计划生育药具国家重点实验室建成。

1992 年，依托于中国农业科学院植物保护研究所的植物病虫害生物学国家重点实验室建成。

1992 年，依托于江苏省原子医学研究所的核医学国家重点实验室建成。

1992 年 10 月，中国神经科学学会成立，挂靠中国科学院上海生命科学研究所，吴建屏任理事长。

1992 年，国际昆虫学大会在中国召开。

1992 年，依托于中国医学科学院基础医学研究所的医学分子生物学国家重点实验室建成。

1993 年 6 月 7 日，中国生物工程学会成立，谈家桢任理事长，翁延年任秘书长，挂靠在中国科学院图书馆。

1993 年，依托于中国科学院动物研究所的计划生育生殖生物学国家重点实验室建成并通过验收。

1993 年 10 月，依托于中国科学院动物研究所的农业虫害鼠害综合治理研究国家重点实验室建成并通过国家计划委员会验收。

1993 年，我国科学技术委员会签发了生物技术安全管理的第一份文件——《基因工程安全管理办法》。

1993 年 10 月 14 日，北京海淀区法院审理"邱氏鼠药案"，判决 5 名科学家败诉。

1993 年，中国科学院植物研究所《生物多样性》杂志创刊。

1994 年，依托于华中农业大学的作物遗传改良国家重点实验室建成。

1994 年底，依托于上海医科大学的医学神经生物学国家重点实验室建成。

1994 年，国家自然科学基金资助重大项目"中华民族基因组若干位点基因结构的研究"，标志我国人类基因组研究正式启动。

1994~2008 年，《中国主要经济植物基因组染色体图谱》全套 5 册全部出版，收录我国 1000 多种植物的核型分析资料和染色体图像。

1994 年，《中国生物多样性保护行动计划》出版。

1994 年，我国获得高抗棉铃虫的转基因棉花植株。

1994 年，周尧的《中国蝶类志》出版。

1994 年，中国科学院成立上海生命科学研究中心。

1995 年 2 月 22 日，北京市中级人民法院在审理"邱氏鼠药案"上诉案时，撤销海淀区一审判决，判邱满囷败诉。

1995 年，依托于中国科学院遗传与发育生物学研究所的植物细胞与染色体工程国家重点实验室建成。

1995 年，依托于中国科学院微生物研究所的微生物资源前期开发国家重点实验室建成。

1995 年，依托于中国科学院过程工程研究所的生化工程国家重点实验室建成。

1995 年，依托于中山大学的生物防治（后改名有害生物控制与资源利用）国家重点实验室建成。

1995 年 11 月，依托于山东大学的微生物技术工程国家重点实验室通过验收。

1995 年 11 月，依托于南京大学的医药生物技术国家重点实验室建成。

1995 年 12 月，依托于兰州大学的干旱农业生态国家重点实验室建成。

1996 年 6 月，在洪国藩的领导下，中国科学院国家基因研究中心成功构建了高分辨率的水稻基因组物理图。

1996 年 7 月，农业部颁布《农业生物基因工程安全管理实施办法》。

1996 年，国务院签发《中华人民共和国野生植物保护条例》。

1996 年，《中国海兽图鉴》出版。

1997 年初～1997 年底，我国自然生态系统类的自然保护区为 928 个，占国土面积的 7.64%。

1997 年，徐德应等的《气候变化对中国森林影响研究》出版。

1997 年，陈世骧的《进化论与分类学》出版。书中提出了物种变又不变与种间连续又间断的概念，系统发育是变又不变的进化过程，进化论是生物分类的理论基础，分类学是生物进化的历史总结等论点。

1998 年，《中国生物多样性国情研究报告》由中国环境科学出版社出版。

1998 年，中国生态系统研究网络初步建成并投入运行。

1998 年，国家人类基因组北方研究中心和南方研究中心成立。

1998 年，中国科学院遗传研究所成立人类基因组中心。

1998 年 8 月，国务院办公厅转发科技部和卫生部联合制定的《人类遗传资源管理暂行办法》。

1998 年，已出版了《中国动物图谱》27 册、《中国经济昆虫志》55 册、《中国经济动物志》11 册、《中国动物志》47 册。

1998 年，裘维藩的《菌物学大全》出版。

1998 年，《中国濒危动物红皮书》（4 卷）开始陆续出版。

1998 年，中国启动天然林保护工程。

1998 年 8 月，在北京成功地召开了第十八届国际遗传学大会，与会代表 2000 人，大会主席为谈家桢。

1998 年，我国培育出转基因羊。

1998 年，云南农业大学的曾养志选组的西双版纳小耳猪，近 18 年连续高度近交，已 16 世代，近交系数为 96.9%。

1998 年，中国科学院南京地质古生物研究所的陈均远等发现最古老的动物化石群——瓮安动物群；同所的孙革在中国的北票地区首次发现迄今世界最早（距今约 1.45 亿年）的被子植物果枝。

1999 年，我国正式被接纳加入人类基因组的国际合作计划，承担三号染色体中三千万碱基对的全序列测定。

1999 年 1 月，《中国孢子植物志》已出版的有 22 册，待出版的有 11 册。

1999 年 2 月，中国转基因试管牛"滔滔"在上海奉贤牧场诞生。

1999 年，张荣祖编撰的《中国动物地理》出版。

1999 年，《中华本草》出版发行。

1999 年，中国科学院上海生命科学研究院成立。

2000 年，杜若甫领导的小组发表了中国人群基因频率的主要成分分析，绘制了主要成分分布地图和主要成分综合地图，进一步肯定南北方蒙古人种间有一明显的分界线，即长江。

2000 年，中国科学院的植物研究机构等开始建设数字植物标本馆。

2000 年 4 月，中国科学家按照国际人类基因组计划的部署，完成了人类基因组全部序列的百分之一，即三号染色体短臂上的三千万个碱基对的工作框架图。

2000 年，王应祥等的《中国哺乳动物图鉴》出版。

2000 年 12 月 6 日，国家环保总局颁布《全国生态环境保护纲要》。

2001 年，中国科学院基因信息中心暨北京华大基因组中心、遗传发育研究所和国家杂交水稻工程技术中心共同于 2001 年 10 月完成了水稻（籼稻 93 - 11）的基因组工作框架图和精细图。

2001 年 6~7 月，昆明植物研究所主持的"西南野生生物种质资源库"项目立项通过。

2001 年，中国科学院培育成功猕猴桃新品种"金桃"，首次实现我国自主产权果树新品种全球范围专利转让。

2001 年，河北大学朱宝成教授领导的"抗蚜虫转基因小麦"育种获得成功（2000 年 9 月和 2002 年 10 月分别通过国家科技部验收）。

2001 年，侯学煜和张新时等主编的《1:1000000 中国植被图集》出版。

2002 年，中国科学院动物研究所陈大元主持的成年体细胞克隆牛研究获得成功。这是我国首次获得成年体细胞克隆牛群体。

2002 年 11 月，中国科学院的韩斌等完成了对水稻粳稻基因组第 4 号染色体全长序列的精确测序。

2003 年 11 月，中国科学院北京基因组研究所成立（由遗传研究所人类基因组研究中心和民营的北京华大基因研究中心整合而成）。

2004 年 8 月，根据中国科学院、上海市和法国巴斯德研究所签署的合作总协议建立中国科学院上海巴斯德研究所，2005 年开始运行。

2004 年 10 月，《中国植物志》率先全部出版。全书 80 卷 126 册，5000 多万字（图版 9000 余幅），先后有 312 位专家参与。书中记载了维管植物 301 科 3434 属 31180 种，是世界各国已出版的植物志中种类数量最多的一部。

2004 年 11 月，由国家批准的"中国西南野生生物种质资源库"在昆明植物研究所内开始建设。2007 年 4 月 29 日建成验收。

2004 年，我国学者发表《菠菜主要捕光复合物（LHC-Ⅱ）晶体结构》的研究成果，标志我国的光合作用膜蛋白研究达到了国际领先水平。

2005 年，依托军事医学科学院微生物流行病研究所和生物工程研究所共同组建的病原微生物生物安全国家重点实验室建成并对外开放。

2006 年，中国科学院小麦遗传育种专家李振声获国家最高科学技术奖。

2006 年 3 月，由中国科学院、广东省人民政府和广州市人民政府三方共建的中国科学院广州生物医药与健康研究院成立。

2007 年，中国西南野生种质资源库建设工程竣工，并开始投入运行。

2007 年，植物学家吴征镒获国家最高科学技术奖。

2008 年，中国科学院水生生物研究所桂建芳等培育出银鲫"中科 3 号"新品种，获全国水产原种和良种审定委员会颁发的水产新品种证书。

2009 年，中国科学院、山东省政府和青岛市政府 2006 年共同发起建设的中国科学院青岛生物能源与过程研究所建成。

2009 年 10 月，由中国科学院上海生命科学研究院生物化学与细胞生物学研究所等单位主办的全英文刊物 *Journal of Molecular Cell Biology*（JMCB）（《分子细胞生物学报》）创刊。2017 年，最新影响因子达到 8.432，在 SCI 收录的 185 种国际细胞生物学领域期刊中影响因子排名第 27 位。

2009 年，依托于军事医学科学院组建的蛋白质组学国家重点实验室建成。

2010 年，中国科学院遗传与发育生物学研究所和中国农业科学院中国水稻研究所由李家洋等组成的科研团队，成功克隆了一个可帮助水稻增产的关键基因，这种基因产生变异后可使水稻分蘖数减少，穗粒数和千粒重增加，同时茎秆变得粗壮，增加了抗倒状能力。

2011 年 10 月，由国家发展和改革委员会等机构批复，由深圳华大基因研究院组建及运营国家基因库。

2012 年 11 月，中国科学院苏州生物医学工程技术研究所建成。

2012 年，孙鸿烈、陈宜瑜牵头的"中国生态系统研究网络的创建及观测研究和试验示范"获得国家科学技术进步一等奖。

2013 年，《中国植物志》英文修订版（*Flora of China*）全部出齐。全书总共 49 卷，记述我国维管束植物 312 科 3328 属，计 31362 种。

2014 年，清华大学医学院的研究人员在世界上首次解析了人源葡萄糖转运蛋白 GLUT1 的晶体结构，初步揭示了其工作机制及相关疾病的致病机理。

2015 年，屠呦呦因为发现青蒿素获诺贝尔生理学或医学奖。

2015 年，中国科学院北京基因组研究所和吉林中科紫鑫科技有限公司合作研发出国产新一代基因测序仪。

人名索引

中国生物学史·近现代卷

Q

中国生物学史·近现代卷